ENV

선형대수

황석근

이 책은 2012학년도 경북대학교 학술연구비에 의하여 저술되었음

책 머리에

선형대수학이란 선형공간과 선형변환의 성질을 연구하는 대수학의 한 분야이지만, 실제로 수학이 만 학문의 바탕이듯이 선형대수학은 모든 수학의 바탕이다. 뿐만 아니라 선형대수학이 관여하는 바는 과학, 공학, 사회학 등과 같이 범 학문의 광범위한 분야를 넘나들고 있다.

이 책은 저자가 오랜 세월 동안 경북대학교 수학교육과에서 강의한 내용을 바탕으로 수학 및 이공계 학생들의 선형대수적 교양 함양과 아울러 응용력 배양을 목적으로 저술되었다.

이 책은 쉽고 새로운 설명 방식과 아울러 가급적 간결하고 시각적으로 이해할 수 있는 방법을 동원하였으며, 많은 부분 저자가 직접 그리고 디자인 한 만화의 기법을 활용하여 독자로 하여금 지루함에서 탈피하도록 하여 가독성을 높였다.

비교적 짧은 시간에 선형대수의 주요 골격을 이해할 수 있게 하기 위하여 본문에서는 쉽고 간결한 내용만 다루고 보다 깊이 있는 내용과 이해를 필요로 하는 독자를 위해 여러가지 내용을 연습문제로 담거나 appendix로 첨부 하였다. 더욱이 모든 연습문제에 대한 해답 내지는 힌트를 달아 이 책 내에서 모든 것이 해결되게 하였다.

모쪼록 이 책으로 공부하는 이들이 선형대수의 아름다움을 즐길 수 있고 그 과정에서 자연스럽게 많은 결실을 거두기를 진심으로 바란다.

2015년 2월 25일
복현골에서 저자

ENV Linear Algebra

차례

CONTENTS

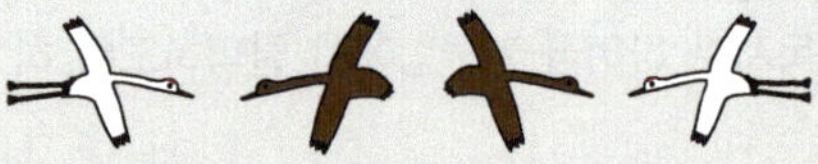

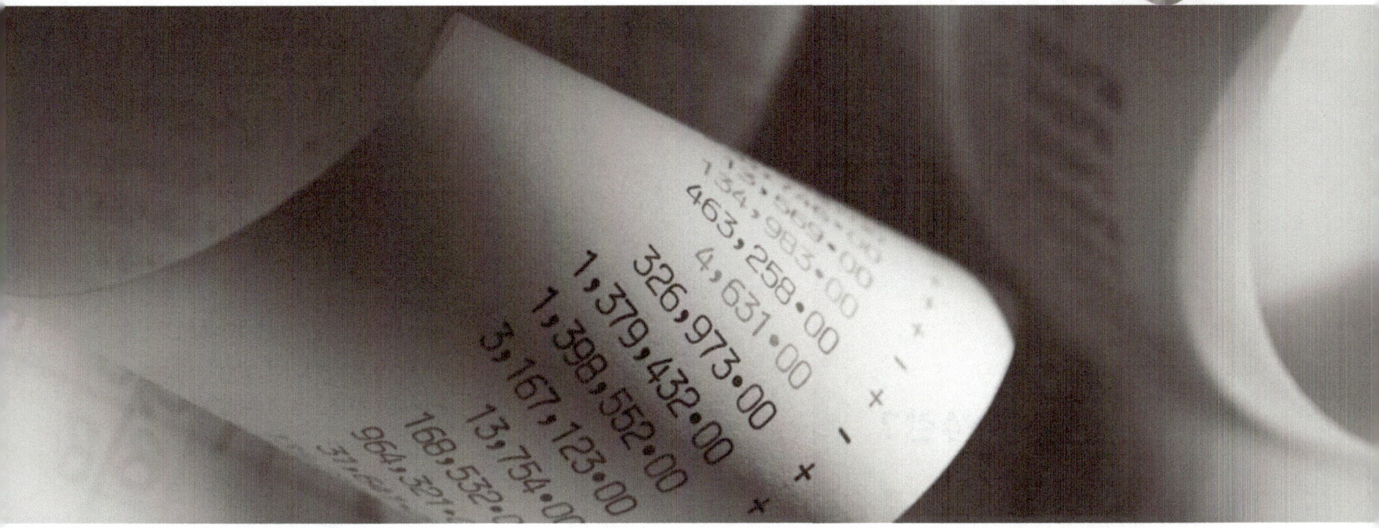

4 내적공간

5 선형변환

6 고유치와 대각화

시작하면서

이 책으로 공부를 시작하기에 앞서 선형대수학의 의미에 대하여 간단히 살펴보고
아울러 이 책을 읽는데 필요한 몇 가지 기본적인 개념과 용어 및 표현 방법을 소개한다.

이 책에서는 실수 전체의 집합을 $\boldsymbol{R}$ 로 나타낸다.
n 개의 실수를 세로로 배열한 것을 **순서 n 조** (ordered n tuple) 또는 **n-벡터**(n-vector)라 하고, n-벡터 전체의 집합을 $\boldsymbol{R}^n$ 으로 나타낸다.

$$\boldsymbol{R}^n = \left\{ \begin{bmatrix} a_1 \\ \vdots \\ a_n \end{bmatrix} \middle| \, a_1, \cdots, a_n \in \boldsymbol{R} \right\},$$

$$\boldsymbol{R}^2 = \left\{ \begin{bmatrix} a \\ b \end{bmatrix} \middle| \, a, b \in \boldsymbol{R} \right\}, \quad \leftarrow \text{좌표평면}$$

$$\boldsymbol{R}^3 = \left\{ \begin{bmatrix} a \\ b \\ c \end{bmatrix} \middle| \, a, b, c \in \boldsymbol{R} \right\}. \leftarrow \text{좌표공간}$$

특히 2-벡터는 순서쌍(ordered pair), 3-벡터는 순서트리플(ordered triple)이라고 한다.

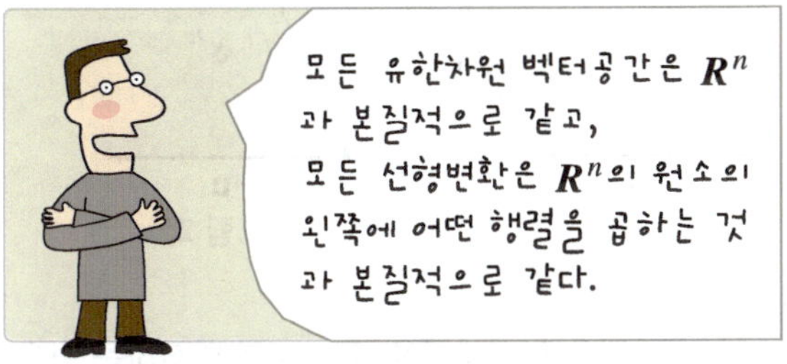

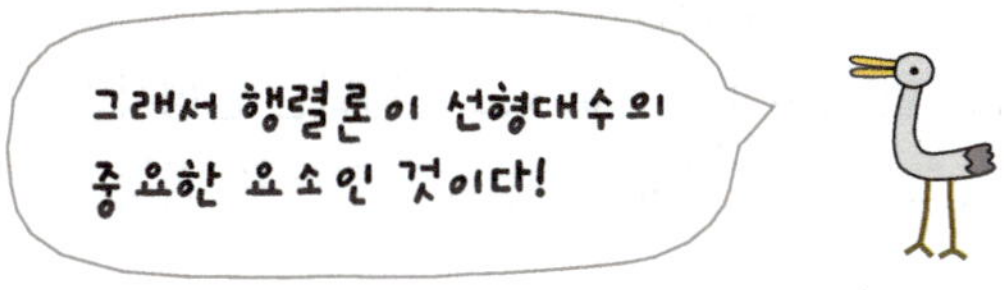

복소수 전체의 집합을 $\boldsymbol{C}$ 로 나타내고, **복소 n-벡터** (n-vector)와 $\boldsymbol{C}^n$ 도 같은 식으로 정의한다.

R^2 의 벡터, R^3 의 벡터

벡터와 스칼라

「초속 10 미터의 동풍」과 같이 크기와 방향 모두를 가지는 양을 **벡터**(vector)라고 한다. 이에 반하여 온도나 질량과 같이 크기만 가지고 있는 양을 **스칼라**(scalar)라고 한다.
이 책에서는 벡터를 $\mathbf{x}, \mathbf{y}, \mathbf{z}, \mathbf{u}, \mathbf{v}, \cdots$ 와 같이 영문 볼드 소문자로 나타내고 스칼라를 $a, b, c, k, l \cdots$ 와 같이 영문 이탤릭 소문자로 나타내기로 한다.

평면 또는 공간에서 벡터를

$$\mathrm{A} \longrightarrow \mathrm{B}$$

와 같이 유향선분(화살표)으로 나타낼 수 있다.
이 때 유향선분의 방향은 벡터의 방향과 같고 유향선분의 길이는 벡터의 길이와 같도록 한다. 이 벡터를 $\overrightarrow{\mathrm{AB}}$ 로 나타내고 A, B를 각각 $\overrightarrow{\mathrm{AB}}$ 의 **시점**, **종점**이라고 한다.

• 벡터의 서로 같음

두 벡터 $\mathbf{u}$, $\mathbf{v}$의 크기가 서로 같고 방향이 서로 같을 때, $\mathbf{u}$, $\mathbf{v}$는 서로 같다고 하고, 이를

$$\mathbf{u} = \mathbf{v}$$

와 같이 나타낸다. 두 벡터가 서로 같을 때, 둘 중 하나를 평행이동시켜 다른 하나와 일치시킬 수 있다.

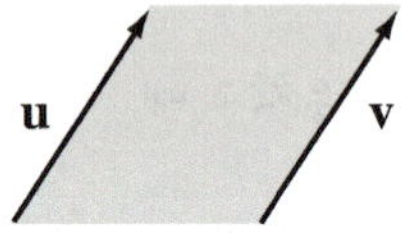

한편, $\mathbf{u}$, $\mathbf{v}$가 서로 같지 않을 때는 이를 $\mathbf{u} \neq \mathbf{v}$와 같이 나타낸다.

좌표평면에서 원점 O(0, 0)을 시점으로 하고 점 P(a, b)를 종점로 하는 벡터 $\overrightarrow{\mathrm{OP}}$를 점 P의 **위치벡터**(position vector)라 하고

$$\begin{bmatrix} a \\ b \end{bmatrix}$$

(R^2의 벡터)

로 나타낸다. 이 때, a, b를 벡터 $\overrightarrow{\mathrm{OP}}$의 **성분**(component)이라고 한다.

좌표공간에서 점 Q(a, b, c)의 위치벡터도 같은 식으로 정의된다.

점 A(a_1, a_2), B(b_1, b_2)를 각각 시점과 종점으로 하는 벡터 $\overrightarrow{\mathrm{AB}}$를 평행이동하여 시점을 원점과 일치시키면 종점은 점 P$(b_1 - a_1, b_2 - a_2)$와 일치하게 된다. 따라서

$$\overrightarrow{\mathrm{AB}} = \begin{bmatrix} b_1 - a_1 \\ b_2 - a_2 \end{bmatrix}.$$

$\boldsymbol{R}^2$의 벡터를 **평면벡터**(plane vector), $\boldsymbol{R}^3$의 벡터를 **공간벡터**(space vector)라고 한다.

벡터의 연산

• 벡터의 합 평면벡터

$$\mathbf{u} = \begin{bmatrix} u_1 \\ u_2 \end{bmatrix}, \quad \mathbf{v} = \begin{bmatrix} v_1 \\ v_2 \end{bmatrix}$$

의 합 $\mathbf{u} + \mathbf{v}$를

$$\mathbf{u} + \mathbf{v} = \begin{bmatrix} u_1 + v_1 \\ u_2 + v_2 \end{bmatrix}$$

와 같이 **성분끼리의 합**(componentwise sum)으로 정의한다. 공간벡터의 합도 마찬가지로 정의한다.

$\mathbf{u} + \mathbf{v}$는 $\mathbf{u}$의 종점과 $\mathbf{v}$의 시점을 일치시켰을 때의 위치에서 $\mathbf{u}$의 시점에서 $\mathbf{v}$의 종점에 이르는 벡터이다. [그림 1].

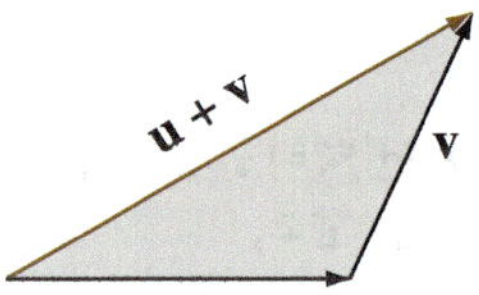

[그림 1]

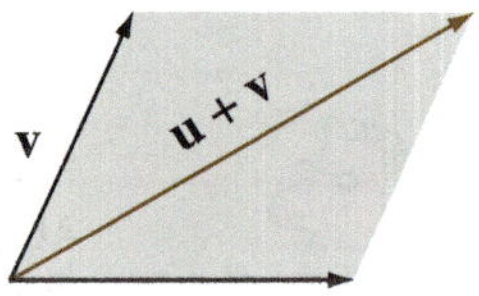

[그림 2]

$\mathbf{u}$, $\mathbf{v}$의 시점을 일치시켰을 때 $\mathbf{u}$, $\mathbf{v}$를 인접하는 변으로 하는 평행사변형을 **$\mathbf{u}$, $\mathbf{v}$로 결정되는 평행사변형**이라고 한다. $\mathbf{u} + \mathbf{v}$는 $\mathbf{u}$, $\mathbf{v}$로 결정되는 평행사변형에서 [그림 2]와 같이 대각선에 방향을 준 벡터임을 알 수 있다.

• 실수배 벡터 $\mathbf{u}$와 실수 k에 대하여, $\mathbf{u}$의 k배 $k\mathbf{u}$ (또는 $\mathbf{u}k$)는 $\mathbf{u}$의 각 성분을 k배 한 벡터로 정의한다. 이를테면

$$\mathbf{u} = \begin{bmatrix} u_1 \\ u_2 \end{bmatrix} \text{일 때, } k\mathbf{u} = \begin{bmatrix} ku_1 \\ ku_2 \end{bmatrix}.$$

모든 성분이 0인 벡터를 **영벡터**라 하고

$$\mathbf{0}$$

으로 나타낸다. 평면 영벡터와 공간 영벡터는 각각

$$\begin{bmatrix} 0 \\ 0 \end{bmatrix}, \begin{bmatrix} 0 \\ 0 \\ 0 \end{bmatrix}.$$

벡터 $\mathbf{x}$와 크기가 같고 방향이 반대인 벡터를

$$-\mathbf{x}$$

로 나타낸다. 명백히

$$\mathbf{u} = \begin{bmatrix} u_1 \\ u_2 \end{bmatrix} \text{일 때, } -\mathbf{u} = \begin{bmatrix} -u_1 \\ -u_2 \end{bmatrix}.$$

R^3(또는 R^2)의 임의의 벡터 $\mathbf{u}, \mathbf{v}, \mathbf{w}$와 임의의 실수 k, l에 대하여 다음 8 가지 조건이 성립한다.

❶ $(\mathbf{u}+\mathbf{v})+\mathbf{w} = \mathbf{u}+(\mathbf{v}+\mathbf{w})$

❷ $\mathbf{u}+\mathbf{0} = \mathbf{u} = \mathbf{0}+\mathbf{u}$

❸ $\mathbf{u}+(-\mathbf{u}) = \mathbf{0} = (-\mathbf{u})+\mathbf{u}$

❹ $\mathbf{u}+\mathbf{v} = \mathbf{v}+\mathbf{u}$

❺ $k(\mathbf{u}+\mathbf{v}) = k\mathbf{u}+k\mathbf{v}$

❻ $(k+l)\mathbf{u} = k\mathbf{u}+l\mathbf{u}$

❼ $(kl)\mathbf{u} = k(l\mathbf{u})$

❽ $1\mathbf{u} = \mathbf{u}$

벡터공간의 조건

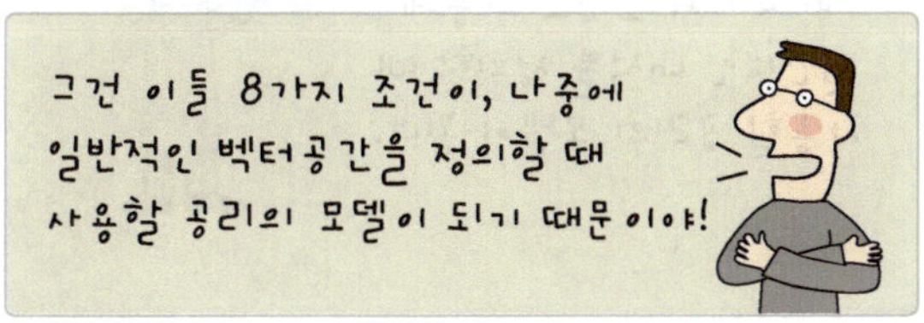

벡터의 내적

벡터 $\mathbf{u}$의 크기를 $\mathbf{u}$의 **크기**라 하고

$$\|\mathbf{u}\|$$

로 나타낸다.

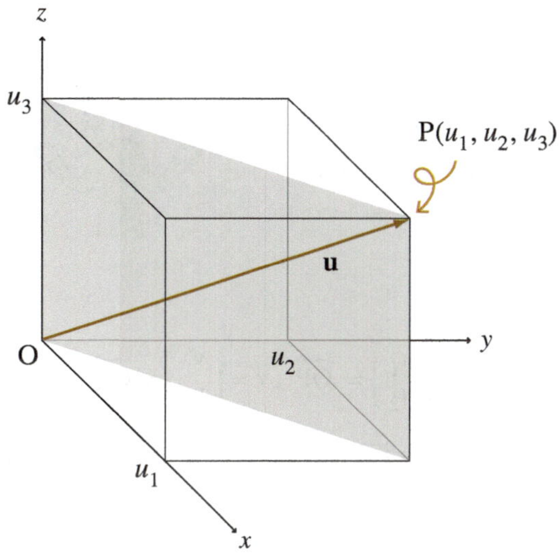

$$\mathbf{u} = \begin{bmatrix} u_1 \\ u_2 \end{bmatrix} \text{일 때, } \|\mathbf{u}\| = \sqrt{u_1^2+u_2^2},$$

$$\mathbf{u} = \begin{bmatrix} u_1 \\ u_2 \\ u_3 \end{bmatrix} \text{일 때, } \|\mathbf{u}\| = \sqrt{u_1^2+u_2^2+u_3^2}.$$

위의 그림과 피타고라스의 정리

$\mathbf{0}$이 아닌 벡터 $\mathbf{u}, \mathbf{v}$에 대하여, 다음 그림의 각 α, β 중 180° 이하인 각을 **$\mathbf{u}, \mathbf{v}$ 사이의 각**이라고 한다.

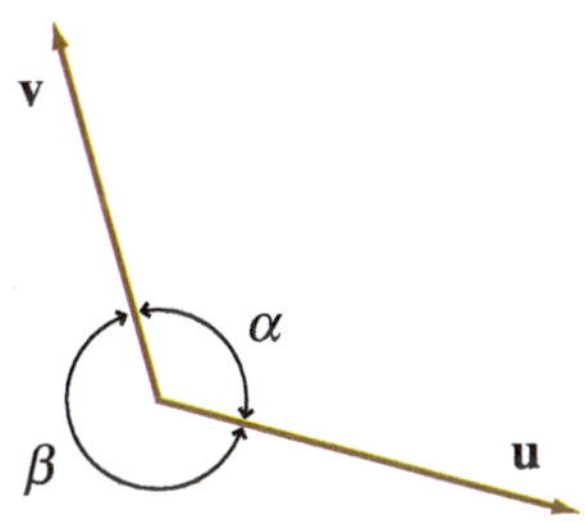

$\mathbf{u} \neq \mathbf{0}, \mathbf{v} \neq \mathbf{0}$인 $\mathbf{u}, \mathbf{v} \in \boldsymbol{R}^3$(또는 $\boldsymbol{R}^2$) 사이의 각을 θ라고 할 때,

$$\mathbf{u} \cdot \mathbf{v} = \|\mathbf{u}\|\|\mathbf{v}\| \cos\theta$$
$$\mathbf{0} \cdot \mathbf{v} = \mathbf{u} \cdot \mathbf{0} = 0$$

으로 정의된 수값 $\mathbf{u} \cdot \mathbf{v}$를 $\mathbf{u}, \mathbf{v}$의 **내적** (inner product) 또는 **점적**(dot product)라고 한다.

벡터

$$\mathbf{u} = \begin{bmatrix} u_1 \\ u_2 \end{bmatrix} = \overrightarrow{OP}, \mathbf{v} = \begin{bmatrix} v_1 \\ v_2 \end{bmatrix} = \overrightarrow{OQ}$$

사이의 각을 θ라고 하면 코사인 제 2 법칙에 의하여

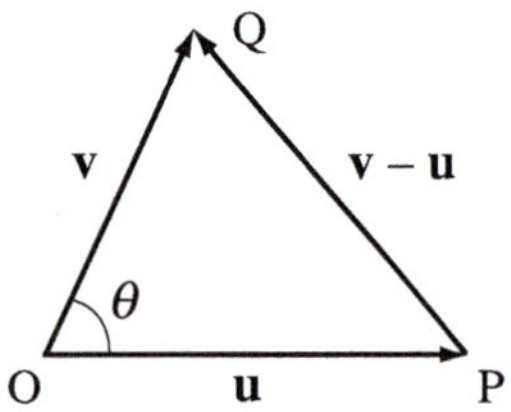

$$\|\overrightarrow{PQ}\|^2 = \|\mathbf{u}\|^2 + \|\mathbf{v}\|^2 - 2\|\mathbf{u}\|\|\mathbf{v}\| \cos\theta.$$
$$\overrightarrow{PQ} = \mathbf{v} - \mathbf{u}, \ \|\mathbf{u}\|\|\mathbf{v}\| \cos\theta = \mathbf{u} \cdot \mathbf{v}$$

이므로

$$\begin{aligned} 2(\mathbf{u} \cdot \mathbf{v}) &= \|\mathbf{u}\|^2 + \|\mathbf{v}\|^2 - \|\mathbf{v} - \mathbf{u}\|^2 \\ &= u_1^2 + u_2^2 + v_1^2 + v_2^2 \\ &\quad - (u_1^2 - 2u_1v_1 + v_1^2 + u_2^2 - 2u_2v_2 + v_2^2) \\ &= 2u_1v_1 + 2u_2v_2. \\ \therefore\ \mathbf{u} \cdot \mathbf{v} &= u_1v_1 + u_2v_2. \end{aligned}$$

내적이 성분에 관한 식으로 표현되었다.

공간벡터

$$\mathbf{u} = \begin{bmatrix} u_1 \\ u_2 \\ u_3 \end{bmatrix}, \mathbf{v} = \begin{bmatrix} v_1 \\ v_2 \\ v_3 \end{bmatrix}$$

의 경우에도, 같은 방법으로,

$$\mathbf{u} \cdot \mathbf{y} = u_1v_1 + u_2v_2 + u_3v_3$$

가 성립한다.

성분에 관한 식

이 사실로부터 다음을 쉽게 증명할 수 있다.

$\boldsymbol{R}^3$ (또는 $\boldsymbol{R}^2$) 의 임의의 벡터 $\mathbf{u}, \mathbf{v}, \mathbf{w}$와 임의의 실수 k에 대하여 다음 4가지 조건이 성립한다.

(i) $\mathbf{u} \cdot \mathbf{v} = \mathbf{v} \cdot \mathbf{u}$

(ii) $\mathbf{u} \cdot (\mathbf{v} + \mathbf{w}) = \mathbf{u} \cdot \mathbf{v} + \mathbf{u} \cdot \mathbf{w}$

(iii) $(k\mathbf{u}) \cdot \mathbf{v} = k(\mathbf{u} \cdot \mathbf{v}) = \mathbf{u} \cdot (k\mathbf{v})$

(iv) $\mathbf{u} \cdot \mathbf{v} \geq 0$이고, 등호가 성립할 필요충분조건은 $\mathbf{u} = \mathbf{0}$.

내적의 조건

- **벡터의 직교와 평행** $\mathbf{0}$ 이 아닌 벡터 $\mathbf{u}, \mathbf{v}$ 사이의 각을 θ 라고 하자.
- $\theta = 90°$ 일 때, $\mathbf{u}, \mathbf{v}$ 는 **직교** 또는 서로 **수직**이라 하고 $\mathbf{u} \perp \mathbf{v}$ 로 나타낸다.
- $\theta = 0°$ 또는 $\theta = 180°$ 일 때, $\mathbf{u}, \mathbf{v}$ 는 **평행**하다고 하고 $\mathbf{u} /\!/ \mathbf{v}$ 로 나타낸다.

$$\mathbf{u} \cdot \mathbf{v} = \|\mathbf{u}\| \|\mathbf{v}\| \cos\theta$$

이므로

$$\theta = 90° \Leftrightarrow \cos\theta = 0 \Leftrightarrow \mathbf{u} \cdot \mathbf{v} = 0.$$

$$\theta = 0° \text{ 또는 } \theta = 180° \Leftrightarrow \cos\theta = \pm 1 \Leftrightarrow \mathbf{u} \cdot \mathbf{v} = \pm \|\mathbf{u}\| \|\mathbf{v}\|.$$

벡터 $\mathbf{u} \neq \mathbf{0}, \mathbf{v} \neq \mathbf{0}$ 에 대하여

(1) $\mathbf{u} \perp \mathbf{v} \Leftrightarrow \mathbf{u} \bullet \mathbf{v} = 0.$

(2) $\mathbf{u} /\!/ \mathbf{v} \Leftrightarrow \mathbf{u} \bullet \mathbf{v} = \pm \|\mathbf{u}\| \|\mathbf{v}\|.$

직선과 평면의 방정식

- **직선의 방정식**

이 조건을 만족하는 직선 L은 하나로 결정된다.

직선의 결정 조건

주어진 점 $P_0(x_0, y_0, z_0)$를 지나고

주어진 벡터 $\mathbf{u} = \begin{bmatrix} a \\ b \\ c \end{bmatrix}$와 평행하다.

이 벡터 $\mathbf{u}$를 L의 **방향벡터**라고 한다.

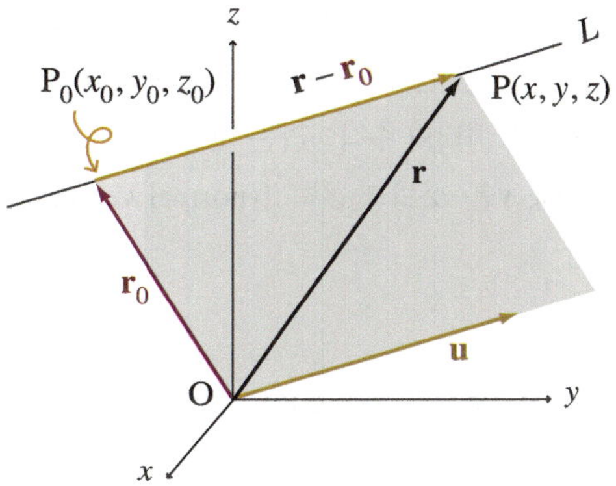

$\mathbf{r}_0 = \overrightarrow{OP_0}$ 이라고 하자.

직선 L 위의 점 $P(x, y, z)$의 위치벡터를 $\mathbf{r}$ 이라고 할 때, $\overrightarrow{P_0P} = \mathbf{r} - \mathbf{r}_0$ 이므로

$$\begin{aligned} L /\!/ \mathbf{u} &\Leftrightarrow (\mathbf{r} - \mathbf{r}_0) /\!/ \mathbf{u} \\ &\Leftrightarrow \mathbf{r} - \mathbf{r}_0 = t\mathbf{u}, (t \in \boldsymbol{R}) \\ &\Leftrightarrow \mathbf{r} = \mathbf{r}_0 + t\mathbf{u}, (t \in \boldsymbol{R}). \end{aligned}$$

여기서 얻어지는 마지막 등식

$$\mathbf{r} = \mathbf{r}_0 + t\mathbf{u}, (t \in \boldsymbol{R}) \quad \cdots\cdots ①$$

을 L 의 **벡터방정식**이라고 한다.

①은

$$\begin{bmatrix} x \\ y \\ z \end{bmatrix} = \begin{bmatrix} x_0 + ta \\ y_0 + tb \\ z_0 + tc \end{bmatrix}, (t \in \boldsymbol{R}),$$

즉,

$$\begin{cases} x = x_0 + ta \\ y = y_0 + tb \ , \ (t \in \boldsymbol{R}) \\ z = z_0 + tc \end{cases} \quad \cdots\cdots ②$$

와 같이 표현될 수 있다.

②를 L의 **매개변수방정식**이라고 한다.

● **평면의 방정식** 벡터 $\mathbf{v}$가 평면 α와 **수직**이라는 것 ($\mathbf{v}\perp\alpha$로 표현)은 $\mathbf{v}$가 시점과 종점이 모두 α에 속하는 임의의 벡터와 수직이라는 것이다.
$\mathbf{v}\perp\alpha$일 때, $\mathbf{v}$를 α의 **법선벡터**(normal vector)라고 한다.

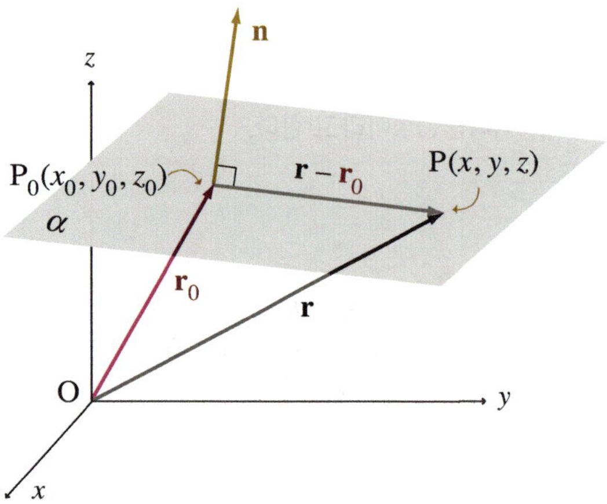

$\mathbf{r}_0=\overrightarrow{OP_0}$ 라고 하자.
평면 α 위의 점 $P(x, y, z)$의 위치벡터를 $\mathbf{r}$ 이라고 할 때, $\overrightarrow{P_0P}=\mathbf{r}-\mathbf{r}_0$ 이므로

$$\mathbf{n}\perp\alpha \Leftrightarrow \mathbf{n}\cdot\overrightarrow{P_0P}= \;=0$$
$$\Leftrightarrow \mathbf{n}\cdot(\mathbf{r}-\mathbf{r}_0)=0.$$

따라서 α의 벡터방정식은

$$\mathbf{n}\cdot(\mathbf{r}-\mathbf{r}_0)=0. \quad\cdots\cdots\cdots ③$$

한편

$$\mathbf{n}=\begin{bmatrix} a \\ b \\ c \end{bmatrix},\ \mathbf{r}-\mathbf{r}_0=\begin{bmatrix} x-x_0 \\ y-y_0 \\ z-y_0 \end{bmatrix}$$

이므로 ③은

$$a(x-x_0)+b(y-y_0)+c(z-z_0)=0 \quad\cdots\cdots ④$$

와 같이 표현될 수 있다.
④를 α의 방정식의 **점-법선형**이라고 한다.

방정식 ④는 좌변을 전개하여 정리함으로써

$$ax+by+cz+d=0 \quad\cdots\cdots\cdots ⑤$$

과 같이 표현된다.
⑤를 α의 방정식의 **일반형**이라고 한다.

● **평면의 법선벡터**

평면

$$ax+by+cz+d=0 \quad\cdots\cdots\cdots ⑥$$

의 법선벡터는

$$\mathbf{n}=\begin{bmatrix} a \\ b \\ c \end{bmatrix}.$$

왜냐하면, ⑥상의 임의의 두 점

$$P(x_1, y_1, z_1),\ Q(x_2, y_2, z_2)$$

에 대하여,

$$ax_1+by_1+cz_1+d=0,\quad ax_2+by_2+cz_2+d=0$$

이므로

$$a(x_2-x_1)+b(y_2-y_1)+c(z_2-z_1)=0,$$

즉, $\mathbf{n}\cdot\overrightarrow{PQ}=0.$

● 점과 평면, 점과 직선 사이의 거리

좌표공간에서, 평면

$$ax + by + cz + d = 0 \quad \cdots\cdots\cdots\cdots \text{⑦}$$

밖의 한 점 $\mathrm{P}(x_1, y_1, z_1)$ 에서 이 평면까지의 거리를 D라고 하자. P에서 ⑦에 내린 수선의 발을 $\mathrm{H}(x_0, y_0, z_0)$ 라고 하면

$$ax_0 + by_0 + cz_0 + d = 0. \quad \cdots\cdots\cdots \text{⑧}$$

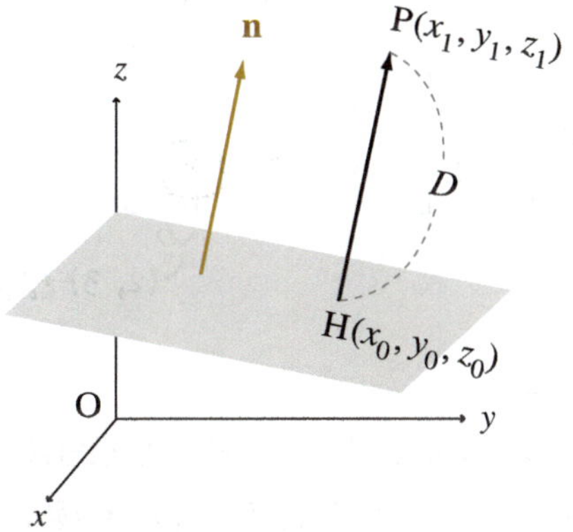

⑦의 법선벡터는

$$\mathbf{n} = \begin{bmatrix} a \\ b \\ c \end{bmatrix}$$

이므로 $\mathbf{n} \mathbin{/\!/} \overrightarrow{\mathrm{HP}}$ 이고, 따라서

(0° 또는 180°)

$$\mathbf{n} \cdot \overrightarrow{\mathrm{HP}} = \|\mathbf{n}\| \, \|\overrightarrow{\mathrm{HP}}\| \cos\theta = \pm \|\mathbf{n}\| D. \quad \cdots \text{⑨}$$

한편

$$\begin{aligned} \mathbf{n} \cdot \overrightarrow{\mathrm{HP}} &= a(x_1 - x_0) + b(y_1 - y_0) + c(z_1 - z_0) \\ &= ax_1 + by_1 + cz_1 + (-ax_0 - by_0 - cz_0) \\ &\overset{\text{⑦}}{=} ax_1 + by_1 + cz_1 + d. \quad \cdots\cdots\cdots\cdots\cdots\cdots \text{⑩} \end{aligned}$$

⑨, ⑩에서

$$\|\mathbf{n}\| D = |\, ax_1 + by_1 + cz_1 + d \,|.$$

$$\therefore \quad D = \frac{|\, ax_1 + by_1 + cz_1 + d \,|}{\sqrt{a^2 + b^2 + c^2}}.$$

같은 방법으로 좌표평면에서 직선

$$ax + by + c = 0$$

밖의 한 점 $\mathrm{P}(x_1, y_1)$ 에서 이 직선까지의 거리 D는 다음과 같음을 증명할 수 있다.

$$\therefore \quad D = \frac{|\, ax_1 + by_1 + c \,|}{\sqrt{a^2 + b^2}}.$$

정사영

좌표공간의 직선 또는 평면 W에 대하여 점 P에서 W에 내린 수선의 발을 P의 W 상에의 **정사영**이라고 한다. 벡터 $\mathbf{u} = \overrightarrow{\mathrm{AB}}$ 에 대하여, A, B의 W 상에의 정사영을 각각 A′, B′이라고 할 때, $\overrightarrow{\mathrm{A'B'}}$을 $\mathbf{u}$의 W 상에의 정사영이라 하고

$$\mathrm{proj}_W \mathbf{u}$$

로 나타낸다.

행렬

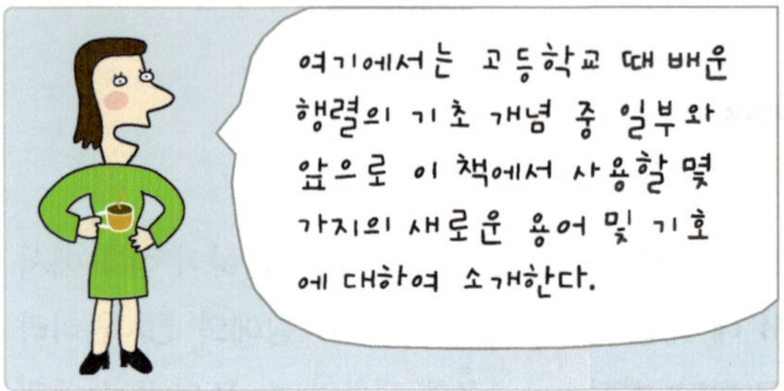

행렬의 뜻

일단의 수를 다음과 같이 직사각형꼴로 배열한 것을 **행렬**(matrix)이라고 한다.

$$\begin{bmatrix} a_{11} & a_{12} & \cdots & a_{1n} \\ a_{21} & a_{22} & \cdots & a_{2n} \\ \vdots & \vdots & & \vdots \\ a_{m1} & a_{m2} & \cdots & a_{mn} \end{bmatrix}$$

이 때,

$$[a_{11}, a_{12}, \cdots, a_{1n}],$$
$$[a_{21}, a_{22}, \cdots, a_{2n}],$$
$$\cdots$$
$$[a_{m1}, a_{m2}, \cdots, a_{mn}]$$

을 이 행렬의 1 행, 2 행, $\cdots$, m 행이라고 하고,

$$\begin{bmatrix} a_{11} \\ a_{21} \\ \vdots \\ a_{m1} \end{bmatrix}, \begin{bmatrix} a_{12} \\ a_{22} \\ \vdots \\ a_{m2} \end{bmatrix}, \cdots, \begin{bmatrix} a_{1n} \\ a_{2n} \\ \vdots \\ a_{mn} \end{bmatrix}$$

을 이 행렬의 1열, 2열, $\cdots$, n열이라고 한다.
1행, 2행, $\cdots$, m행을 통틀어서 **행**(row)이라 하고, 1열, 2열, $\cdots$, m열을 통틀어서 **열**(column)이라고 한다. i 행, j 열에 위치한 성분을 **(i, j)-성분**((i, j)-entry)이라고 한다.

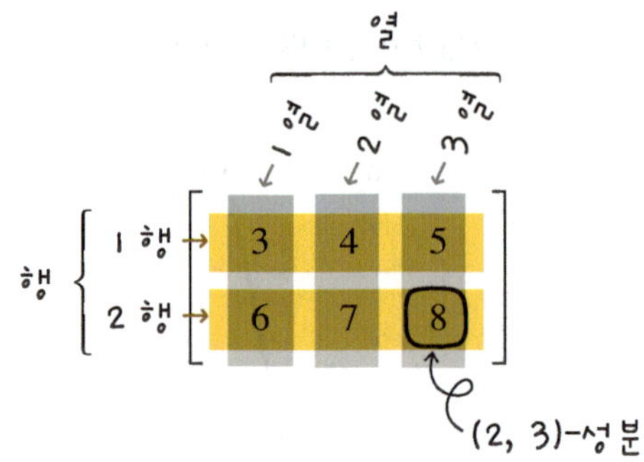

• 행렬의 크기

행의 개수가 m이고 열의 개수가 n인 행렬을 **크기**(size)가 $m \times n$인 행렬 또는 간단히 $m \times n$행렬이라고 한다. $m \times n$행렬 A를 크기와 함께 나타내고자할 때는

$$A_{m \times n}$$

과 같이 나타내기도 한다.
실수를 성분으로 하는 행렬을 **실행렬**(real matrix), 복소수를 성분으로 하는 행렬을 **복소행렬**(complex matrix)이라고 한다. $m \times n$ 실행렬 전체의 집합을

$$\mathrm{Mat}_{m \times n}(\boldsymbol{R})$$

로 나타낸다.

행렬의 서로 같음

보통 $A = [a_{ij}]$ 라고 쓴 것은

$$a_{ij} = (A\text{의 } (i, j)\text{-성분})$$

임을 나타내는 것으로 한다.

행렬 $A=[a_{ij}]_{m\times n}$, $B=[b_{ij}]_{p\times q}$가 서로 같다는 것은

(i) A, B의 크기가 서로 같고, 즉, $m=p, n=q$이고,

(ii) 대응하는 성분이 같을 때, 즉, 각 $i=1,\cdots,m$, 각 $j=1,\cdots,n$에 대하여,

$$a_{ij}=b_{ij}$$

일 때를 뜻한다.

A와 B가 서로 같을 때 이를

$$A=B$$

와 같이 나타낸다. A, B가 서로 같지 않을 때는 이를

$$A\neq B$$

로 나타낸다.

$[1\ \ 2\ \ 3\ \ 4]$ $\begin{bmatrix}5\\6\\7\end{bmatrix}$

$1\times n$ 행렬을 **행벡터**(row vector), $n\times 1$행렬을 **열벡터**(column vector)로 부르기도 한다. (단, n은 임의의 자연수).

행렬의 각 행은 행벡터이고, 각 열은 열벡터이다.

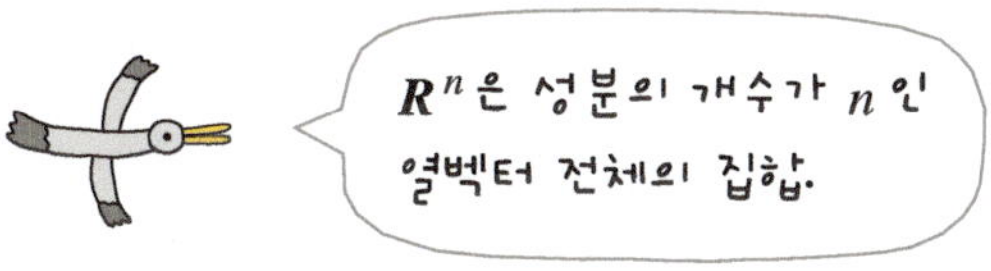

행렬 A는 i행을 $\mathbf{r}_i$, j열을 $\mathbf{c}_j$로 이름 붙여

$$A=\begin{bmatrix}\mathbf{r}_1\\\mathbf{r}_2\\\vdots\\\mathbf{r}_m\end{bmatrix},\qquad A=[\mathbf{c}_1,\mathbf{c}_1,\cdots,\mathbf{c}_n]$$

와 같이 나타낸다.

$$A=\begin{bmatrix}a_{11}&a_{12}&\cdots&a_{1n}\\a_{21}&a_{22}&\cdots&a_{2n}\\\vdots&\vdots&&\vdots\\a_{m1}&a_{m2}&\cdots&a_{mn}\end{bmatrix}=\begin{bmatrix}\mathbf{r}_1\\\mathbf{r}_2\\\vdots\\\mathbf{r}_m\end{bmatrix}$$

$$A=\begin{bmatrix}a_{11}&a_{12}&\cdots&a_{1n}\\a_{21}&a_{22}&\cdots&a_{2n}\\\vdots&\vdots&&\vdots\\a_{m1}&a_{m2}&\cdots&a_{mn}\end{bmatrix}=\begin{bmatrix}\mathbf{c}_1&\mathbf{c}_2&\cdots&\mathbf{c}_n\end{bmatrix}$$

$m\times n$행렬 A, B에 대하여,

$$A=\begin{bmatrix}\mathbf{r}_1\\\mathbf{r}_2\\\vdots\\\mathbf{r}_m\end{bmatrix},\quad B=\begin{bmatrix}\mathbf{s}_1\\\mathbf{s}_2\\\vdots\\\mathbf{s}_m\end{bmatrix}$$

일 때,

$$A=B\Leftrightarrow \mathbf{r}_i=\mathbf{s}_i,\ (i=1,2,\cdots,m)$$

이고, 또,

$$A=[\mathbf{u}_1,\mathbf{u}_2,\cdots,\mathbf{u}_n],\ B=[\mathbf{v}_1,\mathbf{v}_2,\cdots,\mathbf{v}_n]$$

일 때,

$$A=B\Leftrightarrow \mathbf{u}_j=\mathbf{v}_j,\ (j=1,2,\cdots,n)$$

이다.

행의 개수와 열의 개수가 같은 행렬을 **정사각행렬**(square matrix)이라고 한다. 정사각행렬 A의 행의 개수를 A의 **차수**(order)라고 하며, 차수가 n인 정사각행렬은 **n차 정사각행렬**이라고 한다.

n차 정사각 실행렬 전체의 집합을

$$\mathrm{Mat}_n(\boldsymbol{R})$$

로 나타낸다.

영행렬과 단위행렬

모든 성분이 0인 행렬을 **영행렬**(zero matrix)이라 하고

$$O$$

로 나타낸다. 이를테면,

$$O_{2\times 3}=\begin{bmatrix} 0 & 0 & 0 \\ 0 & 0 & 0 \end{bmatrix}.$$

행렬 A에 대하여

$$A+X=O=X+A$$

를 만족하는 행렬 X를

$$-A$$

로 나타낸다. 이를테면

$$A=\begin{bmatrix} 2 & 3 & 4 \\ 5 & 6 & 7 \end{bmatrix} \text{일 때, } -A=\begin{bmatrix} -2 & -3 & -4 \\ -5 & -6 & -7 \end{bmatrix}.$$

n차 정사각 행렬 A의 $(1, 1)$-성분, $(2, 2)$-성분, $\cdots$, (n, n)-성분을 A의 **대각성분**(diagonal enries)이라고 한다. A의 대각성분이 놓여 있는 위치 전체를 A의 **대각선**(diagonal)이라고 한다.

대각성분 이외의 성분이 모두 0인 행렬을 **대각행렬**(diagonal matrix)이라고 한다.

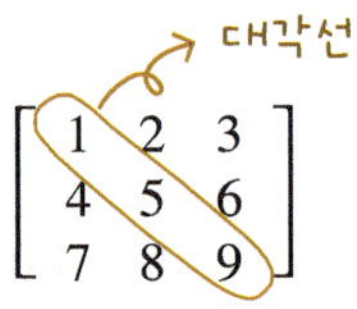

대각성분은 모두 1이고 그 이외의 성분은 모두 0인 정사각행렬을 **단위행렬**(identity matrix)이라 하고

$$I$$

로 나타낸다. 특히 n 차 단위행렬은

$$I_n$$

과 같이 나타내기도 한다.

$$I_2=\begin{bmatrix} 1 & 0 \\ 0 & 1 \end{bmatrix},\ I_3=\begin{bmatrix} 1 & 0 & 0 \\ 0 & 1 & 0 \\ 0 & 0 & 1 \end{bmatrix}.$$

이 책에서는 단위행렬의 j 열을

$$\mathbf{e}_j$$

로 나타낸다.

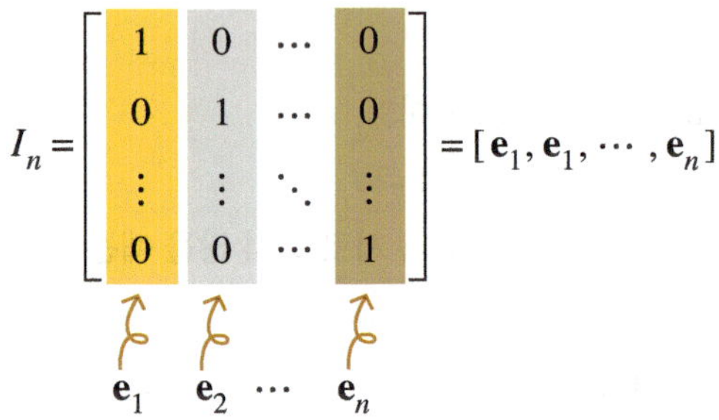

함수

함수 $f: X \to Y$와 $A \subset X$에 대하여,

$$\{f(a) \mid a \in A\}$$

를 **f에 의한 A의 상**이라하고 $f(A)$로 나타낸다.
특히 $f(X)$는 보통 $\mathrm{im}(f)$로 나타낸다.

함수 $f: X \to Y$에 대하여 조건

$$x_1 \neq x_2 \Rightarrow f(x_1) \neq f(x_2),\ (x_1, x_2 \in X)$$

이 성립할 때, f는 **단사**(one-to-one)라고 한다.
한편 $\mathrm{im}(f) = Y$일 때, f는 **전사**(onto)라고 한다.
전사인 동시에 단사인 함수를 **전단사**(bijection)라고 한다. 전단사 함수 $f: X \to Y$는 역함수

$$f^{-1}: Y \to X$$

를 가진다.

정의로부터 다음이 성립함을 쉽게 알 수 있다.

- 함수 $f: X \to Y$가 단사일 필요충분조건은
$$f(x_1) = f(x_2) \Rightarrow x_1 = x_2.$$
- 함수 $f: X \to Y$가 전사일 필요충분조건은 각 $y \in Y$에 대하여 $f(x) = y$인 $x \in X$가 존재할 것이다.

$f(x) = x$로 정의되는 함수 $f: X \to X$를 X 상의 **항등함수**라 하고 id_X로 나타낸다.

함수 $f: X \to Y,\ g: Y \to Z$의 **합성함수**는 $g \circ f$로 나타낸다.

집합과 논리기호

이 책은 다음 기호를 사용한다. 여기서 p, q는 명제를 나타내고 S는 집합을 나타낸다.

는(은)	을 나타낸다.
$\boldsymbol{R}$	실수 전체의 집합
$\boldsymbol{C}$	복소수 전체의 집합
$\varnothing$	공집합
$p \Rightarrow q$	p이면 q이다.
$p \Leftrightarrow q$	p일 필요충분조건은 q이다.
$\forall x \in S$	임의의 $x \in S$에 대하여
$p, (i = 1, 2, \cdots)$	모든 $i = 1, 2, \cdots$에 대하여 p
$\therefore$	그러므로
$\because$	왜냐하면

예 (1) 「$a^2 \geq 0, (\forall a \in \boldsymbol{R})$」은 「임의의 실수 a에 대하여, a^2은 음이 아니」라는 뜻이다.
(2) 「$n^2 \geq n, (n = 1, 2, \cdots)$」은 「모든 $n = 1, 2, \cdots$에 대하여, $n^2 \geq n$」이란 뜻이다.

1 연립일차방정식과 행렬

아마도 가장 중요한 수학 문제는 연립일차방정식일 것이다.

과학이나 산업 현장에서 만나는 문제의 4분의 3은 연립일차방정식을 푸는 문제와 결부되어 있다. 흔히 우리가 만나는 문제는 연립일차방정식의 문제가 아니지만 사람들은 현대 수학의 방법으로 복잡한 문제를 간단한 연립일차방정식 문제로 바꾼다.

연립방정식은 경영학, 경영학, 생태학, 전자, 공학, 물리학 등 다양한 방면에서 사용된다.

1-1 연립일차방정식

이 절의 학습내용

- 계수행렬 / • 상수벡터 / • 확장행렬
- 행에 관한 기본변형(ERO)
- 선두 1
- 행사다리꼴 행렬 / • 축소 행사다리꼴 행렬(rref)
- 선두열 / • 선두변수 / • 자유열 / • 자유변수
- 일차 동차 연립방정식 / • 자명한 해

연립일차방정식

다음 연립일차방정식 ㉮, ㉯, ㉰를 관찰하여 보자.

$$㉮ \begin{cases} 2x + y = 4 & \cdots\cdots ① \\ x + y = 3 & \cdots\cdots ② \end{cases}$$

①에서 ②를 뺀다. ⇓ ⇑ ①′에 ②′을 더한다.

$$㉯ \begin{cases} x \quad\;\; = 1 & \cdots\cdots ①' \\ x + y = 3 & \cdots\cdots ②' \end{cases}$$

②′에서 ①′을 뺀다. ⇓ ⇑ ②″에 ①″을 더한다.

$$㉰ \begin{cases} x = 1 & \cdots\cdots ①'' \\ y = 2 & \cdots\cdots ②'' \end{cases}$$

㉮의 해 → ㉰

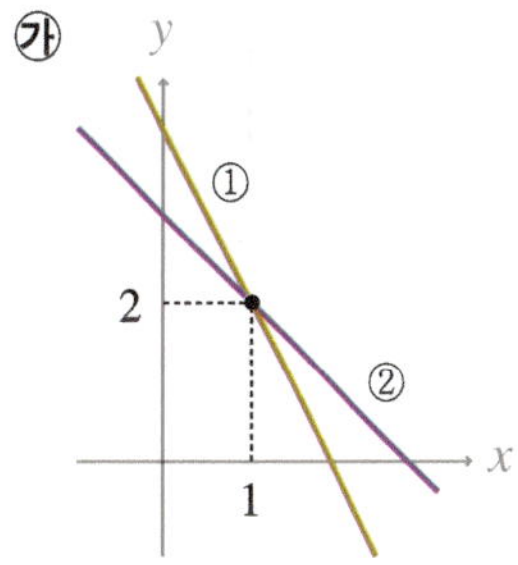

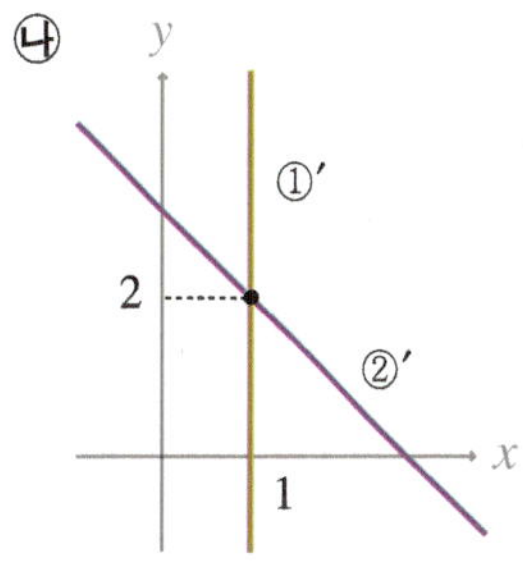

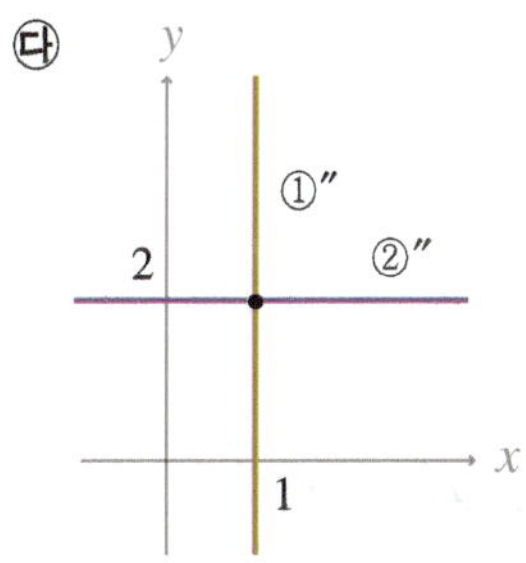

연립일차방정식 ㉮를 행렬을 이용하여 푸는 방법을 생각하여 보자.
㉮의 **계수행렬**, **상수벡터**, **확장행렬**을 다음과 같이 정의한다.

◀ 係數行列 coefficient matrix
常數벡터 constant vector
擴張行列 augmented matrix

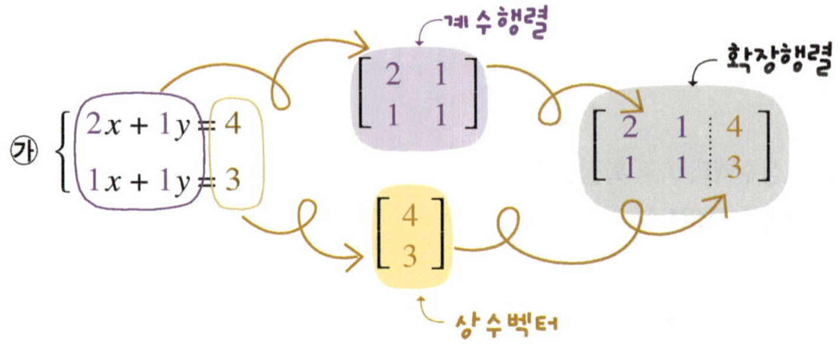

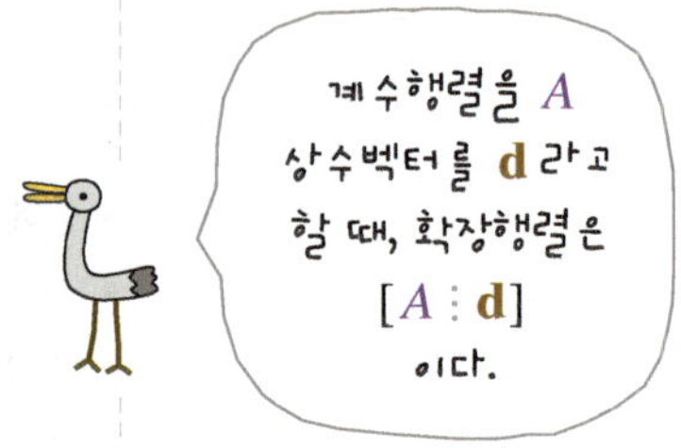

연립일차방정식 ㉮의 다음 풀이의 각 과정은 아래와 같이 확장행렬의 행에 대한 조작으로 수행될 수 있다.

$$\begin{cases} 2x+y=4 & ① \\ x+y=3 & ② \end{cases} \qquad \begin{array}{c} \begin{matrix} x & y & \end{matrix} \\ \left[\begin{array}{cc:c} 2 & 1 & 4 \\ 1 & 1 & 3 \end{array}\right] \end{array}$$

①, ②를 서로 바꾼다.   1행, 2행을 서로 바꾼다.

$$\begin{cases} x+y=3 & ①' \\ 2x+y=4 & ②' \end{cases} \qquad \left[\begin{array}{cc:c} 1 & 1 & 3 \\ 2 & 1 & 4 \end{array}\right]$$

①′의 −2배를 ②′에 더한다.   1행의 −2배를 2행에 더한다.

$$\begin{cases} x+y=3 & ①'' \\ -y=-2 & ②'' \end{cases} \qquad \left[\begin{array}{cc:c} 1 & 1 & 3 \\ 0 & -1 & -2 \end{array}\right]$$

②″을 −1배한다.   2행을 −1배한다.

$$\begin{cases} x+y=3 & ①''' \\ y=2 & ②''' \end{cases} \qquad \left[\begin{array}{cc:c} 1 & 1 & 3 \\ 0 & 1 & 2 \end{array}\right]$$

②‴의 −1배를 ①‴에 더한다.   2행의 −1배를 1열에 더한다.

$$\begin{cases} x \quad\; =1 & ①'''' \\ y=2 & ②'''' \end{cases} \qquad \begin{array}{c} \begin{matrix} x & y & \end{matrix} \\ \left[\begin{array}{cc:c} 1 & 0 & 1 \\ 0 & 1 & 2 \end{array}\right] \end{array}$$

∴ ㉮의 해는 $x=1, y=2$ 또는 $\begin{bmatrix} x \\ y \end{bmatrix} = \begin{bmatrix} 1 \\ 2 \end{bmatrix}$.

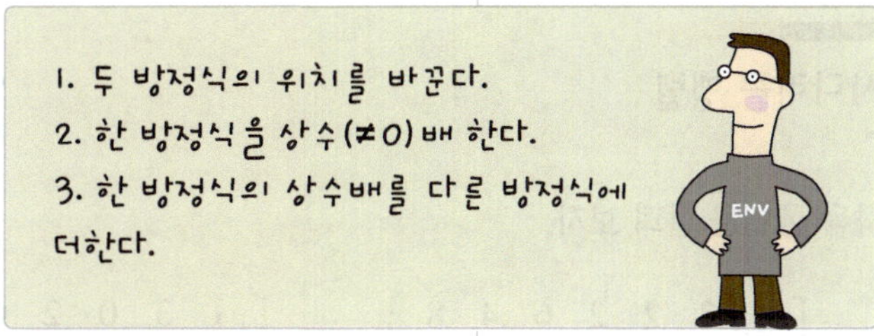

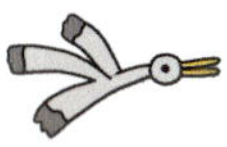

연립방정식의 방정식에 시행하는 이러한 조작은
확장행렬에서는 행에 시행하는 조작으로 바뀐다.

정의 행렬의 행에 시행하는 다음 3가지 종류의 조작을 **행에 관한 기본변형 (ERO)** 이라고 한다.

(i) 두 행의 위치를 서로 바꾼다.

(ii) 한 행을 상수$(\neq 0)$배 한다.

(iii) 한 행의 상수배를 다른 행에 더한다.

◀ 行에 관한 基本變形
Elementary **R**ow **O**peration

예제 1.1.1

다음 연립일차방정식을 풀어라.

$$\begin{aligned} x + 2y + 2z &= 7 \\ 3y + 3z &= 9 \\ x + 2y + 3z &= 8 \end{aligned}$$

풀이 확장행렬에서 출발하여 다음과 같이 ERO를 시행한다.

$$\begin{bmatrix} 1 & 2 & 2 & 7 \\ 0 & 3 & 3 & 9 \\ 1 & 2 & 3 & 8 \end{bmatrix} \xrightarrow{\text{2행을 1/3배}} \begin{bmatrix} 1 & 2 & 2 & 7 \\ 0 & 1 & 1 & 3 \\ 1 & 2 & 3 & 8 \end{bmatrix} \xrightarrow{\text{1행의 -1배를 3행에 더함}} \begin{bmatrix} 1 & 2 & 2 & 7 \\ 0 & 1 & 1 & 3 \\ 0 & 0 & 1 & 1 \end{bmatrix}$$

(열: x y z)

주어진 연립방정식의 확장행렬

$$\xrightarrow{\text{2행의 -2배를 1행에 더함}} \begin{bmatrix} 1 & 0 & 0 & 1 \\ 0 & 1 & 1 & 3 \\ 0 & 0 & 1 & 1 \end{bmatrix} \xrightarrow{\text{3행의 -1배를 2행에 더함}} \begin{bmatrix} 1 & 0 & 0 & 1 \\ 0 & 1 & 0 & 2 \\ 0 & 0 & 1 & 1 \end{bmatrix}$$

그러므로 구하는 해는

$$x = 1, y = 2, z = 1. \quad ◇$$

사다리꼴 행렬

다음 행렬을 살펴 보자.

$$A=\begin{bmatrix}1&3&2&2&6&4&8\\0&0&1&5&4&3&2\\0&0&0&0&1&2&4\\0&0&0&0&0&1&5\\0&0&0&0&0&0&0\\0&0&0&0&0&0&0\end{bmatrix},\quad B=\begin{bmatrix}1&3&0&2&0&0&8\\0&0&1&5&0&0&2\\0&0&0&0&1&0&4\\0&0&0&0&0&1&5\\0&0&0&0&0&0&0\\0&0&0&0&0&0&0\end{bmatrix}.$$

위의 행렬 A는 다음 조건을 만족한다.

(i) 각 행의 첫 번 째 영 아닌 성분은 1이다.
(이 1을 그 행의 **선두1**이라고 한다.)

◀ 先頭 1 leading 1

(ii) 두 행 중 아랫쪽 행의 선두1은 윗쪽 행의 선두1보다 우측 하방에 있다. (따라서 선두 1의 아랫쪽 성분은 모두 0이다.)

(iii) 모든 성분이 0인 행은(그러한 행이 있는 경우) 0 아닌 성분을 가지는 임의의 행보다 아랫쪽에 위치한다.

조건 (i), (ii), (iii)을 만족하는 행렬을 **행사다리꼴** 행렬이라고 한다.

◀ 行사다리꼴 row-echelon form

행렬 B와 같이 행사다리꼴 행렬로서 다음 조건

(iv) 선두1의 아랫쪽, 윗쪽 성분은 모두 0이다.

까지 만족하는 것을 **축소행사다리꼴** 행렬이라고 한다.

◀ 縮小行사다리꼴 reduced row-echelon form

$$\begin{bmatrix}1&3&2&2&6&4&8\\0&0&1&5&4&3&2\\0&0&0&0&1&2&4\\0&0&0&0&0&1&5\\0&0&0&0&0&0&0\\0&0&0&0&0&0&0\end{bmatrix}$$

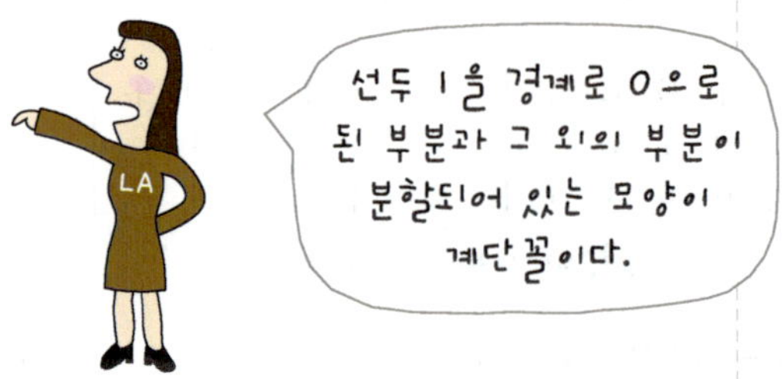

연립일차방정식은 확장행렬에 ERO를 시행하여 계수행렬 부분을 축소행사다리꼴로 변환하여 다음 예제와 같이 푼다

예제 1.1.2

다음 연립일차방정식을 풀어라.

(1) $\begin{aligned} x \quad\;\; + 3z &= 4 \\ y + 2z &= 2 \\ x + 2y + 7z &= 8 \end{aligned}$　　(2) $\begin{aligned} x \quad\;\; + 3z &= 4 \\ y + 2z &= 2 \\ x + 2y + 7z &= 9 \end{aligned}$

풀이 확장행렬에서 출발하여 다음과 같이 ERO를 시행한다.

1행의 -1배를 3행에 더함

$$(1)\begin{bmatrix} 1 & 0 & 3 & 4 \\ 0 & 1 & 2 & 2 \\ 1 & 2 & 7 & 8 \end{bmatrix} \rightarrow \begin{bmatrix} 1 & 0 & 3 & 4 \\ 0 & 1 & 2 & 2 \\ 0 & 2 & 4 & 4 \end{bmatrix} \rightarrow \begin{bmatrix} 1 & 0 & 3 & 4 \\ 0 & 1 & 2 & 2 \\ 0 & 0 & 0 & 0 \end{bmatrix}.$$

2행의 -2배를 3행에 더함　　축소행사다리꼴

마지막 행렬로 부터 (1)은 다음 연립방정식과 동치임을 알 수 있다.

$$\begin{cases} x \quad\;\; + 3z = 4 \\ y + 2z = 2 \end{cases}.$$

z는 임의로 값을 취하고 x, y는 z값에 의존한다.

그러므로 (1)의 해는

$$\begin{cases} x = -3z + 4 \\ y = -2z + 2 \\ z\text{는 임의의 실수값} \end{cases} \quad \text{또는} \quad \begin{cases} x = -3t + 4 \\ y = -2t + 2 \\ z = t, (t \in \boldsymbol{R}) \end{cases}.$$

다른 표현법

$$\begin{bmatrix} x \\ y \\ z \end{bmatrix} = \begin{bmatrix} -3t + 4 \\ -2t + 2 \\ t \end{bmatrix}, (t \in \boldsymbol{R})$$

1행의 -1배를 3행에 더함

$$(2)\begin{bmatrix} 1 & 0 & 3 & 4 \\ 0 & 1 & 2 & 2 \\ 1 & 2 & 7 & 9 \end{bmatrix} \rightarrow \begin{bmatrix} 1 & 0 & 3 & 4 \\ 0 & 1 & 2 & 2 \\ 0 & 2 & 4 & 5 \end{bmatrix} \rightarrow \begin{bmatrix} 1 & 0 & 3 & 4 \\ 0 & 1 & 2 & 2 \\ 0 & 0 & 0 & 1 \end{bmatrix}.$$

2행의 -2배를 3행에 더함　　축소행사다리꼴

마지막 행렬의 끝 행은

$$0x + 0y + 0z = 1$$

을 나타낸다. 이 방정식을 만족하는 x, y, z는 존재하지 않으므로 (2)는 해를 가지지 않는다. ◘

계수행렬이 축소행사다리꼴인 연립일차방정식의 확장행렬에서, 선두 1을 포함하는 열을 **선두열**이라 하고, 선두열이 이고 있는 변수를 **선두변수**라고 한다. 또 선두변수가 아닌 변수를 **자유변수**라 하고, 자유변수를 이고 있는 열을 **자유열**이라고 한다.

◂ 先頭列 leading column
先頭變數 leading variable
自由變數 free variable
自由列 free column

이상의 논의에서 다음 정리가 성립함을 알 수 있다.

정리 1.1.3

계수행렬이 축소행사다리꼴인 연립일차방정식이 해를 가질 때

(1) 자유변수가 없을 경우 유일한 해를 가진다.

(2) 자유변수가 있을 경우 무수히 많은 해를 가진다. 이 때, 자유변수는 임의의 실수값을 취할수 있고 선두변수의 값은 이미 취한 자유변수의 값에 의존한다.

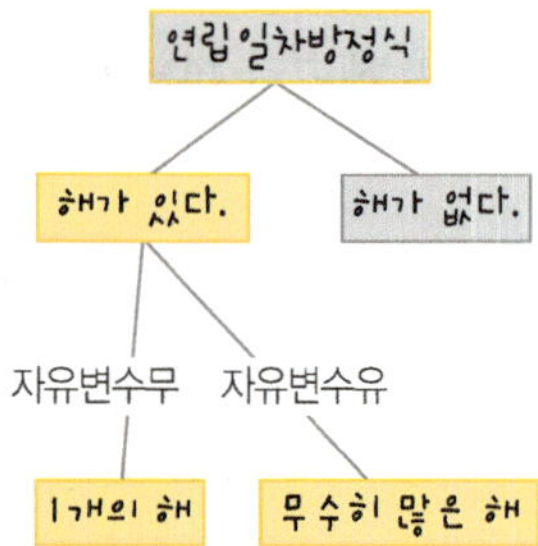

보기 1 (1) 예제 1.1.1의 연립방정식은 ㉮와 동치이고 그 해는 ㉯이다.

$$㉮ \begin{array}{c} \begin{matrix} x & y & z & \end{matrix} \\ \begin{bmatrix} 1 & 0 & 0 & 1 \\ 0 & 1 & 0 & 2 \\ 0 & 0 & 1 & 1 \end{bmatrix} \end{array}, \quad ㉯ \begin{bmatrix} x \\ y \\ z \end{bmatrix} = \begin{bmatrix} 4 \\ 2 \\ 1 \end{bmatrix}.$$

(2) 예제 1.1.2 (1)의 연립방정식의 해는 다음과 같이 무수히 많다.

$$\begin{bmatrix} -3t+4 \\ -2t+2 \\ t \end{bmatrix}_{t=0} = \begin{bmatrix} 4 \\ 2 \\ 0 \end{bmatrix}, \quad \begin{bmatrix} -3t+4 \\ -2t+2 \\ t \end{bmatrix}_{t=1} = \begin{bmatrix} 1 \\ 0 \\ 1 \end{bmatrix}, \cdots$$

확장행렬에 ERO를 시행하여 계수행렬 부분을 축소행사다리꼴로 변환 시킬 수 없는 경우는 어떻게?

그런 경우는 없다.

임의의 행렬은 ERO에 의하여 축소행사다리꼴 행렬로 변형될 수 있다. (일련의)

그 변형의 과정은 다음과 같다.

영아닌 성분을 가지는 첫번째 열을 잡는다.

㉮ $A = \begin{bmatrix} 0 & * & * & * & * & * & * \\ 0 & * & * & * & * & * & * \\ 0 & * & * & * & * & * & * \\ 0 & a & * & * & * & * & * \\ 0 & * & * & * & * & * & * \\ 0 & * & * & * & * & * & * \end{bmatrix}$ (a: 영아닌 성분)

→ 1행, 4행 위치 교환

㉯ $\begin{bmatrix} 0 & a & * & * & * & * & * \\ 0 & x_2 & * & * & * & * & * \\ 0 & x_3 & * & * & * & * & * \\ 0 & x_4 & * & * & * & * & * \\ 0 & x_5 & * & * & * & * & * \\ 0 & x_6 & * & * & * & * & * \end{bmatrix}$

→ 1행을 1/a배 한다.

짠! 첫번째 선두 1 등장!!

㉰ $\begin{bmatrix} 0 & 1 & * & * & * & * & * \\ 0 & x_2 & * & * & * & * & * \\ 0 & x_3 & * & * & * & * & * \\ 0 & x_4 & * & * & * & * & * \\ 0 & x_5 & * & * & * & * & * \\ 0 & x_6 & * & * & * & * & * \end{bmatrix}$

→ 1행의 $-x_2$배, $-x_3$배, $-x_4$배, $-x_5$배, $-x_6$배를 각각 2행, 3행, 4행, 5행, 6행에 더한다.

㉱ $\left[\begin{array}{cc|ccccc} 0 & 1 & * & * & * & * & * \\ \hline 0 & 0 & * & * & * & * & * \\ 0 & 0 & * & * & * & * & * \\ 0 & 0 & * & * & * & * & * \\ 0 & 0 & * & * & * & * & * \\ 0 & 0 & * & * & * & * & * \end{array}\right]$ (아래 오른쪽 부분: B)

마지막 행렬에서 B가 행사다리꼴일 때, ㉱는 행사다리꼴이다.
B가 행사다리꼴이 아닐 때, 위의 ㉮ → ㉯ → ㉰ → ㉱의 과정을 B에 적용한다. 이 과정을 반복하면 ㉮의 행렬 A는 ERO에 의하여 어떤 행사다리꼴 행렬 C로 변형된다.

C가 아래 왼쪽 행렬과 같다고 할 때, C는, 다음과 같이, ERO에 의하여 축소행사다리꼴 행렬 U로 변형된다.

$$C=\begin{bmatrix}0&1&*&a&*&*&*\\0&0&0&1&*&*&*\\0&0&0&0&0&1&*\\0&0&0&0&0&0&0\\0&0&0&0&0&0&0\\0&0&0&0&0&0&0\end{bmatrix}\longrightarrow\begin{bmatrix}0&1&*&0&*&x&*\\0&0&0&1&*&y&*\\0&0&0&0&0&1&*\\0&0&0&0&0&0&0\\0&0&0&0&0&0&0\\0&0&0&0&0&0&0\end{bmatrix}\longrightarrow\begin{bmatrix}0&1&*&0&*&0&*\\0&0&0&1&*&0&*\\0&0&0&0&0&1&*\\0&0&0&0&0&0&0\\0&0&0&0&0&0&0\\0&0&0&0&0&0&0\end{bmatrix}=U.$$

2행의 $-a$배를 1행에 더한다.

3행의 $-x$배, $-y$배를 각각 1행, 2행에 더한다.

일련의 ERO에 의하여 행렬 A가 행사다리꼴 행렬 C로 변형되어 가는 ㉮ → ㉱ 의 과정을 **가우스 소거법**이라 하고, 축소행사다리꼴 행렬 U까지 가는 전 과정을 **가우스 · 조르단 소거법**이라고 한다. 이 때, U를 **A의 축소행사다리꼴 행렬** 또는 간단히 **A의 rref**라고 한다.

reduced row echelon form

◂ 가우스 消去法 Gaussian elimination
가우스·조르단 消去法 Gauss-Jordan elimination

보기 2

$$A=\begin{bmatrix}0&3&6&6\\1&2&7&8\\2&8&22&24\end{bmatrix}$$

1행, 2행 위치 교환

$$\begin{bmatrix}1&2&7&8\\0&3&6&6\\2&8&22&24\end{bmatrix}$$

1행의 -2배를 3행에 더함

$$\begin{bmatrix}1&2&7&8\\0&3&6&6\\0&4&8&8\end{bmatrix}$$

2행을 1/3배

$$\begin{bmatrix}1&2&7&8\\0&1&2&2\\0&4&8&8\end{bmatrix}$$

2행의 -4배를 3행에 더함

$$\begin{bmatrix}1&2&7&8\\0&1&2&2\\0&0&0&0\end{bmatrix}$$

← row echelon form

2행의 -2배를 1행에 더함

$$\begin{bmatrix}1&0&3&4\\0&1&2&2\\0&0&0&0\end{bmatrix}$$

← reduced row echelon form

A의 rref

가우스 소거법 (↓)

가우스 · 조르단 소거법 (↓)

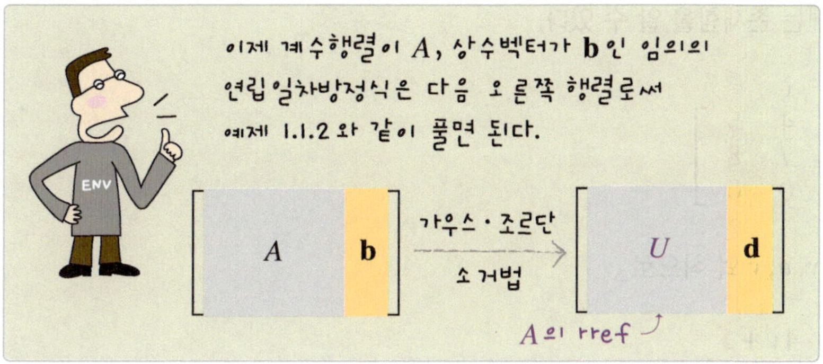

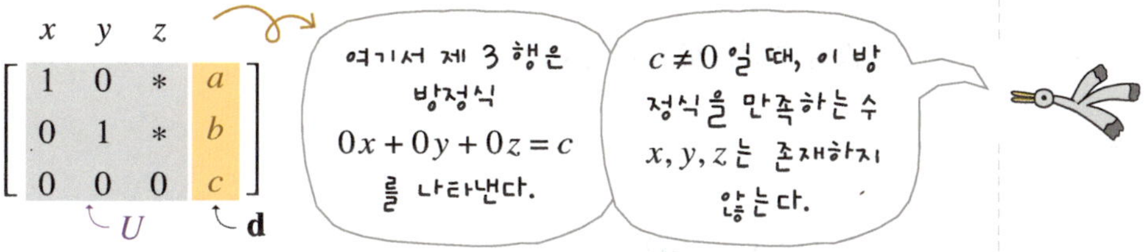

$c=0$일 때는 $(x, y, z)=(a, b, 0)$이 연립일차방정식의 한 해이다.

이와 같이 생각하면 다음 정리가 성립함을 알 수 있다.

정리 1.1.4

연립일차방정식의 확장행렬 $[A \vdots \mathbf{b}]$가 가우스·조르단 소거법에 의하여 $[U \vdots \mathbf{d}]$로 변형되었다고 할 때, (단, U는 A의 rref), 그 연립일차방정식이 해를 가질 필요충분조건은 $[U \vdots \mathbf{d}]$가 $[0 \ 0 \ \cdots \ 0 \ d]$ 꼴의 행을 가질 경우 $d=0$일 것이다.

예제 1.1.5

확장행렬에 가우스-조르단 소거법을 적용한 결과가 다음과 같은 연립일차방정식을 풀어라.

(1) $\begin{array}{c} \begin{matrix} x & y & z & \end{matrix} \\ \begin{bmatrix} 1 & 0 & 3 & 4 \\ 0 & 1 & 5 & 6 \\ 0 & 0 & 0 & 7 \end{bmatrix} \end{array}$ (2) $\begin{array}{c} \begin{matrix} x & y & z & u & v & \end{matrix} \\ \begin{bmatrix} 1 & 2 & 0 & 3 & 4 & 5 \\ 0 & 0 & 1 & 6 & 7 & 8 \\ 0 & 0 & 0 & 0 & 0 & 0 \end{bmatrix} \end{array}$.

풀이 (1) 정리 1.1.4에 의하여 해가 존재하지 않는다.

(2) 우선, 정리 1.1.4에 의하여 해는 존재함을 알 수 있다.

$$\begin{array}{c} \begin{matrix} x & y & z & u & v & \end{matrix} \\ \begin{bmatrix} 1 & 2 & 0 & 3 & 4 & 5 \\ 0 & 0 & 1 & 6 & 7 & 8 \\ 0 & 0 & 0 & 0 & 0 & 0 \end{bmatrix} \end{array}$$

에서 선두변수 x, z 는 자유변수 y, u, v 의 식으로

$$\begin{aligned} x &= -2y - 3u - 4v + 5 \\ z &= \qquad\quad -6u - 7v + 8 \end{aligned}$$

와 같이 표현되고, 자유변수는 임의의 값을 취하므로 구하는 해는

$$\begin{cases} x = -2r - 3s - 4t + 5 \\ y = r \\ z = -6s - 7t + 8, \quad (r, s, t \in \boldsymbol{R}). \\ u = s \\ v = t \end{cases}$$ ◘

예제 1.1.6

연립방정식

$$\begin{aligned} x - 2y &= a \\ x - \ \ y &= b \\ x + \ \ y &= c \\ x + 2y &= d \end{aligned}$$

가 해를 가지기 위한 상수 a, b, c, d 사이의 관계를 찾아라.

풀이 $$\begin{bmatrix} 1 & -2 & a \\ 1 & -1 & b \\ 1 & 1 & c \\ 1 & 2 & d \end{bmatrix} \xrightarrow[\text{소거법}]{\text{가우스·조르단}} \begin{bmatrix} 1 & -2 & a \\ 0 & -1 & a - b \\ 0 & 0 & 2a - 3b + c \\ 0 & 0 & 3a - 4b + d \end{bmatrix}.$$

따라서 주어진 연립방정식이 해를 가지기 위한 필요충분조건은

$$\begin{cases} 2a - 3b + c = 0 \\ 3a - 4b + d = 0 \end{cases}.$$ ◘

일차동차연립방정식

$$\begin{cases} 2x + 3y - 4z = 0 \\ 5x - 6y + 7x = 0 \end{cases} \quad \cdots\cdots\cdots\cdots\cdots\cdots\cdots\cdots \text{①}$$

와 같이 계수벡터가 $\mathbf{0}$인 연립일차방정식을 **일차동차연립방정식**이라고 한다.

◀ 一次同次聯立方程式 system of homogenepus linear equations

$$\mathbf{x} = \mathbf{0},\ \text{즉},\ \mathbf{x} = \begin{bmatrix} 0 \\ 0 \\ 0 \end{bmatrix}$$

은 ①의 한 해이다. 이와 같이, 임의의 일차동차연립방정식은 $\mathbf{x} = \mathbf{0}$을 한 해로 가진다. 이 해를 **자명한 해**라 하고, $\mathbf{0}$이 아닌 해를 **자명하지 않은 해**라고 한다.

◀ 自明한 解 trivial solution
自明하지 않은 解 non-trivial solution

정리 1.1.3에 의하여 다음을 얻는다.

따름정리 1.1.7

일차동차연립방정식은, 계수행렬의 rref를 U라고 할 때,

(i) U가 자유열을 가지지 않으면, 자명한 해 $\mathbf{x} = \mathbf{0}$만을 해로 갖고,

(ii) U가 자유열을 가지면, 자명하지 않은 해를 가진다. ∵ 무수히 많은 해를 가지므로~

보기 3 연립일차동차방정식의 계수행렬의 rref 를 U 라고 하자.

(1) $U = \begin{bmatrix} 1 & 0 \\ 0 & 1 \\ 0 & 0 \end{bmatrix}$ (x, y 열) 일 때, 해는 $\begin{bmatrix} x \\ y \end{bmatrix} = \begin{bmatrix} 0 \\ 0 \end{bmatrix}$ 뿐이다.

← 자명한 해

(2) $U = \begin{bmatrix} 1 & 0 & 2 \\ 0 & 1 & 3 \end{bmatrix}$ (x, y, z 열) 일 때, 해는

$$\begin{bmatrix} x \\ y \\ z \end{bmatrix} = \begin{bmatrix} -2t \\ -3t \\ t \end{bmatrix}, \ (t \in \boldsymbol{R})$$

← $t \neq 0$일 때, 자명하지 않은 해

로서 무수히 많다.

지금부터 (행의 개수) < (열의 개수) 인 행렬을 편하게 '가로가 긴 행렬'이라고 부르기로 하자.

$$\begin{bmatrix} * & * & * & * & * \\ * & * & * & * & * \\ * & * & * & * & * \end{bmatrix} \xrightarrow[\text{소거법}]{\text{가우스·조르단}} \begin{bmatrix} 1 & * & 0 & 0 & * \\ 0 & 0 & 1 & 0 & * \\ 0 & 0 & 0 & 1 & 0 \end{bmatrix}.$$

(열: x y z u v)

가로가 긴 행렬

선두 1의 개수는 행의 개수 이하! 가로가 긴 행렬이므로 선두 1을 갖지 않는 열, 즉, 자유열이 반드시 있다.

계수행렬에서

(행의 개수) = (방정식의 개수), (열의 개수) = (미지수의 개수)

이므로 다음을 얻는다.

따름정리 1.1.8

방정식의 개수보다 많은 미지수를 가지는 연립일차동차방정식은 자명하지 않은 해를 가진다.

rref 의 성질

$$I_5 = \begin{bmatrix} \mathbf{1} & 0 & 0 & 0 & 0 \\ 0 & \mathbf{1} & 0 & 0 & 0 \\ 0 & 0 & \mathbf{1} & 0 & 0 \\ 0 & 0 & 0 & \mathbf{1} & 0 \\ 0 & 0 & 0 & 0 & \mathbf{1} \end{bmatrix} \qquad U = \begin{bmatrix} \mathbf{1} & 2 & 0 & 2 & 0 & 0 & 2 \\ 0 & 0 & \mathbf{1} & 2 & 0 & 0 & 2 \\ 0 & 0 & 0 & 0 & \mathbf{1} & 0 & 2 \\ 0 & 0 & 0 & 0 & 0 & \mathbf{1} & 2 \\ 0 & 0 & 0 & 0 & 0 & 0 & 0 \end{bmatrix}$$

$$\begin{matrix} \uparrow & \uparrow & \uparrow & \uparrow & \uparrow \\ \mathbf{e}_1 & \mathbf{e}_2 & \mathbf{e}_3 & \mathbf{e}_4 & \mathbf{e}_5 \end{matrix} \qquad \begin{matrix} \uparrow & & \uparrow & & \uparrow & \uparrow & \\ \mathbf{e}_1 & & \mathbf{e}_2 & & \mathbf{e}_3 & \mathbf{e}_4 & \end{matrix}$$

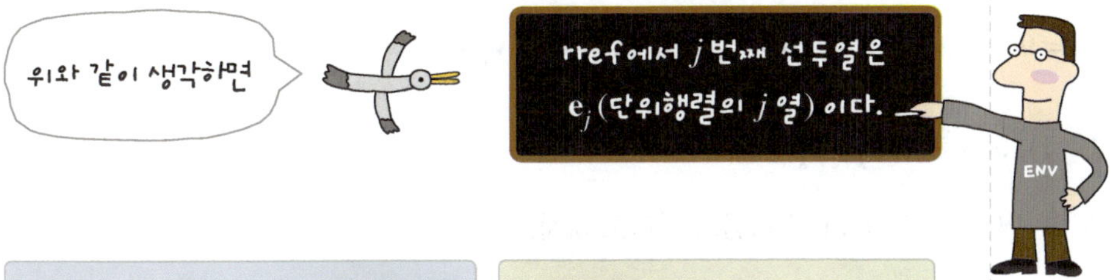

정리 1.1.9

행렬 A 의 rref 는 A에 의하여 유일하게 결정된다.

이 정리의 증명은 appendix 참조.

appEndix • rref

1 rref의 유일성

다음 행렬 U, V가 행렬 A의 rref라고 하고 $U = V$ 임을 보인다.

$$U = \begin{bmatrix} * & * & * & * & * & * \\ * & * & * & * & * & * \\ * & * & * & * & * & * \\ * & * & * & * & * & * \end{bmatrix}, \quad V = \begin{bmatrix} * & * & * & * & * & * \\ * & * & * & * & * & * \\ * & * & * & * & * & * \\ * & * & * & * & * & * \end{bmatrix}.$$

$$\begin{matrix} \uparrow & \uparrow & \uparrow & \uparrow & \uparrow & \uparrow \\ \mathbf{u}_1 & \mathbf{u}_2 & \mathbf{u}_3 & \mathbf{u}_4 & \mathbf{u}_5 & \mathbf{u}_6 \end{matrix} \qquad \begin{matrix} \uparrow & \uparrow & \uparrow & \uparrow & \uparrow & \uparrow \\ \mathbf{v}_1 & \mathbf{v}_2 & \mathbf{v}_3 & \mathbf{v}_4 & \mathbf{v}_5 & \mathbf{v}_6 \end{matrix}$$

A의 1열이 $\mathbf{0}$일 때, $\mathbf{u}_1 = \mathbf{0} = \mathbf{v}_1$, A의 1열이 $\mathbf{0}$이 아닐 때, $\mathbf{u}_1 = \mathbf{e}_1 = \mathbf{v}_1$이므로 $\mathbf{u}_1 = \mathbf{v}_1$.

$\mathbf{u}_i = \mathbf{v}_i$, $(i = 1, \cdots, k-1)$, 이라 하고 $\mathbf{u}_k = \mathbf{v}_k$임을 보인다.

설명을 간단히 하기 위하여 $k = 5$이고 U, V가 다음과 같다고 하자.

$$U = \begin{bmatrix} 1 & * & 0 & * & * & * \\ 0 & 0 & 1 & * & * & * \\ 0 & 0 & 0 & 0 & * & * \\ 0 & 0 & 0 & 0 & * & * \end{bmatrix}, \quad V = \begin{bmatrix} 1 & * & 0 & * & * & * \\ 0 & 0 & 1 & * & * & * \\ 0 & 0 & 0 & 0 & * & * \\ 0 & 0 & 0 & 0 & * & * \end{bmatrix}.$$

$$\begin{matrix} \uparrow & \uparrow & \uparrow & \uparrow & \uparrow & \uparrow \\ \mathbf{u}_1 & \mathbf{u}_2 & \mathbf{u}_3 & \mathbf{u}_4 & \mathbf{u}_5 & \mathbf{u}_6 \end{matrix} \qquad \begin{matrix} \uparrow & \uparrow & \uparrow & \uparrow & \uparrow & \uparrow \\ \mathbf{v}_1 & \mathbf{v}_2 & \mathbf{v}_3 & \mathbf{v}_4 & \mathbf{v}_5 & \mathbf{v}_6 \end{matrix}$$

$\mathbf{u}_5, \mathbf{v}_5$가 모두 선두열인 경우 : $\mathbf{u}_5, \mathbf{v}_5$가 모두 세 번 째 선두열이므로

$$\mathbf{u}_5 = \mathbf{e}_3 = \mathbf{v}_5.$$

$\mathbf{u}_5, \mathbf{v}_5$중 하나, 이를테면, $\mathbf{u}_5$가 자유열인 경우 : U, V는 다음과 같다.

$$U = \begin{bmatrix} 1 & * & 0 & * & a & * \\ 0 & 0 & 1 & * & b & * \\ 0 & 0 & 0 & 0 & 0 & * \\ 0 & 0 & 0 & 0 & 0 & * \end{bmatrix}, \quad V = \begin{bmatrix} 1 & * & 0 & * & a' & * \\ 0 & 0 & 1 & * & b' & * \\ 0 & 0 & 0 & 0 & c' & * \\ 0 & 0 & 0 & 0 & d' & * \end{bmatrix}.$$

$$\begin{matrix} \uparrow & \uparrow & \uparrow & \uparrow & \uparrow & \uparrow \\ \mathbf{u}_1 & \mathbf{u}_2 & \mathbf{u}_3 & \mathbf{u}_4 & \mathbf{u}_5 & \mathbf{u}_6 \end{matrix} \qquad \begin{matrix} \uparrow & \uparrow & \uparrow & \uparrow & \uparrow & \uparrow \\ \mathbf{v}_1 & \mathbf{v}_2 & \mathbf{v}_3 & \mathbf{v}_4 & \mathbf{v}_5 & \mathbf{v}_6 \end{matrix}$$

U 또는 V를 계수행렬로 하는 연립일차동차방정식은 A를 계수행렬로 하는 연립일차동차방정식과 동치이다.

$$(x_1, x_2, x_3, x_4, x_5, x_6) = (a, 0, b, 0, -1, 0) \cdots\cdots\cdots\cdots ①$$

은 다음 연립일차동차방정식 ㉮의 해이다.

$$
\begin{matrix} & a & 0 & b & 0 & -1 & 0 \\ & x_1 & x_2 & x_3 & x_4 & x_5 & x_6 \end{matrix}
$$

$$
㉮\begin{bmatrix} 1 & * & 0 & * & a & * \\ 0 & 0 & 1 & * & b & * \\ 0 & 0 & 0 & 0 & 0 & * \\ 0 & 0 & 0 & 0 & 0 & * \end{bmatrix},
$$

$$
\begin{matrix} \uparrow & \uparrow & \uparrow & \uparrow & \uparrow & \uparrow \\ \mathbf{u}_1 & \mathbf{u}_2 & \mathbf{u}_3 & \mathbf{u}_4 & \mathbf{u}_5 & \mathbf{u}_6 \end{matrix}
$$

$$
\begin{matrix} & a & 0 & b & 0 & -1 & 0 \\ & x_1 & x_2 & x_3 & x_4 & x_5 & x_6 \end{matrix}
$$

$$
㉯\begin{bmatrix} 1 & * & 0 & * & a' & * \\ 0 & 0 & 1 & * & b' & * \\ 0 & 0 & 0 & 0 & c' & * \\ 0 & 0 & 0 & 0 & d' & * \end{bmatrix}.
$$

$$
\begin{matrix} \uparrow & \uparrow & \uparrow & \uparrow & \uparrow & \uparrow \\ \mathbf{v}_1 & \mathbf{v}_2 & \mathbf{v}_3 & \mathbf{v}_4 & \mathbf{v}_5 & \mathbf{v}_6 \end{matrix}
$$

①은 연립일차동차방정식 ㉯의 해이기도 하므로

$$
a - a' = 0, \quad b - b' = 0, \quad -c' = 0, \quad -d' = 0,
$$

즉,

$$
a' = a, b' = b, c' = 0, d' = 0
$$

이고 따라서 $\mathbf{u}_5 = \mathbf{v}_5$이다.

1-1 E·X·E·R·C·I·S·E·S 연습문제

1 다음 연립일차방정식을 풀어라.

(1) $\begin{aligned} 2x + 3y &= 8 \\ x + 2y &= 5 \end{aligned}$

(2) $\begin{aligned} x + 2y + 2z &= 8 \\ 2x + y + z &= 10 \end{aligned}$

(3) $\begin{aligned} 3y + 6z &= 3 \\ x + y + 5z &= 7 \\ x + 2y + 7z &= 9 \end{aligned}$

(4) $\begin{aligned} x + 2y \qquad + 3u &= 5 \\ x + 2y + z + 7u &= 11 \\ 2x + 4y + z + 10u &= 16 \end{aligned}$

(5) $\begin{aligned} x + 2y + z &= 3 \\ 3x - y - 3z &= -1 \\ 2x + 3y + z &= 4 \end{aligned}$

(6) $\begin{aligned} x + y \quad 3z &= 4 \\ y + z &= 1 \\ x + 2y + 4z &= 7 \end{aligned}$

2 다음 일차방정식을 풀고 정수해를 2개씩 구하라.

(1) $x + 2y + 3z = 3$ (2) $3x - 2y + z = 6$

3 다음 행렬의 rref를 구하라.

(1) $\begin{bmatrix} 5 & -9 & 6 \\ 0 & 2 & 3 \\ 0 & 0 & 7 \end{bmatrix}$ (2) $\begin{bmatrix} 1 & 2 & -3 & 1 & 2 \\ 2 & 4 & -4 & 6 & 10 \\ 3 & 6 & -6 & 9 & 13 \end{bmatrix}$

(3) $\begin{bmatrix} 1 & 2 & 1 & 3 \\ 2 & 5 & -1 & -4 \\ 3 & -2 & -1 & 5 \end{bmatrix}$ (4) $\begin{bmatrix} 2 & 2 & -1 & 10 & 4 \\ 4 & 4 & 1 & 6 & 13 \\ 8 & 8 & -1 & 26 & 19 \end{bmatrix}$

4 계수행렬이 문제 3의 각 행렬과 같은 연립일차동차방정식을 풀어라. (단, 미지수는 차례로 x, y, z, u, v로 한다.)

5 $x = -2, y = 1, z = 0$ 을 유일한 해로 가지는 연립일차방정식을 3개 찾아 확장행렬로 나타내어라.

6 좌표평면에서 세 점 $(1, 12), (2, 15), (3, 16)$을 지나는 그래프를 가지는 이차함수를 구하라.

1-1 · E · X · E · R · C · I · S · E · S · 연습문제

7 확장행렬이 다음과 같은 연립일차방정식을 풀어라. 단, (1)과 (2), (3)과 (4)는 계수행렬이 같음에 유의하여 둘씩 한꺼번에 푸는 방법을 고안하라.

(1) $\begin{bmatrix} \overset{x}{2} & \overset{y}{1} & 3 \\ 4 & 3 & 5 \end{bmatrix}$ (2) $\begin{bmatrix} \overset{x}{2} & \overset{y}{1} & -1 \\ 4 & 3 & 1 \end{bmatrix}$

(3) $\begin{bmatrix} \overset{x}{1} & \overset{y}{2} & \overset{z}{-2} & 1 \\ 2 & 5 & 1 & 9 \\ 1 & 3 & 4 & 9 \end{bmatrix}$ (4) $\begin{bmatrix} \overset{x}{1} & \overset{y}{2} & \overset{z}{-2} & 9 \\ 2 & 5 & 1 & 9 \\ 1 & 3 & 4 & -2 \end{bmatrix}$

8 $ad - bc \neq 0$을 만족하는 수 a, b, c, d에 대하여 때, 다음을 물음에 답하라.

(1) $\begin{bmatrix} a & c \\ b & d \end{bmatrix}$의 rref를 구하라.

(2) 연립일차방정식 $\begin{cases} ax + by = k \\ cx + dy = l \end{cases}$ 은 유일한 해를 가짐을 보여라.

9 다음 연립일차방정식의 해를 u, z, y, x의 순서대로 찾아라.

$$\begin{aligned} 2x - y - 6z - 2u &= 7 \\ 2y + 6z + 7u &= 1 \\ 4z + 3u &= 8 \\ 2u &= 4 \end{aligned}$$

10 가우스-조르단 소거법에 의하여 어떤 행렬의 rref를 구하는 과정에서 행렬

$$\begin{bmatrix} 1 & 3 & * & * \\ 0 & 0 & * & * \\ 0 & 2 & * & * \\ 0 & 0 & * & * \end{bmatrix}$$

에 다달았다. rref의 제 2열을 완성하는 가능한 ERO를 차례대로 말하라.

1-1 · E · X · E · R · C · I · S · E · S · 연습문제

11 다음 연립일차방정식이 자명하지 않은 해를 가지도록 상수 a의 값을 정하라.

$$\begin{aligned} ax + \ \ y &= 0 \\ x + ay &= 0 \end{aligned}$$

12 다음 x, y, z에 관한 연립일차방정식의 해의 존재성과 존재할 경우 해의 개수를 상수 a의 값과 연관지어 판정하라.

$$\begin{aligned} x + 2y - \ \ z &= 0 \\ 3x - \ \ y + \ 5z &= 2 \\ 4x + \ \ y + a^2 z &= a \end{aligned}$$

13 다음을 만족하는 실수 $\alpha, \beta, \gamma, (0 \le \alpha, \beta, \gamma < 2\pi)$, 를 구하라.

$$\begin{aligned} 2\sin\alpha - \ \ \cos\beta + 3\tan\gamma &= 5 \\ 2\sin\alpha + \ \ \cos\beta - \ \ \tan\gamma &= 1 \\ 6\sin\alpha - 3\cos\beta + \ \ \tan\gamma &= 7 \end{aligned}$$

14 다음 연립방정식을 풀어라.

$$\begin{aligned} x^2 + 2y^3 &= 2 \\ 3x^2 - \ \ y^3 &= 13 \end{aligned}$$

15 다음 x, y에 관한 연립일차방정식

$$x - 2y = a,\ x - y = b,\ x + y = c,\ x + 2y = r,\ x + 3y = s$$

가 해를 가진다고 할 때, a, b, c를 r, s에 관한 식으로 나타내어라

16 계수행렬이 2×2행렬 A이고 상수벡터가 $\begin{bmatrix} 1 \\ 3 \end{bmatrix}$인 연립일차방정식의 해가 좌표평면에서 직선 $y = 2$ 상의 모든 점이라고 할 때, A는 어떤 행렬인가?

1-1 · E · X · E · R · C · I · S · E · S · 연습문제

17 좌표공간에서 다음 세 평면 사이의 관계를 찾아라.

(1) $\begin{aligned} x + y &= 3, \\ y + 3z &= 5 \\ 2x + z &= 3 \end{aligned}$

(2) $\begin{aligned} x \qquad + 3z &= 4 \\ y + 2z &= 2 \\ x + 2y + 7z &= 8 \end{aligned}$

18 a가 실수일 때, 다음 행렬의 rref에서 선두 1의 개수를 구하라.

$$A = \begin{bmatrix} 1 & 0 & 1 \\ 1 & 1 & a \\ 1 & a & a \end{bmatrix}$$

19 다음 행렬의 rref가 꼭 하나의 선두 1을 가지도록 빈 칸을 채워라.

(1) $\begin{bmatrix} 1 & 4 & 7 \\ 2 & & \\ 3 & & \end{bmatrix}$ (2) $\begin{bmatrix} 2 & & \\ 1 & & \\ 4 & 12 & 20 \end{bmatrix}$

20 아래 그림의 직선 ①, ②, ③의 방정식이 각각

①′ $a_1x + b_1y = c_1$ ②′ $a_2x + b_2y = c_2$ ③′ $a_3x + b_3y = c_3$

과 같을 때, 행렬

$$\begin{bmatrix} a_1 & b_1 & c_1 \\ a_2 & b_2 & c_2 \\ a_3 & b_3 & c_3 \end{bmatrix}$$

의 rref를 구하라.

(1)

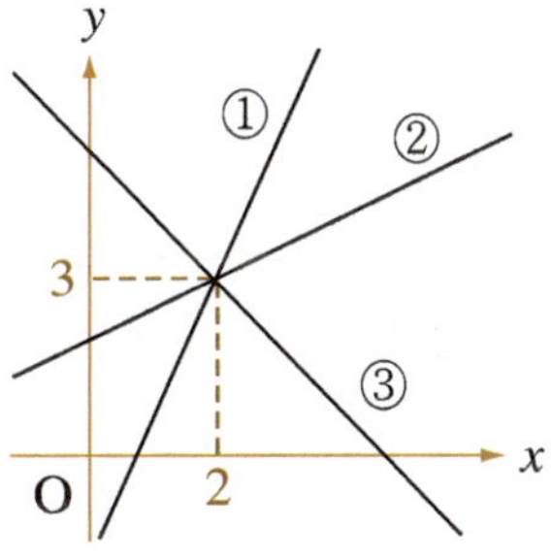

(2)

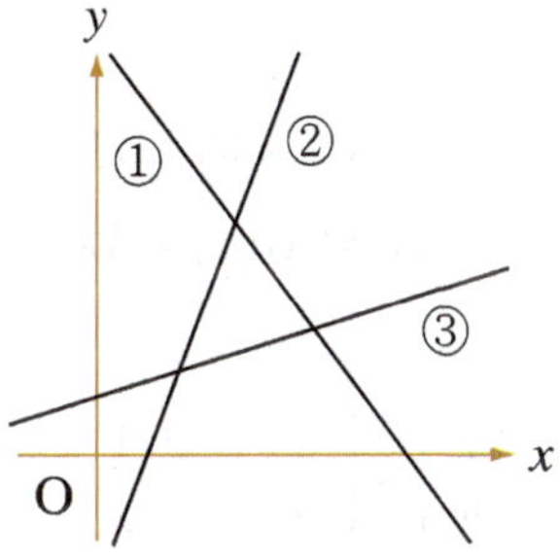

1-2 행렬대수

이 절의 학습내용

- 일차결합 / • 계수벡터
- 행렬의 거듭제곱
- 블락곱

행렬의 덧셈과 스칼라배

• 행렬의 합

$m \times n$ 행렬 $A = [a_{ij}]$, $B = [b_{ij}]$의 합 $A + B$는

$$a_{ij} + b_{ij}$$

를 (i, j)-성분으로 하는 $m \times n$ 행렬로 정의된다. 이 합을 **성분끼리의 합**이라고 한다

◂ 成分끼리의 合 componentwise sum

보기 1 $\begin{bmatrix} a & b & c \\ r & s & t \end{bmatrix} + \begin{bmatrix} x & y & z \\ u & v & w \end{bmatrix} = \begin{bmatrix} a+x & b+y & c+z \\ r+u & s+v & t+w \end{bmatrix}$

대응하는 성분끼리 더한다.

• 행렬의 실수배

$m \times n$ 행렬 $A = [a_{ij}]$와 실수 k에 대하여 A의 k배 kA 또는 Ak는 A의 각 성분을 k배한 행렬로 정의한다. 즉, $kA = [ka_{ij}] = Ak$.

이 책에서는 실수를 뒤에서 곱하는 표현을 자주 사용한다.

보기 2 $k\begin{bmatrix} x & y & z \\ u & v & w \end{bmatrix} = \begin{bmatrix} kx & ky & kz \\ ku & kv & kw \end{bmatrix} = \begin{bmatrix} x & y & z \\ u & v & w \end{bmatrix}k$

모든 성분을 k배 한다.

정리 1.2.1

m, n이 자연수일 때, 임의의 $m \times n$ 행렬 A, B, C와 임의의 실수 k, l에 대하여, 다음 8 가지 조건이 성립한다.

❶ $(A+B)+C = A+(B+C)$

❷ $A+O = A = O+A$

❸ $A+(-A) = O = (-A)+A$

❹ $A+B = B+A$ (교환법칙)

❺ $k(A+B) = kA+kB$

❻ $(k+l)A = kA+lA$

❼ $(k(lA)) = (kl)A$

❽ $1A = A$

증명 ❶ 먼저 $(A+B)+C, A+(B+C)$는 모두 $m \times n$ 행렬로서 크기가 같다.

행렬 M의 (i, j)-성분을 M_{ij}로 나타내기로 하면, 각 i, j, $(1 \le i \le m;$ $1 \le j \le n)$, 에 대하여,

$$\begin{aligned}((A+B)+C)_{ij} &= (A+B)_{ij} + C_{ij} = (A_{ij}+B_{ij}) + C_{ij} \\ &= A_{ij} + (B_{ij}+C_{ij}) = A_{ij} + (B+C)_{ij} \\ &= (A+(B+C))_{ij}.\end{aligned}$$

$$\therefore\ (A+B)+C = A+(B+C).$$

같은 방법으로 ❷ ~ ❽이 성립함을 보일 수 있다. ▌

같은 크기의 행렬 A, B에 대하여 $A-B$를 다음과 같이 정의한다.

$$A - B = A + (-B).$$

행렬의 스칼라배의 정의에 의하여

$$(-1)A = -A.$$

NOTE 1 같은 크기의 행렬 A, B와 실수 k, l에 대하여 다음이 성립한다.

(1) $k(A-B) = kA-kB$ (2) $(k-l)A = kA-lA$

행렬의 곱

성분의 개수가 같은 행벡터와 열벡터의 곱은

$$[x_1, x_2, \cdots, x_n]\begin{bmatrix} y_1 \\ y_2 \\ \vdots \\ y_n \end{bmatrix} = x_1y_1 + x_2y_2 + \cdots + x_ny_n \quad \cdots\cdots \text{①}$$

(← 실수)

$$[1, 1, 1]\begin{bmatrix} 2 \\ 3 \\ 4 \end{bmatrix} = 9$$

과 같이 정의한다.

두 행렬 A, B에 대하여

$$(A\text{의 열의 개수}) = (B\text{의 행의 개수})$$

일 때, 곱 AB는 다음과 같이 정의한다.

정의 행렬 $A_{m\times p}, B_{p\times n}$의 곱 AB는 다음과 같은 행렬이다.

(i) AB는 $m \times n$ 행렬이다.

(ii) 각 $i, j, (1 \le i \le m;\ 1 \le j \le n)$, 에 대하여,

$$(AB\text{의 } (i, j)\text{-성분}) = (A\text{의 } i\text{행})(B\text{의 } j\text{열}).$$

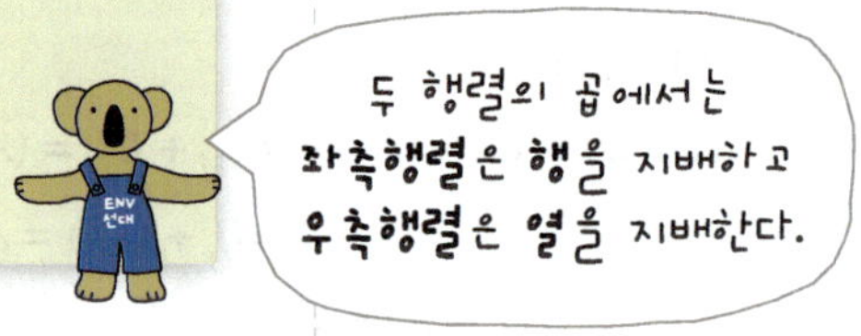

보기 3

$$A = \begin{bmatrix} 1 & 1 & 2 \\ 3 & 4 & 5 \end{bmatrix}, B = \begin{bmatrix} 2 & 4 \\ 2 & 3 \\ 1 & 2 \end{bmatrix}\text{일 때, } AB = \begin{bmatrix} c_{11} & c_{12} \\ c_{21} & c_{22} \end{bmatrix},$$

($\mathbf{r}_1$, $\mathbf{r}_2$: A의 행, $\mathbf{c}_1$, $\mathbf{c}_2$: B의 열; 2×3, 3×2, 2×2)

여기서 $\mathbf{r}_1$, $\mathbf{r}_2$는 행(row)을 $\mathbf{c}_1$, $\mathbf{c}_2$는 열(column)을 나타낸다.

단,

$$c_{11} = \mathbf{r}_1\mathbf{c}_1 = [1, 1, 2]\begin{bmatrix} 2 \\ 2 \\ 1 \end{bmatrix} = 6,\quad c_{12} = \mathbf{r}_1\mathbf{c}_2 = [1, 1, 2]\begin{bmatrix} 4 \\ 3 \\ 2 \end{bmatrix} = 11,$$

$$c_{21} = \mathbf{r}_2\mathbf{c}_1 = [3, 4, 5]\begin{bmatrix} 2 \\ 2 \\ 1 \end{bmatrix} = 19,\quad c_{22} = \mathbf{r}_2\mathbf{c}_2 = [3, 4, 5]\begin{bmatrix} 4 \\ 3 \\ 2 \end{bmatrix} = 34.$$

$$\therefore\ AB = \begin{bmatrix} 6 & 11 \\ 19 & 34 \end{bmatrix}.$$

$c_{11} = 1\cdot2 + 1\cdot2 + 2\cdot1 = 6$

$c_{12} = 1\cdot4 + 1\cdot3 + 2\cdot2 = 11$

$c_{21} = 3\cdot2 + 4\cdot2 + 5\cdot1 = 19$

$c_{22} = 3\cdot4 + 4\cdot3 + 5\cdot2 = 34$

행렬의 곱의 정의에 의하여,

$$A=\begin{bmatrix}\mathbf{r}_1\\ \mathbf{r}_2\end{bmatrix}_{2\times n},\quad B=\begin{bmatrix}\mathbf{c}_1, \mathbf{c}_2, \mathbf{c}_3\end{bmatrix}_{n\times 3}$$

일 때,

$$AB=\begin{bmatrix}\mathbf{r}_1\mathbf{c}_1 & \mathbf{r}_1\mathbf{c}_2 & \mathbf{r}_1\mathbf{c}_3\\ \mathbf{r}_2\mathbf{c}_1 & \mathbf{r}_2\mathbf{c}_2 & \mathbf{r}_2\mathbf{c}_3\end{bmatrix}=\begin{bmatrix}\mathbf{r}_1B\\ \mathbf{r}_2B\end{bmatrix},$$

$$AB=\begin{bmatrix}\mathbf{r}_1\mathbf{c}_1 & \mathbf{r}_1\mathbf{c}_2 & \mathbf{r}_1\mathbf{c}_3\\ \mathbf{r}_2\mathbf{c}_1 & \mathbf{r}_2\mathbf{c}_2 & \mathbf{r}_2\mathbf{c}_3\end{bmatrix}=\begin{bmatrix}A\mathbf{c}_1, A\mathbf{c}_2, A\mathbf{c}_3\end{bmatrix}.$$

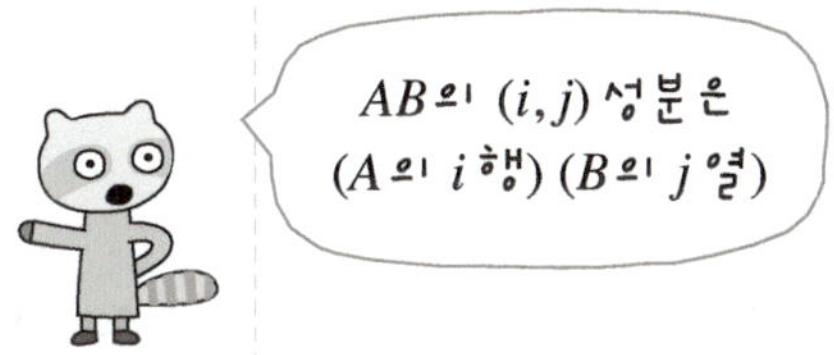

이와 같이 생각하면 일반적으로 다음이 성립함을 알 수 있다.

정리 1.2.2

행렬

$$A=\begin{bmatrix}\mathbf{r}_1\\ \mathbf{r}_2\\ \vdots\\ \mathbf{r}_m\end{bmatrix}_{m\times p},\quad B=\begin{bmatrix}\mathbf{c}_1, \mathbf{c}_2, \cdots, \mathbf{c}_n\end{bmatrix}_{p\times n}$$

에 대하여 다음이 성립한다.

(3) $AB=\begin{bmatrix}\mathbf{r}_1B\\ \mathbf{r}_2B\\ \vdots\\ \mathbf{r}_mB\end{bmatrix}$ (2) $AB=\begin{bmatrix}A\mathbf{c}_1, A\mathbf{c}_2, \cdots, A\mathbf{c}_n\end{bmatrix}$

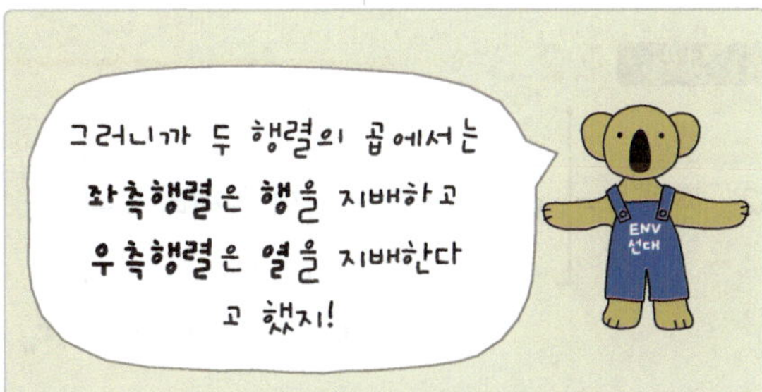

$$A=\begin{bmatrix} a_{11} & a_{12} & \cdots & a_{1n} \\ a_{21} & a_{22} & \cdots & a_{2n} \\ \vdots & \vdots & & \vdots \\ a_{m1} & a_{m1} & \cdots & a_{mn} \end{bmatrix},\ \mathbf{x}=\begin{bmatrix} x_1 \\ x_2 \\ \vdots \\ x_n \end{bmatrix},\ \mathbf{b}=\begin{bmatrix} b_1 \\ b_2 \\ \vdots \\ b_m \end{bmatrix}$$

에 대하여,

$$A\mathbf{x}=\begin{bmatrix} a_{11}x_1+a_{12}x_2+\cdots+a_{1n}x_n \\ a_{21}x_1+a_{22}x_2+\cdots+a_{2n}x_n \\ \vdots \\ a_{m1}x_1+a_{m2}x_2+\cdots+a_{mn}x_n \end{bmatrix}. \quad \cdots\cdots ①$$

그러므로 등식

$$A\mathbf{x}=\mathbf{b}$$

는 연립일차방정식

$$\begin{cases} a_{11}x_1+a_{12}x_2+\cdots+a_{1n}x_n=b_1 \\ a_{21}x_1+a_{22}x_2+\cdots+a_{2n}x_n=b_2 \\ \qquad\qquad\vdots \\ a_{m1}x_1+a_{m2}x_2+\cdots+a_{mn}x_n=b_m \end{cases}$$

을 나타낸다.

①의 우변은

$$\begin{bmatrix} a_{11}x_1+a_{12}x_2+\cdots+a_{1n}x_n \\ a_{21}x_1+a_{22}x_2+\cdots+a_{2n}x_n \\ \vdots \\ a_{m1}x_1+a_{m2}x_2+\cdots+a_{mn}x_n \end{bmatrix}=\overset{\mathbf{c}_1}{\begin{bmatrix} a_{11} \\ a_{21} \\ \vdots \\ a_{m1} \end{bmatrix}}x_1+\overset{\mathbf{c}_2}{\begin{bmatrix} a_{12} \\ a_{22} \\ \vdots \\ a_{m2} \end{bmatrix}}x_2+\cdots+\overset{\mathbf{c}_n}{\begin{bmatrix} a_{1n} \\ a_{2n} \\ \vdots \\ a_{mn} \end{bmatrix}}x_n$$

이다. A의 j열을 $\mathbf{c}_j$ 라고 하면, 위의 등식은 곧

$$A\mathbf{x}=x_1\mathbf{c}_1+x_2\mathbf{c}_2+\cdots+x_n\mathbf{c}_n.$$

정리 1.2.3

(2) 행렬 $A=\begin{bmatrix} \mathbf{c}_1, \mathbf{c}_2, \cdots, \mathbf{c}_n \end{bmatrix}$와 열벡터 $\mathbf{x}=\begin{bmatrix} x_1 \\ x_2 \\ \vdots \\ x_n \end{bmatrix}$에 대하여

$$A\mathbf{x}=x_1\mathbf{c}_1+x_2\mathbf{c}_2+\cdots+x_n\mathbf{c}_n.$$

보기 4

$$A=\begin{bmatrix}1&2&3\\4&5&6\end{bmatrix},\ \mathbf{x}=\begin{bmatrix}x\\y\\z\end{bmatrix}$$

일 때,

$$A\mathbf{x}=\begin{bmatrix}1&2&3\\4&5&6\end{bmatrix}\begin{bmatrix}x\\y\\z\end{bmatrix}=\begin{bmatrix}1x+2y+3z\\4x+5y+6z\end{bmatrix}$$

$$=\begin{bmatrix}1\\4\end{bmatrix}x+\begin{bmatrix}2\\5\end{bmatrix}y+\begin{bmatrix}3\\6\end{bmatrix}z\,.$$

정리 1.2.3에서

$$A\mathbf{x}=\mathbf{c}_1x_1+\mathbf{c}_2x_2+\cdots+\mathbf{c}_nx_n \quad\cdots\cdots\cdots\quad ①$$

의 우변과 같이 열벡터 $\mathbf{c}_1, \mathbf{c}_2, \cdots, \mathbf{c}_n$의 상수배의 합을 이들 벡터의 **일차결합**이라 하고, 이 일차결합에서 x_j를 $\mathbf{c}_j$의 **계수**라고 한다.
①은 $A\mathbf{x}$는 $\mathbf{x}$를 **계수벡터**로 하는 A의 열들의 일차결합이라는 것을 말한다.

◀ 一次結合 linear combination
係數 coefficient
係數벡터 coefficient vector

유사한 논리로 행벡터 $\mathbf{x}$와 행렬 A에 대하여 $\mathbf{x}A$는 $\mathbf{x}$를 계수벡터로 하는 A의 행들의 일차결합임을 알 수 있다. 즉,

$$[x_1, x_2, \cdots, x_m]\begin{bmatrix}\mathbf{r}_1\\\mathbf{r}_2\\\vdots\\\mathbf{r}_m\end{bmatrix}=\begin{matrix}x_1\mathbf{r}_1\\+x_2\mathbf{r}_2\\\vdots\\+x_m\mathbf{r}_m\end{matrix}\,.$$

예제 1.2.4

$$A=\begin{bmatrix}1&0&0&0\\2&2&0&0\\3&3&3&0\\4&4&4&4\end{bmatrix},\ B=\begin{bmatrix}1&0&0&0\\1&1&0&0\\1&1&1&0\\1&1&1&1\end{bmatrix}$$

일 때, 다음을 구하라.

(1) AB (2) BA

증 명 (1) AB의 1열은

$$(B\text{의 } 1\text{열}) = \begin{bmatrix} 1 \\ 1 \\ 1 \\ 1 \end{bmatrix}$$

을 계수벡터로 하는 A의 열들의 일차결합이므로

$$\begin{aligned} &(AB\text{의 } 1\text{열}) \\ &= (A\text{의 } 1\text{열}) \times 1 + (A\text{의 } 2\text{열}) \times 1 + (A\text{의 } 3\text{열}) \times 1 + (A\text{의 } 4\text{열}) \times 1 \\ &= \begin{bmatrix} 1 \\ 2 \\ 3 \\ 4 \end{bmatrix} \times 1 + \begin{bmatrix} 0 \\ 2 \\ 3 \\ 4 \end{bmatrix} \times 1 + \begin{bmatrix} 0 \\ 0 \\ 3 \\ 4 \end{bmatrix} \times 1 + \begin{bmatrix} 0 \\ 0 \\ 0 \\ 4 \end{bmatrix} \times 1 = \begin{bmatrix} 1 \\ 4 \\ 9 \\ 16 \end{bmatrix}. \end{aligned}$$

같은 방법으로 AB의 2열, 3열, 4열을 구하면

$$AB = \begin{bmatrix} 1 & 1 & 1 & 1 \\ 4 & 4 & 4 & 2 \\ 9 & 9 & 6 & 3 \\ 16 & 12 & 8 & 4 \end{bmatrix}.$$

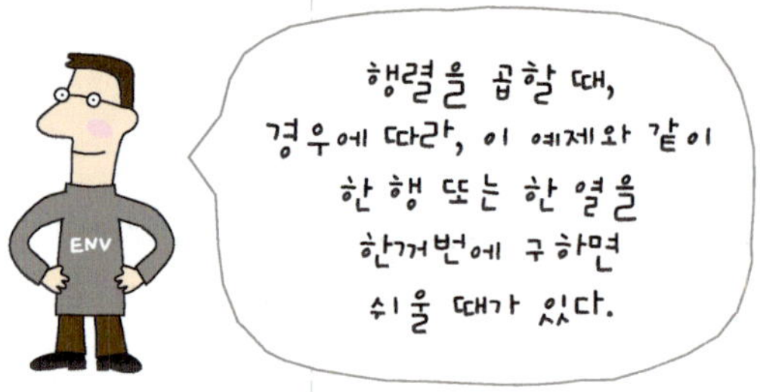

(2) BA의 1행은

$$(B\text{의 } 1\text{행}) = [\,1, 0, 0, 0\,]$$

을 계수벡터로 하는 B의 행들의 일차결합이므로

$$(BA\text{의 } 1\text{행}) = \left(\begin{array}{r} 1 \times (A\text{의 } 1\text{행}) \\ +\,0 \times (A\text{의 } 2\text{행}) \\ +\,0 \times (A\text{의 } 3\text{행}) \\ +\,0 \times (A\text{의 } 4\text{행}) \end{array} \right) = \left(\begin{array}{r} 1 \times [\,1,\ 0,\ 0,\ 0\,] \\ +\,0 \times [\,2,\ 2,\ 0,\ 0\,] \\ +\,0 \times [\,3,\ 3,\ 3,\ 0\,] \\ +\,0 \times [\,4,\ 4,\ 4,\ 4\,] \end{array} \right)$$

$$= [\,1, 0, 0, 0\,]$$

같은 방법으로 BA의 2행, 3행, 4행을 구하면

$$BA = \begin{bmatrix} 1 & 0 & 0 & 0 \\ 3 & 2 & 0 & 0 \\ 6 & 5 & 3 & 0 \\ 10 & 9 & 7 & 4 \end{bmatrix}. \quad ◇$$

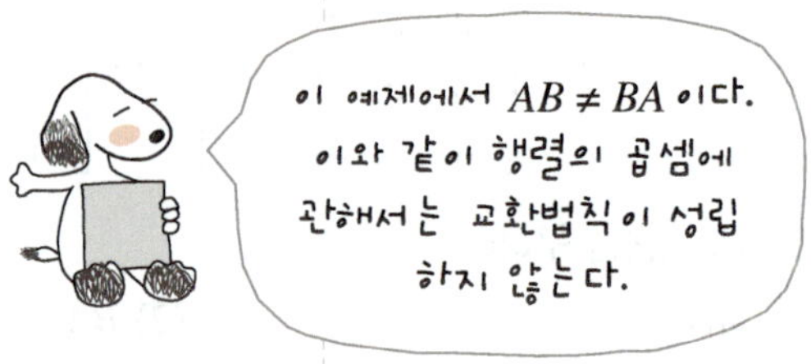

I_n 의 j 열을 $\mathbf{e}_j$ 라고 할 때, $m \times n$ 행렬 $A = [\mathbf{u}_1, \mathbf{u}_2, \cdots, \mathbf{u}_n]$ 에 대하여,

$$A\mathbf{e}_j = (\mathbf{e}_j \text{를 계수 벡터로 하는 } A\text{의 열들의 일차결합}) = \mathbf{u}_j .$$

그러므로

$$A\mathbf{e}_j = (A\text{의 } j \text{ 열}).$$

I_m 의 i 행을 $\mathbf{f}_i$ 라고 할 때, 같은 방법으로,

$$\mathbf{f}_i A = (A\text{의 } i \text{ 행}).$$

$$A[\mathbf{e}_1, \mathbf{e}_2, \cdots, \mathbf{e}_n] = [A\mathbf{e}_1, A\mathbf{e}_2, \cdots, A\mathbf{e}_n] = [\mathbf{u}_1, \mathbf{u}_2, \cdots, \mathbf{u}_n]$$

$$\therefore\ AI_n = A.$$

같은 방법으로

$$I_m A = A.$$

$A = [\mathbf{u}_1, \mathbf{u}_2, \mathbf{u}_3]$ 일 때

$$A\mathbf{e}_3 = [\mathbf{u}_1, \mathbf{u}_2, \mathbf{u}_3]\begin{bmatrix} 0 \\ 0 \\ 1 \end{bmatrix}$$

$$= \mathbf{u}_1 \times 0 + \mathbf{u}_2 \times 0 + \mathbf{u}_3 \times 1$$

$$= \mathbf{u}_3$$

예제 1.2.5

$$\mathbf{r} = [r, s],\ A = \begin{bmatrix} a & b & c \\ u & v & w \end{bmatrix},\ \mathbf{c} = \begin{bmatrix} x \\ y \\ z \end{bmatrix}$$

에 대하여

$$B = \begin{bmatrix} rax & rby & rcz \\ sux & svy & swz \end{bmatrix}$$

라고 하면,

$$(\mathbf{r}A)\mathbf{c} = (B\text{ 의 성분의 합}) = \mathbf{r}(A\mathbf{c})$$

임을 보여라.

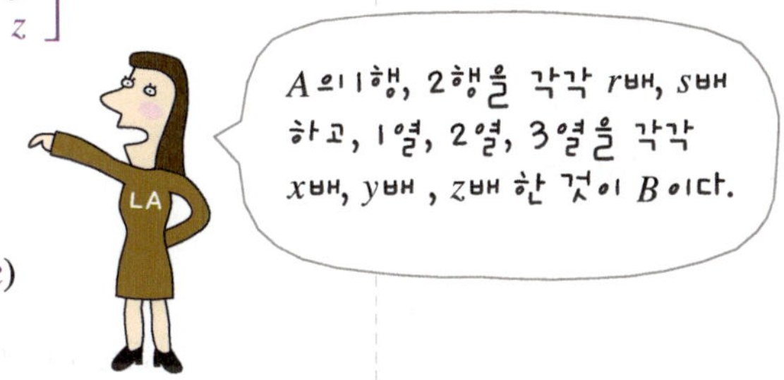

증명

$$(\mathbf{r}A)\mathbf{c} = \left([r, s]\begin{bmatrix} a & b & c \\ u & v & w \end{bmatrix}\right)\begin{bmatrix} x \\ y \\ z \end{bmatrix}$$

$$= \left[\begin{pmatrix} ra \\ +su \end{pmatrix}, \begin{pmatrix} rb \\ +sv \end{pmatrix}, \begin{pmatrix} rc \\ +sw \end{pmatrix}\right]\begin{bmatrix} x \\ y \\ z \end{bmatrix}$$

$$= \begin{pmatrix} ra \\ +su \end{pmatrix}x + \begin{pmatrix} rb \\ +sv \end{pmatrix}y + \begin{pmatrix} rc \\ +sw \end{pmatrix}z$$

$$= \begin{pmatrix} rax + rby + rcz \\ +sux + svy + swz \end{pmatrix} = (B\text{의 성분의 합}).$$

$$\mathbf{r}(A\mathbf{c}) = [r, s]\left(\begin{bmatrix} a & b & c \\ u & v & w \end{bmatrix}\begin{bmatrix} x \\ y \\ z \end{bmatrix}\right) = [r, s]\begin{bmatrix} ax + by + cz \\ ux + vy + wy \end{bmatrix}$$

$$= \begin{pmatrix} rax + rby + rcz \\ +sux + svy + swz \end{pmatrix} = (B\text{의 성분의 합}).$$ ◘

예제 1.2.5 와 같은 추론으로 다음 보조정리가 증명된다.

보조정리 1.2.6

행벡터 $\mathbf{r} = [r_1, \cdots, r_m]$, 행렬 $A = [a_{ij}]_{m\times n}$, 열벡터 $\mathbf{c} = \begin{bmatrix} x_1 \\ \vdots \\ x_n \end{bmatrix}$

에 대하여, A의 1행, $\cdots$, m행을 각각 r_1배, $\cdots$, r_m배하고,
1열, $\cdots$, n열을 각각 c_1배, $\cdots$, c_n배 한 행렬을

$$B = [r_i a_{ij} c_j]$$

라고 할 때,

$$(\mathbf{r}A)\mathbf{c} = (B\text{의 성분의 합}) = \mathbf{r}(A\mathbf{c}).$$

정리 1.2.7

행렬 A, B, C 에 대하여, 다음 각 등식에 나타나 있는 모든 곱이 가능하다고 할 때,

(1) $A(B+C) = AB + AC$ (좌분배법칙)

(2) $(A+B)C = AC + BC$ (우분배법칙)

(3) $(AB)C = A(BC)$ (곱셈에 관한 결합법칙)

증명 이 증명에서, 행렬 M 의 (i, j)-성분을 M_{ij} 로 나타내고, M 의 i 행, j 열을 각각 $M_{(i)}, M^{(j)}$ 로 나타내기로 한다.

(1) 우선 $A(B+C), AB+AC$ 는 크기가 같다.

각 i, j에 대하여 ($(B+C)$의 j열) = (B의 j열) + (C의 j열)

$$[A(B+C)]_{ij} = A_{(i)}(B+C)^{(j)} = A_{(i)}(B^{(j)} + C^{(j)})$$
$$= A_{(i)}B^{(j)} + A_{(i)}C^{(j)} = (AB)_{ij} + (AC)_{ij} = (AB+AC)_{ij}.$$
$$\therefore (A+B)C = AC + BC.$$

(2) (1)과 같은 방법으로 증명된다.

(3) $(AB)C, A(BC)$ 는 크기가 같다.

각 i, j에 대하여 (정리 1.2.2; 보조정리 1.2.6 ($\because A_{(i)}$는 행벡터, $C^{(j)}$는 열벡터이다.))

$$[(AB)C]_{ij} = (AB)_{(i)}C^{(j)} = (A_{(i)}B)C^{(j)} = A_{(i)}(BC^{(j)})$$
$$= A_{(i)}(BC)^{(j)} = [A(BC)]_{ij}.$$

정리 1.2.2

$$\therefore (AB)C = A(BC). \blacksquare$$

보기 5 (1) $\begin{bmatrix} 2 & 1/2 \\ 1 & 1/3 \end{bmatrix}\begin{bmatrix} 1/5 & 0 \\ 0 & 1/7 \end{bmatrix}\begin{bmatrix} 5 & 10 \\ 42 & 42 \end{bmatrix}$ ← 여기서 앞 두 행렬을 묶으면 계산이 복잡해진다.

$$=\begin{bmatrix} 2 & 1/2 \\ 1 & 1/3 \end{bmatrix}\left(\begin{bmatrix} 1/5 & 0 \\ 0 & 1/7 \end{bmatrix}\begin{bmatrix} 5 & 10 \\ 42 & 42 \end{bmatrix}\right)$$

$$=\begin{bmatrix} 2 & 1/2 \\ 1 & 1/3 \end{bmatrix}\begin{bmatrix} 1 & 2 \\ 6 & 6 \end{bmatrix}=\begin{bmatrix} 5 & 7 \\ 3 & 4 \end{bmatrix}.$$

(2) $\begin{bmatrix} 1 & 2 \\ 3 & 4 \end{bmatrix}\begin{bmatrix} 19 & 25 \\ 37 & 49 \end{bmatrix}-\begin{bmatrix} 1 & 2 \\ 3 & 4 \end{bmatrix}\begin{bmatrix} 18 & 25 \\ 37 & 48 \end{bmatrix}$

$$=\begin{bmatrix} 1 & 2 \\ 3 & 4 \end{bmatrix}\left(\begin{bmatrix} 19 & 25 \\ 37 & 49 \end{bmatrix}-\begin{bmatrix} 18 & 25 \\ 37 & 48 \end{bmatrix}\right)$$

좌분배법칙

$$=\begin{bmatrix} 1 & 2 \\ 3 & 4 \end{bmatrix}\begin{bmatrix} 1 & 0 \\ 0 & 1 \end{bmatrix}=\begin{bmatrix} 1 & 2 \\ 3 & 4 \end{bmatrix}.$$

정리 1.2.8와 같이 생각하면 행렬 A, B, C와 실수 k에 대하여, 다음이 성립함을 쉽게 알 수 있다.

- $A(B-C)=AB-AC$
- $(B-C)A=BA-CA$
- $k(BC)=(kB)C=B(kC)$

행렬의 거듭제곱

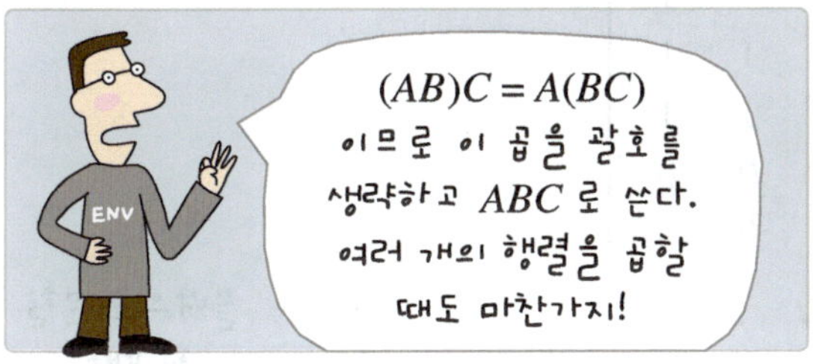

자연수 n과 정사각행렬 A에 대하여, A^n을 다음과 같이 정의한다.

$$A^n = \underbrace{AA\cdots A}_{n\text{개}}.$$

보기 6 $A=\begin{bmatrix}1&1\\1&1\end{bmatrix}$일 때,

$$A^2=\begin{bmatrix}1&1\\1&1\end{bmatrix}\begin{bmatrix}1&1\\1&1\end{bmatrix}=\begin{bmatrix}2&2\\2&2\end{bmatrix},$$

$$A^3=\begin{bmatrix}1&1\\1&1\end{bmatrix}\begin{bmatrix}2&2\\2&2\end{bmatrix}=\begin{bmatrix}4&4\\4&4\end{bmatrix}=\begin{bmatrix}2^2&2^2\\2^2&2^2\end{bmatrix}.$$

일반적으로 $A^n=\begin{bmatrix}2^{n-1}&2^{n-1}\\2^{n-1}&2^{n-1}\end{bmatrix}$.

블락곱

$$A=\begin{bmatrix}1&1&1&1&0\\1&1&1&0&1\\0&0&0&2&2\\0&0&0&3&3\end{bmatrix},\quad B=\begin{bmatrix}1&1&1&1\\2&2&1&1\\3&3&1&1\\1&0&0&0\\0&1&0&0\end{bmatrix}$$

일 때,

$$AB=\begin{bmatrix}7&6&3&3\\6&7&3&3\\2&2&0&0\\3&3&0&0\end{bmatrix}. \quad \cdots\cdots ①$$

위의 행렬 A, B를 각각 다음과 같이 블락으로 나누어 보자.

$$A=\left[\begin{array}{ccc|cc}1&1&1&1&0\\1&1&1&0&1\\\hline 0&0&0&2&2\\0&0&0&2&2\end{array}\right],\quad B=\left[\begin{array}{cc|cc}1&1&1&1\\2&2&1&1\\3&3&1&1\\\hline 1&0&0&0\\0&1&0&0\end{array}\right].$$

(A의 블락: 왼쪽 위 X, 오른쪽 위 I, 왼쪽 아래 O, 오른쪽 아래 Y / B의 블락: 왼쪽 위 U, 오른쪽 위 V, 왼쪽 아래 I, 오른쪽 아래 O)

이 때,

$$AB=\begin{bmatrix}X&I\\O&Y\end{bmatrix}\begin{bmatrix}U&V\\I&O\end{bmatrix}=\begin{bmatrix}XU+II&XV+IO\\OU+YI&OV+YO\end{bmatrix}=\begin{bmatrix}XU+I&XV\\Y&O\end{bmatrix}.$$

각 블락을 성분으로 간주하고 곱하면

위 등식의 의 마지막 행렬에

$$XU + I = \begin{bmatrix} 7 & 6 \\ 6 & 7 \end{bmatrix},\ XV = \begin{bmatrix} 3 & 3 \\ 3 & 3 \end{bmatrix},\ Y = \begin{bmatrix} 2 & 2 \\ 3 & 3 \end{bmatrix}$$

을 대입한 것이 곧 ①의 우변의 행렬이다.

이와 같이, 행렬의 곱셈은 블락으로 분할하여 할 수 있다. (appendix).

보기 7

$$A = \left[\begin{array}{cc|cc} 1 & 0 & 0 & 1 \\ 0 & 1 & 1 & 0 \\ \hline 1 & 1 & 0 & 0 \\ 1 & 1 & 0 & 0 \end{array}\right],\quad B = \left[\begin{array}{cc|ccc} 1 & 1 & 2 & 3 & 1 \\ 2 & 1 & 3 & 0 & 2 \\ \hline 1 & 1 & 1 & 1 & 0 \\ 0 & 1 & 0 & 0 & 0 \end{array}\right]$$

(A의 블락: A_{11}, A_{12}, A_{21}, A_{21}; B의 블락: B_{11}, B_{12}, B_{21}, B_{22})

일 때, $AB = \begin{bmatrix} C_{11} & C_{12} \\ C_{21} & C_{22} \end{bmatrix}$, 단,

$$C_{11} = A_{11}B_{11} + A_{12}B_{21}$$

$$= \begin{bmatrix} 1 & 0 \\ 0 & 1 \end{bmatrix}\begin{bmatrix} 1 & 1 \\ 2 & 1 \end{bmatrix} + \begin{bmatrix} 0 & 1 \\ 1 & 0 \end{bmatrix}\begin{bmatrix} 1 & 1 \\ 0 & 1 \end{bmatrix}$$

$$= \begin{bmatrix} 1 & 1 \\ 2 & 1 \end{bmatrix} + \begin{bmatrix} 0 & 1 \\ 1 & 1 \end{bmatrix} = \begin{bmatrix} 1 & 2 \\ 3 & 2 \end{bmatrix}.$$

같은 방법으로

$$C_{12} = A_{11}B_{12} + A_{12}B_{22} = \begin{bmatrix} 2 & 3 & 1 \\ 4 & 1 & 2 \end{bmatrix},$$

$$C_{21} = A_{21}B_{11} + A_{22}B_{21} = \begin{bmatrix} 3 & 2 \\ 3 & 2 \end{bmatrix},$$

$$C_{22} = A_{21}B_{12} + A_{22}B_{22} = \begin{bmatrix} 5 & 3 & 3 \\ 5 & 3 & 3 \end{bmatrix}.$$

$$\therefore\ AB = \left[\begin{array}{cc|ccc} 1 & 2 & 2 & 3 & 1 \\ 3 & 2 & 4 & 1 & 2 \\ \hline 3 & 2 & 5 & 3 & 3 \\ 3 & 2 & 5 & 3 & 3 \end{array}\right].$$

appEndix 블락곱

행렬

$$A=\left[\begin{array}{c|c} \mathbf{u} & \mathbf{v} \end{array}\right]=\left[\begin{array}{c|c} u_1 & v_1 \\ u_2 & v_2 \\ u_3 & v_3 \end{array}\right],\ B=\left[\begin{array}{c} \mathbf{r} \\ \hline \mathbf{s} \end{array}\right]=\left[\begin{array}{cc} r_1 & r_2 \\ \hline s_1 & s_2 \end{array}\right]$$

에 대하여,

$$AB=\begin{bmatrix} u_1 & v_1 \\ u_2 & v_2 \\ u_3 & v_3 \end{bmatrix}\begin{bmatrix} r_1 & r_2 \\ s_1 & s_2 \end{bmatrix}=\begin{bmatrix} u_1r_1+v_1s_1 & u_1r_2+v_1s_2 \\ u_2r_1+v_2s_1 & u_2r_2+v_2s_2 \\ u_3r_1+v_3s_1 & u_3r_2+v_3s_2 \end{bmatrix}$$

$$=\begin{bmatrix} u_1r_1 & u_1r_2 \\ u_2r_1 & u_2r_2 \\ u_3r_1 & u_3r_2 \end{bmatrix}+\begin{bmatrix} v_1s_1 & v_1s_2 \\ v_2s_1 & v_2s_2 \\ v_3s_1 & v_3s_2 \end{bmatrix}=\mathbf{ur}+\mathbf{vs}.$$

같은 방법으로

$$A=\left[\begin{array}{cc|cc} \mathbf{u}_1 & \mathbf{u}_2 & \mathbf{u}_3 & \mathbf{u}_4 \end{array}\right] \ (A_1=[\mathbf{u}_1\ \mathbf{u}_2],\ A_2=[\mathbf{u}_3\ \mathbf{u}_4]),\quad B=\left[\begin{array}{c} \mathbf{r}_1 \\ \mathbf{r}_2 \\ \hline \mathbf{r}_3 \\ \mathbf{r}_4 \end{array}\right] \ \left(B_1=\begin{bmatrix}\mathbf{r}_1\\ \mathbf{r}_2\end{bmatrix},\ B_2=\begin{bmatrix}\mathbf{r}_3\\ \mathbf{r}_4\end{bmatrix}\right)$$

일 때,

$$\begin{aligned} AB &= \mathbf{u}_1\mathbf{r}_1+\mathbf{u}_2\mathbf{r}_2+\mathbf{u}_3\mathbf{r}_3+\mathbf{u}_4\mathbf{r}_4 \\ &= A_1B_1+A_2B_2. \end{aligned}$$

이와 같은 논리로 다음 정리가 성립한다.

보조정리 1 행렬 A, B가

$$A=\left[\begin{array}{c|c|c|c} A_1 & A_2 & \cdots & A_p \end{array}\right],\ B=\left[\begin{array}{c} B_1 \\ \hline B_2 \\ \hline \vdots \\ \hline B_p \end{array}\right],$$

단 (A_i의 열의 개수) = (B_i의 행의 개수), $(i=1, 2, \cdots, p)$

와 같을 때,

$$AB=A_1B_1+A_2B_2+\cdots+A_pB_p.$$

보조정리 2 행렬 X, Y가

$$X = \begin{bmatrix} X_1 \\ X_2 \\ \vdots \\ X_p \end{bmatrix}, \quad Y = \begin{bmatrix} Y_1 & Y_2 & \cdots & Y_q \end{bmatrix},$$

단, (X의 열의 개수) = (Y의 행의 개수),

와 같이 분할되었을 때,

$$XY = \begin{bmatrix} X_1Y_1 & X_1Y_2 & \cdots & X_1Y_q \\ X_2Y_1 & X_2Y_2 & \cdots & X_2Y_q \\ \vdots & \vdots & & \vdots \\ X_pY_1 & X_pY_2 & \cdots & X_pY_q \end{bmatrix}.$$

증명 각 i에 대하여

$$X_iY = X_i[Y_1, Y_2, \cdots, Y_q] = [X_iY_1, X_iY_2, \cdots, X_iY_q]$$

이므로

$$XY = \begin{bmatrix} X_1 \\ X_2 \\ \vdots \\ X_p \end{bmatrix} Y = \begin{bmatrix} X_1Y \\ X_2Y \\ \vdots \\ X_pY \end{bmatrix} = \begin{bmatrix} X_1Y_1 & X_1Y_2 & \cdots & X_1Y_q \\ X_2Y_1 & X_2Y_2 & \cdots & X_2Y_q \\ \vdots & \vdots & & \vdots \\ X_pY_1 & X_pY_2 & \cdots & X_pY_q \end{bmatrix}.$$

정리 3 행렬 A, B가

$$A = \begin{bmatrix} A_{11} & A_{12} & \cdots & A_{1k} \\ A_{21} & A_{22} & \cdots & A_{2k} \\ \vdots & \vdots & & \vdots \\ A_{p1} & A_{p2} & \cdots & A_{pk} \end{bmatrix}, \quad B = \begin{bmatrix} B_{11} & B_{12} & \cdots & B_{1q} \\ B_{21} & B_{22} & \cdots & B_{2q} \\ \vdots & \vdots & & \vdots \\ B_{k1} & B_{k2} & \cdots & B_{kq} \end{bmatrix},$$

단, (A_{1j}의 열의 개수) = (B_{j1}의 행의 개수),

와 같이 분할되었을 때,

$$AB = \begin{bmatrix} C_{11} & C_{12} & \cdots & C_{1q} \\ C_{21} & C_{22} & \cdots & C_{2q} \\ \vdots & \vdots & & \vdots \\ C_{p1} & C_{p2} & \cdots & C_{pq} \end{bmatrix}.$$

단, $C_{ij} = A_{i1}B_{1j} + A_{i2}B_{2j} + \cdots + A_{ik}B_{kj}$.

증명

$$A=\begin{bmatrix} A_{11} & A_{12} & \cdots & A_{1k} \\ A_{21} & A_{22} & \cdots & A_{2k} \\ \vdots & \vdots & & \vdots \\ A_{p1} & A_{p2} & \cdots & A_{pk} \end{bmatrix},\quad B=\begin{bmatrix} B_{11} & B_{12} & \cdots & B_{1q} \\ B_{21} & B_{22} & \cdots & B_{2q} \\ \vdots & \vdots & & \vdots \\ B_{k1} & B_{k2} & \cdots & B_{kq} \end{bmatrix},$$

(A의 열: $A_1, A_2, \cdots, A_k$, B의 행: $B_1, B_2, \cdots, B_k$)

라고 할 때,

보조정리 1

$$AB = A_1B_1 + A_2B_2 + \cdots + A_kB_k. \qquad \cdots\cdots ①$$

각 $r = 1, 2, \cdots, k$ 에 대하여

$$A_rB_r = \begin{bmatrix} A_{1r} \\ A_{2r} \\ \vdots \\ A_{pr} \end{bmatrix}[B_{r1}, B_{r2}, \cdots, B_{rq}] = \begin{bmatrix} A_{1r}B_{r1} & A_{1r}B_{r2} & \cdots & A_{1r}B_{rq} \\ A_{2r}B_{r1} & A_{2r}B_{r2} & \cdots & A_{2r}B_{rq} \\ \vdots & \vdots & & \vdots \\ A_{pr}B_{r1} & A_{pr}B_{r2} & \cdots & A_{pr}B_{rq} \end{bmatrix}$$

보조정리 2

이므로

$$AB \overset{①}{=} \sum_{r=1}^{k} A_rB_r = \sum_{r=1}^{k} \begin{bmatrix} A_{1r}B_{r1} & A_{1r}B_{r2} & \cdots & A_{1r}B_{rq} \\ A_{2r}B_{r1} & A_{2r}B_{r2} & \cdots & A_{2r}B_{rq} \\ \vdots & \vdots & & \vdots \\ A_{pr}B_{r1} & A_{pr}B_{r2} & \cdots & A_{pr}B_{rq} \end{bmatrix}$$

$$= \begin{bmatrix} \sum_{r=1}^{k} A_{1r}B_{r1} & \sum_{r=1}^{k} A_{1r}B_{r2} & \cdots & \sum_{r=1}^{k} A_{1r}B_{rq} \\ \sum_{r=1}^{k} A_{2r}B_{r1} & \sum_{r=1}^{k} A_{2r}B_{r2} & \cdots & \sum_{r=1}^{k} A_{2r}B_{rq} \\ \vdots & \vdots & & \vdots \\ \sum_{r=1}^{k} A_{pr}B_{r1} & \sum_{r=1}^{k} A_{pr}B_{r2} & \cdots & \sum_{r=1}^{k} A_{pr}B_{rq} \end{bmatrix}.$$

1-2 E·X·E·R·C·I·S·E·S 연습문제

1 $A=\begin{bmatrix}1 & 1 & 1\\ 2 & -1 & 2\end{bmatrix}$, $B=\begin{bmatrix}1 & -1 & 1\\ -3 & 1 & -2\end{bmatrix}$, $C=\begin{bmatrix}1 & 1\\ 1 & -1\end{bmatrix}$

일 때, 다음을 계산하라.

(1) $3A-2B$ (2) $-3(A+2B)$ (3) $-3CA+2CB$

2 $A=\begin{bmatrix}3 & -1 & 1\\ 0 & 3 & 1\\ 1 & 2 & 3\end{bmatrix}$, $B=\begin{bmatrix}1 & -1 & 2\\ 2 & -2 & 1\\ 3 & 0 & 1\end{bmatrix}$일 때, 다음을 구하라.

(1) AB의 2행 (2) AB의 3열

3 $A=\begin{bmatrix}1 & 1 & 1\\ 2 & 2 & 2\\ 3 & 3 & 3\end{bmatrix}$, $B=\begin{bmatrix}1 & 0 & 0\\ 2 & 2 & 0\\ 3 & 3 & 3\end{bmatrix}$, $C=\begin{bmatrix}0 & 0 & 1\\ 0 & 1 & 0\\ 1 & 0 & 0\end{bmatrix}$

일 때, $(AB)C, A(BC)$ 를 각각 계산하라.

4 $m\times n$ 행렬 A에 대하여 다음을 증명하라.

(1) $O_mA=O_{m\times n}$ (2) $AO_n=O_{m\times n}$

5 $\mathbf{r}=[a,b,c,d]$, $\mathbf{c}=\begin{bmatrix}1\\ 2\\ 3\\ 4\end{bmatrix}$ 일 때, 다음을 구하라.

(1) $\mathbf{rc}$ (2) $\mathbf{cr}$

6 다음 조건을 만족하는 2×2 행렬 A, B의 쌍을 하나씩 찾아라.

(1) $AB\neq BA$

(2) $A\neq O\neq B, AB=O$.

7 행렬 A와 실수 k에 대하여, 다음을 증명하라.

$$kA=O \Leftrightarrow k=O \text{ 또는 } A=O$$

1-2 · E · X · E · R · C · I · S · E · S · 연습문제

8 $n \times n$ 행렬 A에 대하여 다음 명제가 참이면 증명하고, 참이 아니면 반례를 들어라.

(1) A의 어떤 두 행이 같으면, A^2의 어떤 두 행도 같다.

(2) A^2의 어떤 열이 영벡터이면 A의 어떤 열도 영벡터이다.

9 I_m의 i 행을 $\mathbf{f}_i$, I_n의 j 열을 $\mathbf{e}_j$라고 하자.

행벡터 $\mathbf{r} = [r_1, \cdots, r_m]$, 열벡터 $\mathbf{c} = \begin{bmatrix} c_1 \\ \vdots \\ c_n \end{bmatrix}$ 및 행렬

$$A_{m \times n} = \begin{bmatrix} \mathbf{s}_1 \\ \vdots \\ \mathbf{s}_m \end{bmatrix} = [\mathbf{u}_1, \cdots, \mathbf{u}_n]$$

에 대하여, 다음 등식이 성립함을 증명하라.

(1) $\mathbf{r} = r_1\mathbf{f}_1 + \cdots + r_m\mathbf{f}_m$ (2) $\mathbf{c} = c_1\mathbf{e}_1 + \cdots + c_n\mathbf{e}_n$

10 문제 9의 $\mathbf{f}_i$, $\mathbf{e}_j$, $\mathbf{r}$, $\mathbf{c}$, A에 대하여, 분배법칙을 이용하여, 다음 등식이 성립함을 증명하라.

(1) $\mathbf{r}A = r_1\mathbf{s}_1 + \cdots + r_m\mathbf{s}_m$ (2) $A\mathbf{c} = c_1\mathbf{u}_1 + \cdots + c_n\mathbf{u}_n$

11 문제 10의 등식 (1), (2) 를 블락곱을 이용하여 설명하라.

12 다음 연립일차방정식을 $A\mathbf{x} = \mathbf{b}$ 꼴로 나타내어라.

(1) $2x + 3y = 4$
$3x - 4y = 5$
$5x + 6y = 7$

(2) $2x + 3y + 4z = 5$
$6x - 7y + 8z = 9$

(3) $2x + y = 4$

13 I_m의 i 행을 $\mathbf{f}_i$, I_n의 j 열을 $\mathbf{e}_j$라고 할 때, $m \times n$ 행렬 A 에 대하여,

$$\mathbf{f}_i A \mathbf{e}_j = (A\text{의 } (i,j)\text{-성분})$$

임을 증명하라.

1-2 · E · X · E · R · C · I · S · E · S · 연습문제

14 $n \times n$ 행렬 A, B에 대하여, 다음을 증명하라.

(1) $A\mathbf{x} = \mathbf{0}$, $(\forall \mathbf{x} \in \boldsymbol{R}^n)$, 일 때, $A = \mathbf{0}$ 이다.

(2) $A\mathbf{x} = B\mathbf{x}$, $(\forall \mathbf{x} \in \boldsymbol{R}^n)$, 일 때, $A = B$ 이다.

15 직관에 의하여 다음 연립일차방정식의 계수행렬의 열 사이의 관계를 찾고 이를 이용하여 한 해를 구하라.

(1) $\begin{bmatrix} 2 & -1 \\ 2 & -1 \end{bmatrix}\begin{bmatrix} x \\ y \end{bmatrix} = \begin{bmatrix} 0 \\ 0 \end{bmatrix}$ (2) $\begin{bmatrix} 1 & 4 & 5 \\ 3 & 3 & 6 \end{bmatrix}\begin{bmatrix} x \\ y \\ z \end{bmatrix} = \begin{bmatrix} 0 \\ 0 \\ 0 \end{bmatrix}$

16 행렬 A, B 에 대하여 다음 등식은 일반적으로 성립하지 않음을 보이고, 이 등식이 성립할 조건을 찾아라.

(1) $(A+B)^2 = A^2 + 2AB + B^2$

(2) $(A+B)(A-B) = A^2 - B^2$

17 다음 행렬 A에 대하여, $A^2, A^3, \cdots$ 을 구하라.

(1) $A = \frac{1}{2}\begin{bmatrix} 1 & -1 \\ -1 & 1 \end{bmatrix}$ (2) $A = \frac{1}{2}\begin{bmatrix} 1 & -1 & -1 & -1 \\ -1 & 1 & 1 & -1 \\ -1 & -1 & 1 & -1 \\ -1 & -1 & -1 & 1 \end{bmatrix}$

18 행렬

$$A = \begin{bmatrix} 0 & 1 & 0 & 0 \\ 0 & 0 & 1 & 0 \\ 0 & 0 & 0 & 1 \\ 0 & 0 & 0 & 0 \end{bmatrix}, \ B = \begin{bmatrix} 1 & 1 & 0 & 0 \\ 0 & 1 & 1 & 0 \\ 0 & 0 & 1 & 1 \\ 0 & 0 & 0 & 1 \end{bmatrix}$$

에 대하여,

(1) A^2, A^3을 구하고, $A^4 = A^5 = \cdots = O$ 임을 보여라.

(2) B^4을 구하라.

19 $A = \begin{bmatrix} 1 & 1 \\ -1 & 1 \end{bmatrix}$일 때, $\begin{bmatrix} A & 2A \\ O & A \end{bmatrix}\begin{bmatrix} 2A & -A \\ A & O \end{bmatrix}$를 계산하라.

1-2 · E · X · E · R · C · I · S · E · S · 연습문제

20 행렬

$$C=\begin{bmatrix} 1 & 1 \\ -1 & 1 \end{bmatrix},\ D=\begin{bmatrix} 2 & 0 \\ 0 & 2 \end{bmatrix},\ E=\begin{bmatrix} 0 & 1 \\ 1 & 0 \end{bmatrix},$$

$$B=\begin{bmatrix} B_{11} & B_{12} \\ B_{21} & B_{22} \end{bmatrix}=\left[\begin{array}{cc|cc} 1 & 1 & 1 & 1 \\ 1 & 2 & 1 & 1 \\ \hline 3 & 3 & 1 & 1 \\ 3 & 3 & 1 & 2 \end{array}\right]$$

에 대하여 다음을 계산하라.

(1) $\begin{bmatrix} O & I \\ I & O \end{bmatrix}\begin{bmatrix} B_{11} & B_{12} \\ B_{21} & B_{22} \end{bmatrix}$　(2) $\begin{bmatrix} C & O \\ O & C \end{bmatrix}\begin{bmatrix} B_{11} & B_{12} \\ B_{21} & B_{22} \end{bmatrix}$

(3) $\begin{bmatrix} B_{11} & B_{12} \\ B_{21} & B_{22} \end{bmatrix}\begin{bmatrix} D & O \\ O & I \end{bmatrix}$　(4) $\begin{bmatrix} B_{11} & B_{12} \\ B_{21} & B_{22} \end{bmatrix}\begin{bmatrix} E & O \\ O & E \end{bmatrix}$

21 다음 블락곱을 계산하라.

(1) $\left[\begin{array}{cc} 4 & -2 \\ 2 & 3 \\ \hline 1 & 1 \\ 1 & 2 \end{array}\right]\left[\begin{array}{cc|cc} 1 & 1 & 1 & -1 \\ 2 & 1 & 2 & -1 \end{array}\right]$

(2) $\left[\begin{array}{ccc|cc} 0 & 0 & 1 & 0 & 0 \\ 0 & 1 & 0 & 0 & 0 \\ 1 & 0 & 0 & 0 & 0 \\ \hline 0 & 0 & 0 & 0 & 1 \\ 0 & 0 & 0 & 1 & 0 \end{array}\right]\left[\begin{array}{cc} 1 & 6 \\ 2 & 7 \\ 3 & 8 \\ \hline 4 & 9 \\ 5 & 10 \end{array}\right]$

1-3 특별한 행렬

이 절의 학습내용

- 전치행렬 / • 대칭행렬 / • 대각행렬 / • 삼각행렬
- 가역행렬 / • 역행렬

전치행렬과 대칭행렬

- 전치행렬

$$A = \begin{bmatrix} 1 & 2 & 3 \\ 4 & 5 & 6 \end{bmatrix}$$

$$B = \begin{bmatrix} 1 & 4 \\ 2 & 5 \\ 3 & 6 \end{bmatrix}$$

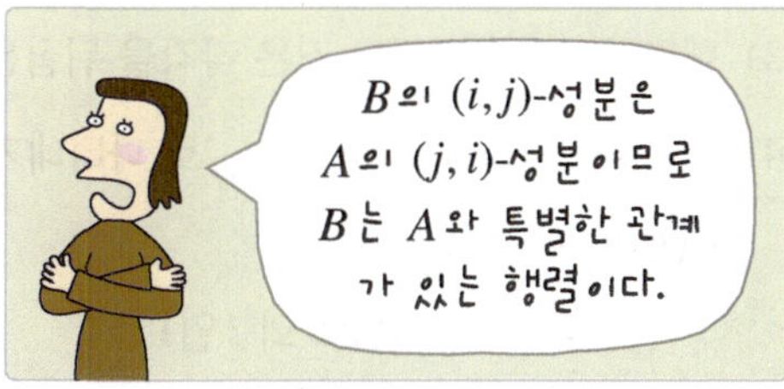

$m \times n$ 행렬 A의 (j,i)-성분을 (i,j)-성분으로 하는 $n \times m$ 행렬을 A의 **전치행렬**이라 하고

◀ 轉置行列 transpose of A

$$A^{\mathrm{T}}$$

로 나타낸다. 이를테면 위 그림의 행렬 B는 A의 전치행렬이고 $B = A^{\mathrm{T}}$.

보기 1 $\begin{bmatrix} 1 & 4 & 7 \\ 2 & 5 & 8 \\ 3 & 6 & 9 \end{bmatrix}^{\mathrm{T}} = \begin{bmatrix} 1 & 2 & 3 \\ 4 & 5 & 6 \\ 7 & 8 & 9 \end{bmatrix}$, $\begin{bmatrix} 1 \\ 2 \\ 3 \end{bmatrix}^{\mathrm{T}} = [1, 2, 3]$.

A에서 A^{T}로 변환시키는 것은 그림의 '대각선을 축으로 하여 각 성분을 대칭이동 시키는 것'이다. 이것을 여기서는 **'뒤집기'**라고 부르기로 한다.

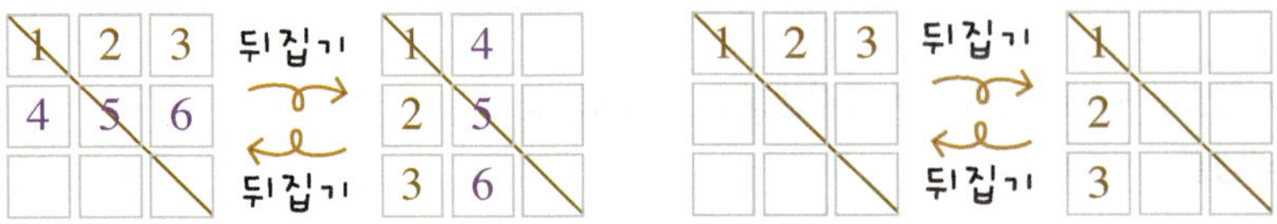

정리 1.3.1

행렬 A, B에 대하여 다음이 성립한다.

(1) $(A^{\mathrm{T}})^{\mathrm{T}} = A$

(2) $(A+B)^{\mathrm{T}} = A^{\mathrm{T}} + B^{\mathrm{T}}$

(3) $(kA)^{\mathrm{T}} = kA^{\mathrm{T}}$, (단, k는 임의의 실수)

(4) $(AB)^{\mathrm{T}} = B^{\mathrm{T}}A^{\mathrm{T}}$

증명 (1) 행렬을 뒤집은 다음 다시 뒤집은 것은 원래의 행렬이다.

(2) 두 행렬의 합을 뒤집은 것은 각각을 뒤집은 것의 합이다.

(3) 행렬의 k배를 뒤집은 것은 각각을 뒤집은 것의 k배이다.

(4) 행렬 M의 (i, j)-성분을 M_{ij}로 나타내기로 하면,

$$\begin{aligned}(AB)^{\mathrm{T}}{}_{ij} &= (AB)_{ji} \\ &= (A\text{의 } j\text{ 행})(B\text{의 } i\text{ 열}) \\ &= (B^{\mathrm{T}}\text{의 } i\text{ 행})(A^{\mathrm{T}}\text{의 } j\text{ 열}) = (B^{\mathrm{T}}A^{\mathrm{T}})_{ij}.\end{aligned}$$ ▮

(∵ 아래 그림 참조)

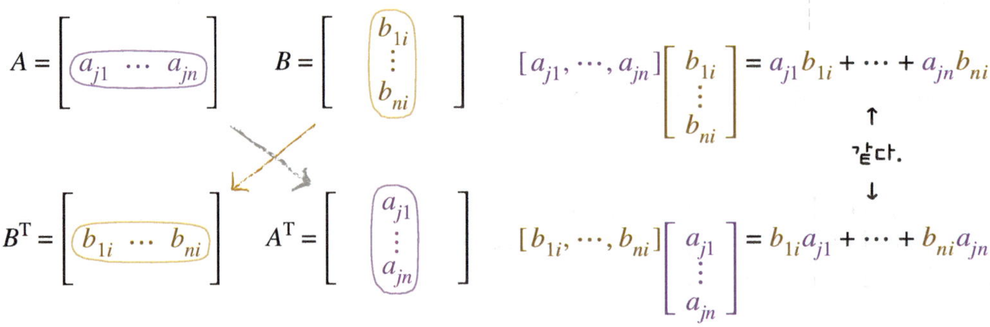

보기 2 $A = \begin{bmatrix} 0 & 1 \\ 0 & 0 \end{bmatrix}, B = \begin{bmatrix} 1 & 0 \\ 1 & 1 \end{bmatrix}$일 때, $AB = \begin{bmatrix} 1 & 1 \\ 0 & 0 \end{bmatrix}$.

$$B^{\mathrm{T}}A^{\mathrm{T}} = \begin{bmatrix} 1 & 1 \\ 0 & 1 \end{bmatrix}\begin{bmatrix} 0 & 0 \\ 1 & 0 \end{bmatrix} = \begin{bmatrix} 1 & 0 \\ 1 & 0 \end{bmatrix} = (AB)^{\mathrm{T}}.$$

행벡터는 열벡터를 '뒤집은' 것이다. 지금부터는 벡터라고 하면 항상 열벡터를 말하는 것으로 하고 행벡터는 열벡터를 '뒤집은' 것으로 나타내기로 한다.

보기 3 $\begin{bmatrix} 1 & 2 & 3 \\ 4 & 5 & 6 \end{bmatrix} = \begin{bmatrix} \mathbf{u}^{\mathrm{T}} \\ \mathbf{v}^{\mathrm{T}} \end{bmatrix}$, 단, $\mathbf{u} = \begin{bmatrix} 1 \\ 2 \\ 3 \end{bmatrix}, \mathbf{v} = \begin{bmatrix} 4 \\ 5 \\ 6 \end{bmatrix}$.

- **대칭행렬**

$$A = \begin{bmatrix} 1 & 2 & 3 \\ 2 & 4 & 5 \\ 3 & 5 & 6 \end{bmatrix}$$

위 그림의 행렬과 같이 조건 $A^{\mathrm{T}} = A$를 만족하는 정사각행렬 A를 **대칭행렬**이라고 한다.

◀ 對稱行列 symmetric matrix

정리 1.3.2

A, B가 대칭행렬일 때,

(1) $A + B$도 대칭행렬이다.

(2) 임의의 실수 k에 대하여 kA도 대칭행렬이다.

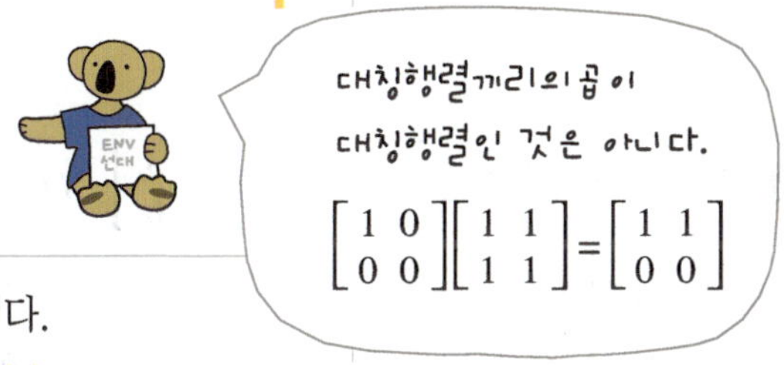

증명 A, B가 대칭행렬이므로 $A^{\mathrm{T}} = A,\ B^{\mathrm{T}} = B$이다.

(1) $(A+B)^{\mathrm{T}} = A^{\mathrm{T}} + B^{\mathrm{T}} = A + B$. (∵ 정리 1.3.1의 (2))

(2) $(kA)^{\mathrm{T}} = kA^{\mathrm{T}} = kA$. (∵ 정리 1.3.1의 (3)) ∎

대각행렬과 삼각행렬

• 대각행렬

대각선 위에 있지 않은 성분이 모두 0인 정사각 행렬을 **대각행렬**이라고 한다. 다음 곱을 살펴 보자.

◀ 對角行列 diagonal matrix

$$\begin{bmatrix} 1 & 0 & 0 & 0 \\ 0 & 2 & 0 & 0 \\ 0 & 0 & 3 & 0 \\ 0 & 0 & 0 & 4 \end{bmatrix}$$

$$\begin{bmatrix} 1 & 0 & 0 \\ 0 & 2 & 0 \\ 0 & 0 & 3 \end{bmatrix}\begin{bmatrix} a & b & c & d \\ p & q & r & s \\ s & t & u & v \end{bmatrix} = \begin{bmatrix} 1a & 1b & 1c & 1d \\ 2p & 2q & 2r & 2s \\ 3s & 3t & 3u & 3v \end{bmatrix},$$

$$\begin{bmatrix} a & p & s & x \\ b & q & t & y \\ c & r & u & z \end{bmatrix}\begin{bmatrix} 1 & 0 & 0 & 0 \\ 0 & 2 & 0 & 0 \\ 0 & 0 & 3 & 0 \\ 0 & 0 & 0 & 4 \end{bmatrix} = \begin{bmatrix} 1a & 2p & 3s & 4x \\ 1b & 2q & 3t & 4y \\ 1c & 2r & 3u & 4z \end{bmatrix}.$$

위의 곱에서 알 수 있듯이, 다음 정리가 성립한다. (연습문제 1.3.3)

정리 1.3.3

행렬 $A_{m\times n}$과 대각행렬

$$C = \begin{bmatrix} c_1 & 0 & \cdots & 0 \\ 0 & c_2 & \cdots & 0 \\ \vdots & \vdots & \ddots & \vdots \\ 0 & 0 & \cdots & c_m \end{bmatrix}, \quad D = \begin{bmatrix} d_1 & 0 & \cdots & 0 \\ 0 & d_2 & \cdots & 0 \\ \vdots & \vdots & \ddots & \vdots \\ 0 & 0 & \cdots & d_n \end{bmatrix}$$

에 대하여

(1) CA는 A의 1행, $\cdots$, m 행을 각각 c_1배, $\cdots$, c_m배 한 행렬이고,

(2) AD는 A의 1열, $\cdots$, n 열을 각각 d_1배, $\cdots$, d_n배 한 행렬이다.

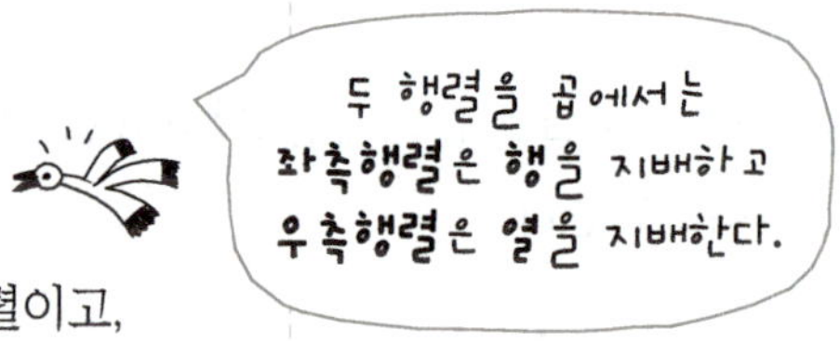

보기 4 $C = \begin{bmatrix} 2 & 0 \\ 0 & 3 \end{bmatrix}$, $A = \begin{bmatrix} 1 & 2 & 3 \\ 4 & 5 & 6 \end{bmatrix}$, $D = \begin{bmatrix} 2 & 0 & 0 \\ 0 & 3 & 0 \\ 0 & 0 & 4 \end{bmatrix}$

일 때,

$$CA = \begin{bmatrix} 2 & 4 & 6 \\ 12 & 15 & 18 \end{bmatrix}, \quad AD = \begin{bmatrix} 2 & 6 & 12 \\ 8 & 15 & 24 \end{bmatrix}.$$

따름정리 1.3.4

같은 차수의 대각행렬끼리의 합과 곱은 대각행렬이다. 특히 대각행렬

$$A=\begin{bmatrix} a_1 & 0 & \cdots & 0 \\ 0 & a_2 & \cdots & 0 \\ \vdots & \vdots & \ddots & \vdots \\ 0 & 0 & \cdots & a_n \end{bmatrix},\ B=\begin{bmatrix} b_1 & 0 & \cdots & 0 \\ 0 & b_2 & \cdots & 0 \\ \vdots & \vdots & \ddots & \vdots \\ 0 & 0 & \cdots & b_n \end{bmatrix}$$

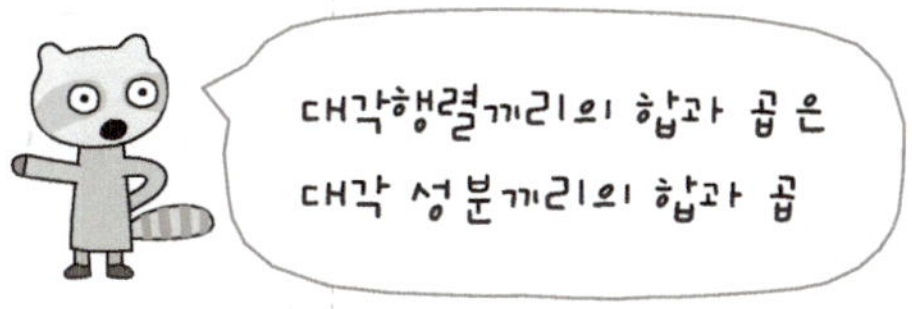

에 대하여,

$$A+B=\begin{bmatrix} a_1+b_1 & 0 & \cdots & 0 \\ 0 & a_2+b_2 & \cdots & 0 \\ \vdots & \vdots & \ddots & \vdots \\ 0 & 0 & \cdots & a_n+b_n \end{bmatrix},\ AB=\begin{bmatrix} a_1b_1 & 0 & \cdots & 0 \\ 0 & a_2b_2 & \cdots & 0 \\ \vdots & \vdots & \ddots & \vdots \\ 0 & 0 & \cdots & a_nb_n \end{bmatrix}.$$

보기 5 $A=\begin{bmatrix} 2 & 0 & 0 \\ 0 & 3 & 0 \\ 0 & 0 & 4 \end{bmatrix}$ 일 때,

$$A^2-2A=\begin{bmatrix} 2 & 0 & 0 \\ 0 & 3 & 0 \\ 0 & 0 & 4 \end{bmatrix}^2-\begin{bmatrix} 2 & 0 & 0 \\ 0 & 3 & 0 \\ 0 & 0 & 4 \end{bmatrix}$$

$$=\begin{bmatrix} 4 & 0 & 0 \\ 0 & 9 & 0 \\ 0 & 0 & 16 \end{bmatrix}-\begin{bmatrix} 2 & 0 & 0 \\ 0 & 3 & 0 \\ 0 & 0 & 4 \end{bmatrix}=\begin{bmatrix} 2 & 0 & 0 \\ 0 & 6 & 0 \\ 0 & 0 & 12 \end{bmatrix}.$$

(2^2-2, 3^2-3, 4^2-4)

• **삼각행렬**

아래 행렬과 같이 대각선 아랫쪽(윗쪽)의 성분이 모두 0인 정사각행렬을 **상방삼각행렬(하방삼각행렬)**이라고 하고, 상방삼각행렬과 하방삼각행렬을 통틀어서 **삼각행렬**이라고 한다.

◀ 上方三角行列
upper triangular matrix
下方三角行列
lower triangular matrix
三角行列
triangular matrix

$$\begin{bmatrix} 1 & 2 & 3 & 4 \\ 0 & 2 & 3 & 4 \\ 0 & 0 & 3 & 4 \\ 0 & 0 & 0 & 4 \end{bmatrix} \qquad \begin{bmatrix} 1 & 0 & 0 & 0 \\ 2 & 2 & 0 & 0 \\ 3 & 3 & 3 & 0 \\ 4 & 4 & 4 & 4 \end{bmatrix}$$

상방삼각행렬 　　　　 하방삼각행렬

A가 상방(하방)삼각행렬일 때, A^T는 하방(상방)삼각행렬이다.

상방삼각행렬

$$A = \begin{bmatrix} a & 2 & 3 & 4 \\ 0 & b & 5 & 6 \\ 0 & 0 & c & 7 \\ 0 & 0 & 0 & d \end{bmatrix}, \quad B = \begin{bmatrix} x & 1 & 1 & 1 \\ 0 & y & 1 & 1 \\ 0 & 0 & z & 1 \\ 0 & 0 & 0 & u \end{bmatrix}$$

(A의 열: $\mathbf{u}_1, \mathbf{u}_2, \mathbf{u}_3, \mathbf{u}_4$)

에 대하여

$$A + B = \begin{bmatrix} a+x & 3 & 4 & 5 \\ 0 & b+y & 6 & 7 \\ 0 & 0 & c+z & 8 \\ 0 & 0 & 0 & d+u \end{bmatrix}.$$

← 상방삼각행렬

$$AB = \begin{bmatrix} ax & * & * & * \\ 0 & by & * & * \\ 0 & 0 & cz & * \\ 0 & 0 & 0 & du \end{bmatrix}.$$

← 상방삼각행렬

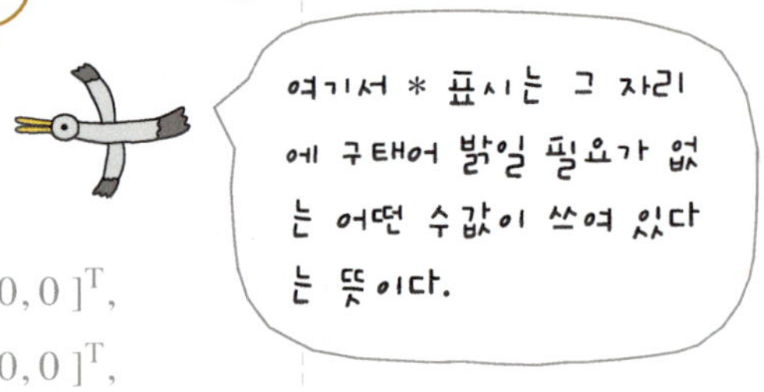

$\because$ $(AB\text{의 1열}) = \mathbf{u}_1 x + \mathbf{u}_2 0 + \mathbf{u}_3 0 + \mathbf{u}_4 0 = [ax,\ 0,\ 0,\ 0]^{\mathrm{T}}$,

$(AB\text{의 2열}) = \mathbf{u}_1 1 + \mathbf{u}_2 y + \mathbf{u}_3 0 + \mathbf{u}_4 0 = [\,*,\ by,\ 0,\ 0]^{\mathrm{T}}$,

$(AB\text{의 3열}) = \mathbf{u}_1 1 + \mathbf{u}_2 1 + \mathbf{u}_3 z + \mathbf{u}_4 0 = [\,*,\ *,\ cz,\ 0]^{\mathrm{T}}$,

$(AB\text{의 4열}) = \mathbf{u}_1 1 + \mathbf{u}_2 1 + \mathbf{u}_3 1 + \mathbf{u}_4 u = [\,*,\ *,\ *,\ du]^{\mathrm{T}}$.

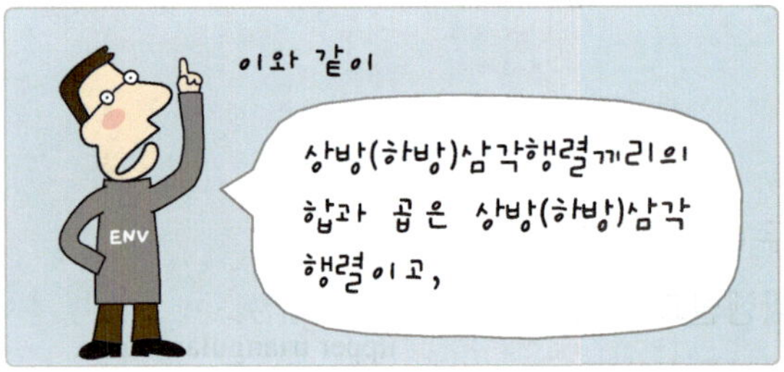

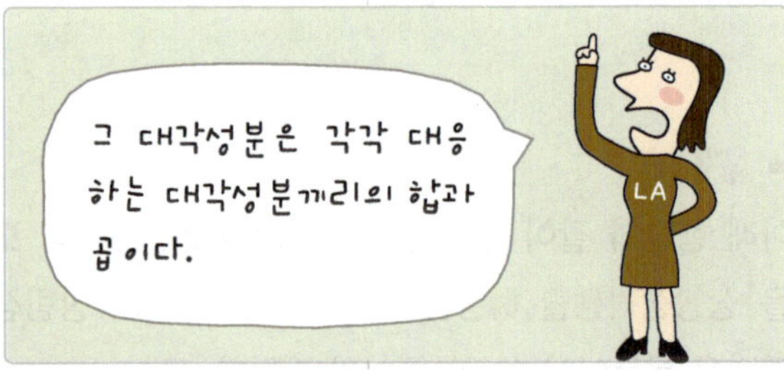

보기 6

$$A = \begin{bmatrix} 1 & 0 & 0 \\ 1 & 2 & 0 \\ 1 & 1 & 3 \end{bmatrix}, \quad B = \begin{bmatrix} 2 & 0 & 0 \\ 5 & 3 & 0 \\ 5 & 5 & 4 \end{bmatrix}\text{일 때,}$$

$$A + B = \begin{bmatrix} 3 & 0 & 0 \\ 6 & 5 & 0 \\ 6 & 6 & 7 \end{bmatrix}, \quad AB = \begin{bmatrix} 2 & 0 & 0 \\ 12 & 6 & 0 \\ 22 & 18 & 12 \end{bmatrix}.$$

가역행렬

정의 n 차 정사각행렬 A에 대하여

$$AX = I = XA$$

를 만족하는 n 차 정사각행렬 X가 존재할 때, A를 **가역행렬**이라고 하고, X를 A의 **역행렬**이라고 한다.

◂ 可逆行列 invertible matrix

◂ 逆行列 inverse

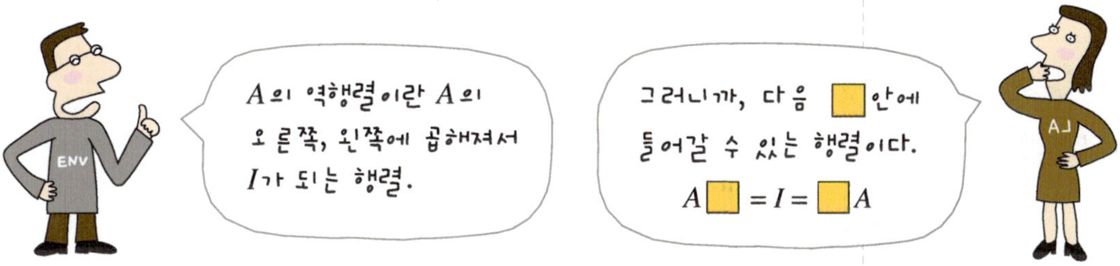

보기 7 (1) $A = \begin{bmatrix} a & b \\ c & d \end{bmatrix}$, $X = \frac{1}{ad-bc}\begin{bmatrix} d & -b \\ -c & a \end{bmatrix}$, $(ad - bc \neq 0)$

일 때,

$$AX = XA = \frac{1}{ad-bc}\begin{bmatrix} ad-bc & 0 \\ 0 & ad-bc \end{bmatrix} = \begin{bmatrix} 1 & 0 \\ 0 & 1 \end{bmatrix}$$

이므로 A는 가역행렬이고 $A^{-1} = X$이다.

(2) $A = \begin{bmatrix} 1 & 0 \\ 0 & 0 \end{bmatrix}$일 때, 임의의 행렬 $X = \begin{bmatrix} x & y \\ z & u \end{bmatrix}$에 대하여

$$AX = \begin{bmatrix} 1 & 0 \\ 0 & 0 \end{bmatrix}\begin{bmatrix} x & y \\ z & u \end{bmatrix} = \begin{bmatrix} x & y \\ 0 & 0 \end{bmatrix} \neq I$$

이므로 A는 가역이 아니다.

A가 가역일 때, A의 역행렬은 유일하다.

$\because$ B, C가 A의 역행렬이라고 하면, $BA = I$, $AC = I$.

$\therefore$ $B = BI = B(AC) = (BA)C = IC = C$. ◆

가역행렬 A의 역행렬을 A^{-1}로 나타낸다.

A의 역행렬은 A에 의하여 유일하게 결정되므로 이와 같이 나타낼 수 있다.

정리 1.3.5 (가역행렬의 성질 I)

행렬 A가 가역일 때,

$$A^{-1},\ A^n\ (\text{단}, n\text{은 자연수}),\ kA\ (\text{단}, k \neq 0\text{는 실수}),\ A^{\mathrm{T}}$$

는 가역이고

(1) $(A^{-1})^{-1} = A$

(2) $(A^n)^{-1} = \underbrace{A^{-1}A^{-1}\cdots A^{-1}}_{n\text{개}} = (A^{-1})^n$

(3) $(kA)^{-1} = \frac{1}{k}A^{-1}$

(4) $(A^{\mathrm{T}})^{-1} = (A^{-1})^{\mathrm{T}}$

증명 (1) $A^{-1}A = I = AA^{-1}$.

(2) $A^n(A^{-1})^n = \underbrace{AA\cdots A}_{n\text{개}}\underbrace{A^{-1}A^{-1}\cdots A^{-1}}_{n\text{개}}$

$$= (AA^{-1})(AA^{-1})\cdots(AA^{-1}) = II\cdots I = I.$$

같은 식으로 $(A^{-1})^n A^n = I$.

(3) $(kA)\left(\frac{1}{k}A^{-1}\right) = \left(k\frac{1}{k}\right)(AA^{-1}) = 1I = I$,

$\left(\frac{1}{k}A^{-1}\right)(kA) = \left(\frac{1}{k}k\right)(A^{-1}A) = 1I = I$.

(4) $A^{\mathrm{T}}(A^{-1})^{\mathrm{T}} = (A^{-1}A)^{\mathrm{T}} = I^{\mathrm{T}} = I$,

$(A^{-1})^{\mathrm{T}}A^{\mathrm{T}} = (AA^{-1})^{\mathrm{T}} = I^{\mathrm{T}} = I$. ▮

보기 8 $A = \begin{bmatrix} 1 & 1 \\ 0 & 1 \end{bmatrix}$는 가역이고, $A^{-1} = \begin{bmatrix} 1 & -1 \\ 0 & 1 \end{bmatrix}$이다.

(1) $A^3 = \begin{bmatrix} 1 & 3 \\ 0 & 1 \end{bmatrix}$. $(A^3)^{-1} = \begin{bmatrix} 1 & -3 \\ 0 & 1 \end{bmatrix} = (A^{-1})^3$.

(2) $3A = \begin{bmatrix} 3 & 3 \\ 0 & 3 \end{bmatrix}$. $(3A)^{-1} = \frac{1}{9}\begin{bmatrix} 3 & -3 \\ 0 & 3 \end{bmatrix} = \frac{1}{3}A^{-1}$.

(3) $A^{\mathrm{T}} = \begin{bmatrix} 1 & 0 \\ 1 & 1 \end{bmatrix}$. $(A^{\mathrm{T}})^{-1} = \begin{bmatrix} 1 & 0 \\ -1 & 1 \end{bmatrix} = (A^{-1})^{\mathrm{T}}$.

정리 1.3.6 (가역행렬의 성질 2)

같은 차수의 정사각행렬 A, B가 가역일 때, AB도 가역이고

$$(AB)^{-1} = B^{-1}A^{-1}$$

증명 $(AB)(B^{-1}A^{-1}) = A(BB^{-1})A^{-1} = AIA^{-1} = AA^{-1} = I,$

$(B^{-1}A^{-1})(AB) = B^{-1}(A^{-1}A)B = B^{-1}IB = B^{-1}B = I.$ ▌

보기 9 $A = \begin{bmatrix} 1 & 1 \\ 0 & 1 \end{bmatrix}, B = \begin{bmatrix} 2 & 5 \\ 1 & 3 \end{bmatrix}$일 때,

$$AB = \begin{bmatrix} 3 & 8 \\ 1 & 3 \end{bmatrix},\ B^{-1} = \begin{bmatrix} 3 & -5 \\ -1 & 2 \end{bmatrix},\ A^{-1} = \begin{bmatrix} 1 & -1 \\ 0 & 1 \end{bmatrix}.$$

$$(AB)^{-1} = \begin{bmatrix} 3 & -8 \\ -1 & 3 \end{bmatrix} = B^{-1}A^{-1}.$$

예제 1.3.7

대각행렬

$$D = \begin{bmatrix} a_1 & 0 & \cdots & 0 \\ 0 & a_2 & \cdots & 0 \\ \vdots & \vdots & & \vdots \\ 0 & 0 & \cdots & a_n \end{bmatrix}$$

"모든 $i = 1, \cdots, n$에 대하여 $a_i \neq 0$" 라는 뜻.

에 대하여 다음을 증명하라.

(1) D가 가역일 필요충분조건은 $a_i \neq 0, (i = 1, \cdots, n)$, 이다.

(2) D가 가역일 때,

$$D^{-1} = \begin{bmatrix} \frac{1}{a_1} & 0 & \cdots & 0 \\ 0 & \frac{1}{a_2} & \cdots & 0 \\ \vdots & \vdots & & \vdots \\ 0 & 0 & \cdots & \frac{1}{a_n} \end{bmatrix}. \quad \cdots\cdots\cdots\cdots \text{②}$$

증명 (1) $a_i = 0$일 때, (A의 i 열) $= \mathbf{0}$ 이므로, 임의의 n차 정사각행렬 X에 대하여 (XA의 i 열) $= X$(A의 i 열) $= \mathbf{0}$이므로 $XA \neq I$ 이고, 따라서 A는 가역이 아니다.

(2) ② 의 우변의 행렬을 C라고 하면

$$DC = \begin{bmatrix} a_1\frac{1}{a_1} & 0 & \cdots & 0 \\ 0 & a_2\frac{1}{a_2} & \cdots & 0 \\ \vdots & \vdots & & \vdots \\ 0 & 0 & \cdots & a_n\frac{1}{a_n} \end{bmatrix} = CD,\ \text{즉},\ DC = I_n = DC.$$ ◘

1-3 E·X·E·R·C·I·S·E·S 연습문제

1 임의의 행렬 A에 대하여 다음을 증명하라.

(1) 곱 $A^{\mathrm{T}}A$ 및 AA^{T} 가 가능하다.

(2) $A^{\mathrm{T}}A$ 및 AA^{T} 는 대칭행렬이다.

2 대각 성분이 차례로 $d_1, \cdots, d_n$ 인 n 차 대각 행렬을 D라고 할 때,

$$D = [d_1\mathbf{e}_1, \cdots, d_n\mathbf{e}_n] = \begin{bmatrix} d_1\mathbf{e}_1^{\mathrm{T}} \\ \vdots \\ d_n\mathbf{e}_n^{\mathrm{T}} \end{bmatrix}$$

임을 증명하라.

3 연습문제 2를 이용하여 정리 1.3.3을 증명하라.

4 벡터 $\mathbf{x} = \begin{bmatrix} x_1 \\ \vdots \\ x_m \end{bmatrix}, \mathbf{y} = \begin{bmatrix} y_1 \\ \vdots \\ y_n \end{bmatrix}$과 행렬 $A = [\,a_{ij}\,]_{m \times n}$에 대하여 다음을 증명하라.

(1) $\mathbf{x} = \begin{bmatrix} x_1 & & \\ & \ddots & \\ & & x_m \end{bmatrix}\begin{bmatrix} 1 \\ \vdots \\ 1 \end{bmatrix}, \quad \mathbf{y} = \begin{bmatrix} y_1 & & \\ & \ddots & \\ & & y_n \end{bmatrix}\begin{bmatrix} 1 \\ \vdots \\ 1 \end{bmatrix},$

(2) $\mathbf{x}^{\mathrm{T}}A\mathbf{y} = \sum_{i=1}^{m} \sum_{j=1}^{n} x_i a_{ij} y_j$ (보조정리 1.2.6의 다른 표현).

5 열벡터 $\mathbf{u}$에 대하여, $\mathbf{u}^{\mathrm{T}}\mathbf{u}$는 $\mathbf{u}$의 성분의 제곱의 합임을 보여라.

6 정사각행렬 $A = [a_{ij}]_{n \times n}$ 의 대각성분의 합

$$a_{11} + a_{22} + \cdots + a_{nn}$$

을 A의 **트레이스**라 하고 $\mathrm{tr}(A)$로 나타낸다.

◂ trace

임의의 행렬 A에 대하여, A의 모든 성분의 제곱의 합은 $\mathrm{tr}(A^{\mathrm{T}}A)$임을 증명하라.

7 같은 차수의 정사각행렬 A, B에 대하여 다음이 성립함을 증명하라.

(1) $\mathrm{tr}(A + B) = \mathrm{tr}(A) + \mathrm{tr}(B)$ (2) $\mathrm{tr}(kA) = k\,\mathrm{tr}(A)$, 단, k는 실수.

1-3 · E · X · E · R · C · I · S · E · S · 연습문제

8 같은 크기의 행렬 $A = [a_{ij}], B = [b_{ij}]$에 대하여 $A \circ B = [a_{ij} b_{ij}]$라고 하면, $\text{tr}(AB) = (A \circ B^T$의 성분의 합)임을 증명하라.

9 정사각행렬 A에 대하여 $A^0 = I$로 정의하고, A가 가역일 때, 자연수 n에 대하여 A^{-n}을 $A^{-n} = (A^{-1})^n$으로 정의한다.
A가 가역일 때, 정수 m, n에 대하여 다음이 성립함을 증명하라.

(1) $A^m A^n = A^{m+n}$　　(2) $(A^m)^n = A^{mn}$

10 행렬 $A = \begin{bmatrix} 1 & 0 & 0 \\ 0 & -1 & 0 \\ 0 & 0 & 1 \end{bmatrix}$에 대하여 다음 행렬을 구하라.

(1) A^{20}　　(2) A^{21}　　(3) A^{-8}　　(4) A^{-9}

11 다음 등식을 만족하는 행렬 X를 구하라.

(1) $X^3 = \begin{bmatrix} 8 & 0 & 0 \\ 0 & -1 & 0 \\ 0 & 0 & 27 \end{bmatrix}$　　(2) $X^{-2} = \begin{bmatrix} 9 & 0 \\ 0 & 4 \end{bmatrix}$

12 대각행렬이 아닌 행렬의 제곱이 대각행렬일 수 있는 예를 찾아라.

13 삼각행렬

$$A = \begin{bmatrix} 1 & 2 & \cdots & n \\ 0 & 2 & \cdots & n \\ \vdots & \vdots & \ddots & \vdots \\ 0 & 0 & \cdots & n \end{bmatrix}$$

에 대하여, $\text{tr}(A^3)$을 구하라.

14 행렬 A, B, C에 대하여 A가 가역일 때, 다음을 증명하라.

(1) $AB = AC \Rightarrow B = C$　　(2) $BA = CA \Rightarrow B = C$

1-3 EXERCISES 연습문제

15 같은 차수의 정사각행렬 $A_1, A_2, \cdots, A_r$이 가역일 때, $A_1A_2\cdots A_r$도 가역이고, $(A_1A_2\cdots A_r)^{-1} = A_r^{-1}\cdots A_2^{-1}A_1^{-1}$임을 증명하라.

16 $A^p = I$를 만족하는 자연수 p가 존재할 때, A는 가역이고 $A^{-1} = A^{p-1}$임을 보여라.

17 등식 $X^2 = I$를 만족하는 대각행렬이 아닌 2×2 행렬 X를 모두 찾으라.

18 $A = \begin{bmatrix} 1 & 1 \\ 1 & 1 \end{bmatrix}$일 때, $AB = AC$를 만족하는 서로 다른 두 행렬 B, C를 찾으라.

19 행렬 $A = \begin{bmatrix} A_1 & O & \cdots & O \\ O & A_2 & \cdots & O \\ \vdots & \vdots & & \vdots \\ O & O & \cdots & A_r \end{bmatrix}$, $B = \begin{bmatrix} B_{11} & B_{12} & \cdots & B_{1n} \\ B_{21} & B_{22} & \cdots & B_{2n} \\ \vdots & \vdots & & \vdots \\ B_{r1} & B_{r2} & \cdots & B_{rn} \end{bmatrix}$에 대하여

$$AB = \begin{bmatrix} A_1B_{11} & A_1B_{12} & \cdots & A_1B_{1n} \\ A_1B_{21} & A_2B_{22} & \cdots & A_2B_{2n} \\ \vdots & \vdots & & \vdots \\ A_rB_{r1} & A_rB_{r2} & \cdots & A_rB_{rn} \end{bmatrix}$$

임을 보여라. 단, 각 $i = 1, 2, \cdots, r$에 대하여, A_i, B_{ii}는 같은 크기의 정사각행렬이다.

20

$$A = \begin{bmatrix} 5 & 8 & 0 & 0 \\ 3 & 5 & 0 & 0 \\ 0 & 0 & 5 & 2 \\ 0 & 0 & 12 & 5 \end{bmatrix}$$

일 때, 다음을 구하라.

(1) A^2 (2) A^{-1} (3) $A^2 - 10A + 25I$

1-3 · E · X · E · R · C · I · S · E · S · 연습문제

21 다음 행렬의 역행렬을 구하라.

(1) $\begin{bmatrix} 0 & 0 & 1 \\ 0 & 1 & 0 \\ 1 & 0 & 0 \end{bmatrix}$ (2) $\begin{bmatrix} 0 & 1 & 0 \\ 0 & 0 & 1 \\ 1 & 0 & 0 \end{bmatrix}$

(3) $\begin{bmatrix} 0 & 0 & 0 & 2 \\ 0 & 0 & 3 & 0 \\ 0 & 4 & 0 & 0 \\ 5 & 0 & 0 & 0 \end{bmatrix}$ (4) $\begin{bmatrix} \cos\theta & -\sin\theta \\ \sin\theta & \cos\theta \end{bmatrix}$

22 행렬 B와 가역행렬 A에 대하여 등식

$$\begin{bmatrix} A & B \\ O & A \end{bmatrix}^{-1} = \begin{bmatrix} A^{-1} & C \\ O & A^{-1} \end{bmatrix}$$

을 만족하는 행렬 C를 A, B에 관한 식으로 나타내어라.

23 모든 이차정사각행렬 X에 대하여 $AX = XA$를 만족하는 이차정사각행렬 A를 모두 찾으라.

24 $A^n = O$을 만족하는 가역행렬 A에 대하여 $I - A$는 가역이고

$$(I - A)^{-1} = I + A + A^2 + A^{n-1}$$

임을 증명하라. 단, $n > 1$ 은 자연수.

1-4 행렬의 가역성

이 절의 학습내용

- 기본행렬 / • 행동치
- 가역성의 동치 조건

기본행렬

1.1절에서 이와 같은 3가지 유형의 ERO가 소개되었다.

유형 (i) : 두 행의 위치를 서로 바꾼다.
유형 (ii) : 한 행을 상수($\neq 0$)배 한다.
유형 (iii) : 한 행의 상수배를 다른 행에 더한다.

이 절에서는, 먼저, 행렬 A에 ERO를 시행하는 것은 A의 좌측에 어떤 가역행렬을 곱하는 것과 같음을 보인다.

단위행렬에 하나의 ERO를 시행한 결과의 행렬을 그 ERO에 대응하는 **기본행렬**이라고 한다.

◀ 基本行列 elementary matrix

$$\begin{bmatrix} 1 & 0 & 0 \\ 0 & 1 & 0 \\ 0 & 0 & 1 \end{bmatrix} \xrightarrow[\text{위치를 바꾼다.}]{\text{ERO(i) : 1행, 2행의}} \begin{bmatrix} 0 & 1 & 0 \\ 1 & 0 & 0 \\ 0 & 0 & 1 \end{bmatrix} = E_1$$

$$\begin{bmatrix} 1 & 0 & 0 \\ 0 & 1 & 0 \\ 0 & 0 & 1 \end{bmatrix} \xrightarrow[k\neq 0\text{배 한다.}]{\text{ERO(ii) : 2행을}} \begin{bmatrix} 1 & 0 & 0 \\ 0 & k & 0 \\ 0 & 0 & 1 \end{bmatrix} = E_2$$

$$\begin{bmatrix} 1 & 0 & 0 \\ 0 & 1 & 0 \\ 0 & 0 & 1 \end{bmatrix} \xrightarrow[\text{3 행에 더한다.}]{\text{ERO(iii) : 1 행의 }k\text{배를}} \begin{bmatrix} 1 & 0 & 0 \\ 0 & 1 & 0 \\ k & 0 & 1 \end{bmatrix} = E_3$$

→ 기본행렬

행렬

$$A = \begin{bmatrix} a & a & a \\ x & y & z \\ r & s & t \end{bmatrix}$$

라고 할 때, 위의 ERO (i), ERO (ii), ERO (iii) 과 기본행렬 E_1, E_2, E_3 에 대하여

$$E_1A = \begin{bmatrix} 0 & 1 & 0 \\ 1 & 0 & 0 \\ 0 & 0 & 1 \end{bmatrix}\begin{bmatrix} x & y & z \\ a & b & c \\ r & s & t \end{bmatrix} = \begin{bmatrix} a & b & c \\ x & y & z \\ r & s & t \end{bmatrix}$$

← ERO(i) : 1행, 2행의 위치를 바꾼다. — A

$$E_2A = \begin{bmatrix} 1 & 0 & 0 \\ 0 & k & 0 \\ 0 & 0 & 1 \end{bmatrix}\begin{bmatrix} a & b & c \\ x & y & z \\ r & s & t \end{bmatrix} = \begin{bmatrix} a & a & a \\ kx & ky & kz \\ r & s & t \end{bmatrix}$$

← ERO(ii) : 2행을 $k \neq 0$배 한다. — A

$$E_2A = \begin{bmatrix} 1 & 0 & 0 \\ 0 & 1 & 0 \\ k & 0 & 1 \end{bmatrix}\begin{bmatrix} a & b & c \\ x & y & z \\ r & s & t \end{bmatrix} = \begin{bmatrix} a & b & c \\ x & y & z \\ ka+r & kb+s & kc+t \end{bmatrix}$$

← ERO(iii) : 1행의 k배를 3행에 더한다. — A

이와 같이 생각하면, 일반적으로 다음 정리가 성립함을 알 수 있다.

정리 1.4.1

행렬 A에 한 ERO를 시행한 결과는 그 ERO에 대응하는 기본행렬을 A의 좌측에 곱한 것과 같다.

위의 기본행렬 E_1, E_2, E_3에 대하여

$$E_1E_1 = (E_1\text{의 1행, 2행의 위치를 바꾼 행렬}) = I$$

이므로 E_1은 가역이고, $E_1^{-1} = E_1$이다.

I의 2 행을 $\frac{1}{k}$배 한 것

$$E_2' = \begin{bmatrix} 1 & 0 & 0 \\ 0 & \frac{1}{k} & 0 \\ 0 & 0 & 1 \end{bmatrix}, \quad E_3' = \begin{bmatrix} 1 & 0 & 0 \\ 0 & 1 & 0 \\ -k & 0 & 1 \end{bmatrix}$$

I의 1 행의 $-k$배를 3행에 더한 것

로 두면 E_2', E_3' 도 기본행렬이다.

$$E_2E_2' = (E_2'\text{의 2행을 } k\text{배한 행렬}) = I,$$

(정리 1.4.1)

$$E_2'E_2 = (E_2\text{의 2행을 } \tfrac{1}{k}\text{배한 행렬}) = I,$$

(정리 1.4.1)

$$E_3E_3' = (E_3'\text{의 } 1 \text{ 행의 } k \text{ 배를 } 3 \text{ 행에 더한 행렬}) = I,$$
$$E_3'E_3 = (E_3\text{의 } 1 \text{ 행의 } -k \text{ 배를 } 3 \text{ 행에 더한 행렬}) = I$$

이므로 E_2, E_3는 가역이고,

$$E_2^{-1} = E_2',\ E_3^{-1} = E_3'$$

이다. 이와 같은 논리에 의하여 다음 정리가 성립한다.

정리 1.4.2

기본행렬은 가역이고 그 역행렬도 기본행렬이다.

행렬의 가역성

행열이 가역일 조건 몇 가지에 대하여 알아 보자.

보조정리 1.4.3

어떤 정사각 행렬의 rref를 U라고 할 때, $U \neq I$이면 U의 마지막 행은 영벡터 $[0, 0, \cdots, 0]$ 이다.

증명 U의 차수를 n이라고 하자.

(U의 제 n 행) $\neq [0, 0, \cdots, 0]$ 이면 U의 제 n 행은 선두 1을 가진다. 선두 1을 가지는 행의 윗쪽 행은 모두 선두 1을 가지므로 U의 모든 행은 선두 1을 가진다. 따라서 U의 모든 열은 선두 1을 가진다. 즉, 선두열이다. U의 j번 째 선두열은 I_n의 제 j열과 같으므로 $U = I_n$이다. ∎

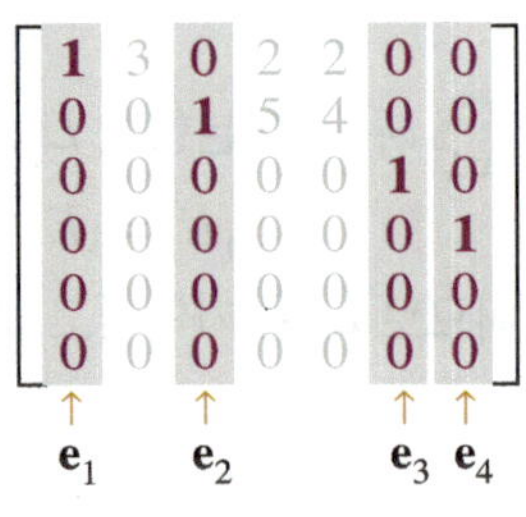

정리 1.4.4

n차 정사각 행렬 A에 대하여 다음은 동치이다.

(1) A는 가역이다.

(2) $A\mathbf{x} = \mathbf{0}$은 자명한 해만을 해로 갖는다. 즉, $A\mathbf{x} = \mathbf{0} \Rightarrow \mathbf{x} = \mathbf{0}$.

(3) A의 rref는 I_n이다.

(4) A는 기본행렬들의 곱으로 표현될 수 있다.

증명 (1) ⇒ (2) ⇒ (3) ⇒ (4) ⇒ (1) 을 증명한다.

(1) ⇒ (2) : A가 가역이라고 하면 A^{-1}이 존재한다.

$$A\mathbf{x} = \mathbf{0} \Rightarrow A^{-1}A\mathbf{x} = A^{-1}\mathbf{0} \Rightarrow I\mathbf{x} = \mathbf{0} \Rightarrow \mathbf{x} = \mathbf{0}.$$

(2) ⇒ (3) : (A의 rref) $= U \neq I_n$ 이라고 하면 U의 제 n행은 $[0, 0, \cdots, 0]$ (∵ 보조정리 1.4.3) 이므로 선두1을 가지지 않는다.
이 때 U는 $n-1$개 이하의 선두1을 가지므로 적어도 하나의 자유열을 가진다. 그러므로 연립일차방정식 $A\mathbf{x} = \mathbf{0}$은 자명하지 않은 해를 가진다. (∵ 따름정리 1.1.7).

(3) ⇒ (4) : (A의 rref) $= I_n$ 이라고 하면 A에 일단의 ERO를 시행한 결과의 행렬이 I_n이다. 따라서 정리 1.4.1에 의하여,

$$E_r \cdots E_2E_1A = I_n$$

을 만족하는 기본행렬 E_i, $(i = 1, 2, \cdots, r)$, 가 존재한다.
이다. 이 등식의 양변의 좌측에 $E_1^{-1}E_2^{-1}\cdots E_r^{-1}$를 곱하면

$$E_1^{-1}E_2^{-1}\cdots E_r^{-1}E_r \cdots E_2E_1A = E_1^{-1}E_2^{-1}\cdots E_r^{-1}I_n.$$

$$\therefore\ A = E_1^{-1}E_2^{-1}\cdots E_r^{-1}.$$ ← 각 E_i^{-1}는 기본행렬이다.

(4) ⇒ (1) : A가 기본행렬들의 곱일 때 A는 가역행열들의 곱이다. 그러므로 A는 가역행렬이다. (∵ 정리 1.3.6). ▮

행렬 A에 일단의 ERO를 시행한 결과의 행렬이 B일 때, 기본행렬 $E_1, \cdots, E_r$이 있어서 $E_r \cdots E_1A = B$이다. 이 때, A는 B와 **행동치**라 하고 이를

◀ 行同値 row equivalent

$$A \overset{R}{\sim} B$$

와 같이 나타낸다.

NoTE 1 $m \times n$ 행렬 A, B에 대하여, $A \overset{R}{\sim} B$일 필요충분조건은 어떤 m차 가역행렬 P가 있어서 $PA = B$ 일 것이다.

∵ $A \overset{R}{\sim} B \Rightarrow E_r \cdots E_1 A = B$, (단, $E_1, \cdots, E_r$은 기본행렬)
↳ 이것을 P라고 하면 P는 가역

역으로 P가 가역일 때, P는 $P = F_1 \cdots F_r$와 같이 기본행렬들의 곱으로 표현된다.

$PA = B \Rightarrow F_1 \cdots F_r A = B \Rightarrow A \overset{R}{\sim} B$. ▮

• ERO를 이용하여 역행렬 구하기

행렬 A가 가역일 때, $A \overset{R}{\sim} I$ 이므로

$$E_r \cdots E_1 A = I, (\text{단}, E_1, \cdots, E_r \text{은 기본행렬}).$$

양 변의 우측에 A^{-1}를 곱하면

$$E_r \cdots E_1 = A^{-1}.$$

A의 우측에 I 를 붙여 만든 행렬 $[A \vdots I]$ 에 대하여

$$E_r \cdots E_1 [A \vdots I] = [\underbrace{E_r \cdots E_1 A}_{I} \vdots E_r \cdots E_1 I] = [I \vdots \underbrace{E_r \cdots E_1}_{A^{-1}}].$$

그러므로 다음 정리가 성립한다.

정리 1.4.5

가역행렬 A에 대하여, $[A \vdots I]$ 가 일련의 ERO에 의하여 $[I \vdots X]$로 변환되었을 때, $X = A^{-1}$이다.

보기 1

$$A = \begin{bmatrix} 1 & 1 & -4 \\ -2 & -1 & -7 \\ -1 & -1 & 5 \end{bmatrix}$$

일 때,

$$[A \vdots I] = \left[\begin{array}{ccc:ccc} 1 & 1 & -4 & 1 & 0 & 0 \\ -2 & -1 & -7 & 0 & 1 & 0 \\ -1 & -1 & 5 & 0 & 0 & 1 \end{array}\right]$$

1행의 2배, 1배를 각각 2행, 3행에 더한다.

$$\left[\begin{array}{ccc:ccc} 1 & 1 & -4 & 1 & 0 & 0 \\ 0 & 1 & -15 & 2 & 1 & 0 \\ 0 & 0 & 1 & 1 & 0 & 1 \end{array}\right]$$

3행의 4배, 15배를 각각 1행, 2행에 더한다.

$$\left[\begin{array}{ccc:ccc} 1 & 1 & 0 & 5 & 0 & 4 \\ 0 & 1 & 0 & 17 & 1 & 15 \\ 0 & 0 & 1 & 1 & 0 & 1 \end{array}\right]$$

2행의 −1배를 1행에 더한다.

$$\left[\begin{array}{ccc:ccc} 1 & 0 & 0 & -12 & -1 & -11 \\ 0 & 1 & 0 & 17 & 1 & 15 \\ 0 & 0 & 1 & 1 & 0 & 1 \end{array}\right]$$

이것이 I이므로 stop

$$\therefore A^{-1} = \begin{bmatrix} -12 & -1 & -11 \\ 17 & 1 & 15 \\ 1 & 0 & 1 \end{bmatrix}.$$

예제 1.4.6

하방삼각행렬

$$A = \begin{bmatrix} a_1 & 0 & \cdots & 0 \\ * & a_2 & \cdots & 0 \\ \vdots & \vdots & \ddots & \vdots \\ * & * & \cdots & a_n \end{bmatrix}$$

에 대하여 다음을 증명하라.

(1) $a_i \neq 0, (i = 1, 2, \cdots, n)$, 일 때, A는 가역이고 A^{-1}는 다음과 같은 꼴의 행렬이다.

$$A^{-1} = \begin{bmatrix} \frac{1}{a_1} & 0 & \cdots & 0 \\ * & \frac{1}{a_2} & \cdots & 0 \\ \vdots & \vdots & \ddots & \vdots \\ * & * & \cdots & \frac{1}{a_n} \end{bmatrix}.$$

(2) $a_1, a_2, \cdots, a_n$ 중 하나가 0일 때, A는 가역이 아니다.

증명 (1)

$$\left[\begin{array}{cccc|cccc} a_1 & 0 & \cdots & 0 & 1 & 0 & \cdots & 0 \\ x_2 & a_2 & \cdots & 0 & 0 & 1 & \cdots & 0 \\ \vdots & \vdots & & \vdots & \vdots & \vdots & & \vdots \\ x_n & * & \cdots & a_n & 0 & 0 & \cdots & 1 \end{array}\right]$$

1행을 $\frac{1}{a_1}$배 한다.

$$\left[\begin{array}{cccc|cccc} 1 & 0 & \cdots & 0 & \frac{1}{a_1} & 0 & \cdots & 0 \\ x_2 & a_2 & \cdots & 0 & 0 & 1 & \cdots & 0 \\ \vdots & \vdots & & \vdots & \vdots & \vdots & & \vdots \\ x_n & * & \cdots & a_n & 0 & 0 & \cdots & 1 \end{array}\right]$$

1행의 $-x_2$배, $\cdots$, $-x_n$배를 각각 2행, $\cdots$, n행에 더한다.

$$\left[\begin{array}{cccc|cccc} 1 & 0 & \cdots & 0 & \frac{1}{a_1} & 0 & \cdots & 0 \\ 0 & a_2 & \cdots & 0 & * & 1 & \cdots & 0 \\ \vdots & \vdots & & \vdots & \vdots & \vdots & & \vdots \\ 0 & * & \cdots & a_n & * & 0 & \cdots & 1 \end{array}\right]$$

위의 과정을 반복한다.

$$\left[\begin{array}{cccc|cccc} 1 & 0 & \cdots & 0 & \frac{1}{a_1} & 0 & \cdots & 0 \\ 0 & 1 & \cdots & 0 & * & \frac{1}{a_2} & \cdots & 0 \\ \vdots & \vdots & & \vdots & \vdots & \vdots & & \vdots \\ 0 & 0 & \cdots & 1 & * & * & \cdots & \frac{1}{a_n} \end{array}\right]$$

이것이 I이므로 A의 rref는 I
$\therefore$ A는 가역

$$\therefore\ A^{-1} = \begin{bmatrix} \frac{1}{a_1} & 0 & \cdots & 0 \\ * & \frac{1}{a_2} & \cdots & 0 \\ \vdots & \vdots & & \vdots \\ * & * & \cdots & \frac{1}{a_n} \end{bmatrix}.$$

(2) 먼저, A 의 rref를 U라고 할 때, $U \neq I$ 임을 증명한다.

$a_1 = 0$ 이면, A 의 1행이 영벡터이므로 $U \neq I$.

$a_1 \neq 0$, $a_2 = 0$ 일 때,

$$A = \begin{bmatrix} a_1 & 0 & \cdots & 0 \\ x_2 & 0 & \cdots & 0 \\ \vdots & \vdots & & \vdots \\ x_n & * & \cdots & a_n \end{bmatrix} \rightarrow \begin{bmatrix} 1 & 0 & \cdots & 0 \\ x_2 & 0 & \cdots & 0 \\ \vdots & \vdots & & \vdots \\ x_n & * & \cdots & a_n \end{bmatrix} \rightarrow \begin{bmatrix} 1 & 0 & \cdots & 0 \\ 0 & 0 & \cdots & 0 \\ \vdots & \vdots & & \vdots \\ 0 & * & \cdots & a_n \end{bmatrix}.$$

위의 과정 중 마지막 행렬의 2 행은 영벡터 $[0, 0, \cdots, 0]$ 이므로 $U \neq I$.

이와 같이, $a_1, \cdots, a_n$ 중 하나가 0인 경우, ERO를 통하여 A를 U로 변환시키는 과정 중의 한 행렬은 영벡터 $[0, 0, \cdots, 0]$ 을 행으로 가진다.

그러므로 $U \neq I$.

$U \neq I$ 이므로, 정리 1.4.4에 의하여 A는 가역이 아니다. ◇

가역성 체크

정리 1.4.7

같은 차수의 정사각 행렬 A, B에 대하여, $AB = I$일 때, A, B 각각은 가역이다.

증명
$$AB = I \quad \cdots\cdots\cdots\cdots ①$$

이 성립할 때,

$$B\mathbf{x} = \mathbf{0} \Rightarrow AB\mathbf{x} = A\mathbf{0} \Rightarrow I\mathbf{x} = \mathbf{0} \Rightarrow \mathbf{x} = \mathbf{0}$$

이므로 정리 1.4.4에 의하여 B는 가역이다.

이제, ①의 양 변의 우측에 B^{-1}를 곱하면

$$A = B^{-1}$$

를 얻는다. 가역행렬의 역행렬은 가역이므로 A는 가역이다. ■

따름정리 1.4.8

같은 차수의 정사각 행렬 A, B에 대하여, AB가 가역일 때, A, B 각각은 가역이다.

증명 $A\,B(AB)^{-1} = I$ 이므로 A는 가역이다. (∵ 정리 1.4.7)
$(AB)^{-1}A\,B = I$ 이므로 B도 가역이다. (∵ 정리 1.4.7) ▮

정리 1.4.9

n차 정사각 행렬 A에 대하여 다음은 동치이다.

(1) A는 가역이다.

(2) 임의의 $\mathbf{b} \in \boldsymbol{R}^n$에 대하여 $A\mathbf{x} = \mathbf{b}$는 해를 가진다.

증명 (1) ⇒ (2) $\mathbf{u} = A^{-1}\mathbf{b}$로 두면, $A\mathbf{u} = AA^{-1}\mathbf{b} = \mathbf{b}$.
A가 가역이므로 A^{-1}가 존재

따라서 $\mathbf{x} = \mathbf{u}$는 $A\mathbf{x} = \mathbf{b}$의 해이다.

(2) ⇒ (1) 임의의 $\mathbf{b} \in \boldsymbol{R}^n$에 대하여 $A\mathbf{x} = \mathbf{b}$는 해를 가지므로, 특히,
각 $j = 1, \cdots, n$에 대하여, $A\mathbf{x}_j = \mathbf{e}_j$ 인 $\mathbf{x}_j \in \boldsymbol{R}^n$ 이 존재한다.
$X = [\mathbf{x}_1, \cdots, \mathbf{x}_n]$ 으로 두면 ($\mathbf{e}_j$: I_n의 j열)

$$AX = A[\mathbf{x}_1, \cdots, \mathbf{x}_n] = [A\mathbf{x}_1, \cdots, A\mathbf{x}_n] = [\mathbf{e}_1, \cdots, \mathbf{e}_n] = I_n$$

이므로 A는 가역이다. (∵ 정리 1.4.7) ▮

n차 정사각 행렬 A에 대하여 다음은 동치이다.

(1) A는 가역이다.

(2) $A\mathbf{x} = \mathbf{0} \Rightarrow \mathbf{x} = \mathbf{0}$.

(3) A의 rref는 I_n.

(4) A는 기본행렬들의 곱.

(5) 임의의 $\mathbf{b} \in \boldsymbol{R}^n$에 대하여 $A\mathbf{x} = \mathbf{b}$는 해를 가진다.

appEndix 1 • • • • • • • • • • • • • • • • • • 블락행렬의 역행렬

행렬 A가 다음과 같이 블락으로 분할되어 있다고 하자.

$$A=\left[\begin{array}{c|c} B & C \\ \hline D & E \end{array}\right], \text{(단, } B\text{는 가역).}$$

여기서 $[B, C]$, $[D, E]$를 각각 A의 제 1 블락행, 제 2 블락행이라고 한다.
A의 블락행에도 ERO와 같은 조작을 할 수 있다. 예를들어

㉮ 제 1 블락행의 왼쪽에 B^{-1}를 곱한다.

$$\left[\begin{array}{c|c} B & C \\ \hline D & E \end{array}\right] \rightarrow \left[\begin{array}{c|c} I & B^{-1}C \\ \hline D & E \end{array}\right] \rightarrow \left[\begin{array}{c|c} I & B^{-1}C \\ \hline O & -DB^{-1}C+E \end{array}\right].$$

㉯ 제 1 블락행의 왼쪽에 $-D$를 곱한 것을 제 2 블락행에 더한다.

$I=\left[\begin{smallmatrix} I & O \\ O & I \end{smallmatrix}\right]$에 ㉮, ㉯를 시행한 결과의 행렬은 각각

$$F_1=\left[\begin{array}{c|c} B^{-1} & O \\ \hline O & I \end{array}\right], \quad F_2=\left[\begin{array}{c|c} I & O \\ \hline -D & I \end{array}\right]$$

이고, 위의 블락행에 관한 기본변형은

$$\begin{aligned} F_2F_1A &= \left[\begin{array}{c|c} I & O \\ \hline -D & I \end{array}\right]\left[\begin{array}{c|c} B^{-1} & O \\ \hline O & I \end{array}\right]\left[\begin{array}{c|c} B & C \\ \hline D & E \end{array}\right]=\left[\begin{array}{c|c} I & O \\ \hline -D & I \end{array}\right]\left[\begin{array}{c|c} I & B^{-1}C \\ \hline D & E \end{array}\right] \\ &= \left[\begin{array}{c|c} I & B^{-1}C \\ \hline D & -DB^{-1}C+E \end{array}\right] \end{aligned}$$

와 같이, A의 **왼쪽**에 F_1, F_2를 차례로 곱한 것과 같다.
블락으로 분할된 행렬의 역행렬도 정리 1.4.5와 같은 방법으로 구할 수 있다.

예 1 $A=\left[\begin{array}{c|c} B & C \\ \hline O & D \end{array}\right]$, (단, B, D는 가역), 일 때,

제 1 블락행, 제 2 블락행의 왼쪽에 각각 B^{-1}, D^{-1}를 곱한다.

$$\left[\begin{array}{c|c|c|c} B & C & I & O \\ \hline O & D & O & I \end{array}\right] \rightarrow \left[\begin{array}{cc|cc} I & B^{-1}C & B^{-1} & O \\ \hline O & I & O & D^{-1} \end{array}\right]$$

$$\rightarrow \left[\begin{array}{cc|cc} I & O & B^{-1} & -B^{-1}CD^{-1} \\ \hline O & I & O & D^{-1} \end{array}\right].$$

제 2 블락행의 왼쪽에 $-B^{-1}C$를 곱한 것을 제 1 블락행에 더한다.

$$\therefore\ A^{-1}=\left[\begin{array}{c|c} B^{-1} & -B^{-1}CD^{-1} \\ \hline O & D^{-1} \end{array}\right].$$

정리 2 블락 하방삼각행렬

$$A=\begin{bmatrix} A_1 & 0 & \cdots & 0 \\ * & A_2 & \cdots & 0 \\ \vdots & \vdots & \ddots & \vdots \\ * & * & \cdots & A_r \end{bmatrix}, \text{(단, 각 } A_i \text{는 정사각행렬)}$$

에 대하여, 각 A_i가 가역일 때, A도 가역이고 A^{-1}는 다음과 같은 꼴의 행렬이다.

$$A^{-1}=\begin{bmatrix} A_1^{-1} & 0 & \cdots & 0 \\ * & A_2^{-1} & \cdots & 0 \\ \vdots & \vdots & \ddots & \vdots \\ * & * & \cdots & A_r^{-1} \end{bmatrix}.$$

증명 대각 블락의 개수 r에 대한 귀납법으로 증명한다.
$r=1$일 때는 명백하고, $r=2$일 때는 예 1에 의하여 정리가 성립한다.
$r\ge 3$이라 하고, 대각 블락의 개수가 $r-1$일 때 정리가 성립한다고 가정한다. A에서 대각블락 A_1이 앉아 있는 블락행과 블락열을 없앤 행렬을 B라고 하면, 귀납법 가정에 의하여 $A=\begin{bmatrix} A_1 & O \\ * & B \end{bmatrix}$, B는 가역이고

$$A^{-1}=\begin{bmatrix} A_1^{-1} & O \\ * & B^{-1} \end{bmatrix},\ B^{-1}=\begin{bmatrix} A_2^{-1} & 0 & \cdots & 0 \\ * & A_3^{-1} & \cdots & 0 \\ \vdots & \vdots & \ddots & \vdots \\ * & * & \cdots & A_r^{-1} \end{bmatrix}.$$

appEndix 2 • LU 분해

1 순차대입법 · 역순대입법

다음 연립방정식

㉮ $\begin{cases} 2x = 2 & ① \\ 3x + 2y = 7 & ② \\ 4x + y + z = 9 & ③ \end{cases}$　　㉯ $\begin{cases} x + y + z = 1 & ④ \\ 2y + z = 4 & ⑤ \\ 3z = 6 & ⑥ \end{cases}$

과 같이 계수행렬이 삼각행렬인 연립일차방정식은 보다 단순한 방법으로 풀 수 있다. 이를테면 연립방정식 ㉮ 를 풀 때,

- ①에서 $x = 1$을 구하고,
- $x = 1$을 ②에 대입하여 $y = 2$를 구하고,
- $x = 1, y = 2$를 ③에 대입하여 $z = 3$을 구한다.

이와 같은 방법을 **순차대입법**이라고 한다.

◀ 順次代入法 foward substitution

한편 연립방정식 ㉮ 는 ⑥에서 시작하여, ⑤, ④를 차례로 이용하여 z, y, x의 값을 이 순서대로 구할 수 있다. 이 방법을 **역순대입법**이라고 한다.

◀ 逆順次代入法 back substitution

정사각행렬 A가 하방삼각행렬 L과 상방삼각행렬 U의 곱으로

$$A = LU \quad \cdots\cdots ⑦$$

와 같이 표현될 때, 연립일차방정식 $A\mathbf{x} = \mathbf{b}$는 다음과 같이 풀 수 있다.

STEP 1 : $A\mathbf{x} = \mathbf{b}$는

(하나의 변수벡터로 간주한다.)

$$L(U\mathbf{x}) = \mathbf{b} \quad \cdots\cdots ⑧$$

와 같다. ⑧을 $U\mathbf{x}$에 관하여 풀어 다음 해를 구한다.(순차대입법)

$$U\mathbf{x} = \mathbf{c} \quad \cdots\cdots ⑨$$

STEP 2 : ⑨를 $\mathbf{x}$에 관하여 푼다.(역순대입법)

2 LU 분해

⑦을 행렬 A의 **LU분해**라고 한다. 임의의 정사각행렬이 LU-분해를 가지는 것은 아니다. 예를 들어

◀ LU分解 LU decomposition

$$\begin{bmatrix} 0 & 1 \\ 1 & 0 \end{bmatrix} = \begin{bmatrix} a & 0 \\ b & * \end{bmatrix}\begin{bmatrix} x & y \\ 0 & * \end{bmatrix}$$

($ax = 0$이어야 하는데, $a = 0$일 때, 이 곱의 1행은 영벡터, $x = 0$일 때, 이 곱의 1열은 영벡터이다.)

을 만족하는 a, b, x, y는 존재하지 않으므로 행렬 $A = \begin{bmatrix} 0 & 1 \\ 1 & 1 \end{bmatrix}$은 LU-분해를 가지지 않는다.

다음 두 가지 유형의 ERO를 **하향 ERO**라고 한다.

(i) 한 행을 상수배 한다.

(ii) 한 행의 상수배를 그 아래의 행에 더한다.

하향 ERO에 대응하는 기본행렬은 하방삼각행렬이다.

정리 1 하향 ERO 만을 사용하여 상방삼각행렬 U로 변형시킬 수 있는 행렬은 LU-분해를 가진다.

증명 행렬 A에 대하여 하향ERO을 차례로 시행하여 상방삼각행렬 U가 얻어졌다고 하면, 하방삼각행렬인 기본행렬을 $E_1, \cdots, E_r$ 이 존재하여

$$E_r \cdots E_2 E_1 A = U$$

이다. 각 E_i^{-1}는 하방삼각행렬이므로(∵ 예제 1.4.6),

$$L = E_1^{-1} E_2^{-1} \cdots E_r^{-1}$$

로 두면, L은 하방삼각행렬이고,(∵ 하방삼각행렬끼리의 곱은 하방삼각행렬)

$$A = LU. \blacksquare$$

예 2 $A = \begin{bmatrix} 2 & 2 & 2 \\ 3 & 6 & 9 \\ 2 & 4 & 8 \end{bmatrix} \xrightarrow{①} \begin{bmatrix} 1 & 1 & 1 \\ 3 & 6 & 9 \\ 2 & 4 & 8 \end{bmatrix} \xrightarrow{②} \begin{bmatrix} 1 & 1 & 1 \\ 0 & 3 & 6 \\ 2 & 4 & 8 \end{bmatrix}$

$$\xrightarrow{③} \begin{bmatrix} 1 & 1 & 1 \\ 0 & 3 & 6 \\ 0 & 2 & 6 \end{bmatrix} \xrightarrow{④} \begin{bmatrix} 1 & 1 & 1 \\ 0 & 1 & 2 \\ 0 & 2 & 6 \end{bmatrix} \xrightarrow{⑤} \begin{bmatrix} 1 & 1 & 1 \\ 0 & 1 & 2 \\ 0 & 0 & 2 \end{bmatrix} = U.$$

$$E_1^{-1} = \begin{bmatrix} 2 & 0 & 0 \\ 0 & 1 & 0 \\ 0 & 0 & 1 \end{bmatrix},\ E_2^{-1} = \begin{bmatrix} 1 & 0 & 0 \\ 3 & 1 & 0 \\ 0 & 0 & 1 \end{bmatrix},\ E_3^{-1} = \begin{bmatrix} 1 & 0 & 0 \\ 0 & 1 & 0 \\ 2 & 0 & 1 \end{bmatrix},$$

$$E_4^{-1} = \begin{bmatrix} 1 & 0 & 0 \\ 0 & 3 & 0 \\ 0 & 0 & 1 \end{bmatrix},\ E_5^{-1} = \begin{bmatrix} 1 & 0 & 0 \\ 0 & 1 & 0 \\ 0 & 2 & 1 \end{bmatrix}.$$

$$E_1^{-1} E_2^{-1} E_3^{-1} E_4^{-1} E_5^{-1} = \begin{bmatrix} 2 & 0 & 0 \\ 3 & 3 & 0 \\ 2 & 2 & 1 \end{bmatrix} = L.$$

$$LU = \begin{bmatrix} 2 & 0 & 0 \\ 3 & 3 & 0 \\ 2 & 2 & 1 \end{bmatrix} \begin{bmatrix} 1 & 1 & 1 \\ 0 & 1 & 2 \\ 0 & 0 & 2 \end{bmatrix} = \begin{bmatrix} 2 & 2 & 2 \\ 3 & 6 & 9 \\ 2 & 4 & 8 \end{bmatrix} = A.$$

1-4 E·X·E·R·C·I·S·E·S 연습문제

1 기본행렬을 사용하여 다음 행렬의 역행렬을 구하라.

(1) $A=\begin{bmatrix}1&a&0\\0&1&0\\0&0&1\end{bmatrix}\begin{bmatrix}1&0&0\\b&1&0\\0&0&1\end{bmatrix}\begin{bmatrix}1&0&0\\0&1&0\\0&0&c\end{bmatrix}$, (단, $c\neq 0$)

(2) $A=\begin{bmatrix}1&0&0\\0&1&0\\a&b&c\end{bmatrix}$, (단, $a\neq 0$)

2 (1) 기본행렬의 합이 기본행렬이 아닌 예를 들어라.

(2) 기본행렬의 곱이 기본행렬이 아닌 예를 들어라.

3 다음 행렬의 역행렬을 구하라.

(1) $\begin{bmatrix}1&0&0&0\\1&2&0&0\\1&2&3&0\\1&2&3&4\end{bmatrix}$ (2) $\begin{bmatrix}0&0&2&0\\1&0&0&1\\0&-1&3&0\\2&1&5&-3\end{bmatrix}$

(3) $\begin{bmatrix}0&0&0&2\\0&0&3&0\\0&4&0&0\\5&0&0&0\end{bmatrix}$ (4) $\begin{bmatrix}a&0&0&0\\1&a&0&0\\0&1&a&0\\0&0&1&a\end{bmatrix}$, (단, $a\neq 0$)

4 다음 행렬은 가역이 아님을 보여라.

(1) $\begin{bmatrix}-1&3&4&2\\4&0&2&-9\\3&3&6&-7\\-8&7&2&3\end{bmatrix}$ (2) $\begin{bmatrix}0&a&0&0&0\\a&0&a&0&0\\0&a&0&a&0\\0&0&a&0&a\\0&0&0&a&0\end{bmatrix}$

5 다음과 같은 n차 정사각행렬의 역행렬을 구하라.

(1) 대각성분 및 그 바로 위의 성분은 1, 나머지 성분은 모두 0

(2) 대각성분 및 그 윗쪽의 모든 성분은 1, 나머지 성분은 모두 0

6 다음 행렬이 기본행렬의 곱으로 나타낼 수 있는지를 판정하고 그러

1-4 · E · X · E · R · C · I · S · E · S · 연습문제

한 행렬은 기본행렬의 곱으로 나타내어라.

(1) $\begin{bmatrix} 1 & 2 & 3 \\ 0 & 1 & 4 \\ 0 & 0 & 1 \end{bmatrix}$ (2) $\begin{bmatrix} 1 & 1 & 2 \\ 2 & 3 & 8 \\ -3 & -1 & 2 \end{bmatrix}$

7 행렬 A, B, C에 대하여, 다음을 증명하라.

(1) $A \overset{R}{\sim} A$

(2) $A \overset{R}{\sim} B, B \overset{R}{\sim} A$

(3) $A \overset{R}{\sim} B, B \overset{R}{\sim} C \Rightarrow A \overset{R}{\sim} C$

8 가역행렬과 행동치인 행렬은 가역임을 증명하라.

9 행렬 A의 역행렬이 $\begin{bmatrix} 1 & 2 & -3 \\ -1 & 1 & -1 \\ 0 & -2 & 3 \end{bmatrix}$일 때, 다음 $\mathbf{b}$에 대하여 연립일차방정식 $A\mathbf{x} = \mathbf{b}$의 해를 구하라.

(1) $\mathbf{b} = [1, 1, 1]^T$ (2) $\mathbf{b} = [1, 2, 3]^T$ (3) $\mathbf{b} = [-2, 1, 0]^T$

10 행렬

$$A = \begin{bmatrix} 3 & 1 \\ 5 & 2 \end{bmatrix}, \quad B = \begin{bmatrix} 1 & 2 \\ 3 & 4 \end{bmatrix}$$

에 대하여 다음 등식을 만족하는 행렬 X, Y를 구하라.

(1) $AX = B$ (2) $YA = B$

11 행렬

$$A = \begin{bmatrix} 5 & 3 \\ 3 & 2 \end{bmatrix}, \quad B = \begin{bmatrix} 6 & 2 \\ 2 & 4 \end{bmatrix}, \quad C = \begin{bmatrix} 4 & -2 \\ -6 & 3 \end{bmatrix}$$

에 대하여 다음 등식을 만족하는 행렬 X, Y를 구하라.

(1) $AX + B = C$ (2) $XA + C = X$

1-4 · E · X · E · R · C · I · S · E · S · 연습문제

12 $n \times n$ 행렬 A에 대하여 다음은 동치임을 증명하라.

(1) 임의의 $\mathbf{b} \in \boldsymbol{R}^n$에 대하여 $A\mathbf{x} = \mathbf{b}$는 해를 가진다.

(2) 임의의 $\mathbf{b} \in \boldsymbol{R}^n$에 대하여 $A\mathbf{x} = \mathbf{b}$는 유일한 해를 가진다.

13 $m \times n$ 가역행렬 A를 계수행렬로 하는 일단의 연립일차방정식

$$A\mathbf{x} = \mathbf{b}_1, \cdots, A\mathbf{x} = \mathbf{b}_r, (\mathbf{b}_i \in \boldsymbol{R}^m, i = 1, \cdots, r)$$

에 대하여, $[A \vdots \mathbf{b}_1, \cdots, \mathbf{b}_r] \overset{R}{\sim} [I \vdots \mathbf{c}_1, \cdots, \mathbf{c}_r]$이라고 할 때, $\mathbf{x} = \mathbf{c}_i$는 $A\mathbf{x} = \mathbf{b}_i, (i = 1, \cdots, r)$, 의 해임을 증명하라.

14 다음 연립일차방정식을 한꺼번에 풀어라.

(1) $\begin{cases} x + \ \ y = 2 \\ x + 2y = 3 \end{cases}$ (2) $\begin{cases} x + \ \ y = 0 \\ x + 2y = 1 \end{cases}$ (3) $\begin{cases} x + \ \ y = 3 \\ x + 2y = 5 \end{cases}$

15 행렬

$$A = \begin{bmatrix} 1 & -3 & 0 \\ 0 & 1 & 3 \\ 2 & -10 & 2 \end{bmatrix}, \ \mathbf{b} = \begin{bmatrix} -1 \\ -5 \\ 20 \end{bmatrix}$$

에 대하여 다음 물음에 답하라.

(1) A의 LU 분해 $A = LU$를 구하라. 단, 하방삼각행렬 L은 대각성분이 모두 1인 행렬로 잡는다.

(2) 연립방정식 $L\mathbf{y} = \mathbf{b}$를 풀어라.

(3) 연립방정식 $A\mathbf{x} = \mathbf{b}$를 풀어라.

16

$$A = \begin{bmatrix} 1 & 1 \\ 0 & 1 \end{bmatrix}, \ \mathbf{b}_1 = \begin{bmatrix} 0 \\ 1 \end{bmatrix}$$

에 대하여,

$$A\mathbf{x}_1 = \mathbf{b}_1, \ A\mathbf{x}_{i+1} = \mathbf{x}_i + \mathbf{b}_i, (i = 1, 2, \cdots)$$

일 때, $\mathbf{x}_n$을 구하라.

2 행렬식

정사각행렬에 행렬식이라고 하는 하나의 수값이 대응된다. 행렬의 가역성, 연립방정식의 해의 특성 등이 행렬식과 연관지어져 있고, 향후 공부하게 될 수 많은 개념이 행렬식과 연관지어져 있다. 행렬식은 선형대수에 있어서 가장 중요한 개념 중 하나이다. 이 단원에서는 행렬식을 정의하고 행렬식의 계산법을 공부하게 될 것이며, 아울러 행렬의 기하를 공부한다.

2-1 행렬식의 뜻

이 절의 학습내용

- 행렬식의 뜻 / • 바탕행렬

이 절의 목적은 각 정사각행렬 A에 대하여 A의 **행렬식**이라고 하는 수값 $\det A$ 를 정의하는 것이다.

행렬식의 정의

1×1 행렬 $A = [\,a\,]$ 의 행렬식은 a 로 정의한다. 즉, $\det[\,a\,] = a$.

2 차 이상의 행렬의 행렬식을 정의하기 위하여 다음 바탕행렬의 개념을 도입한다. 다음 '행렬' 을 관찰하여 보자.

$$D = \begin{bmatrix} 3 & \cdot & \cdot & \cdot \\ \cdot & 2 & \cdot & \cdot \\ \cdot & \cdot & 4 & \cdot \\ \cdot & \cdot & \cdot & 5 \end{bmatrix}, \quad B = \begin{bmatrix} \cdot & 2 & \cdot & \cdot \\ 3 & \cdot & \cdot & \cdot \\ \cdot & \cdot & \cdot & 4 \\ \cdot & \cdot & 5 & \cdot \end{bmatrix}.$$

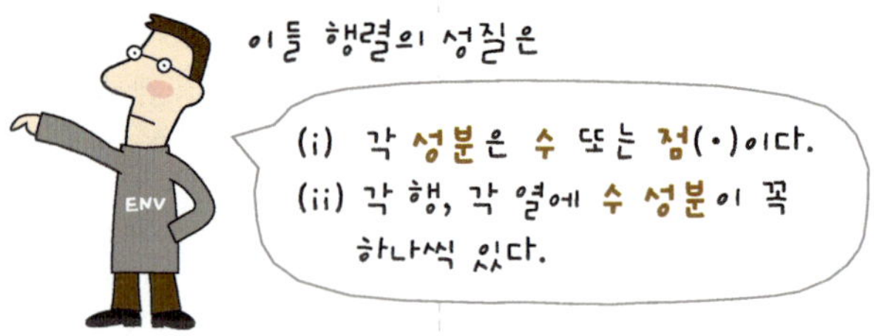

이 단원에서는, 이러한 성질 (i), (ii) 를 만족하는 정사각행렬을 **바탕행렬**이라고 부르기로 한다.
위의 바탕행렬 D와 같이 수 성분이 대각선에 위치하는 바탕행렬은 일반 행렬의 경우와 마찬가지로 대각행렬이라고 한다.

행렬의 두 행(열)의 위치를 서로 바꾸는 것을 행(열)호환이라고 하고, 행교환, 열교환을 통틀어서 줄호환이라고 한다.

임의의 바탕행렬은 줄교환을 통하여 대각행렬로 바뀔 수 있다.

보기 1

$$A=\begin{bmatrix} \cdot & 2 & \cdot & \cdot \\ 3 & \cdot & \cdot & \cdot \\ \cdot & \cdot & \cdot & 4 \\ \cdot & \cdot & 5 & \cdot \end{bmatrix}$$

바탕행렬

1행 ↔ 2행

$$B=\begin{bmatrix} 3 & \cdot & \cdot & \cdot \\ \cdot & 2 & \cdot & \cdot \\ \cdot & \cdot & \cdot & 4 \\ \cdot & \cdot & 5 & \cdot \end{bmatrix}$$

3열 ↔ 4열 (이단계에서 3행 ↔ 4행해도 좋다.)

$$D=\begin{bmatrix} 3 & \cdot & \cdot & \cdot \\ \cdot & 2 & \cdot & \cdot \\ \cdot & \cdot & 4 & \cdot \\ \cdot & \cdot & \cdot & 5 \end{bmatrix}$$

대각행렬!!

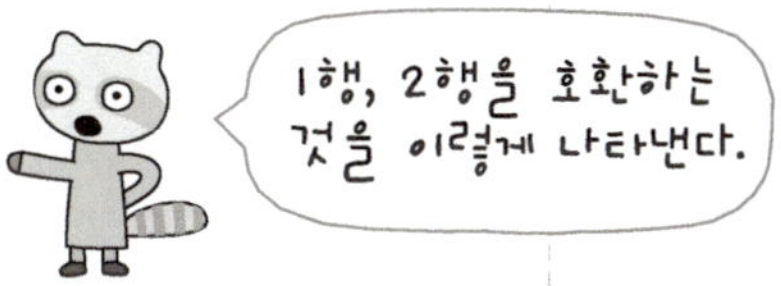

A 가 바탕행렬일 때, 그 행렬식 $\det A$ 를 다음과 같이 정의한다.

$$\det A = \pm\,(A\text{의 수 성분의 곱}).$$

단, 부호는 A 가 대각행렬로 바뀌는데 필요한 줄호환의 회수가 짝수일 때는 양, 홀수일 때는 음이다. 이 부호를 A의 부호라고 한다

보기 2 보기 1의 행렬 A, B, D 에 대하여,

$\det D = +(2\cdot 3\cdot 4\cdot 5) = 120$

∵ D는 0회(짝수회)의 줄호환에 의하여 대각행렬로 바뀐다.

$\det B = -(2\cdot 3\cdot 4\cdot 5) = -120$

∵ B는 1회(홀수회)의 줄호환에 의하여 대각행렬로 바뀐다.

$\det A = +(2\cdot 3\cdot 4\cdot 5) = 120$

∵ A는 2회(짝수회)의 줄호환에 의하여 대각행렬로 바뀐다.

• 주어진 행렬의 바탕행렬

$n \times n$ 행렬 A의 각 행, 각 열에서 꼭 하나씩 나오도록 n 개의 성분을 택한 다음 택해지지 않은 모든 성분을 점으로 바꾼 행렬을 **A 의 바탕행렬**이라고 한다.

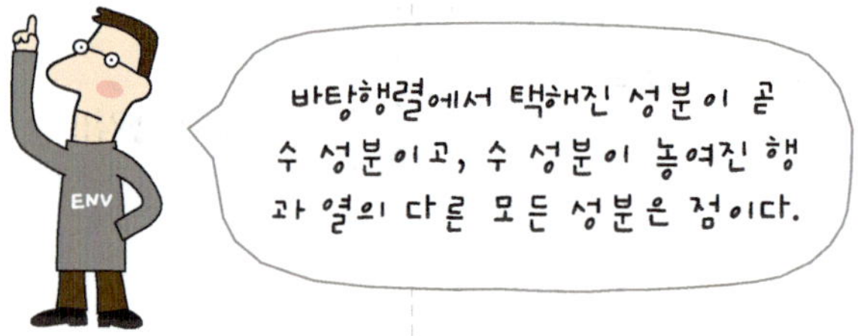

보기 3 $A = \begin{bmatrix} a & b \\ c & d \end{bmatrix}$의 바탕행렬은

$$\begin{bmatrix} a & \cdot \\ \cdot & d \end{bmatrix}, \quad \begin{bmatrix} \cdot & b \\ c & \cdot \end{bmatrix}. \quad (\leftarrow 2!\ \text{가지})$$

$B = \begin{bmatrix} a & b & c \\ x & y & z \\ r & s & t \end{bmatrix}$의 바탕행렬은

$$\begin{bmatrix} a & \cdot & \cdot \\ \cdot & y & \cdot \\ \cdot & \cdot & t \end{bmatrix}, \quad \begin{bmatrix} a & \cdot & \cdot \\ \cdot & \cdot & z \\ \cdot & s & \cdot \end{bmatrix}, \quad \leftarrow \begin{bmatrix} y & \cdot \\ \cdot & t \end{bmatrix}, \begin{bmatrix} \cdot & z \\ s & \cdot \end{bmatrix}\text{는 } \begin{bmatrix} y & z \\ s & t \end{bmatrix}\text{의 바탕행렬}$$

$$\begin{bmatrix} \cdot & b & \cdot \\ x & \cdot & \cdot \\ \cdot & \cdot & t \end{bmatrix}, \quad \begin{bmatrix} \cdot & b & \cdot \\ \cdot & \cdot & z \\ r & \cdot & \cdot \end{bmatrix}, \quad \leftarrow \begin{bmatrix} x & \cdot \\ \cdot & t \end{bmatrix}, \begin{bmatrix} \cdot & z \\ r & \cdot \end{bmatrix}\text{는 } \begin{bmatrix} x & z \\ r & t \end{bmatrix}\text{의 바탕행렬}$$

$$\begin{bmatrix} \cdot & \cdot & c \\ x & \cdot & \cdot \\ \cdot & s & \cdot \end{bmatrix}, \quad \begin{bmatrix} \cdot & \cdot & c \\ \cdot & y & \cdot \\ r & \cdot & \cdot \end{bmatrix}. \quad \leftarrow \begin{bmatrix} x & \cdot \\ \cdot & s \end{bmatrix}, \begin{bmatrix} \cdot & y \\ r & \cdot \end{bmatrix}\text{는 } \begin{bmatrix} x & y \\ r & s \end{bmatrix}\text{의 바탕행렬}$$

위의 보기에서 행렬 B의 바탕행렬을 만들 때, 1 행에서 수 성분을 택하는 방법은 3 가지이고, 그 각각에 대하여 나머지 2 개의 수 성분을 택하는 방법은 2! 가지씩이므로 B의 바탕행렬의 개수는 $3 \times 2 = 3!$ 이다.

이와 같이 생각하면,

> $n \times n$ 행렬의 바탕행렬의 개수는 $n!$

임을 알 수 있다.

정의 정사각행렬 A의 바탕행렬의 행렬식의 합을 A의 **행렬식**으로 정의한다. 즉, A가 $n \times n$ 행렬일 때,

$$\det A = \det A_1^{\#} + \det A_2^{\#} + \cdots + A_{n!}^{\#}.$$

단, $A_1^{\#}, \cdots, A_{n!}^{\#}$은 A의 바탕행렬.

◀ 行列式 determinant

보기 4 $A = \begin{bmatrix} a & b \\ c & d \end{bmatrix}$의 $2! = 2$개의 바탕행렬의 행렬식은

$$\det\begin{bmatrix} a & \cdot \\ \cdot & d \end{bmatrix} = +ad, \quad \det\begin{bmatrix} \cdot & b \\ c & \cdot \end{bmatrix} = -bc.$$

(1열↔2열)⇨대각행렬
1회(홀수회)의 줄교환으로 대각행렬로 바뀌므로 부호가 음이다.

그러므로 A의 행렬식은

$$\det A = ad - bc.$$

보기 5 $A = \begin{bmatrix} a & b & c \\ x & y & z \\ r & s & t \end{bmatrix}$의 $3! = 6$개의 바탕행렬의 행렬식은

$$\det\begin{bmatrix} a & \cdot & \cdot \\ \cdot & y & \cdot \\ \cdot & \cdot & t \end{bmatrix} = +ayt, \quad \det\begin{bmatrix} a & \cdot & \cdot \\ \cdot & \cdot & z \\ \cdot & s & \cdot \end{bmatrix} = -azs,$$

(3열↔4열)⇨대각행렬

$$\det\begin{bmatrix} \cdot & b & \cdot \\ x & \cdot & \cdot \\ \cdot & \cdot & t \end{bmatrix} = -bxt, \quad \det\begin{bmatrix} \cdot & b & \cdot \\ \cdot & \cdot & z \\ r & \cdot & \cdot \end{bmatrix} = +bzr,$$

(1행↔2행)⇨대각행렬

(2행↔3행) & (1행↔2행)⇨대각행렬

$$\det\begin{bmatrix} \cdot & \cdot & c \\ x & \cdot & \cdot \\ \cdot & s & \cdot \end{bmatrix} = +cxs, \quad \det\begin{bmatrix} \cdot & \cdot & c \\ \cdot & y & \cdot \\ r & \cdot & \cdot \end{bmatrix} = -cyr.$$

(1열↔3열)⇨대각행렬

(2열↔3열) & (1열↔2열)⇨대각행렬

그러므로 A의 행렬식은

$$\det A = \det A = ayt - azs - bxt + bzr + cxs - cyr.$$

보조정리 2.1.1

$n \times n$ 행렬 A 의 꼴이

$$A = \left[\begin{array}{c|ccc} a & 0 & \cdots & 0 \\ \hline * & & & \\ \vdots & & B & \\ * & & & \end{array}\right]$$

와 같을 때

$$\det A = a \det B.$$

증명 A의 바탕행렬은 다음 2 가지 유형으로 나뉜다.

$$㉮ \begin{bmatrix} a & \cdot & \cdot & \cdot \\ \cdot & * & * & * \\ \cdot & * & * & * \\ \cdot & * & * & * \end{bmatrix}, \qquad ㉯ \begin{bmatrix} \cdot & \cdot & 0 & \cdot \\ * & * & \cdot & * \\ * & * & \cdot & * \\ * & * & \cdot & * \end{bmatrix}.$$

제1행의 수 성분이 a인 것. 제1행의 수 성분이 0인 것.

A 의 유형 ㉮ 의 바탕행렬의 꼴은 다음과 같다.

$$A^{\#}_i = \left[\begin{array}{c|ccc} a & \cdot & \cdot & \cdot \\ \hline \cdot & & & \\ \cdot & & B^{\#}_i & \\ \cdot & & & \end{array}\right], \ (B^{\#}_i \text{는 } B\text{의 바탕행렬}). \quad \cdots\cdots ①$$

여기서

$(A^{\#}_i$의 부호$) = (B^{\#}_i$의 부호$)$

$(A^{\#}_i$의 수 성분의 곱$) = a \times (B^{\#}_i$의 수 성분의 곱$)$

이므로

$$\det A^{\#}_i = a \det B^{\#}_i.$$

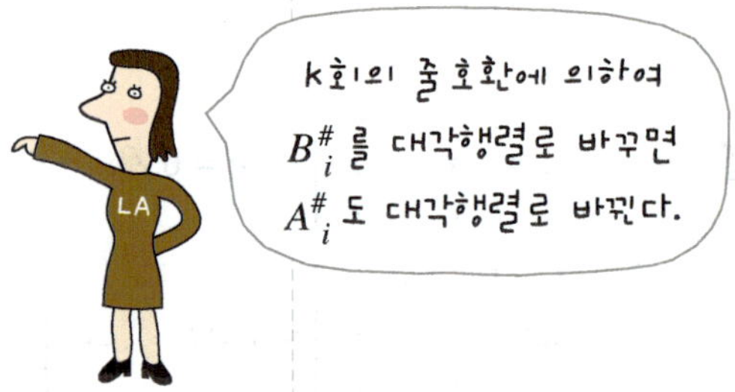

A 의 유형 ㉯ 의 바탕행렬의 행렬식은 0 이다.(∵ 0이 수 성분임) …… ②

B의 바탕행렬 $B^{\#}_1, \cdots, B^{\#}_{(n-1)!}$에 대하여, ①과 같이 정의된 바탕행렬 $A^{\#}_1, \cdots, A^{\#}_{(n-1)!}$ 은 A 의 유형 ㉮ 의 모든 바탕행렬이므로

(∵ ②)

$$\begin{aligned} \det A &= \det A^{\#}_1 + \cdots + \det A^{\#}_{(n-1)!} \\ &= a \det B^{\#}_1 + \cdots + a \det B^{\#}_{(n-1)!} \\ &= a(\det B^{\#}_1 + \cdots + \det B^{\#}_{(n-1)!}) = a \det B. \end{aligned}$$ ∎

보기 6

$$\det\begin{bmatrix} 2 & 0 & 0 & 0 \\ 13 & 3 & 0 & 0 \\ 15 & 7 & 1 & 3 \\ 29 & 17 & 2 & 5 \end{bmatrix} = 2 \cdot \det\begin{bmatrix} 3 & 0 & 0 \\ 7 & 1 & 3 \\ 17 & 2 & 5 \end{bmatrix}$$

$$= 2 \cdot 3 \cdot \det\begin{bmatrix} 1 & 3 \\ 2 & 5 \end{bmatrix} = 2 \cdot 3 \cdot (-1) = -6.$$

NoTE 1

$$A = \begin{bmatrix} a & * \cdots * \\ 0 & \\ \vdots & B \\ 0 & \end{bmatrix}$$

꼴의 정사각행렬 A에 대해서도 $\det A = a \det B$가 성립한다.

∵ 보조정리 2.1.1의 증명과 같은 논리로 설명된다. ▮

보기 7 제 1 행(열)이 영벡터인 $n \times n$행렬의 행렬식은 0이다.

∵ $n = 1$일 때는 명백하므로 $n \geq 2$라고 하자.

$$\det\begin{bmatrix} 0 & 0 \cdots 0 \\ * & \\ \vdots & B \\ * & \end{bmatrix} = 0 \det B = 0.$$

(보조정리 2.1.1)

예제 2.1.2

하방삼각행렬

$$A = \begin{bmatrix} a_1 & 0 & \cdots & 0 \\ * & a_2 & \cdots & 0 \\ \vdots & \vdots & \ddots & \vdots \\ * & * & \cdots & a_n \end{bmatrix}$$

의 행렬식은

$$\det A = a_1 a_2 \cdots a_n \quad \cdots\cdots ①$$

임을 보여라.

증명 행렬의 차수에 관한 귀납법으로 증명한다.

$n = 1$일 때, $\det A = \det [a_1] = a_1$이므로 ①이 성립한다.

$n \geq 2$ 라고 하자.

$$\det \begin{bmatrix} a_1 & 0 & \cdots & 0 \\ * & a_2 & \cdots & 0 \\ \vdots & \vdots & \ddots & \vdots \\ * & * & \cdots & a_n \end{bmatrix} \overset{\text{보조정리 2.1.1}}{=} a_1 \det \begin{bmatrix} a_2 & \cdots & 0 \\ \vdots & \ddots & \vdots \\ * & \cdots & a_n \end{bmatrix} \overset{n\text{에 관한 귀납법}}{=} a_1 a_2 \cdots a_n .$$ ◇

NOTE 2 대각행렬

$$D = \begin{bmatrix} d_1 & 0 & \cdots & 0 \\ 0 & d_2 & \cdots & 0 \\ \vdots & \vdots & & \vdots \\ 0 & 0 & \cdots & d_n \end{bmatrix}$$

는 삼각행렬이므로 $\det D = d_1 d_2 \cdots d_n$ 이다. 특히

$$\det I = 1, \quad \det O = 0.$$

정리 2.1.3

정사각 행렬 A에 대하여,

$$\det A^{\mathrm{T}} = \det A \qquad \cdots\cdots ①$$

증명 $n \times n$ 행렬 A 의 모든 바탕행렬을 $A_1^{\#}, \cdots, A_{n!}^{\#}$ 이라고 하면

$$(A_1^{\#})^{\mathrm{T}}, \cdots, (A_{n!}^{\#})^{\mathrm{T}} \qquad \cdots\cdots ①$$

은 A^{T} 의 $n!$ 개의 바탕행렬이므로 A^{T} 의 모든 바탕행렬이다.

각 $i = 1, \cdots, n!$ 에 대하여,

$$(A_i^{\#}\text{의 부호}) = ((A_i^{\#})^{\mathrm{T}}\text{의 부호}),$$
$$(A_i^{\#}\text{의 수 성분의 곱}) = ((A_i^{\#})^{\mathrm{T}}\text{의 수 성분의 곱})$$

이므로

$$\det A_i^{\#} = \det (A_i^{\#})^{\mathrm{T}}.$$

따라서

$$\begin{aligned} \det A^{\mathrm{T}} &= \det (A_1^{\#})^{\mathrm{T}} + \cdots + \det (A_{n!}^{\#})^{\mathrm{T}} \\ &= \det A_1^{\#} + \cdots + \det A_{n!}^{\#} \\ &= \det A . \end{aligned}$$ ▮

보기 3 $A=\begin{bmatrix} a & b & c \\ x & y & z \\ r & s & t \end{bmatrix}$일 때, $A^{\mathrm{T}}=\begin{bmatrix} a & x & r \\ b & y & s \\ c & z & t \end{bmatrix}$일 때,

$$A_1^{\#}=\begin{bmatrix} a & \cdot & \cdot \\ \cdot & y & \cdot \\ \cdot & \cdot & t \end{bmatrix},\quad A_2^{\#}=\begin{bmatrix} a & \cdot & \cdot \\ \cdot & \cdot & z \\ \cdot & s & \cdot \end{bmatrix},\quad A_3^{\#}=\begin{bmatrix} \cdot & b & \cdot \\ x & \cdot & \cdot \\ \cdot & \cdot & t \end{bmatrix},$$

$$A_4^{\#}=\begin{bmatrix} \cdot & b & \cdot \\ \cdot & \cdot & z \\ r & \cdot & \cdot \end{bmatrix},\quad A_5^{\#}=\begin{bmatrix} \cdot & \cdot & c \\ x & \cdot & \cdot \\ \cdot & s & \cdot \end{bmatrix},\quad A_6^{\#}=\begin{bmatrix} \cdot & \cdot & c \\ \cdot & y & \cdot \\ r & \cdot & \cdot \end{bmatrix}.$$

$$(A_1^{\#})^{\mathrm{T}}=\begin{bmatrix} a & \cdot & \cdot \\ \cdot & y & \cdot \\ \cdot & \cdot & t \end{bmatrix},\ (A_2^{\#})^{\mathrm{T}}=\begin{bmatrix} a & \cdot & \cdot \\ \cdot & \cdot & s \\ \cdot & z & \cdot \end{bmatrix},\ (A_3^{\#})^{\mathrm{T}}=\begin{bmatrix} \cdot & x & \cdot \\ b & \cdot & \cdot \\ \cdot & \cdot & t \end{bmatrix},$$

$$(A_4^{\#})^{\mathrm{T}}=\begin{bmatrix} \cdot & \cdot & r \\ b & \cdot & \cdot \\ \cdot & z & \cdot \end{bmatrix},\ (A_5^{\#})^{\mathrm{T}}=\begin{bmatrix} \cdot & x & \cdot \\ \cdot & \cdot & s \\ c & \cdot & \cdot \end{bmatrix},\ (A_6^{\#})^{\mathrm{T}}=\begin{bmatrix} \cdot & \cdot & r \\ \cdot & y & \cdot \\ c & \cdot & \cdot \end{bmatrix}.$$

$$\det A^{\#}_i=\det (A^{\#}_i)^{\mathrm{T}},\ (i=1,\cdots,6)$$

정리 2.1.4

$$A=\begin{bmatrix} B & O \\ D & C \end{bmatrix},\ (\text{단},\ B, C\text{는 정사각행렬})$$

일 때,

$$\det A=(\det B)(\det C).$$

증명 appendix 2. ∎

보기 8

$$\det\begin{bmatrix} 8 & 3 & 0 & 0 \\ 2 & 1 & 0 & 0 \\ 15 & 17 & 3 & 2 \\ 29 & 38 & 4 & 5 \end{bmatrix}=\det\begin{bmatrix} 8 & 3 \\ 2 & 1 \end{bmatrix}\det\begin{bmatrix} 3 & 2 \\ 4 & 5 \end{bmatrix}=2\cdot 7=14.$$

appEndix 1 • • • • • • • • • • • • • 치환을 이용한 행렬식의 정의

정의역과 공역이 모두 $\{1, 2, \cdots, n\}$인 함수 σ에 대하여

$$(\sigma(1), \sigma(2), \cdots, \sigma(n)) \quad \cdots\cdots \text{①}$$

이 $1, 2, \cdots, n$의 순열일 때, σ를 $\{1, 2, \cdots, n\}$의 **치환** 또는 간단히 n-**치환**이라고 한다. n-치환 σ는

$$\sigma = \begin{pmatrix} 1 & 2 & \cdots & n \\ \sigma(1) & \sigma(2) & \cdots & \sigma(n) \end{pmatrix}$$

과 같이 나타낸다.

$1, 2, \cdots, n$의 순열의 개수는 $n!$이므로 n-치환의 개수도 $n!$이다.

$1, 2, \cdots, n$의 순열 $(j_1, j_1, \cdots, j_n)$에서 두 성분의 위치를 서로 바꾸는 것을 성분호환이라고 한다. n-치환 σ에 대하여 k 회의 성분호환을 시행함으로써 ①을 $(1, 2, \cdots, n)$으로 변환 시킬 수 있을 때, $(-1)^k$을 σ의 **부호**라 하고

$$\mathrm{sgn}(\sigma)$$

로 나타낸다.

예 1 3-치환 $\sigma = \begin{pmatrix} 1 & 2 & 3 \\ 2 & 3 & 1 \end{pmatrix}$에 대하여

$(2, 3, 1) \longrightarrow (2, 1, 3) \longrightarrow (1, 2, 3)$, 이므로 $\mathrm{sgn}(\sigma) = (-1)^2 = 1$.

3, 1 호환 2, 1 호환

n-치환 전체의 집합은 S_n으로 나타낸다.

정의 $n \times n$ 행렬 $A = [a_{ij}]$의 행렬식 $\det A$를 다음과 같이 정의한다.

$$\det A = \sum_{\sigma \in S_n} \mathrm{sgn}(\sigma)\, a_{1\sigma(1)} a_{2\sigma(2)} \cdots a_{n\sigma(n)}.$$

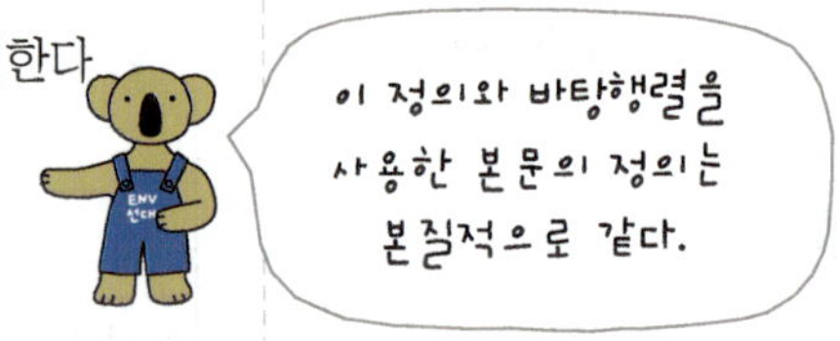

예 2 $S_2 = \{\sigma, \tau\}$, 단, $\sigma = \begin{pmatrix} 1 & 2 \\ 1 & 2 \end{pmatrix}$, $\tau = \begin{pmatrix} 1 & 2 \\ 2 & 1 \end{pmatrix}$,

$\mathrm{sgn}(\sigma) = (-1)^0 = 1$, $\mathrm{sgn}(\tau) = (-1)^1 = -1$

이므로

$$\begin{aligned} \det \begin{bmatrix} a_{11} & a_{12} \\ a_{21} & a_{22} \end{bmatrix} &= \mathrm{sgn}(\sigma)\, a_{1\sigma(1)} a_{2\sigma(2)} + \mathrm{sgn}(\tau)\, a_{1\tau(1)} a_{2\tau(2)} \\ &= 1\, a_{11} a_{22} + (-1)\, a_{12} a_{21} \\ &= a_{11} a_{22} - a_{12} a_{21}. \end{aligned}$$

appEndix 2 • • • • • • • • • • • • 블락으로 분할된 행렬의 행렬식

정리 1 (본문 정리 2.1.3)

$$A=\begin{bmatrix} B & O \\ D & C \end{bmatrix},\ (\text{단}, B, C\text{는 정사각행렬})$$

일 때, $\det A = (\det B)(\det C)$ 이다.

증명 A의 바탕행렬은 다음 2 가지 유형으로 나뉜다.

유형 ㉮ : A의 오른쪽 윗 쪽의 O의 성분 0을 수 성분으로 가지지 않는다.

유형 ㉯ : A의 오른쪽 윗 쪽의 O의 성분 0을 수 성분으로 가진다.

A의 유형 ㉮의 바탕행렬의 꼴은 다음과 같다.

$$A_k^{\#}=\begin{bmatrix} B' & :: \\ D' & C' \end{bmatrix}.$$

:: 은 이 부분의 성분이 모두 점이라는 뜻

B'을 $p\times p$ 행렬이라고 하자.

$A_k^{\#}$의 1 행, $\cdots$, p 행 각각에 하나씩의 수 성분이 있다. 이들 p 개의 수 성분은 B'에 놓여 있으므로 D'에는 수 성분이 없다. 그러므로 $A_k^{\#}$의 꼴은 다음과 같다.

$$A_k^{\#}=\begin{bmatrix} B_i^{\#} & :: \\ :: & C_j^{\#} \end{bmatrix},\ (\text{단}, B_i^{\#}, C_j^{\#}\text{은 각각 } B, C\text{의 바탕행렬}).$$

$B_i^{\#}$, $C_j^{\#}$가 각각 m 회, l 회의 줄치환에 의하여 대각행렬로 바뀌면 $A_k^{\#}$도 대각행렬로 바뀌게 된다. 따라서

$$\begin{aligned}(A_k^{\#}\text{의 부호}) &= (-1)^{m+l}=(-1)^m(-1)^l \\ &= (B_i^{\#}\text{의 부호})(C_j^{\#}\text{의 부호}).\end{aligned}$$

명백히

$$(A_k^{\#}\text{의 수 성분의 곱}) = (B_i^{\#}\text{의 수 성분의 곱})(C_j^{\#}\text{의 수 성분의 곱})$$

이므로

$$\det A_k^{\#} = (\det B_i^{\#})(\det C_j^{\#}).$$

B의 바탕행렬을 $B_1^{\#}, \cdots, B_{p!}^{\#}$ 이라 하고, C의 바탕행렬을 $C_1^{\#}, \cdots, C_{q!}^{\#}$ 이라고 하면,

$$\begin{aligned}\det A &= (A\text{의 유형 ㉮의 바탕행렬의 행렬식의 합}) \\ &= \sum_{i=1}^{p!}\sum_{j=1}^{q!}(\det B_i^{\#})(\det C_j^{\#}) \\ &= (\det B_1^{\#}+\cdots+\det B_{p!}^{\#})(\det C_1^{\#}+\cdots+\det C_{q!}^{\#}) \\ &= (\det B)(\det C).\ \blacksquare\end{aligned}$$

2-1 E·X·E·R·C·I·S·E·S 연습문제

1 다음 바탕행렬의 부호를 구하라.

(1) $\begin{bmatrix} \cdot & \cdot & 1 & \cdot \\ \cdot & 2 & \cdot & \cdot \\ 3 & \cdot & \cdot & \cdot \\ \cdot & \cdot & \cdot & 4 \end{bmatrix}$ (2) $\begin{bmatrix} \cdot & \cdot & \cdot & 4 \\ \cdot & \cdot & 3 & \cdot \\ \cdot & 2 & \cdot & \cdot \\ 1 & \cdot & \cdot & \cdot \end{bmatrix}$

2 행렬

$$A = \begin{bmatrix} 0 & 0 & 3 \\ 2 & 1 & 4 \\ 1 & 2 & 5 \end{bmatrix}$$

에 대하여 다음 물음에 답하라.

(1) A의 모든 바탕행렬을 찾고 각각의 행렬식을 구하라.

(2) A의 행렬식을 구하라.

3 $n \times n$ 행렬 $A_n = [a_{ij}]$가

$$a_{ij} = \begin{cases} 1, (j \le i+1 \text{일 때}), \\ 0, (j > i+1 \text{일 때}) \end{cases}$$

로 정의되었을 때, A의, 0을 수성분으로 갖지 않는 바탕행렬의 개수를 구하라.

4 다음 행렬 A에 대하여 $\det A = 0$이 되도록 λ의 값을 정하라.

(1) $A = \begin{bmatrix} \lambda-2 & 1 \\ -5 & \lambda+4 \end{bmatrix}$ (2) $A = \begin{bmatrix} \lambda-4 & 0 & 0 \\ 1 & \lambda & 2 \\ 1 & 3 & \lambda-1 \end{bmatrix}$

5 다음 행렬의 행렬식을 구하라.

(1) $\begin{bmatrix} 1 & 1 & 0 \\ 2 & 3 & 4 \\ 5 & 6 & 7 \end{bmatrix}$ (2) $\begin{bmatrix} 2 & 3 & 4 \\ 1 & 1 & 0 \\ 5 & 6 & 7 \end{bmatrix}$

(3) $\begin{bmatrix} 0 & 0 & 0 & a \\ 0 & b & c & 0 \\ 0 & d & e & 0 \\ f & 0 & 0 & 0 \end{bmatrix}$ (4) $\begin{bmatrix} a & 0 & 0 & 0 \\ e & b & 0 & 0 \\ h & f & c & 0 \\ j & i & g & d \end{bmatrix}$

2-1 · E · X · E · R · C · I · S · E · S · 연습문제

6 다음 행렬의 행렬식을 구하라.

(1) $\begin{bmatrix} 1 & -1 \\ 1 & 1 \end{bmatrix}$ (2) $\begin{bmatrix} 1 & -1 & 0 \\ 1 & 1 & -1 \\ 1 & 1 & 1 \end{bmatrix}$ (3) $\begin{bmatrix} 1 & -1 & 0 & 0 \\ 1 & 1 & -1 & 0 \\ 1 & 1 & 1 & -1 \\ 1 & 1 & 1 & 1 \end{bmatrix}$

7 다음 $n \times n$ 행렬의 행렬식을 구하라.

(1) $A = \begin{bmatrix} a & 1 & 1 & \cdots & 1 \\ 1 & a & 0 & \cdots & 0 \\ 1 & 0 & a & \cdots & 0 \\ \vdots & \vdots & \vdots & \ddots & \vdots \\ 1 & 0 & 0 & \cdots & a \end{bmatrix}$ (2) $B = \begin{bmatrix} 1 & 1 & 1 & \cdots & 1 \\ 0 & 2 & 2 & \cdots & 2 \\ 0 & 0 & 3 & \cdots & 3 \\ \vdots & \vdots & \vdots & \ddots & \vdots \\ 0 & 0 & 0 & \cdots & n \end{bmatrix}$

8

$$A = \begin{bmatrix} A_1 & 0 & \cdots & 0 \\ * & A_2 & \cdots & 0 \\ \vdots & \vdots & \ddots & \vdots \\ * & * & \cdots & A_r \end{bmatrix}, \text{(단, 각 } A_i \text{는 정사각행렬)}$$

과 같이 블락으로 분할된 행렬 A의 행렬식은

$$\det A = (\det A_1)(\det A_2)\cdots(\det A_r)$$

임을 증명하라.

9 다음 행렬의 행렬식을 구하라.

(1) $\begin{bmatrix} 1 & 2 & 0 & 0 & 0 & 0 \\ 1 & 4 & 0 & 0 & 0 & 0 \\ 7 & 12 & 3 & 2 & 0 & 0 \\ 47 & 31 & 3 & 3 & 0 & 0 \\ 6 & 71 & 8 & 42 & 2 & 2 \\ 89 & 67 & 99 & 51 & 3 & 5 \end{bmatrix}$ (2) $\begin{bmatrix} 1 & 1 & 5 & 6 & 7 & 8 \\ 1 & 2 & 9 & 10 & 11 & 12 \\ 0 & 0 & 3 & 2 & 9 & 17 \\ 0 & 0 & 0 & 4 & 0 & 0 \\ 0 & 0 & 0 & 7 & 5 & 0 \\ 0 & 0 & 0 & 9 & 4 & 6 \end{bmatrix}$

10 좌표평면의 점 O(0, 0), P(a, b), Q(c, d)에 대하여,

$$(\text{삼각형 OPQ의 넓이}) = \pm \frac{1}{2} \det \begin{bmatrix} a & b \\ c & d \end{bmatrix}$$

임을 증명하라.(단, 부호는 등식의 우변이 양수가 되도록 정한다.)

2-1 · E · X · E · R · C · I · S · E · S · 연습문제

11 3×3 행렬 A의 행렬식을 계산하는 다음과 같은 방법이 있다. 먼저 그림과 같이 A의 제 1 열, 제 2 열을 제 3 열의 우측에 차례로 붙인다. ↘ 선 위에 있는 성분의 곱은 더하고, ↗ 선 위에 있는 성분의 곱을 뺀 값이 $\det A$ 이다. 이 계산법을 **사러스의 방법**이라고 한다.

◂ Sarrus' method

$$A = \begin{bmatrix} a & b & c \\ x & y & z \\ r & s & t \end{bmatrix}$$

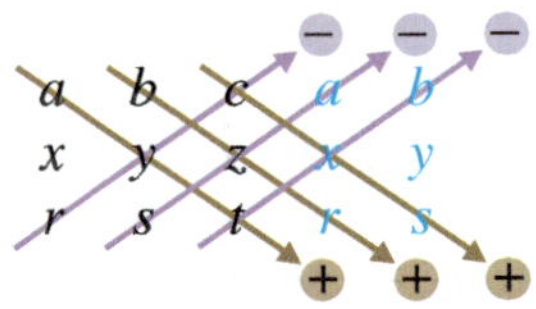

사러스의 방법으로 다음 등식이 성립함을 증명하라.

$$\det \begin{bmatrix} 1 & 1 & 1 \\ x_1 & x_2 & x_3 \\ y_1 & y_2 & y_3 \end{bmatrix} = x_1(y_2 - y_3) + x_2(y_3 - y_1) + x_3(y_1 - y_2).$$

12 다음 좌표평면의 세 점 $P_1(x_1, y_1)$, $P_2(x_2, y_2)$, $P_3(x_3, y_3)$을 꼭지점으로 하는 삼각형의 넓이를 S라고 할 때,

$$S = \pm \frac{1}{2} \det \begin{bmatrix} 1 & 1 & 1 \\ x_1 & x_2 & x_3 \\ y_1 & y_2 & y_3 \end{bmatrix}$$

임을 증명하라.(단, 부호는 등식의 우변이 양수가 되도록 정한다.)

13 블락으로 분할된 정사각행렬

$$A = \begin{bmatrix} B & O \\ D & C \end{bmatrix}$$

에서 영블락 O의 왼쪽 아래 코너의 성분이 대각성분일 때, $\det A = 0$임을 증명하라.

14 $n \times n$ 행렬의 $n!$ 개의 바탕행렬 중 $\frac{n!}{2}$ 개는 양의 부호, $\frac{n!}{2}$ 개는 음의 부호를 가짐을 증명하라.

2-2 여인수 전개

이 절의 학습내용

- (i, j) 소행렬식 / • 여인수
- 여인수 전개 / • 행렬식의 기본성질 몇 가지
- 수반행렬 / • 크레이머의 공식

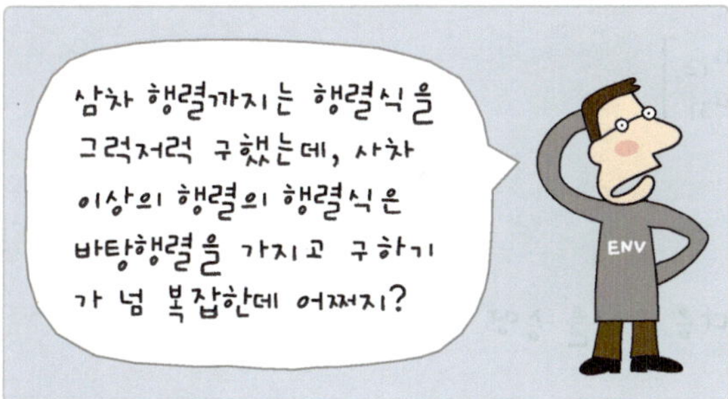

여인수 전개

이 절의 첫 번째 주제로 $n \times n$ 행렬 A의 행렬식을 A에 관련된 일단의 $(n-1) \times (n-1)$ 행렬의 행렬식으로써 구하는 방안을 찾는다.
지금부터, 때때로, $A = [a_{ij}]_{n \times n}$ 의 행렬식을

$$\begin{vmatrix} a_{11} & a_{12} & \cdots & a_{1n} \\ a_{21} & a_{22} & \cdots & a_{2n} \\ \vdots & \vdots & \ddots & \vdots \\ a_{n1} & a_{n2} & \cdots & a_{nn} \end{vmatrix}$$

와 같이 나타내기로 한다.

이 절에서는 $n \times n$ 행렬 $A = [a_{ij}]_{n \times n}$ 에서 a_{ij} 를 제외한 제 i 행 및 제 j 열의 모든 성분을 0으로 대치한 행렬을

$$\widetilde{A}_{ij}$$

로 나타내고, 제 i 행 및 제 j 열을 없애고 남은 $(n-1) \times (n-1)$ 행렬을

$$A_{ij}$$

로 나타낸다.

보기 1

$$A = \begin{bmatrix} a_{11} & a_{12} & a_{13} \\ a_{21} & a_{22} & a_{23} \\ a_{31} & a_{32} & a_{33} \end{bmatrix}$$

일 때,

$$\widetilde{A}_{11} = \begin{bmatrix} a_{11} & 0 & 0 \\ 0 & a_{22} & a_{23} \\ 0 & a_{32} & a_{33} \end{bmatrix}, \ A_{11} = \begin{bmatrix} a_{22} & a_{23} \\ a_{32} & a_{33} \end{bmatrix}.$$

$$\widetilde{A}_{23} = \begin{bmatrix} a_{11} & a_{12} & 0 \\ 0 & 0 & a_{23} \\ a_{31} & a_{32} & 0 \end{bmatrix}, \ A_{23} = \begin{bmatrix} a_{11} & a_{12} \\ a_{31} & a_{31} \end{bmatrix}.$$

이 절의 목적은 $n \times n$ 행렬 $A = [a_{ij}]$ 에 대하여 다음 등식을 증명하는 것이다.

임의의 $i = 1, 2, \cdots, n$ 에 대하여

$$\det A = (-1)^{i+1} a_{i1} \det A_{i1} + (-1)^{i+2} a_{i2} \det A_{i2} + \cdots + (-1)^{i+n} a_{in} \det A_{in}.$$

지금부터 이 등식을 다음 두 단계로 나누어 증명한다.

㉮ $\det A = \det \widetilde{A}_{i1} + \det \widetilde{A}_{i2} + \cdots + \det \widetilde{A}_{in}$

㉯ $\det \widetilde{A}_{ij} = a_{ij} (-1)^{i+j} \det A_{ij}$

다음 보조정리는 ㉯의 증명에서 핵심적인 도구 역할을 한다.

보조정리 2.2.1

$n\times n$ 행렬 A의 두 행(열)을 호환한 행렬을 B라고 할 때,

$$\det B = -\det A. \quad \cdots\cdots\cdots ①$$

증명 A에 행호환 (r행 $\leftrightarrow$ s행) 을 시행한 행렬을 B라 하자.
A의 바탕행렬 $A_1^\#, A_2^\#, \cdots, A_{n!}^\#$ 에 호환 (r행 $\leftrightarrow$ s행) 을 시행하여 얻는 바탕행렬을 각각

$$C_1, C_2, \cdots, C_{n!} \quad \cdots\cdots\cdots ②$$

이라고 하면 각 $i=1,2,\cdots,n!$ 에 대하여 C_i는 B의 바탕행렬이고,

$$(C_i\text{의 수 성분의 곱}) = (A_i^\#\text{ 의 수 성분의 곱}). \quad \cdots\cdots ③$$

또, $A_i^\#$ 가 k 회의 줄호환에 의하여 대각행렬로 바뀔 때,

$$C_i \xrightarrow{r\text{행}\leftrightarrow s\text{행}} A_i^\# \xrightarrow{k\text{회의 줄호환}} (\text{대각행렬}).$$

$$\therefore\ (C_i\text{의 부호}) = (-1)^{k+1} = -(-1)^k = -(A_i^\#\text{ 의 부호}). \cdots ④$$

$$\therefore\ \det C_i = -\det A_i^\#. \ (\because ③, ④) \quad \cdots\cdots ⑤$$

①에 나열된 바탕행렬이 $n!$ 개이고, B의 바탕행렬의 개수는 $n!$ 이므로 이들은 B의 바탕행렬 전체이다. 그러므로

$$\begin{aligned}\det B &= \det C_1 + \det C_2 + \cdots + \det C_{n!}\\ &= (-\det A_1^\#) + (-\det A_2^\#) + \cdots + (-\det A_{n!}^\#) \quad (\because ⑤)\\ &= -(\det A_1^\# + \det A_2^\# + \cdots + \det A_{n!}^\#) = -\det A.\end{aligned}$$

B가 A의 두 열을 호환한 행렬일 경우에도 이상과 같은 논리로 ①이 성립한다. ▮

보기 2

$$\begin{vmatrix} 0 & x & 0 \\ a & 0 & b \\ c & 0 & d \end{vmatrix} = \begin{vmatrix} \cdot & x & \cdot \\ a & \cdot & \cdot \\ \cdot & \cdot & d \end{vmatrix} + \begin{vmatrix} \cdot & x & \cdot \\ \cdot & \cdot & b \\ c & \cdot & \cdot \end{vmatrix}$$

$$= -\begin{vmatrix} x & \cdot & \cdot \\ \cdot & a & \cdot \\ \cdot & \cdot & d \end{vmatrix} - \begin{vmatrix} x & \cdot & \cdot \\ \cdot & \cdot & b \\ \cdot & c & \cdot \end{vmatrix}$$

$$= -\begin{vmatrix} x & 0 & 0 \\ 0 & a & b \\ 0 & c & d \end{vmatrix}.$$

지금부터 등식 ㉮를 증명한다.

3×3 행렬 $A = [a_{ij}]$ 의 바탕행렬은 다음 3 가지 유형으로 나뉜다.

$$(1)\begin{bmatrix} a_{11} & \cdot & \cdot \\ \cdot & * & * \\ \cdot & * & * \end{bmatrix},\quad (2)\begin{bmatrix} \cdot & a_{12} & \cdot \\ * & \cdot & * \\ * & \cdot & * \end{bmatrix},\quad (3)\begin{bmatrix} \cdot & \cdot & a_{13} \\ * & * & \cdot \\ * & * & \cdot \end{bmatrix}.$$

(1), (2), (3) 각 유형의 바탕행렬 전체의 집합은 각각

$$\widetilde{A}_{11} = \begin{bmatrix} a_{11} & 0 & 0 \\ 0 & a_{22} & a_{23} \\ 0 & a_{32} & a_{33} \end{bmatrix},\ \widetilde{A}_{12} = \begin{bmatrix} 0 & a_{12} & 0 \\ a_{21} & 0 & a_{23} \\ a_{31} & 0 & a_{33} \end{bmatrix},\ \widetilde{A}_{13} = \begin{bmatrix} 0 & 0 & a_{13} \\ a_{21} & a_{22} & 0 \\ a_{31} & a_{32} & 0 \end{bmatrix}$$

의 0 을 수 인수로 갖지 않는 바탕행렬 전체의 집합이다. 따라서

(유형 (j) 의 바탕행렬의 행렬식의 합)

$=$ ($\widetilde{A}_{1j}$ 의 바탕행렬의 행렬식의 합)

$= \det \widetilde{A}_{1j}$. $(j = 1, 2, 3)$.

$\therefore\ \det A = \sum_{j=1}^{3}$ (유형 (j)의 바탕행렬의 행렬식의 합)

$= \det \widetilde{A}_{11} + \det \widetilde{A}_{12} + \det \widetilde{A}_{13}$.

같은 방법으로 $n \times n$ 행렬 $A = [a_{ij}]$ 에 대해서도

$$\det A = \det \widetilde{A}_{11} + \det \widetilde{A}_{12} + \cdots + \det \widetilde{A}_{1n}.$$

행렬 A 의 제 1 행에 적용한 이상의 논리를 제 i 행에 적용하면,

$$\det A = \det \widetilde{A}_{i1} + \det \widetilde{A}_{i2} + \cdots + \det \widetilde{A}_{in} . \ (i = 1, 2, \cdots, n). \quad \cdots\cdots ①$$

또, 제 j 열에 적용하면,

$$\det A = \det \widetilde{A}_{1j} + \det \widetilde{A}_{2j} + \cdots + \det \widetilde{A}_{nj} . \ (j = 1, 2, \cdots, n). \quad \cdots\cdots ②$$

보기 3

$$\begin{vmatrix} 1 & 2 & 3 \\ 1 & 1 & 1 \\ 4 & 5 & 6 \end{vmatrix} = \begin{vmatrix} 1 & 0 & 0 \\ 0 & 1 & 1 \\ 0 & 5 & 6 \end{vmatrix} + \begin{vmatrix} 0 & 2 & 0 \\ 1 & 0 & 1 \\ 4 & 0 & 6 \end{vmatrix} + \begin{vmatrix} 0 & 0 & 3 \\ 1 & 1 & 0 \\ 4 & 5 & 0 \end{vmatrix}.$$

이제 등식 ㉯를 증명한다.

$A = [a_{ij}]$ 가 4×4 행렬일 때,

4행을 3행과 호환한 다음, 다시 2행과 호환, 다시 1행과 호환 **(총 4-1 회의 호환)**

$$\widetilde{A}_{43}=\begin{bmatrix} a_{11} & a_{12} & 0 & a_{14} \\ a_{21} & a_{22} & 0 & a_{24} \\ a_{31} & a_{32} & 0 & a_{34} \\ 0 & 0 & a_{43} & 0 \end{bmatrix} \rightarrow \begin{bmatrix} 0 & 0 & a_{43} & 0 \\ a_{11} & a_{12} & 0 & a_{14} \\ a_{21} & a_{22} & 0 & a_{24} \\ a_{31} & a_{32} & 0 & a_{34} \end{bmatrix}=B$$

3열을 2열과 호환한 다음, 다시 1열과 호환 **(총 3-1 회의 호환)**

$$\begin{bmatrix} a_{43} & 0 & 0 & 0 \\ a_{13} & a_{11} & a_{12} & a_{14} \\ a_{23} & a_{21} & a_{22} & a_{24} \\ a_{33} & a_{31} & a_{32} & a_{34} \end{bmatrix}=C$$

A_{43}

라고 하면,

$$\det \widetilde{A}_{43} \overset{\text{보조정리 2.2.1}}{=} (-1)^{4-1}\det B, \quad \det B \overset{\text{보조정리 2.2.1}}{=} (-1)^{3-1}\det C$$

이므로

$$\det \widetilde{A}_{43}=(-1)^{(4-1)+(3-1)}\det C=(-1)^{4+3}\det C.$$

여기서 $\det C=a_{43}\det A_{43}$ (∵ 보조정리 2.1.1) 이므로

$$\det \widetilde{A}_{43}=a_{43}(-1)^{4+3}\det A_{43}.$$

$A=[a_{ij}]$가 $n\times n$ 행렬일 때, 같은 방법으로, $\widetilde{A}_{ij}$는 $i-1$회의 행호환과 $j-1$회의 열호환에 의하여 행렬

$$\left[\begin{array}{c|ccc} a_{ij} & 0 & \cdots & 0 \\ \hline 0 & & & \\ \vdots & & A_{ij} & \\ 0 & & & \end{array}\right]$$

꼴의 행렬로 바뀔 수 있다. 따라서,

$$\det \widetilde{A}_{ij}=a_{ij}(-1)^{i+j}\det A_{ij}. \quad ③$$

◀ $(-1)^{(i-1)+(j-1)}$
$=(-1)^{i+j-2}$
$=(-1)^{i+j}$

보기 4 $A=\begin{vmatrix} 1 & 2 & 3 \\ 2 & 3 & 4 \\ 3 & 4 & 5 \end{vmatrix}$ 일 때,

행호환 2-1회, 열호환 3-1회, 도합 (2-1)+(3-1)회의 줄호환

$$\det A_{23}=\begin{vmatrix} 1 & 2 & 0 \\ 0 & 0 & 4 \\ 3 & 4 & 0 \end{vmatrix}=(-1)^{2+3}\begin{vmatrix} 4 & 0 & 0 \\ 0 & 1 & 2 \\ 0 & 3 & 4 \end{vmatrix}.$$

등식 ③에서 나타나는, $\det A_{ij}$ 를 A의 (i, j) **소행렬식**이라 하고, $\det A_{ij}$에 부호 $(-1)^{i+j}$를 붙인 값

◀ 小行列式 minor

$$(-1)^{i+j}\det A_{ij}$$

을 a_{ij}의 **여인수** (또는 A의 (i, j) 여인수)라고 한다.

◀ 餘因數 cofactor

여인수는 보통 C_{ij}로 나타낸다.

부호 $(-1)^{i+j}$는 이와 같다.

$$\begin{bmatrix} + & - & + & - & + \\ - & + & - & + & - \\ + & - & + & - & + \\ - & + & - & + & - \\ + & - & + & - & + \end{bmatrix}$$

여인수 기호를 사용하면 ③은

$$\det \widetilde{A}_{ij} = a_{ij}C_{ij} \quad \cdots\cdots\cdots\cdots\cdots\cdots \text{④}$$

와 같이 표현된다. 이제 ①, ②, ④로부터 다음 정리를 얻는다.

정리 2.2.2 (여인수 전개)

◀ 餘因數展開 cofactor expansion

여인수 전개는 라플라스 전개라고도 한다.

$n \times n$ 행렬 $A = [a_{ij}]$에서 a_{ij}의 여인수를 C_{ij} 라고 할 때, 각 $i, j = 1, 2, \cdots, n$에 대하여,

(1) $\det A = a_{i1}C_{i1} + a_{i2}C_{i2} + \cdots + a_{in}C_{in}$.

(2) $\det A = a_{1j}C_{1j} + a_{2j}C_{2j} + \cdots + a_{nj}C_{nj}$.

정리 2.2.2의 (1), (2)를 각각 $\det A$의 **제 i 행에 관한 전개**, **제 j 열에 관한 전개**라고 한다.

보기 5

$i=2$일 때의 등식 ㉮

$$\begin{vmatrix} 1 & 1 & 1 \\ 1 & 2 & 3 \\ 4 & 6 & 9 \end{vmatrix} = \begin{vmatrix} 0 & 1 & 1 \\ 1 & 0 & 0 \\ 0 & 6 & 9 \end{vmatrix} + \begin{vmatrix} 1 & 0 & 1 \\ 0 & 2 & 0 \\ 4 & 0 & 9 \end{vmatrix} + \begin{vmatrix} 1 & 1 & 0 \\ 0 & 0 & 3 \\ 4 & 6 & 0 \end{vmatrix}.$$

$$= -1\cdot\begin{vmatrix} 1 & 1 \\ 6 & 9 \end{vmatrix} + 2\cdot\begin{vmatrix} 1 & 1 \\ 4 & 9 \end{vmatrix} - 3\cdot\begin{vmatrix} 1 & 1 \\ 4 & 6 \end{vmatrix}$$

$$\begin{bmatrix} + & - & + \\ - & + & - \\ + & - & + \end{bmatrix}$$

$$= -1\cdot 3 + 2\cdot 5 - 3\cdot 2 = 1.$$

보기 6

$$\begin{vmatrix} 0 & 4 & 3 & 2 \\ 0 & 7 & 6 & 5 \\ 0 & 0 & 2 & 3 \\ 2 & 0 & 1 & 8 \end{vmatrix} = -2 \begin{vmatrix} 4 & 3 & 2 \\ 7 & 6 & 5 \\ 0 & 2 & 3 \end{vmatrix}$$

(제1열에 관한 전개)

$$= -2 \cdot \left((-2) \begin{vmatrix} 4 & 2 \\ 7 & 5 \end{vmatrix} + (+3) \begin{vmatrix} 4 & 3 \\ 7 & 6 \end{vmatrix} \right)$$

(제3행에 관한 전개)

$$= -2 \cdot ((-2) \cdot 6 + 3 \cdot 3) = -2 \cdot (-3) = 6.$$

행렬식의 기본 성질

정리 2.2.3

$n \times n$ 행렬 A의 한 행(열)이 다른 (열)의 실수배일 때,

$$\det A = 0$$

증명 $A = [a_{ij}]$의 제 1 행이 제 2 행의 k 배라 하고 n에 관한 귀납법으로 증명한다.

$$\begin{vmatrix} ka & kb \\ a & b \end{vmatrix} = kab - kab = 0$$

이므로 $n = 2$ 일 때, 정리가 성립한다.

$n \geq 3$ 이라 하고, A에서 a_{ij} 의 여인수를 C_{ij} 라고 하자.

각 $j = 1, 2, \cdots, n$ 에 대하여, $\det A_{nj}$ 의 제 1 행은 제 2 행의 k 배이므로 귀납법에 의하여, $\det A_{nj} = 0$ 이고, 그러므로 $C_{nj} = 0$ 이다.

따라서

(det A 의 제 n행에 관한 전개)

$$\det A = a_{n1} C_{n1} + a_{n2} C_{n2} + \cdots + a_{nn} C_{nn} = 0. \ \blacksquare$$

보기 7

$$\begin{vmatrix} 0 & 1 & 2 & 3 \\ 2 & 4 & 1 & 8 \\ 0 & 2 & 4 & 5 \\ 0 & 3 & 6 & 7 \end{vmatrix} = -2 \begin{vmatrix} 1 & 2 & 3 \\ 2 & 4 & 5 \\ 3 & 6 & 7 \end{vmatrix} = -2 \cdot 0 = 0.$$

(제1열에 관한 전개)

(제2열은 제1열의 2배)

정리 2.2.4

$n \times n$ 행렬 A, B, C가

$$M = \left[\begin{array}{ccc} a_1+b_1 & \cdots & a_n+b_n \\ \hline & U & \end{array}\right],\ A = \left[\begin{array}{ccc} a_1 & \cdots & a_n \\ \hline & U & \end{array}\right],\ B = \left[\begin{array}{ccc} b_1 & \cdots & b_n \\ \hline & U & \end{array}\right],$$

와 같을 때,

$$\det M = \det A + \det B$$

증명 변수 벡터 $\mathbf{x} = (x_1, \cdots, x_n)$에 대하여, 행렬 $G_\mathbf{x}$를

$$G_\mathbf{x} = \left[\begin{array}{ccc} x_1 & \cdots & x_n \\ \hline & U & \end{array}\right]$$

와 같이 정의한다.

행렬 $G_\mathbf{x}, M, A, B$에서 $(1, j)$ 성분의 여인수는 모두 같다. 이를 C_{ij}라고 하자. $G_\mathbf{x}$의 제 1 행 $\mathbf{x} = (x_1, \cdots, x_n)$을

$$\mathbf{a} = (a_1, \cdots, a_n),\ \mathbf{b} = (b_1, \cdots, b_n), \mathbf{a}+\mathbf{b} = (a_1+b_1, \cdots, a_n+b_n)$$

으로 각각 대치하면,

$$G_\mathbf{a} = A, G_\mathbf{b} = B, G_{\mathbf{a}+\mathbf{b}} = M. \quad \cdots\cdots ①$$

$\det G_\mathbf{x}$를 제 1 행에 관하여 전개하면

$$\det G_\mathbf{x} = x_1C_{11} + x_2C_{12} + \cdots + x_nC_{1n}. \quad \cdots\cdots ②$$

②에서 $\mathbf{x}$를 $\mathbf{a}$, $\mathbf{b}, \mathbf{a}+\mathbf{b}$로 각각 대치하면

$$\det G_\mathbf{a} = a_1C_{11} + a_2C_{12} + \cdots + a_nC_{1n}, \quad \cdots\cdots ③$$

$$\det G_\mathbf{b} = b_1C_{11} + b_2C_{12} + \cdots + b_nC_{1n}, \quad \cdots\cdots ④$$

$$\det G_{\mathbf{a}+\mathbf{b}} = (a_1+b_1)C_{11} + (a_2+b_2)C_{12} + \cdots + (a_n+b_n)C_{1n}. \quad \cdots ⑤$$

이제, ①, ③, ④, ⑤로부터

$$\det A + \det B = \det M. \quad ▮$$

수반행렬

$n \times n$ 행렬 $A = [a_{ij}]$ 에서 a_{ij} 의 여인수를 C_{ij} 라고 하자.
A 의 제 1 행을 변수벡터 $(x_1, x_2, \cdots, x_n)$ 으로 대치한 행렬을 제 1 행에 관하여 전개하면,

$$\begin{vmatrix} x_1 & x_2 & \cdots & x_n \\ a_{21} & a_{22} & \cdots & a_{2n} \\ \vdots & \vdots & \ddots & \vdots \\ a_{n1} & a_{n2} & \cdots & a_{nn} \end{vmatrix} = x_1 C_{11} + x_2 C_{12} + x_3 C_{13}. \quad \cdots\cdots ①$$

① 에 $(x_1, \cdots, x_n) = (a_{11}, \cdots, a_{1n})$ 을 대입하면

$$\det A = \begin{vmatrix} a_{11} & a_{12} & \cdots & a_{1n} \\ a_{21} & a_{22} & \cdots & a_{2n} \\ \vdots & \vdots & \ddots & \vdots \\ a_{n1} & a_{n2} & \cdots & a_{nn} \end{vmatrix} = a_{11}C_{11} + a_{12}C_{12} + \cdots + a_{1n}C_{1n}.$$

① 에 $(x_1, \cdots, x_n) = (a_{k1}, \cdots, a_{kn})$, (단, $k \neq 1$), 을 대입하면

$$0 = \begin{vmatrix} a_{k1} & a_{k2} & \cdots & a_{kn} \\ a_{21} & a_{22} & \cdots & a_{2n} \\ \vdots & \vdots & \ddots & \vdots \\ a_{n1} & a_{n2} & \cdots & a_{nn} \end{vmatrix} = a_{k1}C_{11} + a_{k2}C_{12} + \cdots + a_{kn}C_{1n}.$$

이와 같은 방법으로 다음이 증명된다.

$$a_{i1}C_{j1} + a_{i2}C_{j2} + \cdots + a_{in}C_{jn} = \begin{cases} \det A, & (i = j\text{일 때}), \\ 0, & (i \neq j\text{일 때}). \end{cases} \quad \cdots\cdots ②$$

② 는 다음과 같이 행렬의 곱으로 표현될 수 있다.

$$\begin{bmatrix} a_{11} & a_{12} & \cdots & a_{1n} \\ a_{21} & a_{22} & \cdots & a_{2n} \\ \vdots & \vdots & \ddots & \vdots \\ a_{n1} & a_{n1} & \cdots & a_{nn} \end{bmatrix} \begin{bmatrix} C_{11} & C_{21} & \cdots & C_{n1} \\ C_{12} & C_{22} & \cdots & C_{n2} \\ \vdots & \vdots & \ddots & \vdots \\ C_{1n} & C_{2n} & \cdots & C_{nn} \end{bmatrix} = \begin{bmatrix} \det A & 0 & \cdots & 0 \\ 0 & \det A & \cdots & 0 \\ \vdots & \vdots & \ddots & \vdots \\ 0 & 0 & \cdots & \det A \end{bmatrix}. \quad ③$$

등식 ③ 의 좌변에 나타난 이 행렬 $[C_{ij}]^T$ 를 A 의 **수반행렬**이라 하고 $\operatorname{adj}(A)$ 로 나타낸다.

◀ 隨伴行列 adjugate

수반행렬을 사용하면 등식 ③은 다음과 같이 표현된다.

$$A\,\mathrm{adj}(A) = (\det A)I. \quad \cdots\cdots ④$$

$\det A \neq 0$ 일 때, 등식 ④의 양변에 $\frac{1}{\det A}$ 을 곱하면,

$$A\left(\frac{1}{\det A}\,\mathrm{adj}(A)\right) = I.$$

이상에서 다음 정리가 증명되었다.

정리 2.2.5

$\det A \neq 0$일 때, A는 가역이고,

$$A^{-1} = \frac{1}{\det A}\,\mathrm{adj}(A).$$

보기 8 $A = \begin{bmatrix} a & b \\ c & d \end{bmatrix}$에 대하여, $\det A = ad - bc \neq 0$일 때,

$$A^{-1} = \frac{1}{\det A}\,\mathrm{adj}(A) = \frac{1}{ad-bc}\begin{bmatrix} d & -b \\ -c & a \end{bmatrix}.$$

예제 2.2.6

정리 2.2.5를 이용하여 다음 행렬의 역행렬을 구하라.

$$A = \begin{bmatrix} 1 & 0 & 0 \\ 2 & 2 & 0 \\ 3 & 3 & 3 \end{bmatrix}$$

증명 $C_{11} = +\begin{vmatrix} 2 & 0 \\ 3 & 3 \end{vmatrix} = 6,\ C_{12} = -\begin{vmatrix} 2 & 0 \\ 3 & 3 \end{vmatrix} = -6,\ C_{13} = +\begin{vmatrix} 2 & 2 \\ 3 & 3 \end{vmatrix} = 0,$

$C_{21} = -\begin{vmatrix} 0 & 0 \\ 3 & 3 \end{vmatrix} = 0,\ C_{22} = +\begin{vmatrix} 1 & 0 \\ 3 & 3 \end{vmatrix} = 3,\ C_{23} = -\begin{vmatrix} 1 & 0 \\ 3 & 3 \end{vmatrix} = -3,$

$C_{31} = +\begin{vmatrix} 0 & 0 \\ 2 & 0 \end{vmatrix} = 0,\ C_{32} = -\begin{vmatrix} 1 & 0 \\ 2 & 0 \end{vmatrix} = 0,\ C_{33} = +\begin{vmatrix} 1 & 0 \\ 2 & 2 \end{vmatrix} = 2$

이고, $\det A = 6$ 이므로

$$A^{-1} = \frac{1}{6}\mathrm{adj}(A) = \frac{1}{6}\begin{bmatrix} 6 & 0 & 0 \\ -6 & 3 & 0 \\ 0 & -3 & 2 \end{bmatrix} = \begin{bmatrix} 1 & 0 & 0 \\ -1 & \frac{1}{2} & 0 \\ 0 & -\frac{1}{2} & \frac{1}{3} \end{bmatrix}.$$ ◘

정리 2.2.7 (크래이머의 공식)

$\det A \neq 0$인 $n \times n$ 행렬 A와 $\mathbf{b} \in \boldsymbol{R}^n$에 대하여, A의 제 j 열을 $\mathbf{b}$로 대치한 행렬을 A_j 라 하고, $\mathbf{x} = [x_1, x_2, \cdots, x_n]^{\mathrm{T}}$라고 할 때, 연립일차방정식

$$A\mathbf{x} = \mathbf{b}$$

의 해는,

$$x_j = \frac{\det A_j}{\det A}, (j = 1, 2, \cdots, n). \quad \cdots\cdots ①$$

증명 $\det A \neq 0$이므로 A 는 가역이다. ($\because$ 정리 2.2.6)

$\mathbf{b} = [b_1, b_2, \cdots, b_n]^{\mathrm{T}}$ 라고 하면,

$$\begin{bmatrix} x_1 \\ x_2 \\ \vdots \\ x_n \end{bmatrix} = A^{-1}\mathbf{b} = \frac{1}{\det A}\,\mathrm{adj}(A)\,\mathbf{b} = \frac{1}{\det A}\begin{bmatrix} C_{11} & C_{21} & \cdots & C_{n1} \\ C_{12} & C_{22} & \cdots & C_{n2} \\ \vdots & \vdots & \ddots & \vdots \\ C_{1n} & C_{2n} & \cdots & C_{nn} \end{bmatrix}\begin{bmatrix} b_1 \\ b_2 \\ \vdots \\ b_n \end{bmatrix}.$$

$$\therefore\ x_1 = \frac{1}{\det A}(b_1C_{11} + b_2C_{21} + \cdots + b_nC_{n1}).$$

(제 1열에 관한 전개)

$$= \frac{1}{\det A}\begin{vmatrix} b_1 & a_{12} & \cdots & a_{1n} \\ b_2 & a_{22} & \cdots & a_{2n} \\ \vdots & \vdots & \ddots & \vdots \\ b_n & a_{n2} & \cdots & a_{nn} \end{vmatrix} = \frac{1}{\det A}\det A_1.$$

같은 식으로 임의의 $j = 2.\ 3.\ \cdots, n$에 대해서도 ①이 성립한다. ▮

보기 9

$$A = \begin{bmatrix} 3 & 1 & 0 \\ 3 & 1 & 1 \\ 3 & 2 & 4 \end{bmatrix},\ \mathbf{x} = \begin{bmatrix} x_1 \\ x_2 \\ x_3 \end{bmatrix},\ \mathbf{b} = \begin{bmatrix} 1 \\ 1 \\ 1 \end{bmatrix}$$

일 때, 연립방정식 $A\mathbf{x} = \mathbf{b}$ 를 풀어 보자. 먼저 $\det A = -3$이다.

$j = 2, 3$ 일 때, A_j의 제 1 열은 제 j 열의 실수배이므로

$$\det A_j = 0.\ \therefore\ x_j = \frac{\det A_j}{\det A} = \frac{0}{-3} = 0.$$

$$\det A_1 = \begin{vmatrix} 1 & 1 & 0 \\ 1 & 1 & 1 \\ 1 & 2 & 4 \end{vmatrix} = -1.\ \therefore\ x_1 = \frac{\det A_1}{\det A} = \frac{-1}{-3} = \frac{1}{3}.$$

$$\therefore\ \mathbf{x} = [\tfrac{1}{3}, 0, 0]^{\mathrm{T}}.$$

◀ $A_2 = \begin{bmatrix} 3 & 1 & 0 \\ 3 & 1 & 1 \\ 3 & 1 & 4 \end{bmatrix}$.

$A_3 = \begin{bmatrix} 3 & 1 & 1 \\ 3 & 1 & 1 \\ 3 & 2 & 1 \end{bmatrix}$.

2-2 EXERCISES 연습문제

1 다음 행렬식을 계산하라.

(1) $\begin{vmatrix} 2 & 0 & 0 & 1 \\ 0 & 1 & 0 & 0 \\ 1 & 6 & 2 & 0 \\ 1 & 1 & -2 & 3 \end{vmatrix}$ (2) $\begin{vmatrix} 2 & 1 & 2 & 1 \\ 3 & 0 & 1 & 1 \\ -1 & 2 & -2 & 1 \\ -3 & 2 & 3 & 1 \end{vmatrix}$

2 다음 행렬의 수반행렬을 구하고, 가역일 경우 역행렬을 구하라.

(1) $A = \begin{bmatrix} 1 & 0 & 0 \\ 0 & 2 & 6 \\ 0 & -4 & -12 \end{bmatrix}$. (2) $A = \begin{bmatrix} -1 & 3 & 2 \\ 0 & -2 & 1 \\ 1 & 0 & -2 \end{bmatrix}$.

3 대각선 및 그 아래의 모든 성분은 1, 대각선 바로 위의 성분은 -1, 나머지 성분은 모두 0 인 n 차 정사각행렬의 행렬식 a_n을 n 의 식으로 나타내어라.

4 대각선 및 그 바로 아래의 성분은 1, 대각선 바로 위의 성분은 -1, 나머지 성분은 모두 0인 n 차 정사각행렬의 행렬식을 a_n 이라고 할 때, $(a_1, a_2, a_3, \cdots)$ 은 어떤 수열인가?

5 대각성분은 모두 $1 + x^2$, 대각선 바로 위 아래의 성분은 모두 x인 n 차 정사각행렬의 행렬식을 계산하라.

6 $n \times n$ 가역행렬 A에 대하여 디음을 증명하라.

(1) $\det(\operatorname{adj} A) = (\det A)^{n-1}$

(2) $\operatorname{adj}(\operatorname{adj} A) = (\det A)^{n-2}A$, (단, $n \geq 3$)

(3) $\operatorname{adj}(A^{-1}) = (\operatorname{adj} A)^{-1}$

7 크레이머의 공식을 이용하여 다음 연립방정식을 풀어라.

(1) $\begin{aligned} x + 2y + z &= 5 \\ 2x + 2y + z &= 6 \\ x + 2y + 3z &= 9 \end{aligned}$ (2) $\begin{aligned} -x + 2y - 3z &= 1 \\ 2x \qquad + z &= 0 \\ 3x - 4y + 4z &= 2 \end{aligned}$

2-2 · E · X · E · R · C · I · S · E · S · 연습문제

8 다음 등식은 좌표평면에서 서로 다른 두 점 $P_1(x_1, y_1)$, $P_2(x_2, y_2)$를 지나는 평면의 방정식임을 보여라.

$$\begin{vmatrix} x & y & 1 \\ x_1 & y_1 & 1 \\ x_2 & y_2 & 1 \end{vmatrix} = 0$$

9 다음 등식은 좌표공간에서 동일 직선 상에 있지 않은 세 점 $P_1(x_1, y_1, z_1)$, $P_2(x_2, y_2, z_2)$, $P_3(x_3, y_3, z_3)$ 을 지나는 평면의 방정식임을 보여라.

$$\begin{vmatrix} x & y & z & 1 \\ x_1 & y_1 & z_1 & 1 \\ x_2 & y_2 & z_2 & 1 \\ x_3 & y_3 & z_3 & 1 \end{vmatrix} = 0.$$

10 동치가 아닌 2개의 일차동차방정식으로 이루어진 연립일차방정식

$$\begin{cases} a\,x + b\,y + c\,z = 0 \\ a'x + b'y + c'z = 0 \end{cases}$$

의 해는 비례식

$$x : y : z = \begin{vmatrix} b & c \\ b' & c' \end{vmatrix} : \begin{vmatrix} c & a \\ c' & a' \end{vmatrix} : \begin{vmatrix} a & b \\ a' & b' \end{vmatrix}$$

을 만족함을 증명하라. (Hint 크레이머의 공식)

11 오른쪽 그림의 삼각형에 대하여 다음 물음에 답하라.

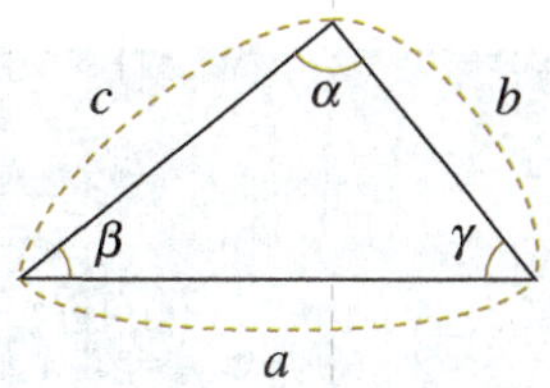

(1) 다음이 성립함을 보여라.

$$b\cos\gamma + c\cos\beta = a$$
$$c\cos\alpha + a\cos\gamma = b$$
$$a\cos\beta + b\cos\alpha = c$$

(2) (1) 에서 코사인 제 2 법칙

$$a^2 = b^2 + c^2 - 2bc\cos\alpha$$

을 유도하라. (Hint 크레이머의 공식)

2-3 행렬식의 성질

이 절의 학습내용

- ERO와 행렬식
- 곱에 관한 행렬식의 성질

ERO와 행렬식

이 절에서 우리는 ERO가 행렬식의 값에 미치는 영향에 대하여 알아 본다.

1.1절에서 소개된 바 ERO에는 다음 세 가지 유형이 있다.

(i) 두 행을 호환한다.

(ii) 한 행을 $k \neq 0$ 배한다. (단, k는 실수).

(iii) 한 행의 k 배를 다른 행에 더한다. (단, k는 실수).

이 절의 첫번째 목적은 ERO와 관련된 다음 성질을 증명하는 데 있다.

행렬 A에 하나의 ERO를 시행한 행렬을 B라고 하자.

㉮ 그 ERO가 유형 (i) 일 때, $\det B = -\det A$

㉯ 유형 (ii) 일 때, $\det B = k \det A$

㉰ 유형 (iii) 일 때, $\det B = \det A$

이들 성질 중 ㉮는 보조정리 2.2.1에서 증명되었다.
다음 두 정리에서 ㉯, ㉰를 차례로 증명한다.

정리 2.3.1

$n \times n$ 행렬 A의 한 행(열)을 k(실수)배 한 행렬을 B라고 할 때,

$$\det B = k \det A$$

증명 $n = 1$일 때는 명백히 정리가 성립한다.
$n \geq 2$라고 하자. 각 $j = 1, 2, \cdots, n$에 대하여, $b_{1j} = ka_{1j}$이고, 또, $B_{1j} = A_{1j}$이므로 B, A는 같은 $(1, j)$ 여인수 C_{1j}를 가진다.

detB의 제1행에 관한 전개

$$\begin{aligned}\det B &= b_{11}C_{11} + b_{12}C_{12} + \cdots + b_{1n}C_{1n} \\ &= ka_{11}C_{11} + ka_{12}C_{12} + \cdots + ka_{1n}C_{1n} \\ &= k(a_{11}C_{11} + a_{12}C_{12} + \cdots + a_{1n}C_{1n}) \\ &= k\det A. \ \blacksquare\end{aligned}$$

NOTE 1 A가 $n \times n$ 행렬일 때, 실수 k에 대하여 $\det(kA) = k^n \det A$.
$\because$ kA는 A의 k개의 각 행을 k배한 행렬이다. ▮

정리 2.3.2

$n \times n$ 행렬 A의 한 행(열)의 실수배를 다른 행(열)에 더한 행렬을 B라고 할 때,

$$\det B = \det A$$

증명 B가 $A = [a_{ij}]$의 제 2 행의 k 배를 제 1 행에 더한 행렬이라고 하면,

$$B = \begin{bmatrix} a_{11} + ka_{21} & a_{12} + ka_{22} & \cdots & a_{1n} + ka_{2n} \\ a_{21} & a_{22} & \cdots & a_{2n} \\ \vdots & \vdots & & \vdots \\ a_{n1} & a_{n2} & \cdots & a_{nn} \end{bmatrix}.$$

$$\therefore \det B = \begin{vmatrix} a_{11} & a_{12} & \cdots & a_{1n} \\ a_{21} & a_{21} & \cdots & a_{2n} \\ \vdots & \vdots & \ddots & \vdots \\ a_{n1} & a_{n2} & \cdots & a_{nn} \end{vmatrix} + \begin{vmatrix} ka_{21} & ka_{21} & \cdots & ka_{2n} \\ a_{21} & a_{22} & \cdots & a_{2n} \\ \vdots & \vdots & \ddots & \vdots \\ a_{n1} & a_{n2} & \cdots & a_{nn} \end{vmatrix} = \det A. \ \blacksquare$$

정리 2.2.5

한 행이 다른 행의 실수배이므로 이 행렬식은 0 ($\because$정리 2.2.4)

ERO에 관련된 행렬식의 성질 (보조정리 2.2.1, 정리 2.3.1, 정리 2.3.2)는 행렬식의 계산에 유용한 도구이다.

보기 1

$$\begin{vmatrix} 2 & 4 & 6 \\ 2 & 5 & 11 \\ 3 & 9 & 28 \end{vmatrix} = 2\begin{vmatrix} 1 & 2 & 3 \\ 2 & 5 & 11 \\ 3 & 9 & 28 \end{vmatrix} = 2\begin{vmatrix} 1 & 2 & 3 \\ 0 & 1 & 5 \\ 0 & 3 & 19 \end{vmatrix}$$

1행을 2로 나눈다.

1행의 −2배, −3배를 각각 2행, 3행에 더한다.

$$= 2\begin{vmatrix} 1 & 2 & 3 \\ 0 & 1 & 5 \\ 0 & 0 & 4 \end{vmatrix} = 2 \cdot 4 = 8.$$

2행의 −3배를 3행에 더한다.

곱에 관한 행렬식의 성질

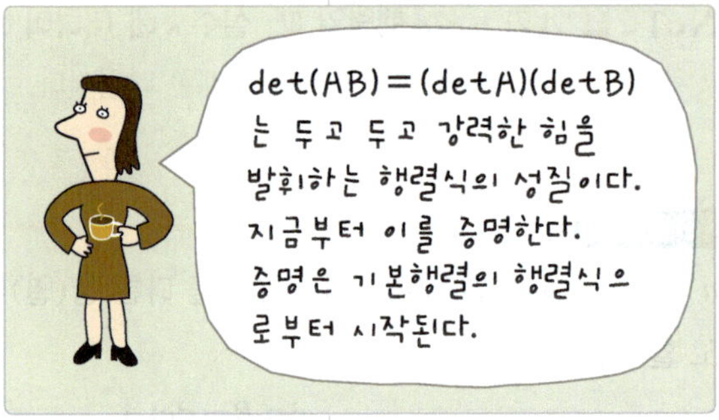

기본행렬 E의 행렬식은 다음과 같다.

$$\det E = \begin{cases} -1, & (E\text{가 두 행을 호환하는 기본행렬일 때}), \\ k, & (E\text{가 한 행을 } k \neq 0 \text{ 배하는 기본행렬일 때}), \\ 1, & (E\text{가 한 행의 } k \text{ 배를 다른 행에 더하는 기본행렬일 때}). \end{cases}$$

∵ E는 I에 하나의 ERO를 시행하여 얻어지는 행렬이다. 그 ERO가 두 행을 호환하는 것일 때, $\det E = -\det I = -1$, (∵ 보조정리 2.2.1)

한 행을 $k \neq 0$ 배하는 것일 때, $\det E = k \det I = k$, (∵ 정리 2.3.1)

한 행의 k 배를 다른 행에 더하는 것일 때, $\det E = \det I = 1$. ◆ (∵ 정리 2.3.2)

정사각행렬 A에 유형 (i), (ii), (iii)의 한 ERO를 시행한 행렬을 각각 A_1, A_2, A_3이라 하고, 그 ERO에 대응하는 기본행렬을 각각 E_1, E_2, E_3이라고 할 때,

$$(\det E_1A) = \det A_1 = -\det A = (\det E_1)(\det A),$$
$$(\det E_2A) = \det A_2 = k\det A = (\det E_2)(\det A),$$
$$(\det E_3A) = \det A_3 = \det A = (\det E_3)(\det A).$$

이므로 다음 보조정리가 증명되었다.

보조정리 2.3.3

정사각행렬 A와 같은 차수의 기본행렬 E에 대하여

$$\det(EA) = (\det E)(\det A)$$

따름정리 2.3.4

정사각행렬 A가 가역일 필요충분조건은 $\det A \neq 0$이다.

증명 A가 가역일 때, A는 $A = E_1E_2 \cdots E_r$과 같이 기본행렬의 곱으로 표현된다.(∵ 정리 1.4.4). 이 때, 보조정리 2.3.3에 의하여

$$\det A = (\det E_1)(\det E_2) \cdots (\det E_r) \neq 0.$$

역으로 $\det A \neq 0$일 때, 정리 2.2.5에 의하여 A는 가역이다. ▮

$n \times n$ 행렬 A에 대하여 다음은 동치이다.

(1) A는 가역이다.

(2) $A\mathbf{x} = \mathbf{0}$의 해는 $\mathbf{x} = \mathbf{0}$뿐이다.

(3) A의 rref는 I_n.

(4) A는 기본행렬들의 곱.

(5) 임의의 $\mathbf{b} \in R^n$에 대하여 $A\mathbf{x} = \mathbf{b}$는 해를 가진다.

(6) $\det A \neq 0$.

보기 **2** $A=\begin{bmatrix} a & b \\ c & d \end{bmatrix}$일 때, $\det A = ad-bc$이므로

$ad-bc \neq 0$일 때 A는 가역이고, $ad-bc=0$일 때, A는 가역이 아니다.

예제 2.3.5

연립일차방정식

$$\begin{bmatrix} a-1 & 4 \\ 2 & a-3 \end{bmatrix}\begin{bmatrix} x \\ y \end{bmatrix}=\begin{bmatrix} 0 \\ 0 \end{bmatrix}$$

이 $(x,y)=(0,0)$ 이외의 해를 가지도록 상수 a의 값을 정하라.

증명 계수행렬이 가역이 아닌 a의 값, 즉 계수행렬의 행렬식이 0이 되는 a의 값을 찾으면 된다.

$$\begin{vmatrix} a-1 & 4 \\ 2 & a-3 \end{vmatrix} = (a-1)(a-3)-8 = a^2-4a-5=(a-5)(a+1).$$

이 값이 0이 되는 a의 값은 $a=5, a=-1$. ◘

정리 2.3.6

같은 차수의 정사각행렬 A, B에 대하여

$$\det(AB) = (\det A)(\det B)$$

증명 • A가 가역이 아닐 때 : $\det A = 0$이다 (∵ 따름정리 2.3.4).
이 때 AB도 가역이 아니고 (∵ 따름정리 1.4.8), 따라서 $\det(AB)=0$.

$$\therefore \det(AB) = 0 = 0 \cdot \det B = (\det A)(\det B).$$

◀ AB가 가역이면 A, B 각각이 가역이다. (따름정리 1.4.8)

• A가 가역일 때 : 기본행렬 $E_1, \cdots, E_r$이 있어서

$$A = E_1 \cdots E_r \text{ (∵ 정리 1.4.4)}.$$

이 때,

$$\det A = (\det E_1)\cdots(\det E_r) \text{ (∵ 보조정리 2.3.3)}$$

이고, 따라서

$$\begin{aligned}\det(AB) &= \det(E_1 \cdots E_r B) \\ &= (\det E_1)\cdots(\det E_r)(\det B) = (\det A)(\det B).\end{aligned}$$ ■

(보조정리 2.3.3)

따름정리 2.3.7

가역행렬 A에 대하여

$$\det(A^{-1}) = \frac{1}{\det A}$$

증명 $AA^{-1} = I$로부터

정리 2.3.6

$$(\det A)(\det(A^{-1})) = \det(AA^{-1}) = \det I = 1. \quad \blacksquare$$

보기 3 $A = \begin{bmatrix} a & 0 & 0 \\ * & b & 0 \\ * & * & c \end{bmatrix}$, $(abc \neq 0)$ 일 때, $A^{-1} = \begin{bmatrix} \frac{1}{a} & 0 & 0 \\ * & \frac{1}{b} & 0 \\ * & * & \frac{1}{c} \end{bmatrix}$.

이 때,

$$\det A = abc,$$

$$\det(A^{-1}) = \frac{1}{a}\frac{1}{b}\frac{1}{c} = \frac{1}{abc} = \frac{1}{\det A}.$$

appEndix 1 • • • • • • • • • • • • • • van der Monde 행렬식

다음 꼴의 행렬을 van der Monde 행렬이라고 한다.

$$A = \begin{bmatrix} 1 & 1 & \cdots & 1 \\ a_1 & a_2 & \cdots & a_n \\ a_1^2 & a_2^2 & \cdots & a_n^2 \\ \vdots & \vdots & & \vdots \\ a_1^{n-1} & a_2^{n-1} & \cdots & a_n^{n-1} \end{bmatrix}.$$

이 행렬의 행렬식은

$$\begin{aligned} \det A &= \prod_{j>i} (a_j - a_i) \\ &= (a_2 - a_1)(a_3 - a_1) \cdots (a_n - a_1) \\ &\quad \times (a_3 - a_2) \cdots (a_n - a_2) \\ &\quad \cdots \\ &\quad \times (a_n - a_{n-1}). \quad \cdots\cdots ① \end{aligned}$$

증명 $n = 2$ 일 때, $\det A = a_2 - a_1$ 이므로 ①이 성립한다.
먼저 $n = 4$, $(a_1, a_2, a_3, a_4) = (a, b, c, d)$ 인 경우를 살펴 보자.

$$\begin{vmatrix} 1 & a & a^2 & a^3 \\ 1 & b & b^2 & b^3 \\ 1 & c & c^2 & c^3 \\ 1 & d & d^2 & d^3 \end{vmatrix} = \begin{vmatrix} 1 & 0 & 0 & 0 \\ 1 & b-a & b^2-a^2 & b^3-a^3 \\ 1 & c-a & c^2-a^2 & c^3-a^3 \\ 1 & d-a & d^2-a^2 & d^3-a^3 \end{vmatrix}$$

1열의 $-a$배, $-a^2$배, $-a^3$배를 각각 2열, 3열, 4열에 더한다.

제1행에 관한 전개

$$= \begin{vmatrix} b-a & b^2-a^2 & b^3-a^3 \\ c-a & c^2-a^2 & c^3-a^3 \\ d-a & d^2-a^2 & d^3-a^3 \end{vmatrix}$$

1행, 2행, 3행을 각각 $b-a$, $c-a$, $d-a$로 나눈다.

$$= (b-a)(c-a)(d-a) \begin{vmatrix} 1 & b+a & b^2+ba+a^2 \\ 1 & c+a & c^2+ca+a^2 \\ 1 & d+a & d^2+da+a^2 \end{vmatrix}$$

2열의 $-a$배를 3열에 더하고, 1열의 $-a$배를 2열에 더한다.

$$= (b-a)(c-a)(d-a) \begin{vmatrix} 1 & b & b^2 \\ 1 & c & c^2 \\ 1 & d & d^2 \end{vmatrix} = (b-a)(c-a)(d-a) \times (c-b)(d-b) \times (d-c).$$

이 행렬식의 값은 이것! (by 귀납법)

일반적인 의 경우도 위의 방법으로 등식 ①이 증명된다. ▮

appEndix 2 • • • • • • • • • • • • • 크레이머의 공식의 다른 증명

이 appendix 에서는 크레이머의 공식에 대한 다른 증명법을 소개한다.

크레이머의 공식 (본문 정리 2.2.7) $n \times n$ 가역행렬 A를 계수행렬로 하는 연립일차방정식 $A\mathbf{x} = \mathbf{b}$에 대하여 $\mathbf{x} = [x_1, x_2, \cdots, x_n]^T$라 하고, A의 제 j열을 $\mathbf{b}$로 대치한 행렬을 A_j로 나타낼 때,

$$x_j = \frac{\det A_j}{\det A}, \ (j = 1, 2, \cdots, n). \quad \cdots\cdots \text{①}$$

증명 1 $A = [\mathbf{a}_1, \mathbf{a}_2, \cdots, \mathbf{a}_n]$이라고 할 때,

$$\mathbf{b} = A\mathbf{x} = x_1\mathbf{a}_1 + x_2\mathbf{a}_2 + \cdots + x_n\mathbf{a}_n$$

$$\begin{aligned} \therefore \ \det A_1 &= \det[\mathbf{b}, \mathbf{a}_2, \cdots, \mathbf{a}_n] \\ &= \det\left[\textstyle\sum_{i=1}^{n} x_i\mathbf{a}_i, \mathbf{a}_2, \cdots, \mathbf{a}_n\right] \\ &= \det[x_1\mathbf{a}_1, \mathbf{a}_2, \cdots, \mathbf{a}_n] + \textstyle\sum_{i=2}^{n} \det[x_i\mathbf{a}_i, \mathbf{a}_2, \cdots, \mathbf{a}_n] \\ &= x_1\det[\mathbf{a}_1, \mathbf{a}_2, \cdots, \mathbf{a}_n] = x_1\det A. \end{aligned}$$

같은 논리로, 임의의 j에 대하여

$$\det A_j = x_j \det A.$$

이다. A가 가역이므로 $\det A \neq 0$이고, 따라서 ①이 성립한다. ▌

증명 2 단위행렬 $I = [\mathbf{e}_1, \mathbf{e}_2, \cdots, \mathbf{e}_n]$ 의 제 j열 $\mathbf{e}_j$를 $\mathbf{x}$로 대치한 행렬을 X_j라 하자.

$\det X_j$를 제 j 행에 관하여 전개하면

$$\det X_j = x_j.$$

예를 들어
$n = 4, j = 2$인 경우
$X_2 = [\mathbf{e}_1, \mathbf{x}, \mathbf{e}_3, \mathbf{e}_4]$
$= \begin{bmatrix} 1 & x_1 & 0 & 0 \\ 0 & x_2 & 0 & 0 \\ 0 & x_3 & 1 & 0 \\ 0 & x_4 & 0 & 1 \end{bmatrix}.$
$\det X_2 = x_2.$
(∵ 제 2행에 관한 전개)

$A = [\mathbf{a}_1, \mathbf{a}_2, \cdots, \mathbf{a}_n]$ 이라 하고, 먼저 $j = 1$ 인 경우를 증명한다.

$$AX_1 = A[\mathbf{x}, \mathbf{e}_2, \cdots, \mathbf{e}_n] = [A\mathbf{x}, A\mathbf{e}_2, \cdots, A\mathbf{e}_n]$$

$$= [\mathbf{b}, \mathbf{a}_2, \cdots, \mathbf{a}_n] = A_1.$$

($A\mathbf{x} = \mathbf{b}, A\mathbf{e}_i = \mathbf{a}_i$)

$$\therefore \ \det(AX_1) = \det A_1.$$

$$\therefore \ \det A_1 = \det(AX_1) = \det A \ \det X_1 = x_1 \det A.$$

(정리 2.3.6)

양변을 $\det A$ 로 나누면

$$x_1 = \frac{\det A_1}{\det A}.$$

같은 이유로 $j \geq 2$ 인 경우에도 ①이 성립한다. ▌

2-3 E·X·E·R·C·I·S·E·S 연습문제

1 3×3 행렬 A의 행렬식이 α일 때, 다음 행렬의 행렬식을 구하라.

(1) $\begin{bmatrix} a & 0 & 0 \\ 0 & b & 0 \\ 0 & 0 & c \end{bmatrix} A$ (2) $\begin{bmatrix} a & 0 & 0 \\ 0 & b & 0 \\ 0 & 0 & c \end{bmatrix} A \begin{bmatrix} x & 0 & 0 \\ 0 & y & 0 \\ 0 & 0 & z \end{bmatrix}$

2 $n \times n$ 행렬 A와 실수 k에 대하여 $\det(kA) = k^n \det A$ 임을 보여라.

3 $\det A = 5$인 3×3 행렬 A에 대하여 다음을 구하라.

(1) $\det(2A)$ (2) $\det(A^2)$ (3) $\det(A^{-1})$ (4) $\det[(3A)^{-1}]$

4 $\det A = 4$, $\det B = 3$인 3×3 행렬 A, B에 대하여 다음을 구하라.

(1) $\det(AB)$ (2) $\det(2AB)$ (3) $\det(A^{-1}B)$ (4) $\det(A^2B^3)$

5 $A^{\mathrm{T}} = -A$인 행렬을 **왜대칭행렬**이라고 한다. 홀수차 왜대칭행렬의 행렬식은 0임을 증명하라.

◀ 歪對稱行列 skew symmetric matrix

6 모든 성분이 정수인 행렬을 정수행렬이라고 한다. 가역인 정수행렬 A에 대하여 A^{-1}가 정수행렬일 필요충분조건은 $\det A = \pm 1$ 임을 증명하라.

7 다음 행렬의 행렬식을 계산하라.

(1) $\begin{bmatrix} 1 & a & b+c \\ 1 & b & c+a \\ 1 & c & a+b \end{bmatrix}$ (2) $\begin{bmatrix} 0 & a & b \\ -a & 0 & c \\ -b & -c & 0 \end{bmatrix}$

(3) $\begin{bmatrix} 1 & \omega & \omega^2 \\ \omega & \omega^2 & 1 \\ \omega^2 & 1 & \omega \end{bmatrix}$ (4) $\begin{bmatrix} \sin\alpha & \cos\alpha & \sin(\alpha+\theta) \\ \sin\beta & \cos\beta & \sin(\beta+\theta) \\ \sin\gamma & \cos\gamma & \sin(\gamma+\theta) \end{bmatrix}$

(단, ω는 $x^3 = 1$의 한 허근)

8 행렬 A의 각 행의 성분의 합이 0이면 $\det A = 0$임을 증명하라.

2-3 · E · X · E · R · C · I · S · E · S · 연습문제

9 A, B가 같은 차수의 정사각행렬일 때, 다음을 증명하라.

$$\det\begin{bmatrix} A & B \\ B & A \end{bmatrix} = \det(A+B)\det(A-B).$$

10 다음 행렬식을 계산하라.

$$\begin{vmatrix} x & i & 1 & -i \\ -i & x & i & 1 \\ 1 & -i & x & i \\ i & 1 & -i & x \end{vmatrix}, \text{ (단, } i\text{는 허수 단위)}$$

11 (1) 다음을 증명하라.

$$\begin{vmatrix} a & b & c \\ c & a & b \\ b & c & a \end{vmatrix} = a^3 + b^3 + c^3 - 3abc$$

(2) $(x^3 + y^3 + z^3 - 3xyz) = (a^3 + b^3 + c^3 - 3abc)$
$\times (r^3 + s^3 + t^3 - 3rst)$

를 만족하는 x, y, z를 각각 a, b, c, r, s, t의 식으로 나타내어라.

12 좌표평면의 x 좌표가 서로 다른 4개의 점을 지나는 곡선

$$y = a + bx + cx^2 + dx^3$$

은 단 하나 존재함을 증명하라.

13 임의의 실수값 α, β, γ에 대하여 행렬

$$A = \begin{bmatrix} \sin^2\alpha & \sin^2\beta & \sin^2\gamma \\ \cos^2\alpha & \cos^2\beta & \cos^2\gamma \\ 1 & 1 & 1 \end{bmatrix}$$

은 가역이 아님을 보여라.

2-3 · E · X · E · R · C · I · S · E · S · 연습문제

14 다음 행렬이 가역이 아니도록 a의 값을 정하라.

(1) $\begin{bmatrix} a-3 & -2 \\ -5 & a-6 \end{bmatrix}$ (2) $\begin{bmatrix} 1 & 2 & 4 \\ 3 & 1 & 6 \\ a & 3 & 2 \end{bmatrix}$

15 다음 등식을 만족하는 $(x, y, z) \neq (0, 0, 0)$이 존재하도록 상수 a의 값을 정하라.

(1) $\begin{aligned} x + 3y &= ax \\ 4x + 2y &= ay \end{aligned}$ (2) $\begin{aligned} x + 3y &= ax \\ 3x + y &= ay \\ -2z &= az \end{aligned}$

16 다음 $n \times n$ 행렬의행렬식은 0임을 보여라.

(1) $\begin{bmatrix} 1-n & 1 & \cdots & 1 \\ 1 & 1-n & \cdots & 1 \\ \vdots & \vdots & & \vdots \\ 1 & 1 & \cdots & 1-n \end{bmatrix}$ (2) $\begin{bmatrix} 1 & 2 & \cdots & n-1 & n \\ 2 & 3 & \cdots & n & n+1 \\ \vdots & \vdots & & \vdots & \vdots \\ n & n+1 & \cdots & 2n-1 & 2n \end{bmatrix}$

17 다음 행렬식을 인수분해 하라.

(1) $\begin{vmatrix} a+b & a & a \\ a & a+b & a \\ a & a & a+b \end{vmatrix}$ (2) $\begin{vmatrix} a & a^2 & b+c \\ b & b^2 & c+a \\ c & c^2 & a+b \end{vmatrix}$

18 a, b, c가 서로 다른 실수일 때, 연립일차방정식

$$\begin{aligned} x + \quad y + \quad z &= 1 \\ ax + \ by + \ cz &= d \\ a^2x + b^2y + c^2z &= d^2 \end{aligned}$$

의 해는 다음과 같음을 보여라.

$$x = \frac{(d-b)(b-c)(c-d)}{(a-b)(b-c)(c-a)}, \quad y = \frac{(a-d)(d-c)(c-a)}{(a-b)(b-c)(c-a)},$$

$$z = \frac{(a-b)(b-d)(d-a)}{(a-b)(b-c)(c-a)}.$$

2-4 공간벡터의 외적

이 절의 학습내용

- 외적의 뜻
- 외적의 대수적 성질

외적의 뜻

공간벡터 $\mathbf{u}, \mathbf{v}, \mathbf{w}$에 대하여 다음 그림과 같은 평행사변형, 평행육면체를 각각 $\mathbf{u}, \mathbf{v}$로 결정되는 평행사변형, $\mathbf{u}, \mathbf{v}, \mathbf{w}$로 결정되는 평행육면체라 하고 ▱$(\mathbf{u}, \mathbf{v})$, ⬡$(\mathbf{u}, \mathbf{v}, \mathbf{w})$로 나타내기로 한다.

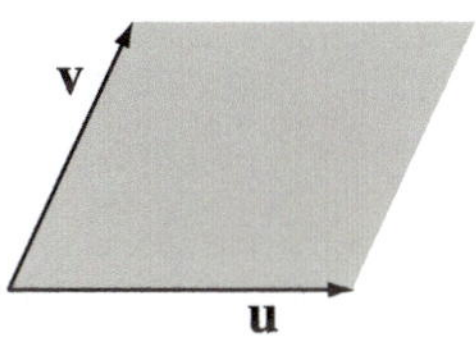

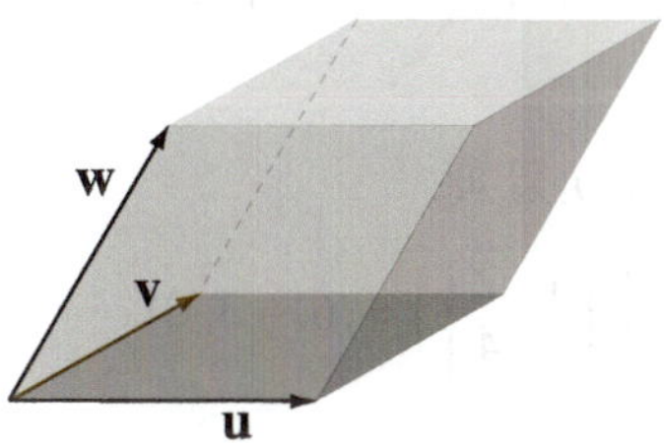

오른쪽 그림의 상황에서 나사못은, **u** 에서 **v** 쪽으로 회전시킬 때, ㉮ 방향으로 진행한다. 이 방향을 **(u, v)-정방향**이라고 부르기로 한다.

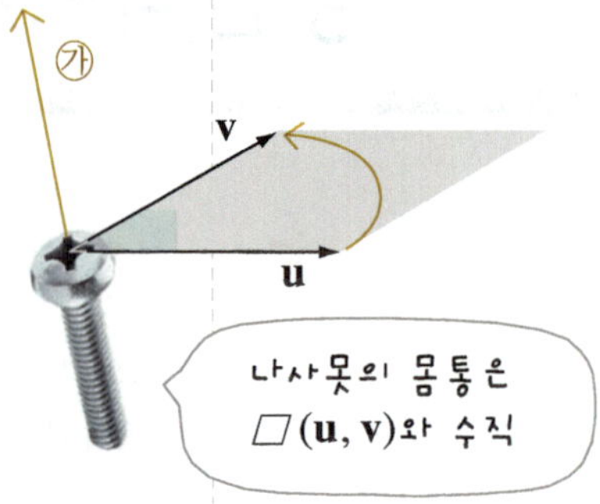

공간벡터 **u**, **v**에 대하여 다음 조건을 만족하는 벡터 **w**는 유일하게 존재한다.

> 외적의 조건
>
> (i) (크기) : **w** 의 크기는 □(**u**, **v**)의 넓이와 같다.
>
> (ii) (직교성) : **w**는 **u**, **v** 각각과 직교한다.
>
> (iii) (방향) : **w** 의 방향은 (**u**, **v**)-정방향과 같다.

이제, 벡터 **u**, **v**의 외적 **u** × **v** 를, 다음과 같이, 성분을 이용하여 정의하고, **u** × **v**가 외적의 조건을 만족함을 보인다. 이 절에서는 표현의 편의상 공간벡터를 행벡터로 쓰기로 한다.

정의 공간벡터 $\mathbf{u} = (u_1, u_2, u_3)$, $\mathbf{v} = (v_1, v_2, v_3)$에 대하여,

$$\mathbf{u}\times\mathbf{v} = \left(\begin{vmatrix} u_2 & u_3 \\ v_2 & v_3 \end{vmatrix}, -\begin{vmatrix} u_1 & u_3 \\ v_1 & v_3 \end{vmatrix}, \begin{vmatrix} u_1 & u_2 \\ v_1 & v_2 \end{vmatrix} \right)$$

를 **u**, **v**의 **외적** 또는 **크로스곱**이라고 한다.

◀ 外積 cross product

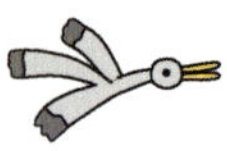

u × **v**는 공간벡터이고, 그 성분은 다음과 같이 정해진다.

$$\left(\begin{vmatrix} u_1 & u_2 & u_3 \\ v_1 & v_2 & v_3 \end{vmatrix}, -\begin{vmatrix} u_1 & u_2 & u_3 \\ v_1 & v_2 & v_3 \end{vmatrix}, \begin{vmatrix} u_1 & u_2 & u_3 \\ v_1 & v_2 & v_3 \end{vmatrix} \right)$$

보기 1 $\mathbf{u} = (1, 2, 3)$, $\mathbf{v} = (2, 4, 9)$, 일 때,

$$\mathbf{u}\times\mathbf{v} = \left(\begin{vmatrix} 2 & 3 \\ 4 & 9 \end{vmatrix}, -\begin{vmatrix} 1 & 3 \\ 2 & 9 \end{vmatrix}, \begin{vmatrix} 1 & 2 \\ 2 & 4 \end{vmatrix} \right) = (6, -3, 0).$$

I_3의 제 1 행, 제 2 행, 제 3 행을 각각 $\mathbf{i}, \mathbf{j}, \mathbf{k}$ 로 나타내기로 하자. 즉,

$$\mathbf{i} = (1, 0, 0),\ \mathbf{j} = (0, 1, 0),\ \mathbf{k} = (0, 0, 1).$$

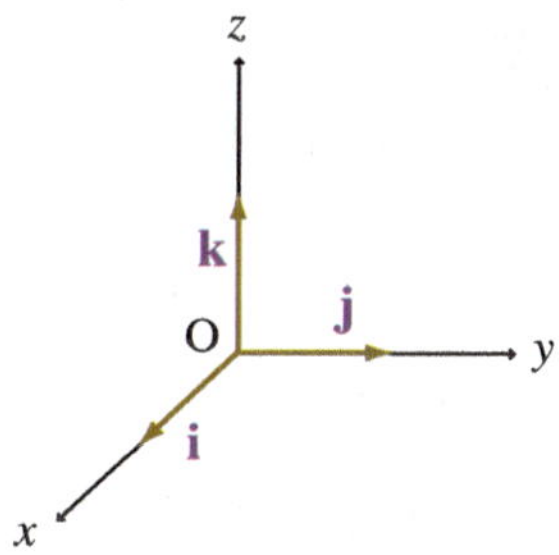

공간벡터 (a, b, c)에 대하여,

$$(a, b, c) = a\mathbf{i} + b\mathbf{j} + c\mathbf{k}$$

이므로, $\mathbf{u} = (u_1, u_2, u_3)$, $\mathbf{v} = (v_1, v_2, v_3)$일 때,

$$\mathbf{u} \times \mathbf{v} = \begin{vmatrix} u_2 & u_3 \\ v_2 & v_3 \end{vmatrix} \mathbf{i} - \begin{vmatrix} u_1 & u_3 \\ v_1 & v_3 \end{vmatrix} \mathbf{j} + \begin{vmatrix} u_1 & u_2 \\ v_1 & v_2 \end{vmatrix} \mathbf{k}.$$

이 등식은, 형식적으로, (제1행에 관한 전개)

$$\mathbf{u} \times \mathbf{v} = \begin{vmatrix} \mathbf{i} & \mathbf{j} & \mathbf{k} \\ u_1 & u_2 & u_3 \\ v_1 & v_2 & v_3 \end{vmatrix}$$

와 같이 표현될 수 있다.

보기 2 $\mathbf{i} \times \mathbf{j} = \begin{vmatrix} \mathbf{i} & \mathbf{j} & \mathbf{k} \\ 1 & 0 & 0 \\ 0 & 1 & 0 \end{vmatrix} = \begin{vmatrix} 0 & 0 \\ 1 & 0 \end{vmatrix} \mathbf{i} - \begin{vmatrix} 1 & 0 \\ 0 & 0 \end{vmatrix} \mathbf{j} + \begin{vmatrix} 1 & 0 \\ 0 & 1 \end{vmatrix} \mathbf{k}.$

$$= 0\mathbf{i} - 0\mathbf{j} + 1\mathbf{k} = (0, 0, 1) = \mathbf{k}.$$

$$\mathbf{j} \times \mathbf{i} = \begin{vmatrix} \mathbf{i} & \mathbf{j} & \mathbf{k} \\ 0 & 1 & 0 \\ 1 & 0 & 0 \end{vmatrix} = \begin{vmatrix} 1 & 0 \\ 0 & 0 \end{vmatrix} \mathbf{i} - \begin{vmatrix} 0 & 0 \\ 1 & 0 \end{vmatrix} \mathbf{j} + \begin{vmatrix} 0 & 1 \\ 1 & 0 \end{vmatrix} \mathbf{k}.$$

$$= 0\mathbf{i} - 0\mathbf{j} - 1\mathbf{k} = (0, 0, -1) = -\mathbf{k}.$$

같은 식으로

$$\mathbf{j} \times \mathbf{k} = \mathbf{i},\ \mathbf{k} \times \mathbf{j} = -\mathbf{i},\ \mathbf{k} \times \mathbf{i} = \mathbf{j},\ \mathbf{i} \times \mathbf{k} = -\mathbf{j}.$$

이제 $\mathbf{u} \times \mathbf{v}$ 는 외적의 조건 (i)(크기)을 만족함을 증명한다. 먼저,

$$\|\mathbf{u} \times \mathbf{v}\|^2 = \|\mathbf{u}\|^2 \|\mathbf{v}\|^2 - (\mathbf{u} \cdot \mathbf{v})^2. \quad \cdots\cdots \text{①}$$

∵ $\mathbf{u} = (a, b, c)$, $\mathbf{v} = (x, y, z)$라고 할 때,

$\|\mathbf{u}\|^2 \|\mathbf{v}\|^2 - (\mathbf{u} \cdot \mathbf{v})^2 = (a^2 + b^2 + c^2)(x^2 + y^2 + z^2) - (ax + by + cz)^2$

$= b^2z^2 + c^2y^2 + a^2z^2 + c^2x^2 + a^2y^2 + b^2x^2 - 2bcyz - 2acxz - 2abxy$

$= (bz - cy)^2 + (az - cx)^2 + (ay - bx)^2$

$= \begin{vmatrix} b & c \\ y & z \end{vmatrix}^2 + \begin{vmatrix} a & c \\ x & z \end{vmatrix}^2 + \begin{vmatrix} a & b \\ x & y \end{vmatrix}^2 = \|\mathbf{u} \times \mathbf{v}\|^2.$ ◆

정리 2.4.1

공간벡터 $\mathbf{u}, \mathbf{v}$에 대하여

$$\|\mathbf{u}\times\mathbf{v}\| = (\square(\mathbf{u}, \mathbf{v})\text{의 넓이})$$

증명 $\square(\mathbf{u}, \mathbf{v})$의 넓이를 S라 하고, $\mathbf{u}, \mathbf{v}$ 사이의 각을 θ라고 할 때,

$$\begin{aligned} S^2 &= (\|\mathbf{u}\|\|\mathbf{v}\|\sin\theta)^2 = \|\mathbf{u}\|^2\|\mathbf{v}\|^2\sin^2\theta \\ &= \|\mathbf{u}\|^2\|\mathbf{v}\|^2(1-\cos^2\theta) = \|\mathbf{u}\|^2\|\mathbf{v}\|^2 - \|\mathbf{u}\|^2\|\mathbf{v}\|^2\cos^2\theta \\ &= \|\mathbf{u}\|^2\|\mathbf{v}\|^2 - (\mathbf{u}\cdot\mathbf{v})^2 = \|\mathbf{u}\times\mathbf{v}\|^2. \ \blacksquare \end{aligned}$$

(∵ 앞쪽의 ①)

예제 2.4.2

좌표공간에서 세 점 A(2, 2, 0), B(−1, 0, 2), C(0, 4, 3)을 꼭짓점으로 하는 삼각형의 넓이 S를 구하라.

증명 $\mathbf{u} = \overrightarrow{AB}, \mathbf{v} = \overrightarrow{AC}$라고 할 때,

$$\mathbf{u} = (-3, -2, 2), \ \ \mathbf{v} = (-2, 2, 3), \ \ S = \frac{1}{2}(\square(\mathbf{u}, \mathbf{v})\text{의 넓이}).$$

$\mathbf{u}\times\mathbf{v} = (-10, 5, -10)$ 이므로 $(\square(\mathbf{u}, \mathbf{v})\text{의 넓이}) = \|\mathbf{u}\times\mathbf{v}\| = 15$.

$$\therefore \ S = \frac{1}{2}\cdot 15 = \frac{15}{2}. \ \diamond$$

◀ $\mathbf{u}\times\mathbf{v} = \begin{vmatrix} \mathbf{i} & \mathbf{j} & \mathbf{k} \\ -3 & -2 & 2 \\ -2 & 2 & 3 \end{vmatrix}$

다음으로 $\mathbf{u}\times\mathbf{v}$는 외적의 조건 (ii)(직교성)을 만족함을 증명한다.

정리 2.4.3

공간벡터 $\mathbf{u}, \mathbf{v}$에 대하여

(1) $\mathbf{u}\cdot(\mathbf{u}\times\mathbf{v}) = 0$ (2) $\mathbf{v}\cdot(\mathbf{u}\times\mathbf{v}) = 0$

증명 (1) $\mathbf{u} = (u_1, u_2, u_3), \mathbf{v} = (v_1, v_2, v_3)$라고 할 때,

$$\begin{aligned} \mathbf{u}\cdot(\mathbf{u}\times\mathbf{v}) &= u_1\begin{vmatrix} u_2 & u_3 \\ v_2 & v_3 \end{vmatrix} - u_2\begin{vmatrix} u_1 & u_3 \\ v_1 & v_3 \end{vmatrix} + u_3\begin{vmatrix} u_1 & u_2 \\ v_1 & v_2 \end{vmatrix} \\ &= \begin{vmatrix} u_1 & u_2 & u_3 \\ u_1 & u_2 & u_3 \\ v_1 & v_2 & v_3 \end{vmatrix} = 0. \end{aligned}$$

(∵ 두 행이 서로 같다)

(2) 같은 식으로 $\mathbf{v}\cdot(\mathbf{u}\times\mathbf{v}) = 0$을 증명할 수 있다. ∎

$\mathbf{u}\times\mathbf{v}$ 가 외적의 조건 (iii)(방향)을 만족하는 것은 appendix 에서 다루기로 한다.

이상에서 논의한 바를 다음과 같이 요약해 둔다.

(i) $\mathbf{u}\times\mathbf{v}$의 크기는 $\square(\mathbf{u},\mathbf{v})$의 넓이와 같다.
(ii) $\mathbf{u}\times\mathbf{v}$는 $\mathbf{u},\mathbf{v}$ 각각과 직교한다.
(iii) $\mathbf{u}\times\mathbf{v}$의 방향은 $(\mathbf{u},\mathbf{v})$-정방향과 같다.

보기 3 $\mathbf{u}=(2,2,0)$, $\mathbf{v}=(0,2,0)$ 일 때,

$(\square(\mathbf{u},\mathbf{v})$의 넓이$)=4$. ······ ①

$\mathbf{u},\mathbf{v}$는 xy-평면 위의 벡터이므로 $\mathbf{u}\times\mathbf{v}$는 xy-평면과 수직, 즉,

$\mathbf{u}\times\mathbf{v}$는 z 축과 평행하다. ······ ②

$(\mathbf{u},\mathbf{v})$-정방향은 z 축의 양의 방향이다. ······ ③

①, ②, ③에 의하여,

$$\mathbf{u}\times\mathbf{v}=4\mathbf{k}.$$

외적의 대수적 성질

정리 2.4.4

공간벡터 $\mathbf{u},\mathbf{v},\mathbf{w}$와 실수 k에 대하여

(1) $\mathbf{v}\times\mathbf{u}=-(\mathbf{u}\times\mathbf{v})$

(2) $\mathbf{u}\times(\mathbf{v}+\mathbf{w})=(\mathbf{u}\times\mathbf{v})+(\mathbf{u}\times\mathbf{w})$

(3) $(\mathbf{u}+\mathbf{v})\times\mathbf{w}=(\mathbf{u}\times\mathbf{w})+(\mathbf{v}\times\mathbf{w})$

(4) $(k\mathbf{u})\times\mathbf{v}=k(\mathbf{u}\times\mathbf{v})=\mathbf{u}\times(k\mathbf{v})$

(5) $\mathbf{u}\times\mathbf{u}=\mathbf{0}$

(6) $\mathbf{u}\times\mathbf{0}=\mathbf{0}\times\mathbf{u}=\mathbf{0}$

증명 $\mathbf{u}=(u_1,u_2,u_3)$, $\mathbf{v}=(v_1,v_2,v_3)$, $\mathbf{w}=(w_1,w_2,w_3)$라고 하면

$$(1)\ \mathbf{v}\times\mathbf{u}=\begin{vmatrix}\mathbf{i}&\mathbf{j}&\mathbf{k}\\ v_1&v_2&v_3\\ u_1&u_2&u_3\end{vmatrix}=-\begin{vmatrix}\mathbf{i}&\mathbf{j}&\mathbf{k}\\ u_1&u_2&u_3\\ v_1&v_2&v_3\end{vmatrix}=-(\mathbf{u}\times\mathbf{v}).$$

$$\text{(2) } \mathbf{u}\times(\mathbf{v}+\mathbf{w}) = \begin{vmatrix} \mathbf{i} & \mathbf{j} & \mathbf{k} \\ u_1 & u_2 & u_3 \\ v_1+w_1 & v_2+w_2 & v_3+w_3 \end{vmatrix}$$

∵ 정리 2.2.4

$$= \begin{vmatrix} \mathbf{i} & \mathbf{j} & \mathbf{k} \\ u_1 & u_2 & u_3 \\ v_1 & v_2 & v_3 \end{vmatrix} + \begin{vmatrix} \mathbf{i} & \mathbf{j} & \mathbf{k} \\ u_1 & u_2 & u_3 \\ w_1 & w_2 & w_3 \end{vmatrix} = (\mathbf{u}\times\mathbf{v}) + (\mathbf{u}\times\mathbf{w}).$$

(3)은 (2)와 같은 방법으로 설명된다.

$$\text{(4) } (k\mathbf{u})\times\mathbf{v} = \begin{vmatrix} \mathbf{i} & \mathbf{j} & \mathbf{k} \\ ku_1 & ku_2 & ku_3 \\ v_1 & v_2 & v_3 \end{vmatrix} = k\begin{vmatrix} \mathbf{i} & \mathbf{j} & \mathbf{k} \\ u_1 & u_2 & u_3 \\ v_1 & v_2 & v_3 \end{vmatrix} = k(\mathbf{u}\times\mathbf{v}).$$

같은 방법으로 $\mathbf{u}\times(k\mathbf{v}) = k(\mathbf{u}\times\mathbf{v})$.

$$\text{(5) } \mathbf{u}\times\mathbf{u} = \begin{vmatrix} \mathbf{i} & \mathbf{j} & \mathbf{k} \\ u_1 & u_2 & u_3 \\ u_1 & u_2 & u_3 \end{vmatrix} = \left(\begin{vmatrix} u_2 & u_3 \\ u_2 & u_3 \end{vmatrix}, -\begin{vmatrix} u_1 & u_3 \\ u_1 & u_3 \end{vmatrix}, \begin{vmatrix} u_1 & u_2 \\ u_1 & u_2 \end{vmatrix}\right)$$

$$= (0, 0, 0) = \mathbf{0}.$$

(6)은 (5)와 같은 방법으로 설명된다. ▌

예제 2.4.5

$\mathbf{u} = (u_1, u_2, u_3), \mathbf{v} = (v_1, v_2, v_3)$ 일 때, 외적의 대수적 성질과 보기 2 의 결과를 이용하여

$$\mathbf{u}\times\mathbf{v} = \left(\begin{vmatrix} u_2 & u_3 \\ u_2 & u_3 \end{vmatrix}, -\begin{vmatrix} u_1 & u_3 \\ u_1 & u_3 \end{vmatrix}, \begin{vmatrix} u_1 & u_2 \\ u_1 & u_2 \end{vmatrix}\right)$$

를 유도하라.

증명 $\mathbf{u}\times\mathbf{v} = (u_1\mathbf{i} + u_2\mathbf{j} + u_3\mathbf{k})\times(v_1\mathbf{i} + v_2\mathbf{j} + v_3\mathbf{k})$

$$\begin{aligned}
&= u_1v_1(\mathbf{i}\times\mathbf{i}) + u_1v_2(\mathbf{i}\times\mathbf{j}) + u_1v_3(\mathbf{i}\times\mathbf{k}) \\
&+ u_2v_1(\mathbf{j}\times\mathbf{i}) + u_2v_2(\mathbf{j}\times\mathbf{j}) + u_2v_3(\mathbf{j}\times\mathbf{k}) \\
&+ u_3v_1(\mathbf{k}\times\mathbf{i}) + u_3v_2(\mathbf{k}\times\mathbf{j}) + u_3v_3(\mathbf{k}\times\mathbf{k}) \\
&= u_1v_1\mathbf{0} + u_1v_2\mathbf{k} - u_1v_3\mathbf{j} \\
&- u_2v_1\mathbf{k} + u_2v_2\mathbf{0} + u_2v_3\mathbf{i} \\
&+ u_3v_1\mathbf{j} - u_3v_2\mathbf{i} + u_3v_3\mathbf{0} \\
&= (u_2v_3 - u_3v_2)\mathbf{i} - (u_1v_3 - u_3v_1)\mathbf{j} + (u_1v_2 - u_2v_1)\mathbf{k} \\
&= \left(\begin{vmatrix} u_2 & u_3 \\ v_2 & v_3 \end{vmatrix}, -\begin{vmatrix} u_1 & u_3 \\ v_1 & v_3 \end{vmatrix}, \begin{vmatrix} u_1 & u_2 \\ v_1 & v_2 \end{vmatrix}\right).
\end{aligned}$$

◆

외적의 응용

정리 2.4.6

평면벡터 $\mathbf{a}=(a_1, a_2)$, $\mathbf{b}=(b_1, b_2)$에 대하여 $\square(\mathbf{a}, \mathbf{b})$의 넓이는

$$\begin{vmatrix} a_1 & a_2 \\ b_1 & b_2 \end{vmatrix}$$

의 절댓값과 같다.

증명 $\mathbf{u}=(a_1, a_2, 0)$, $\mathbf{v}=(b_1, b_2, 0)$라고 할 때,

$(\square(\mathbf{a}, \mathbf{b})$의 넓이$) = (\square(\mathbf{u}, \mathbf{v})$의 넓이$) = \|\mathbf{u}\times\mathbf{v}\|$.

$$\mathbf{u}\times\mathbf{v} = \begin{vmatrix} \mathbf{i} & \mathbf{j} & \mathbf{k} \\ a_1 & a_2 & 0 \\ b_1 & b_2 & 0 \end{vmatrix} = \begin{vmatrix} a_1 & a_2 \\ b_1 & b_2 \end{vmatrix}\mathbf{k}$$

이므로

$$\|\mathbf{u}\times\mathbf{v}\| = \left|\begin{vmatrix} a_1 & a_2 \\ b_1 & b_2 \end{vmatrix}\right| \|\mathbf{k}\| = \left|\begin{vmatrix} a_1 & a_2 \\ b_1 & b_2 \end{vmatrix}\right|. \quad (\|\mathbf{k}\|=1)$$ ∎

보기 4 $\mathbf{u}=(1, 6)$, $\mathbf{v}=(2, 3)$에 대하여

$$\begin{vmatrix} 1 & 6 \\ 2 & 3 \end{vmatrix} = -9.$$

$\therefore$ $(\square(\mathbf{u}, \mathbf{v})$의 넓이$) = |-9| = 9$.

정리 2.4.7

공간벡터 $\mathbf{u}=(u_1, u_2, u_3)$, $\mathbf{v}=(v_1, v_2, v_3)$, $\mathbf{w}=(w_1, w_2, w_3)$에 대하여 ⬡$(\mathbf{u}, \mathbf{v}, \mathbf{w})$의 부피는

$$\begin{vmatrix} u_1 & u_2 & u_3 \\ v_1 & v_2 & v_3 \\ w_1 & w_2 & w_3 \end{vmatrix}$$

의 절댓값과 같다.

증명 $S = (\square(\mathbf{u}, \mathbf{v})$의 넓이$)$, $V = ($⬡$(\mathbf{u}, \mathbf{v}, \mathbf{w})$의 부피$)$

라고 하자.

$\mathbf{w}$의 종점 Q에서 $\square(\mathbf{u}, \mathbf{v})$를 포함하는 평면에 내린 수선의 발을 H라 하고 $\mathbf{p} = \overrightarrow{OH}$라고 하면,

$$V = S\|\mathbf{w} - \mathbf{p}\|. \quad \cdots\cdots ①$$

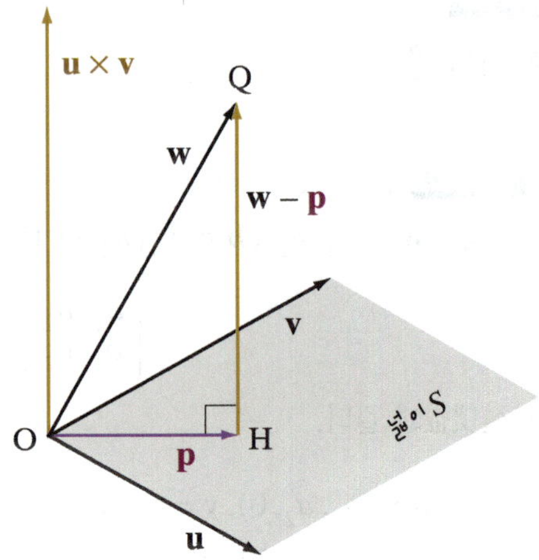

$\mathbf{u} \times \mathbf{v}$, $\mathbf{w} - \mathbf{p}$는 모두 $\square(\mathbf{u}, \mathbf{v})$와 수직이므로 이 두 벡터는 서로 평행하다. 따라서 $\mathbf{u} \times \mathbf{v}$, $\mathbf{w} - \mathbf{p}$ 사이의 각을 θ라고 할 때, $\theta = 0°$ 또는 $\theta = 180°$이다.

$$(\mathbf{u} \times \mathbf{v}) \cdot (\mathbf{w} - \mathbf{p}) = \|\mathbf{u} \times \mathbf{v}\|\|\mathbf{w} - \mathbf{p}\| \cos\theta$$

($\cos\theta = \pm 1$)

$$= \pm S\|\mathbf{w} - \mathbf{p}\|. \quad \cdots\cdots ②$$

①, ②에 의하여

$$V = |(\mathbf{u} \times \mathbf{v}) \cdot (\mathbf{w} - \mathbf{p})|. \quad \cdots\cdots ③$$

그런데,

$$\begin{aligned}(\mathbf{u} \times \mathbf{v}) \cdot (\mathbf{w} - \mathbf{p}) &= (\mathbf{u} \times \mathbf{v}) \cdot \mathbf{w} - (\mathbf{u} \times \mathbf{v}) \cdot \mathbf{p} \\ &= (\mathbf{u} \times \mathbf{v}) \cdot \mathbf{w} \\ &= \begin{vmatrix} u_2 & u_3 \\ v_2 & v_3 \end{vmatrix} w_1 - \begin{vmatrix} u_1 & u_3 \\ v_1 & v_3 \end{vmatrix} w_2 + \begin{vmatrix} u_1 & u_2 \\ v_1 & v_2 \end{vmatrix} w_3 \\ &= \begin{vmatrix} u_1 & u_2 & u_3 \\ v_1 & v_2 & v_3 \\ w_1 & w_2 & w_3 \end{vmatrix}\end{aligned}$$

$\mathbf{u} \times \mathbf{v}$는 $\mathbf{u}, \mathbf{v}$를 포함하는 평면과 수직이므로 $\mathbf{p}$와도 수직이다. 그러므로 이것은 0이다.

이므로 ③에 의하여 정리가 성립한다. ▮

보기 5 $\mathbf{u} = (1, 4, -4)$, $\mathbf{v} = (3, -2, -5)$, $\mathbf{w} = (0, 3, 2)$에 대하여

$$\begin{vmatrix} 1 & 4 & -4 \\ 3 & -2 & -5 \\ 0 & 3 & 2 \end{vmatrix} = -49.$$

$\therefore$ (⬡$(\mathbf{u}, \mathbf{v}, \mathbf{w})$의 부피) $= |-49| = 49$.

appEndix 1 • u x v 의 방향

정리 $\mathbf{u}\times\mathbf{v}$의 방향은 $(\mathbf{u}, \mathbf{v})$-정방향과 같다.

증명 $\mathbf{w}=\mathbf{u}\times\mathbf{v}$로 두고 □$(\mathbf{u}, \mathbf{v}, \mathbf{w})$를 그 모양이 변하지 않게 하면서 다음 조건을 만족하도록 이동시켜 □$(\mathbf{u}', \mathbf{v}', \mathbf{w}')$와 겹쳐지게 한다.

(i) 이동의 전 과정에서 각 벡터의 시점 O는 고정시킨다.
(ii) $\mathbf{u}'$의 방향은 x 축의 양의 방향과 같다.
(iii) $\mathbf{v}'$의 종점은 xy 평면의 상반부에 오게 한다.

이 때,

$$\mathbf{u}'=(a,0,0),\ \mathbf{v}'=(b,c,0),\ \mathbf{w}'=(0,0,d),\ (\text{단, } a, c>0).$$

□$(\mathbf{u}, \mathbf{v}, \mathbf{w})$가 □$(\mathbf{u}', \mathbf{v}', \mathbf{w}')$로 이동하는데 소요된 시간이 1초 였다고 하자. 이동을 시작한 t초 후에 $\mathbf{u}, \mathbf{v}, \mathbf{w}$가 이동해 간 벡터를 각각 $\mathbf{u}_t, \mathbf{v}_t, \mathbf{w}_t$라 하고,

$$A_t=\begin{bmatrix}\mathbf{u}_t\\ \mathbf{v}_t\\ \mathbf{w}_t\end{bmatrix},\quad f(t)=\det A_t$$

라고 하면, $f(t)$는 폐구간 $[0, 1]$ 상에서 정의된 연속함수이다.

$$f(0)=\det A_0=\det\begin{bmatrix}\mathbf{u}\\ \mathbf{v}\\ \mathbf{w}\end{bmatrix}=\det\begin{bmatrix}\mathbf{u}\\ \mathbf{v}\\ \mathbf{u}\times\mathbf{v}\end{bmatrix}=\|\mathbf{u}\times\mathbf{v}\|^2>0.$$

$\mathbf{w}$의 방향이 $(\mathbf{u}, \mathbf{v})$-정방향이 아니라고 하면, $\mathbf{w}'$의 방향도 $(\mathbf{u}', \mathbf{v}')$-정방향 아니다. 이 때, $d<0$이고, 따라서

$$f(1)=\det A_1=\det\begin{bmatrix}\mathbf{u}'\\ \mathbf{v}'\\ \mathbf{w}'\end{bmatrix}=\begin{vmatrix}a&0&0\\ b&c&0\\ 0&0&d\end{vmatrix}=acd<0.$$

그러므로 중간값의 정리에 의하여 $f(t)=0$을 만족하는 $t, (0<t<1)$, 가 존재한다. 그런데 $|f(t)|$는 □$(\mathbf{u}_t, \mathbf{v}_t, \mathbf{w}_t)$의 부피이므로 0이 될수 없다. ∎

appEndix 2 • • • • • • • • • 2x2 행렬의 행렬식의 기하학적 의미

정리 1 평면벡터 $\mathbf{u} = (a, b)$, $\mathbf{v} = (c, d)$에 대하여,

$$A = \begin{bmatrix} a & c \\ b & d \end{bmatrix}$$

라고 할 때,

$$\det A \begin{cases} > 0, ((\mathbf{u}, \mathbf{v})\text{-정방향이 } (\mathbf{i}, \mathbf{j})\text{-정방향과 같을 때}), \\ < 0, ((\mathbf{u}, \mathbf{v})\text{-정방향이 } (\mathbf{i}, \mathbf{j})\text{-정방향과 다를 때}) \end{cases}$$

단, $\mathbf{i} = (1, 0)$, $\mathbf{j} = (0, 1)$.

증명 $\mathbf{u}, \mathbf{v}$ 사이의 각을 θ, $(0 < \theta < 180°)$, 라고 하자.

- $(\mathbf{u}, \mathbf{v})$-정방향이 $(\mathbf{i}, \mathbf{j})$-정방향과 같을 때, $\mathbf{v}$는 $\mathbf{u}$를 θ만큼 회전이동 시킨 후 양수배 한 벡터이다.([그림 1]). 이 때,

$$\begin{bmatrix} c \\ d \end{bmatrix} = k\begin{bmatrix} \cos\theta & -\sin\theta \\ \sin\theta & \cos\theta \end{bmatrix}\begin{bmatrix} a \\ b \end{bmatrix} = \begin{bmatrix} ka\cos\theta - kb\sin\theta \\ ka\sin\theta + kb\cos\theta \end{bmatrix}, (\text{단}, k > 0).$$

그러므로

$$\begin{aligned} \det A = ad - bc &= k(a^2\sin\theta + ab\cos\theta - ba\cos\theta + b^2\sin\theta) \\ &= k(a^2 + b^2)\sin\theta > 0. \end{aligned}$$

- $(\mathbf{u}, \mathbf{v})$-정방향이 $(\mathbf{i}, \mathbf{j})$-정방향과 다를 때, $\mathbf{v}$는 $\mathbf{u}$를 $-\theta$만큼 회전이동 시킨 후 양수배 한 벡터이다.([그림 2]). 이 때, 위와 같은 방법으로

$$\det A = k(a^2 + b^2)\sin(-\theta) = -k(a^2 + b^2)\sin\theta < 0. \quad \blacksquare$$

$|\det A| = (\square(\mathbf{u}, \mathbf{v})$의 넓이) 이므로 위의 정리 1로부터 다음을 얻는다.

정리 2 정리 1의 벡터 $\mathbf{u}, \mathbf{v}$와 행렬 A에 대하여,

$$\det A = \pm(\square(\mathbf{u}, \mathbf{v})\text{의 넓이}),$$

단, 부호는 $(\mathbf{u}, \mathbf{v})$-정방향이 $(\mathbf{i}, \mathbf{j})$-정방향과 같을 때 $+1$, 다를 때 -1이다.

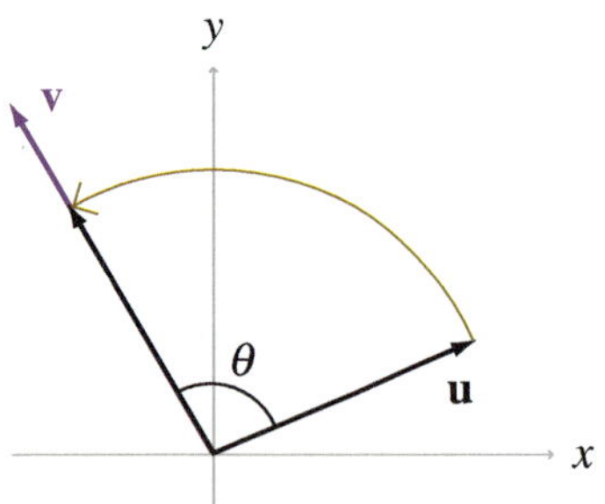

[그림 1]

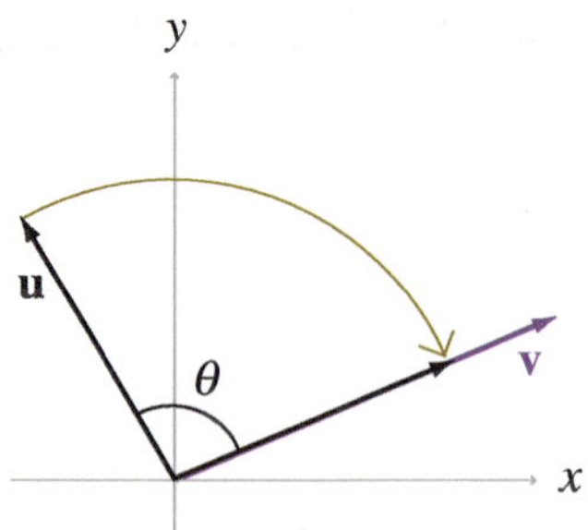

[그림 2]

appEndix 3 • • • • • • • • • • • • • 피티고라스의 정리의 확장

공간벡터 $\mathbf{u}=(u_1, u_2, u_3)$ 의 xy 평면, yz 평면, xz 평면 상에의 정사영을 각각 $\mathbf{u}_{xy}, \mathbf{u}_{yz}, \mathbf{u}_{zx}$라 하고, $\mathbf{v}=(v_1, v_2, v_3)$ 의 xy 평면, yz 평면, xz 평면 상에의 정사영을 각각 $\mathbf{v}_{xy}, \mathbf{v}_{yz}, \mathbf{v}_{zx}$ 라 하자.
또, $\square(\mathbf{u}, \mathbf{v})$의 넓이를 S, $\square(\mathbf{u}_{xy}, \mathbf{v}_{xy})$, $\square(\mathbf{u}_{xy}, \mathbf{v}_{xy})$, $\square(\mathbf{u}_{xy}, \mathbf{v}_{xy})$의 넓이를 각각 S_{xy}, S_{yz}, S_{zx}라고 하자.

$$\mathbf{u}_{xy}=(u_1, u_2, 0), \mathbf{v}_{xy}=(v_1, v_2, 0).$$

이므로

$$S_{xy} = \pm \begin{vmatrix} u_1 & u_2 \\ v_1 & v_2 \end{vmatrix}.$$

같은 식으로

$$S_{yz} = \pm \begin{vmatrix} u_2 & u_3 \\ v_2 & v_3 \end{vmatrix}, S_{xz} = \pm \begin{vmatrix} u_1 & u_3 \\ v_1 & v_3 \end{vmatrix}.$$

따라서

$$S_{xy}^2 + S_{yz}^2 + S_{xz}^2 = \begin{vmatrix} u_1 & u_2 \\ v_1 & v_2 \end{vmatrix}^2 + \begin{vmatrix} u_2 & u_3 \\ v_2 & v_3 \end{vmatrix}^2 + \begin{vmatrix} u_1 & u_3 \\ v_1 & v_3 \end{vmatrix}^2$$
$$= \| \mathbf{u} \times \mathbf{v} \|^2 = S^2.$$

그러므로 다음 정리를 얻는다.

정리(피타고라스의 정리의 확장) 좌표공간의 점 A, B, C에 대하여 $\triangle$ABC의 넓이를 S, $\triangle$ABC의 xy 평면, yz 평면, xz 평면 상에의 정사영의 넓이를 각각 S_{xy}, S_{yz}, S_{zx}라고 할 때,

$$S_{xy}^2 + S_{yz}^2 + S_{xz}^2 = S^2.$$

예 좌표공간의 점 A$(a, 0, 0)$, B$(0, b, 0)$, C$(0, 0, c)$에 대하여 $\triangle$ABC의 넓이를 S, $\triangle$OAB, $\triangle$OBC, $\triangle$OAC넓이를 각각 $S_{\mathrm{AB}}, S_{\mathrm{BC}}, S_{\mathrm{CA}}$라고 할 때,

$$S^2 = S_{\mathrm{AB}}^2 + S_{\mathrm{BC}}^2 + S_{\mathrm{CA}}^2$$
$$= \frac{1}{4}(a^2b^2 + b^2c^2 + a^2c^2).$$

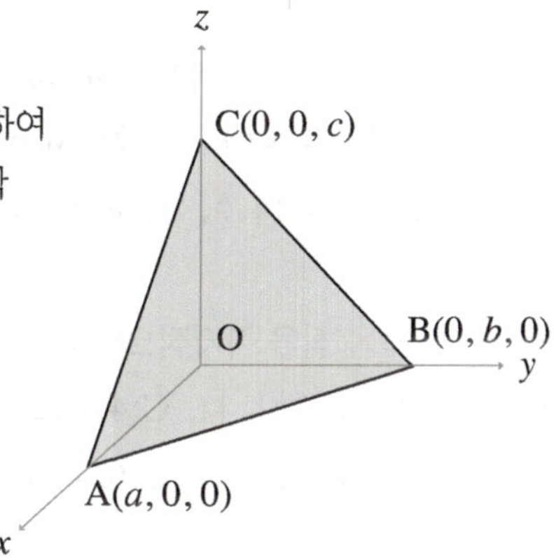

2-4 EXERCISES 연습문제

1 공간벡터 $\mathbf{u} = (u_1, u_2, u_3)$, $\mathbf{v} = (v_1, v_2, v_3)$, $\mathbf{w} = (w_1, w_2, w_3)$에 대하여 다음을 증명하라.

(1) $\mathbf{u} \cdot (\mathbf{v} \times \mathbf{w}) = \begin{vmatrix} u_1 & u_1 & u_1 \\ v_1 & v_2 & v_3 \\ w_1 & w_2 & w_3 \end{vmatrix}$

(2) $\mathbf{u} \cdot (\mathbf{v} \times \mathbf{w}) = \mathbf{v} \cdot (\mathbf{w} \times \mathbf{u}) = \mathbf{w} \cdot (\mathbf{u} \times \mathbf{v})$

(3) $\mathbf{u} \cdot (\mathbf{v} \times \mathbf{w}) + (\mathbf{u} \times \mathbf{w}) \cdot \mathbf{v} = 0$

2 공간벡터 $\mathbf{u} = (u_1, u_2, u_3)$, $\mathbf{v} = (v_1, v_2, v_3)$에 대하여,

$$A = \begin{bmatrix} u_1 & v_1 \\ u_2 & v_2 \\ u_3 & v_3 \end{bmatrix}$$

고 할 때, (▱$(\mathbf{u}, \mathbf{v})$의 넓이$)^2 = \det(A^{\mathrm{T}}A)$ 임을 증명하라.

3 좌표공간에서 세 점 A(1, 0, 0), B(0, 3, 0) , C(0, 0, 2) 를 지나는 평면의 방정식을 구하라.

4 다음 공간벡터에 대하여 ▱$(\mathbf{u}, \mathbf{v})$의 넓이를 구하라.

(1) $\mathbf{u} = (1, -1, 2)$, $\mathbf{v} = (0, 3, 1)$

(2) $\mathbf{u} = (2, 3, 0)$, $\mathbf{v} = (3, 0, -3)$

5 다음 공간벡터에 대하여 ⬡$(\mathbf{u}, \mathbf{v}, \mathbf{w})$의 부피를 구하라.

(1) $\mathbf{u} = (2, -6, 2)$, $\mathbf{v} = (0, 4, -2)$, $\mathbf{w} = (2, 2, -4)$

(2) $\mathbf{u} = (3, 1, 2)$, $\mathbf{v} = (4, 5, 1)$, $\mathbf{w} = (1, 2, 4)$

6 좌표공간에서 다음 점을 꼭지점으로 하는 삼각형의 넓이를 구하라.

(1) A(2, 6, − 1), B(1, 1, 1), C(4, 6, 2)

(2) A(1, − 1, 2), B(0, 3, 4), C(6, 1, 8)

2-4 · E · X · E · R · C · I · S · E · S · 연습문제

7 다음 네 점을 꼭지점으로 하는 사면체의 부피를 구하라.

(1) A(−1, 2, 0), B(2, 1, −3), C(1, 0, 1), D(3, −2, 3)

(2) A(0, 0, 0), B(1, 2, −1), C(3, 4, 0), D(−1, −3, 4)

8 $\mathbf{u}\cdot(\mathbf{v}\times\mathbf{w}) = 2$일 때, 다음을 구하라.

(1) $\mathbf{u}\cdot(\mathbf{w}\times\mathbf{v})$ (2) $(\mathbf{v}\times\mathbf{w})\cdot\mathbf{u}$ (3) $\mathbf{w}\cdot(\mathbf{u}\times\mathbf{v})$

(4) $\mathbf{v}\cdot(\mathbf{u}\times\mathbf{w})$ (5) $(\mathbf{u}\times\mathbf{w})\cdot\mathbf{v}$ (6) $\mathbf{w}\cdot(\mathbf{u}\times\mathbf{u})$

9 좌표공간에서 x축과 수직이면서 벡터 $\mathbf{u} = (1, 2, 3)$과 수직인 벡터를 구하라.

10 공간벡터 $\mathbf{u} = (3, 0, 1)$, $\mathbf{v} = (1, -1, 1)$을 품는 평면에 있는 벡터로서 벡터 $\mathbf{w} = (1, 2, 0)$과 수직인 단위벡터를 모두 구하라.

11 공간벡터 $\mathbf{u}, \mathbf{v}$에대하여 $(\mathbf{u}+\mathbf{v})\times(\mathbf{u}-\mathbf{v})$를 간단히 하라.

12 공간벡터 $\mathbf{u} = (1, 1, 2)$와 $\mathbf{v} = (1, 3, 3)$을 품는 평면과 벡터 $\mathbf{w} = (3, 2, 1)$ 사이의 각을 구하라.

13 공간벡터 $\mathbf{u}, \mathbf{v}$와 스칼라 k에 대하여 다음을 증명하라.

(1) $(k\mathbf{u}+\mathbf{v})\times\mathbf{u} = \mathbf{v}\times\mathbf{u}$ (2) $(k\mathbf{u}+\mathbf{v})\times\mathbf{v} = k(\mathbf{u}\times\mathbf{v})$

14 좌표공간의 직선 l 밖에 한 점 P가 있고, l과 평행한 벡터 $\mathbf{v}$가 있다. l 위의 점 A에 대하여 $\mathbf{u} = \overrightarrow{AP}$라고 할 때, P에서 l까지의 거리는 $\dfrac{\|\mathbf{u}\times\mathbf{v}\|}{\|\mathbf{v}\|}$임을 증명하라.

15 좌표공간에서 각 좌표축과 원점이 아닌 점에서 만나는 평면 W의 방정식이 $ax+by+cz=d$일 때, 다음을 구하라.

2-4 · E · X · E · R · C · I · S · E · S · 연습문제

(1) W와 xy 평면, yx 평면, zx 평면으로 둘러싸인 입체의 부피.

(2) W와 x 축, y 축, z 축이 만나는 점을 꼭짓점으로 하는 삼각형의 넓이.

16 좌표공간의 점 A, B, C에 대하여, $\mathbf{u} = \overrightarrow{OA}$, $\mathbf{v} = \overrightarrow{OB}$, $\mathbf{w} = \overrightarrow{OC}$라고 할 때, 다음을 증명하라. 단, O는 원점.

(1) 삼각형 ABC의 넓이는

$$\frac{1}{2}\|(\mathbf{u}\times\mathbf{v}) + (\mathbf{v}\times\mathbf{w}) + (\mathbf{w}\times\mathbf{u})\|.$$

(2) 원점에서 점 A, B, C를 지나는 평면까지의 거리는

$$\frac{|\mathbf{u}\cdot(\mathbf{v}\times\mathbf{w})|}{\|(\mathbf{u}\times\mathbf{v}) + (\mathbf{v}\times\mathbf{w}) + (\mathbf{w}\times\mathbf{u})\|}.$$

17 공간벡터 $\mathbf{u}, \mathbf{v}, \mathbf{w}$에 대하여 다음을 증명하라.

(1) $\mathbf{u}\times(\mathbf{v}\times\mathbf{w}) = (\mathbf{u}\cdot\mathbf{w})\mathbf{v} - (\mathbf{u}\cdot\mathbf{v})\mathbf{w}$

(2) $(\mathbf{u}\times\mathbf{v})\times\mathbf{w} = (\mathbf{u}\cdot\mathbf{w})\mathbf{v} - (\mathbf{v}\cdot\mathbf{w})\mathbf{u}$

(3) $(\mathbf{u}\times\mathbf{v})\times\mathbf{w} + (\mathbf{v}\times\mathbf{w})\times\mathbf{u} + (\mathbf{w}\times\mathbf{u})\times\mathbf{v} = \mathbf{0}$

3 벡터공간

우리는 지금까지 $\boldsymbol{R}^n$의 원소를 벡터라고 불렀다. 이 단원에서는 벡터의 개념을 일반화한다. $\boldsymbol{R}^n$의 벡터는 물론 행렬, 다항식, 함수 등 다양한 대상이 일반화된 벡터가 될 수 있다. 그렇다면 '일반적인' 벡터란 무엇일까? 벡터란 벡터공간의 원소를 말한다. 이 단원에서 정의할 벡터공간의 개념은 평면이나 공간에서 처럼 직관이 용이하지 않은 수학적 상황의 여러가지 중요한 문제를 해결하는 데 강력한 도구 역할을 한다.

3-1 벡터공간과 부분공간

이 절의 학습내용

- 벡터공간의 뜻
- 부분공간의 뜻 / • 부분공간 테스트
- 일차결합 / • 스팬

벡터공간의 뜻

$\boldsymbol{R}^2$, $\boldsymbol{R}^3$ 또는 $m \times n$ 행렬 전체의 집합에는 덧셈과 실수배가 정의되어 있어, 정리 1.2.1에 나타난 것과 같은 8 가지의 조건이 성립한다. 벡터공간이란 이러한 성질을 만족하는 대수체계이다.

정의 집합 $V \neq \varnothing$에 대하여, V의 원소 $\mathbf{u}, \mathbf{v}$의 합 $\mathbf{u}+\mathbf{v}$가 정의되어 있고, V의 원소 $\mathbf{u}$의 실수 k배 $k\mathbf{u}$가 정의되어 있어서 다음 8 가지 조건

❶ $(\mathbf{u}+\mathbf{v})+\mathbf{w}=\mathbf{u}+(\mathbf{v}+\mathbf{w}), (\forall \mathbf{u}, \mathbf{v}, \mathbf{w} \in V)$

❷ $\mathbf{u}+\mathbf{0}=\mathbf{u}=\mathbf{0}+\mathbf{u}, (\forall \mathbf{u} \in V)$, 를 만족하는 $\mathbf{0} \in V$가 존재한다.

❸ 각 $\mathbf{u} \in V$에 대하여 $\mathbf{u}+(-\mathbf{u})=\mathbf{0}=(-\mathbf{u})+\mathbf{u}$를 만족하는 $-\mathbf{u} \in V$가 존재한다.

❹ $\mathbf{u}+\mathbf{v}=\mathbf{v}+\mathbf{u}, (\forall \mathbf{u}, \mathbf{v} \in V)$

❺ $k(\mathbf{u}+\mathbf{v})=k\mathbf{u}+k\mathbf{v}, (\forall \mathbf{u}, \mathbf{v} \in V,\ \forall k \in \boldsymbol{R})$

❻ $(k+l)\mathbf{u}=k\mathbf{u}+l\mathbf{u}, (\forall \mathbf{u} \in V,\ \forall k, l \in \boldsymbol{R})$

❼ $(kl)\mathbf{u}=k(l\mathbf{u}), (\forall \mathbf{u} \in V,\ \forall k, l \in \boldsymbol{R})$

❽ $1\mathbf{u}=\mathbf{u}$

가 성립할 때, V를 **실벡터공간**(또는 **실선형공간**)이라고 한다.

◀ 實벡터空間 real vector space

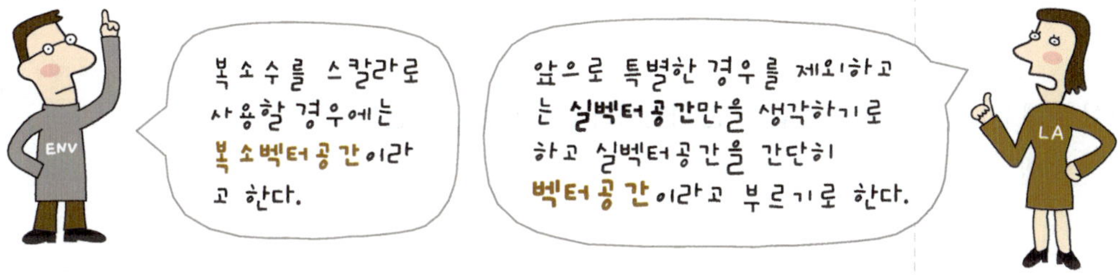

벡터공간의 원소를 **벡터**라고 하며, 특히, 조건 (ii) 의 $\mathbf{0}$을 **영벡터**라고 한다. 조건 (iii) 의 $-\mathbf{u}$는 $\mathbf{u}$의 덧셈에 관한 역원이다.

◀ 벡터 vector
零벡터 zero vector

$\mathbf{u}, \mathbf{v} \in V$에 대하여 $\mathbf{u}+(-\mathbf{v})$를 $\mathbf{u}-\mathbf{v}$로 나타낸다.

보기 **1** $m \times n$ 실행렬 전체의 집합 $\boldsymbol{R}^{m \times n}$은 행렬의 합, 행렬의 실수배에 관하여 벡터공간이다.

∵ 정리 1.2.1.

보기 **2** n-벡터 전체의 집합 $\boldsymbol{R}^n$ 은

$[a_1, \cdots, a_n]^{\mathrm{T}} + [b_1, \cdots, b_n]^{\mathrm{T}} = [a_1 + b_1, \cdots, a_n + b_n]^{\mathrm{T}}$ …… ①

$k[a_1, \cdots, a_n]^{\mathrm{T}} = [ka_1, \cdots, ka_n]^{\mathrm{T}}$, (단, $k \in \boldsymbol{R}$) …… ②

와 같이 정의된 합과 실수배에 관하여 벡터공간이다.

∵ $\boldsymbol{R}^n = \boldsymbol{R}^{n \times 1}$이고 ①, ②는 행렬의 합과 실수배이므로, 보기 1에 의하여 $\boldsymbol{R}^n$은 ①, ②에 관하여 벡터공간이다.

보기 **3** 폐구간 $[a, b]$를 정의역으로 하고, $\boldsymbol{R}$을 공역으로 하는 연속함수 전체의 집합을 $C[a, b]$로 나타낸다. $f, g \in C[a, b]$, $k \in \boldsymbol{R}$에 대하여 $f + g$, kf를 다음과 같이 정의한다.

$(f + g)(x) = f(x) + g(x)$, $(\forall x \in \boldsymbol{R})$ …… ①

$(kf)(x) = kf(x)$, $(\forall x \in \boldsymbol{R})$ …… ②

$C[a, b]$는 ①, ②와 같이 정의된 합과 실수배에 관하여 벡터공간이다.

∵ 먼저, 연속함수의 ①, ②와 같이 정의된 합과 실수배는 연속함수이므로 $f + g, kf \in C[a, b]$이다.
벡터공간의 8 가지의 조건은 쉽게 확인된다.

보기 **4** 실수 계수 다항식 전체의 집합 $\mathscr{P}$는 다항식의 합과 다항식의 실수배에 관하여 벡터공간이다.

∵ 먼저, 다항식의 합과 실수배는 다항식이다.
벡터공간의 8 가지의 조건은 쉽게 확인된다.

보기 **5** 실수열 전체의 집합 $\boldsymbol{R}^\infty$는

$(a_0, a_1, \cdots) + (a_0, a_1, \cdots) = (a_0 + b_0, a_1 + b_1, \cdots)$, …… ①

$k(a_0, a_1, \cdots) = (ka_0, ka_1, \cdots)$ …… ②

와 같이 정의된 합과 실수배에 관하여 벡터공간이다.

∵ 실수열의 ①, ②와 같이 정의된 합과 실수배는 실수열이다.
벡터공간의 8 가지의 조건은 쉽게 확인된다.

정리 3.1.1

벡터공간 V의 원소 $\mathbf{u}$와 실수 k에 대하여

(1) $0\mathbf{u} = \mathbf{0}$ (2) $k\mathbf{0} = \mathbf{0}$

(3) $(-1)\mathbf{u} = -\mathbf{u}$ (4) $k\mathbf{u} = \mathbf{0} \Rightarrow k = 0$ 또는 $\mathbf{u} = \mathbf{0}$

증명 (1) $0\mathbf{u} = \mathbf{v}$로 두면

$$\mathbf{v} = 0\mathbf{u} = (0+0)\mathbf{u} = 0\mathbf{u} + 0\mathbf{u} = \mathbf{v} + \mathbf{v}.$$

$$\mathbf{v} = \mathbf{v} + \mathbf{v} \Rightarrow \mathbf{v} + (-\mathbf{v}) = \mathbf{v} + \mathbf{v} + (-\mathbf{v}) \Rightarrow \mathbf{0} = \mathbf{v} + \mathbf{0}.$$

양변에 $-\mathbf{v}$를 더함

$$\therefore \mathbf{v} = \mathbf{0}.$$

(2) $k\mathbf{0} = \mathbf{v}$로 두면

$$\mathbf{v} = k\mathbf{0} = k(\mathbf{0}+\mathbf{0}) = k\mathbf{0} + k\mathbf{0} = \mathbf{v} + \mathbf{v}.$$

$$\therefore \mathbf{v} = \mathbf{0}.$$

(3) $$\mathbf{0} = 0\mathbf{u} = (1 + (-1))\mathbf{u} = 1\mathbf{u} + (-1)\mathbf{u} = \mathbf{u} + (-1)\mathbf{u}.$$

$$\mathbf{0} = \mathbf{u} + (-1)\mathbf{u} \Rightarrow (-1)\mathbf{u} = -\mathbf{u}.$$

(4) $k \neq 0$이면

$$k\mathbf{u} = \mathbf{0} \Rightarrow \frac{1}{k}(k\mathbf{u}) = \frac{1}{k}\mathbf{0} \Rightarrow 1\mathbf{u} = \mathbf{0} \Rightarrow \mathbf{u} = \mathbf{0}. \quad \blacksquare$$

부분공간

벡터공간의 부분집합이 다시 벡터공간이 되는 경우는 허다하다. 이러한 벡터공간을 다음과 같이 정의한다.

정의 벡터공간 V의 부분집합 $W \neq \varnothing$가 V의 덧셈과 실수배에 관하여 벡터공간일 때, W를 V의 **부분공간**이라 하고

$$W \leq V$$

와 같이 나타낸다.

◀ 部分空間 subspace

V가 벡터공간일 때, $\{\mathbf{0}\}$과 V는 각각 V의 부분공간이다.
부분공간 $\{\mathbf{0}\}$을 V의 **영부분공간**이라고 한다.

◀ 零部分空間 zero subspace

정리 3.1.2 *(2-step test)*

벡터공간 V의 부분집합 $W \neq \varnothing$가 V의 부분공간일 필요충분조건은

(i) $\mathbf{u}, \mathbf{v} \in W \Rightarrow \mathbf{u} + \mathbf{v} \in W$, (즉, W는 덧셈에 관하여 닫혀있다.)

(ii) $\mathbf{u} \in W, k \in \boldsymbol{R} \Rightarrow k\mathbf{u} \in W$. (즉, W는 실수배에 관하여 닫혀있다.)

증명 (⇒) $W \leq V$라고 하면 명백히 조건 (1), (2)가 성립한다.

(⇐) 조건 (i), (ii)가 성립한다고 하자.

$W \subset V$이므로 W의 원소에 대해서도 벡터공간의 조건 ❶, ❹, ❺, ❻, ❼, ❽은 자동으로 성립한다. 따라서 조건 ❷, ❸이 성립하는 것만 보이면 충분하다.

$\mathbf{0} = 0\mathbf{u} \in W$ 이므로 조건 ❷가 성립한다. (정리 3.1.1, 조건(ii))

$-\mathbf{u} = (-1)\mathbf{u} \in W$ 이므로 조건 ❸이 성립한다. (정리 3.1.1, 조건(ii)) ∎

따름정리 3.1.3 *(1-step test)*

벡터공간 V의 부분집합 $W \neq \varnothing$가 V의 부분공간일 필요충분조건은

(iii) $\mathbf{u}, \mathbf{v} \in W,\ k, l \in \boldsymbol{R} \Rightarrow k\mathbf{u} + l\mathbf{v} \in W$

증명 (i), (ii) ⇔ (iii)을 보이면 충분하다.

(i), (ii)를 가정하면

$\mathbf{u}, \mathbf{v} \in W,\ k, l \in \boldsymbol{R} \overset{\text{조건(ii)}}{\Rightarrow} k\mathbf{u}, l\mathbf{v} \in W \overset{\text{조건(i)}}{\Rightarrow} k\mathbf{u} + l\mathbf{v} \in W$. ∴ (iii)이 성립한다.

(iii)을 가정하면,

$\mathbf{u}, \mathbf{v} \in W \Rightarrow \mathbf{u} + \mathbf{v} = 1\mathbf{u} + 1\mathbf{v} \in W$. (조건(iii)) ∴ (i)이 성립한다.

$\mathbf{u} \in W, k \in \boldsymbol{R} \Rightarrow k\mathbf{u} = k\mathbf{u} + 0\mathbf{u} \in W$. (조건(iii)) ∴ (ii)가 성립한다. ∎

보기 6 좌표공간에서 원점을 지나는 직선 또는 평면은 $\boldsymbol{R}^3$의 부분공간이다.

∵ 원점을 지나는 직선 L에 속하는 벡터의 합과 실수배는 L을 벗어날 수 없으므로, L의 벡터의 합은 L에 속하고 L의 벡터의 실수배도 L에 속한다. 그러므로 2-step test의 조건 (i), (ii) 가 성립한다. 따라서 $L \le \boldsymbol{R}^3$이다.
같은 논리로 $W \le \boldsymbol{R}^3$이다.

보기 7 (1) n차 대칭행렬 전체의 집합 W는 $\boldsymbol{R}^{n \times n}$의 부분공간이다.

∵ 대칭행렬의 합과 실수배는 대칭행렬이므로 2-step test의 조건 (i), (ii) 가 성립한다.

(2) n차 상방삼각행렬 전체의 집합 U는 $\boldsymbol{R}^{n \times n}$의 부분공간이다.

∵ 상방삼각행렬의 합과 실수배는 상방삼각행렬이므로 2-step test의 조건 (i), (ii) 가 성립한다

보기 8 $W = \{(a, b) \in \boldsymbol{R}^2 \mid a \ge 0, b \ge 0\}$는 $\boldsymbol{R}^2$의 부분공간이 아니다.

∵ $\mathbf{u} = (1, 2) \in W$, $k = -3 \in \boldsymbol{R}$에 대하여 $k\mathbf{u} = (-3, -6) \notin W$.
2-step test의 조건 (ii)가 성립하지 않으므로 W는 $\boldsymbol{R}^2$의 부분공간이아니다.

보기 9 n차 이하의 실계수 다항식 전체의 집합 $\mathscr{P}_n$은 벡터공간이다.

∵ $\mathscr{P}_n$은 실계수 다항식 전체로 이루어진 실벡터공간 $\mathscr{P}$의 부분공간이다. 왜냐하면 n차 이하의 다항식의 합과 실수배는 n차 이하의 다항식이므로 2-step test의 조건 (i), (ii) 가 성립한다.

보기 10 $m \times n$ 행렬 A에 대하여 연립일차방정식 $A\mathbf{x} = \mathbf{0}$의 해 전체의 집합 $NS(A)$는 $\boldsymbol{R}^n$의 부분공간이다.

$\because$ $\mathbf{x}, \mathbf{y} \in NS(A)$, $k \in \boldsymbol{R}$일 때, $A\mathbf{x} = \mathbf{0}$, $A\mathbf{y} = \mathbf{0}$이므로

$A(\mathbf{x} + \mathbf{y}) = A\mathbf{x} + A\mathbf{y} = \mathbf{0} + \mathbf{0} = \mathbf{0}$ $\quad \therefore \mathbf{x} + \mathbf{y} \in NS(A)$.

$A(k\mathbf{x}) = k(A\mathbf{x}) = k\mathbf{0} = \mathbf{0}$ $\quad \therefore k\mathbf{x} \in NS(A)$.

벡터공간 V의 원소 $\mathbf{u}$의 실수배 전체의 집합을

$$\boldsymbol{R}\mathbf{u} = \{k\mathbf{u} \mid k \in \boldsymbol{R}\}$$

나타낸다. 또, V의 부분공간 U, W의 합을

$$U + W = \{\mathbf{u} + \mathbf{w} \mid \mathbf{u} \in U, \mathbf{w} \in W\}$$

와 같이 정의한다.

정리 3.1.4

벡터공간 V의 벡터 $\mathbf{u}$와 부분공간 U, W에 대하여 다음이 성립한다.

(1) $\boldsymbol{R}\mathbf{u} \le V$ (2) $U + W \le V$ (3) $U \cap W \le V$

증명 (1) $\boldsymbol{R}\mathbf{u}$는 $\mathbf{u}$의 실수배 전체의 집합이다.

$\mathbf{u}$의 실수배끼리의 합은 $\mathbf{u}$의 실수배이고, $\mathbf{u}$의 실수배의 실수배는 $\mathbf{u}$의 실수배이다.

(2) $\mathbf{x}, \mathbf{y} \in U + W$일 때,

$$\mathbf{x} = \mathbf{u} + \mathbf{w}, \quad \mathbf{y} = \mathbf{u}' + \mathbf{w}'$$

인 $\mathbf{u}, \mathbf{u}' \in U$, $\mathbf{w}, \mathbf{w}' \in W$가 존재한다. 이 때,

$$\mathbf{x} + \mathbf{y} = \mathbf{u} + \mathbf{w} + \mathbf{u}' + \mathbf{w}' = (\mathbf{u} + \mathbf{u}') + (\mathbf{w} + \mathbf{w}') \in U + W.$$

이 $\mathbf{x}$와 $k \in \boldsymbol{R}$에 대하여

$$k\mathbf{x} = k(\mathbf{u} + \mathbf{w}) = k\mathbf{u} + k\mathbf{w} \in U + W.$$

(3) $\mathbf{x}, \mathbf{y} \in U \cap W$, $k \in \boldsymbol{R}$일 때, $\mathbf{x}, \mathbf{y} \in U$이므로

$$\mathbf{x} + \mathbf{y} \in U, \quad k\mathbf{x} \in U.$$

마찬가지로

$$\mathbf{x} + \mathbf{y} \in W, \quad k\mathbf{x} \in W.$$

$$\therefore \mathbf{x} + \mathbf{y} \in U \cap W, \quad k\mathbf{x} \in U \cap W. \quad \blacksquare$$

일차결합

벡터공간 V의 유한개의 벡터들의 실수배의 합을 그들 벡터의 **일차결합**이라고 한다. 벡터 $\mathbf{v}_1, \mathbf{v}_2, \cdots, \mathbf{v}_r$ 의 일차결합

$$a_1\mathbf{v}_1 + a_2\mathbf{v}_2 + \cdots + a_r\mathbf{v}_r \quad \cdots\cdots ①$$

에서 $a_1, a_2, \cdots, a_r$을 각각 $\mathbf{v}_1, \mathbf{v}_2, \cdots, \mathbf{v}_r$의 **계수**라고 한다.

◂ 一次結合 linear combination

◂ 係數 coefficient

보기 11 $\boldsymbol{R}^3$의 임의의 벡터는 $\mathbf{i}, \mathbf{j}, \mathbf{k}$ 의 일차결합으로 표현될 수 있다.

∵ $\mathbf{v} = [a, b, c]^{\mathrm{T}} \in \boldsymbol{R}^3$에 대하여

$$\mathbf{v} = \begin{bmatrix} a \\ 0 \\ 0 \end{bmatrix} + \begin{bmatrix} 0 \\ b \\ 0 \end{bmatrix} + \begin{bmatrix} 0 \\ 0 \\ c \end{bmatrix} = a\begin{bmatrix} 1 \\ 0 \\ 0 \end{bmatrix} + b\begin{bmatrix} 0 \\ 1 \\ 0 \end{bmatrix} + c\begin{bmatrix} 0 \\ 0 \\ 1 \end{bmatrix}$$

$= a\mathbf{i} + b\mathbf{j} + c\mathbf{k}$. ←($\mathbf{i}, \mathbf{j}, \mathbf{k}$의 실수배의 합)

같은 식으로, $\boldsymbol{R}^n$의 임의의 벡터는 $\mathbf{e}_1, \cdots, \mathbf{e}_n$ 의 일차결합으로 표현됨을 보일 수 있다. (단, $\mathbf{e}_j$는 I_n의 제 j 열).

보기 12 $\mathscr{P}_2$ 의 임의의 벡터는 $1, x, x^2$의 일차결합으로 표현된다.

∵ $f = a + bx + cx^2 \in \mathscr{P}_2$에 대하여,

$f = a1 + bx + cx^2$. ←($1, x, x^2$의 실수배의 합)

보기 13 $m \times n$ 행렬 A와 n-벡터 $\mathbf{x} \in \boldsymbol{R}^n$ 에 대하여 $A\mathbf{x}$는 A의 열들의 일차결합이다. 이 일차결합에서 계수는 $\mathbf{x}$의 성분들이다.

∵ $A = [\mathbf{u}_1, \mathbf{u}_2, \cdots, \mathbf{u}_n]$, $\mathbf{x} = [x_1, x_2, \cdots, x_n]^{\mathrm{T}}$ 라고 할 때,

$A\mathbf{x} = \mathbf{u}_1x_1 + \mathbf{u}_2x_2 + \cdots + \mathbf{u}_nx_n$ ←($\mathbf{u}_1, \cdots, \mathbf{u}_n$의 실수배의 합)

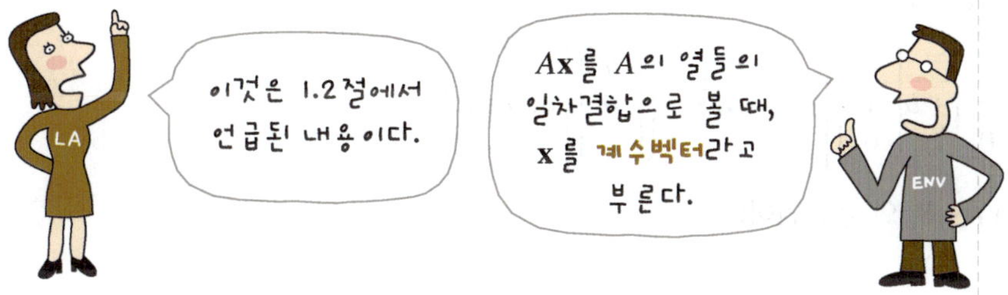

보기 14

$$\mathbf{u}=\begin{bmatrix}1\\1\end{bmatrix}, \mathbf{v}=\begin{bmatrix}1\\2\end{bmatrix}, \mathbf{b}=\begin{bmatrix}5\\7\end{bmatrix}$$

라고 할 때, $\mathbf{b}$는 $\mathbf{u}, \mathbf{v}$의 차결합으로 표현될 수 있다.

∵ $$x\mathbf{u}+y\mathbf{v}=\mathbf{b} \quad \cdots\cdots ①$$

를 만족하는 $x, y \in \boldsymbol{R}$을 찾아보자. ①은 다음과 같이 표현된다.

$$\begin{bmatrix}1 & 1\\1 & 2\end{bmatrix}\begin{bmatrix}x\\y\end{bmatrix}=\begin{bmatrix}5\\7\end{bmatrix}.$$

이 연립방정식의 해는 $x=3, y=2$이므로

$$\mathbf{b}=3\mathbf{u}+2\mathbf{v}.$$

보기 15

$$\mathbf{u}=\begin{bmatrix}1\\2\end{bmatrix}, \mathbf{v}=\begin{bmatrix}2\\4\end{bmatrix}, \mathbf{b}=\begin{bmatrix}3\\7\end{bmatrix}$$

라고 할 때, $\mathbf{b}$는 $\mathbf{u}, \mathbf{v}$의 차결합으로 표현될 수 없다.

∵ 연립방정식

$$\begin{bmatrix}1 & 2\\2 & 4\end{bmatrix}\begin{bmatrix}x\\y\end{bmatrix}=\begin{bmatrix}3\\7\end{bmatrix}$$

이 해를 가지지 않으므로 $x\mathbf{u}+y\mathbf{v}=\mathbf{b}$를 만족하는 $x, y \in \boldsymbol{R}$은 존재하지 않는다.

벡터공간 V와 $S=\{\mathbf{v}_1, \mathbf{v}_2, \cdots, \mathbf{v}_r\} \subset V$에 대하여 $\mathbf{v}_1, \mathbf{v}_2, \cdots, \mathbf{v}_r$의 일차결합 전체의 집합을 S의 (또는 $\mathbf{v}_1, \mathbf{v}_2, \cdots, \mathbf{v}_r$의) **스팬**이라 하고

◂ span of S

$$\operatorname{span}(S) \ (\text{또는} \operatorname{span}\{\mathbf{v}_1, \mathbf{v}_2, \cdots, \mathbf{v}_r\})$$

로 나타낸다.

보기 16 $\mathbf{u}=\begin{bmatrix}1\\0\\0\end{bmatrix}, \mathbf{v}=\begin{bmatrix}0\\1\\0\end{bmatrix} \in \boldsymbol{R}^3$에 대하여

$$\operatorname{span}\{\mathbf{u}, \mathbf{v}\}=\left\{a\begin{bmatrix}1\\0\\0\end{bmatrix}+b\begin{bmatrix}0\\1\\0\end{bmatrix} \middle| a, b \in \boldsymbol{R}\right\}=\left\{\begin{bmatrix}a\\b\\0\end{bmatrix} \middle| a, b \in \boldsymbol{R}\right\}.$$

그러므로 $\operatorname{span}\{\mathbf{u}, \mathbf{v}\}$는 $\boldsymbol{R}^3$의 xy평면이다.

정리 3.1.5

벡터공간 V와 $S = \{\mathbf{v}_1, \mathbf{v}_2, \cdots, \mathbf{v}_r\} \subset V$에 대하여 다음이 성립한다.

(1) $\text{span}(S) = \boldsymbol{R}\mathbf{v}_1 + \boldsymbol{R}\mathbf{v}_2 + \cdots + \boldsymbol{R}\mathbf{v}_r$

(2) $S \subset \text{span}(S) \leq V$

(3) $S \subset W \leq V$이면, $\text{span}(S) \subset W$

증명 (1) $\boldsymbol{R}\mathbf{v}_1 + \cdots + \boldsymbol{R}\mathbf{v}_r$

$$= \{\mathbf{x}_1 + \cdots + \mathbf{x}_r \mid \mathbf{x}_1 \in \boldsymbol{R}\mathbf{v}_1, \cdots, \mathbf{x}_r \in \boldsymbol{R}\mathbf{v}_r\}$$
$$= \{k_1\mathbf{v}_1 + \cdots + k_r\mathbf{v}_r \mid k_1, \cdots, k_r \in \boldsymbol{R}\}$$
$$= \text{span}(S).$$

($\mathbf{v}_1, \cdots, \mathbf{v}_r$의 일차결합 전체의 집합)

(2) $$\mathbf{v}_1 = 1\mathbf{v}_1 + 0\mathbf{v}_2 + \cdots + 0\mathbf{v}_r \in \text{span}(S).$$

같은 논리로

$$\mathbf{v}_i \in \text{span}(S), (i = 1, 2, \cdots, r). \quad \therefore \; S \subset \text{span}(S).$$

한편,

$$\text{span}(S) \overset{(1)}{=} \boldsymbol{R}\mathbf{v}_1 + \cdots + \boldsymbol{R}\mathbf{v}_r \leq V.$$

(∵정리 3.1.4의 (2))

(3) 각 $i = 1, 2, \cdots, r$에 대하여 $\mathbf{v}_i \in W$ 이므로

$$\boldsymbol{R}\mathbf{v}_i \leq W.$$ (∵정리 3.1.4의 (1))

$$\therefore \; \text{span}(S) \overset{(1)}{=} \boldsymbol{R}\mathbf{v}_1 + \cdots + \boldsymbol{R}\mathbf{v}_r \leq W. \; ■$$

(∵정리 3.1.4의 (2))

벡터공간 V의 부분집합 $S = \{\mathbf{v}_1, \mathbf{v}_2, \cdots, \mathbf{v}_r\}$에 대하여, $\text{span}(S)$를 **S로 생성되는 부분공간**이라고 한다.

◀ subspace generated by S

예제 3.1.6

$\boldsymbol{R}^3$에서 평행하지 않은 두 벡터 $\mathbf{u}, \mathbf{v}$에 대하여 다음을 보여라.

(1) $\text{span}\{\mathbf{u}\}$는 $\mathbf{u}$를 품는 직선이다.

(2) $\text{span}\{\mathbf{u}, \mathbf{v}\}$는 $\mathbf{u}, \mathbf{v}$를 품는 평면이다.

증명 (1) 먼저 $\mathbf{u} \in \text{span}\{\mathbf{u}\}$. (∵정리 3.1.5의 (1)).

$$\text{span}\{\mathbf{u}\} = \{k\mathbf{u} \mid k \in \boldsymbol{R}\}$$

는 원점을 지나고 $\mathbf{u}$를 방향벡터로 하는 직선이다.

(2) $\mathbf{u}, \mathbf{v}$를 품는 평면을 W라고 하자.

W는 원점을 지나는 평면이므로, $W \leq \boldsymbol{R}^3$이다. (∵ 보기 6).

$$\therefore \ \text{span}\{\mathbf{u}, \mathbf{v}\} \subset W \ (\because \text{정리 3.1.5의 (3)}). \quad \cdots\cdots\cdots\cdots \ ①$$

주어진 벡터 $\mathbf{w} \in W$에 대하여, $\mathbf{w} = \overrightarrow{\mathrm{OP}}$의 종점 P를 지나면서 $\mathbf{v}$와 평행한 직선이 직선 span{$\mathbf{u}$}와 만나는 점을 A, P를 지나면서 $\mathbf{u}$와 평행한 직선이 직선 span{$\mathbf{v}$}와 만나는 점을 B라고 하면

$$\overrightarrow{\mathrm{OA}} = k\mathbf{u}, \quad \overrightarrow{\mathrm{OB}} = l\mathbf{v}$$

를 만족하는 $k, l \in \boldsymbol{R}$이 존재한다.

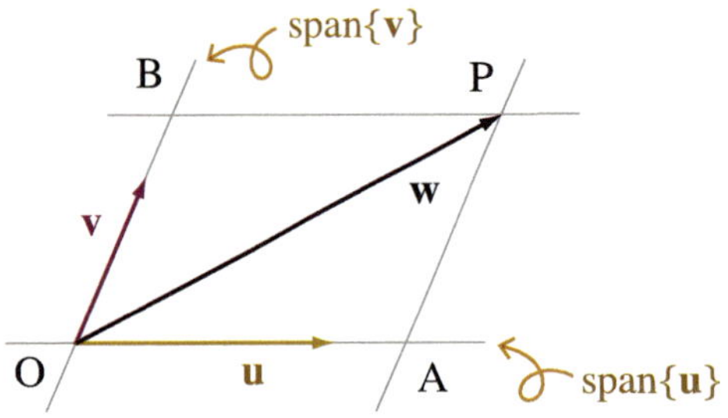

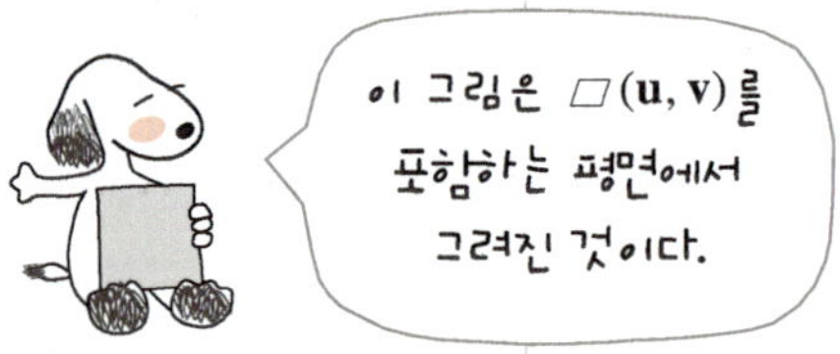

이 때,

$$\mathbf{w} = \overrightarrow{\mathrm{OA}} + \overrightarrow{\mathrm{OB}} = k\mathbf{u} + l\mathbf{v} \in \text{span}\{\mathbf{u}, \mathbf{v}\}.$$

$$\therefore \ W \subset \text{span}\{\mathbf{u}, \mathbf{v}\}. \quad \cdots\cdots\cdots\cdots \ ②$$

①, ②에 의하여 span{$\mathbf{u}, \mathbf{v}$} $= W$이다. ◆

3-1 E·X·E·R·C·I·S·E·S 연습문제

1 $n \times n$ 대각행렬 전체의 집합 W는 행렬의 합과 실수배에 관하여 벡터공간임을 증명하라.

2 실수의 순서쌍 전체의 집합 V는 다음 합과 실수배에 관하여 벡터공간이 아님을 증명하라.

$(a, b) + (c, d) = (a + c, b + d),\ ((a, b), (c, d) \in V)$

$k(a, b) = (k^2 a, k^2 b),\ ((a, b) \in V, k \in \boldsymbol{R})$

3 다음 집합이 $\boldsymbol{R}^2$의 부분공간인지 아닌지를 판정하라.

(1) $U = \{[a, b]^{\mathrm{T}} \in \boldsymbol{R}^2 \mid a \geq 0, b \geq 0\}$

(2) $W = \{[a, b]^{\mathrm{T}} \in \boldsymbol{R}^2 \mid a + b = 0\}$

4 벡터공간 V에 대하여 다음을 증명하라.

(1) 영벡터 $\mathbf{0}$은 유일하다.

(2) 각 $\mathbf{u} \in V$에 대하여 $-\mathbf{u}$는 유일하다.

5 다음 집합이 $C[-1, 1]$의 부분공간인지 아닌지를 판정하라.

(1) $U = \{f \in C[-1, 1] \mid f(x) \leq 0, (\forall x \in [-1, 1])\}$

(2) $V = \{f \in C[-1, 1] \mid f(0) = 0\}$

(3) $W = \{f \in C[-1, 1] \mid f(0) = 2\}$

6 다음 집합이 $\mathscr{P}$의 부분공간인지 아닌지를 판정하라.

(1) 3차 다항식 전체의 집합

(2) 상수항이 0인 다항식 전체의 집합

(3) 정수 계수 다항식 전체의 집합

7 다음 집합이 행렬의 합과 실수배에 관하여 벡터공간인지 아닌지를 판정하라.

3-1 · E · X · E · R · C · I · S · E · S · 연습문제

(1) 성분의 합이 0인 $n \times n$ 행렬 전체의 집합
(2) 행렬식이 0인 $n \times n$ 행렬 전체의 집합
(3) 대각성분의 합이 0인 $n \times n$ 행렬 전체의 집합
(4) $n \times n$ 가역행렬 전체의 집합

8 다음 집합이 $\boldsymbol{R}^\infty$의 부분공간인지 아닌지를 판정하라.
(1) 수렴하는 실수열 전체의 집합
(2) 등차수열 전체의 집합
(3) 등비수열 전체의 집합

◀ $\boldsymbol{R}^\infty$의 정의 : 보기5 참조

9 자연수 n에 대하여, 연속인 n차 도함수를 가지는 함수 전체의 집합 $C^n(-\infty, \infty)$는 $C(-\infty, \infty)$의 부분공간임을 보여라.

10 점화식 $a_{n+2} - 3a_{n+1} - 2a_n = 0, (n = 0, 1, 2, \cdots)$, 을 만족하는 실수열 $(a_0, a_1, \cdots)$ 전체의 집합 V는 $\boldsymbol{R}^\infty$의 부분공간임을 보여라.

11 $\mathbf{u} = [2, 1, 0, 3]^T$, $\mathbf{v} = [3, -1, 5, 2]^T$, $\mathbf{w} = [-1, 0, 2, 1]^T \in \boldsymbol{R}^4$에 대하여, 다음 벡터가 $\text{span}\{\mathbf{u}, \mathbf{v}, \mathbf{w}\}$의 원소인지 아닌지를 판정하라.
(1) $[2, 3, -7, 3]^T$ (2) $[0, 0, 0, 0]^T$ (3) $[1, 1, 1, 1]^T$

12 벡터 $\mathbf{w} = [1, k, -2]^T$가 $\mathbf{u} = [1, 2, 3]^T$, $\mathbf{v} = [2, 3, 1]^T$의 일차결합이 되도록 k의 값을 정하라.

13 $\mathscr{P}_2$ 의 다항식 $f = 9 + 6x + 7x^2$을 다음 다항식

$$\mathbf{u} = 1 + x, \quad \mathbf{v} = 1 + x^2, \quad \mathbf{w} = 1 + x + x^2$$

의 일차결합으로 나타내어라.

3-1 · E · X · E · R · C · I · S · E · S · 연습문제

14 $M=\begin{bmatrix} 4 & 7 \\ 7 & 9 \end{bmatrix}$, $A=\begin{bmatrix} 1 & 1 \\ 1 & 1 \end{bmatrix}$, $B=\begin{bmatrix} 1 & 2 \\ 3 & 4 \end{bmatrix}$, $C=\begin{bmatrix} 1 & 1 \\ 4 & 5 \end{bmatrix}$

라고 할 때, M을 A, B, C의 일차결합으로 나타내어라.

15 벡터공간 V의 원소 $\mathbf{u}, \mathbf{v}$와 실수 k에 대하여, 다음을 증명하라.

(1) $k(\mathbf{u}-\mathbf{v})=k\mathbf{u}-k\mathbf{v}$ (2) $\mathbf{u}+\mathbf{u}=2\mathbf{u}$

16 $\mathbf{u}=[1, 1, 1]^T$, $\mathbf{v}=[2, 3, 6]^T$일 때, span$\{\mathbf{u}, \mathbf{v}\}$를 나타내는 도형의 방정식을 구하라.

17 벡터공간 V의 유한 부분집합 S에 대하여 span(S)는 S를 포함하는 모든 부분공간의 교집합임을 증명하라.

18 벡터공간 V의 유한 부분집합 S, T에 대하여 다음은 동치임을 증명하여라.

(i) $\text{span}(S)=\text{span}(T)$ (ii) $S\subset\text{span}(T)$, $T\subset\text{span}(S)$

19 벡터공간 V의 부분공간 U, W에 대하여 때, $U\cup W\le V$일 때, $U\subset W$ 또는 $W\subset U$임을 증명하라.

3-2 스팬과 독립

이 절의 학습내용

- 스팬하다
- 일차 독립 / • 일차 종속

스팬하다

정의 벡터공간 V의 부분집합 $S = \{\mathbf{v}_1, \mathbf{v}_2, \cdots, \mathbf{v}_r\}$에 대하여

$$\text{span}(S) = V$$

일 때, S는 V를 **스팬한다** (또는 **생성한다**)고 한다.

◂ S spans V

$S = \{\mathbf{v}_1, \mathbf{v}_2, \cdots, \mathbf{v}_r\}$일 때, span($S$)는 $\mathbf{v}_1, \mathbf{v}_2, \cdots, \mathbf{v}_r$의 일차결합전체의 집합이므로 다음은 동치이다.

(i) S는 V를 스팬한다.

(ii) V의 임의의 벡터는 $\mathbf{v}_1, \mathbf{v}_2, \cdots, \mathbf{v}_r$의 일차결합으로 표현된다.

(iii) $\boldsymbol{R}\mathbf{v}_1 + \boldsymbol{R}\mathbf{v}_2 + \cdots + \boldsymbol{R}\mathbf{v}_r = V$.

보기 1 $S = \{\mathbf{e}_1, \cdots, \mathbf{e}_n\}$은 $\boldsymbol{R}^n$을 스팬한다. (단, $\mathbf{e}_j$는 I_n의 제 j 열).

∵ 3.1 절 보기 11.

보기 2 $1, x, \cdots, x^n$은 $\mathscr{P}_n$을 스팬한다..

∵ 3.1 절 보기 12와 같은 논리.

보기 3 $E_{11} = \begin{bmatrix} 1 & 0 \\ 0 & 0 \end{bmatrix}, E_{12} = \begin{bmatrix} 0 & 1 \\ 0 & 0 \end{bmatrix}, E_{21} = \begin{bmatrix} 0 & 0 \\ 1 & 0 \end{bmatrix}, E_{22} = \begin{bmatrix} 0 & 0 \\ 0 & 1 \end{bmatrix}$

은 $\boldsymbol{R}^{2 \times 2}$를 스팬한다.

∵ 행렬 $A = \begin{bmatrix} a & b \\ c & d \end{bmatrix} \in \boldsymbol{R}^{2 \times 2}$에 대하여

$$A = a\begin{bmatrix} 1 & 0 \\ 0 & 0 \end{bmatrix} + b\begin{bmatrix} 1 & 0 \\ 0 & 0 \end{bmatrix} + c\begin{bmatrix} 1 & 0 \\ 0 & 0 \end{bmatrix} + d\begin{bmatrix} 1 & 0 \\ 0 & 0 \end{bmatrix}$$

$$= aE_{11} + bE_{12} + cE_{21} + dE_{22}.$$

보기 4 $\mathbf{e}_1 = [1, 0, 0]^{\mathrm{T}}$, $\mathbf{e}_2 = [0, 1, 0]^{\mathrm{T}}$은 $\boldsymbol{R}^3$을 스팬하지 못한다.

∵ 3.1 절 보기 16에서 $\boldsymbol{R}\mathbf{e}_1 + \boldsymbol{R}\mathbf{e}_2$은 $\boldsymbol{R}^3$의 xy 평면이므로

$\boldsymbol{R}\mathbf{e}_1 + \boldsymbol{R}\mathbf{e}_2 \neq \boldsymbol{R}^3$.

정리 3.2.1

$S = \{\mathbf{u}_1, \mathbf{u}_2, \cdots, \mathbf{u}_r\} \subset \boldsymbol{R}^n$에 대하여, $A = [\mathbf{u}_1, \mathbf{u}_2, \cdots, \mathbf{u}_r]$ 이라고 할 때, 다음은 동치이다.

(i) S는 $\boldsymbol{R}^n$을 스팬한다.

(ii) 임의의 $\mathbf{b} \in \boldsymbol{R}^n$에 대하여 $A\mathbf{x} = \mathbf{b}$는 해를 가진다.

증명 (i) ⇒ (ii). S는 $\boldsymbol{R}^n$을 스팬하므로 $\mathbf{b} \in \boldsymbol{R}^n$는 A의 열들의 일차결합이다. 그러므로 어떤 r-벡터 $\mathbf{x}$가 있어서 $\mathbf{b} = A\mathbf{x}$ 이다.

(ii) ⇒ (i). $\mathbf{b} \in \boldsymbol{R}^n$에 대하여, 어떤 r-벡터 $\mathbf{x}$가 있어서 $\mathbf{b} = A\mathbf{x}$ 이다. $A\mathbf{x}$는 $\mathbf{u}_1, \mathbf{u}_2, \cdots, \mathbf{u}_r$의 일차결합이다. ▌

일차독립 · 일차종속

정의 벡터 $\mathbf{v}_1, \mathbf{v}_2, \cdots, \mathbf{v}_r$ 의 일차결합이 $\mathbf{0}$이 되는 것은 계수가 모두 0인 경우에 한할 때, 즉, 실수 $a_1, a_2, \cdots, a_r$에 대하여

$$a_1\mathbf{v}_1 + a_2\mathbf{v}_2 + \cdots + a_r\mathbf{v}_r = \mathbf{0} \Rightarrow a_1 = a_2 = \cdots = a_r = 0$$

일 때, $\mathbf{v}_1, \mathbf{v}_2, \cdots, \mathbf{v}_r$은 **일차독립**이라고 한다.
$\mathbf{v}_1, \mathbf{v}_2, \cdots, \mathbf{v}_r$이 일차독립이 아닐 때 이들은 **일차종속**이라고 한다.

◀ 一次獨立 linearly independent
一次從屬 linearly dependent

$\mathbf{v}_1, \mathbf{v}_2, \cdots, \mathbf{v}_r$이 일차독립(종속)일 때, $S = \{\mathbf{v}_1, \mathbf{v}_2, \cdots, \mathbf{v}_r\}$는 일차독립(종속)이라고 한다.

보기 5 $S = \{\mathbf{e}_1, \cdots, \mathbf{e}_n\} \subset \boldsymbol{R}^n$ 은 일차독립이다. (단, $\mathbf{e}_j$는 I_n의 제 j 열).

$\because$ $a_1\mathbf{e}_1 + \cdots + a_n\mathbf{e}_n = \mathbf{0}$, $(a_1, \cdots, a_n \in \boldsymbol{R})$, 일 때,

$$a_1\begin{bmatrix}1\\0\\\vdots\\0\end{bmatrix} + \cdots + a_n\begin{bmatrix}0\\\vdots\\0\\1\end{bmatrix} = \begin{bmatrix}0\\0\\\vdots\\0\end{bmatrix}. \quad \therefore \begin{bmatrix}a_1\\a_2\\\vdots\\a_n\end{bmatrix} = \begin{bmatrix}0\\0\\\vdots\\0\end{bmatrix}.$$

$\therefore\ a_1 = \cdots = a_n = 0.$

보기 6 $S = \{1, x, \cdots, x^n\} \subset \mathscr{P}_n$ 은 일차독립이다.

$\because$ $a_0 1 + a_1 x + \cdots + a_n x^n = 0,$ ·············· ①
(단, $a_0, a_1, \cdots, a_n \in \boldsymbol{R}$),　← 영다항식, 즉, 상수함수 0

이라고 하자.

①에 $x = 0$을 대입하면, $a_0 = 0$.

①의 양변을 미분하면 $a_1 + 2a_2 x + \cdots + n a_n x^{n-1} = 0$.

이 등식에 $x = 0$을 대입하면, $a_1 = 0$.

미분하여 $x = 0$을 대입하는 과정을 반복하면,

$$a_0 = a_1 = \cdots = a_n = 0.$$

보기 7 $E_{11}=\begin{bmatrix}1&0\\0&0\end{bmatrix}, E_{12}=\begin{bmatrix}0&1\\0&0\end{bmatrix}, E_{21}=\begin{bmatrix}0&0\\1&0\end{bmatrix}, E_{22}=\begin{bmatrix}0&0\\0&1\end{bmatrix}$
은 일차독립이다.

$\because$ $aE_{11}+bE_{12}+cE_{21}+dE_{22}=O, (a,b,c,d\in \boldsymbol{R})$, 일 때,

$$a\begin{bmatrix}1&0\\0&0\end{bmatrix}+b\begin{bmatrix}0&1\\0&0\end{bmatrix}+c\begin{bmatrix}0&0\\1&0\end{bmatrix}+d\begin{bmatrix}0&0\\0&1\end{bmatrix}=\begin{bmatrix}0&0\\0&0\end{bmatrix}.$$

$$\therefore \begin{bmatrix}a&b\\c&d\end{bmatrix}=\begin{bmatrix}0&0\\0&0\end{bmatrix}. \quad \therefore a=b=c=d=0.$$

보기 8 $\mathbf{u}=\begin{bmatrix}1\\0\\1\end{bmatrix}, \mathbf{v}=\begin{bmatrix}0\\1\\0\end{bmatrix}, \mathbf{w}=\begin{bmatrix}2\\3\\2\end{bmatrix}$는 일차종속이다.

$$\because\ 2\mathbf{u}+3\mathbf{v}+(-1)\mathbf{w}=\begin{bmatrix}2\\0\\2\end{bmatrix}+\begin{bmatrix}0\\3\\0\end{bmatrix}+\begin{bmatrix}-2\\-3\\-2\end{bmatrix}=\begin{bmatrix}0\\0\\0\end{bmatrix}=\mathbf{0}.$$

계수가 모두 0인 것은 아니지만 $\mathbf{0}$과 같다.

NOTE 1 벡터공간 V의 유한 부분집합 S에 대하여 다음이 성립한다.
(1) S가 $\mathbf{0}$을 포함하면 S는 일차종속이다.
(2) $S=\{\mathbf{u}\}, \mathbf{u}\neq\mathbf{0}$이면 S는 일차독립이다.

예제 3.2.2

$\sin x, e^x, x^2 \in C(-\infty,\infty)$는 일차독립임을 보여라.

증명 $$a\sin x+be^x+cx^2=0, (a,b,c\in\boldsymbol{R}), \quad \cdots\cdots ①$$
로 두고 $a=b=c=0$을 보인다.
①을 x에 관하여 미분하면
$$a\cos x+be^x+2cx=0. \quad \cdots\cdots ②$$
②를 x에 관하여 미분하면
$$-a\sin x+be^x+2c=0. \quad \cdots\cdots ③$$
①, ②, ③을 한꺼번에 다음과 같이 나타낼 수 있다.

$$\begin{bmatrix} \sin x & e^x & x^2 \\ \cos x & e^x & 2x \\ -\sin x & e^x & 2 \end{bmatrix}\begin{bmatrix} a \\ b \\ c \end{bmatrix} = \begin{bmatrix} 0 \\ 0 \\ 0 \end{bmatrix}, (\forall x \in \boldsymbol{R}). \quad \cdots\cdots ④$$

등식 ④는 모든 x값에 대하여 성립하므로, 특히 $x=0$일 때도 성립한다. ④에 $x=0$을 대입하면,

$$\begin{bmatrix} 0 & 1 & 0 \\ 1 & 1 & 0 \\ 0 & 1 & 2 \end{bmatrix}\begin{bmatrix} a \\ b \\ c \end{bmatrix} = \begin{bmatrix} 0 \\ 0 \\ 0 \end{bmatrix}. \quad \cdots\cdots ⑤$$

a, b, c에 관한 연립방정식 ⑤의 계수행렬은 행렬식이 -2로서 0이 아니므로 가역이고, 따라서 $a=b=c=0$이다. ◘

◀ 등식 ④의 행렬을 $W(x)$라고 할 때, ⑤의 좌변의 행렬은 $W(0)$이다.
$\det W(x)$는 x에 관한 함수이다. 이 함수를 $\sin x, e^x, x^2$의 **Wronskian**이라고 한다.

이 예제와 같이 Wronskian을 이용하여 일단의 함수의 일차독립성을 체크할 수 있다. (연습문제 12)

$n \times r$ 행렬 A와 r-벡터 $\mathbf{x}$에 대하여 $A\mathbf{x}$는 A의 열들의, $\mathbf{x}$를 계수벡터로 하는, 일차결합이므로 다음 정리가 성립한다.

◀ $A = [\mathbf{u}_1, \cdots, \mathbf{u}_r]$,
$\mathbf{x} = [x_1, \cdots, x_r]^{\mathrm{T}}$라고 할 때,
$A\mathbf{x} = x_1\mathbf{u}_1 + \cdots + x_r\mathbf{u}_r$

정리 3.2.3

$S = \{\mathbf{u}_1, \mathbf{u}_2, \cdots, \mathbf{u}_r\} \subset \boldsymbol{R}^n$에 대하여, $A = [\mathbf{u}_1, \mathbf{u}_2, \cdots, \mathbf{u}_r]$ 이라고 할 때, S가 일차독립일 필요충분조건은

$$A\mathbf{x} = \mathbf{0} \Rightarrow \mathbf{x} = \mathbf{0}.$$

보기 9 $\boldsymbol{R}^2$의 벡터 $\begin{bmatrix} 1 \\ 1 \end{bmatrix}, \begin{bmatrix} 1 \\ 2 \end{bmatrix}$는 일차독립이다.

∵ 연립방정식 $\begin{bmatrix} 1 & 1 \\ 1 & 2 \end{bmatrix}\begin{bmatrix} x \\ y \end{bmatrix} = \begin{bmatrix} 0 \\ 0 \end{bmatrix}$의 해는 $\begin{bmatrix} x \\ y \end{bmatrix} = \begin{bmatrix} 0 \\ 0 \end{bmatrix}$뿐이다.

따름정리 3.2.4

$\boldsymbol{R}^n$의 $n+1$개 이상의 벡터는 일차종속이다.

증명 $\mathbf{u}_1, \mathbf{u}_2, \cdots, \mathbf{u}_r \in \boldsymbol{R}^n, r \geq n+1,$ 이라고 할 때,

$$A = [\mathbf{u}_1, \mathbf{u}_2, \cdots, \mathbf{u}_r]$$

는 $n \times r$ 행렬로서 가로가 긴 행렬이다. 그러므로 연립방정식 $A\mathbf{x} = \mathbf{0}$은 $\mathbf{x} \neq \mathbf{0}$ 이외의 해를 가진다. (∵ 따름정리 1.1.8). ▌

보기 10 $\begin{bmatrix}1\\1\end{bmatrix}, \begin{bmatrix}1\\2\end{bmatrix}, \begin{bmatrix}2\\3\end{bmatrix}$은 $\boldsymbol{R}^2$의 3개의 벡터이므로 일차종속이다.

정리 3.2.5

2개 이상의 벡터가 일차종속일 필요충분조건은 그들 중 하나가 다른 것들의 일차결합일 것이다.

증명 (⇒) $\{\mathbf{u}_1, \mathbf{u}_2, \cdots, \mathbf{u}_r\}$, $r \geq 2$, 가 일차종속이라고 하면 적어도 하나는 0이 아닌 실수 $k_1, k_2, \cdots, k_r$이 존재하여

$$k_1\mathbf{u}_1 + k_2\mathbf{u}_2 + \cdots + k_r\mathbf{u}_r = \mathbf{0}.$$

$k_1 \neq 0$라고 하면 $\mathbf{u}_1$은

$$\mathbf{u}_1 = \left(-\frac{k_2}{k_1}\right)\mathbf{u}_2 + \cdots + \left(-\frac{k_r}{k_1}\right)\mathbf{u}_r$$

와 같이 $\mathbf{u}_2, \cdots, \mathbf{u}_r$의 일차결합이다.

같은 방법으로 $k_j \neq 0$ 일 때는 $\mathbf{u}_j$가 $\mathbf{u}_j$ 이외의 벡터의 일차결합이다.

(⇐) $\mathbf{u}_1$이 $\mathbf{u}_2, \cdots, \mathbf{u}_r$ 의 일차결합이라면

$$\mathbf{u}_1 = l_2\mathbf{u}_2 + \cdots + l_r\mathbf{u}_r, \text{ (단, } l_2, \cdots, l_r \in \boldsymbol{R}).$$

이 등식은

$$1\mathbf{u}_1 + (-l_2)\mathbf{u}_2 + \cdots + (-l_r)\mathbf{u}_r = \mathbf{0}$$

와 같이 표현된다. 그러므로 $\{\mathbf{u}_1, \mathbf{u}_2, \cdots, \mathbf{u}_r\}$ 은 일차종속이다.

$\mathbf{u}_j$ 가 $\mathbf{u}_j$ 이외의 벡터의 일차결합일 때도 마찬가지다. ▌

보기 11 $\mathbf{u} = \begin{bmatrix}1\\1\\1\end{bmatrix}, \mathbf{v} = \begin{bmatrix}1\\2\\3\end{bmatrix}, \mathbf{w} = \begin{bmatrix}5\\6\\8\end{bmatrix} \in \boldsymbol{R}^3$에 대하여,

$\mathbf{w} = 2\mathbf{u} + 3\mathbf{w}$이므로 $\mathbf{u}, \mathbf{v}, \mathbf{w}$는 일차 종속이다.

보기 12 $1, x, \cdots, x^n \in \mathscr{P}$ 중 어느 것도 다른 것들의 일차결합이 될 수 없으므로 이들은 일차독립이다.

따름정리 3.2.6

2 개의 벡터 $\mathbf{u}, \mathbf{v}$가 일차종속일 필요충분조건은 $\mathbf{u}, \mathbf{v}$ 중 하나가 다른 것의 상수배일 것이다.

◂ 하나의 벡터의 일차결합은 그 벡터의 상수배이다.

보기 13 $\mathbf{u} = \begin{bmatrix} 1 \\ 2 \\ 3 \end{bmatrix}, \mathbf{v} = \begin{bmatrix} 2 \\ 4 \\ 6 \end{bmatrix} \in \boldsymbol{R}^3$에 대하여, $\mathbf{v} = 2\mathbf{u}$이므로

$\mathbf{u}, \mathbf{v}$는 일차 종속이다.

예제 3.2.7

$\boldsymbol{R}^3$의 벡터 $\mathbf{u}, \mathbf{v}, \mathbf{w}$에 대하여 다음을 증명하라.

(1) $\mathbf{u}, \mathbf{v}$가 일차독립일 필요충분조건은 $\mathbf{u}, \mathbf{v}$가 동일 직선 상에 있지 않을 것이다.

(2) $\mathbf{u}, \mathbf{v}, \mathbf{w}$가 일차독립일 필요충분조건은 $\mathbf{u}, \mathbf{v}, \mathbf{w}$가 동일 평면 상에 있지 않을 것이다.

증명

(∵ 따름정리 3.2.6)

(1) $\mathbf{u}, \mathbf{v}$가 일차종속 $\Leftrightarrow$ $\mathbf{v}$는 $\mathbf{u}$의 상수배

$\Leftrightarrow \mathbf{v} \in \text{span}\{\mathbf{u}\} \Leftrightarrow \mathbf{u}, \mathbf{v}$는 동일 직선 상에 놓여있다.

(∵ $\text{span}\{\mathbf{u}\}$는 $\mathbf{u}$를 품는 직선 by 예제 3.1.6)

(∵ 정리 3.2.5. $\mathbf{w}$가 $\mathbf{u}, \mathbf{v}$의 일차결합이라 해도 좋다)

(2) $\mathbf{u}, \mathbf{v}, \mathbf{w}$가 일차종속 $\Leftrightarrow$ $\mathbf{w}$는 $\mathbf{u}, \mathbf{v}$의 일차결합 $\Leftrightarrow \mathbf{w} \in \text{span}\{\mathbf{u}, \mathbf{v}\}$

$\Leftrightarrow \mathbf{u}, \mathbf{v}, \mathbf{w}$는 동일 평면 상에 놓여있다. ◻

(∵ $\text{span}\{\mathbf{u}, \mathbf{v}\}$는 $\mathbf{u}, \mathbf{v}$를 품는 평면 by 예제 3.1.6)

정리 3.2.1, 정리 3.2.3으로부터 다음을 얻는다.

정리 3.2.8

$n \times n$ 행렬 A에 대하여, 다음은 동치이다.

(i) A는 가역이다.

(ii) A의 열들은 $\boldsymbol{R}^n$을 스팬한다.

(iii) A의 열들은 일차독립이다.

증 명 $A = [\mathbf{u}_1, \mathbf{u}_2, \cdots, \mathbf{u}_n]$, $S = \{\mathbf{u}_1, \mathbf{u}_2, \cdots, \mathbf{u}_n\}$ 이라고 할 때, 다음은 동치이다.

(ii) S는 $\boldsymbol{R}^n$ 을 스팬한다.

⇕ 정리 3.2.1

- 임의의 $\mathbf{b} \in \boldsymbol{R}^n$ 에 대하여, $A\mathbf{x} = \mathbf{b}$는 해를 가진다.

(i) A 는 가역이다.

- $A\mathbf{x} = \mathbf{0} \Rightarrow \mathbf{x} = \mathbf{0}$.

} 가역성의 동치조건

⇕ 정리 3.2.3

(iii) S는 일차독립이다. ▮

$n \times n$ 행렬 A에 대하여 다음은 동치이다.

(1) A는 가역이다.

(2) $A\mathbf{x} = \mathbf{0}$의 해는 $\mathbf{x} = \mathbf{0}$뿐이다.

(3) A의 rref 는 I_n.

(4) A는 기본행렬들의 곱.

(5) 임의의 $\mathbf{b} \in \boldsymbol{R}^n$에 대하여 $A\mathbf{x} = \mathbf{b}$는 해를 가진다.

(6) $\det A \neq 0$.

(7) A의 열들은 $\boldsymbol{R}^n$을 스팬한다.

(8) A의 열들은 일차독립이다.

보기 14 행렬

$$A = \begin{bmatrix} 1 & 1 & 1 \\ 2 & 2 & 0 \\ 3 & 0 & 0 \end{bmatrix}, \quad B = \begin{bmatrix} 4 & 2 & 2 \\ 2 & 3 & -5 \\ 3 & 1 & 3 \end{bmatrix}$$

에 대하여, $\det A = 6 \neq 0$이므로 A의 열들은 일차독립이고, 또한, $\boldsymbol{R}^3$을 스팬한다.

$\det B = 0$이므로, B의 열들은 일차종속이고, $\boldsymbol{R}^3$을 스팬하지 못한다.

보기 15 $\begin{bmatrix} 1 \\ 1 \end{bmatrix}, \begin{bmatrix} 1 \\ 2 \end{bmatrix}$는 일차독립(보기 9)이므로 $\boldsymbol{R}^2$를 스팬한다.

3-2 EXERCISES 연습문제

1 임의의 실수 c에 대하여

$$S = \{1, x - c, \cdots, (x - c)^n\}$$

은 $\mathscr{P}_n$을 스팬하고, 또, 일차독립임을 증명하라.

2 벡터공간 V의 유한부분집합 S에 대하여 다음을 증명하라.

(1) S가 일차종속일 때, S를 포함하는 집합 S'은 일차종속이다.

(2) S가 일차독립일 때, S의 부분집합 $S'' \neq \varnothing$ 은 일차독립이다.

3 벡터공간 V의 유한부분집합

$$S = \{\mathbf{u}, \mathbf{v}, \mathbf{w}\},\ T = \{\mathbf{u}, \mathbf{u} + \mathbf{v}, \mathbf{u} + \mathbf{v} + \mathbf{w}\}$$

에 대하여 다음을 증명하라.

(1) S가 V를 스팬할 때, T도 V를 스팬한다.

(2) S가 일차독립일 때, T도 일차독립이다.

4 다음 집합이 $\boldsymbol{R}^2$를 스팬하는지 않는지를 판정하라.

(1) $\left\{\begin{bmatrix} 2 \\ 1 \end{bmatrix}, \begin{bmatrix} 3 \\ 2 \end{bmatrix}\right\}$ (2) $\left\{\begin{bmatrix} 2 \\ 3 \end{bmatrix}, \begin{bmatrix} 4 \\ 6 \end{bmatrix}\right\}$

(3) $\left\{\begin{bmatrix} -2 \\ 1 \end{bmatrix}, \begin{bmatrix} 1 \\ 3 \end{bmatrix}, \begin{bmatrix} 2 \\ 4 \end{bmatrix}\right\}$ (4) $\left\{\begin{bmatrix} -1 \\ 2 \end{bmatrix}, \begin{bmatrix} 1 \\ -2 \end{bmatrix}, \begin{bmatrix} 2 \\ -4 \end{bmatrix}\right\}$

5 문제 4의 각 집합이 일차독립인지 일차종속인지를 판정하라.

6 다음 집합이 $\boldsymbol{R}^3$을 스팬하는지 않는지를 판정하라.

(1) $\{[1, 0, 0]^{\mathrm{T}}, [0, 1, 1]^{\mathrm{T}}, [0, 1, 0]^{\mathrm{T}}\}$

(2) $\{[1, 0, 0]^{\mathrm{T}}, [0, 1, 1]^{\mathrm{T}}, [0, 1, 0]^{\mathrm{T}}, [1, 2, 3]^{\mathrm{T}}\}$

(3) $\{[2, 1, -2]^{\mathrm{T}}, [3, 2, -2]^{\mathrm{T}}, [2, 2, 0]^{\mathrm{T}}\}$

(4) $\{[1, 1, 3]^{\mathrm{T}}, [0, 2, 1]^{\mathrm{T}}\}$

7 문제 6의 각 집합이 일차독립인지 일차종속인지를 판정하라.

3-2 · E · X · E · R · C · I · S · E · S · 연습문제

8 다음 집합이 $\mathscr{P}_2$를 스팬하는지 않는지를 판정하라.

(1) $\{1, x^2, x^2 - 2\}$ (2) $\{2, x, 2x + 3, x^2\}$

(3) $\{x + 2, x + 1, x^2 - 1\}$ (4) $\{x + 2, x^2 - 1\}$

9 문제 8의 각 집합이 일차독립인지 일차종속인지를 판정하라.

10 다음 집합이 일차독립인지 일차종속인지를 판정하라.

(1) $\left\{\begin{bmatrix} 1 & 0 \\ 0 & 1 \end{bmatrix}, \begin{bmatrix} 0 & 1 \\ 0 & 0 \end{bmatrix}, \begin{bmatrix} 0 & 0 \\ 1 & 0 \end{bmatrix}\right\}$

(2) $\left\{\begin{bmatrix} 1 & 0 \\ 0 & 1 \end{bmatrix}, \begin{bmatrix} 0 & 1 \\ 0 & 0 \end{bmatrix}, \begin{bmatrix} 2 & 3 \\ 0 & 2 \end{bmatrix}\right\}$

11 영이 아닌 벡터 $\mathbf{v}_1, \mathbf{v}_2, \cdots, \mathbf{v}_n$이 일차종속일 필요충분조건은 $\mathbf{v}_r \in \text{span}\{\mathbf{v}_1, \cdots, \mathbf{v}_{r-1}\}$를 만족하는 $r \in \{2, \cdots, n\}$이 존재할 것임을 증명하라.

12 $n-1$ 차 미분가능한 함수 $f_1(x), f_2(x), \cdots, f_n(x)$에 대하여

$$W(x) = \begin{bmatrix} f_1(x) & f_2(x) & \cdots & f_n(x) \\ f_1'(x) & f_2'(x) & \cdots & f_2'(x) \\ \vdots & \vdots & \ddots & \vdots \\ f_1^{(n-1)}(x) & f_2^{(n-1)}(x) & \cdots & f_n^{(n-1)}(x) \end{bmatrix}$$

라고 하자. $\det W(a) \neq 0$ 를 만족하는 실수 a가 존재할 때, $f_1(x)$, $f_2(x), \cdots, f_n(x)$는 일차독립임을 증명하라.

13 다음 함수의 집합은 일차독립임을보여라.

(1) $\{e^x, e^{-x}\}$ (2) $\{x, e^x, e^{2x}\}$ (3) $\{x, \sin x, \cos x\}$

14 함수의 집합 $\{x^2, x|x|\}$ 로써 문제 12의 역은 성립하지 않음을보여라.

3-2 · E · X · E · R · C · I · S · E · S · 연습문제

15 A가 $n \times n$ 가역행렬일 때, $\boldsymbol{R}^n$의 부분집합 $\{\mathbf{u}_1, \cdots, \mathbf{u}_r\}$ 이 일차독립이면 $\{A\mathbf{u}_1, \cdots, A\mathbf{u}_r\}$ 도 일차독립임을 보여라.

16 벡터공간 V의 부분집합 $\{\mathbf{u}_1, \cdots, \mathbf{u}_r\}$ 이 V를 스팬할 때, 임의의 $\mathbf{v} \in V$에 대하여 $\{\mathbf{v}, \mathbf{u}_1, \cdots, \mathbf{u}_r\}$ 은 일차종속임을 보여라.

17 벡터공간 V의 부분집합 $\{\mathbf{u}_1, \mathbf{u}_2, \cdots, \mathbf{u}_r\}$ 이 일차독립일 때, $\{\mathbf{u}_2, \cdots, \mathbf{u}_r\}$ 은 V를 스팬할 수 없음을 보여라.

18 $n \times n$ 행렬 A에 대하여 다음은 동치임을 보여라.

(i) $NS(A) = \{\mathbf{0}\}$

(ii) A는 가역이다.

(iii) 임의의 $\mathbf{b} \in \boldsymbol{R}^n$ 에 대하여 $A\mathbf{x} = \mathbf{b}$ 는 유일한 해를 가진다.

3-3 기저와 차원

이 절의 학습내용

- 기저의 뜻 / • 표준기저
- 순서기저 / • 순서기저에 관한 좌표벡터
- 차원 / • 서만종의 정리
- 확장 · 축소 정리
- 기저 변환에 따른 좌표의 변환

기저의 뜻

이 절의 목적은 벡터공간의 '바탕'이 되는 일단의 벡터를 규정하는 것이다.

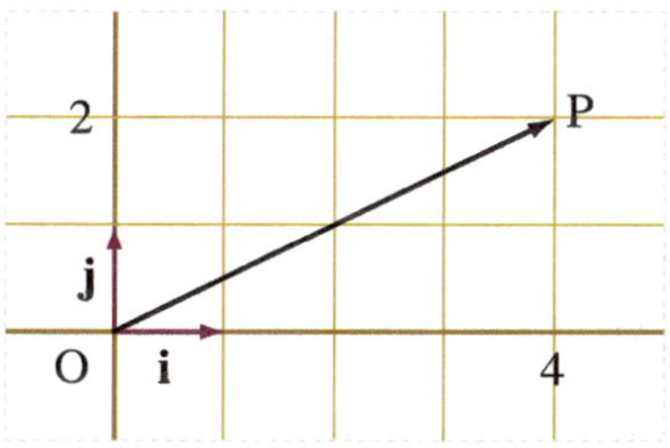

[그림 1]

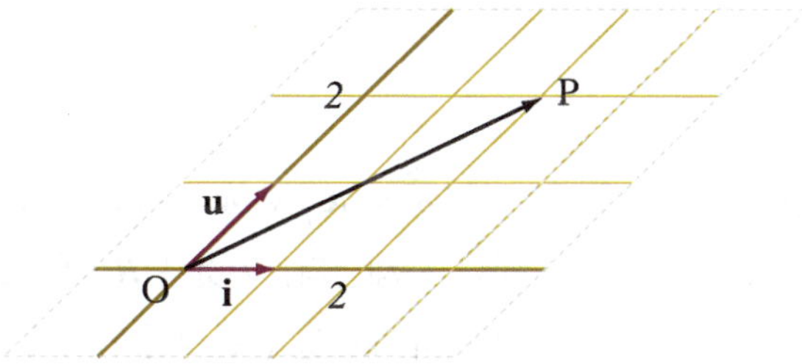

[그림 2]

정의 벡터공간 V의 유한 부분집합 S가

(i) V를 스팬하고, (ii) 일차독립

일 때, S를 V의 **기저**라고 한다.

◀ 基底 basis

보기 1 $S = \{\mathbf{e}_1, \cdots, \mathbf{e}_n\}$은 $\boldsymbol{R}^n$의 기저이다.

∵ S는 $\boldsymbol{R}^n$을 스팬하고, 일차독립이다.(3.2절 보기1, 보기5).

이 기저를 $\boldsymbol{R}^n$의 **표준기저**라고 한다.

◀ 標準基底 standard basis

보기 2 $S = \{1, x, \cdots, x^n\}$은 $\mathscr{P}_n$의 기저이다.

∵ S는 $\mathscr{P}_n$을 스팬하고, 일차독립이다.(3.2절 보기2, 보기6).

이 기저를 $\mathscr{P}_n$의 **표준기저**라고 한다.

보기 3 $E_{11} = \begin{bmatrix} 1 & 0 \\ 0 & 0 \end{bmatrix}, E_{12} = \begin{bmatrix} 0 & 1 \\ 0 & 0 \end{bmatrix}, E_{21} = \begin{bmatrix} 0 & 0 \\ 1 & 0 \end{bmatrix}, E_{22} = \begin{bmatrix} 0 & 0 \\ 0 & 1 \end{bmatrix}$

이라고 할 때, $S = \{E_{11}, E_{12}, E_{21}, E_{22}\}$는 $\boldsymbol{R}^{2\times 2}$의 기저이다.

∵ S는 $\boldsymbol{R}^{2\times 2}$을 스팬하고, 일차독립이다.(3.2절 보기3, 보기7).

이 기저를 $\boldsymbol{R}^{2\times 2}$의 **표준기저**라고 한다.

보기 4 $\mathbf{u} = \begin{bmatrix} 1 \\ 1 \\ 1 \end{bmatrix}, \mathbf{v} = \begin{bmatrix} 1 \\ 2 \\ 3 \end{bmatrix}, \mathbf{w} = \begin{bmatrix} 5 \\ 6 \\ 8 \end{bmatrix}$

이라고 할 때, $S = \{\mathbf{u}, \mathbf{v}, \mathbf{w}\}$는 $\boldsymbol{R}^3$의 기저가 아니다.

∵ S는 일차종속이다.(3.2절 보기11).

• 기저에 관한 좌표벡터

좌표공간의 임의의 점 P에 대하여 $\overrightarrow{\mathrm{OP}} = a\mathbf{e}_1 + b\mathbf{e}_2 + c\mathbf{e}_3$을 만족하는 실수의 순서조 (a, b, c)가 단 하나 존재한다. 이것은 $\boldsymbol{R}^3$의 표준기저 $\{\mathbf{e}_1, \mathbf{e}_2, \mathbf{e}_3\}$에 관한 P의 좌표이다. 이 개념을 일반적인 기저에 대한 좌표로 확장하여 보자.

정리 3.3.1

$\{\mathbf{u}_1, \cdots, \mathbf{u}_n\}$ 이 벡터공간 V의 기저일 때, 임의의 $\mathbf{v} \in V$는

$$\mathbf{v} = a_1\mathbf{u}_1 + \cdots + a_n\mathbf{u}_n, (a_1, \cdots, a_n \in \boldsymbol{R})$$

과 같이 $\mathbf{u}_1, \cdots, \mathbf{u}_n$의 일차결합으로 유일하게 표현된다.

$\mathbf{u}_1, \cdots, \mathbf{u}_n$의 일차결합으로 **유일하게** 표현된다는 말은 $\mathbf{u}_1, \cdots, \mathbf{u}_n$의 일차결합으로 표현되는데 각 $\mathbf{u}_i$의 계수가 유일하게 정해진다는 뜻이다.

증명 $\mathbf{v} \in V$에 대하여, 첫째,

$$\mathbf{v} = a_1\mathbf{u}_1 + \cdots + a_n\mathbf{u}_n \quad \cdots\cdots\cdots ①$$

을 만족하는 $a_1, \cdots, a_n \in \boldsymbol{R}$이 존재함을 보이고,

둘째, $b_1, \cdots, b_n \in \boldsymbol{R}$에 대하여

$$\mathbf{v} = b_1\mathbf{u}_1 + \cdots + b_n\mathbf{u}_n \quad \cdots\cdots\cdots ②$$

이라고 할 때

$$a_i = b_i, (i = 1, \cdots, n) \quad \cdots\cdots\cdots ③$$

이성립함을 보여야 한다.

$\{\mathbf{u}_1, \cdots, \mathbf{u}_n\}$이 V를 스팬하므로 $\mathbf{v} \in V$는 ①과 같이 $\mathbf{u}_1, \cdots, \mathbf{u}_n$의 일차결합으로 표현된다.

$\mathbf{v}$가 ②와 같이도 표현되었다고 할 때, ①에서 ②를 변끼리 빼면,

$$(a_1 - b_1)\mathbf{u}_1 + \cdots + (a_n - b_n)\mathbf{u}_n = \mathbf{0}$$

이다. $\{\mathbf{u}_1, \cdots, \mathbf{u}_n\}$ 이 일차독립이므로

$$a_1 - b_1 = 0, \cdots, a_n - b_n = 0$$

즉, ③이 성립한다. ▮

정의 $\{\mathbf{v}_1, \cdots, \mathbf{v}_n\}$이 벡터공간 V의 기저일 때, $\mathbf{v}_1, \cdots, \mathbf{v}_n$의 순서조 $B = (\mathbf{v}_1, \cdots, \mathbf{v}_n)$를 V의 **순서기저**라고 한다.
V의 순서기저 $B = (\mathbf{v}_1, \cdots, \mathbf{v}_n)$과 $\mathbf{x} = [x_1, \cdots, x_r]^T \in \boldsymbol{R}^n$의 곱 $B\mathbf{x}$를

$$B\mathbf{x} = \mathbf{v}_1x_1 + \mathbf{v}_2x_2 + \cdots + \mathbf{v}_nx_n$$

과 같이 정의 한다.

◀ 順序基底 ordered basis

정리 3.3.1에 의하여, $\mathbf{v} \in V$일 때,

$$B\mathbf{x} = \mathbf{v}$$

를 만족하는

$$\mathbf{x} = \begin{bmatrix} a_1 \\ \vdots \\ a_n \end{bmatrix} \in \boldsymbol{R}^n$$

은 유일하게 존재한다. 이 n-벡터 $\mathbf{x}$를 순서기저 B에 관한 $\mathbf{v}$의 **좌표벡터**라 하고,

◂ 座標벡터 coordinate vector

$$\frac{\mathbf{v}}{B}$$

로 나타낸다.

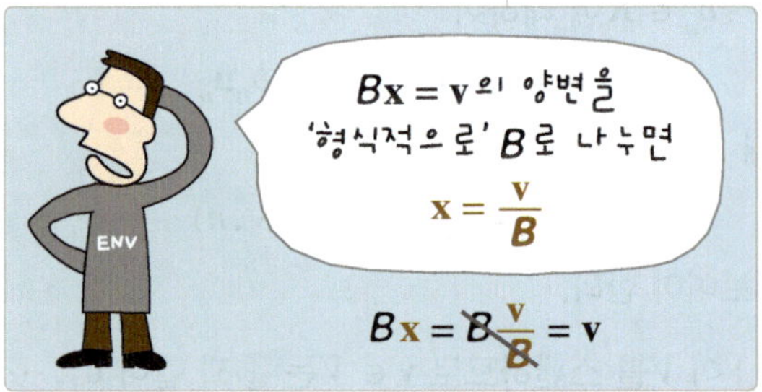

보기 5 $\mathscr{P}_2$의 순서기저 $B = (1, x, x^2)$에 관한 $f = 2 + 3x + 4x^2 \in \mathscr{P}_2$의 좌표벡터는 $\frac{f}{B} = [2, 3, 4]^{\mathrm{T}}$이다.

$$\because \quad B\mathbf{x} = (1, x, x^2)\begin{bmatrix} 2 \\ 3 \\ 4 \end{bmatrix} = 2 + 3x + 4x^2 = f.$$

순서기저 $C = (x^2, x, 1)$ 에 대한 f의 좌표벡터는 $\frac{f}{C} = [4, 3, 2]^{\mathrm{T}}$이다.

(3.2절 보기15 참조)

보기 6 $\mathbf{v}_1 = \begin{bmatrix} 1 \\ 1 \end{bmatrix}, \mathbf{v}_2 = \begin{bmatrix} 1 \\ 2 \end{bmatrix}, \mathbf{u} = \begin{bmatrix} 5 \\ 7 \end{bmatrix}$일 때, $\boldsymbol{R}^2$의 순서기저

$B = (\mathbf{v}_1, \mathbf{v}_2)$ 에 관한 $\mathbf{u}$의 좌표벡터는 $\frac{\mathbf{u}}{B} = \begin{bmatrix} 3 \\ 2 \end{bmatrix}$이다.

$$\because \quad B\mathbf{x} = \begin{bmatrix} 1 & 1 \\ 1 & 2 \end{bmatrix}\begin{bmatrix} 3 \\ 2 \end{bmatrix} = \begin{bmatrix} 5 \\ 7 \end{bmatrix}.$$

순서기저 $C = (\mathbf{v}_2, \mathbf{v}_1)$ 에 대한 $\mathbf{u}$의 좌표벡터는 $\frac{\mathbf{u}}{B} = \begin{bmatrix} 2 \\ 3 \end{bmatrix}$이다.

보기 7 $E_{11}=\begin{bmatrix}1&0\\0&0\end{bmatrix}, E_{12}=\begin{bmatrix}0&1\\0&0\end{bmatrix}, E_{21}=\begin{bmatrix}0&0\\1&0\end{bmatrix}, E_{22}=\begin{bmatrix}0&0\\0&1\end{bmatrix}$

이라고 할 때, $\boldsymbol{R}^{2\times 2}$의 순서기저 $B=(E_{11}, E_{12}, E_{21}, E_{22})$ 에 관한

$A=\begin{bmatrix}a&b\\c&d\end{bmatrix}$의 좌표벡터는 $\frac{A}{B}=[a, b, c, d]^{\mathrm{T}}$이다.

$$\because\ B=(E_{11}, E_{12}, E_{21}, E_{22})\begin{bmatrix}a\\b\\c\\d\end{bmatrix}=aE_{11}+aE_{12}+aE_{21}+aE_{22}=A.$$

보기 8 다음 그림에서 $\boldsymbol{R}^2$의 순서기저 $B=(\mathbf{u}, \mathbf{v})$ 에 관한

$\mathbf{w}=\overrightarrow{\mathrm{OP}}$ 의 좌표벡터는 $\frac{\mathbf{w}}{B}=\begin{bmatrix}3\\2\end{bmatrix}$,

$\mathbf{z}=\overrightarrow{\mathrm{OQ}}$ 의 좌표벡터는 $\frac{\mathbf{z}}{B}=\begin{bmatrix}-3\\2\end{bmatrix}$.

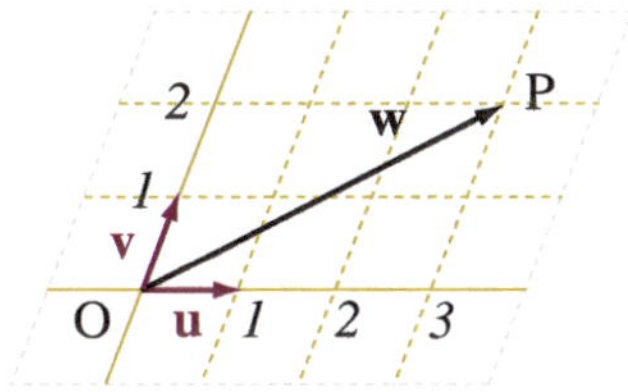

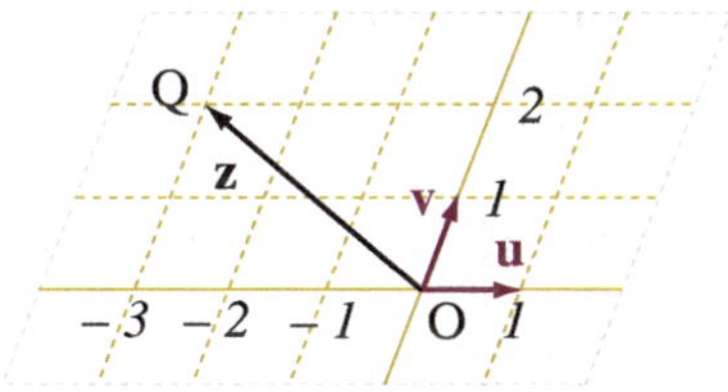

차원

하나의 벡터공간은 여러 개의 기저를 가질 수 있다. 그러나 기저를 이루는 벡터의 개수는 일정하다. 이에 대하여 알아 보자.

보조정리 3.3.2

벡터공간 V의 순서기저 $B=(\mathbf{v}_1, \cdots, \mathbf{v}_n)$과 $\mathbf{x}, \mathbf{y}\in\boldsymbol{R}^n$, $k\in\boldsymbol{R}$에 대하여 다음이 성립한다.

(1) $B(\mathbf{x}+\mathbf{y})=B\mathbf{x}+B\mathbf{y}$ (2) $B(k\mathbf{x})=k(B\mathbf{x})$

증명 $\mathbf{x} = [x_1, \cdots, x_n]^{\mathrm{T}}, \mathbf{y} = [y_1, \cdots, y_n]^{\mathrm{T}}$라고 하면

(1)
$$\begin{aligned} B(\mathbf{x}+\mathbf{y}) &= \mathbf{v}_1(x_1+y_1) + \cdots + \mathbf{v}_n(x_n+y_n) \\ &= (\mathbf{v}_1 x_1 + \cdots + \mathbf{v}_n x_n) + (\mathbf{v}_1 y_1 + \cdots + \mathbf{v}_n y_n) \\ &= B\mathbf{x} + B\mathbf{y}. \end{aligned}$$

◀ $\mathbf{x}+\mathbf{y} = [x_1+y_1, \cdots, x_n+y_n]^{\mathrm{T}}$

(2) $B(k\mathbf{x}) = \mathbf{v}_1(kx_1) + \cdots + \mathbf{v}_n(kx_n) = k(\mathbf{v}_1 x_1 + \cdots + \mathbf{v}_n x_n) = k(B\mathbf{x})$. ▌

◀ $k\mathbf{x} = [kx_1, \cdots, kx_r]^{\mathrm{T}}$

보조정리 3.3.3 (서만종의 정리)

벡터공간 V의 m 개의 벡터가 V를 스팬할 때, $m+1$ 개 이상의 벡터는 일차종속이다.

증명 벡터 $\mathbf{u}_1, \cdots, \mathbf{u}_m$이 V를 스팬한다고 하고, $n > m$일 때, n 개의 벡터 $\mathbf{v}_1, \cdots, \mathbf{v}_n$은 일차종속임을 보인다.

$B = (\mathbf{u}_1, \cdots, \mathbf{u}_m)$으로 두고,

$$\mathbf{x}_j = \frac{\mathbf{v}_j}{B}, (j = 1, \cdots, n)$$

으로 두면 각 $\mathbf{x}_j$는 m-벡터이다.

$A = [\mathbf{x}_1, \cdots, \mathbf{x}_n]$로 두면, A는 $m \times n$행렬이므로 가로가 긴 행렬이다. 그러므로 따름정리 1.1.8에 의하여

$$A\mathbf{c} = \mathbf{0}$$

을 만족하는 $\mathbf{c} = [c_1, \cdots, c_n]^{\mathrm{T}} \neq [0, \cdots, 0]^{\mathrm{T}}$가 존재한다. 이 때,

$$\begin{aligned} \mathbf{v}_1 c_1 + \cdots + \mathbf{v}_n c_n &= (B\mathbf{x}_1)c_1 + \cdots + (B\mathbf{x}_n)c_n \\ &= B(\mathbf{x}_1 c_1) + \cdots + B(\mathbf{x}_n c_n) \\ &= B(\mathbf{x}_1 c_1 + \cdots + \mathbf{x}_n c_n) \\ &= B(A\mathbf{c}) = B\mathbf{0} = \mathbf{0}. \end{aligned}$$

(보조정리 3.3.2)

그러므로 $\mathbf{v}_1, \cdots, \mathbf{v}_n$은 일차종속이다. ▌

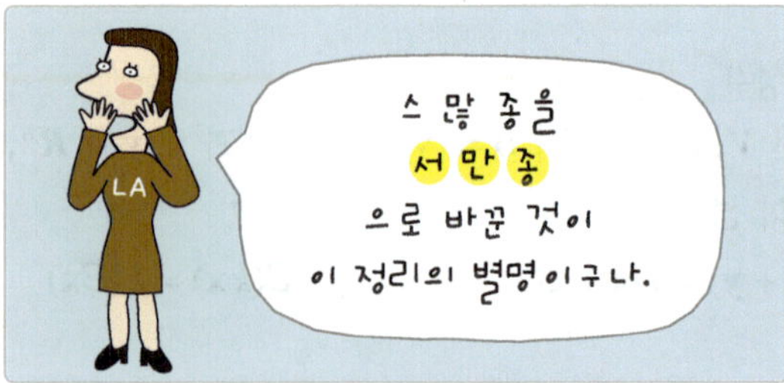

정리 3.3.4

벡터공간 V의 임의의 두 기저는 같은 개수의 벡터를 가진다.

증명 $S=\{\mathbf{u}_1, \cdots, \mathbf{u}_m\}$, $T=\{\mathbf{v}_1, \cdots, \mathbf{v}_n\}$이 V의 기저일 때, S는 V를 스팬하고 T는 일차독립이므로 $m \geq n$이다. (∵서만종의 정리).
S, T의 역할을 서로 바꾸어 생각하면 $m \leq n$이다.

$$\therefore\ m=n. \quad \blacksquare$$

정의 벡터공간 $V \neq \{\mathbf{0}\}$의 기저의 원소의 개수를 V의 **차원**이라 하고,

$$\dim(V)$$

로 나타낸다.

또, $V=\{\mathbf{0}\}$의 차원은 0, 즉 $\dim(\{\mathbf{0}\})=0$으로 정의한다.

◀ 次元 dimension

보기 9 $\{\mathbf{e}_1, \cdots, \mathbf{e}_n\}$이 $\boldsymbol{R}^n$의 기저이므로, $\boldsymbol{R}^n$의 차원은 n, 즉,

$$\dim(\boldsymbol{R}^n)=n.$$

보기 10 $\{1, x, \cdots, x^n\}$이 $\mathscr{P}_n$의 기저이므로, $\mathscr{P}_n$의 차원은 $n+1$, 즉,

$$\dim(\mathscr{P}_n)=n+1.$$

보기 11 $\{E_{ij} \mid i=1, \cdots, m; j=1, \cdots, n\}$이 $\boldsymbol{R}^{m\times n}$의 기저이므로, $\boldsymbol{R}^{m\times n}$의 차원은 mn, 즉,

$$\dim(\boldsymbol{R}^{m\times n})=mn.$$

벡터공간 V의 기저 S는 V를 스팬하고, S의 원소의 개수는 V의 차원이므로, 서만종의 정리에 의하여, 다음 따름정리를 얻는다.

따름정리 3.3.5 (차말종의 정리)

벡터공간 V에서 V의 차원보다 많은 수의 벡터는 일차종속이다.

$\boldsymbol{R}^n$, $\mathscr{P}_n$, $\boldsymbol{R}^{m\times n}$과 같이 유한집합인 기저를 가지는 벡터공간은 **유한차원**벡터공간이라고 한다. 유한차원이 아닌 벡터공간은 **무한차원**벡터공간이라고 한다.

◂ 有限次元 finite dimensional

◂ 無限次元 infinite dimensional

보기 12 다항식 전체로 이루어진 벡터공간 $\mathscr{P}$는 무한차원 벡터공간이다.

∵ $\mathscr{P}$가 유한차원이라 하고 $\dim(\mathscr{P}) = n$이라고 하면, 차만종의 정리에 의하여 임의의 $n+1$개의 다항식은 일차종속이다. 그러나 $n+1$개의 다항식 $1, x, \cdots, x^n$은 일차독립이다.

따름정리 3.3.6

벡터공간 V를 스팬하는 벡터의 개수는 $\dim(V)$ 이상이다.

증명 $\dim(V)-1$ 개 이하의 어떤 벡터들이 V를 스팬한다면, $\dim(V)$ 개의 벡터는 일차종속이다. (∵ 서만종의 정리). 그러나 V의 기저는 $\dim(V)$ 개의 벡터로 이루어져 있으며, 일차독립이다. ▮

• 기저로의 확장 · 축소

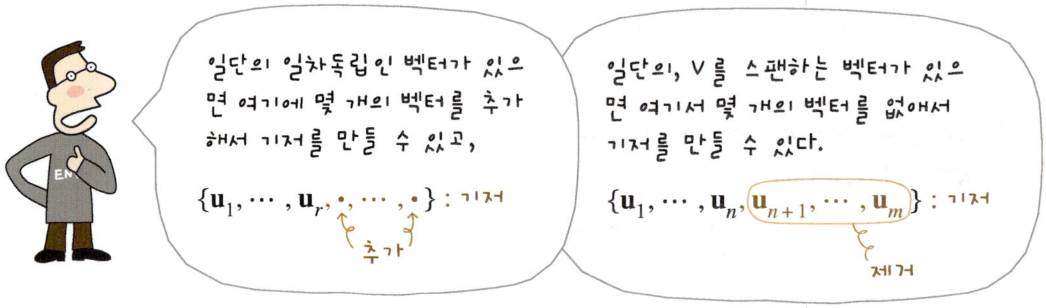

지금부터 이 사실에 대하여 알아 보자.

벡터공간 V의 유한부분집합 S와 $\mathbf{v} \in V$에 대하여 $\mathbf{v} \in \mathrm{span}(S)$일 때, **$\mathbf{v}$는 S에 의존**한다고 하고, $\mathbf{v}$가 S에 의존하지 않을 때, **$\mathbf{v}$는 S와 독립**이라고 한다.

보기 13 $S = \{\mathbf{e}_1, \mathbf{e}_2\} \subset \boldsymbol{R}^3, \mathbf{u} = \begin{bmatrix} 1 \\ 1 \\ 0 \end{bmatrix}, \mathbf{v} = \begin{bmatrix} 1 \\ 1 \\ 1 \end{bmatrix} \in \boldsymbol{R}^3$에 대하여

$\mathbf{u} = \mathbf{e}_1 + \mathbf{e}_2 \in \text{span}(S)$ 이므로 $\mathbf{u}$는 S에 의존한다.

$\mathbf{v} \notin \text{span}(S)$ 이므로 $\mathbf{v}$는 S와 독립이다.

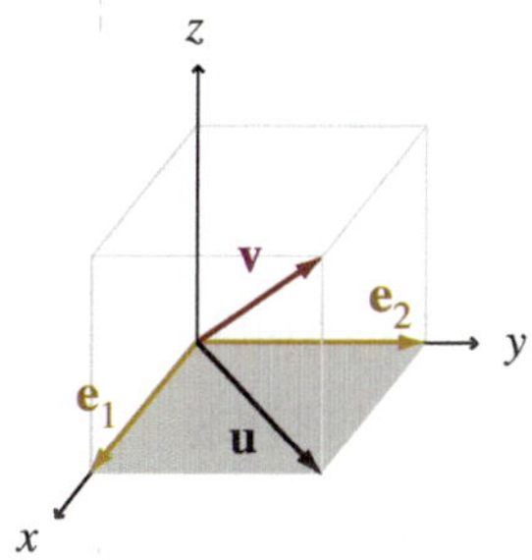

보조정리 3.3.7 (플러스·마이너스 정리)

벡터공간 V의 부분집합 $S = \{\mathbf{u}_1, \cdots, \mathbf{u}_n\}, \mathbf{v} \in V$에 대하여

(1) S가 일차독립이고 $\mathbf{v}$가 S와 독립일 때, $S \cup \{\mathbf{v}\}$ 도 일차독립이다.

(2) S가 V를 스팬하고 $\mathbf{u}_n$ 이 $S - \{\mathbf{u}_n\}$ 에 의존할 때, $S - \{\mathbf{u}_n\}$ 도 V를 스팬한다.

증명 (1) $a_1, \cdots, a_n, b \in \boldsymbol{R}$에 대하여

$$a_1\mathbf{u}_1 + \cdots + a_n\mathbf{u}_n + b\mathbf{v} = \mathbf{0} \quad \cdots\cdots ①$$

이라고 하자. 우선 $b \neq 0$이라고 하면

$$\mathbf{v} = \left(-\frac{a_1}{b}\right)\mathbf{u}_1 + \cdots + \left(-\frac{a_n}{b}\right)\mathbf{u}_n \in \text{span}(S)$$

와 같이 $\mathbf{v}$가 S에 의존하게 되므로

$$b = 0 \quad \cdots\cdots ②$$

이어야 한다. 이 때, ①로부터

$$a_1\mathbf{u}_1 + \cdots + a_n\mathbf{u}_n = \mathbf{0}.$$

$$\therefore\ a_1 = \cdots = a_n = 0.\ (\because S\text{는 일차독립}) \quad \cdots\cdots ③$$

①, ②, ③ 으로부터 $S \cup \{\mathbf{v}\}$는 일차독립이다.

(2) $\mathbf{u}_n$ 이 $S - \{\mathbf{u}_n\}$ 에 의존하므로 $b_1, \cdots, b_{n-1} \in \boldsymbol{R}$이 있어서

$$\mathbf{u}_n = b_1\mathbf{u}_1 + \cdots + b_{n-1}\mathbf{u}_{n-1}. \quad \cdots\cdots ④$$

S가 V를 스팬하므로, $\mathbf{v} \in V$일 때, $a_1, \cdots, a_{n-1}, a_n \in \boldsymbol{R}$이 있어서

$$\mathbf{v} = a_1\mathbf{u}_1 + \cdots + a_{n-1}\mathbf{u}_{n-1} + a_n\mathbf{u}_n. \quad \cdots\cdots ⑤$$

④를 ⑤에 대입하면,

$$\begin{aligned} \mathbf{v} &= a_1\mathbf{u}_1 + \cdots + a_{n-1}\mathbf{u}_{n-1} + a_n(b_1\mathbf{u}_1 + \cdots + b_{n-1}\mathbf{u}_{n-1}) \\ &= (a_1 + a_nb_1)\mathbf{u}_1 + \cdots + (a_{n-1} + a_nb_{n-1})\mathbf{u}_{n-1} \\ &\in \text{span}(S - \{\mathbf{u}_n\}). \end{aligned}$$

그러므로 $S - \{\mathbf{u}_n\}$은 V를 스팬한다. ▮

정리 3.3.8

n 차원 벡터공간 V의 n 개의 벡터로 이루어진 부분집합 S에 대하여 다음은 동치이다.

(i) S는 일차독립이다.

(ii) S는 V를 스팬한다.

(iii) S는 V의 기저이다.

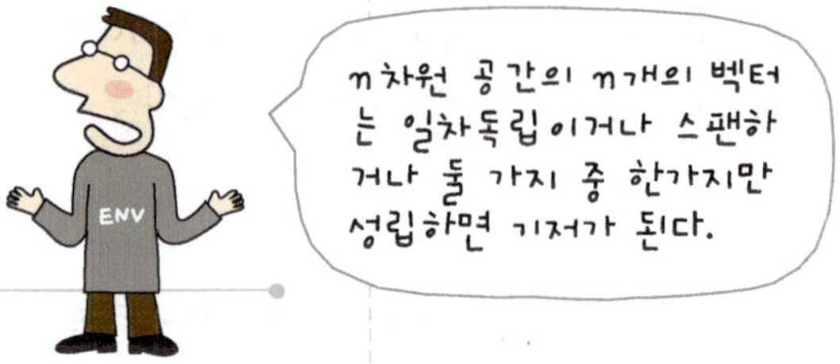

증명 $\dim(V) = n, S = \{\mathbf{u}_1, \cdots, \mathbf{u}_n\}$ 이라고 하자.

(i) $\Rightarrow$ (ii) : S가 일차독립이라고 하자.

S가 V를 스팬하지 못하면 S와 독립인 벡터 $\mathbf{v} \in V$가 존재한다.

이 때, $\{\mathbf{u}_2, \cdots, \mathbf{u}_n, \mathbf{v}\}$는 일차독립 ($\because$ 플러스 · 마이너스 정리) 이 되어, 차만종의 정리에 위배된다. 그러므로 S는 V를 스팬한다.

(ii) $\Rightarrow$ (i) : S가 V를 스팬한다고 하자. S가 일차종속이면 $\mathbf{u}_1, \cdots, \mathbf{u}_n$ 중 하나, 이를테면 $\mathbf{u}_n$은 나머지 벡터 $\mathbf{u}_1, \cdots, \mathbf{u}_{n-1}$의 일차결합이다. 이 때, $\mathbf{u}_1, \cdots, \mathbf{u}_{n-1}$ 도 V를 스팬 ($\because$ 플러스 · 마이너스 정리) 하게 되어, 따름정리 3.3.6에 위배된다. 그러므로 $\mathbf{S}$는 일차독립이다.

이제 (i) $\Leftrightarrow$ (ii) 이므로 (i), (ii), (iii) 은 동치이다. ▮

정리 3.3.9 (확장 · 축소 정리)

유한차원 벡터공간 V의 분분집합 S에 대하여 다음이 성립한다.

(1) S가 일차독립이면 S를 포함하는 V의 기저 S'이 존재한다.

(2) S가 V를 스팬하면, S에 포함되는 V의 기저 S''이 존재한다.

증명 $\dim(V) = n,\ S = \{\mathbf{u}_1, \cdots, \mathbf{u}_r\}$이라고 하자.

(1) S가 일차독립이라고 하자. 우선, 차만종의 정리에 의하여 $r \le n$이다.

$r = n$이면, S는 V의 기저이다. ($\because$ 정리 3.3.8).

$r < n$이면, S는 V를 스팬하지 못한다. ($\because$ 따름정리 3.3.6). 그러므로 S와 독립인 $\mathbf{v}_1 \in V$가 존재한다. 이 때, $T = \{\mathbf{u}_1, \cdots, \mathbf{u}_r, \mathbf{v}_1\}$은 일차독립이다. ($\because$ 플러스 · 마이너스 정리). T에 위의 과정을 반복하면 일차독립인 집합 $S' = \{\mathbf{u}_1, \cdots, \mathbf{u}_r, \mathbf{v}_1, \cdots, \mathbf{v}_{n-r}\}$를 얻는다. S'은 n 개의 벡터로 이루어진 일차독립인 집합이므로 V의 기저이다. ($\because$ 정리 3.3.8).

(2) S가 V를 스팬한다고 하자. 따름정리 3.3.6 에 의하여 $r \geq n$이다.
$r = n$이면, S는 V의 기저이다. (∵ 정리 3.3.8).
$r > n$이면, S는 일차종속이다. (∵ 차만종의정리). 그러므로 $\mathbf{u}_1, \cdots, \mathbf{u}_r$ 중 하나, 이를테면 $\mathbf{u}_r$은 나머지 벡터의 집합 $T = \{\mathbf{u}_1, \cdots, \mathbf{u}_{r-1}\}$에 의존한다. 이 때, T도 V를 스팬한다. (∵ 플러스 · 마이너스 정리).
T에 위의 과정을 반복하면 V를 스팬하는 집합 $S'' = \{\mathbf{v}_1, \cdots, \mathbf{v}_n\} \subset S$를 얻는다. S''은 n개의 벡터로 이루어진 집합으로서 V를 스팬하므로 V의 기저이다. (∵ 정리 3.3.8). ■

● 부분공간과 차원

유한차원 벡터공간과 부분공간의 차원 사이의 관계는 다음과 같다.

정리 3.3.10

유한차원 벡터공간 V의 부분공간 W에 대하여 다음이 성립한다.

(1) W도 유한차원 벡터공간이다.

(2) $\dim(W) \leq \dim(V)$.

(3) $\dim(W) = \dim(V) \Rightarrow W = V$.

증명 $\dim(V) = n$이라고 하자.

$n = 0$ 또는 $W = \{\mathbf{0}\}$일 때는 명백하므로 $n > 0$, $W \neq \{\mathbf{0}\}$이라고 하자.

(1) W가 유한차원 벡터공간이 아니라고 하면, W의 어떠한 유한 부분집합 S에 대해서도 $\text{span}(S) \subsetneq W$이다.

∵ W의 유한부분집합 S에 대하여 $\text{span}(S) = W$라고 하면 S의 부분집합인 W의 기저 T가 존재하고 (∵ 확장 · 축소 정리) 따라서 W는 유한차원 벡터공간이 된다. ◆

$\mathbf{w}_1 \in W - \{\mathbf{0}\}$이라고 하면 $S_1 = \{\mathbf{w}_1\}$은 일차독립이고 $\text{span}(S_1) \subsetneq W$.
$\mathbf{w}_2 \in W - \text{span}(S_1)$을 잡으면, $S_2 = \{\mathbf{w}_1, \mathbf{w}_2\}$는 일차독립이고 (∵ 플러스 · 마이너스 정리), $\text{span}(S_2) \subsetneq W$.
이와 같은 과정을 반복하면 W의 일차독립인 부분집합

$$S_{n+1} = \{\mathbf{w}_1, \cdots, \mathbf{w}_{n+1}\}$$

을 얻을 수 있다. 이것은 차만종의 정리에 위배된다.

(2) $\dim(W) = r$ 이라고 할 때, W 의 기저를 이루는 r개의 벡터는 일차독립이므로 $r \le \dim(V)$ 이다. (∵ 차만종의 정리).

(3) $\dim(W) = \dim(V) = n$이라 하고, $S = \{\mathbf{w}_1, \cdots, \mathbf{w}_n\}$ 을 W 의 기저라고 하자. n 개의 원소로 이루어진 집합 S 는 일차독립이고, $S \subset V$ 이므로 V의 기저이다. (∵정리 3.3.8).

$$\therefore \quad V = \text{span}(S) = W. \ \blacksquare$$

보기 14 $W \le \boldsymbol{R}^3$ 라고 하고, S를 W의 기저라고 하자.
$\dim(W) \le \dim(\boldsymbol{R}^3) = 3$이므로 $\dim(W) = 0, 1, 2, 3$이다.
$\dim(W) = 0$일 때, $W = \{\mathbf{0}\}$.
$\dim(W) = 1$일 때, $S = \{\mathbf{u}\}$ 이고 W는 $\mathbf{u}$를 품는 직선이다.
$\dim(W) = 2$일 때, $S = \{\mathbf{u}, \mathbf{v}\}$ 이고 W는 $\mathbf{u}, \mathbf{v}$를 품는 평면이다.
$\dim(W) = 3$일 때, $W = \boldsymbol{R}^3$

◀ $\boldsymbol{R}^3$ 의 부분공간은
원점,
원점을 지나는 직선,
원점을 지나는 평면,
$\boldsymbol{R}^3$ 자신
의 4 가지뿐임을 말하고 있다.

기저변환에 따른 좌표의 변환

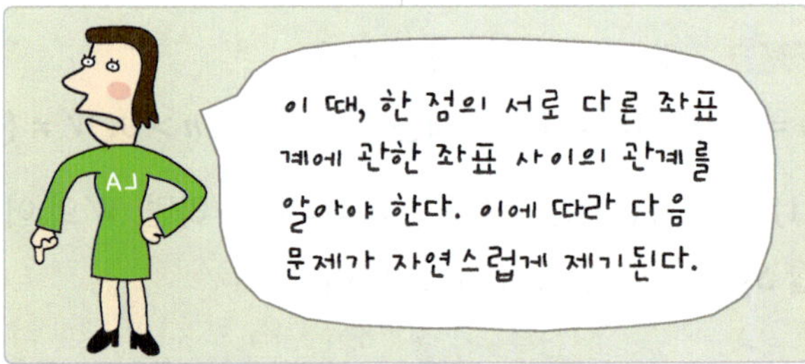

기저변환문제 벡터공간 V 의 순서기저 B, C가 주어졌을 때, 벡터 $\mathbf{v} \in V$ 의 B, C에 관한 좌표 $\frac{\mathbf{v}}{B}, \frac{\mathbf{v}}{C}$ 사이의 관계는 어떠한가?

실제로, $\dim(V) = n$ 일 때, 조건

$$(*) \qquad \frac{\mathbf{v}}{B} = A\frac{\mathbf{v}}{C}, \ (\forall \mathbf{v} \in V)$$

를 만족하는 $n \times n$ 행렬 A가 유일하게 존재한다.

이 사실을 증명하기 위하여 먼저 다음 행렬을 정의한다.
$\dim(V)=n$, $B=(\mathbf{b}_1,\cdots,\mathbf{b}_n)$이라고 할 때, 각 $j=1,\cdots,n$에 대하여

$$\frac{\mathbf{b}_j}{C}\in \boldsymbol{R}^n$$

을 제 j 열로 하는 $n\times n$ 행렬을 $\frac{B}{C}$로 나타낸다. 즉,

$$\frac{B}{C}=\left[\frac{\mathbf{b}_1}{C},\cdots,\frac{\mathbf{b}_n}{C}\right].$$

보기 15 $B=(1,1+x,(1+x)^2)$, $C=(1,x,x^2)$은 $\mathscr{P}_2$의 순서기저이다. 순서기저 C에 관한 B의 원소 $1, 1+x, (1+x)^2=1+2x+x^2$의 좌표벡터는 각각

$$\frac{1}{C}=\begin{bmatrix}1\\0\\0\end{bmatrix},\quad \frac{1+x}{C}=\begin{bmatrix}1\\1\\0\end{bmatrix},\quad \frac{(1+x)^2}{C}=\begin{bmatrix}1\\2\\1\end{bmatrix}.$$

$$\therefore\ \frac{B}{C}=\left[\frac{1}{C},\frac{1+x}{C},\frac{(1+x)^2}{C}\right]=\begin{bmatrix}1&1&1\\0&1&2\\0&0&1\end{bmatrix}.$$

보조정리 3.3.11

C가 벡터공간 V의 순서기저일 때, $\mathbf{u},\mathbf{v}\in V$, $k\in\boldsymbol{R}$에 대하여

(1) $\dfrac{\mathbf{u}+\mathbf{v}}{C}=\dfrac{\mathbf{u}}{C}+\dfrac{\mathbf{v}}{C}$ (2) $\dfrac{k\mathbf{u}}{C}=k\dfrac{\mathbf{u}}{C}$

증명 $\frac{\mathbf{u}}{C}=\mathbf{x}$, $\frac{\mathbf{v}}{C}=\mathbf{y}$라고 하면 $\mathbf{u}=C\mathbf{x}$, $\mathbf{v}=C\mathbf{y}$이다. 이 때,

(1) $\mathbf{u}+\mathbf{v}=C\mathbf{x}+C\mathbf{y}=C(\mathbf{x}+\mathbf{y})$ 이므로 (보조정리 3.3.2 (1))

$$\frac{\mathbf{u}+\mathbf{v}}{C}=\mathbf{x}+\mathbf{y}.\quad \therefore\ \frac{\mathbf{u}+\mathbf{v}}{C}=\frac{\mathbf{u}}{C}+\frac{\mathbf{v}}{C}.$$

(2) $\mathbf{u}k=(C\mathbf{x})k=C(\mathbf{x}k)$ 이므로 (보조정리 3.3.2 (2))

$$\frac{\mathbf{u}k}{C}=\mathbf{x}k.\quad \therefore\ \frac{\mathbf{u}k}{C}=\frac{\mathbf{u}}{C}k. \ \blacksquare$$

정리 3.3.12

B, C가 벡터공간 V의 순서기저라고 할 때, $A = \dfrac{B}{C}$는 조건

$$\frac{\mathbf{v}}{C} = A\frac{\mathbf{v}}{B}, \quad (\forall \mathbf{v} \in V) \quad \cdots\cdots ①$$

를 만족하는 유일한 행렬이다.

증명 $\dim(V) = n$, $B = (\mathbf{b}_1, \cdots, \mathbf{b}_n)$이라고 하자.

$\mathbf{v} \in V$에 대하여 $\dfrac{\mathbf{v}}{B} = \mathbf{x} = [x_1, x_2, \cdots, x_n]^{\mathrm{T}}$ 라고 하면

$$\mathbf{v} = B\mathbf{x} = \mathbf{b}_1 x_1 + \cdots + \mathbf{b}_n x_n.$$

$$\therefore \frac{\mathbf{v}}{C} = \frac{\mathbf{b}_1 x_1 + \cdots + \mathbf{b}_n x_n}{C} = \frac{\mathbf{b}_1 x_1}{C} + \cdots + \frac{\mathbf{b}_n x_n}{C}$$

(보조정리 3.3.2 (1))

$$= \frac{\mathbf{b}_1}{C}x_1 + \cdots + \frac{\mathbf{b}_n}{C}x_n = \left[\frac{\mathbf{b}_1}{C}, \cdots, \frac{\mathbf{b}_n}{C}\right]\begin{bmatrix} x_1 \\ \vdots \\ x_n \end{bmatrix}$$

(보조정리 3.3.2 (2))

$$= \frac{B}{C}\mathbf{x} = \frac{B}{C}\frac{\mathbf{v}}{B}.$$

따라서 $A = \dfrac{B}{C}$는 조건 ①을 만족하는 $n \times n$ 행렬이다.

A가 ①을 만족하는 유일한 행렬임을 보이기 위하여 $n \times n$ 행렬 M도 ①을 만족한다고 하면

$$A\frac{\mathbf{v}}{B} = M\frac{\mathbf{v}}{B}, \quad (\forall \mathbf{v} \in V).$$

특히,

$$A\frac{\mathbf{b}_j}{B} = M\frac{\mathbf{b}_j}{B}, (j = 1, \cdots, n). \quad \cdots\cdots ②$$

각 $j = 1, \cdots, n$에 대하여 $\mathbf{b}_j$를 B의 일차결합으로 나타내면

$$\mathbf{b}_j = 0\mathbf{b}_1 + \cdots + 0\mathbf{b}_{j-1} + 1\mathbf{b}_j + 0\mathbf{b}_{j+1} + \cdots + 0\mathbf{b}_n$$

이므로

(j번째 성분)

$$\frac{\mathbf{b}_j}{B} = [0, \cdots, 0, 1, 0, \cdots, 0]^{\mathrm{T}} = \mathbf{e}_j. \quad \cdots\cdots ③$$

②, ③에서

$$A\mathbf{e}_j = M\mathbf{e}_j, (j = 1 \cdots, n).$$

$A\mathbf{e}_j, M\mathbf{e}_j$는 각각 A, M의 제 j 열이므로 $A = M$이다. ∎

이제, 정리 3.3.12의 ①은 다음과 같이 표현된다.

$$\frac{\mathbf{v}}{C} = \frac{B}{C}\frac{\mathbf{v}}{B}\ , \ (\forall \mathbf{v} \in V)$$

행렬 $\frac{B}{C}$는 B에 관한 좌표벡터를 C에 관한 좌표벡터로 전환시켜주는 역할을 한다. 이런 뜻에서 $\frac{B}{C}$를 B에서 C로의 **전이행렬**이라고 한다. 전이행렬은 다음과 같은 중요한 성질은 가진다.

◀ 轉移行列 transition matrix

정리 3.3.13

B, C, D가 n차 벡터공간 V의 순서기저라고 할 때,

(1) $\frac{B}{B} = I_n$

(2) $\frac{C}{D}\frac{B}{C} = \frac{B}{D}$ ← 형식적으로 약분(\방향): $\frac{C}{D}\frac{B}{C} = \frac{B}{D}$

(3) $\frac{B}{C}$는 가역이고, $\left(\frac{B}{C}\right)^{-1} = \frac{C}{B}$

증명 $B = (\mathbf{b}_1, \mathbf{b}_2, \cdots, \mathbf{b}_n)$ 이라고 하자.

(1) $\frac{B}{B} = \left[\frac{\mathbf{b}_1}{B}, \cdots, \frac{\mathbf{b}_n}{B}\right] = [\mathbf{e}_1, \cdots, \mathbf{e}_n] = I_n$.

(2) $\frac{C}{D}\frac{B}{C} = \frac{C}{D}\left[\frac{\mathbf{b}_1}{C}, \cdots, \frac{\mathbf{b}_n}{C}\right] = \left[\frac{C}{D}\frac{\mathbf{b}_1}{C}, \cdots, \frac{C}{D}\frac{\mathbf{b}_n}{C}\right]$

$= \left[\frac{\mathbf{b}_1}{D}, \cdots, \frac{\mathbf{b}_n}{D}\right] = \frac{B}{D}$.

(3) $\frac{C}{B}\frac{B}{C} = \frac{B}{B} = I_n$. ∎

∵ (2)

예제 3.3.14

$\mathscr{P}_2$의 순서기저 $B = (1, 1-x, (1-x)^2)$, $C = (1, 1+x, 1+x^2)$ 와 $f = 6 + 3x + 2x^2 \in \mathscr{P}_2$에 대하여 다음을 구하라.

(1) C에 관한 f의 좌표벡터 $\frac{f}{C}$ (2) B에서 C로의 전이행렬 $\frac{B}{C}$

풀이 좌표벡터나 전이행렬은 '분모'가 $\mathscr{P}_2$의 표준 순서기저 $E=(1,x,x^2)$일 때는 쉽게 구할 수 있다. 예를 들어

$$\frac{f}{E}=\begin{bmatrix}6\\3\\2\end{bmatrix},\quad \frac{B}{E}=\begin{bmatrix}1&1&1\\0&-1&-2\\0&0&1\end{bmatrix},\quad \frac{C}{E}=\begin{bmatrix}1&1&1\\0&1&0\\0&0&1\end{bmatrix}.$$

(1)

$$\left(\frac{C}{E}\right)^{-1}=\begin{bmatrix}1&-1&-1\\0&1&0\\0&0&1\end{bmatrix}$$

이므로

정리 3.3.13 (3)

$$\frac{f}{C}=\frac{E}{C}\frac{f}{E}=\left(\frac{C}{E}\right)^{-1}\frac{f}{E}=\begin{bmatrix}1&-1&-1\\0&1&0\\0&0&1\end{bmatrix}\begin{bmatrix}6\\3\\2\end{bmatrix}=\begin{bmatrix}1\\3\\2\end{bmatrix}.$$

정리 3.3.12

정리 3.3.13 (3)

(2) $$\frac{B}{C}=\frac{E}{C}\frac{B}{E}=\left(\frac{C}{E}\right)^{-1}\frac{B}{E}$$

정리 3.3.13 (2)

$$=\begin{bmatrix}1&-1&-1\\0&1&0\\0&0&1\end{bmatrix}\begin{bmatrix}1&1&1\\0&-1&-2\\0&0&1\end{bmatrix}=\begin{bmatrix}1&2&2\\0&-1&-2\\0&0&1\end{bmatrix}.$$ ◘

3-3 E·X·E·R·C·I·S·E·S 연습문제

1 복소수 전체의 집합 $\boldsymbol{C}$는 2 차원 실벡터공간임을 증명하라.

2 $\boldsymbol{R}^{n\times n}$의 다음 부분공간의 한 기저를 찾고 차원을 구하라.

(1) n 차 대칭행렬 전체로 이루어진 부분공간 U

(2) n 차 왜대칭행렬 전체로 이루어진 부분공간 W

3 $\boldsymbol{R}^3$의 다음 부분공간의 한 기저를 찾고 차원을 구하라.

(1) $U=\{[a,b,c]^{\mathrm{T}}\in\boldsymbol{R}^3 \mid a+b+c=0\}$

(2) $W=\{[a,b,c]^{\mathrm{T}}\in\boldsymbol{R}^3 \mid a=b=c\}$

4 $\boldsymbol{R}^4$의 부분공간

$$W=\{[a+b,a-b+2c,b,c]^{\mathrm{T}} \mid a,b,c\in\boldsymbol{R}\}$$

의 한 기저를 찾고 차원을 구하라.

5 $\mathscr{P}_2$의 부분공간

$$W=\{ax^2+bx+2a+3b \mid a,b,c\in\boldsymbol{R}\}$$

의 한 기저를 찾고 차원을 구하라.

6 다음 다항식으로 생성되는 $\mathscr{P}_2$의 부분공간의 차원을 구하라.

(1) $x, x-1, x^2+1$ (2) $x, x-1, x^2+1, x^2-1$

(3) $x^2, x^2-x-1, x+1$ (4) $2x, x-2$

7 $C[-\pi,\pi]$ 의 부분공간 $\mathrm{span}\{1,\cos 2x,\cos^2 x\}$ 의 차원을 구하라.

8 $\mathscr{P}_2$의 부분공간

$$U=\{p(x)\in\mathscr{P}_2 \mid p(0)=0\},\ W=\{q(x)\in\mathscr{P}_2 \mid q(1)=0\}$$

에 대하여 다음 부분공간의 기저를 찾고 차원을 구하라.

(1) U (2) W (3) $U\cap W$ (4) $U+W$

3-3 · E · X · E · R · C · I · S · E · S · 연습문제

9 $\boldsymbol{R}^4$의 부분공간

$U = \{[a, b, 0, 0]^{\mathrm{T}} \in \boldsymbol{R}^4 \mid a, b \in \boldsymbol{R}\}$

$W = \{[0, c, d, 0]^{\mathrm{T}} \in \boldsymbol{R}^4 \mid c, d \in \boldsymbol{R}\}$

에 대하여 다음 부분공간의 기저를 찾고 차원을 구하라.

(1) U (2) W (3) $U \cap W$ (4) $U + W$

10 점화식 $x_{n+2} - 3x_{n+1} - 2x_n = 0, (n = 0, 1, 2, \cdots)$, 을 만족하는 수열 $\mathbf{a} = (a_0, a_1, \cdots)$ 전체로 이루어진 벡터공간 V의 원소 중 초기치 $a_0 = 1, a_1 = 0$ 을 만족하는 수열을

$$\mathbf{u} = (u_0, u_1, u_2, \cdots) = (1, 0, 2, 6, 20, \cdots),$$

초기치 $a_0 = 0, a_1 = 1$을 만족하는 수열을

$$\mathbf{v} = (v_0, v_1, v_2, \cdots) = (0, 1, 3, 11, 39, \cdots)$$

라고 할 때, $\{\mathbf{u}, \mathbf{v}\}$ 는 V의 기저임을 증명하라.

11 $S = \{\mathbf{u}_1, \cdots, \mathbf{u}_n\}$ 이 벡터공간 V를 스팬한다고 할 때, S의 최대 개수의 일차독립인 일단의 벡터는 V의 기저임을 증명하라.

12 $\boldsymbol{R}^2$의 순서 기저 $B = \left(\begin{bmatrix} 1 \\ 1 \end{bmatrix}, \begin{bmatrix} 2 \\ 3 \end{bmatrix}\right)$에 관한 다음 벡터의 좌표벡터를 구하라.

(1) $\mathbf{u} = \begin{bmatrix} 4 \\ -3 \end{bmatrix}$ (2) $\mathbf{u} = \begin{bmatrix} a \\ b \end{bmatrix}$

13 $B = (1, x-1, (x-1)^2, (x-1)^3)$에 대하여 다음 물음에 답하라.

(1) B는 $\mathscr{P}_3$의 순서기저임을 보여라.

(2) B에 관한 $f = -5 + 2x - 4x^2 + 3x^3$의 좌표벡터를 구하라.

14 $U, W \leq \boldsymbol{R}^3$에 대하여 $\dim(U) = 2, \dim(W) = 2$일 때, $U \cap W \neq \{\mathbf{0}\}$ 임을 보여라.

3-3 EXERCISES 연습문제

15 $A_1=\begin{bmatrix}1&0\\0&0\end{bmatrix}$, $A_2=\begin{bmatrix}1&-1\\0&0\end{bmatrix}$, $A_3=\begin{bmatrix}1&-1\\1&0\end{bmatrix}$, $A_4=\begin{bmatrix}1&1\\1&1\end{bmatrix}$

이라 하고, $B=(A_1, A_2, A_3, A_4)$라고 할 때, 다음 물음에 답하라.

(1) B는 $\boldsymbol{R}^{2\times 2}$의 순서기저이다.

(2) B에 관한 $A=\begin{bmatrix}2&3\\4&-7\end{bmatrix}$의 좌표벡터를 구하라.

16 다음 집합이 $\mathscr{P}_n$의 기저인지 아닌지를 판정하라.

(1) $S=\{1, 1+x, 1+x+x^2, \cdots, 1+x+\cdots+x^n\}$

(2) $T=\{1+x, x+x^2, x^2+x^3, \cdots, x^{n-1}+x^n\}$

17 n차원 벡터공간 V의 순서기저 B, C, E에 대하여 $n\times 2n$ 행렬 $\left[\frac{C}{E} \vdots \frac{B}{E}\right]$가 $[I_n \vdots X]$와 행동치일 때, $X=\frac{B}{C}$ 임을 증명하라.

18 $\mathbf{x}_1=[1, 2, 0]^{\mathrm{T}}$, $\mathbf{x}_2=[1, 1, 1]^{\mathrm{T}}$, $\mathbf{x}_3=[2, 1, 0]^{\mathrm{T}}$,

$\mathbf{y}_1=[4, -1, 3]^{\mathrm{T}}$, $\mathbf{y}_2=[5, 5, 2]^{\mathrm{T}}$, $\mathbf{y}_3=[6, 3, 3]^{\mathrm{T}}$

이라고 할 때,

$B=(\mathbf{x}_1, \mathbf{x}_2, \mathbf{x}_3)$, $C=(\mathbf{y}_1, \mathbf{y}_2, \mathbf{y}_3)$는 $\boldsymbol{R}^3$의 순서기저이다.

(1) B에서 C로의 전이행렬 $\frac{B}{C}$를 구하라.

(2) C에 관한 $\mathbf{v}=\mathbf{x}_1+5\mathbf{x}_2+2\mathbf{x}_3$의 좌표벡터 $\frac{\mathbf{v}}{C}$를 구하라.

19 유한차원 벡터공간 V의 부분공간 U, W에 대하여, 등식

$$\dim(U+W)=\dim(U)+\dim(W)-\dim(U\cap W)$$

를 증명하라.

3-4 행렬에 결부된 벡터공간

이 절의 학습내용

- 행공간 / • 열공간 / • 영공간
- 행공간, 열공간, 영공간의 기저
- 행렬의 계수
- 열공간, 영공간과 연립방정식

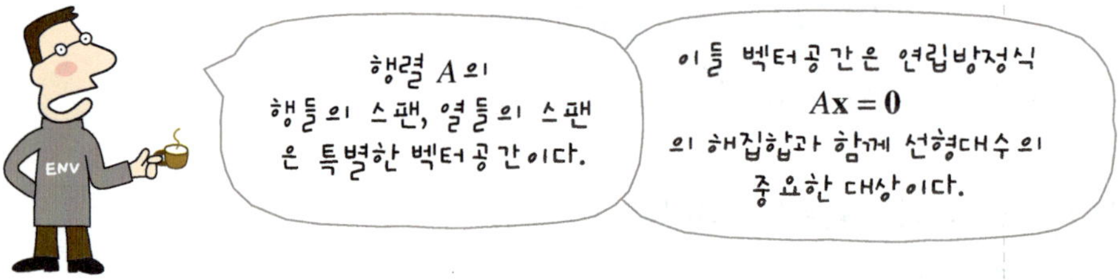

행공간, 열공간, 영공간의 뜻

한 행렬에는 다음 세 가지의 벡터공간이 결부되어 있다.

> **정의** 행렬 A에 대하여, A의 행들의 스팬, A의 열들의 스팬을 각각 A의 **행공간**, A의 **열공간**이라 하고
>
> $$RS(A),\ CS(A)$$
>
> 로 나타낸다.
>
> 또, 연립일차동차방정식 $A\mathbf{x} = \mathbf{0}$의 해 전체로 이루어진 벡터공간을 A의 **영공간**이라 하고
>
> $$NS(A)$$
>
> 로 나타낸다.

3.1절 보기10 참조

◂ 行空間 row space
列空間 column space

◂ 零空間 null space

지금부터 $\boldsymbol{R}^{1\times n}$을 $\boldsymbol{R}^{(n)}$으로 나타내기로 한다. $\boldsymbol{R}^{(n)}$은 n 차원 벡터공간으로서 본질적으로 $\boldsymbol{R}^{n}$과 같다.

보기 1 $A=\begin{bmatrix}1&0&2\\0&1&3\end{bmatrix}$일 때,

$$RS(A)=\text{span}\{[1,0,2],[0,1,3]\}\le \boldsymbol{R}^{(3)}.$$

$$CS(A)=\text{span}\left\{\begin{bmatrix}1\\0\end{bmatrix},\begin{bmatrix}0\\1\end{bmatrix},\begin{bmatrix}2\\3\end{bmatrix}\right\}=\text{span}\left\{\begin{bmatrix}1\\0\end{bmatrix},\begin{bmatrix}0\\1\end{bmatrix}\right\}=\boldsymbol{R}^{2}.$$

$$NS(A)=\left\{\begin{bmatrix}-2t\\-3t\\t\end{bmatrix}\middle|\, t\in\boldsymbol{R}\right\}=\text{span}\left\{\begin{bmatrix}-2\\-3\\1\end{bmatrix}\right\}\le\boldsymbol{R}^{3}.$$

$\because$ $\begin{array}{ccc}x&y&z\\ \end{array}$ $\begin{bmatrix}\mathbf{1}&0&2\\0&\mathbf{1}&3\end{bmatrix}$에서, $\begin{cases}x+2z=0\\y+3z=0\end{cases}$, 즉, $\begin{cases}x=-2z\\y=-3z\\z\text{는 임의의 실수값}\end{cases}$

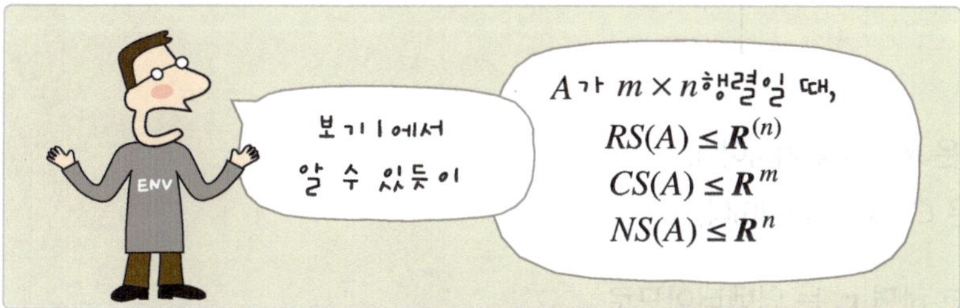

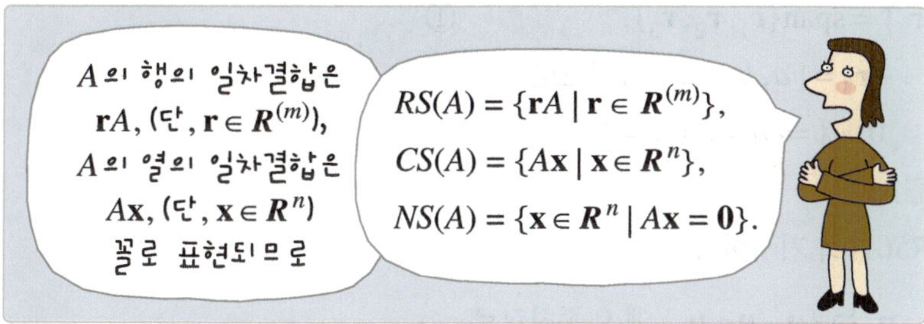

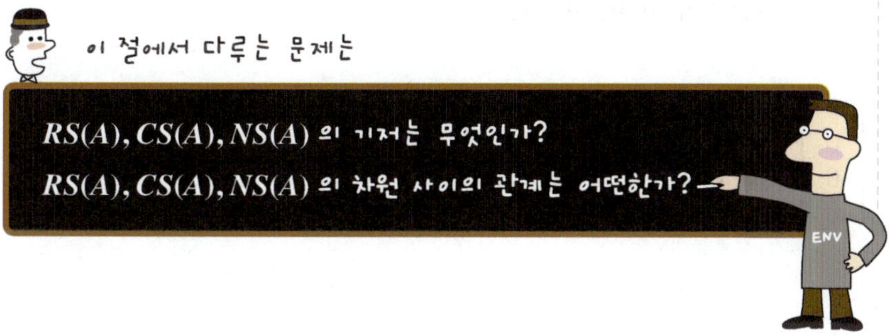

행공간, 열공간, 영공간의 기저

● 축소 행사다리꼴 행렬의 경우

정리 3.4.1

A가 축소사다리꼴 행렬일 때, A의

(1) 선두 1을 가지고 있는 행 전체의 집합은 $RS(A)$의 기저이고,

(2) 선두 1을 가지고 있는 열 전체의 집합은 $CS(A)$ 의 기저이다.

이 정리의 정당성은 다음 예제와 같은 논리로 설명 된다.

예제 3.4.2

$$A = \begin{bmatrix} 1 & 0 & 2 & 0 & 4 \\ 0 & 1 & 3 & 0 & 5 \\ 0 & 0 & 0 & 1 & 6 \\ 0 & 0 & 0 & 0 & 0 \end{bmatrix}$$

일 때, 다음을 증명하라.

(1) A의 제 1행, 제 2행, 제 3행은 $RS(A)$의 기저이다.

(2) A의 제 1열, 제 2열, 제 4열은 $CS(A)$의 기저이다.

증명 (1) A의 제 i 행을 $\mathbf{r}_i$라고 하면 $\mathbf{r}_4$는 영벡터이므로

$$RS(A) = \text{span}\{\mathbf{r}_1, \mathbf{r}_2, \mathbf{r}_3, \mathbf{r}_4\} = \text{span}\{\mathbf{r}_1, \mathbf{r}_2, \mathbf{r}_3\}. \quad \cdots\cdots ①$$

$a, b, c \in \boldsymbol{R}$에 대하여 $a\mathbf{r}_1 + b\mathbf{r}_2 + c\mathbf{r}_3 = [a, b, *, c, *]$이므로

$$a\mathbf{r}_1 + b\mathbf{r}_2 + c\mathbf{r}_3 = [0, 0, 0, 0, 0] \Rightarrow a = b = c = 0.$$

$$\therefore \{\mathbf{r}_1, \mathbf{r}_2, \mathbf{r}_3\}\text{은 일차독립.} \quad \cdots\cdots ②$$

①, ②에 의하여 $\{\mathbf{r}_1, \mathbf{r}_2, \mathbf{r}_3\}$은 $RS(A)$의 기저이다.

(2) A의 제 j 열을 $\mathbf{u}_j$라고 하면 $\mathbf{u}_3, \mathbf{u}_5$는 $\{\mathbf{u}_1, \mathbf{u}_2, \mathbf{u}_4\}$에 의존하므로

$$CS(A) = \text{span}\{\mathbf{u}_1, \mathbf{u}_2, \mathbf{u}_3, \mathbf{u}_4, \mathbf{u}_5\} = \text{span}\{\mathbf{u}_1, \mathbf{u}_2, \mathbf{u}_4\}. \quad \cdots\cdots ③$$

$a, b, c \in \boldsymbol{R}$에 대하여

$$a\mathbf{u}_1 + b\mathbf{u}_2 + c\mathbf{u}_4 = a\begin{bmatrix} 1 \\ 0 \\ 0 \\ 0 \end{bmatrix} + b\begin{bmatrix} 0 \\ 1 \\ 0 \\ 0 \end{bmatrix} + c\begin{bmatrix} 0 \\ 0 \\ 1 \\ 0 \end{bmatrix} = \begin{bmatrix} a \\ b \\ c \\ 0 \end{bmatrix}$$

이므로

$$a\mathbf{u}_1 + b\mathbf{u}_2 + c\mathbf{u}_4 = \mathbf{0} \Rightarrow a = b = c = 0.$$

$\therefore$ $\{\mathbf{u}_1, \mathbf{u}_2, \mathbf{u}_4\}$ 는 일차독립. ·· ④

③, ④에 의하여 $\{\mathbf{u}_1, \mathbf{u}_2, \mathbf{u}_4\}$ 는 $CS(A)$의 기저이다. ◘

영공간의 기저는 다음 예제의 방법으로 찾을 수 있다.

예제 3.4.3

$$A = \begin{bmatrix} 1 & 0 & 0 & 2 & 5 \\ 0 & 1 & 0 & 3 & 6 \\ 0 & 0 & 1 & 4 & 7 \\ 0 & 0 & 0 & 0 & 0 \end{bmatrix}$$

일 때, $NS(A)$의 기저를 하나 찾아라.

풀이 연립방정식 $A\mathbf{x} = \mathbf{0}$의 미지수벡터를 $\mathbf{x} = [x, y, z, u, v]^{\mathrm{T}}$라고 하면 x, y, z는 선두변수이고, u, v 는 자유변수이다.

따라서 $A\mathbf{x} = \mathbf{0}$의 임의의 해는

$$\begin{bmatrix} x \\ y \\ z \\ u \\ v \end{bmatrix} = \begin{bmatrix} -2u - 5v \\ -3u - 6v \\ -4u - 7v \\ u \\ v \end{bmatrix} = u\begin{bmatrix} -2 \\ -3 \\ -4 \\ 1 \\ 0 \end{bmatrix} + v\begin{bmatrix} -5 \\ -6 \\ -7 \\ 0 \\ 1 \end{bmatrix}, (u, v \in \boldsymbol{R})$$

(← $\mathbf{u}$, ← $\mathbf{v}$)

$x\ \ y\ \ z\ \ u\ \ v$

$$\begin{bmatrix} 1 & 0 & 0 & 2 & 5 \\ 0 & 1 & 0 & 3 & 6 \\ 0 & 0 & 1 & 4 & 7 \\ 0 & 0 & 0 & 0 & 0 \end{bmatrix}$$

$x + 2u + 5v = 0$
$y + 3u + 6v = 0$
$z + 4u + 7v = 0$
u는 임의의 실수값
v는 임의의 실수값

로서 $\mathbf{u}, \mathbf{v}$의 일차결합이다.

$\therefore$ $NS(A) = \mathrm{span}\{\mathbf{u}, \mathbf{v}\}$. ································ ①

$a, b \in \boldsymbol{R}$에 대하여

$$a\mathbf{u} + b\mathbf{v} = a\begin{bmatrix} -2 \\ -3 \\ -4 \\ 1 \\ 0 \end{bmatrix} + b\begin{bmatrix} -5 \\ -6 \\ -7 \\ 0 \\ 1 \end{bmatrix} = \begin{bmatrix} * \\ * \\ * \\ a \\ b \end{bmatrix}$$

이므로

$$a\mathbf{u} + b\mathbf{v} = \mathbf{0} \Rightarrow a = b = 0.$$

$\therefore$ $\{\mathbf{u}, \mathbf{v}\}$는 일차독립. ································ ②

①, ②에 의하여 $\{\mathbf{u}, \mathbf{v}\}$는 $NS(A)$의 기저이다. ◘

• 일반적인 행렬의 경우

행렬 A 의 행공간, 열공간, 영공간의 기저는 A 의 rref 를 관찰하므로써 구할 수 있다.

정리 3.4.4

행렬 A의 rref 를 U 라고 할 때,

(1) $RS(A) = RS(U)$ (2) $NS(A) = NS(U)$

증명 A 가 $m \times n$ 행렬이라고 하자. 이 때,

$$PA = U$$

를 만족하는 m 차 가역행렬 P가 존재한다.

(1) U의 행들의 일차결합

$$\mathbf{u} \in RS(U) \Rightarrow \mathbf{u} = \mathbf{r}U, \text{(단, } \mathbf{r} \in \boldsymbol{R}^{(m)})$$

$$\Rightarrow \mathbf{u} = \mathbf{r}PA = \mathbf{s}A \in RS(A). \text{ (단, } \mathbf{s} = \mathbf{r}P \in \boldsymbol{R}^{(m)})$$

A의 행들의 일차결합

$$\therefore\ RS(U) \subset RS(A).$$

$RS(U) = \{\mathbf{r}U \mid \mathbf{r} \in \boldsymbol{R}^{(m)}\}$

$RS(A) = \{\mathbf{s}A \mid \mathbf{s} \in \boldsymbol{R}^{(m)}\}$

$P^{-1} = Q$로 두면 $QU = A$이므로 위와 같은 논리로

$$RS(A) \subset RS(U).$$

$$\therefore\ RS(A) = RS(U).$$

(2) $\mathbf{x} \in \boldsymbol{R}^n$에 대하여

P는 가역

$$A\mathbf{x} = \mathbf{0} \Leftrightarrow PA\mathbf{x} = \mathbf{0} \Leftrightarrow U\mathbf{x} = \mathbf{0}.$$

$$\therefore\ NS(A) = NS(U). \quad \blacksquare$$

$NS(A) = \{\mathbf{x} \in \boldsymbol{R}^n \mid A\mathbf{x} = \mathbf{0}\}$

$NS(U) = \{\mathbf{x} \in \boldsymbol{R}^n \mid U\mathbf{x} = \mathbf{0}\}$

행렬 A 의 rref 를 U라고 할 때, 정리 3.4.1, 정리 3.4.4에 의하여

> U의 선두 1이 있는 행 전체의 집합은 $RS(A)$ 의 기저이다.

보기 2 다음 행렬 U는 A의 rref이다.

$$A = \begin{bmatrix} 1 & 1 & 5 \\ 1 & 2 & 8 \\ 0 & 2 & 6 \\ 1 & 3 & 11 \end{bmatrix}, \quad U = \begin{bmatrix} 1 & 0 & 2 \\ 0 & 1 & 3 \\ 0 & 0 & 0 \\ 0 & 0 & 0 \end{bmatrix}.$$

따라서 $\{[1, 0, 2], [0, 1, 3]\}$은 $RS(A)$ 의 기저이다.

보기 3 보기 2의 행렬 A, U에 대하여,

$$NS(A) = NS(U) = \left\{ \begin{bmatrix} -2t \\ -3t \\ t \end{bmatrix} \middle| \, t \in \boldsymbol{R} \right\} = \text{span}\left\{ \begin{bmatrix} -2 \\ -3 \\ 1 \end{bmatrix} \right\}.$$

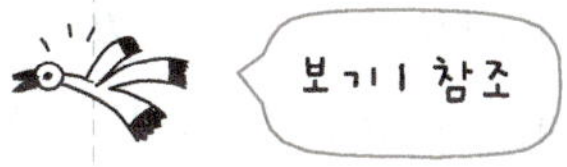

그러므로 $\{[-2, -3, 1]^{\mathrm{T}}\}$는 $NS(A)$의 기저이다.

$CS(A)$의 기저는 $RS(A^{\mathrm{T}})$의 기저의 각 벡터를 트랜스포즈 함으로써 구할 수 있다.

보기 4

$$A = \begin{bmatrix} 1 & 1 & 0 & 1 \\ 1 & 2 & 2 & 3 \\ 5 & 8 & 6 & 11 \end{bmatrix}$$

일 때,

$$A^{\mathrm{T}} = \begin{bmatrix} 1 & 1 & 5 \\ 1 & 2 & 8 \\ 0 & 2 & 6 \\ 1 & 3 & 11 \end{bmatrix}, \quad (A^{\mathrm{T}}\text{의 rref}) = \begin{bmatrix} 1 & 0 & 2 \\ 0 & 1 & 3 \\ 0 & 0 & 0 \\ 0 & 0 & 0 \end{bmatrix}.$$

$\therefore$ $\{[1, 0, 2], [0, 1, 3]\}$은 $RS(A^{\mathrm{T}})$의 기저

$\therefore$ $\left\{ \begin{bmatrix} 1 \\ 0 \\ 2 \end{bmatrix}, \begin{bmatrix} 0 \\ 1 \\ 3 \end{bmatrix} \right\}$은 $CS(A)$의 기저

정리 3.4.5

행렬 $A = [\mathbf{a}_1, \cdots, \mathbf{a}_n]$가 $B = [\mathbf{b}_1, \cdots, \mathbf{b}_n]$와 행동치라고 할 때, $S = \{\mathbf{a}_1, \cdots, \mathbf{a}_r\}$이 $CS(A)$의 기저이면, $T = \{\mathbf{b}_1, \cdots, \mathbf{b}_r\}$은 $CS(B)$의 기저이다. (A의 열의 일부)

증명 A가 $m \times n$ 행렬이라고 하자. A가 B와 행동치이므로

$$PA = B$$

를 만족하는 가역행렬 P가 존재한다.

이 때, 각 $j = 1, \cdots, n$에 대하여

$$\mathbf{b}_j = P(A\text{의 제 } j\text{ 열}) = P\mathbf{a}_j.$$

먼저

$$\operatorname{span}(T) = CS(B) \quad \cdots\cdots ①$$

$\because$ 명백히 $\operatorname{span}(T) \subset CS(B)$. $\cdots\cdots$ ②

한편 $\mathbf{v} \in CS(B)$일 때, $x_1, \cdots, x_n \in \boldsymbol{R}$이 있어서

$$\begin{aligned}\mathbf{v} &= \mathbf{b}_1 x_1 + \cdots + \mathbf{b}_n x_n \\ &= P\mathbf{a}_1 x_1 + \cdots + P\mathbf{a}_n x_n \\ &= P(\mathbf{a}_1 x_1 + \cdots + \mathbf{a}_n x_n) \\ &= P\mathbf{u}, \ (\text{단}, \mathbf{u} = \mathbf{a}_1 x_1 + \cdots + \mathbf{a}_n x_n).\end{aligned}$$

$\mathbf{u} \in CS(A)$이므로, $y_1, \cdots, y_r \in \boldsymbol{R}$이 있어서

$$\mathbf{u} = \mathbf{a}_1 y_1 + \cdots + \mathbf{a}_r y_r. \ (\because S\text{는 } CS(A)\text{의 기저})$$

$$\begin{aligned}\therefore \mathbf{v} = P\mathbf{u} &= P(\mathbf{a}_1 y_1 + \cdots + \mathbf{a}_r y_r) \\ &= P\mathbf{a}_1 y_1 + \cdots + P\mathbf{a}_r y_r \\ &= \mathbf{b}_1 y_1 + \cdots + \mathbf{b}_r y_r \in \operatorname{span}(T).\end{aligned}$$

$\therefore CS(B) \subset \operatorname{span}(T)$. $\cdots\cdots$ ③

②, ③에 의하여 ①이 성립한다. ◆

T는 일차독립이다. $\cdots\cdots$ ④

$\because$ $t_1, \cdots, t_r \in \boldsymbol{R}$에 대하여

$$\begin{aligned}\mathbf{b}_1 t_1 + \cdots + \mathbf{b}_r t_r = \mathbf{0} &\Rightarrow P\mathbf{a}_1 t_1 + \cdots + P\mathbf{a}_r t_r = \mathbf{0} \\ &\Rightarrow P(\mathbf{a}_1 t_1 + \cdots + \mathbf{a}_r t_r) = \mathbf{0} \\ &\Rightarrow \mathbf{a}_1 t_1 + \cdots + \mathbf{a}_r t_r = \mathbf{0} \quad (P\text{는 가역}) \\ &\Rightarrow t_1 = \cdots = t_r = 0. \quad (S\text{는 일차독립})\end{aligned}$$

①, ④에 의하여, T는 $CS(B)$의 기저이다. ∎

예제 3.4.6

$$A = \begin{bmatrix} 1 & 1 & 0 & 1 \\ 1 & 2 & 2 & 3 \\ 5 & 8 & 6 & 11 \end{bmatrix} = [\mathbf{a}_1, \mathbf{a}_2, \mathbf{a}_3, \mathbf{a}_4]$$

의 열로 이루어진 $CS(A)$의 기저를 하나 찾아라.

풀이 A 의 rref 는

$$U = \begin{bmatrix} 1 & 0 & -2 & -1 \\ 0 & 1 & 2 & 2 \\ 0 & 0 & 0 & 0 \end{bmatrix} = [\mathbf{u}_1, \mathbf{u}_2, \mathbf{u}_3, \mathbf{u}_4]$$

는 A와 행동치이다. $\{\mathbf{u}_1, \mathbf{u}_2\}$가 $CS(U)$의 기저이므로, 정리 3.4.5 에 의하여, $\{\mathbf{a}_1, \mathbf{a}_2\}$는 $CS(A)$의 기저이다. ◇

예제 3.4.7

$$A = \begin{bmatrix} 1 & 1 & 5 \\ 1 & 2 & 8 \\ 0 & 2 & 6 \\ 1 & 3 & 11 \end{bmatrix} = \begin{bmatrix} \mathbf{r}_1 \\ \mathbf{r}_2 \\ \mathbf{r}_3 \\ \mathbf{r}_4 \end{bmatrix}$$

의 행으로 이루어진 $RS(A)$의 기저를 하나 찾아라.

풀이

$$A^{\mathrm{T}} = \begin{bmatrix} 1 & 1 & 0 & 1 \\ 1 & 2 & 2 & 3 \\ 5 & 8 & 6 & 11 \end{bmatrix} = [\mathbf{a}_1, \mathbf{a}_2, \mathbf{a}_3, \mathbf{a}_4].$$

$\{\mathbf{a}_1, \mathbf{a}_2\}$가 $CS(A^{\mathrm{T}})$의 기저 ($\because$ 예제 3.4.6) 이므로 $\{\mathbf{r}_1, \mathbf{r}_2\}$는 $RS(A)$의 기저이다. ◇

행렬의 계수

선형대수의 가장 중요한 개념 중 하나인 행렬의 계수에 대하여 알아보자.

정의 행렬 A에 대하여 $\dim(CS(A))$를 A의 **계수**라 하고

$$\mathrm{rank}(A)$$

로 나타낸다.

◀ 階數 rank

행렬 A의 rref를 U라고 하고, U의 선두 1의 개수를 r이라고 하면,

$$\dim(RS(A)) = r = \dim(CS(A)).$$

그러므로 다음 정리를 얻는다.

정리 3.4.8

행렬 A의 rref를 U라고 할 때,

$$\text{rank}(A) = \dim(CS(A)) = \dim(RS(A)) = (U\text{의 선두 1의 개수})$$

보기 5 행렬 $A = \begin{bmatrix} 1 & 2 & 0 & 3 \\ 2 & 2 & 1 & 5 \end{bmatrix}$의 rref는 $U = \begin{bmatrix} \mathbf{1} & 2 & 0 & 3 \\ 0 & 0 & \mathbf{1} & 2 \end{bmatrix}$.

U의 선두 1의 개수가 2이므로 A의 계수는 2, 즉,

$$\text{rank}(A) = 2.$$

$A \neq O$가 $m \times n$ 행렬일 때, 명백히

m, n 중 작은 값

$$1 \leq \text{rank}(A) \leq \min\{m, n\}.$$

정의 행렬 A에 대하여 $\dim(NS(A))$를 A의 **퇴화차수**라 하고

$$\text{nullity}(A)$$

로 나타낸다.

◀ 退化次數 nullity

예제 3.4.3의 연립방정식 $A\mathbf{x} = \mathbf{0}$을 다시 보자.

자유변수

$$\begin{array}{c} \begin{matrix} x & y & z & u & v \end{matrix} \\ \begin{bmatrix} \mathbf{1} & 0 & 0 & 2 & 5 \\ 0 & \mathbf{1} & 0 & 3 & 6 \\ 0 & 0 & \mathbf{1} & 4 & 7 \end{bmatrix} \end{array} \dashrightarrow \begin{bmatrix} 1 & 0 & 0 & -2 & -5 \\ 0 & 1 & 0 & -3 & -6 \\ 0 & 0 & 1 & -4 & -7 \\ & & & 1 & 0 \\ & & & 0 & 1 \end{bmatrix}$$

$NS(A)$의 기저

여기서 알 수 있듯이, 일반적으로

$$\dim(NS(A)) = (\text{자유변수의 개수})$$

이다. 그러므로 다음 정리가 성립한다.

정리 3.4.9
행렬 A에 대하여 다음이 성립한다.

$$\text{rank}(A) + \text{nullity}(A) = (A\text{의 열의 개수})$$

보기 6 보기 2의 행렬 A에 대하여 $\text{rank}(A) = 2$, $\text{nullity}(A) = 1$.

$$\text{rank}(A) + \text{nullity}(A) = 3 = (A\text{의 열의 개수}).$$

열공간, 영공간과 연립방정식

행렬 A의 열공간, 영공간과 A를 계수행렬로 하는 연립방정식 사이의 관계에 대하여 알아 보자.

정리 3.4.10
$A \in \boldsymbol{R}^{m\times n}$과 $\mathbf{b} \in \boldsymbol{R}^m$에 대하여 다음은 동치이다.

(i) 연립방정식 $A\mathbf{x} = \mathbf{b}$는 해를 가진다.

(ii) $\mathbf{b} \in CS(A)$

(iii) $\text{rank}([A \,\vdots\, \mathbf{b}]) = \text{rank}(A)$

증명 (i) ⇔ (ii) : $A\mathbf{x}$는 A의 열들의 일차결합이므로 (1) ⇔ (2)이다.

(ii) ⇒ (iii) : $A = [\mathbf{a}_1, \mathbf{a}_2, \cdots, \mathbf{a}_n]$이라고 하면 $\mathbf{b} \in \mathbf{CS}(A)$일 때,

$$\begin{aligned}\mathbf{b} \in \mathbf{CS}(A) &\Rightarrow \mathbf{b} \in \text{span}\{\mathbf{a}_1, \mathbf{a}_2, \cdots, \mathbf{a}_n\}.\\ &\Rightarrow \text{span}\{\mathbf{a}_1, \mathbf{a}_2, \cdots, \mathbf{a}_n, \mathbf{b}\} = \text{span}\{\mathbf{a}_1, \mathbf{a}_2, \cdots, \mathbf{a}_n\}.\\ &\Rightarrow \text{rank}([A \,\vdots\, \mathbf{b}]) = \text{rank}(A).\end{aligned}$$

(∵ 플러스 · 마이너스정리)

(iii) ⇒ (ii) : $CS(A) \leq CS([A \,\vdots\, \mathbf{b}])$, $\dim(CS(A)) = \dim(CS([A \,\vdots\, \mathbf{b}]))$이므로, $CS(A) = CS([A \,\vdots\, \mathbf{b}])$ 이다. (∵ 정리 3.3.10).

$\mathbf{b} \in CS([A \,\vdots\, \mathbf{b}])$이므로 $\mathbf{b} \in CS(A)$ 이다. ▮

정리 3.4.11

$m \times n$ 행렬 A에 대하여 다음은 동치이다.

(i) 임의의 $\mathbf{b} \in \boldsymbol{R}^m$에 대하여 $A\mathbf{x} = \mathbf{b}$는 해를 가진다.

(ii) A의 열들은 $\boldsymbol{R}^m$을 스팬한다. 즉, $CS(A) = \boldsymbol{R}^m$이다.

(iii) $\text{rank}(A) = m$

증명 (i) $\Rightarrow$ (ii) : (i)이 성립하면, 임의의 $\mathbf{b} \in \boldsymbol{R}^m$에 대하여 $\mathbf{b} \in CS(A)$이다.

$$\therefore\ \boldsymbol{R}^m \subset CS(A). \qquad \therefore\ CS(A) = \boldsymbol{R}^m.$$

(ii) $\Rightarrow$ (iii) : $CS(A) = \boldsymbol{R}^m$이면,

$$\text{rank}(A) = \dim(CS(A)) = \dim(\boldsymbol{R}^m) = m.$$

(iii) $\Rightarrow$ (i) : (iii)이 성립하면, 주어진 $\mathbf{b} \in \boldsymbol{R}^m$에 대하여

$$m = \text{rank}(A) \le \text{rank}([A \vdots \mathbf{b}]) \le m.$$

$$\therefore\ \text{rank}(A) = \text{rank}([A \vdots \mathbf{b}]).$$

그러므로 $A\mathbf{x} = \mathbf{b}$는 해를 가진다. (∵ 정리 3.4.10).

따름정리 3.4.12

$n \times n$ 행렬 A에 대하여 다음은 동치이다.

(i) A는 가역이다.

(ii) $\text{rank}(A) = n$

증명 (i) $\Leftrightarrow$ 임의의 $\mathbf{b} \in \boldsymbol{R}^m$에 대하여 $A\mathbf{x} = \mathbf{b}$는 해를 가진다.
정리 1.4.9

$\Leftrightarrow$ (ii). ▌
정리 3.4.11

3-4 EXERCISES 연습문제

1 행렬 $A_{k \times m}, B_{m \times n}$에 대하여 다음을 증명하라.
(1) $RS(AB) \le RS(B)$ (2) $CS(AB) \le CS(A)$ (3) $NS(B) \le NS(AB)$

2 행렬 $A_{k \times m}, B_{m \times n}$에 대하여

$$\text{rank}(AB) \le \min\{\text{rank}(A), \text{rank}(B)\}$$

임을 증명하라.

3 행렬 A에 대하여 $\text{rank}(A) = \text{rank}(A^{\text{T}})$ 임을 증명하라.

4 행렬 A에 대하여 $\text{rank}(A)$는 A의 일차독립인 행(열)의 최대 개수와 같음을 증명하라.

5 가역행렬 $P_{m \times m}, Q_{n \times n}$과 행렬 $A_{m \times n}$에 대하여

$$\text{rank}(PA) = \text{rank}(A) = \text{rank}(AQ)$$

임을 증명하라.

6 $\mathscr{P}_m$의 표준순서기저 $B = (1, x, \cdots, x^m)$과 $F = \{f_1, \cdots, f_n\} \subset \mathscr{P}_m$에 대하여

$$\mathbf{x}_i = \frac{f_i}{B}, (i = 1, 2, \cdots, n),\ A = [\mathbf{x}_1, \cdots, \mathbf{x}_n]$$

라고 하자. $S = \{\mathbf{x}_1, \cdots, \mathbf{x}_r\}$이 $CS(A)$의 기저일 때, $T = \{f_1, \cdots, f_r\}$은 $\text{span}(F)$의 기저임을 보여라.

7
$$f_1 = 1 + x + 5x^2, \qquad f_2 = 1 + 2x + 8x^2,$$
$$f_3 = x + 6x^2, \qquad f_4 = 1 + 3x + 11x^2$$

$F = \{f_1, f_2, f_3, f_4\}$ 라고 할 때, F의 부분집합으로 이루어진 $\text{span}(F)$의 기저 T를 찾아라.

8 행렬 A에 대하여 $CS(A^{\text{T}}) \cap NS(A) = \{\mathbf{0}\}$ 임을 증명하라.

3-4 · E · X · E · R · C · I · S · E · S · 연습문제

9 **NS**(A)가 직선 $3x-5y=0$인 2×2행렬 A를 찾아라.

10 $m\times n$ 행렬 A가 $\begin{bmatrix} I_r & G \\ O & O \end{bmatrix}$과 행동치일 때,

$$NS(A)=CS\left(\begin{bmatrix} -G \\ I_{n-r} \end{bmatrix}\right)$$

임을 증명하라.

11
$$A=\begin{bmatrix} 1 & 0 & 0 & 1 \\ 0 & x-2 & x-1 & 0 \\ 0 & 2 & x & 0 \end{bmatrix}$$

일 때, 각 $r\in\{1,2\}$에 대하여 $\text{rank}(A)=r$이 되는 x의 값이 존재하는지를 판정하고 그 때의 x의 값을 구하라.

12 다음 행렬의 계수를 구하라.

(1) $\begin{bmatrix} 1 & 4 & 0 \\ 2 & 11 & 5 \\ -3 & 2 & 10 \end{bmatrix}$ (2) $\begin{bmatrix} 1 & 0 & 1 \\ 1 & 1 & 2 \\ 1 & 1 & a \end{bmatrix}$, (단, a는 실수)

13 영벡터가 아닌 $\mathbf{u}\in \boldsymbol{R}^n$, $\mathbf{v}\in \boldsymbol{R}^m$에 대하여, $\text{rank}(\mathbf{u}\mathbf{v}^{\text{T}})=1$임을 증명하라.

14 다음 행렬의 계수가 1이 되도록 빈 칸을 채워라.

(1) $\begin{bmatrix} 1 & 4 & 7 \\ 2 & & \\ 3 & & \end{bmatrix}$ (2) $\begin{bmatrix} 2 & & \\ 1 & & \\ 2 & 6 & -8 \end{bmatrix}$

15 $\text{rank}(A)=(A$의 열의 개수$)$일 때, 연립일차방정식 $A\mathbf{x}=\mathbf{b}$는 서로 다른 2개의 해를 가질 수 없음을 증명하라.

4 내적공간

집합은 원소 사이에 연산이 들어 가면 대수적 대상이되고 원소 사이에 거리 개념이 들어 가면 기하학적 대상이 된다.
이 단원에서는 일반적인 벡터공간에서 두 원소의 내적을 정의한다. 내적은 자연스럽게 벡터의 크기, 두 벡터 사이의 각과 거리를 주므로, 내적이 정의된 벡터공간은 기하학적 대상이다.
이 단원의 목적은 벡터공간의 기하학적 고찰에 있다.

4-1 내적공간의 뜻

이 절의 학습내용

- 내적 / • 내적공간 / • 유클리드 내적 / • 점적
- 벡터의 크기(노름) / • 코시-슈바르츠의 부등식
- 두 벡터 사이의 각 / • 직교(수직)

내적의 뜻

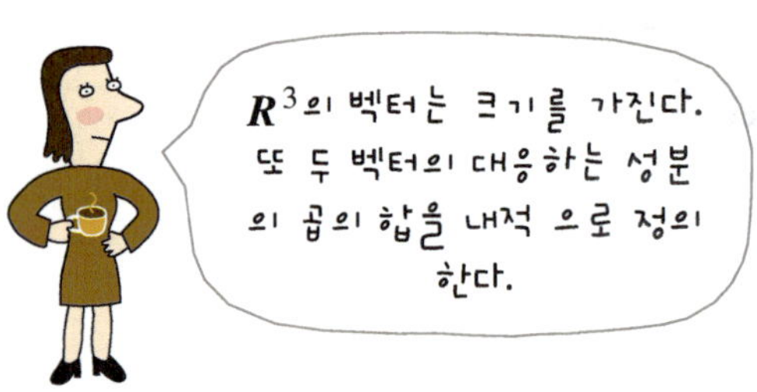

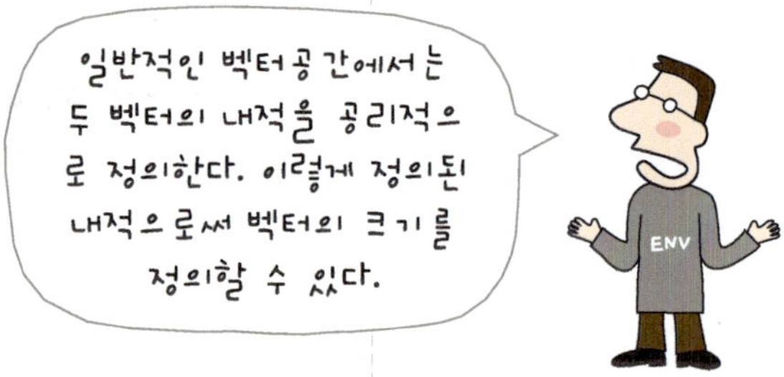

정의 벡터공간 V의 **내적**이란 각 쌍의 벡터 $\mathbf{u}, \mathbf{v}$에 하나의 실수 $\langle \mathbf{u}, \mathbf{v} \rangle$를 대응시키는 연산으로서 다음 조건을 만족하는 것이다. (여기서, $\mathbf{u}, \mathbf{v}, \mathbf{w}$는 임의의 벡터이고 k는 임의의 실수).

(i) $\langle \mathbf{u}, \mathbf{v} \rangle = \langle \mathbf{v}, \mathbf{u} \rangle$

(ii) $\langle \mathbf{u}+\mathbf{v}, \mathbf{w} \rangle = \langle \mathbf{u}, \mathbf{w} \rangle + \langle \mathbf{v}, \mathbf{w} \rangle$

(iii) $\langle k\mathbf{u}, \mathbf{v} \rangle = k\langle \mathbf{u}, \mathbf{v} \rangle$

(iv) $\langle \mathbf{v}, \mathbf{v} \rangle \geq 0$ 이고, 등호가 성립할 필요충분조건은 $\mathbf{v} = \mathbf{0}$.

◀ 內積 inner product

내적이 정의된 벡터공간을 **내적공간**이라고 한다.

◀ 內積空間 inner product space

보기 **1** $\boldsymbol{R}^n$의 원소 $\mathbf{x}=[x_1,\cdots,x_n]^{\mathrm{T}}$, $\mathbf{y}=[y_1,\cdots,y_n]^{\mathrm{T}}$에 대하여,

$$\mathbf{x}\cdot\mathbf{y}=\mathbf{x}^{\mathrm{T}}\mathbf{y},\ \text{즉},\ \mathbf{x}\cdot\mathbf{y}=x_1y_1+\cdots+x_ny_n$$

으로 정의된 $\cdot$ 는 $\boldsymbol{R}^n$ 상의 내적이다.

$\because$ $\mathbf{x}=\begin{bmatrix}x_1\\ \vdots\\ x_n\end{bmatrix}, \mathbf{y}=\begin{bmatrix}y_1\\ \vdots\\ y_n\end{bmatrix}, \mathbf{z}=\begin{bmatrix}z_1\\ \vdots\\ z_n\end{bmatrix}\in\boldsymbol{R}^n$과 $k\in\boldsymbol{R}$에 대하여

(i) $\mathbf{x}\cdot\mathbf{y}=x_1y_1+\cdots+x_ny_n=y_1x_1+\cdots+x_nu_n=\mathbf{y}\cdot\mathbf{x}$

(ii) $(\mathbf{x}+\mathbf{y})\cdot\mathbf{z}=(x_1+y_1)z_1+\cdots+(x_n+y_n)z_n$
$=(x_1z_1+\cdots+x_nz_n)+(y_1z_1+\cdots+y_nz_n)$
$=\mathbf{x}\cdot\mathbf{z}+\mathbf{y}\cdot\mathbf{z}.$

(iii) $(k\mathbf{x})\cdot\mathbf{y}=(kx_1)y_1+\cdots+(kx_n)y_n$
$=k(x_1y_1+\cdots+x_ny_n)=k(\mathbf{x}\cdot\mathbf{y}).$

(iv) $\mathbf{x}\cdot\mathbf{x}=x_1^2+\cdots+x_n^2\geq 0.$
$x_1^2+\cdots+x_n^2=0 \Leftrightarrow x_1=\cdots=x_n=0 \Leftrightarrow \mathbf{x}=\mathbf{0}.$

보기 1의 내적을 $\boldsymbol{R}^n$ 상의 **유클리드내적** 또는 **점적**이라고 한다.

◀ Euclid inner product
dot product

보기 **2** $C[a,b]$의 원소 f, g에 대하여,

$$\langle f,g\rangle=\int_a^b f(x)g(x)dx$$

로 정의된 $\langle\ ,\rangle$는 $C[a,b]$ 상의 내적이다.

$\because$ $f,g,h\in C[a,b]$와 $k\in\boldsymbol{R}$에 대하여

(i) $\langle f,g\rangle=\int_a^b f(x)g(x)dx=\int_a^b g(x)f(x)dx=\langle g,f\rangle$

(ii) $\langle f+g,h\rangle=\int_a^b (f(x)+g(x))h(x)dx$
$=\int_a^b f(x)h(x)dx+\int_a^b g(x)h(x)dx$
$=\langle f,h\rangle+\langle g,h\rangle.$

(iii) $\langle kf,g\rangle=\int_a^b kf(x)g(x)dx=k\int_a^b f(x)g(x)dx=k\langle f,g\rangle.$

(iv) $\langle f,f\rangle=\int_a^b f(x)^2dx\geq 0.$
$\int_a^b f(x)^2dx=0 \Leftrightarrow f(x)^2=\mathbf{0} \Leftrightarrow f(x)=\mathbf{0}.$

보기 3 $\mathscr{P}_n$의 원소

$$f = a_0 + a_1x + \cdots + a_nx^n,\ g = b_0 + b_1x + \cdots + b_nx^n,$$

에 대하여, $\langle f, g\rangle = a_0b_0 + a_1b_1 + \cdots + a_nb_n$ 으로 정의된 $\langle\ ,\ \rangle$는 $\mathscr{P}_n$ 상의 내적이다.

∵ 보기 1의 증명과 같다.

보기 4 $\mathscr{P}_n$의 원소 f, g에 대하여, $\langle f, g\rangle = \int_a^b f(x)g(x)dx$로 정의된 $\langle\ ,\ \rangle$는 $\mathscr{P}_n$ 상의 내적이다.

∵ 보기 2의 증명과 같다.

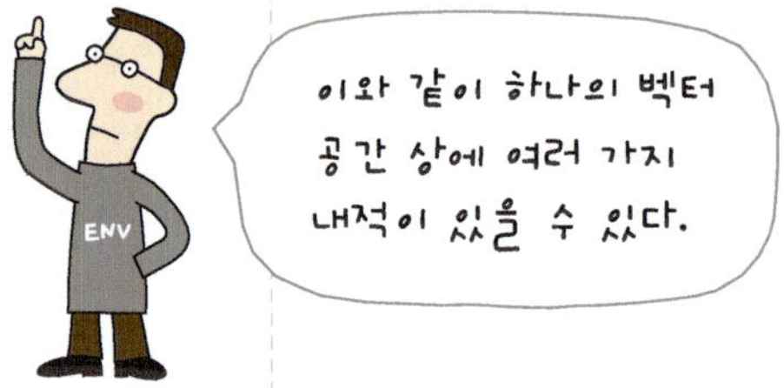

보기 5 $C[-1, 1]$의 원소 f, g에 대하여,

$$\langle f, g\rangle = \int_{-1}^{1} f(x)g(x)e^{-x}dx$$

로 정의된 $\langle\ ,\ \rangle$는 $C[a, b]$ 상의 내적이다.

∵ 보기 2의 증명과 유사하다.

NoTE 1 내적공간 V의 원소 $\mathbf{u}, \mathbf{v}$와 실수 k에 대하여

(1) $\langle \mathbf{0}, \mathbf{v}\rangle = 0$. (2) $\langle -k\mathbf{u}, \mathbf{v}\rangle = -k\langle \mathbf{u}, \mathbf{v}\rangle$.

∵ (1) $\langle \mathbf{0}, \mathbf{v}\rangle = \langle \mathbf{0}+\mathbf{0}, \mathbf{v}\rangle = \langle \mathbf{0}, \mathbf{v}\rangle + \langle \mathbf{0}, \mathbf{v}\rangle$. $\therefore \langle \mathbf{0}, \mathbf{v}\rangle = 0$.

(2) $0 = \langle \mathbf{0}, \mathbf{v}\rangle = \langle (k\mathbf{u} + (-k\mathbf{u})), \mathbf{v}\rangle = \langle k\mathbf{u}, \mathbf{v}\rangle + \langle -k\mathbf{u}, \mathbf{v}\rangle$.

$\therefore \langle -k\mathbf{u}, \mathbf{v}\rangle = -\langle k\mathbf{u}, \mathbf{v}\rangle = -k\langle \mathbf{u}, \mathbf{v}\rangle$. ▮

다음 내적의 계산을 살펴 보자.

(1) $\langle \mathbf{u} - 2\mathbf{v}, \mathbf{w}\rangle = \langle \mathbf{u} + (-2)\mathbf{v}, \mathbf{w}\rangle = \langle \mathbf{u}, \mathbf{w}\rangle + \langle (-2)\mathbf{v}, \mathbf{w}\rangle$

$= \langle \mathbf{u}, \mathbf{w}\rangle - 2\langle \mathbf{v}, \mathbf{w}\rangle$.

(2) $\langle \mathbf{u} - 2\mathbf{v}, 3\mathbf{u} + 4\mathbf{v}\rangle = \langle \mathbf{u}, 3\mathbf{u} + 4\mathbf{v}\rangle - 2\langle \mathbf{v}, 3\mathbf{u} + 4\mathbf{v}\rangle$

$= 3\langle \mathbf{u}, \mathbf{u}\rangle + 4\langle \mathbf{u}, \mathbf{v}\rangle - 6\langle \mathbf{v}, \mathbf{u}\rangle - 8\langle \mathbf{v}, \mathbf{v}\rangle$

$= 3\langle \mathbf{u}, \mathbf{u}\rangle - 2\langle \mathbf{u}, \mathbf{v}\rangle - 8\langle \mathbf{v}, \mathbf{v}\rangle$.

이와 같이 내적의 대수적 계산은 일차식을 전개하듯이 할 수 있다.

정의 내적공간 V의 원소 $\mathbf{v}$의 **크기**(또는 **노름**) $\|\mathbf{v}\|$을

$$\|\mathbf{v}\| = \sqrt{\langle \mathbf{v}, \mathbf{v} \rangle}$$

와 같이 정의한다.

◂ norm

NOTE 2 내적공간 V의 원소 $\mathbf{u}$에 대하여

(1) $\|\mathbf{u}\| \ge 0$. (2) $\|\mathbf{u}\| = 0 \Rightarrow \mathbf{u} = \mathbf{0}$.

∵ (2) $\|\mathbf{u}\| = 0 \Rightarrow \langle \mathbf{u}, \mathbf{u} \rangle = 0 \Rightarrow \mathbf{u} = \mathbf{0}$. ▮

보기 6 $\mathbf{x} = [1, 2, 3, 4]^T \in \boldsymbol{R}^4$일 때, 보기 1의 유클리드 내적에 관하여

$$\mathbf{x} \cdot \mathbf{x} = 1^2 + 2^2 + 3^2 + 4^2 = 30. \quad \therefore \ \|\mathbf{x}\| = \sqrt{30}.$$

보기 7 보기 2의 내적에 관하여 $\sin x \in C[-\pi, \pi]$의 크기는

$$\|\sin x\| = \left(\int_{-\pi}^{\pi} \sin^2 x \, dx \right)^{1/2} = \sqrt{\pi}.$$

정리 4.1.1 (코시-슈바르츠 부등식)

내적공간 V의 원소 $\mathbf{u}, \mathbf{v}$에 대하여

$$|\langle \mathbf{u}, \mathbf{v} \rangle| \le \|\mathbf{u}\| \|\mathbf{v}\|. \quad \cdots\cdots ①$$

증명 $\mathbf{u} = \mathbf{0}$일 때 ①의 양변은 0으로서 서로 같다.

$\mathbf{u} \ne \mathbf{0}$라고 하자. 임의의 실수 t에 대하여

$$\langle t\mathbf{u} + \mathbf{v}, t\mathbf{u} + \mathbf{v} \rangle \ge 0,$$

$$\therefore \ \langle \mathbf{u}, \mathbf{u} \rangle t^2 + 2\langle \mathbf{u}, \mathbf{v} \rangle t + \langle \mathbf{v}, \mathbf{v} \rangle \ge 0.$$

즉,

$$\|\mathbf{u}\|^2 t^2 + 2\langle \mathbf{u}, \mathbf{v} \rangle t + \|\mathbf{v}\|^2 \ge 0. \quad \cdots\cdots ②$$

$\|\mathbf{u}\| \ne 0$이므로 ②는 임의의 t값에 대하여 성립하는 t에 관한 이차부등식이다. 따라서 판별식이 0 이하이다. 따라서

$$\langle \mathbf{u}, \mathbf{v} \rangle^2 - \|\mathbf{u}\|^2 \|\mathbf{v}\|^2 \le 0.$$

$$\therefore \ \langle \mathbf{u}, \mathbf{v} \rangle^2 \le \|\mathbf{u}\|^2 \|\mathbf{v}\|^2. \quad \cdots\cdots ③$$

③의 양변의 제곱근을 취하면 ①을 얻는다. ▮

예제 4.1.2

실수 $x_1, \cdots, x_n$에 대하여 다음 부등식이 성립함을 보여라.

$$(x_1 + \cdots + x_n)^2 \leq n(x_1^2 + \cdots + x_n^2). \quad \cdots\cdots\cdots\cdots ①$$

증명 $\mathbf{u} = [1, \cdots, 1]^{\mathrm{T}}, \mathbf{v} = [x_1, \cdots, x_n]^{\mathrm{T}}$ 라고 할 때,

$$\mathbf{u} \cdot \mathbf{v} = 1x_1 + \cdots + 1x_n = x_1 + \cdots + x_n,$$

$$\|\mathbf{u}\|^2 = 1^2 + \cdots + 1^2 = n, \ \|\mathbf{v}\|^2 = x_1^2 + \cdots + x_n^2.$$

그러므로 코시-슈바르츠의 정리에 의하여 ①이 성립한다. ◘

따름정리 4.1.3

내적공간 V의 원소 $\mathbf{u}, \mathbf{v}$와 실수 k에 대하여

(1) $\|k\mathbf{u}\| = |k|\,\|\mathbf{u}\|$

(2) $\|\mathbf{u} + \mathbf{v}\| \leq \|\mathbf{u}\| + \|\mathbf{v}\|$ (삼각부등식)

◀ 三角不等式 triangle inequality

증명 (1) $\|k\mathbf{u}\|^2 = \langle k\mathbf{u}, k\mathbf{u}\rangle = k^2\langle \mathbf{u}, \mathbf{u}\rangle = k^2\|\mathbf{u}\|^2.$

$$\therefore \ \|k\mathbf{u}\| = |k|\,\|\mathbf{u}\|.$$

(2)
$$\begin{aligned}\|\mathbf{u} + \mathbf{v}\|^2 &= \langle \mathbf{u} + \mathbf{v}, \mathbf{u} + \mathbf{v}\rangle \\ &= \langle \mathbf{u}, \mathbf{u}\rangle + 2\langle \mathbf{u}, \mathbf{v}\rangle + \langle \mathbf{v}, \mathbf{v}\rangle \\ &\leq \|\mathbf{u}\|^2 + 2\|\mathbf{u}\|\|\mathbf{v}\| + \|\mathbf{v}\|^2 = (\|\mathbf{u}\| + \|\mathbf{v}\|)^2.\end{aligned}$$

코시-슈바르츠부등식

$$\therefore \ \|\mathbf{u} + \mathbf{v}\| \leq \|\mathbf{u}\| + \|\mathbf{v}\|. \ \blacksquare$$

두 벡터 사이의 각

내적공간 V의 영이 아닌 벡터 $\mathbf{u}, \mathbf{v}$에 대하여

$$\left|\frac{\langle \mathbf{u}, \mathbf{v}\rangle}{\|\mathbf{u}\|\|\mathbf{v}\|}\right| \leq 1. \ (\because \text{코시-슈바르츠부등식})$$

$$\therefore \ -1 \leq \frac{\langle \mathbf{u}, \mathbf{v}\rangle}{\|\mathbf{u}\|\|\mathbf{v}\|} \leq 1. \quad \cdots\cdots\cdots\cdots ①$$

함수 $y = \cos x$는, 정의역을 $[0, \pi]$, 공역을 $[-1, 1]$으로 했을 때, 일대일대응이므로 ①에 의하여,

$$\cos\theta = \frac{\langle \mathbf{u}, \mathbf{v} \rangle}{\|\mathbf{u}\|\|\mathbf{v}\|}, \quad (0 \le \theta \le \pi)$$

를 만족하는 θ가 유일하게 존재한다. 이 값 θ를 **u, v 사이의 각**이라고 한다.

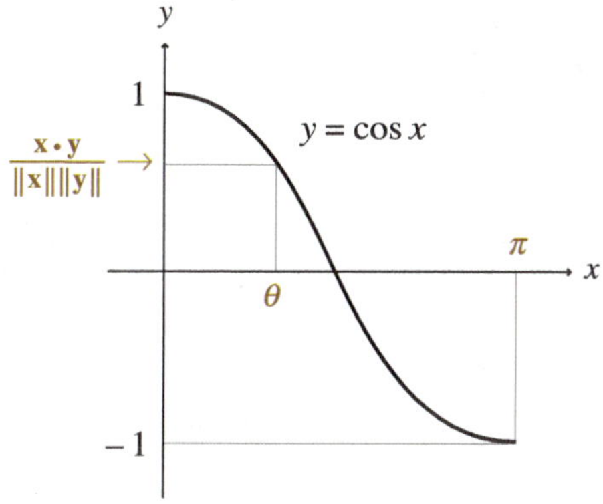

보기 8 $\mathbf{x} = [1, 2, 1, -1]^T, \mathbf{y} = [1, 2, 3, 4]^T \in \boldsymbol{R}^4$일 때,

$$\frac{\mathbf{x} \cdot \mathbf{y}}{\|\mathbf{x}\|\|\mathbf{y}\|} = \frac{4}{\sqrt{7}\sqrt{30}} \fallingdotseq 0.276 \cdots$$

이므로 $\mathbf{x}, \mathbf{y}$사이의 각은

$$\cos^{-1}(0.276 \cdots) \fallingdotseq 73.99^\circ.$$

코사인값이 0.276…인 각이란 뜻

벡터 $\mathbf{u}, \mathbf{v}$ 사이의 각을 θ라고 할 때, $\cos\theta = \frac{\mathbf{x} \cdot \mathbf{y}}{\|\mathbf{x}\|\|\mathbf{y}\|}$ 이므로

$$\theta = 90^\circ \Leftrightarrow \langle \mathbf{u}, \mathbf{v} \rangle = 0$$

이 성립한다. 이 때, $\mathbf{u}, \mathbf{v}$는 **직교**한다(또는 **수직**이다)라고 하고

$$\mathbf{u} \perp \mathbf{v}$$

와 같이 나타낸다.

◀ 直交 orthogonal
垂直 perpendicular

보기 9 $\mathbf{x} = [2, 3, 1, 4]^T, \mathbf{y} = [1, 1, -1, -1]^T \in \boldsymbol{R}^4$는 직교한다.

$\because \ \mathbf{x} \cdot \mathbf{y} = 2 \cdot 1 + 3 \cdot 1 + 1 \cdot (-1) + 4 \cdot (-1) = 0.$

정리 4.1.4 (피타고라스의 정리)

내적공간 V의 원소 $\mathbf{u}, \mathbf{v}$가 직교할 때

$$\|\mathbf{u} + \mathbf{v}\|^2 = \|\mathbf{u}\|^2 + \|\mathbf{v}\|^2.$$

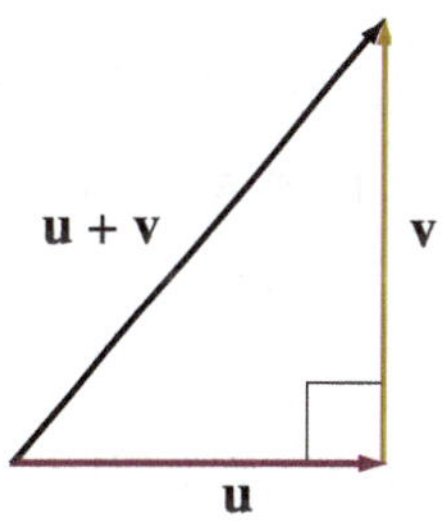

증명 $\mathbf{u}, \mathbf{v}$가 직교하므로 $\langle \mathbf{u}, \mathbf{v} \rangle = 0$.

$\therefore \ \|\mathbf{u} + \mathbf{v}\|^2 = \langle \mathbf{u}, \mathbf{u} \rangle + 2\langle \mathbf{u}, \mathbf{v} \rangle + \langle \mathbf{v}, \mathbf{v} \rangle = \|\mathbf{u}\|^2 + \|\mathbf{v}\|^2.$ ∎

4-1 E·X·E·R·C·I·S·E·S 연습문제

1 다음과 같이 정의된 ⟨ , ⟩는 제시된 벡터공간 상의 내적임을 보여라.

(1) $w \in C[a, b]$ 가 조건 $w(x) > 0$, $(\forall x \in \boldsymbol{R})$, 을 만족하는 함수라고 할 때, $f, g \in C[a, b]$ 에 대하여

$$\langle f, g\rangle = \int_a^b w(x) f(x) g(x) dx.$$

(2) $x_1, \cdots, x_{n+1}$ 이 서로 다른 양의 실수일 때, $f, g \in \mathscr{P}_n$에 대하여

$$\langle f, g\rangle = f(x_1)g(x_1) + \cdots + f(x_{n+1})g(x_{n+1}).$$

(3) $w \in C[a, b]$ 가 위 (1)의 함수라고 할 때, $f, g \in \mathscr{P}_n$에 대하여

$$\langle f, g\rangle = w(x_1)f(x_1)g(x_1) + \cdots + w(x_{n+1})f(x_{n+1})g(x_{n+1}).$$

(4) $U = [u_{ij}], V = [v_{ij}] \in \boldsymbol{R}^{m \times n}$ 에 대하여

$$\langle U, V\rangle = \sum_{i=1}^{m} \sum_{j=1}^{n} u_{ij} v_{ij}.$$

2 다음과 같이 정의된 ⟨ , ⟩는 $\boldsymbol{R}^n$ 상의 내적임을 보여라.

(1) $w_1, \cdots, w_n$이 양의 실수라고 할 때, $\mathbf{x} = [x_1, \cdots, x_n]^{\mathrm{T}}$, $\mathbf{y} = [y_1, \cdots, y_n]^{\mathrm{T}} \in \boldsymbol{R}^n$ 에 대하여

$$\langle \mathbf{x}, \mathbf{y}\rangle = w_1 x_1 y_1 + \cdots + w_n x_n y_n$$

(2) A가 $n \times n$ 가역행렬일 때, $\mathbf{x}, \mathbf{y} \in \boldsymbol{R}^n$ 에 대하여

$$\langle \mathbf{x}, \mathbf{y}\rangle = (A\mathbf{x}) \cdot (A\mathbf{y}), \text{ 즉, } \langle \mathbf{x}, \mathbf{y}\rangle = \mathbf{x}^{\mathrm{T}} A^{\mathrm{T}} A \mathbf{x}$$

3 연습문제 2 (1)의 내적은 연습문제 2 (2)의 내적으로 표현될 수 있음을 보여라.

4 $\langle f, g\rangle = \int_{-\pi}^{\pi} f(x)g(x)dx$ 로 정의된 내적을 가지는 내적공간 $C[-\pi, \pi]$ 에서 다음 벡터의 크기를 구하라.

(1) $\sin x$ (2) $\cos x$

5 연습문제 1 (2), (단, $x_i = \frac{i-1}{4}$, $i = 1, \cdots, 5$), 로 정의된 $\mathscr{P}_4$의 내적에 관하여 벡터 x 의 크기를 구하라.

4-1 · E · X · E · R · C · I · S · E · S · 연습문제

6 내적공간 V의 원소 $\mathbf{u}, \mathbf{v}$에 대하여, $d(\mathbf{u}, \mathbf{v}) = \|\mathbf{u} - \mathbf{v}\|$라고 할 때, 임의의 $\mathbf{u}, \mathbf{v}, \mathbf{w} \in V$에 대하여 다음이 성립함을 증명하라.

(1) $d(\mathbf{u}, \mathbf{v}) \geq 0$. 단, 등호가 성립할 필요충분조건은 $\mathbf{u} = \mathbf{v}$.

(2) $d(\mathbf{u}, \mathbf{v}) = d(\mathbf{v}, \mathbf{u})$.

(3) $d(\mathbf{u}, \mathbf{v}) = d(\mathbf{u}, \mathbf{w}) + d(\mathbf{w}, \mathbf{v})$.

7 내적공간의 벡터 $\mathbf{u}, \mathbf{v}$에 대하여 다음을 증명하라.

(1) $\|\mathbf{u} + \mathbf{v}\|^2 + \|\mathbf{u} - \mathbf{v}\|^2 = 2(\|\mathbf{u}\|^2 + \|\mathbf{v}\|^2)$

(2) $\|\mathbf{u} + \mathbf{v}\|^2 - \|\mathbf{u} - \mathbf{v}\|^2 = 4\langle \mathbf{u}, \mathbf{v} \rangle$

8 $f, g \in C[0, 1]$에 대하여 다음을 증명하라.

(1) $\left(\int_0^1 f(x)g(x)dx\right)^2 \leq \left(\int_0^1 f(x)^2 dx\right)\left(\int_0^1 g(x)^2 dx\right)$

(2) $\left(\int_0^1 (f(x) + g(x))^2 dx\right)^{1/2} \leq \left(\int_0^1 f(x)^2 dx\right)^{1/2} + \left(\int_0^1 g(x)^2 dx\right)^{1/2}$

9 $\mathbf{u}, \mathbf{v} \in \boldsymbol{R}^n$과 $A \in \boldsymbol{R}^{n \times n}$에 대하여 다음을 증명하라.

$$(\mathbf{u}^{\mathrm{T}} A^{\mathrm{T}} A \mathbf{v})^2 \leq (\mathbf{u}^{\mathrm{T}} A^{\mathrm{T}} A \mathbf{u})(\mathbf{v}^{\mathrm{T}} A^{\mathrm{T}} A \mathbf{v}).$$

10 실수 a, b, c, θ에 대하여 다음을 증명하라.

(1) $(a \cos\theta + b \sin\theta)^2 \leq a^2 + b^2$.

(2) $\left(\frac{3}{13}a + \frac{4}{13}b + \frac{12}{13}c\right)^2 \leq a^2 + b^2 + c^2$.

11 양의 실수 $a_1, \cdots, a_n$에 대하여 다음을 증명하라.

$$(a_1 + \cdots + a_n)\left(\frac{1}{a_1} + \cdots + \frac{1}{a_n}\right) \geq n^2.$$

12 벡터 $\mathbf{u} = [2, 1, 1]^{\mathrm{T}}, \mathbf{v} = [1, -1, 2]^{\mathrm{T}} \in \boldsymbol{R}^3$ 사이의 각을 구하라.

4-1 · E · X · E · R · C · I · S · E · S · 연습문제

13 내적공간의 벡터 $\mathbf{v}_1, \cdots, \mathbf{v}_n$ 중 어느 2 개도 직교할 때,

$$\|\mathbf{v}_1 + \cdots + \mathbf{v}_n\|^2 = \|\mathbf{v}_1\|^2 + \cdots + \|\mathbf{v}_n\|^2$$

임을 증명하라.

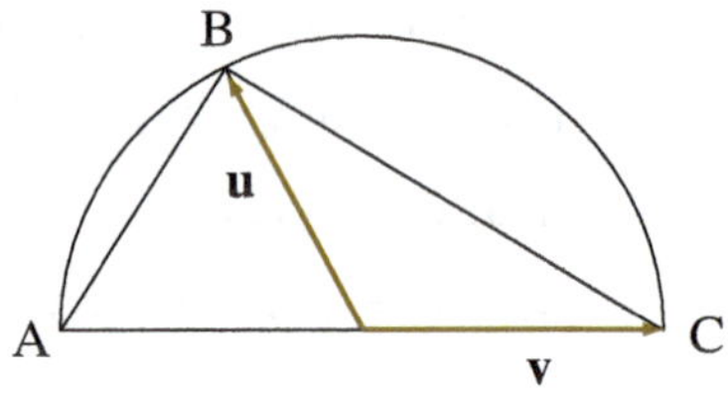

14 원 위의 세 점 A, B, C에 대하여 AC가 지름일 때, 삼각형 ABC는 직각삼각형임을 보여라.

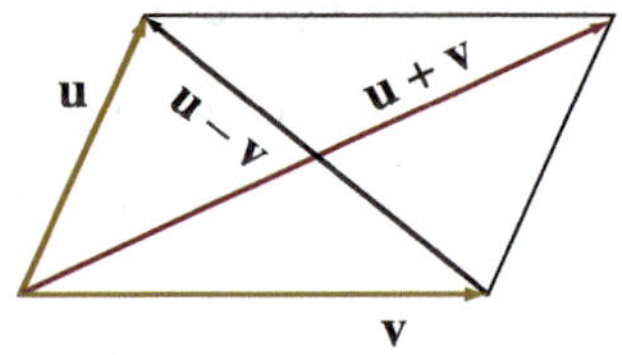

15 평행사변형의 네 변의 길이의 제곱의 합은 대각선의 길이의 제곱의 합과 같음을 보여라.

16 $\langle \mathbf{u}, \mathbf{v}\rangle = w_1u_1v_1 + w_2u_2v_2$, (단, $\mathbf{u} = [u_1, u_2]^T$, $\mathbf{v} = [v_1, v_2]^T$, $w_1, w_2 > 0$), 로 정의된 $\boldsymbol{R}^2$ 의 내적에 관하여 다음 물음에 답하라.

(1) $w_1 = \frac{1}{9}$, $w_2 = \frac{1}{4}$일 때, 집합 $\{\mathbf{x} \in \boldsymbol{R}^2 \mid \|\mathbf{x}\| = 1\}$ 이 나타내는 도형은 무엇인가?

(2) $\mathbf{u} = [1, \sqrt{3}]^T$, $\mathbf{v} = [-1, \sqrt{3}]^T$가 직교한다고 할 때, w_1, w_2를 구하라.

17 다음을 증명하라.

(1) 연습문제 1 (4)와 같이 정의된 $\boldsymbol{R}^{2\times 2}$의 내적에 관하여

$U = \begin{bmatrix} 1 & 1 \\ 2 & 1 \end{bmatrix}$, $V = \begin{bmatrix} 1 & -1 \\ -1 & 2 \end{bmatrix}$는 직교한다.

(2) $\langle f, g\rangle = \int_{-1}^{1} f(x)g(x)dx$ 와 같이 정의된 $C[-1, 1]$ 의 내적에 관하여 x, x^2은 직교한다.

18 내적공간 V의 부분집합 $S = \{\mathbf{v}_1, \cdots, \mathbf{v}_r\}$에 대하여 $\mathbf{u} \in V$가 각 $\mathbf{v}_i$와 직교할 때, $\mathbf{u}$는 span(S) 의 임의의 원소와 직교함을 보여라.

4-2 정규직교기저

이 절의 학습내용

- 직교집합 / • 직교기저
- 정규직교집합 / • 정규직교기저
- 직교행렬

정규직교기저

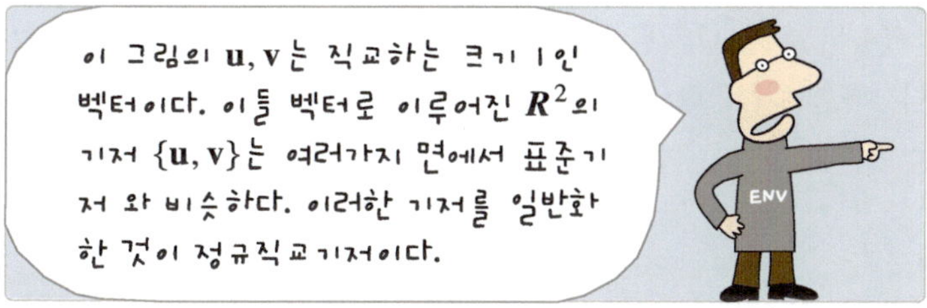

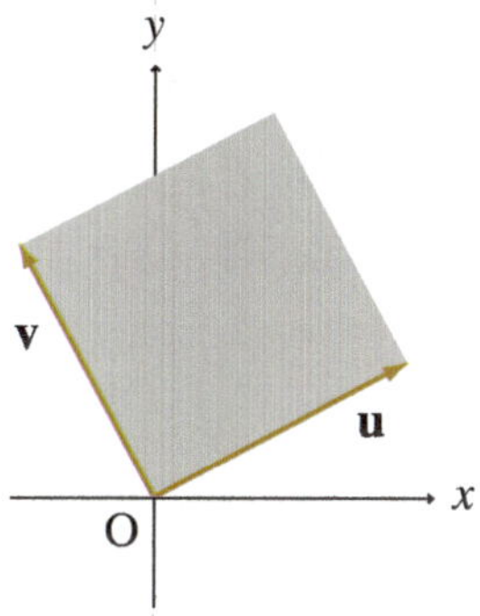

정의 내적공간 V의 부분집합 S의 임의의 서로 다른 원소의 쌍이 직교할 때, S를 **직교집합**이라고 한다. V의 기저 S가 직교집합일 때, S를 **직교기저**라고 한다.

◂ 直交集合 orthogonal set

◂ 直交基底 orthogonal basis

보기 1 $\mathbf{x}_1 = \begin{bmatrix} 1 \\ 1 \\ 1 \end{bmatrix}$, $\mathbf{x}_2 = \begin{bmatrix} 2 \\ 1 \\ -3 \end{bmatrix}$, $\mathbf{x}_3 = \begin{bmatrix} -4 \\ 5 \\ -1 \end{bmatrix} \in \boldsymbol{R}^3$일 때

$\{\mathbf{x}_1, \mathbf{x}_2, \mathbf{x}_3\}$ 은 직교집합이다. (단, 내적은 유클리드 내적).

$\because\ \mathbf{x}_1 \cdot \mathbf{x}_2 = 0,\ \mathbf{x}_1 \cdot \mathbf{x}_3 = 0,\ \mathbf{x}_2 \cdot \mathbf{x}_3 = 0.$

정리 4.2.1

영벡터를 포함하지 않는 직교집합 $S = \{\mathbf{v}_1, \cdots, \mathbf{v}_n\}$ 는 일차독립이다.

증명 실수 $k_1, \cdots, k_n$에 대하여

$$k_1\mathbf{v}_1 + k_2\mathbf{v}_2 + \cdots + k_n\mathbf{v}_n = \mathbf{0}$$

이라고 할 때,

$$\begin{aligned} 0 &= \langle \mathbf{0}, \mathbf{v}_1 \rangle = \langle k_1\mathbf{v}_1 + k_2\mathbf{v}_2 + \cdots + k_n\mathbf{v}_n, \mathbf{v}_1 \rangle \\ &= \langle k_1\mathbf{v}_1, \mathbf{v}_1 \rangle + \langle k_2\mathbf{v}_2, \mathbf{v}_1 \rangle + \cdots + \langle k_n\mathbf{v}_n, \mathbf{v}_1 \rangle \\ &= k_1\langle \mathbf{v}_1, \mathbf{v}_1 \rangle + k_2\underbrace{\langle \mathbf{v}_2, \mathbf{v}_1 \rangle}_{=0} + \cdots + k_n\underbrace{\langle \mathbf{v}_n, \mathbf{v}_1 \rangle}_{=0} \\ &= k_1\langle \mathbf{v}_1, \mathbf{v}_1 \rangle. \end{aligned}$$

$\mathbf{v}_1 \neq \mathbf{0}$이므로 $\langle \mathbf{v}_1, \mathbf{v}_1 \rangle \neq 0$이고, 따라서 $k_1 = 0$이다.

같은 방법으로 $k_i = 0, (i = 1, \cdots, n)$, 이 성립하고, 그러므로 S 는 일차독립이다. ▮

보기 2 보기 1의 벡터 $\mathbf{x}_1, \mathbf{x}_2, \mathbf{x}_3$ 에 대하여 $S = \{\mathbf{x}_1, \mathbf{x}_2, \mathbf{x}_3\}$ 은 $\boldsymbol{R}^3$의 직교기저이다.

∵ S 는 직교집합이므로 일차독립이다. 3 차원공간의 3개의 일차독립인벡터는 기저를 이루므로 S는 $\boldsymbol{R}^3$의 직교기저이다.

내적공간 V의 크기가 1인 벡터를 **단위벡터**라고 한다.

◀ 單位벡터 unit vector

정의 내적공간 V의 직교집합 S의 각 원소가 단위벡터일 때, S를 **정규직교집합**이라고 한다. V의 기저 S가 정규직교집합일 때, S를 **정규직교기저**라고 한다.

◀ 定規直交集合 orthonormal set
定規直交基底 orthonormal basis

보기 3 $\boldsymbol{R}^n$ 의 표준기저 $S = \{\mathbf{e}_1, \cdots, \mathbf{e}_n\}$ 은 정규직교기저이다.

∵ S 는 정규직교집합이다.

보기 4 (1) $\boldsymbol{R}^2$의 벡터 $\mathbf{u}, \mathbf{v}$에 대하여 $\{\mathbf{u}, \mathbf{v}\}$ 가 $\boldsymbol{R}^2$의 정규직교기저일 필요충분조건은 □$(\mathbf{u}, \mathbf{v})$ 가 정사각형일 것이다.

(2) $\boldsymbol{R}^3$의 벡터 $\mathbf{u}, \mathbf{v}, \mathbf{w}$에 대하여 $\{\mathbf{u}, \mathbf{v}, \mathbf{w}\}$ 가 $\boldsymbol{R}^3$의 정규직교기저일 필요충분조건은 ⬡$(\mathbf{u}, \mathbf{v}, \mathbf{w})$ 가 정육면체일 것이다.

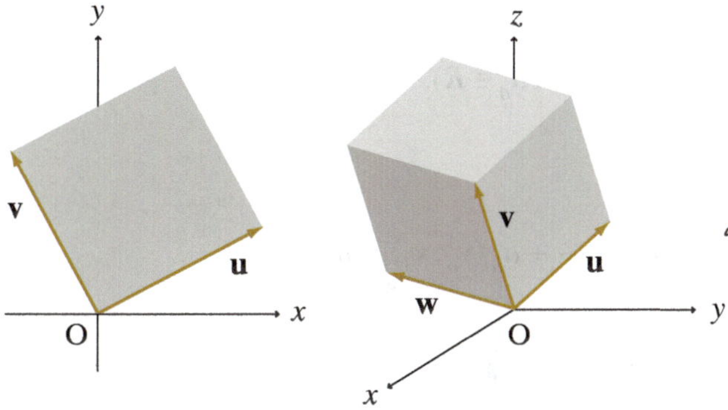

내적공간 V의 임의의 벡터 $\mathbf{v} \neq \mathbf{0}$ 에 대하여 $\frac{1}{\|\mathbf{v}\|}\mathbf{v}$ 는 단위벡터이다. $\mathbf{v}$를 $\|\mathbf{v}\|$로 나누어 단위벡터로 만드는 것을 $\mathbf{v}$를 **정규화시킨다**고 한다.

◂ 正規化 normalize

NOTE 1 $\{\mathbf{v}_1, \cdots, \mathbf{v}_n\}$이 내적공간 V의 직교기저일 때, $\left\{\frac{1}{\|\mathbf{v}_1\|}\mathbf{v}_1, \cdots, \frac{1}{\|\mathbf{v}_n\|}\mathbf{v}_n\right\}$ 은 V의 정규직교기저이다.

보기 5 $\boldsymbol{R}^3$의 벡터

$$\mathbf{v}_1 = \begin{bmatrix} 0 \\ 1 \\ 0 \end{bmatrix}, \ \mathbf{v}_2 = \begin{bmatrix} 1 \\ 0 \\ 1 \end{bmatrix}, \ \mathbf{v}_3 = \begin{bmatrix} 1 \\ 0 \\ -1 \end{bmatrix},$$

의 크기는 각각

$$\|\mathbf{v}_1\| = 1, \ \|\mathbf{v}_2\| = \|\mathbf{v}_3\| = \sqrt{2}.$$

$\{\mathbf{v}_1, \mathbf{v}_2, \mathbf{v}_3\}$ 이 $\boldsymbol{R}^3$의 직교기저이므로

$$\left\{\begin{bmatrix} 0 \\ 1 \\ 0 \end{bmatrix}, \begin{bmatrix} 1/\sqrt{2} \\ 0 \\ 1/\sqrt{2} \end{bmatrix}, \begin{bmatrix} 1/\sqrt{2} \\ 0 \\ -1/\sqrt{2} \end{bmatrix}\right\}$$

는 $\boldsymbol{R}^3$의 정규직교기저이다.

정리 4.2.2

$S=\{\mathbf{v}_1, \cdots, \mathbf{v}_n\}$이 내적공간 V의 정규직교기저라고 할 때, 임의의 $\mathbf{u} \in V$에 대하여

$$\mathbf{u} = \langle \mathbf{u}, \mathbf{v}_1 \rangle \mathbf{v}_1 + \langle \mathbf{u}, \mathbf{v}_2 \rangle \mathbf{v}_2 + \cdots + \langle \mathbf{u}, \mathbf{v}_n \rangle \mathbf{v}_n .$$

증명 S가 V의 기저이므로 $\mathbf{u}$는

$$\mathbf{u} = a_1 \mathbf{v}_1 + \cdots + a_n \mathbf{v}_n, \text{(단, } a_1, \cdots, a_n \in \boldsymbol{R})$$

과 같이 표현된다.

$$\begin{aligned} \langle \mathbf{u}, \mathbf{v}_1 \rangle &= \langle a_1 \mathbf{v}_1 + \cdots + a_n \mathbf{v}_n, \mathbf{v}_1 \rangle \\ &= a_1 \underbrace{\langle \mathbf{v}_1, \mathbf{v}_1 \rangle}_{=1} + a_2 \underbrace{\langle \mathbf{v}_2, \mathbf{v}_1 \rangle}_{=0} + \cdots + a_n \underbrace{\langle \mathbf{v}_n, \mathbf{v}_1 \rangle}_{=0} = a_1 . \end{aligned}$$

같은 논리로

$$a_i = \langle \mathbf{u}, \mathbf{v}_i \rangle, (i = 1, 2, \cdots, n) . \quad ▮$$

따름정리 4.2.3

$B=(\mathbf{v}_1, \cdots, \mathbf{v}_n)$이 내적공간 V의 순서 정규직교기저라고 할 때, 임의의 $\mathbf{u} \in V$에 대하여, B에 관한 $\mathbf{u}$의 계수벡터는

$$\frac{\mathbf{u}}{B} = \begin{bmatrix} \langle \mathbf{u}, \mathbf{v}_1 \rangle \\ \langle \mathbf{u}, \mathbf{v}_2 \rangle \\ \vdots \\ \langle \mathbf{u}, \mathbf{v}_n \rangle \end{bmatrix} .$$

보기 6 $\mathbf{v}_1 = \begin{bmatrix} 1/\sqrt{2} \\ 1/\sqrt{2} \end{bmatrix}$, $\mathbf{v}_2 = \begin{bmatrix} 1/\sqrt{2} \\ -1/\sqrt{2} \end{bmatrix}$일 때, $B=(\mathbf{v}_1, \mathbf{v}_2)$는

$\boldsymbol{R}^2$의 순서 정규직교기저이다. 임의의

$$\mathbf{u} = \begin{bmatrix} x_1 \\ x_2 \end{bmatrix} \in \boldsymbol{R}^2$$

에 대하여

$$\mathbf{u} \cdot \mathbf{v}_1 = \frac{x_1 + x_2}{\sqrt{2}}, \quad \mathbf{u} \cdot \mathbf{v}_2 = \frac{x_1 - x_2}{\sqrt{2}} .$$

$$\therefore \frac{\mathbf{u}}{B} = \left[\frac{x_1 + x_2}{\sqrt{2}}, \frac{x_1 - x_2}{\sqrt{2}} \right]^{\mathrm{T}} .$$

따름정리 4.2.4

$B = (\mathbf{v}_1, \cdots, \mathbf{v}_n)$이 내적공간 V의 순서 정규직교기저라고 할 때, $\mathbf{u}, \mathbf{v} \in V$에 대하여

$$\frac{\mathbf{u}}{B} = \begin{bmatrix} x_1 \\ \vdots \\ x_n \end{bmatrix}, \quad \frac{\mathbf{v}}{B} = \begin{bmatrix} y_1 \\ \vdots \\ y_n \end{bmatrix}$$

이면,

(1) $\langle \mathbf{u}, \mathbf{v} \rangle = x_1 y_1 + \cdots + x_n y_n \left(= \frac{\mathbf{u}}{B} \cdot \frac{\mathbf{v}}{B} \right)$ ← R^n의 유클리드내적

(2) $\|\mathbf{u}\|^2 = x_1^2 + \cdots + x_n^2 \left(= \left\| \frac{\mathbf{u}}{B} \right\|^2 \right)$ ← R^n의 유클리드내적에 관한 크기

증명 (1) $\mathbf{u} = x_1 \mathbf{v}_1 + \cdots + x_n \mathbf{v}_n, \ \mathbf{v} = y_1 \mathbf{v}_1 + \cdots + y_n \mathbf{v}_n$

이다.

$$\begin{aligned}\langle \mathbf{u}, \mathbf{v} \rangle &= \langle x_1 \mathbf{v}_1 + \cdots + x_n \mathbf{v}_n, \ y_1 \mathbf{v}_1 + \cdots + y_n \mathbf{v}_n \rangle \\ &= x_1 y_1 \langle \mathbf{v}_1, \mathbf{v}_1 \rangle + x_1 y_2 \langle \mathbf{v}_1, \mathbf{v}_2 \rangle + \cdots + x_1 y_n \langle \mathbf{v}_1, \mathbf{v}_n \rangle \\ &\quad + x_2 y_1 \langle \mathbf{v}_2, \mathbf{v}_1 \rangle + x_2 y_2 \langle \mathbf{v}_2, \mathbf{v}_2 \rangle + \cdots + x_2 y_n \langle \mathbf{v}_2, \mathbf{v}_n \rangle \\ &\quad \vdots \\ &\quad + x_n y_1 \langle \mathbf{v}_n, \mathbf{v}_1 \rangle + x_n y_1 \langle \mathbf{v}_n, \mathbf{v}_1 \rangle + \cdots + x_n y_n \langle \mathbf{v}_n, \mathbf{v}_n \rangle .\end{aligned}$$

여기서

$$\langle \mathbf{v}_i, \mathbf{v}_j \rangle = \begin{cases} 1, (i = j \text{ 일 때}), \\ 0, (i \neq j \text{ 일 때}) \end{cases}$$

이므로

$$\langle \mathbf{u}, \mathbf{v} \rangle = x_1 y_1 + \cdots + x_n y_n .$$

(2) $\|\mathbf{u}\|^2 = \langle \mathbf{u}, \mathbf{u} \rangle = x_1 x_1 + \cdots + x_n x_n = x_1^2 + \cdots + x_n^2$. ∎

by (1)

보기 7 보기 6의 $B = (\mathbf{v}_1, \mathbf{v}_2)$와 $\mathbf{u}$에 대하여

$$\begin{aligned}\left\| \frac{\mathbf{u}}{B} \right\|^2 &= \left(\frac{x_1 + x_2}{\sqrt{2}} \right)^2 + \left(\frac{x_1 - x_2}{\sqrt{2}} \right)^2 \\ &= x_1^2 + x_2^2 = \|\mathbf{u}\|^2 .\end{aligned}$$

직교행렬

정의 열들이 정규직교집합을 이루는 정사각행렬을 **직교행렬**이라고 한다.

◀ 直交行列 orthogonal matrix

보기 8 행렬

$$Q=\begin{bmatrix} 0 & 1/\sqrt{2} & 1/\sqrt{2} \\ 1 & 0 & 0 \\ 0 & 1/\sqrt{2} & -1/\sqrt{2} \end{bmatrix}$$

의 열들이 정규직교 집합(예제 5)을 이루므로 Q는 직교행렬이다.

보기 9 임의의 실수 θ에 대하여, 행렬

$$Q=\begin{bmatrix} \cos\theta & -\sin\theta \\ \sin\theta & \cos\theta \end{bmatrix}$$

의 열들이 정규직교 집합을 이루므로 Q는 직교행렬이다.

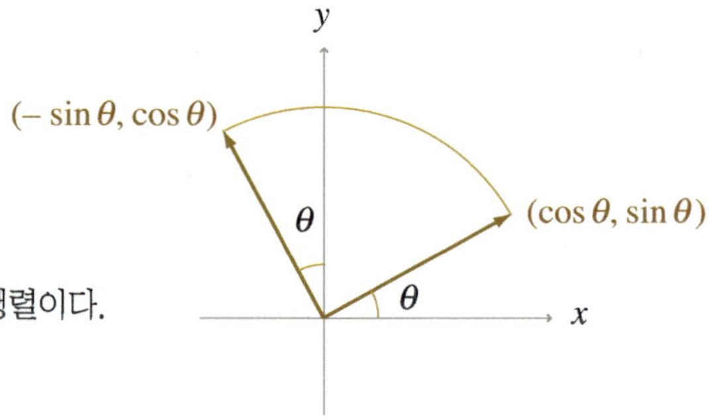

정리 4.2.5

정사각 행렬 A에 대하여 다음은 동치이다.

(i) A의 열들은 정규직교집합을 이룬다.

(ii) $A^{\mathrm{T}}A=I$.

(iii) $A^{-1}=A^{\mathrm{T}}$.

(iv) $AA^{\mathrm{T}}=I$.

(v) A의 행들은 정규직교집합을 이룬다.

증명 $A=[\mathbf{x}_1, \cdots, \mathbf{x}_n]$ 라고 하자.

(i) $\Leftrightarrow$ (ii). $\{\mathbf{x}_1, \cdots, \mathbf{x}_n\}$ 가 정규직교집합일 필요충분조건은

$$\mathbf{x}_i^{\mathrm{T}}\mathbf{x}_j=\mathbf{x}_i\cdot\mathbf{x}_j=\begin{cases} 1, (i=j \text{ 일 때}), \\ 0, (i\neq j \text{ 일 때}). \end{cases} \quad \cdots\cdots\cdots ①$$

①의 다른 표현은

$$\therefore\ A^{\mathrm{T}}A=\begin{bmatrix}\mathbf{x}_1^{\mathrm{T}}\mathbf{x}_1 & \mathbf{x}_1^{\mathrm{T}}\mathbf{x}_2 & \cdots & \mathbf{x}_1^{\mathrm{T}}\mathbf{x}_n\\ \mathbf{x}_2^{\mathrm{T}}\mathbf{x}_1 & \mathbf{x}_2^{\mathrm{T}}\mathbf{x}_2 & \cdots & \mathbf{x}_2^{\mathrm{T}}\mathbf{x}_n\\ \vdots & \vdots & & \vdots\\ \mathbf{x}_n^{\mathrm{T}}\mathbf{x}_1 & \mathbf{x}_n^{\mathrm{T}}\mathbf{x}_2 & \cdots & \mathbf{x}_n^{\mathrm{T}}\mathbf{x}_n\end{bmatrix}=\begin{bmatrix}1 & 0 & \cdots & 0\\ 0 & 1 & \cdots & 0\\ \vdots & \vdots & & \vdots\\ 0 & 0 & \cdots & 1\end{bmatrix}.$$

(ii) ⇔ (iii) ⇔ (iv) 는 명백하다.

(iv) ⇔ (v). $AA^{\mathrm{T}}=I$는 $(A^{\mathrm{T}})^{\mathrm{T}}(A^{\mathrm{T}})=I$와 같다.

$(A^{\mathrm{T}})^{\mathrm{T}}(A^{\mathrm{T}})=I$

⇔ A^{T} 의 열들은 정규직교집합을 이룬다. (∵ (i)⇔(ii))

⇔ A 의 행들은 정규직교집합을 이룬다. ▮

따름정리 4.2.6

A 가 직교행렬일 때,

$$\det A=1 \text{ 또는 } \det A=-1.$$

증명 A 가 직교행렬일 때, $A^{\mathrm{T}}A=I$ 이므로

$(\det A)^2=(\det A^{\mathrm{T}})(\det A)=(\det A^{\mathrm{T}}A)=(\det I)=1.$

$\therefore \det A=1$ 또는 $\det A=-1.$ ▮

보기 10 보기 7의 직교행렬 Q에 대하여

$$Q^{\mathrm{T}}Q=\begin{bmatrix}0 & 1/\sqrt{2} & 1/\sqrt{2}\\ 1 & 0 & 0\\ 0 & 1/\sqrt{2} & -1/\sqrt{2}\end{bmatrix}\begin{bmatrix}0 & 1/\sqrt{2} & 1/\sqrt{2}\\ 1 & 0 & 0\\ 0 & 1/\sqrt{2} & -1/\sqrt{2}\end{bmatrix}=\begin{bmatrix}1 & 0 & 0\\ 0 & 1 & 0\\ 0 & 0 & 1\end{bmatrix}.$$

$$\therefore\ Q^{-1}=Q^{\mathrm{T}}=\begin{bmatrix}0 & 1 & 0\\ 1/\sqrt{2} & 0 & 1/\sqrt{2}\\ 1/\sqrt{2} & 0 & -1/\sqrt{2}\end{bmatrix}.$$

보기 11 보기 8의 직교행렬 Q에 대하여

$$Q^{\mathrm{T}}Q=\begin{bmatrix}\cos\theta & -\sin\theta\\ \sin\theta & \cos\theta\end{bmatrix}\begin{bmatrix}\cos\theta & \sin\theta\\ -\sin\theta & \cos\theta\end{bmatrix}=\begin{bmatrix}1 & 0\\ 0 & 1\end{bmatrix}.$$

$$\therefore\ Q^{-1}=Q^{\mathrm{T}}=\begin{bmatrix}\cos\theta & \sin\theta\\ -\sin\theta & \cos\theta\end{bmatrix}.$$

정리 4.2.7

(1) 같은 차수의 직교행렬의 곱은 직교행렬이다.

(2) 직교행렬의 역행렬은 직교행렬이다.

증명 (1) A, B가 같은 차수의 직교행렬일 때, A, B에 대하여

$$(AB)^{\mathrm{T}}AB = B^{\mathrm{T}}\underbrace{A^{\mathrm{T}}A}_{I}B = B^{\mathrm{T}}B = I.$$

(2) $(A^{-1})^{\mathrm{T}}A^{-1} = (A^{\mathrm{T}})^{-1}A^{-1} = (AA^{\mathrm{T}})^{-1} = I^{-1} = I.$ ▌ (정리 1.3.5(4))

정리 4.2.8

$n \times n$ 행렬 A에 대하여 다음은 동치이다

(i) A는 직교행렬이다.

(ii) 임의의 $\mathbf{x}, \mathbf{y} \in \boldsymbol{R}^n$에 대하여, $A\mathbf{x} \cdot A\mathbf{y} = \mathbf{x} \cdot \mathbf{y}$.

(iii) 임의의 $\mathbf{x} \in \boldsymbol{R}^n$에 대하여, $\|A\mathbf{x}\| = \|\mathbf{x}\|$.

증명 (i) ⇒ (ii). $A\mathbf{x} \cdot A\mathbf{y} = (A\mathbf{x})^{\mathrm{T}}A\mathbf{y} = \mathbf{x}^{\mathrm{T}}A^{\mathrm{T}}A\mathbf{y} = \mathbf{x}^{\mathrm{T}}\mathbf{y} = \mathbf{x} \cdot \mathbf{y}$. ($A^{\mathrm{T}}A = I$)

(ii) ⇒ (i). $A = [\mathbf{u}_1, \cdots, \mathbf{u}_n], I = [\mathbf{e}_1, \cdots, \mathbf{e}_n]$이라고 할 때,

$$A\mathbf{e}_j = \mathbf{u}_j, \ (j = 1, \cdots, n). \ (\because A\mathbf{e}_j = (A\text{의 } j\text{열}))$$

$$\therefore \ \mathbf{u}_i^{\mathrm{T}}\mathbf{u}_j = \mathbf{u}_i \cdot \mathbf{u}_j = A\mathbf{e}_i \cdot A\mathbf{e}_j \underset{\text{(ii)}}{=} \mathbf{e}_i \cdot \mathbf{e}_j = \begin{cases} 1, (i = j \text{ 일 때}), \\ 0, (i \neq j \text{ 일 때}). \end{cases}$$

$$\therefore \ A^{\mathrm{T}}A = I.$$

(ii) ⇒ (iii). $\|A\mathbf{x}\|^2 = A\mathbf{x} \cdot A\mathbf{x} \underset{\text{(ii)}}{=} \mathbf{x} \cdot \mathbf{x} = \|\mathbf{x}\|^2$.

$$\therefore \ \|A\mathbf{x}\| = \|\mathbf{x}\|.$$

(iii) ⇒ (ii). 임의의 $\mathbf{u}, \mathbf{v} \in \boldsymbol{R}^n$에 대하여,

$$4(\mathbf{u} \cdot \mathbf{v}) = \|\mathbf{u} + \mathbf{v}\|^2 - \|\mathbf{u} - \mathbf{v}\|^2 \ (\because \text{연습문제 4.1.7(2)})$$

이므로

$$\begin{aligned} 4(A\mathbf{x} \cdot A\mathbf{y}) &= \|A\mathbf{x} + A\mathbf{y}\|^2 - \|A\mathbf{x} - A\mathbf{y}\|^2 \\ &= \|A(\mathbf{x} + \mathbf{y})\|^2 - \|A(\mathbf{x} - \mathbf{y})\|^2 \\ &= \|\mathbf{x} + \mathbf{y}\|^2 - \|\mathbf{x} - \mathbf{y}\|^2 \\ &= 4(\mathbf{x} \cdot \mathbf{y}). \end{aligned}$$

$$\therefore \ A\mathbf{x} \cdot A\mathbf{y} = \mathbf{x} \cdot \mathbf{y}. \ ▌$$

정리 4.2.9

B, C가 내적공간 V의 순서 정규직교기저일 때, $\dfrac{B}{C}$는 직교행렬이다.

증명 $B=(\mathbf{b}_1, \cdots, \mathbf{b}_n)$이라고 할 때,

$$\frac{B}{C}=\left[\frac{\mathbf{b}_1}{C}, \cdots, \frac{\mathbf{b}_n}{C}\right].$$

$$\frac{\mathbf{b}_i}{C}\cdot\frac{\mathbf{b}_j}{C}=\langle \mathbf{b}_i\cdot\mathbf{b}_j\rangle=\begin{cases}1, (i=j \text{ 일 때}),\\ 0, (i\neq j \text{ 일 때})\end{cases}$$

따름정리 4.2.4　　B는 정규직교기저

이므로 $\dfrac{B}{C}$의 열들은 정규직교집합을 이룬다. ▮

예제 4.2.10

$$\mathbf{b}_1=\begin{bmatrix}3/5\\4/5\end{bmatrix},\ \mathbf{b}_2=\begin{bmatrix}-4/5\\3/5\end{bmatrix},\ \mathbf{v}=\begin{bmatrix}2\\3\end{bmatrix}$$

라고 할 때, $\boldsymbol{R}^2$의 순서기저 $B=(\mathbf{b}_1, \mathbf{b}_2)$에 관한 $\mathbf{v}$의 좌표 $\dfrac{\mathbf{v}}{B}$를 구하라.

증명 $\boldsymbol{R}^2$의 표준 순서기저를 $E=(\mathbf{e}_1, \mathbf{e}_2)$라고 할 때,

$$\frac{\mathbf{v}}{E}=\begin{bmatrix}2\\3\end{bmatrix},\ \frac{B}{E}=\begin{bmatrix}3/5 & -4/5\\4/5 & 3/5\end{bmatrix}.$$

E, B는 정규직교기저이므로 $\dfrac{B}{E}$는 직교행렬이고 따라서

$$\left(\frac{B}{E}\right)^{-1}=\left(\frac{B}{E}\right)^{\mathrm{T}}=\begin{bmatrix}3/5 & 4/5\\-4/5 & 3/5\end{bmatrix}.$$

$$\frac{\mathbf{v}}{B}=\frac{E}{B}\frac{\mathbf{v}}{E}=\left(\frac{B}{E}\right)^{-1}\frac{\mathbf{v}}{E}=\begin{bmatrix}3/5 & 4/5\\-4/5 & 3/5\end{bmatrix}\begin{bmatrix}2\\3\end{bmatrix}=\begin{bmatrix}18/5\\1/5\end{bmatrix}.$$ ◇

4-2 EXERCISES 연습문제

1 $\langle f, g\rangle = \int_{-\pi}^{\pi} f(x)g(x)dx$ 로 정의된 내적을 가지는 내적공간 $C[-\pi, \pi]$ 에서 $\{1, \cos x, \sin x\}$ 는 직교집합임을 증명하라.

2 $f_1 = \frac{2}{3} - \frac{2}{3}x + \frac{1}{3}x^2,\ f_2 = \frac{2}{3} + \frac{1}{3}x - \frac{2}{3}x^2,\ f_3 = \frac{1}{3} + \frac{2}{3}x + \frac{2}{3}x^2$ 이라고 할 때, $S = \{f_1, f_2, f_3\}$은 4.1절 보기 3의 내적에 관하여 $\mathscr{P}_2$의 정규 직교 집합임을 보여라.

3 $A_1 = \begin{bmatrix} 1 & 0 \\ 0 & 0 \end{bmatrix}, A_2 = \begin{bmatrix} 0 & 2/3 \\ 1/3 & -2/3 \end{bmatrix}, A_3 = \begin{bmatrix} 0 & 2/3 \\ -2/3 & 1/3 \end{bmatrix}, A_4 = \begin{bmatrix} 0 & 1/3 \\ 2/3 & 2/3 \end{bmatrix}$

이라고 할 때, $S = \{A_1, A_2, A_3, A_4\}$는 연습문제 4.1.1 (4) 의 내적에 관하여 $\boldsymbol{R}^{2\times 2}$ 의 정규직교기저임을 보여라.

4 벡터 $\mathbf{v}_1 = \begin{bmatrix} 1 \\ 1 \\ 1 \end{bmatrix}, \mathbf{v}_2 = \begin{bmatrix} -1 \\ 1 \\ 0 \end{bmatrix}, \mathbf{v}_3 = \begin{bmatrix} 1 \\ 1 \\ -2 \end{bmatrix}, \mathbf{u} = \begin{bmatrix} 1 \\ 2 \\ 3 \end{bmatrix}$에 대하여

다음 물음에 답하라. 단, 내적은 유클리드 내적.

(1) $S = \{\mathbf{v}_1, \mathbf{v}_2, \mathbf{v}_3\}$ 은 $\boldsymbol{R}^3$의 직교기저임을 보여라.

(2) S를 정규화시킴으로써 순서 정규직교기저 B를 구하라.

(3) B에 관한 $\mathbf{u}$의 계수벡터 $\frac{\mathbf{u}}{B}$를 구하라.

5 벡터 $\mathbf{w}_1 = \begin{bmatrix} -3/5 \\ 4/5 \\ 0 \end{bmatrix}, \mathbf{w}_2 = \begin{bmatrix} 4/5 \\ 3/5 \\ 0 \end{bmatrix}, \mathbf{w}_3 = \begin{bmatrix} 0 \\ 0 \\ 1 \end{bmatrix}, \mathbf{u}, \mathbf{v} \in \boldsymbol{R}^3$

에 대하여 다음 물음에 답하라. 단, 내적은 유클리드 내적.

(1) $B = (\mathbf{w}_1, \mathbf{w}_2, \mathbf{w}_3)$은 $\boldsymbol{R}^3$의 정규직교기저임을 보여라.

(2) $\frac{\mathbf{u}}{B} = \begin{bmatrix} 1 \\ 1 \\ 1 \end{bmatrix}, \frac{\mathbf{v}}{B} = \begin{bmatrix} 1 \\ 2 \\ 3 \end{bmatrix}$일 때, $\langle \mathbf{u}, \mathbf{v}\rangle$, $\|\mathbf{u}\|$, $\|\mathbf{v}\|$를 구하라.

4-2 · E · X · E · R · C · I · S · E · S · 연습문제

6 내적공간 V의 순서 정규직교기저 B와 $\mathbf{u}, \mathbf{v}, \mathbf{w} \in V$에 대하여

$$\frac{\mathbf{u}}{B} = \begin{bmatrix} -1 \\ 2 \\ 1 \\ 3 \end{bmatrix}, \quad \frac{\mathbf{v}}{B} = \begin{bmatrix} 0 \\ -3 \\ 1 \\ 5 \end{bmatrix}, \quad \frac{\mathbf{w}}{B} = \begin{bmatrix} -2 \\ -4 \\ 3 \\ 1 \end{bmatrix}$$

라고 할 때, 다음을 구하라.

(1) $\|\mathbf{u}\|$　　(2) $\|\mathbf{u} - \mathbf{v}\|$　　(3) $\langle \mathbf{u}, \mathbf{v} \rangle$

7 $\boldsymbol{R}^2$에서 $\langle \mathbf{x}, \mathbf{y} \rangle = 3x_1y_1 + 2x_2y_2$와 같이 정의된 내적에 관한 정규직교집합으로서 유클리드 내적에 관해서는 정규직교집합이 아닌 $\{\mathbf{x}, \mathbf{y}\}$를 구하라.

8 고정된 실수 θ에 대하여

$$\mathbf{x}_1 = \begin{bmatrix} \cos\theta \\ \sin\theta \end{bmatrix}, \quad \mathbf{x}_2 = \begin{bmatrix} -\sin\theta \\ \cos\theta \end{bmatrix}$$

라고 할 때, 벡터 $\mathbf{y} = \begin{bmatrix} y_1 \\ y_2 \end{bmatrix} \in \boldsymbol{R}^2$에 대하여 물음에 답하라.

(1) $\mathbf{y}$를 $\mathbf{x}_1, \mathbf{x}_2$의 일차결합 $\mathbf{v} = a_1\mathbf{x}_1 + a_2\mathbf{x}_2$로 나타내어라.

(2) (1)의 결과로써 직접 계산에 의하여

$$a_1^2 + a_2^2 = \|\mathbf{y}\| = y_1^2 + y_2^2$$

임을 증명하라.

9 $C[-\pi, \pi]$ 상에서 연습문제 1로 정의된 내적에 대하여 다음 물음에 답하라.

(1) $S = \left\{\frac{1}{\sqrt{2\pi}}, \frac{1}{\sqrt{\pi}}\cos 2x\right\}$는 정규직교집합임을 보여라.

(2) $\sin^2 x \in \text{span}(S)$ 임을 보여라.

(3) (2)의 결과를 이용하여 $\int_{-\pi}^{\pi} \sin^4 x\, dx$ 의 값을 구하라.

4-2 · E · X · E · R · C · I · S · E · S · 연습문제

10 2×2 직교행렬을 모두 찾아라.

11 행렬 $A = \begin{bmatrix} a+b & b-a \\ a-b & a+b \end{bmatrix}$가 직교행렬일 필요충분조건을 찾아라.

12 A가 $n \times n$ 직교행렬일 때, 다음을 증명하라.

(1) A^{T}는 직교행렬이다.

(2) 임의의 자연수 m에 대하여 $(A^m)^{-1} = (A^{\mathrm{T}})^m$.

(3) 임의의 $\mathbf{x} \in \boldsymbol{R}^n$, 임의의 자연수 m에 대하여 $\|A^m \mathbf{x}\| = \|\mathbf{x}\|$.

13 단위벡터 $\mathbf{u} \in \boldsymbol{R}^n$에 대하여, $H = I - 2\mathbf{u}\mathbf{u}^{\mathrm{T}}$라고 할 때, H는 대칭행렬인 직교행렬임을 보여라.

14 $Q = [\mathbf{u}_1, \cdots, \mathbf{u}_n]$가 직교행렬일 때, $\mathbf{u}_1\mathbf{u}_1^{\mathrm{T}} + \cdots + \mathbf{u}_n\mathbf{u}_n^{\mathrm{T}} = I$임을 보여라.

15 $A = [\mathbf{u}_1, \cdots, \mathbf{u}_n]$가 상방삼각행렬인 직교행렬일 때,

$$\mathbf{u}_j = \pm \mathbf{e}_j, \ (j = 1, \cdots, n)$$

임을 보여라.

16 행렬 $A = [a_{ij}] \in \boldsymbol{R}^{n \times k}$에 대하여 $\|A\|_F$를

$$\|A\|_F = \left(\sum_{j=1}^{k} \sum_{i=1}^{n} a_{ij}^2 \right)^{\frac{1}{2}}$$

로 정의할 때, $n \times n$ 직교행렬 Q에 대하여 다음을 증명하라.

(1) $\|Q\|_F = \sqrt{n}$.

(2) 임의의 $A \in \boldsymbol{R}^{n \times k}$에 대하여 $\|QA\|_F = \|A\|_F$.

(3) 임의의 $A \in \boldsymbol{R}^{m \times n}$에 대하여 $\|AQ\|_F = \|A\|_F$.

(3) 임의의 $A \in \boldsymbol{R}^{n \times n}$에 대하여 $\|Q^{\mathrm{T}}AQ\|_F = \|A\|_F$.

4-3 그람-슈미트 프로세스

이 절의 학습내용

- 정사영
- 그람슈미트 프로세스 / • QR분해
- 직교보공간

정사영

내적공간 V의 부분공간 W와 $\mathbf{v} \in V$에 대하여 $\mathbf{v}$가 W의 모든 벡터와 직교할 때, $\mathbf{v}$는 W와 직교한다고 하고

$$\mathbf{v} \perp W$$

로 나타낸다.

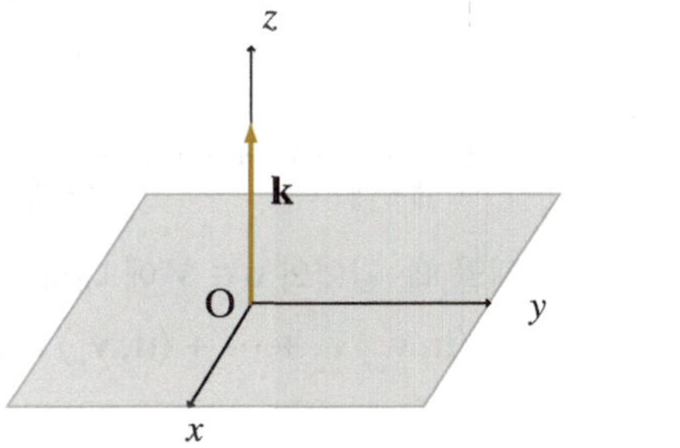

보기 1 $\boldsymbol{R}^3$에서 xy 평면을 W라고 할 때,

$$\mathbf{k} \perp W.$$

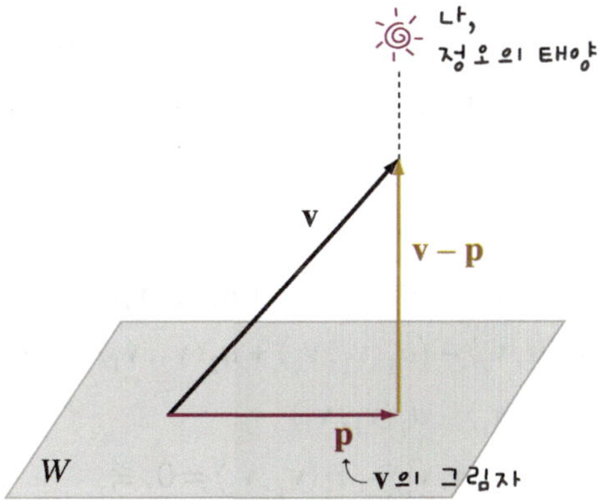

내적공간 V의 부분공간 W와 $\mathbf{v} \in V$에 대하여 조건

(i) $\mathbf{p} \in W$

(ii) $(\mathbf{v} - \mathbf{p}) \perp W$

를 만족하는 벡터 $\mathbf{p}$를 W 상에의 $\mathbf{v}$의 **정사영**이라 하고

◀ 正射影 projection

$$\text{proj}_W \mathbf{v}$$

로 나타낸다. 특히 $W = \text{span}\{\mathbf{a}\}$일 때는 $\text{proj}_W \mathbf{v}$를 $\mathbf{a}$ 상에의 $\mathbf{v}$의 **정사영**이라 하고 간단히

$$\text{proj}_{\mathbf{a}} \mathbf{v}$$

로 나타낸다.

보기 2 $\boldsymbol{R}^3$에서 xy 평면을 W라고 할 때, W 상에의 $\mathbf{v} = [1, 1, 1]^T$의 정사영은

$$\text{proj}_W \mathbf{v} = [1, 1, 0]^T.$$

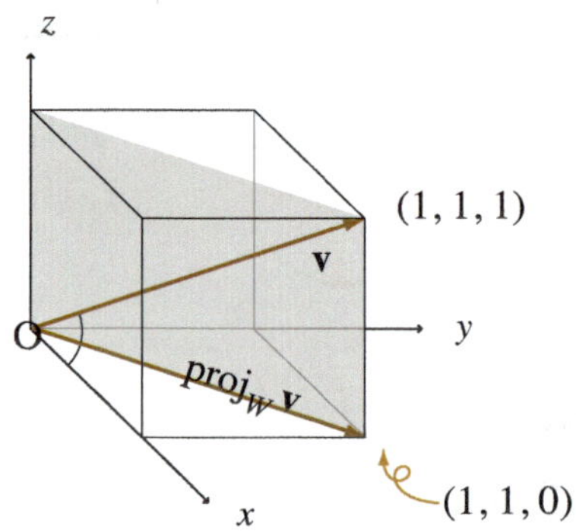

정리 4.3.1

내적공간 V의 유한차원 부분공간 W와 $S = \{\mathbf{v}_1, \cdots, \mathbf{v}_r\} \subset V$에 대하여

(1) S가 W의 직교기저일 때, 임의의 $\mathbf{u} \in V$에 대하여

$$\text{proj}_W \mathbf{u} = \frac{\langle \mathbf{u}, \mathbf{v}_1 \rangle}{\|\mathbf{v}_1\|^2} \mathbf{v}_1 + \frac{\langle \mathbf{u}, \mathbf{v}_2 \rangle}{\|\mathbf{v}_2\|^2} \mathbf{v}_2 + \cdots + \frac{\langle \mathbf{u}, \mathbf{v}_r \rangle}{\|\mathbf{v}_r\|^2} \mathbf{v}_r. \quad \cdots\cdots ①$$

(2) S가 W의 정규직교기저일 때, 임의의 $\mathbf{u} \in V$에 대하여

$$\text{proj}_W \mathbf{u} = \langle \mathbf{u}, \mathbf{v}_1 \rangle \mathbf{v}_1 + \langle \mathbf{u}, \mathbf{v}_2 \rangle \mathbf{v}_2 + \cdots + \langle \mathbf{u}, \mathbf{v}_r \rangle \mathbf{v}_r. \quad \cdots\cdots ②$$

증명 (1) $\mathbf{p} = \text{proj}_W \mathbf{u}$라고 하면, $\mathbf{p} \in W$이므로

$$\mathbf{p} = a_1 \mathbf{v}_1 + \cdots + a_r \mathbf{v}_r, \ (\text{단}, a_1, \cdots, a_r \in \boldsymbol{R}). \quad \cdots\cdots ③$$

$(\mathbf{u} - \mathbf{p}) \perp W$이므로 $(\mathbf{u} - \mathbf{p}) \perp \mathbf{v}_1$이고 따라서

$$\langle \mathbf{u} - \mathbf{p}, \mathbf{v}_1 \rangle = 0. \quad \cdots\cdots ④$$

$$\begin{aligned}\langle \mathbf{u} - \mathbf{p}, \mathbf{v}_1 \rangle &= \langle \mathbf{u}, \mathbf{v}_1 \rangle - \langle \mathbf{p}, \mathbf{v}_1 \rangle \\ &= \langle \mathbf{u}, \mathbf{v}_1 \rangle - \langle a_1 \mathbf{v}_1 + \cdots + a_r \mathbf{v}_r, \mathbf{v}_1 \rangle \\ &= \langle \mathbf{u}, \mathbf{v}_1 \rangle - (a_1 \langle \mathbf{v}_1, \mathbf{v}_1 \rangle + a_2 \underbrace{\langle \mathbf{v}_2, \mathbf{v}_1 \rangle}_{=0} + \cdots + a_r \underbrace{\langle \mathbf{v}_r, \mathbf{v}_1 \rangle}_{=0}) \\ &= \langle \mathbf{u}, \mathbf{v}_1 \rangle - a_1 \langle \mathbf{v}_1, \mathbf{v}_1 \rangle\end{aligned}$$

이므로 ④에 의하여, $\langle \mathbf{u}, \mathbf{v}_1 \rangle - a_1 \langle \mathbf{v}_1, \mathbf{v}_1 \rangle = 0$, 즉,

$$a_1 = \frac{\langle \mathbf{u}, \mathbf{v}_1 \rangle}{\langle \mathbf{v}_1, \mathbf{v}_1 \rangle} = \frac{\langle \mathbf{u}, \mathbf{v}_1 \rangle}{\|\mathbf{v}_1\|^2}.$$

같은 논리로,

$$a_i = \frac{\langle \mathbf{u}, \mathbf{v}_i \rangle}{\|\mathbf{v}_i\|^2}, (i = 1, 2, \cdots, r).$$

그러므로 ③에 의하여 ①이 성립한다.

(2) S가 W의 정규직교기저일 때는

$$\|\mathbf{v}_i\| = 1, (i = 1, 2, \cdots, r)$$

이므로 ①로부터 ②를 얻는다. ∎

보기 3 $\boldsymbol{R}^3$의 벡터

$$\mathbf{v}_1 = \begin{bmatrix} 0 \\ 1 \\ 0 \end{bmatrix}, \mathbf{v}_2 = \begin{bmatrix} 1 \\ 0 \\ 1 \end{bmatrix}, \mathbf{u} = \begin{bmatrix} 1 \\ 2 \\ 3 \end{bmatrix}$$

에 대하여, $W = \text{span}\{\mathbf{v}_1, \mathbf{v}_2\}$라고 할 때,

$$\text{proj}_W \mathbf{u} = \frac{\langle \mathbf{u}, \mathbf{v}_1 \rangle}{\|\mathbf{v}_1\|^2} \mathbf{v}_1 + \frac{\langle \mathbf{u}, \mathbf{v}_2 \rangle}{\|\mathbf{v}_2\|^2} \mathbf{v}_2 = \frac{2}{1} \mathbf{v}_1 + \frac{4}{2} \mathbf{v}_2 = \begin{bmatrix} 2 \\ 2 \\ 2 \end{bmatrix}.$$

따름정리 4.3.2

내적공간 V의 벡터 $\mathbf{a} \neq \mathbf{0}$, $\mathbf{v}$에 대하여

$$\text{proj}_{\mathbf{a}} \mathbf{v} = \frac{\langle \mathbf{v}, \mathbf{a} \rangle}{\|\mathbf{a}\|^2} \mathbf{a}.$$

$\{\mathbf{v}_1, \cdots, \mathbf{v}_r\}$이 내적공간 V의 부분공간 W의 기저일 때, $\mathbf{u} \in V$의 W 상에의 정사영은 $\mathbf{u}$의 $\mathbf{v}_1, \cdots, \mathbf{v}_r$ 상에의 정사영의 합이다.
(정리 4.3.1, 따름정리 4.3.2)

$$\text{proj}_W \mathbf{u} = \underbrace{\frac{\langle \mathbf{u}, \mathbf{v}_1 \rangle}{\|\mathbf{v}_1\|^2} \mathbf{v}_1}_{\text{proj}_{\mathbf{v}_1} \mathbf{u}} + \underbrace{\frac{\langle \mathbf{u}, \mathbf{v}_2 \rangle}{\|\mathbf{v}_2\|^2} \mathbf{v}_2}_{\text{proj}_{\mathbf{v}_2} \mathbf{u}} + \cdots + \underbrace{\frac{\langle \mathbf{u}, \mathbf{v}_r \rangle}{\|\mathbf{v}_r\|^2} \mathbf{v}_r}_{\text{proj}_{\mathbf{v}_r} \mathbf{u}}$$

그람-슈미트의 프로세스

n 차원 내적공간 V의 기저 $\{\mathbf{x}_1, \cdots, \mathbf{x}_n\}$으로써 직교기저 $\{\mathbf{y}_1, \cdots, \mathbf{y}_n\}$을 구성하는 다음과 같은 방법이 있다. 이것을 **그람-슈미트의 프로세스** 라고 한다. 다음 그람-슈미트의 프로세스의 설명에서 W_i를

◀ Gram-Schumidt process

$$W_j = \text{span}\{\mathbf{x}_1, \cdots, \mathbf{x}_j\}, (j = 1, \cdots, n)$$

로 정의한다. 명백히 $W_n = V$이다.

Step 1. $\mathbf{y}_1 = \mathbf{x}_1$.

Step 2. $\mathbf{y}_2 = \mathbf{x}_2 - \mathbf{p}_2$, (단, $\mathbf{p}_2 = \text{proj}_{W_1}\mathbf{x}_2$)

$$= \mathbf{x}_2 - \frac{\langle \mathbf{x}_2, \mathbf{y}_1 \rangle}{\|\mathbf{y}_1\|^2}\mathbf{y}_1$$

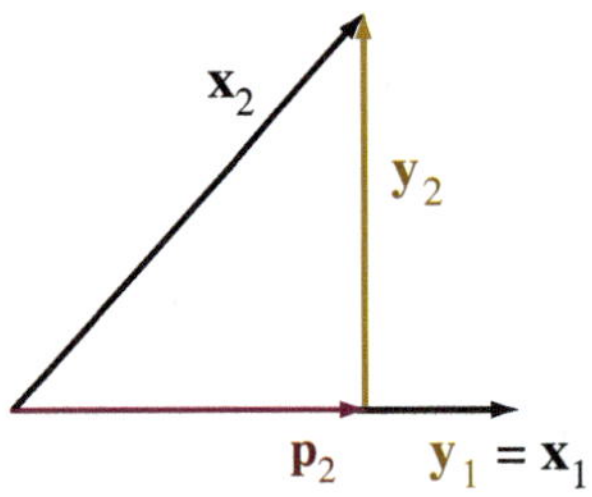

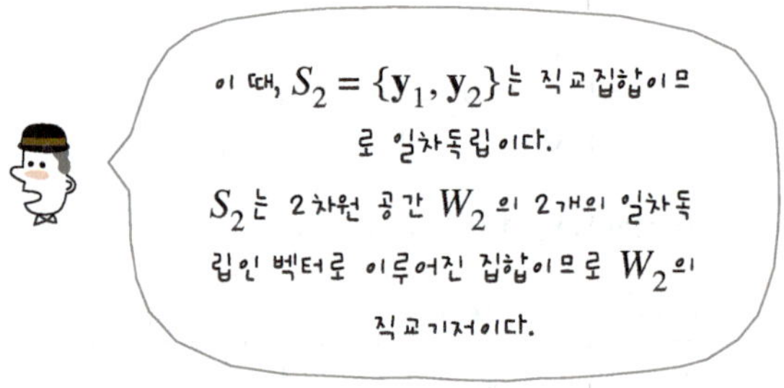

Step 3. $\mathbf{y}_3 = \mathbf{x}_3 - \mathbf{p}_3$, (단, $\mathbf{p}_3 = \text{proj}_{W_2}\mathbf{x}_3$)

$$= \mathbf{x}_3 - \frac{\langle \mathbf{x}_3, \mathbf{y}_1 \rangle}{\|\mathbf{y}_1\|^2}\mathbf{y}_1 - \frac{\langle \mathbf{x}_3, \mathbf{y}_2 \rangle}{\|\mathbf{y}_2\|^2}\mathbf{y}_2$$

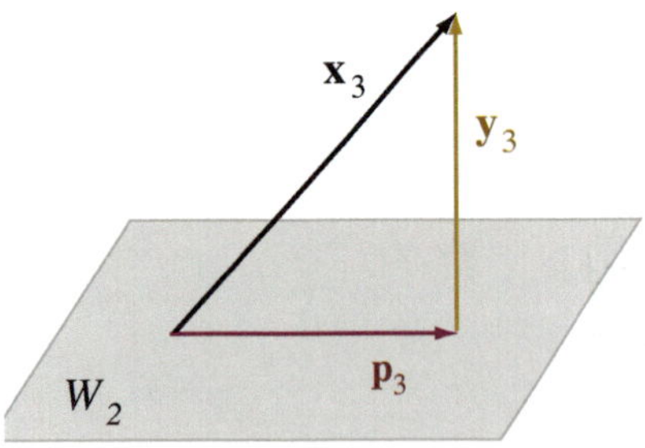

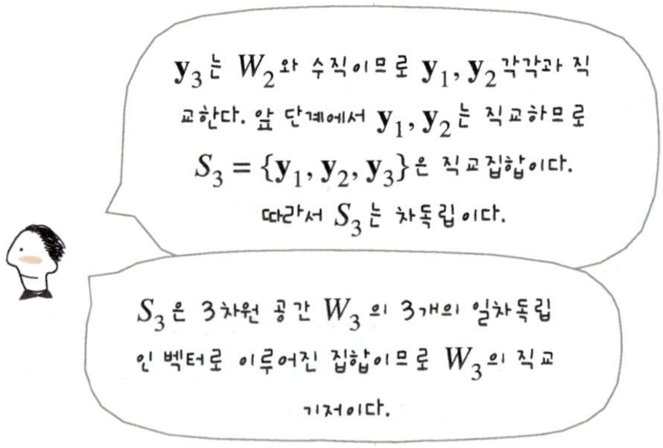

Step *n*. $\mathbf{y}_n = \mathbf{x}_n - \mathbf{p}_n$, (단, $\mathbf{p}_n = \text{proj}_{W_{n-1}}\mathbf{x}_n$)

$$= \mathbf{x}_n - \frac{\langle \mathbf{x}_n, \mathbf{y}_1 \rangle}{\|\mathbf{y}_1\|^2}\mathbf{y}_1 - \frac{\langle \mathbf{x}_n, \mathbf{y}_2 \rangle}{\|\mathbf{y}_2\|^2}\mathbf{y}_2 - \cdots - \frac{\langle \mathbf{x}_n, \mathbf{y}_{n-1} \rangle}{\|\mathbf{y}_{n-1}\|^2}\mathbf{y}_{n-1}.$$

$\mathbf{y}_n$은 W_{n-1}과 수직이므로 $\mathbf{y}_1, \cdots, \mathbf{y}_{n-1}$ 각각과 직교한다. 앞 단계에서 $\{\mathbf{y}_1, \cdots, \mathbf{y}_{n-1}\}$은 직교집합이므로 $S_n = \{\mathbf{y}_1, \cdots, \mathbf{y}_n\}$은 직교집합이다.

S_n은 n차원 공간 $W_n = V$의 n개의 일차독립인 벡터로 이루어진 집합이므로 V의 직교기저이다.

보기 4

$$\mathbf{x}_1 = \begin{bmatrix} 1 \\ 0 \\ 0 \end{bmatrix}, \mathbf{x}_2 = \begin{bmatrix} 1 \\ 1 \\ 0 \end{bmatrix}, \mathbf{x}_3 = \begin{bmatrix} 1 \\ 1 \\ 1 \end{bmatrix}$$

라고 할 때, $S = \{\mathbf{x}_1, \mathbf{x}_2, \mathbf{x}_3\}$은 $\boldsymbol{R}^3$의 기저이고 W_1은 x축, W_2는 xy 평면이다. S로써 그람-슈미트의 프로세스의 결과로 얻어지는 직교기저를 $\{\mathbf{y}_1, \mathbf{y}_2, \mathbf{y}_3\}$이라고 할 때, 아래 그림으로부터, 직관적으로

$$\mathbf{y}_1 = \mathbf{x}_1 = \begin{bmatrix} 1 \\ 0 \\ 0 \end{bmatrix}, \ \mathbf{y}_2 = \mathbf{x}_2 - \mathbf{x}_1 = \begin{bmatrix} 0 \\ 1 \\ 0 \end{bmatrix}, \ \mathbf{y}_3 = \mathbf{x}_3 - \mathbf{x}_2 = \begin{bmatrix} 0 \\ 0 \\ 1 \end{bmatrix}.$$

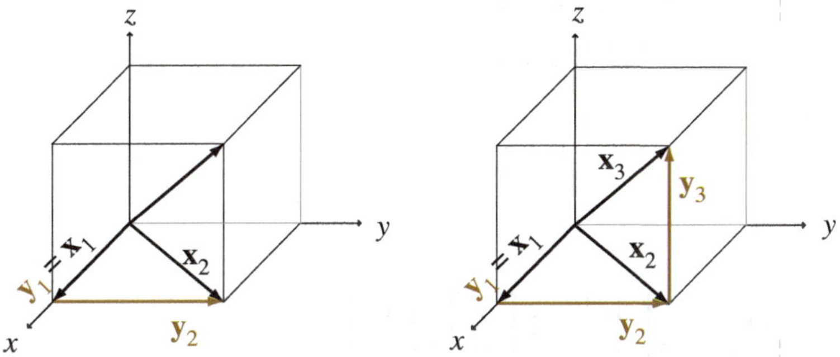

한편, 대수적으로 계산하면

$$\mathbf{y}_2 = \mathbf{x}_2 - \frac{\mathbf{x}_2 \cdot \mathbf{y}_1}{\|\mathbf{y}_1\|^2}\mathbf{y}_1 = \begin{bmatrix} 1 \\ 1 \\ 0 \end{bmatrix} - \frac{1}{1}\begin{bmatrix} 1 \\ 0 \\ 0 \end{bmatrix} = \begin{bmatrix} 0 \\ 1 \\ 0 \end{bmatrix}.$$

$$\mathbf{y}_3 = \mathbf{x}_3 - \frac{\mathbf{x}_3 \cdot \mathbf{y}_1}{\|\mathbf{y}_1\|^2}\mathbf{y}_1 - \frac{\mathbf{x}_3 \cdot \mathbf{y}_2}{\|\mathbf{y}_2\|^2}\mathbf{y}_2$$

$$= \begin{bmatrix} 1 \\ 1 \\ 1 \end{bmatrix} - \frac{1}{1}\begin{bmatrix} 1 \\ 0 \\ 0 \end{bmatrix} - \frac{1}{1}\begin{bmatrix} 1 \\ 1 \\ 0 \end{bmatrix} = \begin{bmatrix} 0 \\ 0 \\ 1 \end{bmatrix}.$$

내적공간 V의 기저 $\{\mathbf{x}_1, \cdots, \mathbf{x}_n\}$으로써 그람-슈미트의 프로세스의 결과로 얻어지는 직교기저를 $\{\mathbf{y}_1, \cdots, \mathbf{y}_n\}$ 이라고 할 때,

$$\left\{\frac{1}{\|\mathbf{y}_1\|}\mathbf{y}_1, \cdots, \frac{1}{\|\mathbf{y}_n\|}\mathbf{y}_n\right\}$$

은 V의 정규직교기저이다.

이상의 논의에서 다음 정리가 증명되었다.

정리 4.3.3

임의의 유한차원 내적공간은 정규직교기저를 가진다.

보기 5

$$S = \{\mathbf{x}_1, \mathbf{x}_2\}, \left(\text{단}, \mathbf{x}_1 = \begin{bmatrix} 1 \\ 0 \\ 1 \end{bmatrix}, \ \mathbf{x}_2 = \begin{bmatrix} 1 \\ 1 \\ 1 \end{bmatrix}\right)$$

일 때, $V = \text{span}\{\mathbf{x}_1, \mathbf{x}_2\}$의 정규직교기저를 구하여 보자.

먼저 S에 그람-슈미트의 프로세스를 적용하여 V의 직교기저 $\{\mathbf{y}_1, \mathbf{y}_2\}$ 를 구한다. 단,

$$\mathbf{y}_1 = \mathbf{x}_1 = \begin{bmatrix} 1 \\ 0 \\ 1 \end{bmatrix},$$

$$\mathbf{y}_2 = \mathbf{x}_2 - \frac{\langle \mathbf{x}_2, \mathbf{y}_1 \rangle}{\|\mathbf{y}_1\|^2}\mathbf{y}_1 = \begin{bmatrix} 1 \\ 1 \\ 1 \end{bmatrix} - \frac{2}{2}\begin{bmatrix} 1 \\ 0 \\ 1 \end{bmatrix} = \begin{bmatrix} 0 \\ 1 \\ 0 \end{bmatrix}.$$

$\mathbf{y}_1, \mathbf{y}_2$를 각각 자신의 크기 $\|\mathbf{y}_1\| = 1, \|\mathbf{y}_2\| = \sqrt{2}$ 로 나누면 V의 정규직교기저 $\{\mathbf{q}_1, \mathbf{q}_2\}$ 를 얻는다. 단,

$$\mathbf{q}_1 = \frac{1}{\|\mathbf{y}_1\|}\mathbf{y}_1 = \frac{1}{\sqrt{2}}\begin{bmatrix} 1 \\ 0 \\ 1 \end{bmatrix} = \begin{bmatrix} 1/\sqrt{2} \\ 0 \\ 1/\sqrt{2} \end{bmatrix},$$

$$\mathbf{q}_2 = \frac{1}{\|\mathbf{y}_2\|}\mathbf{y}_2 = \frac{1}{1}\begin{bmatrix} 0 \\ 1 \\ 0 \end{bmatrix} = \begin{bmatrix} 0 \\ 1 \\ 0 \end{bmatrix}.$$

• *QR 분해*

$m \times n$ 행렬 $A = [\mathbf{x}_1, \cdots, \mathbf{x}_n]$ 의 열들이 일차독립이라고 하자.

이 때, $S = \{\mathbf{x}_1, \cdots, \mathbf{x}_n\}$ 는 $V = CS(A)$ 의 기저이다.

S로써 그람-슈미트의 프로세스에 의하여 얻어지는 V의 정규직교기저를 $\{\mathbf{q}_1, \cdots, \mathbf{q}_n\}$ 이라 하고, $Q = [\mathbf{q}_1, \cdots, \mathbf{q}_n]_{m\times n}$ 이라고 하면, 임의의 $\mathbf{v} \in V$ 에 대하여

$$\mathbf{v} = QQ^{\mathrm{T}}\mathbf{v}. \quad \cdots\cdots ①$$

∵ 정리 4.2.2 에 의하여

$$\begin{aligned}\mathbf{v} &= \mathbf{q}_1(\mathbf{q}_1 \cdot \mathbf{v}) + \mathbf{q}_2(\mathbf{q}_2 \cdot \mathbf{v}) + \cdots + \mathbf{q}_n(\mathbf{q}_n \cdot \mathbf{v}) \\ &= \mathbf{q}_1(\mathbf{q}_1^{\mathrm{T}}\mathbf{v}) + \mathbf{q}_2(\mathbf{q}_2^{\mathrm{T}}\mathbf{v}) + \cdots + \mathbf{q}_n(\mathbf{q}_n^{\mathrm{T}}\mathbf{v}) \\ &= [\mathbf{q}_1, \mathbf{q}_2, \cdots, \mathbf{q}_n]\begin{bmatrix}\mathbf{q}_1^{\mathrm{T}}\mathbf{v} \\ \mathbf{q}_2^{\mathrm{T}}\mathbf{v} \\ \vdots \\ \mathbf{q}_n^{\mathrm{T}}\mathbf{v}\end{bmatrix} = [\mathbf{q}_1, \mathbf{q}_2, \cdots, \mathbf{q}_n]\begin{bmatrix}\mathbf{q}_1^{\mathrm{T}} \\ \mathbf{q}_2^{\mathrm{T}} \\ \vdots \\ \mathbf{q}_n^{\mathrm{T}}\end{bmatrix}\mathbf{v} \\ &= QQ^{\mathrm{T}}\mathbf{v}. \ \blacklozenge\end{aligned}$$

특히, 각 $j = 1, 2, \cdots, n$ 에 대하여 $\mathbf{v} = \mathbf{x}_j$ 를 잡으면

$$\mathbf{x}_j = QQ^{\mathrm{T}}\mathbf{x}_j, \ (j = 1, 2, \cdots, n).$$

$$\therefore\ [\mathbf{x}_1, \cdots, \mathbf{x}_n] = QQ^{\mathrm{T}}[\mathbf{x}_1, \cdots, \mathbf{x}_n].$$

$$\therefore\ A = QQ^{\mathrm{T}}A.$$

$R = Q^{\mathrm{T}}A$ 로 두면

$$A = QR \quad \cdots\cdots ②$$

이고

$$R = \begin{bmatrix}\mathbf{q}_1^{\mathrm{T}}\mathbf{x}_1 & \mathbf{q}_1^{\mathrm{T}}\mathbf{x}_2 & \cdots & \mathbf{q}_1^{\mathrm{T}}\mathbf{x}_n \\ \mathbf{q}_2^{\mathrm{T}}\mathbf{x}_1 & \mathbf{q}_2^{\mathrm{T}}\mathbf{x}_2 & \cdots & \mathbf{q}_2^{\mathrm{T}}\mathbf{x}_n \\ \vdots & \vdots & \ddots & \vdots \\ \mathbf{q}_n^{\mathrm{T}}\mathbf{x}_1 & \mathbf{q}_n^{\mathrm{T}}\mathbf{x}_2 & \cdots & \mathbf{q}_n^{\mathrm{T}}\mathbf{x}_n\end{bmatrix}.$$

$\mathbf{q}_i \perp \mathrm{span}\{\mathbf{x}_1, \cdots, \mathbf{x}_{i-1}\}$ 이므로, 각 $i \geq 2$ 에 대하여

$$\mathbf{q}_i^{\mathrm{T}}\mathbf{x}_j = \mathbf{q}_i \cdot \mathbf{x}_j = 0, \ (j = 1, \cdots, i-1)$$

이다. 따라서 R 은 상방삼각행렬이다.

이상의 논의에서 다음 정리가 증명되었다.

정리 4.3.4

$m\times n$ 행렬 A의 열들이 일차독립이라고 할 때, 열들이 정규직교집합을 이루는 $m\times n$ 행렬 Q와 $n\times n$ 상방삼각행렬 R이 존재하여

$$A = QR \quad \cdots\cdots\cdots \quad ②$$

이다.

②를 A의 **QR 분해**라고 한다.

◀ QR-分解 QR-decomposition

보기 6 행렬 $A = \begin{bmatrix} 1 & 1 \\ 0 & 1 \\ 1 & 1 \end{bmatrix}$의 QR 분해는

$$\begin{bmatrix} 1 & 1 \\ 0 & 1 \\ 1 & 1 \end{bmatrix} = \begin{bmatrix} 1/\sqrt{2} & 0 \\ 0 & 1 \\ 1/\sqrt{2} & 0 \end{bmatrix}\begin{bmatrix} \sqrt{2} & \sqrt{2} \\ 0 & 1 \end{bmatrix}.$$

∵ $A = [\mathbf{x}_1, \mathbf{x}_2]$라 할 때, 그람-슈미트 프로세스로 $\{\mathbf{x}_1, \mathbf{x}_2\}$를 정규직교화 시킨 것은 $\{\mathbf{q}_1, \mathbf{q}_2\}$, 단,

$$\mathbf{q}_1 = \begin{bmatrix} 1/\sqrt{2} \\ 0 \\ 1/\sqrt{2} \end{bmatrix},\ \mathbf{q}_2 = \begin{bmatrix} 0 \\ 1 \\ 0 \end{bmatrix}. \ (\because \text{보기 5})$$

$$\therefore\ Q = \begin{bmatrix} 1/\sqrt{2} & 0 \\ 0 & 1 \\ 1/\sqrt{2} & 0 \end{bmatrix}.$$

$$\mathbf{q}_1^{\mathrm{T}}\mathbf{x}_1 = \sqrt{2},\ \mathbf{q}_1^{\mathrm{T}}\mathbf{x}_2 = \sqrt{2},\ \mathbf{q}_2^{\mathrm{T}}\mathbf{x}_1 = 0,\ \mathbf{q}_2^{\mathrm{T}}\mathbf{x}_1 = 1$$

이므로

$$Q = \begin{bmatrix} \sqrt{2} & \sqrt{2} \\ 0 & 1 \end{bmatrix}.$$

예제 4.3.5

공간벡터 $\mathbf{x}_1, \mathbf{x}_2, \mathbf{x}_3$에 대하여, $A = [\mathbf{x}_1, \mathbf{x}_2, \mathbf{x}_3]$이라고 할 때,

$$(⬡(\mathbf{x}_1, \mathbf{x}_2, \mathbf{x}_3)\text{의 부피}) = \sqrt{\det(A^{\mathrm{T}}A)} \quad \cdots\cdots ①$$

임을 증명하라.

증명 그람-슈미트 프로세스로써 $\{\mathbf{x}_1, \mathbf{x}_2, \mathbf{x}_3\}$을 직교화 시킨 것을 $\{\mathbf{y}_1, \mathbf{y}_2, \mathbf{y}_3\}$, 정규직교화 시킨 것을 $\{\mathbf{q}_1, \mathbf{q}_2, \mathbf{q}_3\}$이라고 하면

$$(⬡(\mathbf{x}_1, \mathbf{x}_2, \mathbf{x}_3)\text{의 부피}) = \|\mathbf{y}_1\|\,\|\mathbf{y}_2\|\|\mathbf{y}_3\|. \quad \cdots\cdots ②$$

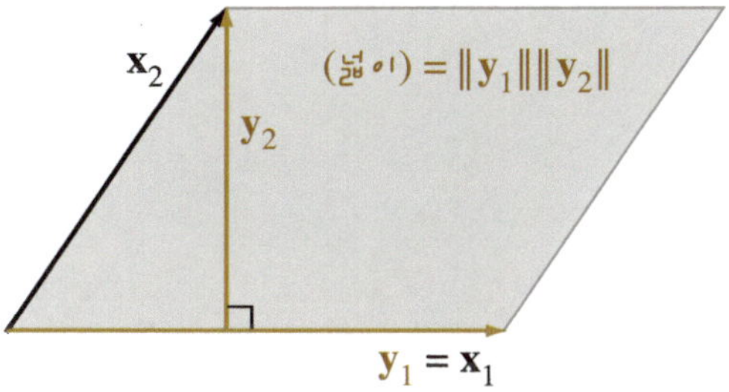

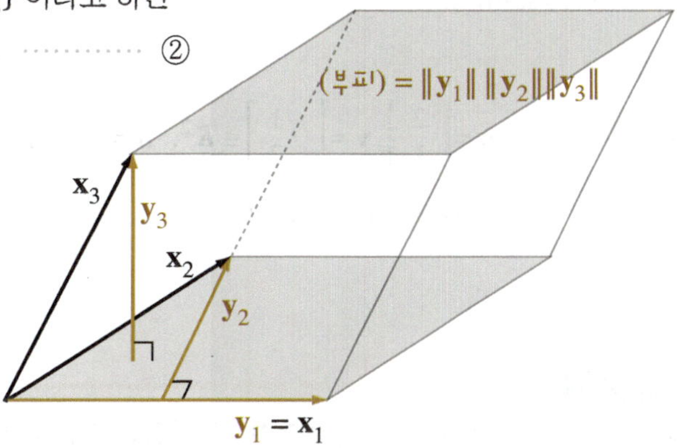

$$\mathbf{p}_2 = \mathrm{proj}_{\mathbf{x}_1}\mathbf{x}_2, \quad \mathbf{p}_3 = \mathrm{proj}_{\mathrm{span}(\mathbf{x}_1, \mathbf{x}_2)}\mathbf{x}_3$$

라고 하면 $\mathbf{x}_2 = \mathbf{p}_2 + \mathbf{y}_2$이므로 ($\mathbf{q}_2$, $\mathbf{p}_2$가 직교하므로 이것은 0)

$$\mathbf{q}_2^{\mathrm{T}}\mathbf{x}_2 = \mathbf{q}_2^{\mathrm{T}}\mathbf{p}_2 + \mathbf{q}_2^{\mathrm{T}}\mathbf{y}_2 = \mathbf{q}_2^{\mathrm{T}}\mathbf{y}_2.$$

$$\therefore\ |\mathbf{q}_2^{\mathrm{T}}\mathbf{x}_2| = |\mathbf{q}_2^{\mathrm{T}}\mathbf{y}_2| = \|\mathbf{y}_2\|.$$

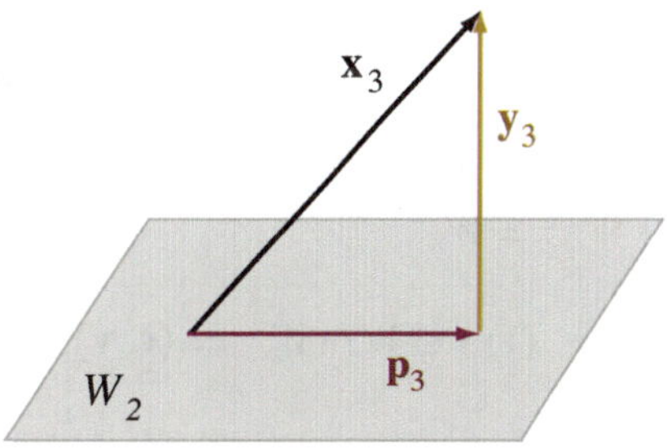

$\mathbf{x}_3 = \mathbf{p}_3 + \mathbf{y}_3$이므로 위와 같은 논리로

$$|\mathbf{q}_3^{\mathrm{T}}\mathbf{x}_3| = |\mathbf{q}_3^{\mathrm{T}}\mathbf{y}_3| = \|\mathbf{y}_3\|.$$

A의 QR분해를 $A = QR$이라고 하면,

$$Q^{\mathrm{T}}Q = \begin{bmatrix} \mathbf{q}_1^{\mathrm{T}}\mathbf{q}_1 & \mathbf{q}_1^{\mathrm{T}}\mathbf{q}_2 & \mathbf{q}_1^{\mathrm{T}}\mathbf{q}_3 \\ \mathbf{q}_2^{\mathrm{T}}\mathbf{q}_1 & \mathbf{q}_2^{\mathrm{T}}\mathbf{x}_2 & \mathbf{q}_2^{\mathrm{T}}\mathbf{q}_3 \\ \mathbf{q}_3^{\mathrm{T}}\mathbf{q}_1 & \mathbf{q}_3^{\mathrm{T}}\mathbf{q}_2 & \mathbf{q}_3^{\mathrm{T}}\mathbf{q}_3 \end{bmatrix} = \begin{bmatrix} 1 & 0 & 0 \\ 0 & 1 & 0 \\ 0 & 0 & 1 \end{bmatrix},$$

$$R = \begin{bmatrix} \mathbf{q}_1^{\mathrm{T}}\mathbf{x}_1 & * & * \\ 0 & \mathbf{q}_2^{\mathrm{T}}\mathbf{x}_2 & * \\ 0 & 0 & \mathbf{q}_3^{\mathrm{T}}\mathbf{x}_2 \end{bmatrix} = \begin{bmatrix} \|\mathbf{y}_1\| & * & * \\ 0 & \|\mathbf{y}_2\| & * \\ 0 & 0 & \|\mathbf{y}_3\| \end{bmatrix}.$$

$$\therefore\ A^{\mathrm{T}}A = R^{\mathrm{T}}Q^{\mathrm{T}}QR = R^{\mathrm{T}}IR = R^{\mathrm{T}}R.$$

$$\therefore\ \det(A^{\mathrm{T}}A) = \det(R^{\mathrm{T}}R) = (\det R)^2 = (\|\mathbf{y}_1\|\,\|\mathbf{y}_2\|\|\mathbf{y}_3\|)^2. \quad \cdots ③$$

②, ③으로부터 ①이 성립한다. ◻

직교보공간

내적공간 V의 부분공간 W에 대하여

$$W^{\perp} = \{\mathbf{v} \in V \mid \mathbf{v} \perp W\}$$

라고 할 때, $W^{\perp} \leq V$이다. (연습문제 4.3.8). $W^{\perp}$을 V에서 W의 **직교보공간**이라고 한다.

보기 7 $\mathbf{u} = \begin{bmatrix} 2 \\ 1 \end{bmatrix}, \mathbf{v} = \begin{bmatrix} -1 \\ 2 \end{bmatrix} \in \boldsymbol{R}^2,\ W = \text{span}\{\mathbf{u}\} \leq \boldsymbol{R}^2$

에 대하여, $W^{\perp} = \text{span}\{\mathbf{v}\}$이다.

정리 4.3.6

유한차원 내적공간 V의 부분공간 W에 대하여 다음이 성립한다.

(1) $W \cap W^{\perp} = \{\mathbf{0}\}$

(2) 임의의 $\mathbf{v} \in V$에 대하여

$$\mathbf{v} = \mathbf{w} + \mathbf{w}'$$

를 만족하는 $\mathbf{x} \in W, \mathbf{w}' \in W^{\perp}$이 유일하게 존재한다.

(3) $W^{\perp\perp} = W$

증명 (1) $\mathbf{v} \in W \cap W^{\perp} \Rightarrow \langle \underset{W}{\mathbf{v}}, \underset{W^{\perp}}{\mathbf{v}} \rangle = 0 \Rightarrow \mathbf{v} = \mathbf{0}.$

(2) $\mathbf{w} = \text{proj}_W \mathbf{v},\ \mathbf{w}' = \mathbf{v} - \mathbf{w}$ 라고 하면 $\mathbf{w} \in W, \mathbf{w}' \in W^{\perp}$이고

$$\mathbf{v} = \mathbf{w} + \mathbf{w}'.$$

$\mathbf{u} \in W, \mathbf{u}' \in W^{\perp}$가 있어서

$$\mathbf{v} = \mathbf{u} + \mathbf{u}'$$

라고 하면, $\mathbf{w} + \mathbf{w}' = \mathbf{u} + \mathbf{u}'$이므로

$$\underset{W}{\mathbf{w} - \mathbf{u}} = \underset{W^{\perp}}{\mathbf{u}' - \mathbf{w}'} \in W \cap W^{\perp} \overset{\text{by (1)}}{=} \{\mathbf{0}\}.$$

$$\therefore\ \mathbf{w} - \mathbf{u} = \mathbf{0} = \mathbf{u}' - \mathbf{w}'.$$

$$\therefore\ \mathbf{w} = \mathbf{u},\ \mathbf{w}' = \mathbf{u}'.$$

(3) $\mathbf{w} \in W$ 일 때, 임의의 $\mathbf{w}' \in W^{\perp}$ 에 대하여 $\langle \mathbf{w}, \mathbf{w}' \rangle = 0$.

$$\therefore W \subset W^{\perp\perp}.$$

한편, $\mathbf{w}'' \in W^{\perp\perp}$ 에 대하여

$$\mathbf{w}'' = \mathbf{w} + \mathbf{w}' \quad \cdots\cdots\cdots\cdots\cdots\cdots \text{①}$$

을 만족하는 $\mathbf{w} \in W, \mathbf{w}' \in W^{\perp}$ 이 존재한다. 이 때,

$$0 = \langle \mathbf{w}'', \mathbf{w}' \rangle = \langle \mathbf{w} + \mathbf{w}', \mathbf{w}' \rangle = \langle \mathbf{w}, \mathbf{w}' \rangle + \langle \mathbf{w}', \mathbf{w}' \rangle = \langle \mathbf{w}', \mathbf{w}' \rangle$$

$=0$

이므로 $\mathbf{w}' = \mathbf{0}$ 이고, 따라서 ①에서 $\mathbf{w}'' = \mathbf{w} \in W$.

$$\therefore W^{\perp\perp} \subset W. \quad \blacksquare$$

예제 4.3.7

$m \times n$ 행렬 A 에 대하여 다음이 성립함을 보여라.

(1) $NS(A) = CS(A^{\mathrm{T}})^{\perp}$　　　　(2) $NS(A^{\mathrm{T}}) = CS(A)^{\perp}$

증명 (1) $A = \begin{bmatrix} \mathbf{b}_1^{\mathrm{T}} \\ \vdots \\ \mathbf{b}_m^{\mathrm{T}} \end{bmatrix}$ 이라고 하면, $A^{\mathrm{T}} = [\mathbf{b}_1, \cdots, \mathbf{b}_m]$.

$\mathbf{x} \in \boldsymbol{R}^m$ 에 대하여,

$$\begin{aligned} \mathbf{x} \in NS(A) &\Leftrightarrow \mathbf{b}_i^{\mathrm{T}}\mathbf{x} = 0, (i = 1, \cdots, m) \\ &\Leftrightarrow \mathbf{x} \perp \mathbf{b}_i, (i = 1, \cdots, m) \\ &\Leftrightarrow \mathbf{x} \perp CS(A^{\mathrm{T}}) \\ &\Leftrightarrow \mathbf{x} \in CS(A^{\mathrm{T}})^{\perp}. \end{aligned}$$

이므로 (1)이 성립한다.

(1)에서 A 를 A^{T} 로 대치하면 (2)를 얻는다. ◇

4-3 EXERCISES 연습문제

1 $\mathbf{u}_1 = \begin{bmatrix} 1 \\ 1 \\ 0 \end{bmatrix}, \mathbf{u}_2 = \begin{bmatrix} 1 \\ 1 \\ 1 \end{bmatrix}, \mathbf{v} = \begin{bmatrix} 1 \\ 2 \\ 3 \end{bmatrix}, W = \text{span}\{\mathbf{u}_1, \mathbf{u}_2\}$

라고 할 때, $\text{proj}_W \mathbf{v}$를 구하라.

2 $m \times n$ 행렬 $Q = [\mathbf{v}_1, \cdots, \mathbf{v}_r]$의 열들이 정규직교집합을 이룰 때, 임의의 $\mathbf{u} \in \boldsymbol{R}^n$에 대하여

$$\text{proj}_{CS(Q)} \mathbf{u} = QQ^{\mathrm{T}} \mathbf{u}$$

임을 보여라.

3 $\mathbf{u}_1, \mathbf{u}_2, \mathbf{u}_3$이 다음과 같을 때, 그람-슈미트의 프로세스로써 $\boldsymbol{R}^3$의 기저 $\{\mathbf{u}_1, \mathbf{u}_2, \mathbf{u}_3\}$을 정규직교기저로 바꾸어라.

(1) $\mathbf{u}_1 = \begin{bmatrix} 1 \\ 1 \\ 1 \end{bmatrix}, \mathbf{u}_2 = \begin{bmatrix} -1 \\ 1 \\ 1 \end{bmatrix}, \mathbf{u}_3 = \begin{bmatrix} 1 \\ 2 \\ 1 \end{bmatrix}$

(2) $\mathbf{u}_1 = \begin{bmatrix} 1 \\ 0 \\ 0 \end{bmatrix}, \mathbf{u}_2 = \begin{bmatrix} 3 \\ 7 \\ -2 \end{bmatrix}, \mathbf{u}_3 = \begin{bmatrix} 0 \\ 4 \\ 1 \end{bmatrix}$

4 $\mathbf{u} = \begin{bmatrix} u_1 \\ u_2 \\ u_3 \end{bmatrix}, \mathbf{v} = \begin{bmatrix} v_1 \\ v_2 \\ v_3 \end{bmatrix}$에 대하여 $\langle \mathbf{u}, \mathbf{v} \rangle = u_1 v_1 + 2u_2 v_2 + 3u_3 v_3$

로 정의된 $\boldsymbol{R}^3$의 내적에 관하여, 그람-슈미트의 프로세스로써

$\left\{ \begin{bmatrix} 1 \\ 1 \\ 1 \end{bmatrix}, \begin{bmatrix} 1 \\ 1 \\ 0 \end{bmatrix}, \begin{bmatrix} 1 \\ 0 \\ 0 \end{bmatrix} \right\}$을 정규직교기저로 바꾸어라.

5 다음과 같이 정의된 내적에 관하여 $\mathscr{P}_2$의 정규직교기저를 구하라.

(1) $\langle f, g \rangle = \sum_{i=1}^{3} f(x_i) g(x_i)$, (단, $x_1 = -1, x_2 = 0, x_3 = 1$)

(2) $\langle f, g \rangle = \int_{-1}^{1} f(x)\, g(x)\, dx$

4-3 · E · X · E · R · C · I · S · E · S · 연습문제

6 다음 행렬의 QR 분해를 구하라.

(1) $\begin{bmatrix} 1 & -1 \\ 2 & 3 \end{bmatrix}$ (2) $\begin{bmatrix} 1 & 2 \\ 0 & 1 \\ 1 & 4 \end{bmatrix}$ (3) $\begin{bmatrix} 1 & -2 & -1 \\ 2 & 0 & 1 \\ 2 & -4 & 2 \\ 4 & 0 & 0 \end{bmatrix}$

7 행렬 $A = [\mathbf{x}_1, \mathbf{x}_2, \mathbf{x}_3] = \begin{bmatrix} 1 & 0 & 0 \\ 1 & 1 & 0 \\ 1 & 1 & 1 \end{bmatrix}$에 대하여 다음을 구하라.

(1) A 의 QR 분해 (2) □$(\mathbf{x}_1, \mathbf{x}_2, \mathbf{x}_3)$의 부피

8 내적공간 V의 부분공간 W에 대하여 $W^{\perp} \leq V$임을 증명하라.

9 $\boldsymbol{R}^3$의 다음 부분공간 W에 대하여 $W^{\perp}$의 방정식을 구하라.

(1) $W =$ (점 $(2, -3, 4)$ 와 원점을 지나는 직선)

(2) $W =$ (평면 $x + y + z = 0, x - y + z = 0$의 교선)

10 $\boldsymbol{R}^3$의 다음 부분공간 W에 대하여 $W^{\perp}$를 구하라.

(1) $W = \text{span}\left\{\begin{bmatrix} 1 \\ 2 \\ 3 \end{bmatrix}\right\}$ (2) $W = \text{span}\left\{\begin{bmatrix} 1 \\ 0 \\ 0 \end{bmatrix}, \begin{bmatrix} 1 \\ 1 \\ 1 \end{bmatrix}\right\}$

11 $\mathbf{u}_1 = \begin{bmatrix} 4/5 \\ 0 \\ -3/5 \end{bmatrix}, \mathbf{u}_2 = \begin{bmatrix} 0 \\ 1 \\ 0 \end{bmatrix}, \mathbf{v} = \begin{bmatrix} 1 \\ 2 \\ 3 \end{bmatrix} \in \boldsymbol{R}^3$에 대하여

$W = \text{span}\{\mathbf{u}_1, \mathbf{u}_2\}$ 라고 할 때, $\mathbf{v} = \mathbf{w} + \mathbf{w}'$를 만족하는 $\mathbf{w} \in W$, $\mathbf{w}' \in W^{\perp}$ 을 찾아라.

12 유한차원 내적공간 V의 부분공간 W에 대하여 다음을 증명하라.

(1) $\{\mathbf{x}_1, \cdots, \mathbf{x}_r\}, \{\mathbf{y}_1, \cdots, \mathbf{y}_s\}$ 가 각각 $W, W^{\perp}$의 기저일 때, $\{\mathbf{x}_1, \cdots, \mathbf{x}_r, \mathbf{y}_1, \cdots, \mathbf{y}_s\}$ 는 V의 기저이다.

(2) $\dim(W) + \dim(W^{\perp}) = \dim(V)$

4-4 최소제곱해

이 절의 학습내용

- 최소제곱해 / • 정규방정식
- 최소제곱근사직선
- 최소제곱근사곡선

최소제곱해

$m\times n$ 행렬 $A=[a_{ij}]$ 와 $\mathbf{b}=[b_1,\cdots,b_m]^{\mathrm{T}}\in\boldsymbol{R}^m$ 에 대하여,
$\mathbf{b}\notin CS(A)$라고 할 때, 연립일차방정식

$$A\mathbf{x}=\mathbf{b} \quad \cdots\cdots\cdots\cdots \quad ①$$

는 해를 가지지 않는다. 그래서 $\|A\mathbf{x}-\mathbf{b}\|$ 의 값이 최소가 되는
$\mathbf{x}=[x_1, \cdots, x_n]^{\mathrm{T}} \in \boldsymbol{R}^n$을 ①의 근사해로 하려고 한다.
그런데

$$A\mathbf{x}-\mathbf{b}=\begin{bmatrix} a_{11}x_1+\cdots+a_{1n}x_n-b_1 \\ \vdots \\ a_{m1}x_1+\cdots+a_{mn}x_n-b_m \end{bmatrix}$$

이므로

$$\|A\mathbf{x}-\mathbf{b}\|^2=\sum_{i=1}^{m}(a_{i1}x_1+\cdots+a_{in}x_n-b_i)^2. \quad \cdots\cdots\cdots ②$$

따라서 구하려 하는 근사해는 ②의 값을 최소로 하는 $\mathbf{x}=[x_1, \cdots, x_n]^{\mathrm{T}}$이다. 그런 의미에서 이러한 근사해를 ①의 **최소제곱해**라고 한다.

◀ 最小제곱解 least square solution

$$\{A\mathbf{x} \mid \mathbf{x}\in \boldsymbol{R}^n\}=CS(A)$$

이므로, $CS(A)$의 벡터 중 $\mathbf{b}$와 가장 가까운 벡터를 $\mathbf{b}'$이라고 할 때, ①의 최소제곱해는 곧

$$A\hat{\mathbf{x}}=\mathbf{b}' \quad \cdots\cdots\cdots\cdots\cdots\cdots\cdots\cdots ③$$

을 만족하는 $\hat{\mathbf{x}}\in \boldsymbol{R}^n$이다. ($\mathbf{b}'\in CS(A)$ 이므로 ③은 해를 가진다.)

보조정리 4.4.1

내적공간 V의 유한차원 부분공간 W와 $\mathbf{b}\in V-W$에 대하여, $\mathrm{proj}_W\mathbf{b}$는 W의 벡터 중 $\mathbf{b}$와 가장 가까운 유일한 벡터이다.

증명 $\mathbf{p}=\mathrm{proj}_W\mathbf{b}$ 라고 하면, 임의의 $\mathbf{w}\in W-\{\mathbf{p}\}$ 에 대하여,

$$\begin{aligned}\|\mathbf{b}-\mathbf{w}\|^2&=\|(\mathbf{b}-\mathbf{p})+(\mathbf{p}-\mathbf{w})\|^2 \\ &=\|\mathbf{b}-\mathbf{p}\|^2+\|\mathbf{p}-\mathbf{w}\|^2>\|\mathbf{b}-\mathbf{p}\|^2. \quad \blacksquare\end{aligned}$$

($\mathbf{p}\neq\mathbf{w}$ 이므로 $\|\mathbf{p}-\mathbf{w}\|>0$.)

(피타고라스의 정리 ($\because (\mathbf{b}-\mathbf{p})\perp(\mathbf{p}-\mathbf{w})$))

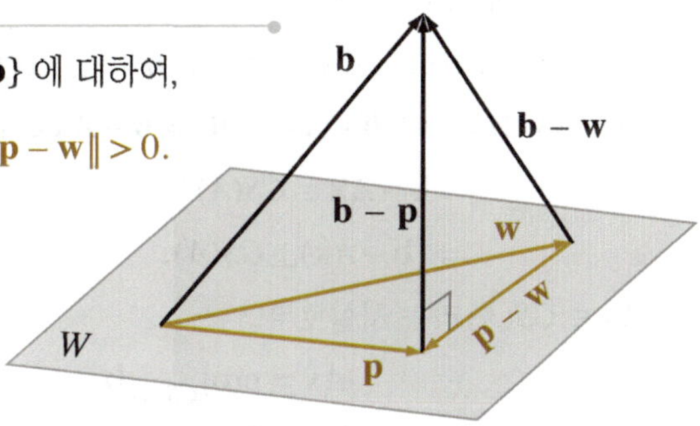

따름정리 4.4.2

$m\times n$ 행렬 A와 $\mathbf{b}\in \boldsymbol{R}^m$에 대하여, $CS(A)$의 벡터 중 $\mathbf{b}$와 가장 가까운 벡터는 $\mathrm{proj}_{CS(A)}\mathbf{b}$ 이다.

정리 4.4.3

$m \times n$ 행렬 A와 $\mathbf{b} \in \boldsymbol{R}^m$에 대하여, 연립일차방정식

$$A\mathbf{x} = \mathbf{b} \quad \cdots\cdots\cdots \quad ①$$

의 최소제곱해는 연립일차방정식

$$A^{\mathrm{T}}A\mathbf{x} = A^{\mathrm{T}}\mathbf{b}. \quad \cdots\cdots\cdots \quad ②$$

의 해이다.

증명 $\mathbf{p} = \mathrm{proj}_{CS(A)}\mathbf{b}$라고 할 때, 따름정리 4.4.2에 의하여, $A\mathbf{x} = \mathbf{b}$의 최소제곱해는 곧

$$A\mathbf{x} = \mathbf{p} \quad \cdots\cdots\cdots \quad ③$$

의 해임을 알 수 있다. ($\mathbf{p} \in CS(A)$ 이므로 ③은 해를 가진다.)

$\hat{\mathbf{x}} \in \boldsymbol{R}^m$이 ③의 해라고 하면

$$A\hat{\mathbf{x}} = \mathbf{p}. \quad \cdots\cdots\cdots \quad ④$$

$(\mathbf{b} - \mathbf{p}) \perp CS(A)$ 이므로 $A = [\mathbf{x}_1, \cdots, \mathbf{x}_n]$라고 할 때,

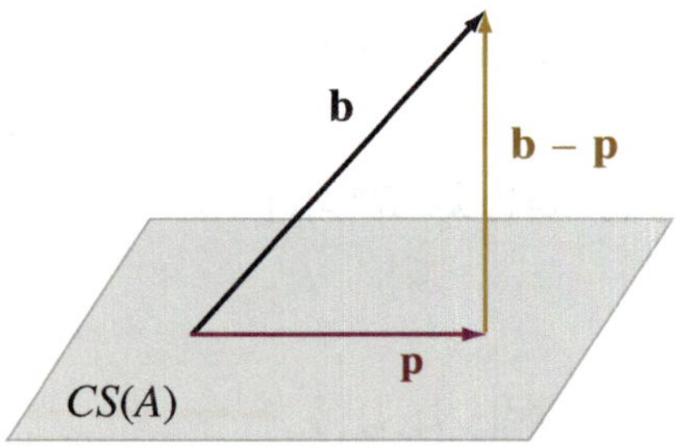

$$\mathbf{x}_i^{\mathrm{T}}(\mathbf{b} - \mathbf{p}) = 0, (i = 1, \cdots, n).$$

$$\therefore \begin{bmatrix} \mathbf{x}_1^{\mathrm{T}}(\mathbf{b}-\mathbf{p}) \\ \vdots \\ \mathbf{x}_n^{\mathrm{T}}(\mathbf{b}-\mathbf{p}) \end{bmatrix} = \mathbf{0}. \quad \therefore \begin{bmatrix} \mathbf{x}_1^{\mathrm{T}} \\ \vdots \\ \mathbf{x}_n^{\mathrm{T}} \end{bmatrix}(\mathbf{b}-\mathbf{p}) = \mathbf{0}.$$

$$\therefore A^{\mathrm{T}}(\mathbf{b}-\mathbf{p}) = \mathbf{0}. \quad \therefore A^{\mathrm{T}}\mathbf{p} = A^{\mathrm{T}}\mathbf{b}.$$

$$\therefore A^{\mathrm{T}}A\hat{\mathbf{x}} = A^{\mathrm{T}}\mathbf{b}.$$

(∵ by ④)

따라서 $\hat{\mathbf{x}}$는 ②의 해이다.

역으로, $\hat{\mathbf{x}}$가 ②의 해라고 하면 $A\hat{\mathbf{x}} = A^{\mathrm{T}}\mathbf{b}$이다. 그런데

$$A^{\mathrm{T}}A\hat{\mathbf{x}} = A^{\mathrm{T}}\mathbf{b} \Rightarrow A^{\mathrm{T}}(\mathbf{b} - A\hat{\mathbf{x}}) = \mathbf{0} \Rightarrow \mathbf{b} - A\hat{\mathbf{x}} \in NS(A^{\mathrm{T}})$$

$$\Rightarrow \mathbf{b} - A\hat{\mathbf{x}} \in CS(A)^{\perp} \text{ (∵ 예제 4.3.7의 (2))}$$

$$\Rightarrow (\mathbf{b} - A\hat{\mathbf{x}}) \perp CS(A). \quad \cdots\cdots\cdots \quad ⑤$$

⑤와 $A\hat{\mathbf{x}} \in CS(A)$라는 사실로부터

$$A\hat{\mathbf{x}} = \mathrm{proj}_{CS(A)}\mathbf{b}$$

이고, 따라서 $\hat{\mathbf{x}}$는 ③의 해이다. ▌

연립일차방정식 ②를 ①의 **정규방정식**이라고 한다.

◀ 正規方程式 normal equation

보기 1

$$\begin{bmatrix} 1 & 2 \\ 2 & 4 \\ -1 & -2 \end{bmatrix}\begin{bmatrix} x \\ y \end{bmatrix}=\begin{bmatrix} 3 \\ 2 \\ 1 \end{bmatrix} \quad \cdots\cdots\cdots ①$$

$A \quad \mathbf{x} \quad \mathbf{b}$

의 최소제곱해를 구하여 보자. ①의 정규방정식은

$$\begin{bmatrix} 1 & 2 & -1 \\ 2 & 4 & -2 \end{bmatrix}\begin{bmatrix} 1 & 2 \\ 2 & 4 \\ -1 & -2 \end{bmatrix}\begin{bmatrix} x \\ y \end{bmatrix}=\begin{bmatrix} 1 & 2 & -1 \\ 2 & 4 & -2 \end{bmatrix}\begin{bmatrix} 3 \\ 2 \\ 1 \end{bmatrix},$$

$A^{\mathrm{T}} \quad A \quad \mathbf{x} \quad A^{\mathrm{T}} \quad \mathbf{b}$

즉,

$$\begin{bmatrix} 6 & 12 \\ 12 & 24 \end{bmatrix}\begin{bmatrix} x \\ y \end{bmatrix}=\begin{bmatrix} 6 \\ 12 \end{bmatrix}. \quad \cdots\cdots\cdots ②$$

②의 해, 즉, ①의 최소제곱해는

$$\begin{bmatrix} x \\ y \end{bmatrix}=\begin{bmatrix} 1-2t \\ t \end{bmatrix}, (t\in \boldsymbol{R}).$$

정리 4.4.4

$m\times n$ 행렬 A와 $\mathbf{b}\in \boldsymbol{R}^m$에 대하여, A의 열들이 일차독립일 때,

(1) $A^{\mathrm{T}}A$는 가역이다.

(2) $$A\mathbf{x}=\mathbf{b} \quad \cdots\cdots\cdots ③$$

는 유일한 최소제곱해

$$\hat{\mathbf{x}}=(A^{\mathrm{T}}A)^{-1}A^{\mathrm{T}}\mathbf{b}$$

를 가진다.

(3) $$\mathrm{proj}_{CS(A)}\,\mathbf{b}=A(A^{\mathrm{T}}A)^{-1}A^{\mathrm{T}}\mathbf{b}.$$

증명 (1) $A^{\mathrm{T}}A\mathbf{x}=\mathbf{0} \Rightarrow \mathbf{x}^{\mathrm{T}}A^{\mathrm{T}}A\mathbf{x}=0 \Rightarrow (A\mathbf{x})\cdot(A\mathbf{x})=0$

$\Rightarrow A\mathbf{x}=\mathbf{0} \Rightarrow \mathbf{x}=\mathbf{0}.$

(∵ A의 열들은 일차독립)

그러므로 $A^{\mathrm{T}}A$는 가역이다.(∵ 정리 1.4.4)

(2) $A^{\mathrm{T}}A$가 가역이므로 정규방정식 $A^{\mathrm{T}}A\,\mathbf{x}=A^{\mathrm{T}}\mathbf{b}$는 유일한 해 $\hat{\mathbf{x}}=(A^{\mathrm{T}}A)^{-1}A^{\mathrm{T}}\mathbf{b}$ 를 가진다.

(3) $\mathrm{proj}_{CS(A)}\,\mathbf{b}=A\hat{\mathbf{x}}=A(A^{\mathrm{T}}A)^{-1}A^{\mathrm{T}}\mathbf{b}.$ ∎

$A(A^{\mathrm{T}}A)^{-1}A^{\mathrm{T}}$를 $CS(A)$ 상에의 **사영행렬**이라고 한다.

◀ 射影行列 projection matrix

예제 4.4.5

$$A=\begin{bmatrix}1&1\\0&1\\0&0\end{bmatrix},\ \mathbf{b}=\begin{bmatrix}0\\1\\1\end{bmatrix}$$

일 때, 다음을 구하라.

(1) $A\mathbf{x}=\mathbf{b}$의 최소제곱해 $\hat{\mathbf{x}}$ (2) $\mathrm{proj}_{CS(A)}\mathbf{b}$

증명 (1) $A^{\mathrm{T}}A=\begin{bmatrix}1&0&0\\1&1&0\end{bmatrix}\begin{bmatrix}1&1\\0&1\\0&0\end{bmatrix}=\begin{bmatrix}1&1\\1&2\end{bmatrix}.$

$$\therefore\ (A^{\mathrm{T}}A)^{-1}=\begin{bmatrix}2&-1\\-1&1\end{bmatrix}.$$

$$A^{\mathrm{T}}\mathbf{b}=\begin{bmatrix}1&0&0\\1&1&0\end{bmatrix}\begin{bmatrix}0\\1\\1\end{bmatrix}=\begin{bmatrix}0\\1\end{bmatrix}.$$

$$\therefore\ \hat{\mathbf{x}}=(A^{\mathrm{T}}A)^{-1}A^{\mathrm{T}}\mathbf{b}=\begin{bmatrix}2&-1\\-1&1\end{bmatrix}\begin{bmatrix}0\\1\end{bmatrix}=\begin{bmatrix}-1\\1\end{bmatrix}.$$

(2) $\mathrm{proj}_{CS(A)}\mathbf{b}=A\hat{\mathbf{x}}=\begin{bmatrix}1&1\\0&1\\0&0\end{bmatrix}\begin{bmatrix}-1\\1\end{bmatrix}=\begin{bmatrix}0\\1\\0\end{bmatrix}.$

예제 4.4.5를 직관적으로 풀어 보자.

이 그림에서
$CS(A)=(xy$ 평면$)$,
$\mathbf{p}=\mathrm{proj}_{CS(A)}\mathbf{b}=\begin{bmatrix}0\\1\\0\end{bmatrix}.$

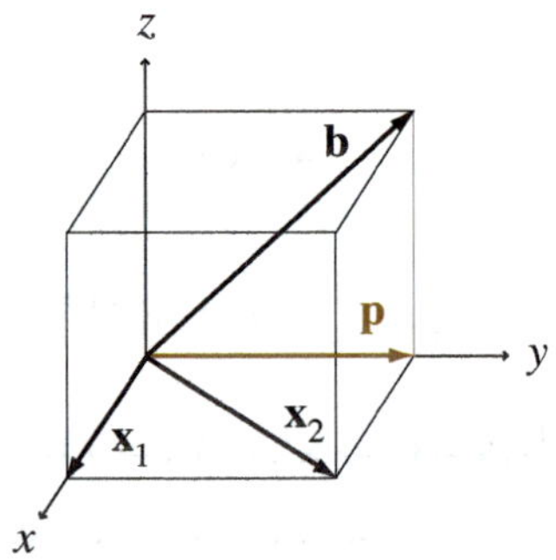

최소제곱해는 $A\mathbf{x}=\mathbf{p}$의 해, 즉,

$$\begin{bmatrix}1&1\\0&1\\0&0\end{bmatrix}\begin{bmatrix}x\\y\end{bmatrix}=\begin{bmatrix}0\\1\\0\end{bmatrix}$$

의 해

$$\begin{bmatrix}x\\y\end{bmatrix}=\begin{bmatrix}-1\\1\end{bmatrix}.$$

최소제곱해의 응용

좌표평면 위의 일단의 데이타 점

$$(x_1, y_1), (x_2, y_2), \cdots, (x_n, y_n) \quad \cdots\cdots \text{①}$$

이 주어졌을 때, 이들 점을 가장 잘 나타내는 직선

$$y = a + bx \quad \cdots\cdots \text{②}$$

을 찾아 보자.

$$e_i = (a + bx_i) - y_i, (i = 1, 2, \cdots, n)$$

이라고 할 때, (x_i, y_i)가 직선 ② 위에 있으면 $e_i = 0$, 그렇지 않으면 $e_i \neq 0$ 이다. $\mathbf{e} = [e_1, \cdots, e_n]^{\mathrm{T}}$ 라고 할 때,

$$\|\mathbf{e}\|^2 = e_1^2 + \cdots + e_n^2$$

의 값을 최소로 하는 직선 ②를 데이타 점 ①의 **최소제곱 근사직선**이라고 한다.

◀ 最小제곱近似直線 least square line fit

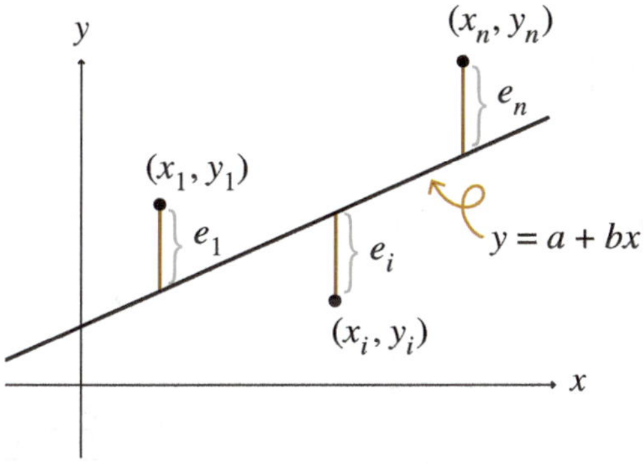

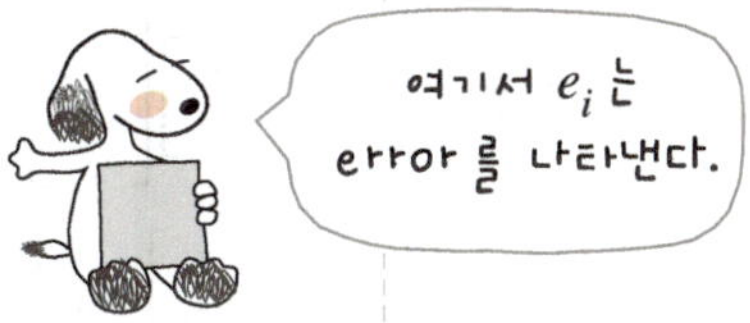

최소제곱 근사직선을 구하여 보자.

$$A = \begin{bmatrix} 1 & x_1 \\ \vdots & \vdots \\ 1 & x_n \end{bmatrix}, \quad \mathbf{v} = \begin{bmatrix} a \\ b \end{bmatrix}, \quad \mathbf{b} = \begin{bmatrix} x_1 \\ \vdots \\ x_n \end{bmatrix}$$

미지수벡터

이라고 할 때,

$$A\mathbf{v} - \mathbf{b} = \begin{bmatrix} a + bx_1 - y_1 \\ \vdots \\ a + bx_n - y_n \end{bmatrix}.$$

$$\begin{aligned} \therefore \ \|\mathbf{e}\|^2 &= (a + bx_1 - y_1)^2 + \cdots + (a + bx_n - y_n)^2 \\ &= \|A\mathbf{v} - \mathbf{b}\|^2. \end{aligned}$$

그러므로 최소 제곱 근사 직선을 구하는 문제는 $\|A\mathbf{v}-\mathbf{b}\|^2$의 값을 최소화 하는 $\hat{\mathbf{v}}=[a, b]^{\mathrm{T}}$를 구하는 문제로 귀착된다.
그러한 $\hat{\mathbf{v}}$는 $\mathbf{v}$에 관한 연립일차방정식 $A\mathbf{v}=\mathbf{b}$의 최소제곱해이다.

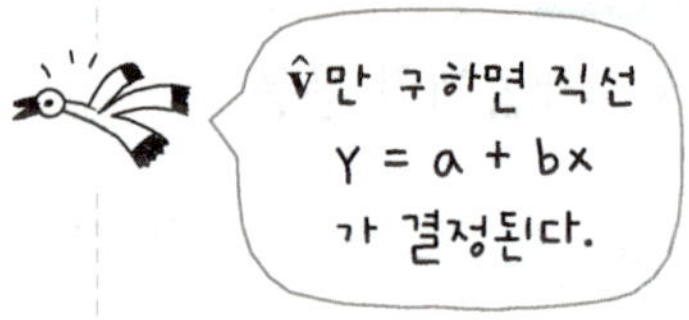

예제 4.4.6

데이터 점

$$(0, 2), (1, 1), (2, 3)$$

의 최소 제곱 근사 직선을 구하라.

증명 구하는 직선을 $y=a+bx$라 하자.

$$A=\begin{bmatrix}1 & 0\\1 & 1\\1 & 2\end{bmatrix},\quad \hat{\mathbf{v}}=\begin{bmatrix}a\\b\end{bmatrix},\quad \mathbf{b}=\begin{bmatrix}2\\1\\3\end{bmatrix}$$

으로 두면 $\hat{\mathbf{v}}$는 $A^{\mathrm{T}}A\mathbf{v}=A^{\mathrm{T}}\mathbf{b}$의 해이다.

$$A^{\mathrm{T}}A=\begin{bmatrix}1 & 1 & 1\\0 & 1 & 2\end{bmatrix}\begin{bmatrix}1 & 0\\1 & 1\\1 & 2\end{bmatrix}=\begin{bmatrix}3 & 3\\3 & 5\end{bmatrix}.$$

$$A^{\mathrm{T}}\mathbf{b}=\begin{bmatrix}1 & 1 & 1\\0 & 1 & 2\end{bmatrix}\begin{bmatrix}2\\1\\3\end{bmatrix}=\begin{bmatrix}6\\7\end{bmatrix}.$$

$$\begin{bmatrix}3 & 3\\3 & 5\end{bmatrix}\begin{bmatrix}a\\b\end{bmatrix}=\begin{bmatrix}6\\7\end{bmatrix}$$

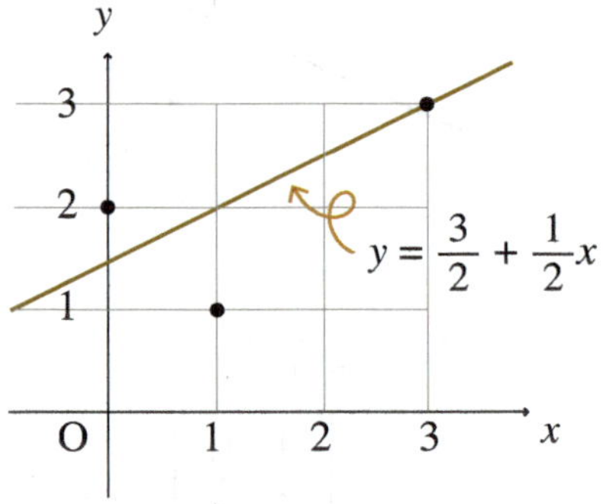

으로부터

$$\hat{\mathbf{v}}=\begin{bmatrix}a\\b\end{bmatrix}=\begin{bmatrix}3/2\\1/2\end{bmatrix}.$$

그러므로 구하는 직선은

$$y=\frac{3}{2}+\frac{1}{2}x.$$ ◇

주어진 데이터 점

$$(x_1, y_1), (x_2, y_2), \cdots, (x_m, y_m)$$

을 나타내는 **최소 제곱 근사 곡선**으로 2차 이상의 다항함수

$$y=a_0+a_0x+\cdots+a_nx^n$$

를 잡을 수 있다.

이 곡선을 찾는 문제는

$$\begin{bmatrix} 1 & x_1 & x_1^2 & \cdots & x_1^n \\ 1 & x_2 & x_2^2 & \cdots & x_2^n \\ \vdots & \vdots & \vdots & \ddots & \vdots \\ 1 & x_m & x_m^2 & \cdots & x_m^n \end{bmatrix} \begin{bmatrix} a_0 \\ a_1 \\ \vdots \\ a_n \end{bmatrix} = \begin{bmatrix} y_1 \\ y_2 \\ \vdots \\ y_m \end{bmatrix}$$

의 최소제곱해를 구하는 문제로 귀착된다.

예제 4.4.7

데이터 점

$$(0,3), (1,2), (2,4), (3,4)$$

의 최소제곱 근사 이차다항식을 구하라.

증 명 구하는 이차다항식(포물선)을

$$y = a + bx + cx^2$$

이라 하자.

$$A = \begin{bmatrix} 1 & 0 & 0^2 \\ 1 & 1 & 1^2 \\ 1 & 2 & 2^2 \\ 1 & 3 & 3^2 \end{bmatrix}, \quad \hat{\mathbf{v}} = \begin{bmatrix} a \\ b \\ c \end{bmatrix}, \quad \mathbf{b} = \begin{bmatrix} 3 \\ 2 \\ 4 \\ 4 \end{bmatrix}$$

으로 두면 $\hat{\mathbf{v}}$는 $A^{\mathrm{T}}A\mathbf{v} = A^{\mathrm{T}}\mathbf{b}$의 해이다.

$$\begin{bmatrix} 1 & 1 & 1 & 1 \\ 0 & 1 & 2 & 3 \\ 0 & 1 & 4 & 9 \end{bmatrix} \begin{bmatrix} 1 & 0 & 0 \\ 1 & 1 & 1 \\ 1 & 2 & 4 \\ 1 & 3 & 9 \end{bmatrix} \begin{bmatrix} a \\ b \\ c \end{bmatrix} = \begin{bmatrix} 1 & 1 & 1 & 1 \\ 0 & 1 & 2 & 3 \\ 0 & 1 & 4 & 9 \end{bmatrix} \begin{bmatrix} 3 \\ 2 \\ 4 \\ 4 \end{bmatrix}.$$

$$\therefore \begin{bmatrix} 4 & 6 & 14 \\ 6 & 14 & 36 \\ 14 & 36 & 98 \end{bmatrix} \begin{bmatrix} a \\ b \\ c \end{bmatrix} = \begin{bmatrix} 13 \\ 22 \\ 54 \end{bmatrix}$$

$$\therefore \begin{bmatrix} a \\ b \\ c \end{bmatrix} = \begin{bmatrix} 11/4 \\ -1/4 \\ 1/4 \end{bmatrix}.$$

그러므로 구하는 포물선은

$$y = \frac{11}{4} - \frac{1}{4}x + \frac{1}{4}x^2. \quad \blacksquare$$

4-4 E·X·E·R·C·I·S·E·S 연습문제

1 행렬 $A=\begin{bmatrix} 1 & 1 & 3 \\ -1 & 3 & 1 \\ 1 & 2 & 4 \end{bmatrix}$와 벡터 $\mathbf{b}=\begin{bmatrix} -2 \\ 0 \\ 8 \end{bmatrix}$에 대하여 연립일차방정식 $A\mathbf{x}=\mathbf{b}$의 최소제곱해를 모두 구하라.

2 다음 행렬 A와 벡터 $\mathbf{b}$에 대하여 연립일차방정식 $A\mathbf{x}=\mathbf{b}$의 최소제곱해를 구하라.

(1) $A=\begin{bmatrix} 1 & -1 \\ 3 & 2 \\ -2 & 4 \end{bmatrix}, \mathbf{b}=\begin{bmatrix} 4 \\ 1 \\ 3 \end{bmatrix}$ (2) $A=\begin{bmatrix} 1 & 1 \\ -1 & 1 \\ -1 & 2 \end{bmatrix}, \mathbf{b}=\begin{bmatrix} 7 \\ 0 \\ -7 \end{bmatrix}$

3 다음 $\mathbf{b}, \mathbf{v}_1, \mathbf{v}_2$에 대하여, $W=\text{span}\{\mathbf{v}_1, \mathbf{v}_2\}$라고 할 때 $\mathbf{p}=\text{proj}_W\mathbf{b}$를 구하라.

(1) $\mathbf{b}=\begin{bmatrix} 2 \\ 1 \\ 3 \end{bmatrix}, \mathbf{v}_1=\begin{bmatrix} 1 \\ 1 \\ 0 \end{bmatrix}, \mathbf{v}_2=\begin{bmatrix} 1 \\ 2 \\ 1 \end{bmatrix}$

(2) $\mathbf{b}=\begin{bmatrix} 1 \\ -6 \\ 1 \end{bmatrix}, \mathbf{v}_1=\begin{bmatrix} -1 \\ 2 \\ 1 \end{bmatrix}, \mathbf{v}_2=\begin{bmatrix} 2 \\ 2 \\ 4 \end{bmatrix}$

4 열들이 일차독립인 $m \times n$ 행렬 A와 $\mathbf{b} \in \boldsymbol{R}^m$에 대하여 다음을 증명하라.

(1) $A\mathbf{x}=\mathbf{b}$가 해를 가질 때, $A\mathbf{x}=\mathbf{b}$의 해는 $A\mathbf{x}=\mathbf{b}$의 최소제곱해와 일치한다.

(2) $\mathbf{b} \perp CS(A)$ 일 때, $A\mathbf{x}=\mathbf{b}$의 최소제곱해는 $\mathbf{x}=\mathbf{0}$이다.

5 열들이 일차독립인 $m \times n$ 행렬 A에 대하여 $P=A(A^TA)^{-1}A^T$ 라고 할 때, 다음을 증명하라.

(1) 임의의 $\mathbf{v} \in CS(A)$ 에 대하여, $P\mathbf{v}=\mathbf{v}$.

(2) $P^k=P, (k=1, 2, \cdots)$.

4-4 · E · X · E · R · C · I · S · E · S · 연습문제

6 $m \times n$ 행렬 A와 $\hat{\mathbf{x}} \in \boldsymbol{R}^n, \mathbf{b} \in \boldsymbol{R}^m, \mathbf{r} \in \boldsymbol{R}^m$ 에 대하여

$$\begin{bmatrix} A & I \\ O & A^{\mathrm{T}} \end{bmatrix} \begin{bmatrix} \hat{\mathbf{x}} \\ \mathbf{r} \end{bmatrix} = \begin{bmatrix} \mathbf{b} \\ \mathbf{0} \end{bmatrix}$$

이 성립할 때, $\hat{\mathbf{x}}$는 $A\mathbf{x} = \mathbf{b}$의 최소제곱해이고, $\mathbf{r} = \mathbf{b} - \mathrm{proj}_{CS(A)}\mathbf{b}$ 임을 보여라.

7 $m \times n$ 행렬 A와 $\mathbf{b} \in \boldsymbol{R}^m$에 대하여 $\hat{\mathbf{x}} \in \boldsymbol{R}^n$이 $A\mathbf{x} = \mathbf{b}$의 최소제곱해라고 할 때, $\mathbf{y} \in \boldsymbol{R}^n$ 이 최소제곱해일 필요충분조건은

$$\mathbf{y} = \hat{\mathbf{x}} + \mathbf{z}, (\mathbf{z} \in NS(A))$$

임을 보여라.

8 좌표명면의 데이터 점 (0, 1), (1, 3), (2, 4), (3, 3) 의 최소제곱 근사 직선을 구하라.

9 좌표명면의 데이터 점 (2, 0), (3, – 10), (5, – 48), (6, – 76) 의 최소제곱 근사 포물선을 구하라.

10
$$A = [\mathbf{q}_1, \mathbf{q}_2] = \begin{bmatrix} 1/\sqrt{3} & 2/\sqrt{6} \\ 1/\sqrt{3} & -1\sqrt{6} \\ 1/\sqrt{3} & -1\sqrt{6} \end{bmatrix}$$

일 때, 다음 $\mathbf{b}$에 대하여 $\mathbf{p} = \mathrm{proj}_W \mathbf{b}$를 구하고 이를 이용하여 $A\mathbf{x} = \mathbf{b}$의 최소제곱해 $\hat{\mathbf{x}}$를 구하라. 단, $W = CS(A)$.

(1) $\mathbf{b} = \begin{bmatrix} 3 \\ 0 \\ 0 \end{bmatrix}$ (2) $\mathbf{b} = \begin{bmatrix} 1 \\ 2 \\ 3 \end{bmatrix}$ (3) $\mathbf{b} = \begin{bmatrix} 1 \\ 1 \\ 2 \end{bmatrix}$

11 열들이 서로 직교하는 $m \times n$ 행렬 $A = [\mathbf{a}_1, \cdots, \mathbf{a}_n]$과 $\mathbf{b} \in \boldsymbol{R}^m$ 에 대하여 $A\mathbf{x} = \mathbf{b}$의 최소제곱해를 $\hat{\mathbf{x}} = [\hat{x}_1, \cdots, \hat{x}_n]$ 이라고 할 때,

4-4 · E · X · E · R · C · I · S · E · S · 연습문제

$$\hat{x}_i = \frac{\mathbf{b}^T\mathbf{a}_i}{\mathbf{a}_i^T\mathbf{a}_i}, (i = 1, \cdots, n)$$

이 성립함을 보여라.

12 $\langle f, g\rangle = \int_0^1 f(x)g(x)dx$ 로 정의된 $C[0, 1]$ 의 내적에 관하여 다음 물음에 답하라.

(1) $1, 2x-1$ 는 직교함을 보여라.

(2) $\|1\|, \|2x-1\|$ 를 구하라.

(3) $\sqrt{x}$ 에 가장 가까운 $\text{span}\{1, 2x-1\}$ 의 원소를 구하라.

13 $\langle f, g\rangle = \int_{-1}^1 f(x)g(x)dx$ 로 정의된 $C[-1, 1]$ 의 내적에 관하여 다음 물음에 답하라.

(1) $1, x$ 는 직교함을 보여라.

(2) $\|1\|, \|x\|$ 를 구하라.

(3) $\sqrt[3]{x}$ 의 최소제곱 근사 일차식 $a+bx$ 를 구하라.

14 행렬

$$A = \begin{bmatrix} 1 & x_1 & x_1^2 & \cdots & x_1^n \\ 1 & x_2 & x_2^2 & \cdots & x_2^n \\ \vdots & \vdots & \vdots & \ddots & \vdots \\ 1 & x_m & x_m^2 & \cdots & x_m^n \end{bmatrix}$$

에 대하여, $m > n$ 이고 $x_1, \cdots, x_m$ 중 $n+1$개 이상이 서로 다를 때, A의 열들은 일차독립임을 증명하라.

5 선형변환

이 책의 '시작하면서' 부분에서 언급된 바와 같이 선형변환이란 선형대수의 2가지 중요한 주제 중 하나이다.
임의의 n 차원 벡터공간은 본질적으로 $\boldsymbol{R}^n$과 같고, 임의의 선형변환은 본질적으로 $\boldsymbol{R}^n$의 벡터의 왼쪽에 행렬을 곱하는 것과 같다.
이 단원에서는 이러한 성질 규명과 아울러 선형변환의 행렬 표현에 대하여 알아 본다.

5-1 선형변환의 뜻

이 절의 학습내용

- 선형변환의 뜻
- 기저와 선형변환
- 핵과 치역
- 선형변환의 계수
- 동형변환 / • 역변환 / • 합성변환

선형변환의 뜻

정의 벡터공간 V에서 W로 가는 함수 $T: V \to W$가 조건

(i) $T(\mathbf{u}+\mathbf{v}) = T(\mathbf{u}) + T(\mathbf{v}), (\forall \mathbf{u}, \mathbf{v} \in V)$,

(ii) $T(a\mathbf{v}) = aT(\mathbf{v}), (\forall a \in \boldsymbol{R}, \forall \mathbf{v} \in V)$

를 만족할 때, T를 **선형변환**이라고 한다.

◂ 線形變換
linear transformation

$T: V \to W$가 선형변환일 조건 (i), (ii)는 조건

(iii) $T(a\mathbf{u}+b\mathbf{v}) = aT(\mathbf{u}) + bT(\mathbf{v}), (\forall a, b \in \boldsymbol{R}, \forall \mathbf{u}, \mathbf{v} \in V)$

와 동치이다.

∵ (i), (ii) ⇒ (iii).

$T(a\mathbf{u}+b\mathbf{v}) = T(a\mathbf{u}) + T(b\mathbf{v}) = aT(\mathbf{u}) + bT(\mathbf{v})$.
by (i) by (ii)

(iii) ⇒ (i), (ii).

by (iii)
$T(\mathbf{u}+\mathbf{v}) = T(1\mathbf{u}+1\mathbf{v}) = 1T(\mathbf{u}) + 1T(\mathbf{v}) = T(\mathbf{u}) + T(\mathbf{v})$.

$T(a\mathbf{v}) = T(0\mathbf{u}+a\mathbf{v}) = 0T(\mathbf{u}) + aT(\mathbf{v}) = \mathbf{0} + aT(\mathbf{v}) = aT(\mathbf{v})$. ▮
by (iii)

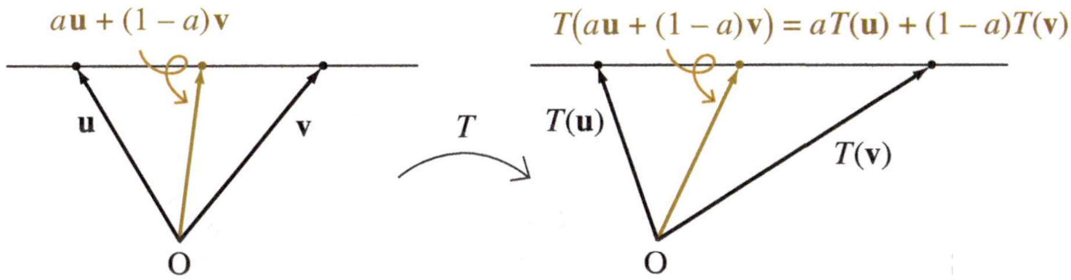

보기 1 다음 각각과 같이 정의된 함수 $T : \boldsymbol{R}^2 \to \boldsymbol{R}^2$는 선형변환이다.

(1) $T\left(\begin{bmatrix} x \\ y \end{bmatrix}\right) = \begin{bmatrix} 2x \\ 2y \end{bmatrix}$　　(2) $T\left(\begin{bmatrix} x \\ y \end{bmatrix}\right) = \begin{bmatrix} x \\ 0 \end{bmatrix}$

(3) $T\left(\begin{bmatrix} x \\ y \end{bmatrix}\right) = \begin{bmatrix} x \\ -y \end{bmatrix}$　　(4) $T\left(\begin{bmatrix} x \\ y \end{bmatrix}\right) = \begin{bmatrix} -y \\ x \end{bmatrix}$

∵ (1) $T\left(\begin{bmatrix} x \\ y \end{bmatrix} + \begin{bmatrix} x' \\ y' \end{bmatrix}\right) = T\left(\begin{bmatrix} x+x' \\ y+y' \end{bmatrix}\right) = \begin{bmatrix} 2(x+x') \\ 2(y+y') \end{bmatrix}$

$$= \begin{bmatrix} 2x+2x' \\ 2y+2y' \end{bmatrix} = \begin{bmatrix} 2x \\ 2y \end{bmatrix} + \begin{bmatrix} 2x' \\ 2y' \end{bmatrix} = T\left(\begin{bmatrix} x \\ y \end{bmatrix}\right) + T\left(\begin{bmatrix} x' \\ y' \end{bmatrix}\right)$$

이므로 T는 덧셈을 보존한다.

$c \in \boldsymbol{R}$에 대하여

$$T\left(c\begin{bmatrix} x \\ y \end{bmatrix}\right) = T\left(\begin{bmatrix} cx \\ cy \end{bmatrix}\right) = \begin{bmatrix} 2cx \\ 2cy \end{bmatrix} = c\begin{bmatrix} 2x \\ 2y \end{bmatrix} = c\begin{bmatrix} 2x \\ 2y \end{bmatrix} = cT\left(\begin{bmatrix} x \\ y \end{bmatrix}\right).$$

이므로 T는 상수배를 보존한다.

같은방법으로 (2), (3), (4)로 정의되는 T가 덧셈과 상수배를 보존함을 보일 수 있다.

보기 2 $\boldsymbol{R}^2$의 벡터를 원점을 중심으로 θ만큼 회전이동 시키는 함수 $T : \boldsymbol{R}^2 \to \boldsymbol{R}^2$는 선형변환이다.

∵ $\mathbf{u}, \mathbf{v} \in R^2, a \in \boldsymbol{R}$에 대하여
$\mathbf{u}, \mathbf{v}$의 합을 θ만큼 회전시킨 것은 각각을 θ만큼 회전시킨 것의 합이다.
$\mathbf{v}$의 a배를 θ만큼 회전시킨 것은 $\mathbf{v}$를 θ만큼 회전시킨 것의 a배이다.

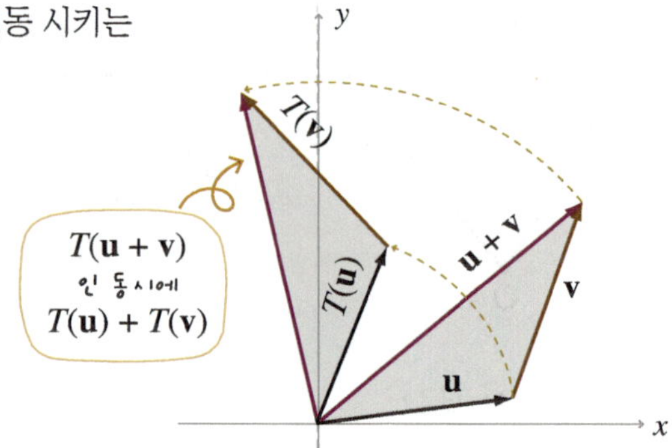

보기 3 $T(\mathbf{v}) = \mathbf{0}_W, (\forall \mathbf{v} \in V)$, 로 정의된 함수 $T : V \to W$는 선형변환이다.

∵ $\mathbf{u}, \mathbf{v} \in V,\ a, b \in \boldsymbol{R}$에 대하여
$T(a\mathbf{u} + b\mathbf{v}) = \mathbf{0} = a\mathbf{0} + b\mathbf{0} = aT(\mathbf{u}) + bT(\mathbf{v})$.

보기 4 벡터공간 V 상의 항등함수 $\mathrm{id}_V : V \to V$는 선형변환이다.

∵ $\mathbf{u}, \mathbf{v} \in V,\ a, b \in \boldsymbol{R}$에 대하여
$\mathrm{id}_V(a\mathbf{u} + b\mathbf{v}) = a\mathbf{u} + b\mathbf{v} = a\,\mathrm{id}_V(\mathbf{u}) + b\,\mathrm{id}_V(\mathbf{v})$.

보기 5 $D(f) = \frac{d}{dx}f(x)$로 정의되는 함수 $D : \mathscr{P}_n \to \mathscr{P}_{n-1}$은 선형변환이다.

∵ $f, g \in \mathscr{P}_n,\ a, b \in \boldsymbol{R}$에 대하여

$$D(af + bg) = \frac{d}{dx}(af + bg) = \frac{d}{dx}(af) + \frac{d}{dx}(bg)$$
$$= a\frac{d}{dx}f + b\frac{d}{dx}g = aD(f) + bD(g).$$

보기 6 $T(f) = \int_0^1 f(x)dx$로 정의되는 함수 $T : C[0, 1] \to \boldsymbol{R}$은 선형변환이다.

∵ $f, g \in C[0, 1],\ a, b \in \boldsymbol{R}$에 대하여

$$T(af + bg) = \int_0^1 (af + bg) = \int_0^1 (af) + \int_0^1 (bg)$$
$$= a\int_0^1 f + b\int_0^1 g = aT(f) + bT(g).$$

보기 7 $m \times n$ 행렬 A에 대하여 $T_A(\mathbf{x}) = A\mathbf{x}$로 정의되는 함수 $T_A : \boldsymbol{R}^n \to \boldsymbol{R}^m$은 선형변환이다.

∵ $\mathbf{x}, \mathbf{y} \in \boldsymbol{R}^n$, $a, b \in \boldsymbol{R}$에 대하여

$$T_A(a\mathbf{x} + b\mathbf{y}) = A(a\mathbf{x} + b\mathbf{y}) = A(a\mathbf{x}) + A(b\mathbf{y})$$
$$= aA\mathbf{x} + bA\mathbf{y} = aT_A(\mathbf{x}) + bT_A(\mathbf{y}).$$

보기 8 W가 내적공간 V의 유한차원 부분공간일 때, $T(\mathbf{v}) = \text{proj}_W \mathbf{v}$로 정의된 함수 $T : V \to W$는 선형변환이다.

∵ $\{\mathbf{w}_1, \cdots, \mathbf{w}_n\}$이 W의 정규직교기저라고 하자.

$\mathbf{u}, \mathbf{v} \in V$에 대하여

$$T(\mathbf{u} + \mathbf{v}) = \text{proj}_W(\mathbf{u} + \mathbf{v})$$
$$= \sum_{i=1}^{n} \langle \mathbf{u} + \mathbf{v}, \mathbf{w}_i \rangle \mathbf{w}_i$$
$$= \sum_{i=1}^{n} (\langle \mathbf{u}, \mathbf{w}_i \rangle + \langle \mathbf{v}, \mathbf{w}_i \rangle) \mathbf{w}_i$$
$$= \sum_{i=1}^{n} \langle \mathbf{u}, \mathbf{w}_i \rangle \mathbf{w}_i + \sum_{i=1}^{n} \langle \mathbf{v}, \mathbf{w}_i \rangle \mathbf{w}_i$$
$$= \text{proj}_W(\mathbf{u}) + \text{proj}_W(\mathbf{v}) = T(\mathbf{u}) + T(\mathbf{v}).$$

$\mathbf{v} \in V$, $a \in \boldsymbol{R}$에 대하여

$$T(a\mathbf{v}) = \text{proj}_W(a\mathbf{v}) = \sum_{i=1}^{n} \langle a\mathbf{v}, \mathbf{w}_i \rangle \mathbf{w}_i$$
$$= a\sum_{i=1}^{n} \langle \mathbf{v}, \mathbf{w}_i \rangle \mathbf{w}_i = a\text{proj}_W(\mathbf{v}) = aT(\mathbf{v}).$$

보기 9 $T\left(\begin{bmatrix} x \\ y \end{bmatrix}\right) = x + 1$로 정의된 함수 $T : \boldsymbol{R}^2 \to \boldsymbol{R}$은 선형변환이 아니다.

∵ $T\left(\begin{bmatrix} x \\ y \end{bmatrix} + \begin{bmatrix} x' \\ y' \end{bmatrix}\right) = T\left(\begin{bmatrix} x + x' \\ y + y' \end{bmatrix}\right) = x + x' + 1,$ ← 같지 않다.

$T\left(\begin{bmatrix} x \\ y \end{bmatrix}\right) + T\left(\begin{bmatrix} x' \\ y' \end{bmatrix}\right) = x + 1 + x' + 1 = x + x' + 2$

이므로

$$T\left(\begin{bmatrix} x \\ y \end{bmatrix} + \begin{bmatrix} x' \\ y' \end{bmatrix}\right) \neq T\left(\begin{bmatrix} x \\ y \end{bmatrix}\right) + T\left(\begin{bmatrix} x' \\ y' \end{bmatrix}\right).$$ ← 선형변환의 조건 (i) 위배

정리 5.1.1

일차변환 $T: V \to W$와 $\mathbf{v} \in V$에 대하여

(1) $T(\mathbf{0}_V) = \mathbf{0}_W$　　　　(2) $T(-\mathbf{v}) = -T(\mathbf{v})$

증명 (1) $T(\mathbf{0}_V) = T(\mathbf{0}_V + \mathbf{0}_V) = T(\mathbf{0}_V) + T(\mathbf{0}_V)$.

$T(\mathbf{0}_V) + T(\mathbf{0}_V) = T(\mathbf{0}_V)$ 의 양변에 $-T(\mathbf{0}_V)$를 더하면

$$T(\mathbf{0}_V) + \underbrace{(T(\mathbf{0}_V) - T(\mathbf{0}_V))}_{\mathbf{0}_W} = \underbrace{(T(\mathbf{0}_V) - T(\mathbf{0}_V))}_{\mathbf{0}_W}.$$

$$\therefore\ T(\mathbf{0}_V) = \mathbf{0}_W.$$

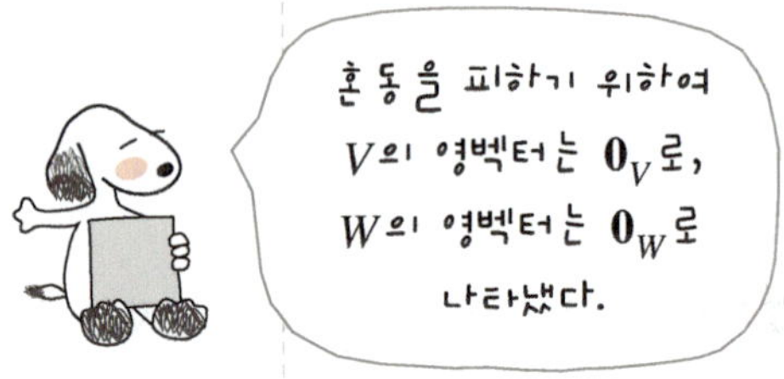

(2) $\mathbf{0}_W = T(\mathbf{0}_V) = T(-\mathbf{v} + \mathbf{v}) = T(-\mathbf{v}) + T(\mathbf{v})$.

$T(-\mathbf{v}) + T(\mathbf{v}) = \mathbf{0}_W$의 양변에 $-T(\mathbf{v})$를 더하면

$$T(-\mathbf{v}) + \underbrace{(T(\mathbf{v}) - T(\mathbf{v}))}_{\mathbf{0}_W} = -T(\mathbf{v}).$$

$$\therefore\ T(-\mathbf{v}) = -T(\mathbf{v}).\ \blacksquare$$

보기 10 $T: V \to W$가 선형변환일 때, $\mathbf{u}, \mathbf{v} \in V$에 대하여

$$T(\mathbf{u} - \mathbf{v}) = T(\mathbf{u}) - T(\mathbf{v}).$$

$\because$ $T(\mathbf{u} - \mathbf{v}) = T(\mathbf{u} + (-\mathbf{v})) = T(\mathbf{u}) + T(-\mathbf{v})$

$= T(\mathbf{u}) + (-T(\mathbf{v})) = T(\mathbf{u}) - T(\mathbf{v})$.

기저와 선형변환

일반적으로 T가 선형변환일 때, 기저를 이루는 각 벡터의 T값만 알면 임의의 벡터의 T값을 알 수 있다.

보조정리 5.1.2

$T : V \to W$가 선형변환일 때, $\mathbf{v}_1, \cdots, \mathbf{v}_n \in V$, $a_1, \cdots, a_n \in \boldsymbol{R}$에 대하여

$$T(a_1\mathbf{v}_1 + \cdots + a_n\mathbf{v}_n) = a_1T(\mathbf{v}_1) + \cdots + a_nT(\mathbf{v}_n). \quad \cdots\cdots ①$$

증명 n에 관한 귀납법으로 증명한다.

$n = 2$일 때, ①은 곧 선형변환의 조건 (iii)이다.

$n \geq 3$이라 하고, $\mathbf{u} = a_1\mathbf{v}_1 + \cdots + a_{n-1}\mathbf{v}_{n-1}$이라고 하면,

$$T(a_1\mathbf{v}_1 + \cdots + a_n\mathbf{v}_n) = T(\mathbf{u} + a_n\mathbf{v}_n) = T(\mathbf{u}) + T(a_n\mathbf{v}_n)$$
$$= T(a_1\mathbf{v}_1 + \cdots + a_{n-1}\mathbf{v}_{n-1}) + a_nT(\mathbf{v}_n)$$
$$= a_1T(\mathbf{v}_1) + \cdots + a_{n-1}T(\mathbf{v}_{n-1}) + a_nT(\mathbf{v}_n). \quad \blacksquare$$

정리 5.1.3

$\{\mathbf{v}_1, \cdots, \mathbf{v}_n\}$이 벡터공간 V의 기저이고, $T : V \to W$가 선형변환일 때, T에 의한 $\mathbf{v}_1, \cdots, \mathbf{v}_n$의 상 $T(\mathbf{v}_1), \cdots, T(\mathbf{v}_n)$만 결정되면 임의의 $\mathbf{u} \in V$의 상 $T(\mathbf{u})$를 계산할 수 있다.

증명 $T(\mathbf{v}_1) = \mathbf{w}_1, \cdots, T(\mathbf{v}_n) = \mathbf{w}_n$이라고 하자.

임의의 $\mathbf{u} \in V$에 대하여 $a_1, \cdots, a_n \in \boldsymbol{R}$이 있어서

$$\mathbf{u} = a_1\mathbf{v}_1 + \cdots + a_n\mathbf{v}_n.$$

$$\therefore\ T(\mathbf{u}) = T(a_1\mathbf{v}_1 + \cdots + a_n\mathbf{v}_n) = a_1T(\mathbf{v}_1) + \cdots + a_nT(\mathbf{v}_n)$$
$$= a_1\mathbf{w}_1 + \cdots + a_n\mathbf{w}_n. \quad \blacksquare$$

보기 11 선형변환 $T : \boldsymbol{R}^2 \to \boldsymbol{R}^2$에 대하여

$$T\left(\begin{bmatrix} 1 \\ 0 \end{bmatrix}\right) = \begin{bmatrix} 1 \\ 2 \end{bmatrix},\ T\left(\begin{bmatrix} 0 \\ 1 \end{bmatrix}\right) = \begin{bmatrix} 3 \\ 4 \end{bmatrix}$$

일 때,

$$T\left(\begin{bmatrix} x \\ y \end{bmatrix}\right) = \begin{bmatrix} 1x + 3y \\ 2x + 4y \end{bmatrix}.$$

$$\because\ T\left(\begin{bmatrix} x \\ y \end{bmatrix}\right) = T\left(x\begin{bmatrix} 1 \\ 0 \end{bmatrix} + y\begin{bmatrix} 0 \\ 1 \end{bmatrix}\right) = xT\left(\begin{bmatrix} 1 \\ 0 \end{bmatrix}\right) + yT\left(\begin{bmatrix} 0 \\ 1 \end{bmatrix}\right),$$
$$= x\begin{bmatrix} 1 \\ 2 \end{bmatrix} + y\begin{bmatrix} 3 \\ 4 \end{bmatrix} = \begin{bmatrix} 1x + 3y \\ 2x + 4y \end{bmatrix}.$$

보기 12 선형변환 $T: \mathscr{P}_2 \to \mathscr{P}_1$에 대하여,

$$T(1)=0,\ T(x)=1,\ T(x^2)=2x$$

일 때,

$$T(a+bx+cx^2)=b+2cx.$$

$\because\ T(a+bx+cx^2)=aT(1)+bT(x)+cT(x^2)=b+2cx.$

핵과 치역

정의 일차변환 $T: V \to W$에 대하여

$$\ker(T)=\{\mathbf{v}\in V \mid T(\mathbf{v})=\mathbf{0}_W\}$$

를 T의 **핵**이라고 한다. 또,

$$\mathrm{im}(T)=\{T(\mathbf{v}) \mid \mathbf{v}\in V\}$$

를 T의 **치역**이라고 한다. $\mathrm{im}(T)$를 $T(V)$로 나타내기도 한다.

◀ 核 kernel

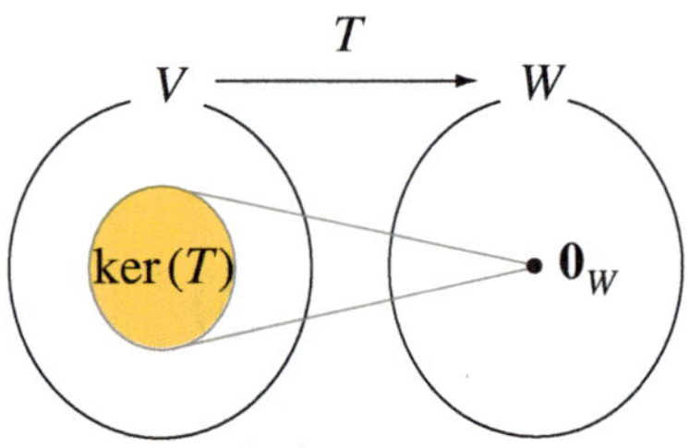

정리 5.1.4

일차변환 $T: V \to W$에 대하여

(1) $\ker(T) \le V$ (2) $\mathrm{im}(T) \le W$

증명 (1) $T(\mathbf{0}_V)=\mathbf{0}_W$ 이므로 $\mathbf{0}_V \in \ker(T)$.

$$\therefore\ \ker(T) \ne \varnothing.$$

$\mathbf{u},\mathbf{v}\in \ker(T)$, $a, b \in \boldsymbol{R}$에 대하여

$$T(a\mathbf{u}+b\mathbf{v})=T(a\mathbf{u})+T(b\mathbf{v})=aT(\mathbf{u})+bT(\mathbf{u})$$
$$=a\mathbf{0}_W+b\mathbf{0}_W=\mathbf{0}_W+\mathbf{0}_W=\mathbf{0}_W.$$
$$\therefore\ a\mathbf{u}+b\mathbf{v}\in \ker(T).$$

그러므로 1-step test (정리 3.1.3) 에 의하여 $\ker(T) \le V$ 이다.

(2) $\mathbf{0}_W = T(\mathbf{0}_V) \in \text{im}(T)$ 이므로 $\text{im}(T) \neq \varnothing$.

$\mathbf{w}_1, \mathbf{w}_2 \in \text{im}(T)$, $a, b \in \boldsymbol{R}$ 에 대하여

$$T(\mathbf{v}_1) = \mathbf{w}_1,\ T(\mathbf{v}_2) = \mathbf{w}_2$$

를 만족하는 $\mathbf{v}_1, \mathbf{v}_2 \in V$가 존재한다. 이 때,

$$a\mathbf{w}_1 + b\mathbf{w}_2 = aT(\mathbf{v}_1) + bT(\mathbf{v}_2) = T(a\mathbf{v}_1 + b\mathbf{v}_2) \in \text{im}(T).$$

그러므로 1-step test에 의하여 $\text{im}(T) \le W$ 이다. ∎

보기 13 $T\left(\begin{bmatrix} x \\ y \end{bmatrix}\right) = \begin{bmatrix} x \\ 0 \end{bmatrix}$으로 정의된 선형변환 $T : \boldsymbol{R}^2 \to \boldsymbol{R}^2$에 대하여

(1) $\ker(T) = \text{span}\{\mathbf{e}_2\}$ (2) $\text{im}(T) = \text{span}\{\mathbf{e}_1\}$

∵ (1) $T\left(\begin{bmatrix} x \\ y \end{bmatrix}\right) = \begin{bmatrix} 0 \\ 0 \end{bmatrix} \Leftrightarrow \begin{bmatrix} x \\ 0 \end{bmatrix} = \begin{bmatrix} 0 \\ 0 \end{bmatrix} \Leftrightarrow x = 0$

이므로

$$\ker(T) = \left\{ \begin{bmatrix} x \\ y \end{bmatrix} \in \boldsymbol{R}^2 \,\middle|\, x = 0 \right\} = \left\{ \begin{bmatrix} 0 \\ y \end{bmatrix} \,\middle|\, y \in \boldsymbol{R} \right\}$$
$$= \{ y\mathbf{e}_2 \mid y \in \boldsymbol{R} \} = \text{span}\{\mathbf{e}_2\}.$$

(2) $$\text{im}(T) = \left\{ T\left(\begin{bmatrix} x \\ y \end{bmatrix}\right) \,\middle|\, \begin{bmatrix} x \\ y \end{bmatrix} \in \boldsymbol{R}^2 \right\}$$
$$= \left\{ \begin{bmatrix} x \\ 0 \end{bmatrix} \,\middle|\, x \in \boldsymbol{R} \right\} = \{ x\mathbf{e}_1 \mid x \in \boldsymbol{R} \} = \text{span}\{\mathbf{e}_1\}.$$

보기 14 $m \times n$ 행렬 A에 대하여 $T_A : \boldsymbol{R}^n \to \boldsymbol{R}^m$을 좌측에 A 곱하기라고 할 때,

(1) $\ker(T_A) = NS(A)$ (2) $\text{im}(T_A) = CS(A)$

∵ (1) $$\ker(T_A) = \{ \mathbf{x} \in \boldsymbol{R}^n \mid T_A(\mathbf{x}) = \mathbf{0} \}$$
$$= \{ \mathbf{x} \in \boldsymbol{R}^n \mid A\mathbf{x} = \mathbf{0} \} = NS(A)$$

(2) $$\text{im}(T_A) = \{ T_A(\mathbf{x}) \mid \mathbf{x} \in \boldsymbol{R}^n \}$$
$$= \{ A\mathbf{x} \mid \mathbf{x} \in \boldsymbol{R}^n \} = CS(A).$$

보기 15 좌표공간에서 평면 $x+y+z=0$을 W라 하고 $T:\boldsymbol{R}^3 \to \boldsymbol{R}^3$를 W 상에의 정사영이라고 할 때,

(1) $\ker(T)$ = (원점과 점 $(1, 1, 1)$을 지나는 직선)

(2) $\mathrm{im}(T) = W$

∵ (1) $\ker(T)$는 W의 법선벡터를 포함하는 직선이고, $[1, 1, 1]^{\mathrm{T}}$는 W의 법선벡터이다.

선형변환의 계수와 퇴화차수

정의 V가 유한차원 벡터공간일 때, 일차변환 $T: V \to W$에 대하여, $\dim(\mathrm{im}(T))$를 T의 **계수**라 하고 $\mathrm{rank}(T)$로 나타낸다. 또, $\dim(\ker(T))$를 T의 **퇴화차수**라 하고 $\mathrm{nullity}(T)$로 나타낸다.

◀ 階數 rank

◀ 退化次數 nullity

보기 16 $m \times n$ 행렬 A에 대하여 $T_A:\boldsymbol{R}^n \to \boldsymbol{R}^m$을 좌측에 A 곱하기라고 할 때,

(1) $\mathrm{rank}(T_A) = \mathrm{rank}(A)$ (2) $\mathrm{nullity}(T_A) = \mathrm{nullity}(A)$

∵ (1) $\dim(\mathrm{im}(T_A)) = \dim(CS(A))$ (보기 14 (2))

(2) $\dim(\ker(T_A)) = \dim(NS(A))$ (보기 14 (1))

정리 5.1.5

V가 유한차원 벡터공간일 때, 일차변환 $T: V \to W$에 대하여,

$$\mathrm{rank}(T) + \mathrm{nullity}(T) = \dim(V).$$

증명 연습문제 5.1.A ▌

보기 17 보기 15의 선형변환 T에 대하여,

$$\mathrm{rank}(T) + \mathrm{nullity}(T) = 2 + 1 = 3 = \mathrm{dm}(\boldsymbol{R}^3).$$

동형변환

정리 5.1.6

일차변환 $T : V \to W$가 단사일 필요충분조건은

$$\ker(T) = \{\mathbf{0}_V\}.$$

증명 (⇒) T가 단사라고 하자.

$$\mathbf{v} \in \ker(T) \Rightarrow T(\mathbf{v}) = \mathbf{0}_W = T(\mathbf{0}_V) \Rightarrow \mathbf{v} = \mathbf{0}_V.$$

(정리 5.1.1) (T는 단사)

$$\therefore \ker(T) = \{\mathbf{0}_V\}.$$

(⇐) $\ker(T) = \{\mathbf{0}_V\}$라고 하자. $\mathbf{u}, \mathbf{v} \in V$에 대하여

$$T(\mathbf{u}) = T(\mathbf{v}) \Rightarrow T(\mathbf{u}) - T(\mathbf{v}) = \mathbf{0}_W \Rightarrow T(\mathbf{u} - \mathbf{v}) = \mathbf{0}_W$$

$$\Rightarrow \mathbf{u} - \mathbf{v} \in \ker(T) = \{\mathbf{0}_V\} \Rightarrow \mathbf{u} - \mathbf{v} = \mathbf{0}_V \Rightarrow \mathbf{u} = \mathbf{v}.$$

그러므로 T는 단사이다. ▮

보기 18 $m \times n$ 행렬 A에 의 열들이 일차독립일 때, $T_A : \boldsymbol{R}^n \to \boldsymbol{R}^m$는 단사이다.

∵ $\mathbf{x} \in \boldsymbol{R}^n$에 대하여,

$$T_A(\mathbf{x}) = \mathbf{0} \Rightarrow A\mathbf{x} = \mathbf{0} \Rightarrow \mathbf{x} = \mathbf{0}$$

이므로 $\ker(T_A) = \{\mathbf{0}\}$이다.

정의 전단사인 선형변환을 **동형변환**이라고 한다.
V에서 W로 가는 동형변환 $T : V \to W$가 존재할 때 V, W는 **동형**이라 하고

$$V \cong W \text{ 또는 } V \overset{T}{\cong} W$$

로 나타낸다.

◀ 同形變換 isomorphism

◀ 同形 isomorphic

보기 19 보기 1 (1), (3), (4)의 선형변환은 전단사이므로 동형변환이다.

보조정리 5.1.7

n 차원 벡터공간 V의 순서기저 B에 대하여

$$\phi_B(\mathbf{v}) = \frac{\mathbf{v}}{B},\ (\mathbf{v} \in V)$$

로 정의되는 함수 $\phi_B : V \to \boldsymbol{R}^n$ 은 동형변환이다.

증 명 $\mathbf{u}, \mathbf{v} \in V, a \in \boldsymbol{R}$에 대하여

$$\phi_B(\mathbf{u}+\mathbf{v}) = \frac{\mathbf{u}+\mathbf{v}}{B} = \frac{\mathbf{u}}{B} + \frac{\mathbf{v}}{B} = \phi_B(\mathbf{u}) + \phi_B(\mathbf{v}),$$

보조정리 3.3.11 (1)

$$\phi_B(a\mathbf{v}) = \frac{a\mathbf{v}}{B} = a\frac{\mathbf{v}}{B} = a\,\phi_B(\mathbf{v})$$

보조정리 3.3.11 (2)

이므로 ϕ_B는 선형변환이다.

$B = (\mathbf{b}_1, \cdots, \mathbf{b}_n)$라고 하자. 임의의 $\mathbf{v} \in \ker(\phi_B)$에 대하여

$$\frac{\mathbf{v}}{B} = \phi_B(\mathbf{v}) = \begin{bmatrix} 0 \\ \vdots \\ 0 \end{bmatrix}. \quad \therefore\ \mathbf{v} = (\mathbf{b}_1, \cdots, \mathbf{b}_n)\begin{bmatrix} 0 \\ \vdots \\ 0 \end{bmatrix}.$$

$$\therefore\ \mathbf{v} = \mathbf{b}_1 0 + \cdots + \mathbf{b}_n 0 = \mathbf{0}_V.$$

그러므로 $\ker(\phi_B) = \{\mathbf{0}_V\}$ 이고, 따라서 ϕ_B는 단사함수이다.

$$\mathbf{x} = \begin{bmatrix} x_1 \\ \vdots \\ x_n \end{bmatrix} \in \boldsymbol{R}^n$$

에 대하여, $\mathbf{v} = \mathbf{b}_1 x_1 + \cdots + \mathbf{b}_n x_n$이라고 하면 $\mathbf{v} \in V$ 이고

$$\frac{\mathbf{v}}{B} = \mathbf{x}$$

이다. 그러므로 ϕ_B는 전사함수이다. ▮

정리 5.1.8

임의의 n 차원 벡터공간은 $\boldsymbol{R}^n$ 과 동형이다.

$B = \{1, x\}$은 $\mathscr{P}_1$의 표준기저.

$$\mathscr{P}_1 \xrightarrow[\cong]{\phi_B} \boldsymbol{R}^2$$

$$a_0 + a_1 x \xrightarrow{\phi_B} \begin{bmatrix} a_0 \\ a_1 \end{bmatrix}$$

보기 20 (1) $\mathscr{P}_n \cong \boldsymbol{R}^{n+1}$ (2) $\boldsymbol{R}^{m \times n} \cong \boldsymbol{R}^{mn}$

$\because$ (1) $\dim(\mathscr{P}_n) = n+1$. (2) $\dim(\boldsymbol{R}^{m \times n}) = mn$.

역변환과 합성변환

정리 5.1.9

$T : V \to W$가 동형변환일 때, T의 역함수 $T^{-1} : W \to V$도 동형변환이다.

증명 $\mathbf{w}_1, \mathbf{w}_2 \in W,\ a, b \in \boldsymbol{R}$에 대하여

$$T^{-1}(\mathbf{w}_1) = \mathbf{v}_1,\ T^{-1}(\mathbf{w}_2) = \mathbf{v}_2$$

라고 하면 $T(\mathbf{v}_1) = \mathbf{w}_1,\ T(\mathbf{v}_2) = \mathbf{w}_2$이다. 이 때,

$$a\mathbf{w}_1 + b\mathbf{w}_2 = aT(\mathbf{v}_1) + bT(\mathbf{v}_2) = T(a\mathbf{v}_1 + b\mathbf{v}_2)$$

이므로

$$T^{-1}(a\mathbf{w}_1 + b\mathbf{w}_2) = a\mathbf{v}_1 + b\mathbf{v}_2 = aT^{-1}(\mathbf{w}_1) + bT^{-1}(\mathbf{w}_2). \quad ▌$$

정리 5.1.10

선형변환 $T : V \to W,\ S : W \to U$의 합성함수 $S \circ T : V \to W$는 선형변환이다.

증명 $\mathbf{u}, \mathbf{v} \in V,\ a, b \in \boldsymbol{R}$에 대하여

$$\begin{aligned} S \circ T(a\mathbf{u} + b\mathbf{v}) &= S(T(a\mathbf{u} + b\mathbf{v})) = S(aT(\mathbf{u}) + bT(\mathbf{v})) \\ &= aS(T(\mathbf{u})) + bS(T(\mathbf{v})) = a(S \circ T)(\mathbf{u}) + b(S \circ T)(\mathbf{v}). \quad ▌ \end{aligned}$$

보기 21 $m \times n$ 행렬 A, $r \times m$ 행렬 B에 대하여

$$T_A : \boldsymbol{R}^n \to \boldsymbol{R}^m,\ T_B : \boldsymbol{R}^m \to \boldsymbol{R}^r$$

의 합성변환은 좌측에 BA 곱하기

$$T_{BA} : \boldsymbol{R}^n \to \boldsymbol{R}^r$$

이다.

∵ $\mathbf{x} \in \boldsymbol{R}^n$에 대하여

$$(T_B \circ T_A)(\mathbf{x}) = T_B(T_A(\mathbf{x})) = T_B(A\mathbf{x}) = BA\mathbf{x}.$$

5-1 E·X·E·R·C·I·S·E·S 연습문제

1 다음과 같이 정의된 함수 $T: \boldsymbol{R}^2 \to \boldsymbol{R}^3$은 선형변환인지 아닌지를 판정하라.

(1) $T\left(\begin{bmatrix} x \\ y \end{bmatrix}\right) = \begin{bmatrix} y \\ x \\ x+y \end{bmatrix}$ (2) $T\left(\begin{bmatrix} x \\ y \end{bmatrix}\right) = \begin{bmatrix} x^2+y^2 \\ 0 \\ 0 \end{bmatrix}$

2 고정된 실수 k에 대하여 $T(\mathbf{v}) = k\mathbf{v}$로 정의된 함수 $T: V \to V$는 선형변환임을 보여라.

3 다음 함수는 $T: R^2 \to R^2$는 선형변환임을 보여라.

(1) T는 원점을 지나는 직선 l에 관한 대칭이동

(2) T는 원점을 지나는 직선 l 상에 정사영

4 다음 함수는 $T: R^3 \to R^3$는 선형변환임을 보여라.

(1) T는 원점을 지나는 직선 l을 축으로 θ만큼 회전이동

(2) T는 원점을 지나는 직선 l에 관한 대칭이동

(3) T는 원점을 지나는 직선 l 상에 정사영

(4) T는 원점을 지나는 평면 W 상에 정사영

5 다음 함수는 $T: \mathscr{P}_3 \to \mathscr{P}_3$는 선형변환임을 보여라.

(1) $T(f(x)) = x\frac{d}{dx}f(x)$

(2) $T(f(x)) = f(x) - \frac{d}{dx}f(x)$

(3) $T(f(x)) = f(0) + f(1)x$

6 $T(f) = f(0) + 2f'(0) + 3f'(1)$로 정의된 함수 $T: C^1[0, 1] \to \boldsymbol{R}$은 선형변환임을 보여라.

7 $D(f) = \frac{d}{dx}f$로 정의된 함수 $T: C^1(-\infty, \infty) \to C(-\infty, \infty)$는 선형변환임을 보여라.

5-1 · E · X · E · R · C · I · S · E · S · 연습문제

8 $T(f)=\int_0^x f(t)\,dt$ 로 정의된 함수 $T: C(-\infty,\infty)\to C^1(-\infty,\infty)$는 선형변환임을 보여라.

9 $T(f)=f(ax+b)$ 로 정의된 함수 $T:\mathscr{P}_n\to\mathscr{P}_n$은 선형변환임을 보여라.

10 $\mathbf{x}_1=\begin{bmatrix}1\\1\\1\end{bmatrix},\mathbf{x}_2=\begin{bmatrix}1\\1\\0\end{bmatrix},\mathbf{x}_3=\begin{bmatrix}1\\0\\0\end{bmatrix},\mathbf{u}_1=\begin{bmatrix}1\\0\end{bmatrix},\mathbf{u}_2=\begin{bmatrix}2\\-1\end{bmatrix},\mathbf{u}_3=\begin{bmatrix}4\\3\end{bmatrix}$

에 대하여, 선형변환 $T:\boldsymbol{R}^3\to\boldsymbol{R}^2$가 $T(\mathbf{x}_i)=\mathbf{u}_i$, $(i=1,2,3)$, 를 만족한다고 하자.

$$T\left(\begin{bmatrix}x\\y\\z\end{bmatrix}\right)=\begin{bmatrix}u\\v\end{bmatrix}$$

라고 할 때, u,v를 각각 x,y,z의 식으로 나타내어라.

11 $\{\mathbf{v}_1,\cdots,\mathbf{v}_n\}$이 벡터공간 V의 기저라고 할 때, 선형변환 $T:V\to W,\ S:V\to W$ 에 대하여 다음은 동치임을 증명하라.

(i) $T=S$.

(ii) $T(\mathbf{v}_i)=S(\mathbf{v}_i)$, $(i=1,\cdots,n)$.

12 연습문제 3의 각 선형변환 T에 대하여 $\ker(T)$, $\mathrm{im}(T)$를 구하라.

13 연습문제 4의 각 선형변환 T에 대하여 $\ker(T)$, $\mathrm{im}(T)$를 구하라.

14 V가 유한차원 벡터공간일 때, 일차변환 $T:V\to W$에 대하여,

$$\mathrm{rank}(T)+\mathrm{nullity}(T)=\dim(V)$$

가 성립함을 증명하라.

5-1 · E · X · E · R · C · I · S · E · S · 연습문제

15 $n\times n$행렬 A, B에 대하여 다음을 증명하라.

$$\text{nullity}(AB) \le \text{nullity}(A) + \text{nullity}(B).$$

16 $n\times n$행렬 A에 대하여 다음은 동치임을 증명하라.

(i) $T_A : \boldsymbol{R}^n \to \boldsymbol{R}^n$ 는 동형변환이다.

(ii) A 는 가역이다.

17
$$T\left(\begin{bmatrix} x \\ y \\ z \end{bmatrix}\right)=\begin{bmatrix} x \\ x+y \\ x+y+z \end{bmatrix}$$

로 정의되는 함수 $T : \boldsymbol{R}^3 \to \boldsymbol{R}^3$는 동형변환임을 보여라 .

18 자연수 n에 대하여, 상수항이 0인 $n+1$차 이하의 다항식 전체의 집합을 W라고 할 때, 다음 물음에 답하라.

(1) $W \le \mathscr{P}_{n+1}$ 임을 보여라.

(2) $T(f(x)) = xf(x)$ 로 정의되는 함수 $T : \mathscr{P}_n \to W$ 는 동형변환임을 보여라.

(3) T^{-1} 는 어떤 함수인가?

19 다음에 나타난 동형변환 T를 하나 찾아라.

(1) $\mathscr{P}_n \overset{T}{\cong} \boldsymbol{R}^{n+1}$　　　　(2) $\boldsymbol{R}^{2\times 2} \overset{T}{\cong} \boldsymbol{R}^4$

20 $\boldsymbol{R}^3$의 다음 부분공간 W 에 대하여 $W \overset{T}{\cong} \boldsymbol{R}^n$ 을 만족하는 자연수 n과 동형변환 T를 찾아라. (연습문제 3.3.3 참조).

(1) $W = \{[a, b, c]^{\mathrm{T}} \in \boldsymbol{R}^3 \mid a+b+c=0\}$

(2) $W = \{[a, b, c]^{\mathrm{T}} \in \boldsymbol{R}^3 \mid a=b=c\}$

21 $T\left(\begin{bmatrix} x \\ y \end{bmatrix}\right)=\begin{bmatrix} x+ay \\ -y \end{bmatrix}$로 정의되는 선형변환 $T : \boldsymbol{R}^2 \to \boldsymbol{R}^2$에 대하

5-1 · E · X · E · R · C · I · S · E · S · 연습문제

여, 다음을 물음에 답하라.

(1) 임의의 $a \in \boldsymbol{R}$에 대하여 T는 동형변환이다.

(2) $T^{-1} = T$임을 보여라.

22 $T(f) = \begin{bmatrix} f(0) \\ f(1) \end{bmatrix}$로 정의되는 함수 $T : \mathscr{P}_1 \to \boldsymbol{R}^2$에 대하여 다음 물음에 답하라.

(1) T는 동형변환임을 보여라.

(2) $T^{-1}(2, 5)$를 구하라.

23 동형변환 $T : V \to W,\ S : W \to U$에 대하여, $S \circ T$는 동형변환이고, $(S \circ T)^{-1} = T^{-1} \circ S^{-1}$임을 보여라.

24
$$T\left(\begin{bmatrix} x_1 \\ \vdots \\ x_n \end{bmatrix}\right) = \begin{bmatrix} a_1 x_1 \\ \vdots \\ a_n x_n \end{bmatrix}, (\text{단}, a_1, \cdots, a_n \in \boldsymbol{R}),$$

로 정의된 함수 $T : \boldsymbol{R}^n \to \boldsymbol{R}^n$에 대하여 다음 물음에 답하라.

(1) T는 선형변환임을 보여라.

(2) T가 동형변환일 필요충분조건을 찾아라.

(3) T가 동형변환일 때, T^{-1}은 어떤 함수인가?

25
$$T\left(\begin{bmatrix} x \\ y \end{bmatrix}\right) = \begin{bmatrix} x + y \\ x - y \end{bmatrix},\ S\left(\begin{bmatrix} x \\ y \end{bmatrix}\right) = \begin{bmatrix} 2x + y \\ x - 2y \end{bmatrix}$$

로 정의된 함수 $T : \boldsymbol{R}^2 \to \boldsymbol{R}^2,\ S : \boldsymbol{R}^2 \to \boldsymbol{R}^2$에 대하여 다음 물음에 답하라.

(1) T, S는 동형변환임을 보여라.

(2) $T^{-1}\left(\begin{bmatrix} x \\ y \end{bmatrix}\right),\ S^{-1}\left(\begin{bmatrix} x \\ y \end{bmatrix}\right),\ (S \circ T)^{-1}\left(\begin{bmatrix} x \\ y \end{bmatrix}\right)$를 구하라.

5-2 선형변환 $T : R^n \to R^m$

이 절의 학습내용

- 선형변환 $T : \boldsymbol{R}^n \to \boldsymbol{R}^m$ 의 행렬
- 선형변환의 기하학적 성질

선형변환 $T : \boldsymbol{R}^n \to \boldsymbol{R}^m$ 의 행렬

정리 5.2.1

선형변환 $T : \boldsymbol{R}^n \to \boldsymbol{R}^m$ 에 대하여

$$A = [T(\mathbf{e}_1), \cdots, T(\mathbf{e}_n)] \quad \cdots\cdots\cdots\cdots \ ①$$

라고 하면

$$T(\mathbf{x}) = A\mathbf{x}, \ (\forall \mathbf{x} \in \boldsymbol{R}^n). \quad \cdots\cdots\cdots\cdots \ ②$$

더욱이 ①의 A 는 ②를 만족하는 유일한 $m \times n$ 행렬이다.

증명 $\mathbf{x} = [x_1, \cdots, x_n]^{\mathrm{T}} \in \boldsymbol{R}^n$ 에 대하여

$$\mathbf{x} = x_1\mathbf{e}_1 + \cdots + x_n\mathbf{e}_n .$$

이 때,

$$T(\mathbf{x}) = x_1 T(\mathbf{e}_1) + \cdots + x_n T(\mathbf{e}_n)$$
$$= [T(\mathbf{e}_1), \cdots, T(\mathbf{e}_n)]\begin{bmatrix} x_1 \\ \vdots \\ x_n \end{bmatrix} = A\mathbf{x}.$$

따라서 ①의 행렬 A는 ②를 만족한다.

이제, $m \times n$행렬 $B = [\mathbf{b}_1, \cdots, \mathbf{b}_n]$가 조건

$$T(\mathbf{x}) = B\mathbf{x}, (\forall \mathbf{x} \in \boldsymbol{R}^n)$$

을 만족한다면, 각 $j = 1, \cdots, n$에 대하여,

$$T(\mathbf{e}_j) = B\mathbf{e}_j = \mathbf{b}_j$$

이 성립하고, 따라서

$$B = [\mathbf{b}_1, \cdots, \mathbf{b}_n] = [T(\mathbf{e}_1), \cdots, T(\mathbf{e}_n)] = A.$$

그러므로 ②를 만족하는 행렬 A의 존재는 유일하다. ▌

①의 행렬 A를 **선형변환 T의 행렬**이라고 한다. 이 책에서는 T의 행렬을 A_T로 나타내기로 한다.

보기 1 $T: \boldsymbol{R}^2 \to \boldsymbol{R}^2$가 x축에 관한 대칭이동일 때,

$$T_A = \begin{bmatrix} 1 & 0 \\ 0 & -1 \end{bmatrix}, \quad T\left(\begin{bmatrix} x \\ y \end{bmatrix}\right) = \begin{bmatrix} x \\ -y \end{bmatrix}.$$

$\because$ $T(\mathbf{e}_1) = \begin{bmatrix} 1 \\ 0 \end{bmatrix}$, $T(\mathbf{e}_2) = \begin{bmatrix} 0 \\ -1 \end{bmatrix}$. $\therefore$ $A_T = \begin{bmatrix} 1 & 0 \\ 0 & -1 \end{bmatrix}$.

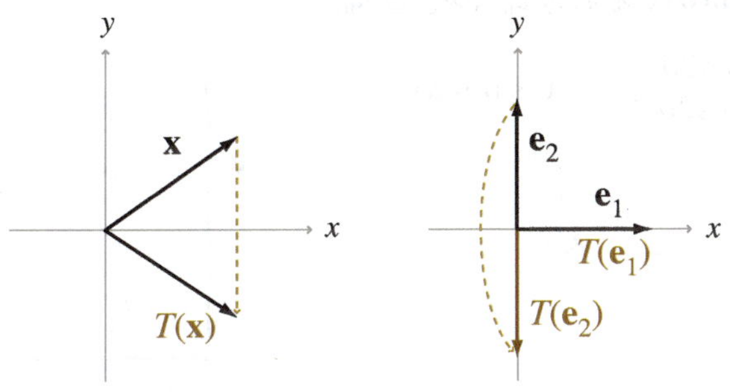

$$\therefore T\left(\begin{bmatrix} x \\ y \end{bmatrix}\right) = A_T\begin{bmatrix} x \\ y \end{bmatrix} = \begin{bmatrix} 1 & 0 \\ 0 & -1 \end{bmatrix}\begin{bmatrix} x \\ y \end{bmatrix} = \begin{bmatrix} x \\ -y \end{bmatrix}.$$

보기 2 $T: \mathbf{R}^2 \to \mathbf{R}^2$가 y축에 관한 대칭이동일 때,

$$T_A = \begin{bmatrix} -1 & 0 \\ 0 & 1 \end{bmatrix}.$$

$\because$ $T(\mathbf{e}_1) = -\mathbf{e}_1$, $T(\mathbf{e}_2) = \mathbf{e}_2$. $\therefore$ $A_T = \begin{bmatrix} -1 & 0 \\ 0 & 1 \end{bmatrix}$.

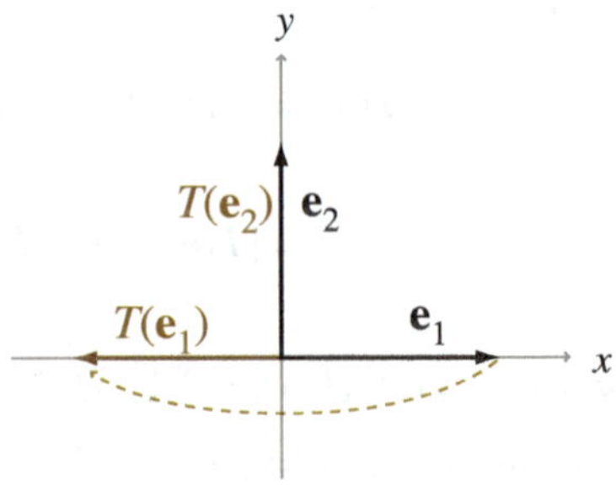

보기 3 $T: \mathbf{R}^2 \to \mathbf{R}^2$가 직선 $y = x$에 관한 대칭이동일 때,

$$T_A = \begin{bmatrix} 0 & 1 \\ 1 & 0 \end{bmatrix}.$$

$\because$ $T(\mathbf{e}_1) = \begin{bmatrix} 0 \\ 1 \end{bmatrix}$, $T(\mathbf{e}_2) = \begin{bmatrix} 1 \\ 0 \end{bmatrix}$. $\therefore$ $A_T = \begin{bmatrix} 0 & 1 \\ 1 & 0 \end{bmatrix}$.

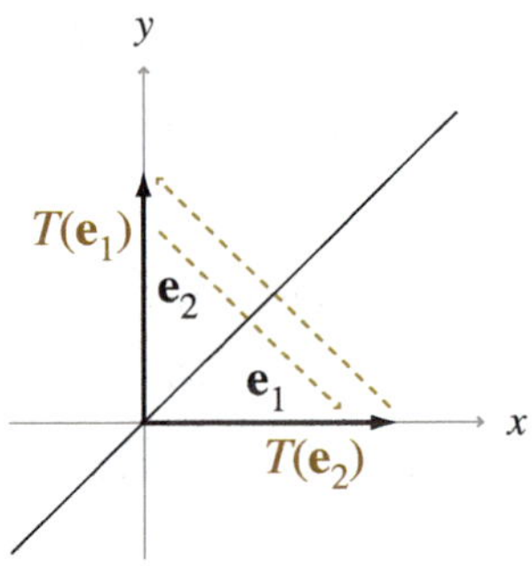

보기 4 $T: \mathbf{R}^2 \to \mathbf{R}^2$가 원점을 중심으로 하는 θ만큼의 회전이동일 때,

$$A_T = \begin{bmatrix} \cos\theta & -\sin\theta \\ \sin\theta & \cos\theta \end{bmatrix}.$$

$\because$ $T(\mathbf{e}_1) = \begin{bmatrix} \cos\theta \\ \sin\theta \end{bmatrix}$, $T(\mathbf{e}_2) = \begin{bmatrix} -\sin\theta \\ \cos\theta \end{bmatrix}$.

$\therefore$ $A_T = \begin{bmatrix} \cos\theta & -\sin\theta \\ \sin\theta & \cos\theta \end{bmatrix}$.

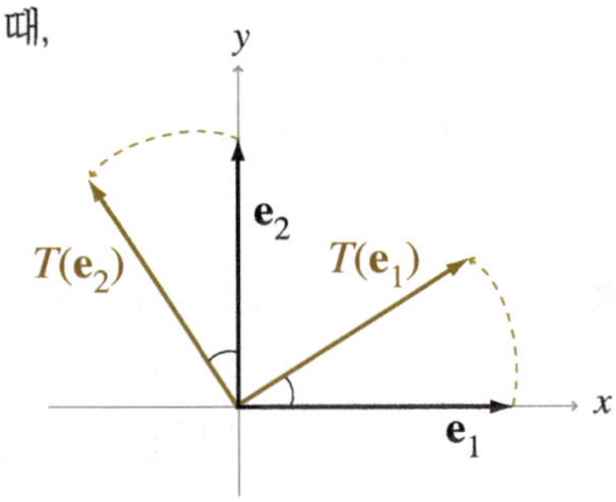

보기 5 $T: \mathbf{R}^2 \to \mathbf{R}^2$가 직선 $y = (\tan\theta)x$에 관한 대칭이동일 때,

$$A_T = \begin{bmatrix} \cos 2\theta & \sin 2\theta \\ \sin 2\theta & -\cos 2\theta \end{bmatrix}, \text{(단, } 0 \le \theta \le \pi\text{)}.$$

$\because$ $T(\mathbf{e}_1) = \begin{bmatrix} \cos 2\theta \\ \sin 2\theta \end{bmatrix}$,

$T(\mathbf{e}_2)$는 $T(\mathbf{e}_1)$을 $-\pi/2$ 회전시킨 벡터

$T(\mathbf{e}_2) = \begin{bmatrix} \cos(2\theta - \pi/2) \\ \sin(2\theta - \pi/2) \end{bmatrix} = \begin{bmatrix} \sin 2\theta \\ -\cos 2\theta \end{bmatrix}$.

$\therefore$ $A_T = \begin{bmatrix} \cos 2\theta & \sin 2\theta \\ \sin 2\theta & -\cos 2\theta \end{bmatrix}$.

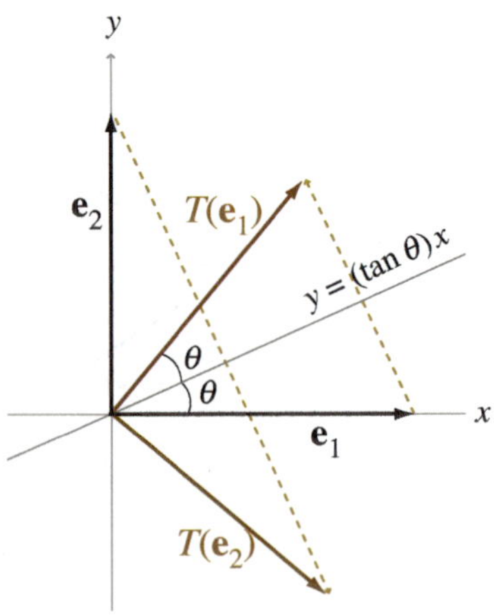

보기 6 $T: \mathbf{R}^2 \to \mathbf{R}^2$가 직선 $y = (\tan\theta)x$ 상에의 정사영일 때,

$$A_T = \begin{bmatrix} \cos^2\theta & \sin\theta\cos\theta \\ \sin\theta\cos\theta & \sin^2\theta \end{bmatrix}.$$

∵ $0 \le \theta \le \frac{\pi}{2}$ 인 경우 :

$$T(\mathbf{e}_1) = \begin{bmatrix} \|T(\mathbf{e}_1)\|\cos\theta \\ \|T(\mathbf{e}_1)\|\sin\theta \end{bmatrix} = \begin{bmatrix} \cos\theta\cos\theta \\ \cos\theta\sin\theta \end{bmatrix} = \begin{bmatrix} \cos^2\theta \\ \sin\theta\cos\theta \end{bmatrix}.$$

$$T(\mathbf{e}_2) = \begin{bmatrix} \|T(\mathbf{e}_2)\|\cos\theta \\ \|T(\mathbf{e}_2)\|\sin\theta \end{bmatrix} = \begin{bmatrix} \sin\theta\cos\theta \\ \sin\theta\sin\theta \end{bmatrix} = \begin{bmatrix} \sin\theta\cos\theta \\ \sin^2\theta \end{bmatrix}.$$

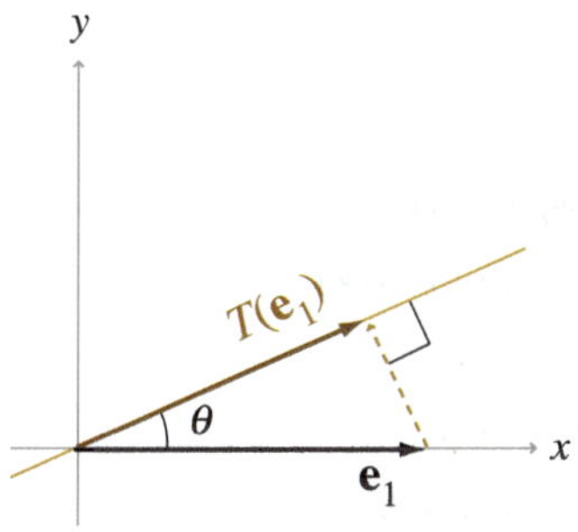

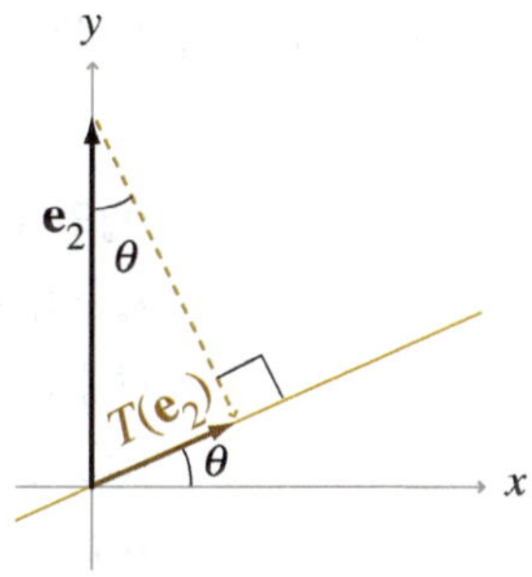

$$\therefore\ A_T = \begin{bmatrix} \cos^2\theta & \sin\theta\cos\theta \\ \sin\theta\cos\theta & \sin^2\theta \end{bmatrix}. \quad \cdots\cdots\cdots\cdots ①$$

$\frac{\pi}{2} \le \theta \le \pi$ 인 경우도 같은 방법으로 ①이 증명된다.

보기 7 $T: \mathbf{R}^3 \to \mathbf{R}^3$이 z 축을 회전축으로 하여 시계 반대방향으로 θ 만큼의 회전이동일 때,

$$A_T = \begin{bmatrix} \cos\theta & -\sin\theta & 0 \\ \sin\theta & \cos\theta & 0 \\ 0 & 0 & 1 \end{bmatrix}.$$

∵ $T(\mathbf{e}_1) = \begin{bmatrix} \cos\theta \\ \sin\theta \\ 0 \end{bmatrix}$, $T(\mathbf{e}_2) = \begin{bmatrix} -\sin\theta \\ \cos\theta \\ 0 \end{bmatrix}$, $T(\mathbf{e}_3) = \mathbf{e}_3$.

$$\therefore\ A_T = \begin{bmatrix} \cos\theta & -\sin\theta & 0 \\ \sin\theta & \cos\theta & 0 \\ 0 & 0 & 1 \end{bmatrix}.$$

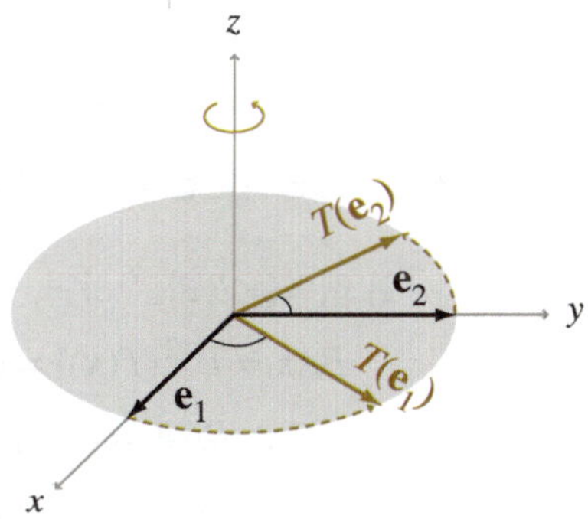

보기 8 $T : \boldsymbol{R}^3 \to \boldsymbol{R}^3$ 이 원점과 점 P(1, 1, 1)를 지나는 직선을 회전축으로 그림과 같은 방향으로 θ 만큼의 회전이동일 때,

$$A_T = \begin{bmatrix} 0 & 0 & 1 \\ 1 & 0 & 0 \\ 0 & 1 & 0 \end{bmatrix}.$$

$\because$ $T(\mathbf{e}_1) = \mathbf{e}_2,\ T(\mathbf{e}_2) = \mathbf{e}_3,\ T(\mathbf{e}_2) = \mathbf{e}_3.$

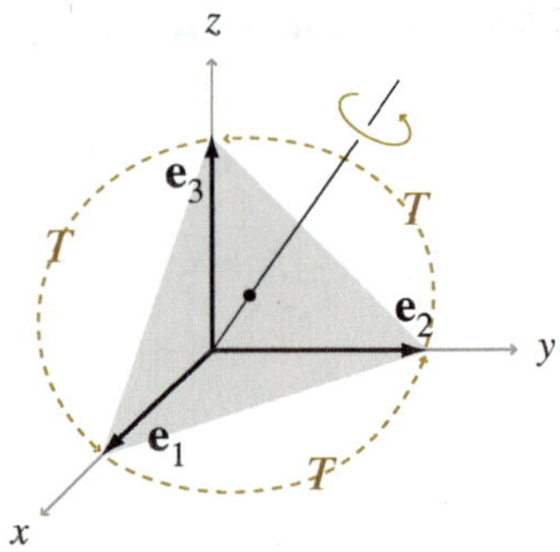

정리 5.2.2

선형변환 $T : \boldsymbol{R}^n \to \boldsymbol{R}^n$ 의 행렬을 A 라고 할 때, 다음은 동치이다.

(i) T 는 동형변환이다.

(ii) T 는 단사이다.

(iii) T 는 전사이다.

(iv) A 는 가역이다.

증명 (ii), (iii), (iv) 는 동치이다.

$\because$ (ii) $\Leftrightarrow \ker(T) = \mathbf{0}$

$\Leftrightarrow$ 「$T(\mathbf{x}) = \mathbf{0} \Rightarrow \mathbf{x} = \mathbf{0}$」

$\Leftrightarrow$ 「$A\mathbf{x} = \mathbf{0} \Rightarrow \mathbf{x} = \mathbf{0}$」,

(iii) $\Leftrightarrow$ 임의의 $\mathbf{b} \in \boldsymbol{R}^n$에 대하여 $T(\mathbf{x}) = \mathbf{b}$를 만족하는 $\mathbf{x} \in \boldsymbol{R}^n$이 존재한다.

$\Leftrightarrow$ 임의의 $\mathbf{b} \in \boldsymbol{R}^n$에 대하여 $A\mathbf{x} = \mathbf{b}$는 해를 가진다.

그러므로 정리 1.4.4, 1.4.9에 의하여 (ii), (iii), (iv) 는 동치이다. ◆

(ii), (iii), (iv) 중 하나가 성립하면 T 는 전단사이므로 동형변환이다.

(i) 이 성립하면 (ii) 가 성립하므로 (i), (ii), (iii), (iv) 는 동치이다. ▌

따름정리 5.2.3

$T : \boldsymbol{R}^n \to \boldsymbol{R}^n$ 가 동형변환일 때 , T^{-1} 의 행렬은 A^{-1} 이다.

증명 T^{-1} 의 행렬을 B 라고 하면, 임의의 $\mathbf{x} \in \boldsymbol{R}^n$ 에 대하여

$$BA\mathbf{x} = T^{-1}(T(\mathbf{x})) = (T^{-1} \circ T)(\mathbf{x}) = \mathbf{x}.$$

$$\therefore BA\mathbf{e}_j = \mathbf{e}_j,\ (j = 1, \cdots, n).$$

$$\therefore BA = I. \quad \therefore B = A^{-1}. \ ▌$$

보기 **9** 원점을 중심으로 하는 θ만큼의 회전이동 $T : \boldsymbol{R}^2 \to \boldsymbol{R}^2$는 동형변환이고 T^{-1}의 행렬은

$$A_{T^{-1}} = \begin{bmatrix} \cos\theta & \sin\theta \\ -\sin\theta & \cos\theta \end{bmatrix}.$$

$\because$ $\det A_T = \det\begin{bmatrix} \cos\theta & -\sin\theta \\ \sin\theta & \cos\theta \end{bmatrix} = \cos^2\theta + \sin^2\theta = 1 \neq 0$

이므로 A_T는 가역이고, 따라서 T는 동형변환이다.

T^{-1}의 행렬은

$$A_{T^{-1}} = \begin{bmatrix} \cos\theta & -\sin\theta \\ \sin\theta & \cos\theta \end{bmatrix}^{-1} = \begin{bmatrix} \cos\theta & \sin\theta \\ -\sin\theta & \cos\theta \end{bmatrix}.$$

정리 5.2.4

일차변환 $T : \boldsymbol{R}^n \to \boldsymbol{R}^m$, $S : \boldsymbol{R}^m \to \boldsymbol{R}^r$의 행렬이 각각 A, B일 때, $S \circ T : \boldsymbol{R}^n \to \boldsymbol{R}^r$의 행렬은 BA이다.

증명 5.1 절 보기 21. ▌

보기 **10** $\boldsymbol{R}^2$에서, T는 직선 $y = x$에 관한 대칭이동이고, S는 원점을 중심으로 하는 θ만큼의 회전이동일 때, $S \circ T$의 행렬은

$$T_A = \begin{bmatrix} -\sin\theta & \cos\theta \\ \cos\theta & \sin\theta \end{bmatrix}$$

$\because$ $A_T = \begin{bmatrix} 0 & 1 \\ 1 & 0 \end{bmatrix}$, $A_S = \begin{bmatrix} \cos\theta & -\sin\theta \\ \sin\theta & \cos\theta \end{bmatrix}$.

이므로

$$\therefore\ A_S A_T = \begin{bmatrix} \cos\theta & -\sin\theta \\ \sin\theta & \cos\theta \end{bmatrix}\begin{bmatrix} 0 & 1 \\ 1 & 0 \end{bmatrix} = \begin{bmatrix} -\sin\theta & \cos\theta \\ \cos\theta & \sin\theta \end{bmatrix}.$$

선형변환의 기하학적 성질

정리 5.2.5

선형변환 $T : \boldsymbol{R}^3 \to \boldsymbol{R}^3$는

(1) 원점을 원점으로 보낸다.

(2) 직선을 직선 또는 점으로 보낸다.

(3) 평면을 평면 또는 직선 또는 점으로 보낸다.

증명 (1) $T(\mathbf{0}) = \mathbf{0}$.

(2) 직선 l 상의 서로 다른 두 점 $\mathrm{P}_0, \mathrm{P}_1$에 대하여,

$$\mathbf{x}_0 = \overrightarrow{\mathrm{OP}_0}, \mathbf{x}_1 = \overrightarrow{\mathrm{OP}_1}$$

이라고 하면

$$l = \{\mathbf{x}_0 + t(\mathbf{x}_1 - \mathbf{x}_0) \mid t \in \boldsymbol{R}\}.$$

T에 의한 l의 상은

$$\{T(\mathbf{x}_0) + t(T(\mathbf{x}_1) - T(\mathbf{x}_0)) \mid t \in \boldsymbol{R}\}$$

이 집합은

$T(\mathbf{x}_0) = T(\mathbf{x}_1)$ 일 때는 점,

$T(\mathbf{x}_0) \neq T(\mathbf{x}_1)$ 일 때는 직선이다.

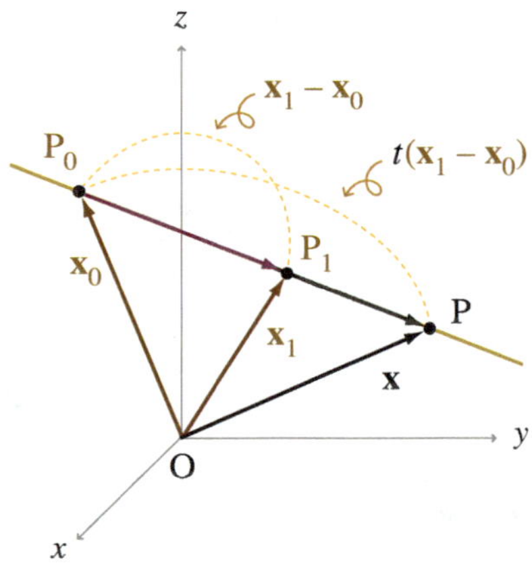

(2) 평면 W 상의 같은 직선 상에 있지 않은 점 $\mathrm{P}_0, \mathrm{P}_1, \mathrm{P}_2$에 대하여,

$$\mathbf{x}_0 = \overrightarrow{\mathrm{OP}_0},\ \mathbf{x}_1 = \overrightarrow{\mathrm{OP}_1},\ \mathbf{x}_2 = \overrightarrow{\mathrm{OP}_2}$$

이라고 하면

$W = \{\mathbf{x}_0 + t(\mathbf{x}_1 - \mathbf{x}_0) + s(\mathbf{x}_2 - \mathbf{x}_0) \mid t, s \in \boldsymbol{R}\}.$

T에 의한 W의 상은

$\{T(\mathbf{x}_0) + t(T(\mathbf{x}_1) - T(\mathbf{x}_0)) + s(T(\mathbf{x}_2) - T(\mathbf{x}_0)) \mid t, s \in \boldsymbol{R}\}.$

이 집합은

$T(\mathbf{x}_1) = T(\mathbf{x}_0) = T(\mathbf{x}_2)$ 일 때는 점,

$T(\mathbf{x}_1) - T(\mathbf{x}_0)$, $T(\mathbf{x}_2) - T(\mathbf{x}_0)$ 가 평행하고, 둘 중 하나가 $\mathbf{0}$이 아닐 때는 직선,

$T(\mathbf{x}_1) - T(\mathbf{x}_0)$, $T(\mathbf{x}_2) - T(\mathbf{x}_0)$ 가 평행하지 않을 때는 평면이다. ▮

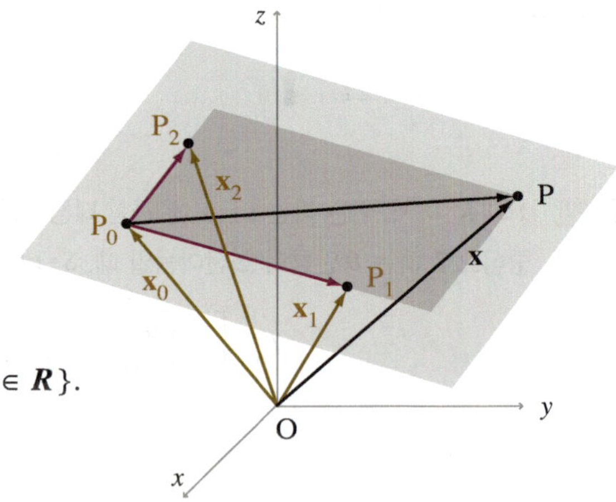

예제 5.2.6

선형변환 $T : \boldsymbol{R}^2 \to \boldsymbol{R}^2$ 의 행렬을

$$A = \begin{bmatrix} 1 & 0 \\ 1 & 1 \end{bmatrix}$$

이라 하고, 직선 $y = -\frac{1}{2}x + 2$ 를 l 이라고 할 때, $T(l)$ 은 어떤 도형인가?

풀이 T 에 의하여 직선 l 은 어떤 직선 l' 으로 옮겨진다.

직관에 의하여 P(4, 0), Q(0, 2)는 l 상에 있는 점임을 알 수 있다.

$$A\begin{bmatrix} 4 \\ 0 \end{bmatrix} = \begin{bmatrix} 4 \\ 4 \end{bmatrix}, \quad A\begin{bmatrix} 0 \\ 2 \end{bmatrix} = \begin{bmatrix} 0 \\ 2 \end{bmatrix}$$

이므로, T 는 점 P, Q를 각각 점 P′(4, 4), Q′(0, 2) 로 보낸다. P′, Q′이 l' 상의 점이므로, l' 의 방정식은

$$y = \frac{1}{2}x + 2.$$ ◇

예제 5.2.7

선형변환 $T : \boldsymbol{R}^2 \to \boldsymbol{R}^2$ 의 행렬을

$$A = \begin{bmatrix} 1 & 1 & 0 \\ 1 & 0 & 1 \\ 0 & 1 & 1 \end{bmatrix}$$

이라 하고, 평면 $x + y + z = 1$ 을 W 라고 할 때, $T(W)$는 어떤 도형인가?

풀이 T 에 의하여 평면 W 은 어떤 평면 W' 으로 옮겨진다.

직관에 의하여 P(1, 0, 0), Q(0, 1, 0), R(0, 0, 1) 은 W 상에 있는 점임을 알 수 있다.

$$A\begin{bmatrix} 1 \\ 0 \\ 0 \end{bmatrix} = \begin{bmatrix} 1 \\ 1 \\ 0 \end{bmatrix}, \quad A\begin{bmatrix} 0 \\ 1 \\ 0 \end{bmatrix} = \begin{bmatrix} 1 \\ 0 \\ 1 \end{bmatrix}, \quad A\begin{bmatrix} 0 \\ 0 \\ 1 \end{bmatrix} = \begin{bmatrix} 0 \\ 1 \\ 1 \end{bmatrix}$$

이므로, T 는 점 P, Q, R 을 각각

점 P′(1, 1, 0), Q′(1, 0, 1), R′(0, 1, 1) 로 보낸다.

P′, Q′, R′이 W' 상의 점이므로, W' 의 방정식은

$$x + y + z = 2.$$ ◇

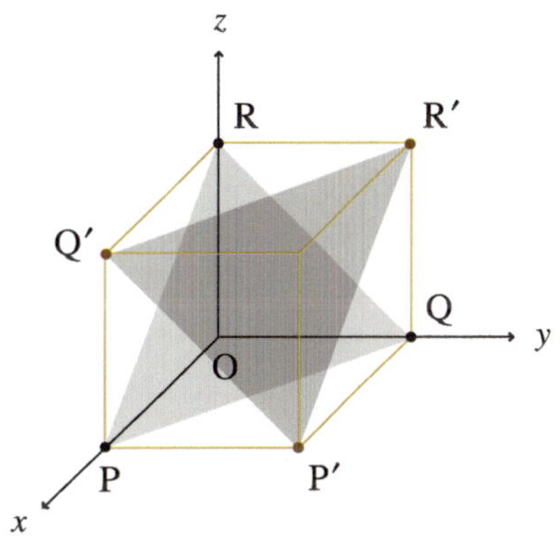

정리 5.2.8

$n \in \{1, 2, 3\}$에 대하여, 동형변환 $T : \boldsymbol{R}^n \to \boldsymbol{R}^n$의 행렬을 A라고 하자. $\boldsymbol{R}^n$ 상의 도형 D의 방정식을 $f(\mathbf{x}) = 0$이라고 할 때, T에 의한 D의 상 $T(D)$의 방정식은 $f(A^{-1}\mathbf{x}) = 0$이다.

증명 $\mathbf{x} \in \boldsymbol{R}^n$에 대하여,

$$\mathbf{x} \in T(D) \Leftrightarrow T^{-1}(\mathbf{x}) \in D \Leftrightarrow A^{-1}\mathbf{x} \in D \Leftrightarrow f(A^{-1}\mathbf{x}) = 0. \ \blacksquare$$

예제 5.2.9

좌표평면에서 D의 방정식을 $f(x, y) = xy - 1 = 0$이라고 할 때, 원점을 중심으로 한 $45°$ 회전변환 $T : \boldsymbol{R}^2 \to \boldsymbol{R}^2$에 의한 D의 상은 어떤 도형인가?

풀이 T의 행렬 A와 그 역행렬 A^{-1}는 각각 다음과 같다.

$$A = \frac{1}{\sqrt{2}}\begin{bmatrix} 1 & -1 \\ 1 & 1 \end{bmatrix}, \ A^{-1} = \frac{1}{\sqrt{2}}\begin{bmatrix} 1 & 1 \\ -1 & 1 \end{bmatrix}.$$

$\mathbf{x} = \begin{bmatrix} x \\ y \end{bmatrix} \in \boldsymbol{R}^2$에 대하여 $A^{-1}\mathbf{x} = \begin{bmatrix} u \\ v \end{bmatrix}$라고 하면

$$\mathbf{x} \in T(D) \Leftrightarrow f(A^{-1}\mathbf{x}) = 0 \Leftrightarrow uv - 1 = 0.$$

$$\begin{bmatrix} u \\ v \end{bmatrix} = \frac{1}{\sqrt{2}}\begin{bmatrix} 1 & 1 \\ -1 & 1 \end{bmatrix}\begin{bmatrix} x \\ y \end{bmatrix} = \frac{1}{\sqrt{2}}\begin{bmatrix} x + y \\ -x + y \end{bmatrix}$$

이므로

$$uv = \frac{1}{\sqrt{2}}(y + x)\,\frac{1}{\sqrt{2}}(y - x) = \frac{1}{2}(y^2 - x^2).$$

따라서 $T(D)$의 방정식은

$$\frac{1}{2}(y^2 - x^2) = 1. \ \diamond$$

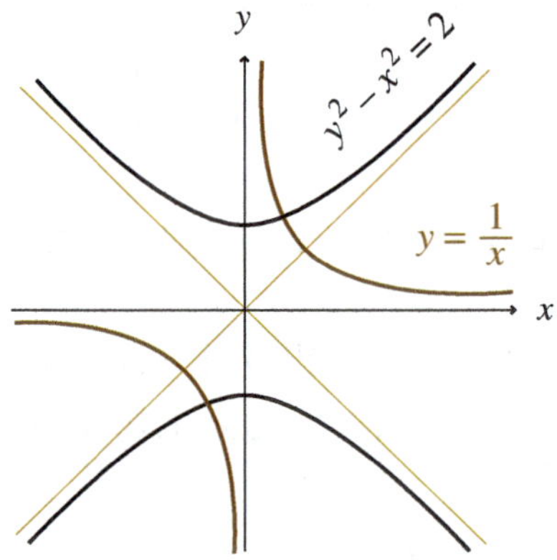

appendix 1 공간에서 회전이동의 행렬

정리 1 $\boldsymbol{R}^3$에서 원점을 시점으로 하는 단위벡터 $\mathbf{p} = [a, b, c]^{\mathrm{T}}$를 회전축으로 시계 반대방향으로 θ만큼 회전 시키는 선형변환 $T : \boldsymbol{R}^3 \to \boldsymbol{R}^3$의 행렬은

$$A = \begin{bmatrix} a^2(1-\cos\theta)+\cos\theta & ab(1-\cos\theta)-c\sin\theta & ac(1-\cos\theta)+b\sin\theta \\ ab(1-\cos\theta)+c\sin\theta & b^2(1-\cos\theta)+\cos\theta & bc(1-\cos\theta)-a\sin\theta \\ ac(1-\cos\theta)-b\sin\theta & bc(1-\cos\theta)+a\sin\theta & c^2(1-\cos\theta)+\cos\theta \end{bmatrix}$$

이다.

증명 벡터 $\mathbf{p}$가 놓인 직선을 l이라 하자. $\mathbf{e}_1$의 종점에서 l에 내린 수선의 발을 O′이라 하면

$$\overrightarrow{\mathrm{OO'}} = \mathrm{proj}_{\mathbf{p}}\,\mathbf{e}_1 = (\mathbf{e}_1 \cdot \mathbf{p})\mathbf{p} = (1a + 0b + 0c)\mathbf{p} = a\mathbf{p}.$$

$\mathbf{e}_1 - a\mathbf{p} = \mathbf{u}$라 하고, $\mathbf{u}$를 $\mathbf{p}$를 회전축으로 하여 시계반대 방향으로 θ만큼 회전시킨 벡터를 $\mathbf{v}$라고 할 때,

$$\|\mathbf{v}\| = \|\mathbf{u}\|, \quad \|\mathbf{p}\times\mathbf{u}\| = \|\mathbf{p}\|\,\|\mathbf{u}\|\sin 90^\circ = \|\mathbf{u}\|, \quad (\mathbf{p}\times\mathbf{u}) \perp \mathbf{u}$$

이므로

$$\mathbf{v} = (\cos\theta)\mathbf{u} + (\sin\theta)(\mathbf{p}\times\mathbf{u}).$$

여기서

$$\mathbf{p}\times\mathbf{u} = \mathbf{p}\times(\mathbf{e}_1 - a\mathbf{p}) = \mathbf{p}\times\mathbf{e}_1 - a(\mathbf{p}\times\mathbf{p}) = \mathbf{p}\times\mathbf{e}_1$$

이므로

$$\mathbf{v} = (\cos\theta)(\mathbf{e}_1 - a\mathbf{p}) + (\sin\theta)(\mathbf{p}\times\mathbf{e}_1).$$

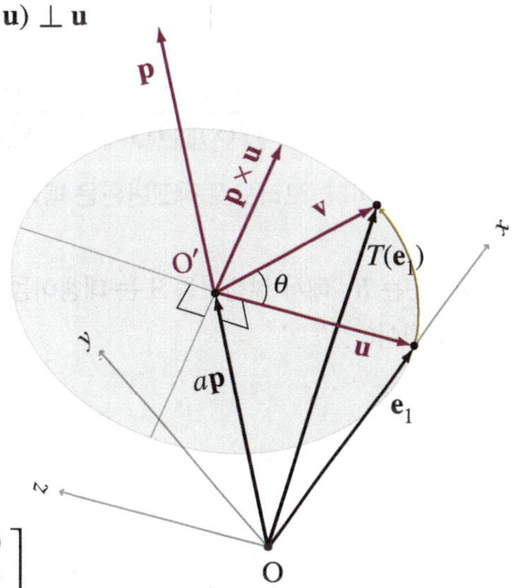

따라서

$$\begin{aligned} T(\mathbf{e}_1) &= a\mathbf{p} + \mathbf{v} \\ &= a\mathbf{p} + (\cos\theta)(\mathbf{e}_1 - a\mathbf{p}) + (\sin\theta)(\mathbf{p}\times\mathbf{e}_1) \\ &= (1-\cos\theta)a\mathbf{p} + (\cos\theta)\mathbf{e}_1 + (\sin\theta)(\mathbf{p}\times\mathbf{e}_1) \\ &= (1-\cos\theta)\begin{bmatrix} aa \\ ab \\ ac \end{bmatrix} + (\cos\theta)\begin{bmatrix} 1 \\ 0 \\ 0 \end{bmatrix} + (\sin\theta)\begin{bmatrix} 0 \\ c \\ -b \end{bmatrix} \\ &= \begin{bmatrix} a^2(1-\cos\theta)+\cos\theta \\ ab(1-\cos\theta)+c\sin\theta \\ ac(1-\cos\theta)-b\sin\theta \end{bmatrix}. \end{aligned}$$

같은 방법으로

$$T(\mathbf{e}_2) = \begin{bmatrix} ab(1-\cos\theta)-c\sin\theta \\ b^2(1-\cos\theta)+\cos\theta \\ bc(1-\cos\theta)+a\sin\theta \end{bmatrix}, \quad T(\mathbf{e}_3) = \begin{bmatrix} ac(1-\cos\theta)+b\sin\theta \\ bc(1-\cos\theta)-a\sin\theta \\ c^2(1-\cos\theta)+\cos\theta \end{bmatrix}.$$

appEndix 2 • 직교변환

선형변환 $T : \boldsymbol{R}^n \to \boldsymbol{R}^n$의 행렬이 직교행렬일 때, T를 **직교변환**이라고 한다.

정리 1 선형변환 $T : \boldsymbol{R}^n \to \boldsymbol{R}^n$에 대하여 다음은 동치이다.

(i) T는 직교변환이다.

(ii) T는 내적을 보존한다. 즉,

$$T(\mathbf{x}) \cdot T(\mathbf{y}) = \mathbf{x} \cdot \mathbf{y}, \ (\forall \mathbf{x}, \mathbf{y} \in \boldsymbol{R}^n).$$

(iii) T는 크기를 보존한다. 즉,

$$\| T(\mathbf{x}) \| = \| \mathbf{x} \|, \ (\forall \mathbf{x} \in \boldsymbol{R}^n).$$

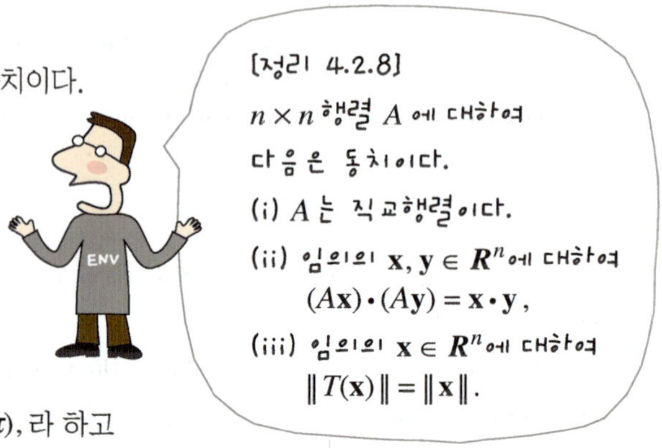

$\mathbf{0}$이 아닌 벡터 $\mathbf{x}, \mathbf{y} \in \boldsymbol{R}^n$ 사이의 각을 $\theta, (0 \le \theta \le \pi)$, 라 하고 $T(\mathbf{x}), T(\mathbf{y})$ 사이의 각을 θ'이라고 하자. $T : \boldsymbol{R}^n \to \boldsymbol{R}^n$가 직교변환일 때, 정리 1에 의하여

$$\cos\theta' = \frac{T(\mathbf{x}) \cdot T(\mathbf{y})}{\| T(\mathbf{x}) \| \| T(\mathbf{y}) \|} = \frac{\mathbf{x} \cdot \mathbf{y}}{\| \mathbf{x} \| \| \mathbf{y} \|} = \cos\theta .$$

따라서 $\theta = \theta'$이다. 그러므로 직교변환은 벡터 사이의 각을 또한 보존한다.

보기 $\boldsymbol{R}^2$ 또는 $\boldsymbol{R}^3$에서 회전이동 또는 대칭이동은 벡터의 크기를 보존하므로 직교변환이다.

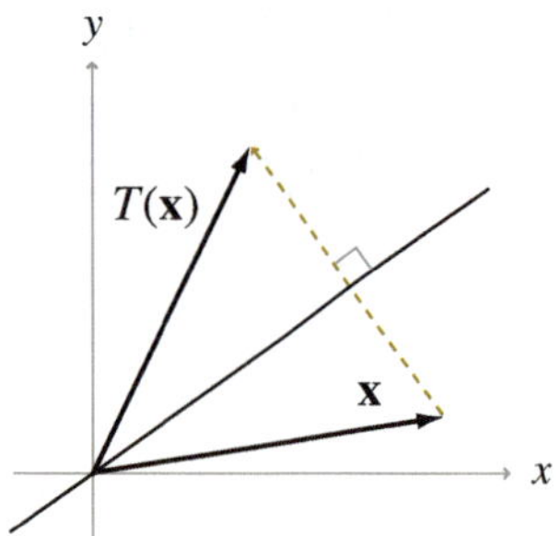

대칭시켜도 벡터의 크기는 불변이다.

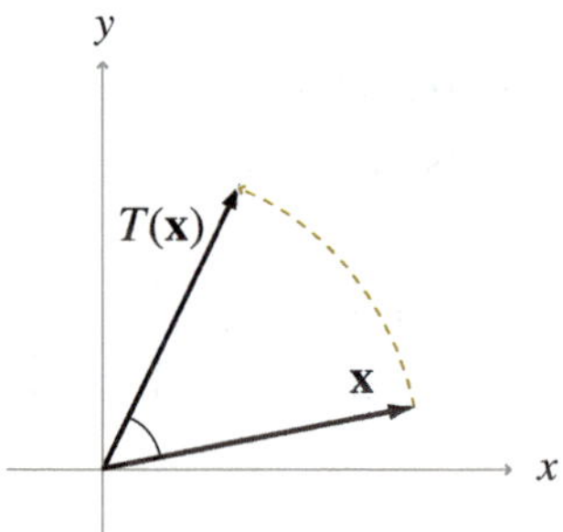

회전시켜도 벡터의 크기는 불변이다.

5-2 EXERCISES 연습문제

1 $\boldsymbol{R}^3$ 에서 다음 축을 회전축으로 하여 시계 반대 방향으로 θ, $(0 \le \theta \le \pi)$, 만큼 회전시키는 일차변환의 행렬을 구하라.

(1) x 축 (2) y 축

2 다음과 같이 정의된 선형변환 $T : \boldsymbol{R}^3 \to \boldsymbol{R}^3$의 행렬을 구하라.

(1) $T\left(\begin{bmatrix} x \\ y \\ z \end{bmatrix}\right) = \begin{bmatrix} z \\ y \\ x \end{bmatrix}$ (2) $T\left(\begin{bmatrix} x \\ y \\ z \end{bmatrix}\right) = \begin{bmatrix} 2z \\ 3x + y \\ 2y + 4z \end{bmatrix}$

3 $\boldsymbol{R}^3$ 에서 다음 선형변환의 행렬을 구하라.

(1) xy 평면에 관한 대칭이동 (2) yz 평면에 관한 대칭이동

(3) xz 평면에 관한 대칭이동 (4) xy 평면 상에의 정사영

(5) yz 평면 상에의 정사영 (6) xz 평면 상에의 정사영

4 $\boldsymbol{R}^2$에서 $\begin{bmatrix} x \\ y \end{bmatrix}$를 $\begin{bmatrix} 2y \\ 3x \end{bmatrix}$로 보내는 일차변환을 T, 원점을 중심으로 $45°$ 회전시키는 일차변환을 S라고 할 때, $S \circ T$ 의 행렬을 구하라.

5 $\boldsymbol{R}^2$에서 원점을 중심으로 한 α 만큼의 회전이동을 T, β 만큼의 회전이동을 S, $\alpha + \beta$ 만큼의 회전이동을 U 라고 할 때, T, S, U 사이의 관계를 말하고 이를 이용하여 사인, 코사인의 가법정리를 증명하라.

6 좌표평면의 점을 직선 $y = \frac{1}{\sqrt{3}}x$ 에 관한 대칭이동을 T 라 하고 직선 $x + 2y = 4$를 l 이라고 할 때, $T(l)$ 의 방정식을 구하라.

7 선형변환 $T : \boldsymbol{R}^2 \to \boldsymbol{R}^2$의 행렬을 $T_A = \begin{bmatrix} 1 & 2 \\ 3 & 4 \end{bmatrix}$라 하고 점 O(0, 0), A(1, 0), B(1, 0), C(1, 1)를 꼭지점으로 하는 사각형을 D 라고 할 때, $T(D)$ 는 어떤 도형인가?

5-2 · E · X · E · R · C · I · S · E · S · 연습문제

8 $A=\frac{1}{2}\begin{bmatrix}\sqrt{3} & -1 \\ 1 & \sqrt{3}\end{bmatrix}$이라고 할 때, 다음 행렬을 구하라.

(1) A^2 (2) A^3 (3) A^{-1} (4) A^6 (5) A^{61} (6) A^{59}

9 $\boldsymbol{R}^3$에서 $\mathbf{p}=[a, b, c]^{\mathrm{T}}$를 원점을 시점으로 하는 단위벡터라 하고, $\mathbf{p}$를 회전축으로 시계반대 방향으로 θ만큼 회전시키는 일차변환 $T:\boldsymbol{R}^3 \to \boldsymbol{R}^3$의 행렬이

$$A=\frac{1}{9}\begin{bmatrix} 1 & -4 & 8 \\ 8 & 4 & 1 \\ -4 & 7 & 4 \end{bmatrix}$$

일 때, 다음을 물음에 답하라.

(1) $\cos\theta=\frac{1}{2}(\mathrm{tr}(A)-1)$ 임을 보이고, θ를 구하라.

◂ appendix 1 의 행렬을 이용

(2) $\mathbf{p}$를 구하라.

10 $\boldsymbol{R}^3$에서 $\mathbf{u}=[a, b, c]^{\mathrm{T}}$가 단위벡터일 때, 다음을 증명하라.

(1) 원점과 점 (a, b, c) 를 지나는 직선 l 에 관한 대칭이동 $T:\boldsymbol{R}^3 \to \boldsymbol{R}^3$ 의 행렬은 $2\mathbf{u}\mathbf{u}^{\mathrm{T}}-I_3$이다.

(2) 평면 $ax+by+cz=0$에 관한 대칭이동 $S:\boldsymbol{R}^3 \to \boldsymbol{R}^3$의 행렬은 $I_3-2\mathbf{u}\mathbf{u}^{\mathrm{T}}$이다.

11 $\boldsymbol{R}^3$에서 원점과 점 $(1, 1, 1)$을 지나는 직선 l 에 관한 관한 대칭이동을 T, 평면 $x+y+z=0$에 관한 대칭이동을 S라고 할 때, S, T의 행렬을 각각 구하라.

12 $\boldsymbol{R}^3$에서 직선 l 상에의 정사영 T의 행렬을 A, 이 직선에 대한 대칭이동 S의 행렬을 B라고 할 때, $A=\frac{1}{2}(B+I_2)$ 임을 보여라.

5-3 선형변환의 행렬 표현

이 절의 학습내용

- 일반 선형변환의 행렬
- 행렬의 서로 닮음

일반 선형변환의 행렬

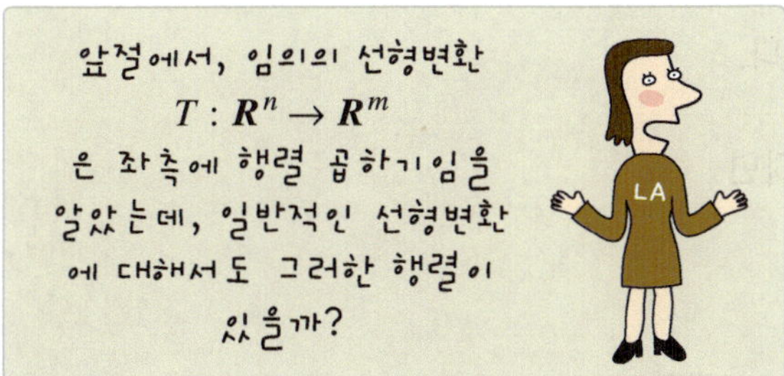

유한차원 벡터공간 V, W에 대하여 $\dim(V) = n$, $\dim(W) = m$이라 하고 B, C를 각각 V, W의 순서기저라고 할 때,

$$V \overset{\phi_B}{\cong} \boldsymbol{R}^n, \ W \overset{\phi_C}{\cong} \boldsymbol{R}^m$$

이다. $B = (\mathbf{b}_1, \cdots, \mathbf{b}_n)$ 이라고 할 때, 선형변환 $T: V \to W$에 대하여 $m \times n$ 행렬 $\frac{TB}{C}$ 를

$$\frac{TB}{C} = \left[\frac{T(\mathbf{b}_1)}{C}, \cdots, \frac{T(\mathbf{b}_n)}{C} \right]$$

($\boldsymbol{R}^m$의 벡터)

와 같이 정의 한다.

보기 1 $B=(1,x,x^2)$, $C=(1,x)$ 는 각각 $\mathscr{P}_2$, $\mathscr{P}_1$ 의 순서기저이다.
$T(f)=f'=\frac{d}{dx}f$ 로 정의된 일차변환 $T:\mathscr{P}_2\to\mathscr{P}_1$에 대하여

$$\frac{TB}{C}=\begin{bmatrix}0&1&0\\0&0&2\end{bmatrix}.$$

$\because$ $T(1)=1'=0=0\cdot 1+0x,$

$T(x)=x'=1=1\cdot 1+0x,$

$T(x^2)=(x^2)'=2x=0\cdot 1+2x.$

$$\therefore\ \frac{T(1)}{C}=\begin{bmatrix}0\\0\end{bmatrix},\ \frac{T(x)}{C}=\begin{bmatrix}1\\0\end{bmatrix},\ \frac{T(x^2)}{C}=\begin{bmatrix}0\\2\end{bmatrix}.$$

정리 5.3.1

벡터공간 V, W 에 대하여 $\dim(V)=n$, $\dim(W)=m$이라고 하자.
B, C를 각각 V, W의 순서기저라고 할 때, 선형변환 $T:V\to W$에 대하여 $A=\frac{TB}{C}$ 라고 하면

$$\frac{T(\mathbf{v})}{C}=A\frac{\mathbf{v}}{B},\ (\forall\mathbf{v}\in V). \quad \cdots\cdots\cdots ①$$

더욱이 $A=\frac{TB}{C}$는 ①을 만족하는 유일한 $m\times n$행렬이다.

증명 $B=(\mathbf{b}_1,\cdots,\mathbf{b}_n)$, $\frac{\mathbf{v}}{B}=[x_1,\cdots,x_n]^{\mathrm{T}}$ 라고 하면

$$\mathbf{v}=x_1\mathbf{b}_1+\cdots+x_n\mathbf{b}_n.$$

이 때,

$$T(\mathbf{v})=T(x_1\mathbf{b}_1+\cdots+x_n\mathbf{b}_n)=x_1T(\mathbf{b}_1)+\cdots+x_nT(\mathbf{b}_n).$$

$$\therefore\ \frac{T(\mathbf{v})}{C}=\frac{x_1T(\mathbf{b}_1)+\cdots+x_nT(\mathbf{b}_n)}{C}=x_1\frac{T(\mathbf{b}_1)}{C}+\cdots+x_n\frac{T(\mathbf{b}_n)}{C}$$

(보조정리 3.3.11)

$$=\left[\frac{T(\mathbf{b}_1)}{C},\cdots,\frac{T(\mathbf{b}_n)}{C}\right]\begin{bmatrix}x_1\\\vdots\\x_n\end{bmatrix}=\frac{TB}{C}\frac{\mathbf{v}}{B}.$$

따라서 행렬 $A=\frac{TB}{C}$ 는 ①을 만족한다.

이제, $m\times n$ 행렬 D 가 조건

$$\frac{T(\mathbf{v})}{C}=D\frac{\mathbf{v}}{B},\ (\forall\mathbf{v}\in V).$$

을 만족한다면,

$$A\frac{\mathbf{v}}{\boldsymbol{B}} = D\frac{\mathbf{v}}{\boldsymbol{B}},\ (\forall \mathbf{v} \in V).$$

특히, 각 $j = 1, \cdots, n$ 에 대하여,

$$A\frac{\mathbf{b}_j}{\boldsymbol{B}} = D\frac{\mathbf{b}_j}{\boldsymbol{B}}. \qquad \therefore A\mathbf{e}_j = D\mathbf{e}_j. \qquad \therefore A = D.$$

($A\mathbf{e}_j$: A의 j열, $D\mathbf{e}_j$: D의 j열)

$\because$ $\mathbf{b}_j = 0\mathbf{b}_1 + \cdots + 0\mathbf{b}_{j-1} + 1\mathbf{b}_j + 0\mathbf{b}_{j+1} + \cdots + 0\mathbf{b}_n$

$\therefore$ $\frac{\mathbf{b}_j}{\boldsymbol{B}} = [0, \cdots, 0, 1, 0, \cdots, 0]^{\mathrm{T}} = \mathbf{e}_j$. ◆ (1: 제 j성분)

그러므로 ①을 만족하는 행렬 A 의 존재는 유일하다. ▮

$\frac{T\boldsymbol{B}}{\boldsymbol{C}}$ 를 **V의 기저 B, W의 기저 C에 관한 T의 행렬**이라고 한다.

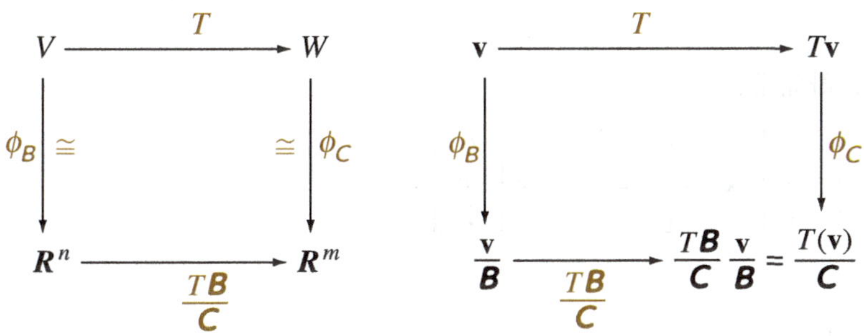

보기 **2** $\mathscr{P}_2$, $\mathscr{P}_1$ 각각의 순서기저 $B=(1,x,x^2)$, $C=(1,x)$ 와 $T(f)=f'$ 로 정의된 일차변환 $T:\mathscr{P}_2\to\mathscr{P}_1$ 에 대하여, $f=a_0+a_1x+a_2x^2\in\mathscr{P}_2$를 ㄱ으로 보낸것은

$$\frac{T(f)}{\boldsymbol{C}}=\frac{a_1+2a_2x}{\boldsymbol{C}}=\begin{bmatrix} a_1 \\ 2a_2 \end{bmatrix}.$$

f를 ㄴ으로 보낸것은

$$\frac{T\boldsymbol{B}}{\boldsymbol{C}}\frac{f}{\boldsymbol{B}}=\begin{bmatrix} 0 & 1 & 0 \\ 0 & 0 & 2 \end{bmatrix}\begin{bmatrix} a_0 \\ a_1 \\ a_2 \end{bmatrix}=\begin{bmatrix} a_1 \\ 2a_2 \end{bmatrix}.$$

$$\therefore\ \frac{T(f)}{\boldsymbol{C}}=\frac{T\boldsymbol{B}}{\boldsymbol{C}}\frac{f}{\boldsymbol{B}}.$$

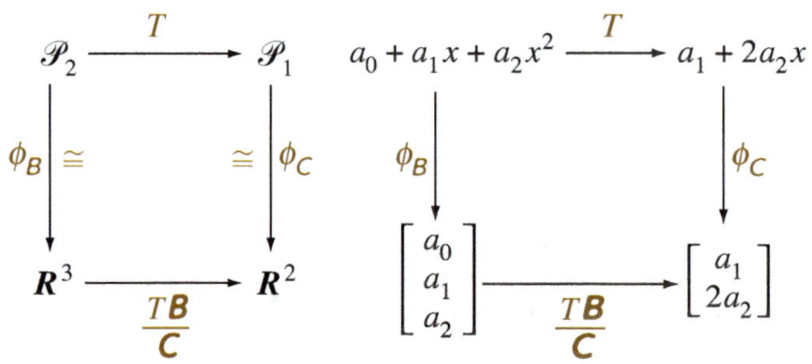

예제 5.3.2

$B=(\mathbf{b}_1,\mathbf{b}_2)$, $C=(\mathbf{c}_1,\mathbf{c}_2,\mathbf{c}_3)$ 라고 하자. 단,

$$\mathbf{b}_1=\begin{bmatrix} 3 \\ 1 \end{bmatrix},\ \mathbf{b}_2=\begin{bmatrix} 5 \\ 2 \end{bmatrix},\ \mathbf{c}_1=\begin{bmatrix} 1 \\ 0 \\ -1 \end{bmatrix},\ \mathbf{c}_2=\begin{bmatrix} -1 \\ 2 \\ 2 \end{bmatrix},\ \mathbf{c}_3=\begin{bmatrix} 0 \\ 1 \\ 2 \end{bmatrix}.$$

$T:\boldsymbol{R}^2\to\boldsymbol{R}^3$가

$$T\left(\begin{bmatrix} x \\ y \end{bmatrix}\right)=\begin{bmatrix} y \\ -5x+13y \\ -7x+16y \end{bmatrix}$$

로 정의된 선형변환일 때, $\boldsymbol{R}^2$의 순서기저 B, $\boldsymbol{R}^3$의 순서기저 C에 관한 T 의 행렬을 찾아라.

풀 이 $T(\mathbf{b}_1), T(\mathbf{b}_2)$ 를 $\mathbf{c}_1, \mathbf{c}_2, \mathbf{c}_3$ 의 일차결합으로 나타낸 것이

$$\begin{cases} T(\mathbf{b}_1) = x_{11}\mathbf{c}_1 + x_{21}\mathbf{c}_2 + x_{31}\mathbf{c}_3, \\ T(\mathbf{b}_2) = x_{12}\mathbf{c}_1 + x_{22}\mathbf{c}_2 + x_{32}\mathbf{c}_3 \end{cases} \quad \cdots\cdots ①$$

이라고 하면

$$\frac{T(\mathbf{b}_1)}{C} = \begin{bmatrix} x_{11} \\ x_{21} \\ x_{31} \end{bmatrix}, \quad \frac{T(\mathbf{b}_2)}{C} = \begin{bmatrix} x_{12} \\ x_{22} \\ x_{32} \end{bmatrix}.$$

$$\therefore \frac{TB}{C} = \begin{bmatrix} x_{11} & x_{12} \\ x_{21} & x_{22} \\ x_{31} & x_{32} \end{bmatrix} \quad \cdots\cdots ②$$

② 의 우변의 행렬을 X라고 하면, ① 로부터

$$[T(\mathbf{b}_1), T(\mathbf{b}_2)] = [\mathbf{c}_1, \mathbf{c}_2, \mathbf{c}_3]\,X.$$

$$T(\mathbf{b}_1) = \begin{bmatrix} 1 \\ -2 \\ -5 \end{bmatrix}, \quad T(\mathbf{b}_2) = \begin{bmatrix} 2 \\ 1 \\ -3 \end{bmatrix}$$

이므로

$$X = [\mathbf{c}_1, \mathbf{c}_2, \mathbf{c}_3]^{-1}[T(\mathbf{b}_1), T(\mathbf{b}_2)]$$

$$= \begin{bmatrix} 1 & -1 & 0 \\ 0 & 2 & 1 \\ -1 & 2 & 2 \end{bmatrix}^{-1} \begin{bmatrix} 1 & 2 \\ -2 & 1 \\ -5 & -3 \end{bmatrix} = \begin{bmatrix} 1 & 3 \\ 0 & 1 \\ -2 & -1 \end{bmatrix}. \quad ◆$$

$$\left[\mathbf{c}_1, \mathbf{c}_2, \mathbf{c}_3 \,\middle|\, T(\mathbf{b}_1), T(\mathbf{b}_2)\right] \underset{\text{ERO's}}{\longrightarrow} \left[\mathbf{e}_1, \mathbf{e}_2, \mathbf{e}_3 \,\middle|\, \frac{T(\mathbf{b}_1)}{C}, \frac{T(\mathbf{b}_2)}{C}\right]$$

벡터공간 V의 순서기저 B와 선형변환 $T: V \to V$에 대하여

$$\frac{TB}{B}$$

를 **B에 관한 T의 행렬**이라고 한다. $\dim(V) = n$ 일 때, $\frac{TB}{B}$는 $n \times n$ 행렬이다.

보기 **3** n 차원 벡터공간 V의 임의의 순서기저 $\boldsymbol{B}$에 관한 $\mathrm{id}_V : V \to V$의 행렬은 I_n 이다.

∵ $B = (\mathbf{b}_1, \cdots, \mathbf{b}_n)$이라고 할 때, 각 $j = 1, \cdots, n$에 대하여

$$\frac{\mathrm{id}_V(\mathbf{b}_j)}{\boldsymbol{B}} = \frac{\mathbf{b}_j}{\boldsymbol{B}} = \mathbf{e}_j$$

이므로

$$\frac{\mathrm{id}_V \boldsymbol{B}}{\boldsymbol{B}} = \left[\frac{\mathrm{id}_V(\mathbf{b}_1)}{\boldsymbol{B}}, \cdots, \frac{\mathrm{id}_V(\mathbf{b}_n)}{\boldsymbol{B}} \right] = [\mathbf{e}_1, \cdots, \mathbf{e}_n] = I_n .$$

정리 5.3.3

일차변환 $T : V \to W$, $S : W \to U$가 일차변환이고, $\boldsymbol{B}, \boldsymbol{C}, \boldsymbol{D}$가 각각 V, W, U 의 순서기저일 때,

$$\frac{(S \circ T)\boldsymbol{B}}{\boldsymbol{D}} = \frac{S\boldsymbol{C}}{\boldsymbol{D}} \frac{T\boldsymbol{B}}{\boldsymbol{C}}.$$

증명

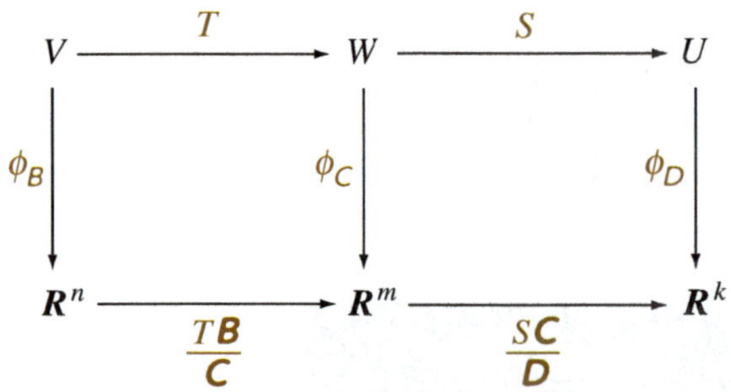

위의 다이어그램에서, ㄱㄴ법칙에 의하여

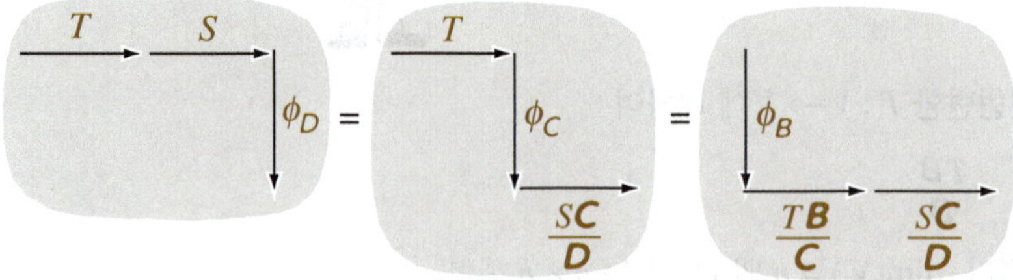

이다. 그러므로

$$\frac{(S \circ T)(\mathbf{v})}{\boldsymbol{D}} = \frac{S\boldsymbol{C}}{\boldsymbol{D}} \frac{T\boldsymbol{B}}{\boldsymbol{C}} \frac{\mathbf{v}}{\boldsymbol{B}}, \ (\forall \mathbf{v} \in V).$$ ∎

보기 4 동형변환 $T: V \to V$에 대하여, V의 순서기저 B에 관한 T^{-1}의 행렬은 $\left(\frac{TB}{B}\right)^{-1}$이다.

∵ B에 관한 T^{-1}의 행렬을 M이라 하고, $B = (\mathbf{b}_1, \cdots, \mathbf{b}_n)$이라 고 할 때,

$$I_n = \frac{\mathrm{id}_V B}{B} = \frac{(T^{-1} \circ T)B}{B} = \frac{T^{-1}B}{B}\,\frac{TB}{B} = M\,\frac{TB}{B}.$$

행렬의 서로 닮음

정리 5.3.4

일차변환 $T: V \to V$와 V의 순서기저 B, C에 대하여

$$C = \frac{TC}{C}, \quad B = \frac{TB}{B}, \quad P = \frac{C}{B}$$

라고 할 때,

$$C = P^{-1}BP.$$

증명

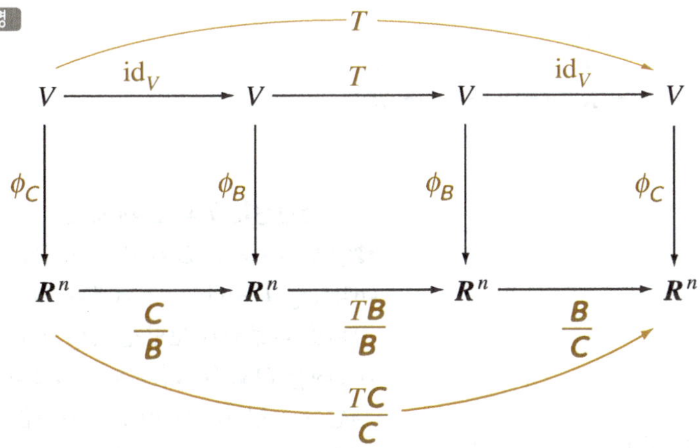

위의 다이어그램에서

$$C = \frac{TC}{C} = \frac{\mathrm{id}_V B}{C}\,\frac{TB}{B}\,\frac{\mathrm{id}_V C}{B} = \frac{B}{C}\,\frac{TB}{B}\,\frac{C}{B} = P^{-1}BP. \quad \blacksquare$$

정리 3.3.12 $\frac{B}{C} = \left(\frac{C}{B}\right)^{-1}$

예제 5.3.5

$$A=\begin{bmatrix}2&2&0\\1&1&2\\1&1&2\end{bmatrix},\ \mathbf{b}_1=\begin{bmatrix}1\\-1\\0\end{bmatrix},\ \mathbf{b}_2=\begin{bmatrix}-2\\1\\1\end{bmatrix},\ \mathbf{b}_3=\begin{bmatrix}1\\1\\1\end{bmatrix}$$

라고 하자. $T:\boldsymbol{R}^3\to\boldsymbol{R}^3$가 좌측에 A 곱하기일 때, $\boldsymbol{R}^3$의 순서기저 B에 관한 T의 행렬 D를 구하라.

풀 이 A는 표준 순서기저 $E=(\mathbf{e}_1,\mathbf{e}_2,\mathbf{e}_3)$에 대한 T의 행렬이다. 즉,

$$A=\frac{TE}{E}.$$

또,

$$\frac{B}{E}=\left[\frac{\mathbf{b}_1}{E},\frac{\mathbf{b}_2}{E},\frac{\mathbf{b}_3}{E}\right]=[\,\mathbf{b}_1,\mathbf{b}_2,\mathbf{b}_3\,]=\begin{bmatrix}1&-2&1\\-1&1&1\\0&1&1\end{bmatrix}.$$

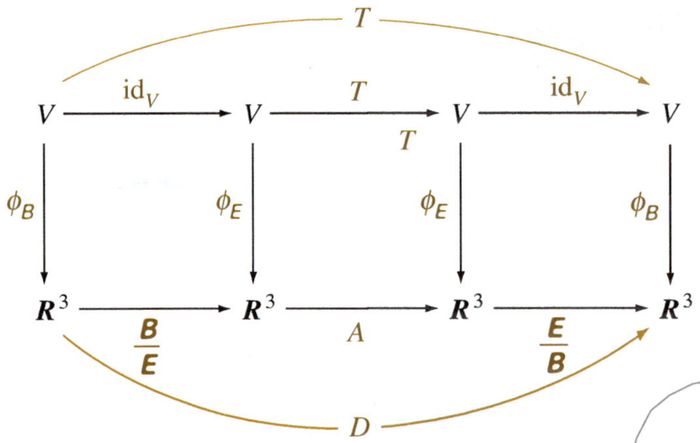

위의 다이어그램에서

$$D=\frac{E}{B}A\frac{B}{E}=\left(\frac{B}{E}\right)^{-1}A\frac{B}{E}$$

$$=\begin{bmatrix}1&-2&1\\-1&1&1\\0&1&1\end{bmatrix}^{-1}\begin{bmatrix}2&2&0\\1&1&2\\1&1&2\end{bmatrix}\begin{bmatrix}1&-2&1\\-1&1&1\\0&1&1\end{bmatrix}$$

$$=\begin{bmatrix}0&0&0\\0&1&0\\0&0&4\end{bmatrix}.\ \blacklozenge$$

예제 5.3.6

예제 5.3.5 의 선형변환 $T: \boldsymbol{R}^3 \to \boldsymbol{R}^3$ 와 $\mathbf{x} = [1, 0, 2]^{\mathrm{T}} \in \boldsymbol{R}^3$ 에 대하여 $T^3(\mathbf{x})$를 구하라. (단, $T^3 = T \circ T \circ T$).

풀이 예제 5.3.5 에서 $\frac{T\boldsymbol{B}}{\boldsymbol{B}} = D$ 이다.

$$\therefore \ \frac{T^3\boldsymbol{B}}{\boldsymbol{B}} = D^3.$$

$\frac{\mathbf{x}}{\boldsymbol{B}} = [2, 1, 1]^{\mathrm{T}}$ 이므로

$$\frac{T^3\mathbf{x}}{\boldsymbol{B}} = \frac{T^3\boldsymbol{B}}{\boldsymbol{B}}\frac{\mathbf{x}}{\boldsymbol{B}} = D^3\begin{bmatrix} 2 \\ 1 \\ 1 \end{bmatrix} = \begin{bmatrix} 0 & 0 & 0 \\ 0 & 1 & 0 \\ 0 & 0 & 64 \end{bmatrix}\begin{bmatrix} 2 \\ 1 \\ 1 \end{bmatrix} = \begin{bmatrix} 0 \\ 1 \\ 64 \end{bmatrix}.$$

$$\therefore \ T^3\mathbf{x} = \mathbf{b}_2 + 64\mathbf{b}_3 = \begin{bmatrix} 62 \\ 65 \\ 65 \end{bmatrix}.$$ ◇

정의 $n \times n$ 행렬 A, B에 대하여

$$B = P^{-1}AP$$

를 만족하는 가역행렬 P가 존재할 때, B는 A와 **닮았다**고 한다.

B가 A와 닮았을 때, A도 B와 닮았다. 그래서 이 때, "A, B는 닮았다"고 한다.

보기 5 선형변환 $T: V \to V$ 의 순서기저 B에 관한 행렬과 순서기저 C에 관한 행렬은 닮았다. ($\because$ 정리 5.3.3)

NOTE 1 A, B가 닮은 행렬일 때, $\det A = \det B$ 이다.

$\because$ 가역행렬 P가 있어서 $B = P^{-1}AP$이다. 이 때,

$$\det B = \det(P^{-1}AP) = (\det P^{-1})(\det A)(\det P)$$
$$= \frac{1}{\det(P)}(\det A)(\det P) = \det A.$$ ▮

닮은 행렬은 여러 가지 성질을 공유한다. 이것은 그 중 하나이다.

5-3 EXERCISES 연습문제

1 $T : V \to W$가 동형변환이라고 하자. V의 기저 B, W의 기저 C에 대한 T의 행렬이 A일 때, C, B에 관한 T^{-1}의 행렬은 A^{-1}임을 보여라.

2 $\mathbf{b}_1 = \begin{bmatrix} 1 \\ 1 \end{bmatrix}$, $\mathbf{b}_2 = \begin{bmatrix} 1 \\ 2 \end{bmatrix}$라 하고, $T : \boldsymbol{R}^2 \to \boldsymbol{R}^3$이

$$T\left(\begin{bmatrix} x \\ y \end{bmatrix}\right) = \begin{bmatrix} x + y \\ -2x + 4y \end{bmatrix}$$

로 정의된 선형변환이라고 할 때, $\boldsymbol{R}^2$의 순서기저 $B = (\mathbf{b}_1, \mathbf{b}_2)$에 관한 T의 행렬을 구하라.

3 $T : \mathscr{P}_1 \to \mathscr{P}_2$가 $T(f) = xf$로 정의된 선형변환일 때, $\mathscr{P}_1$의 순서기저 $B = (1, x)$, $\mathscr{P}_2$의 순서기저 $C = (1, x, x^2)$에 관한 T의 행렬을 구하라.

4 $S(f(x)) = f(3x - 5)$로 정의된 선형변환 $S : \mathscr{P}_2 \to \mathscr{P}_2$와 $\mathscr{P}_2$의 순서기저 $C = (1, x, x^2)$에 대하여 다음을 구하라.

(1) C에 관한 T의 행렬

(2) $\dfrac{S(1 + 2x + 3x^2)}{C}$

(3) $S(1 + 2x + 3x^2)$

5 $T(f(x)) = xf(3x - 5)$로 정의된 선형변환 $T : \mathscr{P}_1 \to \mathscr{P}_2$의, $\mathscr{P}_1$의 순서기저 $B = (1, x)$, $\mathscr{P}_2$의 순서기저 $C = (1, x, x^2)$에 관한 행렬을 구하라.

5 $\mathbf{b}_1 = \begin{bmatrix} 1 \\ 3 \end{bmatrix}$, $\mathbf{b}_2 = \begin{bmatrix} 1 \\ 4 \end{bmatrix}$라고 하자. $\boldsymbol{R}^2$의 순서기저 $B = (\mathbf{b}_1, \mathbf{b}_2)$에 관한 선형변환 $T : \boldsymbol{R}^2 \to \boldsymbol{R}^2$의 행렬이 $A = \begin{bmatrix} 2 & 3 \\ 4 & 5 \end{bmatrix}$라고 할 때, $T\left(\begin{bmatrix} x \\ y \end{bmatrix}\right)$를 구하라.

5-3 · E · X · E · R · C · I · S · E · S · 연습문제

7 $\mathbf{b}_1 = \begin{bmatrix} 1 \\ 1 \end{bmatrix}, \mathbf{b}_2 = \begin{bmatrix} 1 \\ 2 \end{bmatrix}$ 라고 할 때, $T\left(\begin{bmatrix} x \\ y \end{bmatrix}\right) = \begin{bmatrix} x + y \\ -2x + 4y \end{bmatrix}$ 로 정의된 일차변환 $T : \boldsymbol{R}^2 \to \boldsymbol{R}^2$의, $\boldsymbol{R}^2$의 순서기저 $B = (\mathbf{b}_1, \mathbf{b}_2)$ 에 관한 행렬을 구하라.

8 $T(1) = 1 + x + 2x^2, T(x) = 1 + 2x + 3x^2, T(x^2) = 1 + 3x + 4x^2$ 로 정의된 선형변환 $T : \mathscr{P}_2 \to \mathscr{P}_2$ 의, $\mathscr{P}_2$ 의 순서기저 $B = (1, 1 - x, (1 - x)^2)$ 에 관한 행렬을 구하라.

9 $T : V \to V$가 $T(\mathbf{v}) = a\mathbf{v}$, (단, $a \in \boldsymbol{R}$), 로 정의된 선형변환이라고 할 때, V의 임의의 순서기저 B에 대한 T의 행렬은 단위행렬의 a 배임을 보여라.

10 $B = (\mathbf{b}_1, \mathbf{b}_2, \mathbf{b}_3, \mathbf{b}_4)$가 벡터공간 V의 순서기저라 하고, $T : V \to V$는 $T(\mathbf{b}_1) = \mathbf{b}_2, T(\mathbf{b}_2) = \mathbf{b}_3, T(\mathbf{b}_3) = \mathbf{v}_4, T(\mathbf{b}_4) = \mathbf{b}_1$ 로 정의된 일차변환이라고 할 때, B에 관한 T의 행렬을 구하라.

11 다음 $\mathbf{f}_1, \mathbf{f}_2, \mathbf{f}_3$에 대하여 $B = (\mathbf{f}_1, \mathbf{f}_2, \mathbf{f}_3)$는 벡터공간 $V = \text{span}\{\mathbf{f}_1, \mathbf{f}_2, \mathbf{f}_3\}$ 의 순서기저이다. $T : V \to V$가 $T(f) = \frac{d}{dx} f$로 정의된 일차변환이라고 할 때, B에 관한 T의 행렬을 구하라.

(1) $\mathbf{f}_1 = 1,\ \mathbf{f}_2 = \sin x,\ \mathbf{f}_3 = \cos x$

(2) $\mathbf{f}_1 = 1,\ \mathbf{f}_2 = e^x,\ \mathbf{f}_3 = e^{2x}$

12 A, B가 닮은 행렬일 때, 다음을 증명하라.

(1) $\text{rank}(A) = \text{rank}(B)$ (2) $\text{nullity}(A) = \text{nullity}(B)$

(3) A가 가역일 필요충분조건은 B가 가역일 것이다.

(4) $A^{\mathrm{T}}, B^{\mathrm{T}}$는 닮은 행렬이다.

(5) A, B가 가역일 때, A^{-1}, B^{-1}는 닮은 행렬이다.

5-3 · E · X · E · R · C · I · S · E · S · 연습문제

13 A, B가 닮은 행렬이고, B, C가 닮은 행렬일 때, A, C는 닮은 행렬임을 보여라.

14 $T(A) = A^{\mathrm{T}}$로 정의되는 일차변환 $T : \boldsymbol{R}^{2\times 2} \to \boldsymbol{R}^{2\times 2}$의, $\boldsymbol{R}^{2\times 2}$의 표준 순서기저 $E = (E_{11}, E_{12}, E_{21}, E_{22})$에 관한 행렬을 구하라.

15 $B = (\mathbf{b}_1, \mathbf{b}_2, \mathbf{b}_3)$이 벡터공간 V의 순서기저라 하고, $\mathbf{c}_1 = \mathbf{b}_1$, $\mathbf{c}_2 = \mathbf{b}_1 + \mathbf{b}_2$, $\mathbf{c}_3 = \mathbf{b}_1 + \mathbf{b}_2 + \mathbf{b}_3$이라고 하자. 일차변환 $T : V \to V$의 B에 관한 행렬이

$$A = \begin{bmatrix} -3 & 4 & 7 \\ 1 & 0 & -2 \\ 0 & 1 & 0 \end{bmatrix}$$

일 때, T의 $C = (\mathbf{c}_1, \mathbf{c}_2, \mathbf{c}_3)$에 관한 행렬을 구하라.

16 $T(f) = \frac{d}{dx} f$로 정의된 일차변환 $T : \mathscr{P}_n \to \mathscr{P}_n$에 대하여, 다음 $\mathscr{P}_n$의 순서기저에 관한 T의 행렬을 구하라.

(1) $B = (1, x, \cdots, x^n)$

(2) $C = \left(1, \frac{x-c}{1!}, \frac{(x-c)^2}{2!}, \cdots, \frac{(x-c)^n}{n!}\right)$, (단, $x \in \boldsymbol{R}$).

6 고유치와 대각화

이 단원에서는 고유치와 고유벡터라는 새로운 개념을 도입한 다음, 이 개념을 바탕으로 주어진 정사각행렬을 보다 다루기 용이한 꼴로 변형시키는 주제를 다룬다.
이러한 이론을 바탕으로 일반적인 이차곡선을 분류하고, 케일리해밀턴 정리와 최소다항식에 대하여 알아 본다.

6-1 고유치와 고유벡터

이 절의 학습내용

- 선형변환의 고유치 · 고유벡터
- 행렬의 고유치 · 고유벡터
- 특성다항식 / • 특성방정식
- 고유공간
- 가역성과 고유치
- 복소고유치

선형변환의 고유치와 고유벡터

정의 일차변환 $T: V \to V$와 $\mathbf{0}$이 아닌 $\mathbf{v} \in V$에 대하여 $T(\mathbf{v})$가 $\mathbf{v}$의 실수배일 때, $\mathbf{v}$를 A의 **고유벡터**라고 한다.

$$T(\mathbf{v}) = \lambda\mathbf{v}, (\lambda \in \boldsymbol{R})$$

일 때, λ를 T의 **고유치**라 하고 $\mathbf{v}$를 **λ에 대응하는 고유벡터**라고 한다.

◀ 固有値 eigenvalue
固有벡터 eigenvector

보기 1 $T: \boldsymbol{R}^2 \to \boldsymbol{R}^2$가 직선 $y = x$에 관한 대칭이동이라고 하자.

$$\mathbf{u} = \begin{bmatrix} 1 \\ 1 \end{bmatrix}, \mathbf{v} = \begin{bmatrix} -1 \\ 1 \end{bmatrix}$$

이라고 하면 $T(\mathbf{u}) = \mathbf{u}$, $T(\mathbf{v}) = -\mathbf{v}$이므로 $1, -1$은 T의 고유치이고, $\mathbf{u}, \mathbf{v}$는 각각 고유치 $1, -1$에 대응하는 고유벡터이다.

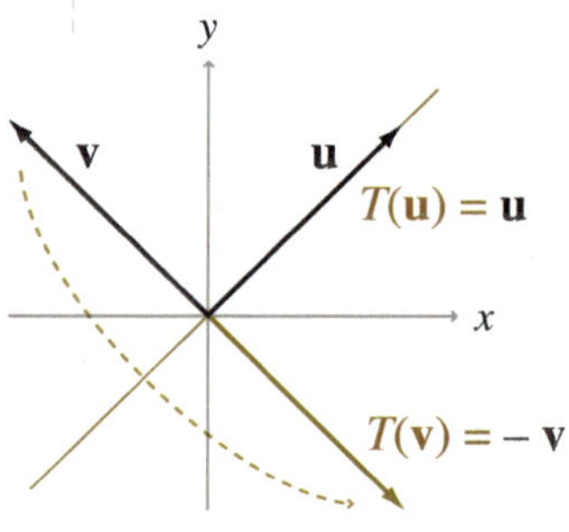

$\mathbf{x}$가 T의 고유벡터라는 것은 $T(\mathbf{x})$가 $\mathbf{x}$를 포함하는 직선을 벗어나지 않는다는 것이다.

보기 2 $T: \boldsymbol{R}^3 \to \boldsymbol{R}^3$ 이 z 축을 회전축으로 하여 시계 반대방향으로 θ 만큼의 회전이동이라고 할 때, 1은 T 의 고유치이고, $\mathbf{u} = [0, 0, 1]^{\mathrm{T}}$ 는 1에 대응하는 고유벡터이다.
$\theta = \pi$ 일 때는, -1 도 T 의 고유치이고,
$\mathbf{v} = [1, 1, 0]^{\mathrm{T}}$ 는 -1 에 대응하는 고유벡터이다.

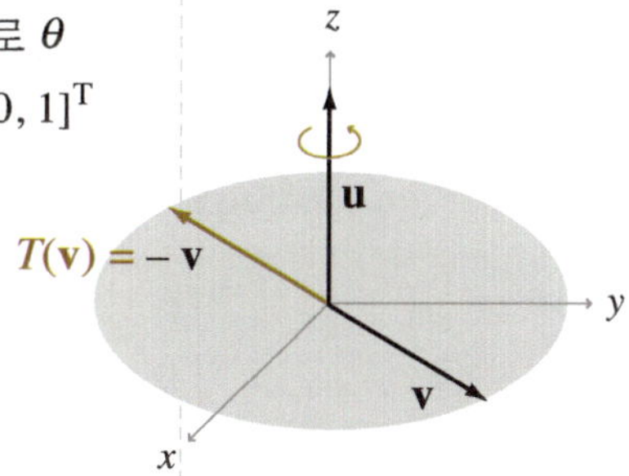

행렬의 고유치와 고유벡터

정의 $n \times n$ 행렬 A 와 $\mathbf{0}$이 아닌 $\mathbf{x} \in \boldsymbol{R}^n$ 에 대하여 $A\mathbf{x}$가 $\mathbf{x}$의 실수배일 때, $\mathbf{x}$ 를 A의 **고유벡터**라고 한다.

$$A\mathbf{x} = \lambda\mathbf{x}, \ (\lambda \in \boldsymbol{R})$$

일 때, λ를 A의 **고유치**라 하고 $\mathbf{x}$ 를 λ 에 대응하는 **고유벡터**라고 한다.

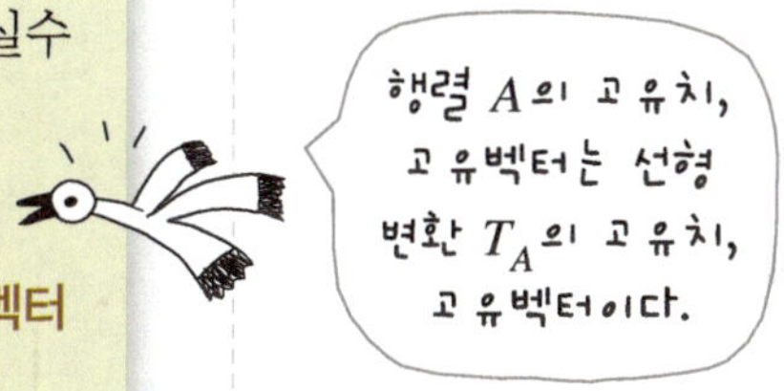

보기 3

$$A = \begin{bmatrix} 3 & 2 \\ 2 & 3 \end{bmatrix}, \ \mathbf{x} = \begin{bmatrix} 1 \\ 1 \end{bmatrix}$$

일 때,

$$A\mathbf{x} = \begin{bmatrix} 3 & 2 \\ 2 & 3 \end{bmatrix}\begin{bmatrix} 1 \\ 1 \end{bmatrix} = \begin{bmatrix} 5 \\ 5 \end{bmatrix} = 5\begin{bmatrix} 1 \\ 1 \end{bmatrix} = 5\mathbf{x}$$

이므로 5는 A의 고유치이고 $\mathbf{x}$ 는 5에 대응하는 고유벡터이다.

보조정리 6.1.1

$n \times n$ 행렬 A 와 $\lambda \in \boldsymbol{R}, \mathbf{x} \in \boldsymbol{R}^n$ 에 대하여 다음은 동치이다.

(i) λ는 A 의 고유치이다.

(ii) $A\mathbf{x} = \lambda\mathbf{x}$ 을 만족하는 $\mathbf{0}$이 아닌 $\mathbf{x} \in \boldsymbol{R}^n$ 이 존재한다.

(iii) 연립일차방정식 $(\lambda I - A)\mathbf{x} = \mathbf{0}$ 은 $\mathbf{0}$이 아닌 해를 가진다.

(iv) $\det(\lambda I - A) = 0$.

증명 (ii) $\Leftrightarrow$ (iii). $A\mathbf{x} = \lambda\mathbf{x} \Leftrightarrow \lambda\mathbf{x} - A\mathbf{x} = \mathbf{0} \Leftrightarrow (\lambda I - A)\mathbf{x} = \mathbf{0}$. ▌

NOTE 1 $n \times n$ 행렬 A에 대하여 $\det(xI - A)$는 x에 관한 n차 다항식이다.

∵ $A = [a_{ij}]$이라고 할 때,

$$xI - A = \begin{bmatrix} x - a_{11} & -a_{12} & \cdots & -a_{1n} \\ -a_{21} & x - a_{22} & \cdots & -a_{2n} \\ \vdots & \vdots & \ddots & \vdots \\ -a_{n1} & -a_{n1} & \cdots & x - a_{nn} \end{bmatrix}.$$

행렬식의 정의에 의하여, $\det(xI - A)$는 $n!$ 개의 x에 관한 다항식의 합이다. 그 $n!$ 개의 다항식 중 대각성분을 $n-1$ 개 이상 포함하는 것은 $(x - a_{11})(x - a_{22}) \cdots (x - a_{nn})$ 뿐이다. 따라서

$$\det(xI - A) = (x - a_{11})(x - a_{22}) \cdots (x - a_{nn}) + (n - 2 \text{ 차 이하의 다항식}).$$

보기 4 3×3 행렬

$$A = \begin{bmatrix} 0 & 0 & -2 \\ 1 & 2 & 1 \\ 1 & 0 & 3 \end{bmatrix}$$

에 대하여

$$xI - A = x\begin{bmatrix} 1 & 0 & 0 \\ 0 & 1 & 0 \\ 0 & 0 & 1 \end{bmatrix} - \begin{bmatrix} 0 & 0 & -2 \\ 1 & 2 & 1 \\ 1 & 0 & 3 \end{bmatrix} = \begin{bmatrix} x & 0 & 2 \\ -1 & x-2 & -1 \\ -1 & 0 & x-3 \end{bmatrix}.$$

$$\therefore \det(xI - A) = x^3 - 5x^2 + 8x - 4.$$

삼차 다항식

$\det(xI - A)$를 A의 **특성다항식**이라 하고,

$$p_A(x)$$

로 나타낸다. $p_A(x) = 0$을 A의 **특성방정식**이라고 한다.
보조정리 6.1.1에 의하여, 다음을 알 수 있다.

행렬 A의 고유치는 곧 A의 특성방정식의 근이다.

보기 5 보기 3의 행렬 A의 특성다항식은

$$\det(xI - A) = x^3 - 5x^2 + 8x - 4 = (x-1)(x-2)^2$$

이므로 A의 고유치는 1, 2이다.

예제 6.1.2

삼각행렬의 고유치는 대각성분임을 보여라.

풀이 상방 삼각행렬의 경우를 증명한다.

$$A = \begin{bmatrix} a_{11} & a_{12} & \cdots & a_{1n} \\ 0 & a_{22} & \cdots & a_{2n} \\ \vdots & \vdots & \ddots & \vdots \\ 0 & 0 & \cdots & a_{nn} \end{bmatrix}$$

의 특성다항식은

$$\begin{aligned}\det(xI - A) &= \det\begin{bmatrix} x-a_{11} & -a_{12} & \cdots & -a_{1n} \\ 0 & x-a_{22} & \cdots & -a_{2n} \\ \vdots & \vdots & \ddots & \vdots \\ 0 & 0 & \cdots & x-a_{nn} \end{bmatrix} \\ &= (x-a_{11})(x-a_{22})\cdots(x-a_{nn}).\end{aligned}$$

그러므로 A의 고유치는 $a_{11}, a_{22}, \cdots, a_{nn}$이다.

하방 삼각행렬의 경우도 같은 방법으로 증명된다. ◇

행렬 A의 고유치 λ에 대응하는 고유벡터는

$$A\mathbf{x} = \lambda\mathbf{x},\ 즉,\ (A - \lambda I)\mathbf{x} = \mathbf{0}$$

의 $\mathbf{0}$이 아닌 해이다.

예제 6.1.3

행렬

$$A = \begin{bmatrix} 2 & 3 \\ 0 & 4 \end{bmatrix}$$

의 고유치와 각 고유치에 대응하는 고유벡터를 구하라.

풀 이 A는 상방 삼각행렬이므로 A의 고유치는 2, 4이다.

- 고유치 2에 대응하는 고유벡터는 $(A-2I)\mathbf{x}=\mathbf{0}$의 $\mathbf{0}$이 아닌 해이다.

$$\begin{bmatrix} 2-2 & 3 \\ 0 & 4-2 \end{bmatrix}\begin{bmatrix} x \\ y \end{bmatrix}=\begin{bmatrix} 0 \\ 0 \end{bmatrix}, \text{ 즉, } \begin{bmatrix} 0 & 3 \\ 0 & 2 \end{bmatrix}\begin{bmatrix} x \\ y \end{bmatrix}=\begin{bmatrix} 0 \\ 0 \end{bmatrix}$$

의 $\mathbf{0}$이 아닌 해는

$$\begin{bmatrix} t \\ 0 \end{bmatrix}=t\begin{bmatrix} 1 \\ 0 \end{bmatrix}, \ (t \in \boldsymbol{R}-\{\mathbf{0}\}).$$

- 고유치 4에 대응하는 고유벡터는 $(A-4I)\mathbf{x}=\mathbf{0}$의 $\mathbf{0}$이 아닌 해이다.

$$\begin{bmatrix} 2-4 & 3 \\ 0 & 4-4 \end{bmatrix}\begin{bmatrix} x \\ y \end{bmatrix}=\begin{bmatrix} 0 \\ 0 \end{bmatrix}, \text{ 즉, } \begin{bmatrix} -2 & 3 \\ 0 & 0 \end{bmatrix}\begin{bmatrix} x \\ y \end{bmatrix}=\begin{bmatrix} 0 \\ 0 \end{bmatrix}$$

의 $\mathbf{0}$이 아닌 해는

$$\begin{bmatrix} 3t \\ 2t \end{bmatrix}=t\begin{bmatrix} 3 \\ 2 \end{bmatrix}, \ (t \in \boldsymbol{R}-\{\mathbf{0}\}).$$ ◘

A의 고유치 λ에 대하여 $A-\lambda I$의 영공간을 $E_A(\lambda)$로 나타낸다. 즉,

$$E_A(\lambda)=NS(A-\lambda I).$$

$E_A(\lambda)$를 A의 고유치 λ에 대응하는 **고유공간**이라고 한다. 명백히,

$$\dim(E_A(\lambda))=\text{nullity}(A-\lambda I).$$

예제 6.1.4

보기 3의 행렬

$$A=\begin{bmatrix} 0 & 0 & -2 \\ 1 & 2 & 1 \\ 1 & 0 & 3 \end{bmatrix}$$

의 고유치를 구하고, 각 고유치에 대응하는 고유공간과 그 기저 및 차원을 구하라.

풀 이 A의 고유치는 1, 2이다. (보기 4).

- $E_A(1)$은 $(A-I)\mathbf{x}=\mathbf{0}$의 해 전체의 집합이다.

$$A-I=\begin{bmatrix} -1 & 0 & -2 \\ 1 & 1 & 1 \\ 1 & 0 & 2 \end{bmatrix} \xrightarrow{\text{ERO's}} \begin{bmatrix} 1 & 0 & 2 \\ 0 & 1 & -1 \\ 0 & 0 & 0 \end{bmatrix}.$$

$$\therefore\ E_A(1)=\left\{\begin{bmatrix}-2t\\t\\t\end{bmatrix}\middle|\, t\in \boldsymbol{R}\right\}=\left\{t\begin{bmatrix}-2\\1\\1\end{bmatrix}\middle|\, t\in \boldsymbol{R}\right\}.$$

$$\mathbf{u}=\begin{bmatrix}-2\\1\\1\end{bmatrix}$$

이라고 할 때, $\{\mathbf{u}\}$는 $E_A(1)$의 기저이다.

$$\therefore\ \dim(E_A(1))=1.$$

- $E_A(2)$는 $(A-2I)\mathbf{x}=\mathbf{0}$의 해 전체의 집합이다.

$$A-2I=\begin{bmatrix}-2&0&-2\\1&0&1\\1&0&1\end{bmatrix}\xrightarrow{\text{ERO's}}\begin{bmatrix}1&0&1\\0&0&0\\0&0&0\end{bmatrix}$$

$$\therefore\ E_A(2)=\left\{\begin{bmatrix}-t\\s\\t\end{bmatrix}\middle|\, t,s\in \boldsymbol{R}\right\}=\left\{t\begin{bmatrix}-1\\0\\1\end{bmatrix}+s\begin{bmatrix}0\\1\\0\end{bmatrix}\middle|\, t,s\in \boldsymbol{R}\right\}.$$

$$\mathbf{v}_1=\begin{bmatrix}-1\\0\\1\end{bmatrix},\ \mathbf{v}_2=\begin{bmatrix}0\\1\\0\end{bmatrix}$$

이라고 할 때, $\{\mathbf{v}_1,\mathbf{v}_2\}$는 $E_A(2)$의 기저이다.

$$\therefore\ \dim(E_A(2))=2.$$ ◇

고유치에 관한 몇 가지 성질

정리 6.1.5

정사각행렬 A가 가역일 필요충분조건은 0이 A의 고유치가 아닐 것이다.

증명 A의 고유치 전체의 집합을 S라고 하면,

$$\begin{aligned}S&=\{\lambda\in \boldsymbol{R}\mid \det(\lambda I-A)=0\}\\&=\{\lambda\in \boldsymbol{R}\mid \det(A-\lambda I)=0\}.\end{aligned}$$

$$0\notin S \Leftrightarrow \det(A-0I)\neq 0 \Leftrightarrow \det(A)\neq 0.$$

$\det(A)\neq 0$은 A가 가역일 필요충분조건이다. ▮

보기 6 예제 6.1.4의 행렬 A는 0을 고유치로 갖지 않으므로 가역이다.

정리 6.1.6

A, B 가 닮은 행렬일때, A, B 는 같은 특성다항식을 가진다. (따라서 같은 고유치를 갖는다.)

증명 가역행렬 P가 있어서 $P^{-1}AP = B$ 이다. 이 때,

$$P^{-1}(xI - A)P = xP^{-1}P - P^{-1}AP = xI - B.$$

$$\therefore \det(xI - B) = \det(xI - A). \quad ▮$$

복소 고유치

행렬 $A = \begin{bmatrix} 2 & -1 \\ 1 & 2 \end{bmatrix}$의 특성방정식은 $\det \begin{bmatrix} x-2 & 1 \\ -1 & x-2 \end{bmatrix} = 0$, 즉,

$$(x-2)^2 + 1 = 0. \quad \cdots\cdots\cdots ①$$

방정식 ①은 실근을 갖지 않지만 스칼라를 복소수 범위로 확장하면 $2 \pm i$를 근으로 갖는다. 특성방정식의 복소수 근을 **복소 고유치**라고 한다. 복소 고유치 중 실수인 고유치를 **실 고유치**라고 한다.

보기 7

$$A = \begin{bmatrix} 2 & 1 & -1 \\ 0 & 3 & -1 \\ 0 & 1 & 3 \end{bmatrix}$$

에 대하여

$$xI - A = \begin{bmatrix} x-2 & -1 & 1 \\ 0 & x-3 & 1 \\ 0 & -1 & x-3 \end{bmatrix}.$$

$$\therefore \det(xI - A) = (x-2)((x-3)^2 + 1)$$
$$= (x-2)(x-(3+i))(x-(3-i)).$$

그러므로 A의 복소 고유치는 $2,\ 3+i,\ 3-i$ 이다.

NOTE 2 A가 $n \times n$ 행렬일 때, $\det(xI - A)$는 x에 관한 n차 다항식이므로 A는 n개 (중복도 포함)의 복소 고유치를 갖는다.

appEndix • • • • • • • • • • • • • • det A, tr (A)와 복소고유치

$n\times n$ 행렬 A 의 특성다항식은 복소수의 범위에서

$$p_A(x)=(x-\lambda_1)(x-\lambda_2)\cdots(x-\lambda_n) \qquad ①$$

와 같이 일차식으로 분해된다.

정리 1 $n\times n$ 행렬 A 에 대하여

(1) A 의 복소 고유치가 $\lambda_1, \lambda_2, \cdots, \lambda_n$일 때,

$$\det A=\lambda_1\lambda_2\cdots\lambda_n, \qquad \operatorname{tr}(A)=\lambda_1+\lambda_2\cdots+\lambda_n.$$

(2) $p_A(x)=x^n-\operatorname{tr}(A)\,x^{n-1}+\cdots+(-1)^n\det A$.

증명 $A=[a_{ij}]$ 라고 하자.

$$p_A(x)=\det(xI-A) \qquad ②$$

이므로 NoTE 1 의 증명에서

$$p_A(x)=(x-a_{11})(x-a_{22})\cdots(x-a_{nn})+q(x).$$

(단, $q(x)$는 어떤 $n-2$ 차 이하의 다항식).

$$\therefore\ p_A(x)=x^n-(a_{11}+a_{22}\cdots+a_{nn})\,x^{n-1}+r(x). \qquad ③$$

(단, $r(x)$는 어떤 $n-2$ 차 이하의 다항식).

①을 전개하면

$$p_A(x)=x^n-(\lambda_1+\lambda_2+\cdots+\lambda_n)\,x^{n-1}+\cdots+(-1)^n\lambda_1\lambda_2\cdots\lambda_n. \qquad ④$$

②, ④에 의하여

$$(-1)^n\lambda_1\lambda_2\cdots\lambda_n=p_A(0)=\det(-A).$$

$$\therefore\ \det A=\lambda_1\lambda_2\cdots\lambda_n$$

을 얻고, ③, ④에서 x^{n-1}의 계수를 비교하면

$$a_{11}+a_{22}+\cdots+a_{nn}=\lambda_1+\lambda_2+\cdots+\lambda_n.$$

즉,

$$\operatorname{tr}(A)=\lambda_1+\lambda_2+\cdots+\lambda_n.$$

따라서

$$p_A(x)=x^n-\operatorname{tr}(A)\,x^{n-1}+\cdots+(-1)^n\det A.$$

보기 $A=\begin{bmatrix}5 & -18\\ 1 & -1\end{bmatrix}$일 때, $\operatorname{tr}(A)=4$, $\det A=13$.

A의 특성다항식은 $p_A(x)=x^2-4x+13$.

A의 복소고유치는 $\lambda_1=2+3i$, $\lambda_2=2-3i$.

$\lambda_1+\lambda_2=4=\operatorname{tr}(A)$, $\lambda_1\lambda_2=13=\det A$.

6-1 E·X·E·R·C·I·S·E·S 연습문제

1 $\boldsymbol{R}^2$ 에서 다음 선형변환의 실 고유치 λ와 그에 대응하는 고유벡터 $\mathbf{v}$를 구하라.

(1) x 축에 관한 대칭이동

(2) 직선 $x + y = 0$ 에 관한 대칭이동

(3) 원점을 중심으로 하는 θ만큼의 회전이동

(4) 직선 $y = 2x$ 상에의 정사영

2 $\boldsymbol{R}^3$ 에서 다음 선형변환의 실 고유치와 고유벡터를 구하라.

(1) xy 평면에 관한 대칭이동

(2) 시점이 원점인 벡터 $\mathbf{u} = [1, 2, 3]^{\mathrm{T}}$ 을 회전축으로 시계 반대방향으로 θ 만큼의 회전이동시키는 일차변환

(3) 평면 $x + y + z = 0$ 에 관한 대칭이동

3 다음 행렬 A의 특성다항식, 고유치, 고유공간을 구하라.

(1) $A = \begin{bmatrix} 3 & 2 \\ 3 & -2 \end{bmatrix}$ (2) $A = \begin{bmatrix} 2 & -3 & 1 \\ 1 & -2 & 1 \\ 1 & -3 & 2 \end{bmatrix}$

4 행렬 A의 고유치 λ에 대응하는 고유벡터가 $\mathbf{x}$일 때, 임의의 스칼라 s에 대하여, $\lambda + s$는 $A + sI$의 고유치이고 $\mathbf{x}$는 대응하는 고유벡터임을 증명하라.

5 연습문제 3의 (1), (2)의 각 행렬 A에 대하여 $A + 100I$의 고유치와 고유공간을 구하라.

6 행렬 A의 고유치 λ에 대응하는 고유벡터가 $\mathbf{x}$일 때, 임의의 자연수 n에 대하여, 다음이 성립함을 증명하라.

(1) $A^n\mathbf{x} = \lambda^n\mathbf{x}$.

(2) A가 가역일 때, $A^{-n}\mathbf{x} = \frac{1}{\lambda^n}\mathbf{x}$.

6-1 · E · X · E · R · C · I · S · E · S · 연습문제

7 다음 행렬 A에 대하여 A^9의 고유치를 구하라.

(1) $A = \begin{bmatrix} 1 & 2 & 3 & 4 \\ 0 & 2 & 3 & 4 \\ 0 & 0 & 0 & 4 \\ 0 & 0 & 0 & 1/2 \end{bmatrix}$ (2) $A = \begin{bmatrix} 2 & 1 & 0 & 0 \\ 1 & 2 & 0 & 0 \\ 3 & 4 & 4 & 2 \\ 5 & 6 & 2 & 4 \end{bmatrix}$

8 정사각행렬 A와 A^T는 같은 특성다항식을 가짐을 보여라.

9 $a+b=c+d$일 때, $A = \begin{bmatrix} a & b \\ c & d \end{bmatrix}$의 고유치는 $a+b, a-c$임을 보여라.

10 $A^2 = A$를 만족하는 정사각행렬을 **멱등행렬**이라고 한다. 멱등행렬의 고유치는 0 또는 1임을 증명하라.

◀ 冪等行列 idempotent matrix

11 어떤 자연수 n이 있어서 $A^n = O$를 만족하는 정사각행렬을 **멱영행렬**이라고 한다. 멱영행렬의 실고유치는 0임을 증명하라.

◀ 冪零行列 nilpotent matrix

12 2×2 행렬 A에 대하여, $\mathrm{tr}(A) = 8, \det A = 12$일 때, A의 고유치를 구하라.

13 $\lambda_1, \cdots, \lambda_n$이 $n \times n$ 행렬 $A = [a_{ij}]$의 고유치일 때, 다음을 보여라.

$$\lambda_j = a_{jj} + \sum_{i \neq j} (a_{ii} - \lambda_i), \ (j = 1, \cdots, n).$$

14 행렬 A의 고유치 $\lambda \neq 0$에 대응하는 고유벡터가 $\mathbf{x}$일 때, 임의의 자연수 m에 대하여 $A^m\mathbf{x}$도 λ에 대응하는 고유벡터임을 보여라.

15 $n \times n$ 행렬 A의 고유치 λ에 대하여 $\mathrm{rank}(A - \lambda I) = k$일 때, $\dim(E_A(\lambda))$를 구하라.

6-1 · E · X · E · R · C · I · S · E · S · 연습문제

16 $\lambda = a + bi \in \boldsymbol{C}$가 $A \in \boldsymbol{R}^{n\times n}$의 고유치일 때, $\bar{\lambda} = a - bi$는 A의 고유치임을 보여라.

17 $\lambda = 1 + 2i$가 다음 행렬 A의 고유치가 되도록 실수 a, b를 정하라.

$$A = \begin{bmatrix} 3 & a \\ 1 & b \end{bmatrix}.$$

18 $A \in \boldsymbol{R}^{n\times n}$의 고유벡터 $\mathbf{x}_1, \cdots, \mathbf{x}_r$에 대하여, $W = \text{span}\{\mathbf{x}_1, \cdots, \mathbf{x}_r\}$ 이라고 할 때, 임의의 $\mathbf{x} \in W$에 $A\mathbf{x} \in W$ 임을 보여라.

19 $\mathbf{x}$가 $B = P^{-1}AP$의 고유치 λ에 대응하는 고유벡터일 때, $P\mathbf{x}$는 A의 고유치 λ에 대응하는 고유벡터 임을 보여라.

20 λ, μ는 A의 서로 다른 고유치라고 하자. $\mathbf{x}$가 λ에 대응하는 A의 고유벡터이고, $\mathbf{y}$가 μ에 대응하는 A^{T}의 고유벡터라고 할 때, $\mathbf{x} \perp \mathbf{y}$ 임을 보여라.

21 행렬 A의 고유치 $\lambda \neq 0$에 대하여, $E_A(\lambda) \subset CS(A)$ 임을 보여라.

22 $n \times n$ 행렬 A, B에 대하여 AB, BA는 같은 특성다항식을 가짐을 보여라.

23

$$A = \begin{bmatrix} 0 & 0 & \cdots & 0 & -c_0 \\ 1 & 0 & \cdots & 0 & -c_1 \\ 0 & 1 & \cdots & 0 & -c_2 \\ \vdots & \vdots & & \vdots & \vdots \\ 0 & 0 & \cdots & 1 & -c_{n-1} \end{bmatrix}$$

의 특성다항식은

$$p_A(x) = x^n + c_{n-1}x^{n-1} + \cdots + c_1 x + c_0$$

임을 보여라.

6-2 대각화

이 절의 학습내용

- 대각화 가능의 뜻 / • 대각화 가능의 조건
- 대수적 중복도와 대각화
- 대칭행렬의 대각화

행렬의 대각화

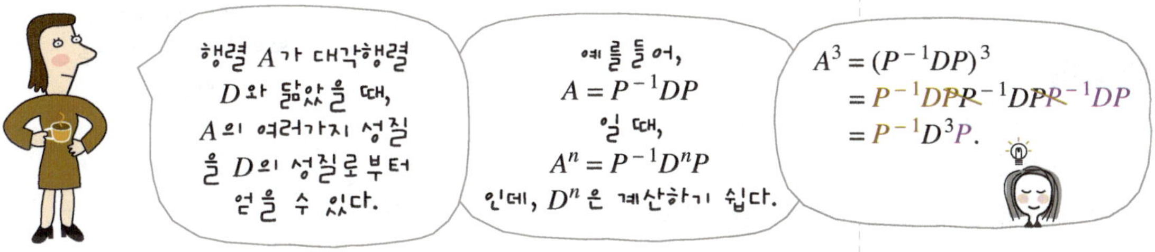

정의 $n \times n$ 행렬 A에 대하여, 대각행렬 D와 가역행렬 P가 있어서

$$P^{-1}AP = D$$

일 때, A는 **대각화 가능**하다고 한다. 이 때 P는 S를 **대각화한다**고 한다.

◀ 對角化可能 diagonalizable

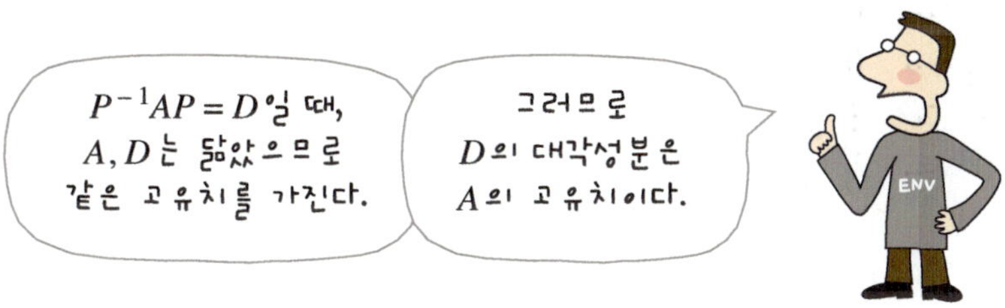

보기 1 $A=\begin{bmatrix}1&2\\-1&4\end{bmatrix}$, $P=\begin{bmatrix}2&1\\1&1\end{bmatrix}$, $D=\begin{bmatrix}2&0\\0&3\end{bmatrix}$

일 때,

$$P^{-1}AP=\begin{bmatrix}1&-1\\-1&2\end{bmatrix}\begin{bmatrix}1&2\\-1&4\end{bmatrix}\begin{bmatrix}2&1\\1&1\end{bmatrix}=\begin{bmatrix}2&0\\0&3\end{bmatrix}=D$$

이므로, A는 대각화 가능하다.

보기 2 $A=\begin{bmatrix}0&1\\0&0\end{bmatrix}$는 대각화 가능하지 않다.

∵ A의 고유치는 0 뿐이고, 대각성분을 0으로 하는 대각행렬은 O이므로, A가 대각화 가능하면 가역행렬 P가 있어서,

$$P^{-1}AP=O.$$

이 때, $O\neq A=POP^{-1}=O$가 되어 모순이다.

대각화 가능한 행렬은 어떤 행렬일까?

정리 6.2.1

$n\times n$ 행렬 A에 대하여 다음은 동치이다.

(i) A는 대각화 가능하다.

(ii) A는 n 개의 일차독립인 고유벡터를 가진다.

증명 (i) ⇒ (ii) : 가역행렬 P와 대각행렬 D가 있어서 $P^{-1}AP=D$라고 하면

$$AP=PD. \quad \cdots\cdots ①$$

$$P=[\mathbf{x}_1,\mathbf{x}_2,\cdots,\mathbf{x}_n] \quad \cdots\cdots ②$$

라고 하면 $\mathbf{x}_1,\mathbf{x}_2,\cdots,\mathbf{x}_n$은 일차독립 (∵ 가역행렬의 열들은 일차독립) 이고, 특히 $\mathbf{x}_i\neq\mathbf{0}$, $(i=1,2,\cdots,n)$, 이다.

$$D=\begin{bmatrix}\lambda_1&0&\cdots&0\\0&\lambda_2&\cdots&0\\\vdots&\vdots&\ddots&\vdots\\0&0&\cdots&\lambda_n\end{bmatrix} \quad \cdots\cdots ③$$

이라고 할 때, ①에 의하여

$$A[\mathbf{x}_1, \mathbf{x}_2, \cdots, \mathbf{x}_n] = [\mathbf{x}_1, \mathbf{x}_2, \cdots, \mathbf{x}_n]\begin{bmatrix} \lambda_1 & 0 & \cdots & 0 \\ 0 & \lambda_2 & \cdots & 0 \\ \vdots & \vdots & \ddots & \vdots \\ 0 & 0 & \cdots & \lambda_n \end{bmatrix}.$$

$$\therefore\ [A\mathbf{x}_1, A\mathbf{x}_2, \cdots, A\mathbf{x}_n] = [\lambda_1\mathbf{x}_1, \lambda_2\mathbf{x}_2, \cdots, \lambda_n\mathbf{x}_n].$$

$$\therefore\ A\mathbf{x}_i = \lambda_i\mathbf{x}_i, (i = 1, 2, \cdots, n).$$

따라서 $\mathbf{x}_1, \mathbf{x}_2, \cdots, \mathbf{x}_n$은 n개의 일차독립인 고유벡터이다.

(ii) ⇒ (i) : $\mathbf{x}_1, \mathbf{x}_2, \cdots, \mathbf{x}_n$이 일차독립인 고유벡터라고 할 때, 각 $i = 1, 2, \cdots, n$에 대하여 $A\mathbf{x}_i = \lambda_i\mathbf{x}_i$인 $\lambda_i \in \boldsymbol{R}$이 존재한다. 행렬 P, D를 ②, ③과 같이 정의하면 P는 가역행렬이고

$$\begin{aligned} AP &= A[\mathbf{x}_1, \mathbf{x}_2, \cdots, \mathbf{x}_n] = [A\mathbf{x}_1, A\mathbf{x}_2, \cdots, A\mathbf{x}_n] \\ &= [\lambda_1\mathbf{x}_1, \lambda_2\mathbf{x}_2, \cdots, \lambda_n\mathbf{x}_n] \\ &= [\mathbf{x}_1, \mathbf{x}_2, \cdots, \mathbf{x}_n]\begin{bmatrix} \lambda_1 & 0 & \cdots & 0 \\ 0 & \lambda_2 & \cdots & 0 \\ \vdots & \vdots & \ddots & \vdots \\ 0 & 0 & \cdots & \lambda_n \end{bmatrix} = PD. \end{aligned}$$

$$\therefore\ P^{-1}AP = D. \quad ∎$$

[정리 1.3.3]
P의 우측에 D를 곱한 것은 P의 1열, …, n열을 각각 λ_1배, …, λ_n배 한 것.

예제 6.2.2

예제 6.1.3의 행렬

$$A = \begin{bmatrix} 2 & 3 \\ 0 & 4 \end{bmatrix}$$

는 대각화 가능함을 보이고 A를 대각화 시켜라.

풀이 A의 고유치는 $\lambda_1 = 2, \lambda_2 = 4$이다.

$\lambda_1 = 2, \lambda_2 = 4$에 대응하는 고유벡터는 각각

$$\mathbf{x}_1 = \begin{bmatrix} 1 \\ 0 \end{bmatrix}, \mathbf{x}_2 = \begin{bmatrix} 3 \\ 2 \end{bmatrix}.$$ (∵ 예제 6.1.3)

$\mathbf{x}_1, \mathbf{x}_2$가 일차독립이므로 A는 대각화 가능하다. (∵ 정리 6.2.1)

$$P = [\mathbf{x}_1, \mathbf{x}_2] = \begin{bmatrix} 1 & 3 \\ 0 & 2 \end{bmatrix}, D = \begin{bmatrix} \lambda_1 & 0 \\ 0 & \lambda_2 \end{bmatrix} = \begin{bmatrix} 2 & 0 \\ 0 & 4 \end{bmatrix}$$

로 두면 $P^{-1}AP = D$이다. ◘

$$\underset{P^{-1}}{\begin{bmatrix} 1 & -3/2 \\ 0 & 1/2 \end{bmatrix}}\underset{A}{\begin{bmatrix} 2 & 3 \\ 0 & 4 \end{bmatrix}}\underset{P}{\begin{bmatrix} 1 & 3 \\ 0 & 2 \end{bmatrix}} = \underset{D}{\begin{bmatrix} 2 & 0 \\ 0 & 4 \end{bmatrix}}$$

다음 보조정리는 행렬의 대각화에 필요한 여러 가지 정보를 제공하는 바탕이 된다.

보조정리 6.2.3

$\lambda_1, \cdots, \lambda_r$이 A의 서로 다른 고유치이고 $\mathbf{x}_i \in E_A(\lambda_i), (i = 1, \cdots, r)$ 이라고 할 때,

$$\mathbf{x}_1 + \cdots + \mathbf{x}_r = \mathbf{0} \Rightarrow \mathbf{x}_1 = \cdots = \mathbf{x}_r = \mathbf{0}.$$

증명 r에 관한 귀납법으로 증명한다.

$r = 1$일 때는, 명백히, 보조정리가 성립한다. $r \geq 2$라고 하자.

$$\mathbf{x}_1 + \mathbf{x}_2 + \cdots + \mathbf{x}_r = \mathbf{0} \quad \cdots\cdots \text{①}$$

의 양변의 좌측에 A를 곱하면

$$A\mathbf{x}_1 + A\mathbf{x}_2 + \cdots + A\mathbf{x}_r = \mathbf{0}.$$

$$\therefore\ \lambda_1\mathbf{x}_1 + \lambda_2\mathbf{x}_2 + \cdots + \lambda_r\mathbf{x}_r = \mathbf{0}. \quad \cdots\cdots \text{②}$$

①의 양변에 λ_r을 곱하면

$$\lambda_r\mathbf{x}_1 + \lambda_r\mathbf{x}_2 + \cdots + \lambda_r\mathbf{x}_r = \mathbf{0}. \quad \cdots\cdots \text{③}$$

②에서 ③을 변끼리 빼면

$$(\lambda_1 - \lambda_r)\mathbf{x}_1 + \cdots + (\lambda_{r-1} - \lambda_r)\mathbf{x}_{r-1} = \mathbf{0}.$$

$(\lambda_1 - \lambda_r)\mathbf{x}_1 \in E_A(\lambda_1)$, $(\lambda_{r-1} - \lambda_r)\mathbf{x}_{r-1} \in E_A(\lambda_{r-1})$

귀납법에 의하여,

$$(\lambda_i - \lambda_r)\mathbf{x}_i = \mathbf{0}, (i = 1, \cdots, r-1)$$

이고, $\lambda_i - \lambda_r \neq 0, (i = 1, \cdots, r-1)$, 이므로

$$\mathbf{x}_1 = \cdots = \mathbf{x}_{r-1} = \mathbf{0}. \quad \cdots\cdots \text{④}$$

①, ④에 의하여 $\mathbf{x}_r = \mathbf{0}$. ▮

따름정리 6.2.4

A의 서로 다른 고유치 $\lambda_1, \cdots, \lambda_r$ 각각에 대응하는 고유벡터 $\mathbf{x}_1, \cdots, \mathbf{x}_r$은 일차독립이다.

증명

$$a_1\mathbf{x}_1 + \cdots + a_r\mathbf{x}_r = \mathbf{0}, \ (a_1, \cdots, a_r \in \boldsymbol{R})$$

$a_1\mathbf{x}_1 \in E_A(\lambda_1)$, $a_r\mathbf{x}_r \in E_A(\lambda_r)$

이라고 하면, 보조정리 6.2.3 에 의하여

$$a_1\mathbf{x}_1 = \cdots = a_r\mathbf{x}_r = \mathbf{0}. \quad \therefore\ a_1 = \cdots = a_r = 0. \ ▮$$

따름정리 6.2.5

$n \times n$ 행렬 A가 n 개의 서로 다른 고유치를 가질 때, A는 대각화 가능하다.

증명 n 개의 서로 다른 고유치에 대응하는 n 개의 고유벡터들은 일차독립이다. ∎

보기 3 3×3 행렬

$$A = \begin{bmatrix} 1 & 0 & 0 \\ 1 & 2 & 0 \\ 1 & 2 & 3 \end{bmatrix}$$

은 3 개의 서로 다른 고유치 $1, 2, 3$을 가지므로 대각화 가능하다.

대수적 중복도와 대각화

행렬 A의 고유치 λ에 대하여, λ가 $p_A(x)$의 k 중근일 때, k를 λ의 **대수적 중복도**라 하고 $\mathrm{am}(\lambda)$로 나타낸다.

보기 4 행렬

$$A = \begin{bmatrix} \lambda & 0 & 0 \\ 1 & \lambda & 0 \\ 1 & 1 & \mu \end{bmatrix}, (\text{단}, \lambda \neq \mu),$$

에 대하여 $p_A(x) = (x-\lambda)^2(x-\mu)$ 이다.

A의 고유치 λ, μ의 대수적 중복도는 각각 $2, 1$, 즉,

$$\mathrm{am}(\lambda) = 2, \ \mathrm{am}(\mu) = 1.$$

보조정리 6.2.6

정사각행렬 A의 각 고유치 λ에 대하여

$$\dim(E_A(\lambda)) \leq \mathrm{am}(\lambda).$$

증명 appendix 1 참조. ∎

$n \times n$ 행렬 A에 대하여

$$p_A(x) = (x-\lambda)^k (x-\mu)^l,$$
$$(k \geq 1,\ l \geq 1,\ k+l=n)$$

이라 하자.

$$\{\mathbf{x}_1, \cdots, \mathbf{x}_r\}, \{\mathbf{y}_1, \cdots, \mathbf{y}_s\}$$

를 각각 $E_A(\lambda), E_A(\mu)$의 기저라고 하면

$$\mathbf{x}_1, \cdots, \mathbf{x}_r, \mathbf{y}_1, \cdots, \mathbf{y}_s \quad \cdots\cdots\cdots\cdots ①$$

는 A의 최대 개수의 일차독립인 고유벡터이다.

∵ 스칼라 $a_1, \cdots, a_r, b_1, \cdots, b_s$에 대하여

$$\underbrace{a_1\mathbf{x}_1 + \cdots + a_r\mathbf{x}_r}_{\in E_A(\lambda)} + \underbrace{b_1\mathbf{y}_1 + \cdots + b_s\mathbf{y}_s}_{\in E_A(\mu)} = \mathbf{0}$$

이라고 하면 보조정리 6.2.3에 의하여

$$a_1\mathbf{x}_1 + \cdots + a_r\mathbf{x}_r = \mathbf{0},\quad b_1\mathbf{y}_1 + \cdots + b_s\mathbf{y}_s = \mathbf{0}.$$

$$\therefore\ a_1 = \cdots = a_r = 0, \qquad b_1 = \cdots = b_s = 0.$$

따라서 ①의 벡터들은 일차독립이다.

이들이 일차독립인 고유벡터의 집합 중 원소의 개수가 최대인 것은 명백하다. ◆

이 때,

$$r = \dim(E_A(\lambda)) \leq k, \quad s = \dim(E_A(\mu)) \leq l.$$

(보조정리 6.2.6, 보조정리 6.2.6)

$$\therefore\ r+s \leq k+l=n. \quad \cdots\cdots\cdots\cdots ②$$

이상의 상황에서 다음은 동치이다.

(i) A가 n개의 일차독립인 고유벡터를 가진다.

(ii) ②에서 등호가 성립한다.

(iii) $\dim(E_A(\lambda)) = k = \mathrm{am}(\lambda)$, $\dim(E_A(\mu)) = l = \mathrm{am}(\mu)$.

이와 같은 논리에 의하여 일반적으로 다음 정리가 성립한다.

정리 6.2.7

정사각 행렬 A가 대각화 가능할 필요충분조건은 A의 각 고유치 λ에 대하여 $\dim(E_A(\lambda)) = \mathrm{am}(\lambda)$일 것이다.

9×9 행렬 A에 대하여

$$p_A(x)=(x-\lambda)^2(x-\mu)^3(x-\nu)^4$$

라고 하자. (단, λ,μ,ν는 서로 다른 스칼라).

이 때, A의 대각화는 다음과 같이 할 수 있다.

- $\dim(E_A(\lambda))<2$ 또는 $\dim(E_A(\mu))<3$ 또는 $\dim(E_A(\nu))<4$ 이면 A는 대각화 불가능!

- $\dim(E_A(\lambda))=2,\ \dim(E_A(\mu))=3,\ \dim(E_A(\nu))=3$일 때, 먼저, 각 고유공간의 기저를 찾는다.

$E_A(\lambda)$의 기저	$E_A(\mu)$의 기저	$E_A(\nu)$의 기저
$\mathbf{x}_1,\ \mathbf{x}_2$	$\mathbf{y}_1,\ \mathbf{y}_2,\ \mathbf{y}_3$	$\mathbf{z}_1,\ \mathbf{z}_2,\ \mathbf{z}_3,\ \mathbf{z}_4$

이들 기저의 벡터로써, P, D를 다음과 같이 구성한다.

$$P=[\ \mathbf{x}_1,\mathbf{x}_2,\mathbf{y}_1,\mathbf{y}_2,\mathbf{y}_3,\mathbf{z}_1,\mathbf{z}_2,\mathbf{z}_3,\mathbf{z}_4\ ],$$

$$D=\begin{bmatrix}\lambda&0&0&0&0&0&0&0&0\\0&\lambda&0&0&0&0&0&0&0\\0&0&\mu&0&0&0&0&0&0\\0&0&0&\mu&0&0&0&0&0\\0&0&0&0&\mu&0&0&0&0\\0&0&0&0&0&\nu&0&0&0\\0&0&0&0&0&0&\nu&0&0\\0&0&0&0&0&0&0&\nu&0\\0&0&0&0&0&0&0&0&\nu\end{bmatrix}.$$

보기 5 행렬

$$A=\begin{bmatrix}3&1\\0&3\end{bmatrix}$$

의 특성다항식은 $p_A(x)=(x-3)^2$이고, am(3) = 2이다.

$$A-3I=\begin{bmatrix}0&1\\0&0\end{bmatrix}$$

이므로 rank$(A-3I)=1$이고, 따라서

$$\dim E_A(3)=\text{nullity}(A-3I)=2-1=1<2=\text{am}(3).$$

그러므로 A는 대각화 가능하지 않다.

예제 6.2.8

예제 6.1.4 의 행렬

$$A = \begin{bmatrix} 0 & 0 & -2 \\ 1 & 2 & 1 \\ 1 & 0 & 3 \end{bmatrix}$$

를 대각화 하라.

풀이 6.1절 보기 4에 의하여 $p_A(x) = (x-1)(x-2)^2$.

$$A - 1I = \begin{bmatrix} -1 & 0 & -2 \\ 1 & 1 & 1 \\ 1 & 0 & 2 \end{bmatrix} \xrightarrow{\text{ERO's}} \begin{bmatrix} 1 & 0 & 2 \\ 0 & 1 & -1 \\ 0 & 0 & 0 \end{bmatrix}$$

이므로 $\operatorname{rank}(A - 1I) = 2$이고 따라서

$$\dim(E_A(1)) = 3 - \operatorname{rank}(A - 1I) = 1 = \operatorname{am}(1).$$

$$A - 2I = \begin{bmatrix} -2 & 0 & -2 \\ 1 & 0 & 1 \\ 1 & 0 & 1 \end{bmatrix} \xrightarrow{\text{ERO's}} \begin{bmatrix} 1 & 0 & 1 \\ 0 & 0 & 0 \\ 0 & 0 & 0 \end{bmatrix}$$

이므로 $\operatorname{rank}(A - 2I) = 1$이고, 따라서

$$\dim(E_A(2)) = 3 - \operatorname{rank}(A - 1I) = 2 = \operatorname{am}(2).$$

그러므로 A는 대각화 가능하다.

고유치 1에 대응하는 일차독립인 1개의 고유벡터로

$$\mathbf{x}_1 = \begin{bmatrix} -2 \\ 1 \\ 1 \end{bmatrix} \quad \leftarrow E_A(1) \text{의 기저}$$

을 잡고, 고유치 2에 대응하는 일차독립인 2개의 고유벡터로

$$\mathbf{x}_2 = \begin{bmatrix} -1 \\ 0 \\ 1 \end{bmatrix}, \mathbf{x}_3 = \begin{bmatrix} 0 \\ 1 \\ 0 \end{bmatrix} \quad \leftarrow E_A(2) \text{의 기저}$$

을 잡는다.

$$P = [\mathbf{x}_1, \mathbf{x}_2, \mathbf{x}_3] = \begin{bmatrix} -2 & -1 & 0 \\ 1 & 0 & 1 \\ 1 & 1 & 0 \end{bmatrix},$$

$$D = \begin{bmatrix} \lambda & 0 & 0 \\ 0 & \mu & 0 \\ 0 & 0 & \mu \end{bmatrix} = \begin{bmatrix} 1 & 0 & 0 \\ 0 & 2 & 0 \\ 0 & 0 & 2 \end{bmatrix}$$

로 두면 P는 가역이고

$$P^{-1}AP = D. \quad ◘$$

대칭행렬의 대각화

정사각 행렬 A에 대하여

$$Q^{\mathrm{T}}AQ = D$$

를 만족하는 직교행렬 Q와 대각행렬 D가 존재할 때, A는 **직교적으로 대각화가능**하다고 한다.

보조정리 6.2.9

실 대칭행렬의 모든 복소고유치는 실수이다.

증명 appendix 2 참조. ∎

정리 6.2.10

$A \in \boldsymbol{R}^{n \times n}$에 대하여 다음은 동치이다.

(i) A는 대칭행렬이다.

(ii) A는 직교적으로 대각화 가능하다.

증명 (i) ⟹ (ii) : 행렬의 차수 n에 관한 귀납법으로 증명한다.

$n = 1$일 때는 명백하다. $n \geq 2$이라고 하자.

보조정리 6.2.10에 의하여 A는 실고유치 λ를 가진다. λ에 대응하는 크기가 1인 고유벡터 $\mathbf{x}_1 \in \boldsymbol{R}^n$을 잡고, $\{\mathbf{x}_1\}$을 $\boldsymbol{R}^n$의 정규직교 기저 $\{\mathbf{x}_1, \mathbf{x}_2, \cdots, \mathbf{x}_n\}$로 확장한다.

$$P = [\mathbf{x}_1, \mathbf{x}_2, \cdots, \mathbf{x}_n] \quad \cdots\cdots \text{②}$$

으로 두면 P는 직교행렬이다. 이 때,

$$(P^{\mathrm{T}}AP\text{의 제 1 열}) = (P^{\mathrm{T}}A\mathbf{x}_1) = P^{\mathrm{T}}\lambda\mathbf{x}_1 = \lambda P^{\mathrm{T}}\mathbf{x}_1 = \lambda\mathbf{e}_1.$$

$P^{\mathrm{T}}AP$는 대칭행렬 $(\because (P^{\mathrm{T}}AP)^{\mathrm{T}} = P^{\mathrm{T}}A^{\mathrm{T}}P^{\mathrm{TT}} = P^{\mathrm{T}}AP)$ 이므로

$$(P^{\mathrm{T}}AP\text{의 제 1 행}) = (P^{\mathrm{T}}AP\text{의 제 1 열})^{\mathrm{T}} = \lambda\mathbf{e}_1^{\mathrm{T}}.$$

따라서 $P^{\mathrm{T}}AP$는 다음 꼴의 행렬이다.

$$P^{\mathrm{T}}AP = \begin{bmatrix} \lambda_1 & 0 & \cdots & 0 \\ 0 & & & \\ \vdots & & B & \\ 0 & & & \end{bmatrix}.$$

$P^{\mathrm{T}}AP$가 대칭행렬이므로 B도 대칭행렬이고, 따라서 귀납법에 의하여

$$S^{\mathrm{T}}BS = E$$

을 만족하는 직교행렬 S와 대각행렬 E가 존재한다.

$$U = \begin{bmatrix} 1 & 0 & \cdots & 0 \\ 0 & & & \\ \vdots & & S & \\ 0 & & & \end{bmatrix}$$

로 두면 U는 직교행렬이다.

$$\because \quad U^{\mathrm{T}}U = \begin{bmatrix} 1 & 0 & \cdots & 0 \\ 0 & & & \\ \vdots & & S^{\mathrm{T}}S & \\ 0 & & & \end{bmatrix} = \begin{bmatrix} 1 & 0 & \cdots & 0 \\ 0 & & & \\ \vdots & & I_{n-1} & \\ 0 & & & \end{bmatrix} = I_n.$$

$Q = PU$로 두면 Q는 직교행렬이다. (∵ 직교행렬의 곱)

이제,

$$\begin{aligned} Q^{\mathrm{T}}AQ &= U^{\mathrm{T}}P^{\mathrm{T}}APU \\ &= \begin{bmatrix} 1 & 0 & \cdots & 0 \\ 0 & & & \\ \vdots & & S^{\mathrm{T}} & \\ 0 & & & \end{bmatrix} \begin{bmatrix} \lambda_1 & 0 & \cdots & 0 \\ 0 & & & \\ \vdots & & B & \\ 0 & & & \end{bmatrix} \begin{bmatrix} 1 & 0 & \cdots & 0 \\ 0 & & & \\ \vdots & & S & \\ 0 & & & \end{bmatrix} \\ &= \begin{bmatrix} \lambda_1 & 0 & \cdots & 0 \\ 0 & & & \\ \vdots & & S^{\mathrm{T}}BS & \\ 0 & & & \end{bmatrix} = \begin{bmatrix} \lambda_1 & 0 & \cdots & 0 \\ 0 & & & \\ \vdots & & E & \\ 0 & & & \end{bmatrix} = D. \end{aligned}$$

D로 둔다.

(ii) ⟹ (i) : 직교행렬 Q와 대각행렬 D가 있어서 $Q^{\mathrm{T}}AQ = D$라고 할 때,
$A = QDQ^{\mathrm{T}}$이므로

$$A^{\mathrm{T}} = (QDQ^{\mathrm{T}})^{\mathrm{T}} = (Q^{\mathrm{T}})^{\mathrm{T}}D^{\mathrm{T}}Q^{\mathrm{T}} = (Q^{\mathrm{T}})^{\mathrm{T}}D^{\mathrm{T}}Q^{\mathrm{T}} = QDQ^{\mathrm{T}} = A,$$

즉, A는 대칭행렬이다. ▮

대칭행렬의 직교적 대각화의 구체적인 방법에 대하여 알아 보자.

보조정리 6.2.11

실 대칭행렬 A의 서로 다른 고유치 λ, μ에 대응하는 고유벡터 $\mathbf{x}, \mathbf{y}$는 직교한다.

증명 $A\mathbf{x} = \lambda\mathbf{x},\ A\mathbf{y} = \mu\mathbf{y}$ 이므로

$$\mathbf{x}^{\mathrm{T}}A\mathbf{y} = \mathbf{x}^{\mathrm{T}}(A\mathbf{y}) = \mathbf{x}^{\mathrm{T}}\mu\mathbf{y} = \mu\mathbf{x}^{\mathrm{T}}\mathbf{y},$$
$$\mathbf{x}^{\mathrm{T}}A\mathbf{y} = \mathbf{x}^{\mathrm{T}}A^{\mathrm{T}}\mathbf{y} = (A\mathbf{x})^{\mathrm{T}}\mathbf{y} = (\lambda\mathbf{x})^{\mathrm{T}}\mathbf{y} = \lambda\mathbf{x}^{\mathrm{T}}\mathbf{y}.$$
$$\therefore\ \lambda\mathbf{x}^{\mathrm{T}}\mathbf{y} = \mu\mathbf{x}^{\mathrm{T}}\mathbf{y}.\quad \therefore\ (\lambda-\mu)\mathbf{x}^{\mathrm{T}}\mathbf{y} = 0.$$

$\lambda - \mu \neq 0$ 이므로 $\mathbf{x}^{\mathrm{T}}\mathbf{y} = 0$. $\therefore\ \mathbf{x} \perp \mathbf{y}$. ▮

6×6 대칭행렬 A에 대하여

$$p_A(x) = (x-\lambda)(x-\mu)^2(x-\nu)^3$$

이라고 하자. (단, λ, μ, ν는 서로 다른 스칼라).

- 먼저 $E_A(\lambda),\ E_A(\mu),\ E_A(\nu)$ 의 기저를 찾는다.

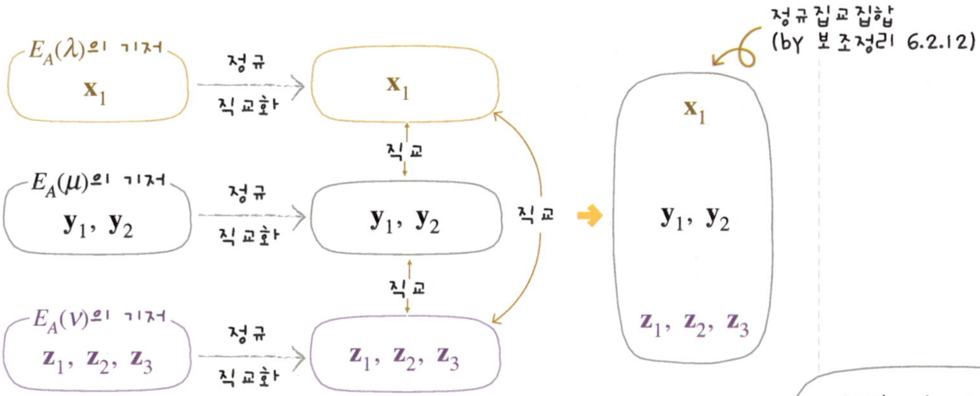

- 이들 벡터로써, Q, D를 다음과 같이 구성한다.

$$Q = [\mathbf{x}_1, \mathbf{y}_1, \mathbf{y}_2, \mathbf{z}_1, \mathbf{z}_2, \mathbf{z}_3],\quad D = \begin{bmatrix} \lambda & 0 & 0 & 0 & 0 & 0 \\ 0 & \mu & 0 & 0 & 0 & 0 \\ 0 & 0 & \mu & 0 & 0 & 0 \\ 0 & 0 & 0 & \nu & 0 & 0 \\ 0 & 0 & 0 & 0 & \nu & 0 \\ 0 & 0 & 0 & 0 & 0 & \nu \end{bmatrix}.$$

예제 6.2.12

행렬

$$A = \begin{bmatrix} 4 & 2 & 2 \\ 2 & 4 & 2 \\ 2 & 2 & 4 \end{bmatrix}$$

를 직교적으로 대각화 하라.

풀 이 A 의 특성다항식은 $p_A(x) = (x-2)^2(x-8)$ 이므로, A 의 고유치는 2, 8이다.

- $$A - 2I = \begin{bmatrix} 2 & 2 & 2 \\ 2 & 2 & 2 \\ 2 & 2 & 2 \end{bmatrix} \xrightarrow{\text{ERO's}} \begin{bmatrix} 1 & 1 & 1 \\ 0 & 0 & 0 \\ 0 & 0 & 0 \end{bmatrix}$$

이므로 rank $(A-2I) = 1$이고 따라서

$$\dim(E_A(2)) = 3 - 1 = 2.$$

고유치 2에 대응하는 일차독립인 2개의 고유벡터로

$$\mathbf{x}_1 = \begin{bmatrix} -1 \\ 1 \\ 0 \end{bmatrix}, \ \mathbf{x}_2 = \begin{bmatrix} -1 \\ 0 \\ 1 \end{bmatrix}$$

을 잡을 수 있다.

- $$A - 8I = \begin{bmatrix} -4 & 2 & 2 \\ 2 & -4 & 2 \\ 2 & 2 & -4 \end{bmatrix} \xrightarrow{\text{ERO's}} \begin{bmatrix} 1 & 0 & -1 \\ 0 & 1 & -1 \\ 0 & 0 & 0 \end{bmatrix}$$

이므로 rank $(A-1I) = 2$이고 따라서

$$\dim(E_A(8)) = 3 - 2 = 1.$$

고유치 8에 대응하는 일차독립인 1개의 고유벡터로

$$\mathbf{y}_1 = \begin{bmatrix} 1 \\ 1 \\ 1 \end{bmatrix}$$

을 잡을 수 있다.

- $\{\mathbf{x}_1, \mathbf{x}_2\}$ 를 정규직교화 시키면

$$\mathbf{u}_1 = \begin{bmatrix} -1/\sqrt{2} \\ 1/\sqrt{2} \\ 0 \end{bmatrix}, \ \mathbf{u}_2 = \begin{bmatrix} 1/\sqrt{6} \\ 1/\sqrt{6} \\ -2/\sqrt{6} \end{bmatrix}$$

를 얻고, $\{\mathbf{y}_1\}$ 을 정규직교화 시키면

$$\mathbf{v}_1 = \begin{bmatrix} 1/\sqrt{3} \\ 1/\sqrt{3} \\ 2/\sqrt{3} \end{bmatrix}$$

를 얻는다.

$$Q = [\mathbf{u}_1, \mathbf{u}_2, \mathbf{v}_1] = \begin{bmatrix} -1/\sqrt{2} & 1/\sqrt{6} & 1/\sqrt{3} \\ 1/\sqrt{2} & 1/\sqrt{6} & 1/\sqrt{3} \\ 0 & -2/\sqrt{6} & 2/\sqrt{3} \end{bmatrix},$$

$$D = \begin{bmatrix} 2 & 0 & 0 \\ 0 & 2 & 0 \\ 0 & 0 & 8 \end{bmatrix}$$

로 두면 Q는 직교행렬이고

$$Q^{\mathrm{T}}AQ = D.$$ ◇

실 대칭행렬을 실수의 범위에서 직교적으로 대각화하는 방법은 참고문헌 6에 소개되어 있다.

appendix 1 · · · · · · · · · · · · · · · dim $(E_A(\lambda)) \le \mathrm{am}(\lambda)$

정리 1 정사각행렬 A의 각 고유치 λ에 대하여

$$\dim(E_A(\lambda)) \le \mathrm{am}(\lambda).$$

증명 A가 $n\times n$ 행렬이라 하고 $\{\mathbf{x}_1, \cdots, \mathbf{x}_r\}$ 을 $E_A(\lambda)$ 의 기저라고 하자. $\{\mathbf{x}_1, \cdots, \mathbf{x}_r\}$ 을 $\boldsymbol{R}^n$의 기저 $\{\mathbf{x}_1, \cdots, \mathbf{x}_r, \mathbf{x}_{r+1}, \cdots, \mathbf{x}_n\}$로 확장한다.

$$S = [\mathbf{x}_1, \cdots, \mathbf{x}_n]$$

으로 두면 S는 $n\times n$ 가역행렬이고

$$S^{-1}\mathbf{x}_i = \mathbf{e}_i, (i = 1, \cdots, n).$$

이제,

$$\begin{aligned}
S^{-1}AS &= S^{-1}A[\mathbf{x}_1, \cdots, \mathbf{x}_n] \\
&= S^{-1}[A\mathbf{x}_1, \cdots, A\mathbf{x}_n] \\
&= S^{-1}[\lambda\mathbf{x}_1, \cdots, \lambda\mathbf{x}_r, \mathbf{y}_{r+1}, \cdots, \mathbf{y}_n] \\
&= [\lambda S^{-1}\mathbf{x}_1, \cdots, \lambda S^{-1}\mathbf{x}_r, S^{-1}\mathbf{y}_{r+1}, \cdots, S^{-1}\mathbf{y}_n] \\
&= [\lambda\mathbf{e}_1, \cdots, \lambda\mathbf{e}_r, \mathbf{z}_{r+1}, \cdots, \mathbf{z}_n] \\
&= \left[\begin{array}{ccc|ccc}
\lambda & \cdots & 0 & * & \cdots & * \\
\vdots & \ddots & \vdots & \vdots & & \vdots \\
0 & \cdots & \lambda & * & \cdots & * \\
\hline
0 & \cdots & 0 & & & \\
\vdots & & \vdots & & B & \\
0 & \cdots & 0 & & &
\end{array}\right].
\end{aligned}$$

$$\begin{aligned}
\therefore\ p_A(x) &= p_{S^{-1}AS}(x) = \det(xI - S^{-1}AS) \\
&= \det\left[\begin{array}{ccc|ccc}
x-\lambda & \cdots & 0 & * & \cdots & * \\
\vdots & \ddots & \vdots & \vdots & & \vdots \\
0 & \cdots & x-\lambda & * & \cdots & * \\
\hline
0 & \cdots & 0 & & & \\
\vdots & & \vdots & & xI-B & \\
0 & \cdots & 0 & & &
\end{array}\right]. \\
&= (x-\lambda)^r\det(x-B) = (x-\lambda)^r g(x).
\end{aligned}$$

그러므로 $p_A(x)$ 는 일차식으로 인수분해했을 때, r개 이상의 $x-\lambda$ 을 인수로 가진다. 따라서 $r \le \mathrm{am}(\lambda)$.

appEndix 2 Hermite 행렬

정의 복소수 $z = x + iy$, $(x, y \in \boldsymbol{R})$ 의 켤레복소수를 $\bar{z}$ 로 나타낸다. 즉,

$$\bar{z} = x - iy.$$

$A = [a_{ij}] \in \boldsymbol{C}^{m \times n}$ 에 대하여 $\bar{A}, A^*$를 각각

$$\bar{A} = [\bar{a}_{ij}],\ A^* = (\bar{A})^{\mathrm{T}}$$

로 정의한다.

보조정리 1 $A, B \in \boldsymbol{C}^{n \times n}$, $\alpha \in \boldsymbol{C}$에 대하여 다음이 성립한다.

(1) $(A^*)^* = A$ (2) $(\alpha A)^* = \bar{\alpha} A^*$

(3) $(A + B)^* = A^* + B^*$ (4) $(AB)^* = B^* A^*$

증명 (4) $A = [a_{ij}], B = [b_{ij}], AB = [c_{ij}]$ 일 때,

$$c_{ij} = a_{i1}b_{1j} + \cdots + a_{in}b_{nj}. \quad \therefore\ \bar{c}_{ij} = \bar{a}_{i1}\bar{b}_{1j} + \cdots + \bar{a}_{in}\bar{b}_{nj}.$$

그러므로 $\overline{AB} = \bar{A}\bar{B}$ 이다. 이제,

$$(AB)^* = (\overline{AB})^{\mathrm{T}} = (\bar{A}\bar{B})^{\mathrm{T}} = (\bar{B})^{\mathrm{T}}(\bar{A})^{\mathrm{T}} = B^* A^*.$$

정의 $\boldsymbol{C}$ 상의 벡터공간 V의 복소내적이란 각 쌍의 벡터 $\mathbf{u}, \mathbf{v}$에 하나의 복소수 $\langle \mathbf{u}, \mathbf{v} \rangle$를 대응시키는 연산으로서 다음 조건을 만족하는 것이다. (여기서, $\mathbf{u}, \mathbf{v}, \mathbf{w}$는 임의의 벡터이고 α는 임의의 복소수).

(i) $\langle \mathbf{u}, \mathbf{v} \rangle = \overline{\langle \mathbf{v}, \mathbf{u} \rangle}$

(ii) $\langle \mathbf{u} + \mathbf{v}, \mathbf{w} \rangle = \langle \mathbf{u}, \mathbf{w} \rangle + \langle \mathbf{v}, \mathbf{w} \rangle$

(iii) $\langle \alpha\mathbf{u}, \mathbf{v} \rangle = \bar{\alpha}\langle \mathbf{u}, \mathbf{v} \rangle$

(iv) $\langle \mathbf{v}, \mathbf{v} \rangle \geq 0$ 이고, 등호가 성립할 필요충분조건은 $\mathbf{v} = \mathbf{0}$.

이 때, $\mathbf{v}$의 크기는 $\|\mathbf{v}\| = \langle \mathbf{v}, \mathbf{v} \rangle^{1/2}$ 이다.

보기 $\mathbf{z}, \mathbf{w} \in \boldsymbol{C}^n$ 에 대하여, $\langle \mathbf{z}, \mathbf{w} \rangle = \mathbf{z}^*\mathbf{w}$로 정의된 $\langle\ ,\ \rangle$는 $\boldsymbol{C}^n$ 상의 복소내적이다.

증명 조건 (iv) 만 증명한다. $\mathbf{z} = [z_1, \cdots, z_n]^{\mathrm{T}} \neq \mathbf{0}$ 일 때, z_i 중 하나는 영이 아니므로

$$\mathbf{z}^*\mathbf{z} = \bar{z}_1 z_1 + \cdots + \bar{z}_n z_n = |z_1|^2 + \cdots + |z_n|^2 > 0.$$

$\boldsymbol{R}^n$ 의 경우와 마찬가지로, 위의 보기의 내적 $\langle \mathbf{z}, \mathbf{w} \rangle = \mathbf{z}^*\mathbf{w}$에 대하여, $\boldsymbol{C}^n$ 의 정규직교기저를 생각할 수 있으며, 또한 일단의 일차독립인 벡터들을 $\boldsymbol{C}^n$ 의 기저로 확대할 수 있다.

정의 $A^* = A$ 를 만족하는 정사각행렬 A를 **Hermite 행렬**이라고 한다.

보기 $A = \begin{bmatrix} 1 & 2-i \\ 2+i & 3 \end{bmatrix}$는 Hermite 행렬이다.

정리 2 Hermite 행렬 $A \in \boldsymbol{C}^{n \times n}$ 의 복소고유치는 실수이다.

증명 λ를 A의 복소고유치라 하고, λ에 대응하는 고유벡터를 $\mathbf{z}$라고 하면

$$\mathbf{z}^* A\mathbf{z} = \mathbf{z}^* \lambda \mathbf{z} = \lambda \mathbf{z}^* \mathbf{z},$$

$$\mathbf{z}^* A\mathbf{z} = \mathbf{z}^* A^* \mathbf{z} = (A\mathbf{z})^* \mathbf{z} = (\lambda \mathbf{z})^* \mathbf{z} = \bar{\lambda}\, \mathbf{z}^* \mathbf{z}.$$

$\therefore\ \bar{\lambda}\, \mathbf{z}^* \mathbf{z} = \lambda \mathbf{z}^* \mathbf{z}$. $\mathbf{z}^* \mathbf{z} \neq 0$이므로 $\bar{\lambda} = \lambda$이고, 따라서 λ는 실수이다.

따름정리 3 실 대칭행렬의 임의의 복소고유치는 실수이다.

증명 실 대칭행렬은 Hermite 행렬이다.

정의 $U^* U = I$ 를 만족하는 정사각행렬 U를 **유니타리행렬**이라고 한다.

유니타리행렬의 개념은 실 직교행렬의 복소행렬 버젼이다. 직교행렬의 경우와 마찬가지로, $U = [\mathbf{x}_1, \cdots, \mathbf{x}_n]$ 이 유니타리행렬일 필요충분조건은 $\{\mathbf{x}_1, \cdots, \mathbf{x}_n\}$이 $\boldsymbol{C}^n$ 의 정규직교기저일 것이다.

정리 4 (**슈어의 정리**) 임의의 $A \in \boldsymbol{C}^{n \times n}$ 에 대하여

$$U^* AU = T$$

을 만족하는 유니타리행렬 U와 상방삼각행렬 T가 존재한다.

증명 연습문제 18.

따름정리 5 Hermite 행렬 $A \in \boldsymbol{C}^{n \times n}$ 에 대하여

$$U^* AU = D$$

을 만족하는 유니타리행렬 U와 대각행렬 D가 존재한다.

증명 정리 4에 의하여 $U^* AU = T$ 을 만족하는 유니타리행렬 U와 상방삼각행렬 T가 존재한다. 이 때,

$$T^* = (U^* AU)^* = U^* A^* U^{**} = U^* AU = T.$$

그러므로 T는 대각행렬이다.

6-2 EXERCISES 연습문제

1 다음 행렬의 대각화 가능성을 판정하고 대각화 가능한 행렬은 대각화 시켜라.

(1) $A=\begin{bmatrix} -1 & 4 \\ -1 & 3 \end{bmatrix}$ (2) $A=\begin{bmatrix} 2 & -3 \\ 2 & -5 \end{bmatrix}$

(3) $A=\begin{bmatrix} 3 & 0 & 0 \\ 0 & 4 & 0 \\ 1 & 0 & 3 \end{bmatrix}$ (4) $A=\begin{bmatrix} 3 & -1 & -2 \\ 2 & 0 & -2 \\ 2 & -1 & -1 \end{bmatrix}$

2 문제 1 (4)의 행렬 A에 대하여 $B^2=A$인 행렬 B를 구하라.

3 $\mathbf{x}, \mathbf{y} \in \boldsymbol{R}^n - \{\mathbf{0}\}$, $(n>2)$, 에 대하여 $A=\mathbf{x}\mathbf{y}^{\mathrm{T}}$라고 할 때, 다음을 증명하라.

(1) $\lambda=0$은 A의 고유치이고, $\dim(E_A(0))=n-1$이다. (따라서 $\lambda=0$의 대수적 중복도는 $n-1$이상이다.)

(2) 다른 하나의 고유치는 $\mu=\mathbf{x}^{\mathrm{T}}\mathbf{y}$ $(=\mathrm{tr}(A))$ 이고, $\mathbf{x}$는 μ에 대응하는 고유벡터이다.

(3) $\mu \neq 0$일 때, A는 대각화 가능하다.

4 정사각행렬 A에 대하여 e^A를 다음과 같이 정의한다.

$$e^A=\lim_{n\to\infty}\sum_{k=0}^{n}\frac{1}{k!}A^k.$$

(1) $D=\begin{bmatrix} \lambda & 0 \\ 0 & \mu \end{bmatrix}$일 때 $e^D=\begin{bmatrix} e^\lambda & 0 \\ 0 & e^\mu \end{bmatrix}$임을 보여라.

(2) $A=\begin{bmatrix} 2 & 3 \\ 0 & 4 \end{bmatrix}$일 때 e^A를 구하라.

5 A, B가 닮은 행렬일 때, $\mathrm{tr}(A)=\mathrm{tr}(B)$임을 보여라.

6 대각화 가능한 행렬 A의 각 고유치가 1 또는 -1일 때, $A^{-1}=A$임을 보여라.

6-2 · E · X · E · R · C · I · S · E · S · 연습문제

7 다음 꼴의 행렬 A는 대각화 가능하지 않음을 보여라.

$$A=\begin{bmatrix}\lambda & 1 & 0\\ 0 & \mu & 1\\ 0 & 0 & \mu\end{bmatrix}.$$

8 $\lambda_1 > \cdots > \lambda_n$이 $n\times n$ 행렬 A의 고유치라고 하고, 각 i에 대하여 $\mathbf{x}_i$가 λ_i에 대응하는 고유벡터라고 하자.

$$\mathbf{x}=a_1\mathbf{x}_1+\cdots+a_n\mathbf{x}_n,\ (\text{단}, a_1, \cdots, a_n \in \boldsymbol{R})$$

라고 할 때, 다음을 증명하라.

(1) 임의의 자연수 m에 대하여 $A^m\mathbf{x}=a_1\lambda_1^m\mathbf{x}_1+\cdots+a_n\lambda_n^m\mathbf{x}_n$.

(2) $\lambda_1=1$일 때, $\lim_{m\to\infty}A^m\mathbf{x}=a_1\mathbf{x}_1$.

9 $n\times n$ 행렬 A에 대하여 $p_A(x)=(x-\lambda)^n$일 때, A가 대각화 가능할 필요충분조건은 $A=\lambda I$일 것임을 증명하라.

10 멱영행렬 $A\neq O$는 대각화 가능하지 않음을 보여라.

11 $n\times n$ 행렬 A와 가역행렬 P에 대하여 $P^{-1}AP=D$, (단, D는 대각행렬) 일 때, P의 열 중 0이 아닌 고유치에 대응하는 고유벡터들은 $CS(A)$의 기저를 이룸을 증명하라.

12 $n\times n$ 행렬 P가 $n\times n$ 행렬 A, B를 모두 대각화 시킬 때, $AB=BA$임을 보여라.

13 다음 행렬 A에 대하여 $A=QDQ^{\mathrm{T}}$를 만족하는 직교행렬 Q와 대각행렬 D를 구하라.

(1) $A=\begin{bmatrix}3 & 1\\ 1 & 3\end{bmatrix}$ (2) $A=\begin{bmatrix}6 & -2\\ -2 & 3\end{bmatrix}$

(3) $A=\begin{bmatrix}1 & 1 & 0\\ 1 & 1 & 0\\ 0 & 0 & 0\end{bmatrix}$ (4) $A=\begin{bmatrix}2 & -1 & -1\\ -1 & 2 & -1\\ -1 & -1 & 2\end{bmatrix}$

6-2 · E · X · E · R · C · I · S · E · S · 연습문제

14 행렬 $A=\begin{bmatrix} a & b \\ b & a \end{bmatrix}$를 대각화 시키는 직교행렬 Q를 구하라.

15 임의의 $m\times n$ 행렬 A에 대하여 $A^{\mathrm{T}}A$의 고유벡터로 이루어진 $\boldsymbol{R}^n$의 정규직교기저가 존재함을 보여라.

16 임의의 $\mathbf{v}\in\boldsymbol{R}^n$에 대하여 $I_n-\mathbf{v}\mathbf{v}^{\mathrm{T}}$는 직교적으로 대각화 가능함을 보여라.

17 대칭행렬 $A\in\boldsymbol{R}^{n\times n}$의 고유치 $\lambda_1,\cdots,\lambda_n$ (중복 허용) 각각에 대응하는 고유벡터 $\mathbf{x}_1,\cdots,\mathbf{x}_n$을

$$A=\lambda_1\mathbf{x}_1\mathbf{x}_1^{\mathrm{T}}+\cdots+\lambda_n\mathbf{x}_n\mathbf{x}_n^{\mathrm{T}}$$

가 성립하도록 택할 수 있음을 보여라.

18 임의의 $A\in\boldsymbol{C}^{n\times n}$에 대하여

$$U^*AU=T$$

을 만족하는 유니타리행렬 U와 상방삼각행렬 T가 존재함을 증명하라. **[슈어(Schur)의 정리]**.

19 행렬

$$A=\begin{bmatrix} 2 & 1+i \\ 1-i & 3 \end{bmatrix}$$

에 대하여 $U^*AU=D$를 만족하는 유니타리행렬 U와 대각행렬 D가 존재함을 보이고, 그러한 U,D를 구하라.

20 실 대칭행렬 $A=\begin{bmatrix} a & b \\ b & c \end{bmatrix}$, $(a\le c)$,의 고유치를 $\lambda\le\mu$라고 할 때, $\lambda\le a\le c\le\mu$임을 보여라.

◀ 이 문제를 확장한 것이 Cauchy의 interlace theorem 이다. (참고문헌 5)

6-3 대각화의 활용

이 절의 학습내용

- 이차형식 / • 이차형식의 최대 · 최소값
- 양의 정부호행렬
- 이차곡선
- 케일리해밀턴 정리 / • 최소다항식

이차형식

일단의 변수에 관한 이차 단항식의 합으로 된 이차식을 그들 변수에 관한 **이차형식**이라고 한다.

보기 1 $2x^2+3xy-4y^2$은 x, y에 관한 이차형식이다.

∵ $3x^2, 4xy, -5y^2$은 x, y에 관한 이차단항식이다.

변수 x, y 에 관한 이차형식 $f(x, y)$ 는

$$f(x, y) = a_{11}x^2 + a_{12}xy + a_{22}y^2$$

와 같이 써질 수 있다. 이를 다시 다음과 같이 쓸 수 있다.

$$\begin{aligned} f(x, y) &= a_{11}x^2 + \frac{a_{12}}{2}xy + \frac{a_{12}}{2}yx + a_{22}y^2 \\ &= \underbrace{[x, y]}_{\mathbf{x}^{\mathrm{T}}}\underbrace{\begin{bmatrix} a_{11} & \frac{a_{12}}{2} \\ \frac{a_{12}}{2} & a_{22} \end{bmatrix}}_{A}\underbrace{\begin{bmatrix} x \\ y \end{bmatrix}}_{\mathbf{x}}. \end{aligned}$$

보기 2 $2x^2 + 3xy - 4y^2 = [x, y]\begin{bmatrix} 2 & \frac{3}{2} \\ \frac{3}{2} & -4 \end{bmatrix}\begin{bmatrix} x \\ y \end{bmatrix}.$

이와 같이 생각하면, 변수벡터 $\mathbf{x} = [x_1, \cdots, x_n]^{\mathrm{T}}$ 에 대하여, $f(\mathbf{x})$ 가 이차형식일 때, $n \times n$ 대칭행렬 $A = [a_{ij}]$ 가 있어서 $f(\mathbf{x})$ 는

$$f(\mathbf{x}) = \mathbf{x}^{\mathrm{T}} A \mathbf{x}$$

로 표현됨을 알 수 있다.

정리 6.3.1

n 차 대칭행렬 A 의 고유치가 $\lambda_1 \geq \cdots \geq \lambda_n$이라 하고,

$$S = \{\mathbf{x} \in \boldsymbol{R}^n \mid \|\mathbf{x}\| = 1\}$$

이라고 할 때, 다음이 성립한다.

(1) 임의의 $\mathbf{x} \in S$에 대하여, $\lambda_1 \geq \mathbf{x}^{\mathrm{T}}A\mathbf{x} \geq \lambda_n$.

(2) $\mathbf{x} \in S$가 λ_1에 대응하는 고유벡터일 때, $\mathbf{x}^{\mathrm{T}}A\mathbf{x} = \lambda_1$이고, λ_n에 대응하는 고유벡터일 때, $\mathbf{x}^{\mathrm{T}}A\mathbf{x} = \lambda_n$.

$f(\mathbf{x}) = \mathbf{x}^{\mathrm{T}}A\mathbf{x}$ 라고 할 때,

$\max_{\mathbf{x} \in S} f(\mathbf{x}) = \lambda_1.$

$\min_{\mathbf{x} \in S} f(\mathbf{x}) = \lambda_n.$

증명 (1)

$$D = \begin{bmatrix} \lambda_1 & & \\ & \ddots & \\ & & \lambda_n \end{bmatrix}$$

라고 하면, A가 대칭행렬이므로 직교행렬 P가 있어서

$$P^{\mathrm{T}}AP = D.$$

변수벡터 $\mathbf{x} = [x_1, \cdots, x_n]^{\mathrm{T}}$에 대하여 새 변수벡터 $\mathbf{y} = [y_1, \cdots, y_n]^{\mathrm{T}}$를

$$\mathbf{y} = P^{\mathrm{T}}\mathbf{x}$$

로 정의한다. $\mathbf{x} \in S$ 일 때,

$$\|\mathbf{y}\| = \|P^{\mathrm{T}}\mathbf{x}\| = \|\mathbf{x}\| = 1. \quad \therefore \ \mathbf{y} \in S.$$

이제,

$$\begin{aligned}\mathbf{x}^{\mathrm{T}}A\mathbf{x} &= (P\mathbf{y})^{\mathrm{T}}A(P\mathbf{y}) = \mathbf{y}^{\mathrm{T}}P^{\mathrm{T}}AP\mathbf{y} = \mathbf{y}^{\mathrm{T}}D\mathbf{y} \\ &= [y_1, \cdots, y_n]\begin{bmatrix}\lambda_1 & & \\ & \ddots & \\ & & \lambda_n\end{bmatrix}\begin{bmatrix}y_1 \\ \vdots \\ y_n\end{bmatrix} \\ &= \lambda_1 y_1^2 + \cdots + \lambda_n y_n^2 .\end{aligned}$$

그런데,

$$\begin{aligned}\lambda_1 y_1^2 + \cdots + \lambda_n y_n^2 &\le \lambda_1 y_1^2 + \cdots + \lambda_1 y_n^2 \\ &= \lambda_1 (y_1^2 + \cdots + y_n^2) = \lambda_1 , \\ \lambda_1 y_1^2 + \cdots + \lambda_n y_n^2 &\ge \lambda_n y_1^2 + \cdots + \lambda_n y_n^2 \\ &= \lambda_n (y_1^2 + \cdots + y_n^2) = \lambda_n .\end{aligned}$$

(2) $\mathbf{x} \in S$가 λ_j에 대응하는 고유벡터일 때,

$$\mathbf{x}^{\mathrm{T}}A\mathbf{x} = \mathbf{x}^{\mathrm{T}}\lambda_j\mathbf{x} = \lambda_j(\mathbf{x}^{\mathrm{T}}\mathbf{x}) = \lambda_j . \quad ▮$$

예제 6.3.2

집합 $S = \{\mathbf{x} = [x, y]^{\mathrm{T}} \in \boldsymbol{R}^2 \mid \|\mathbf{x}\| = 1\}$상에서 $f(x, y) = 3x^2 + 4xy$ 의 최대값, 최소값 및 그 값이 얻어지는 $\mathbf{x}$ 를 구하라.

풀 이

$$A = \begin{bmatrix}3 & 2 \\ 2 & 0\end{bmatrix},\ \mathbf{x} = \begin{bmatrix}x \\ y\end{bmatrix}$$

라고 할 때, $f(x, y) = \mathbf{x}^{\mathrm{T}}A\mathbf{x}$ 이고, A의 고유치는 $\lambda_1 = 4, \lambda_2 = -1$이다.

$A - \lambda_1 I = \begin{bmatrix}-1 & 2 \\ 2 & -4\end{bmatrix}$이므로 $\mathbf{x}_1 = \begin{bmatrix}2 \\ 1\end{bmatrix}$은 $\lambda_1 = 4$에 대응하는 고유벡터이다. 따라서 $\mathbf{u}_1 = \dfrac{\mathbf{x}_1}{\|\mathbf{x}_1\|} = \begin{bmatrix}2/\sqrt{5} \\ 1/\sqrt{5}\end{bmatrix}$는 크기 1인 고유벡터이다.

$A - \lambda_2 I = \begin{bmatrix}4 & 2 \\ 2 & 1\end{bmatrix}$이므로 $\mathbf{x}_2 = \begin{bmatrix}1 \\ -2\end{bmatrix}$은 $\lambda_2 = -1$에 대응하는 고유벡터이다. 따라서 $\mathbf{u}_2 = \dfrac{\mathbf{x}_2}{\|\mathbf{x}_2\|} = \begin{bmatrix}1/\sqrt{5} \\ -2/\sqrt{5}\end{bmatrix}$는 크기 1인 고유벡터이다.

그러므로, $f(x, y)$ 는 $\mathbf{x} = \mathbf{u}_1$ 일 때, 최대값 $\lambda_1 = 4$를 가지고, $\mathbf{x} = \mathbf{u}_2$ 일 때, 최소값 $\lambda_2 = -1$을 가진다. ◇

양의 정부호 행렬

정의 조건

$$\mathbf{x} \neq \mathbf{0} \Rightarrow \mathbf{x}^{\mathrm{T}} A \mathbf{x} > 0$$

을 만족하는 대칭행렬 A를 **양의 정부호** 행렬이라고 한다.

◀ 陽의 定符號 positive definite

보기 3

$$A = \begin{bmatrix} 2 & 0 \\ 0 & 3 \end{bmatrix}, \mathbf{x} = \begin{bmatrix} x \\ y \end{bmatrix} \neq \mathbf{0}$$

일 때, $\mathbf{x}^{\mathrm{T}} A \mathbf{x} = 2x^2 + 3y^2 > 0$이므로 A는 양의 정부호 행렬이다.

정리 6.3.3

대칭행렬 A가 양의 정부호 행렬일 필요충분조건은 A의 모든 고유치가 양수일 것이다.

증명 ($\Rightarrow$) λ를 A의 고유치라 하고, $\mathbf{x}$를 λ에 대응하는 크기 1인 고유벡터라고 하면,

A는 양의 정부호

$$0 < \mathbf{x}^{\mathrm{T}} A \mathbf{x} < \mathbf{x}^{\mathrm{T}}(\lambda \mathbf{x}) = \lambda\, \mathbf{x}^{\mathrm{T}} \mathbf{x} = \lambda.$$

($\Leftarrow$) $\lambda_1 \geq \cdots \geq \lambda_n > 0$ 이 A의 고유치라고 하자.

$\mathbf{x} \neq \mathbf{0}$에 대하여, $\mathbf{y} = \dfrac{\mathbf{x}}{\|\mathbf{x}\|}$ 라고 하면, $\|\mathbf{y}\| = 1$이므로

$$\mathbf{y}^{\mathrm{T}} A \mathbf{y} \geq \lambda_n > 0, \text{ 즉, } \frac{1}{\|\mathbf{x}\|^2} \mathbf{x}^{\mathrm{T}} A \mathbf{x} > 0.$$

$$\therefore\ \mathbf{x}^{\mathrm{T}} A \mathbf{x} > 0. \quad ▮$$

$n \times n$ 행렬 $A = [a_{ij}]$ 에 대하여,

$$A_1 = [a_{11}],\ A_2 = \begin{bmatrix} a_{11} & a_{12} \\ a_{21} & a_{22} \end{bmatrix},\ \cdots,\ A_n = \begin{bmatrix} a_{11} & \cdots & a_{1n} \\ \vdots & & \vdots \\ a_{n1} & \cdots & a_{nn} \end{bmatrix} = A$$

를 A의 **주 부분행렬**이라고 한다.

◀ 主部分行列 principal submatrix

정리 6.3.4

대칭행렬 $A \in \boldsymbol{R}^{n\times n}$에 대하여 다음은 동치이다.

(i) A는 양의 정부호 행렬이다.

(ii) $\det A_r > 0, (r = 1, \cdots, n)$.

증명 (i) ⇒ (ii) : $r \in \{1, \cdots, n\}$이라 하고, A_r이 양의 정부호 행렬임을 보이면 충분하다.

$\mathbf{u} \in \boldsymbol{R}^r - \{\mathbf{0}\}$을 임의로 잡고 $\mathbf{x} = \begin{bmatrix} \mathbf{u} \\ \mathbf{0} \end{bmatrix}$로 두면, $\mathbf{x} \in \boldsymbol{R}^n - \{\mathbf{0}\}$이다.

A가 양의 정부호 행렬이므로 $\mathbf{x}^{\mathrm{T}}A\mathbf{x} > 0$이다. 그런데,

$$\mathbf{x}^{\mathrm{T}}A\mathbf{x} = [\mathbf{u}^{\mathrm{T}}, \mathbf{0}^{\mathrm{T}}]\begin{bmatrix} A_r & * \\ * & * \end{bmatrix}\begin{bmatrix} \mathbf{u} \\ \mathbf{0} \end{bmatrix} = \mathbf{u}^{\mathrm{T}}A_r\mathbf{u}$$

이므로 A_r은 양의 정부호 행렬이다.

(ii) ⇒ (i) : 연습문제 6.3.4. ▌

이차곡선

변수 x, y에 관한 이차방정식

$$ax^2 + 2bxy + cy^2 + dx + ey + f = 0 \quad \cdots\cdots\cdots\cdots \text{①}$$

의 그래프를 **원추곡선** 또는 **이차곡선**이라고 한다.

◀ 圓錐曲線 conic section

퇴화원추곡선이 아닌 원추곡선은 원, 타원, 쌍곡선 또는 포물선이다.

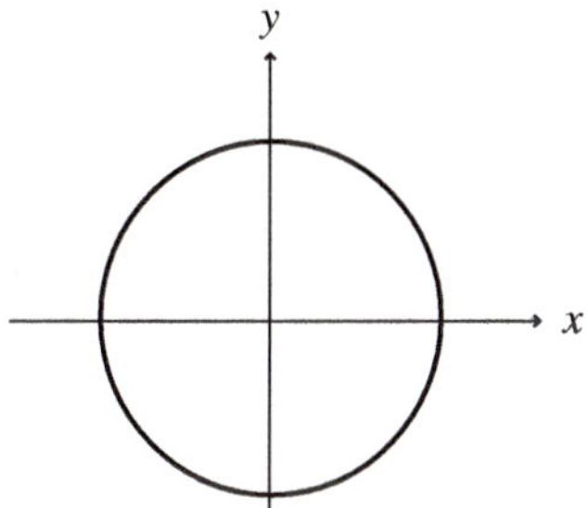

$x^2+y^2=r^2$

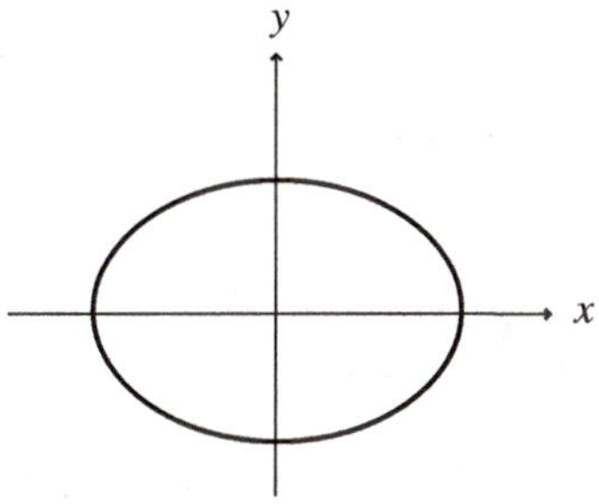

$\dfrac{x^2}{a^2}+\dfrac{y^2}{b^2}=1$

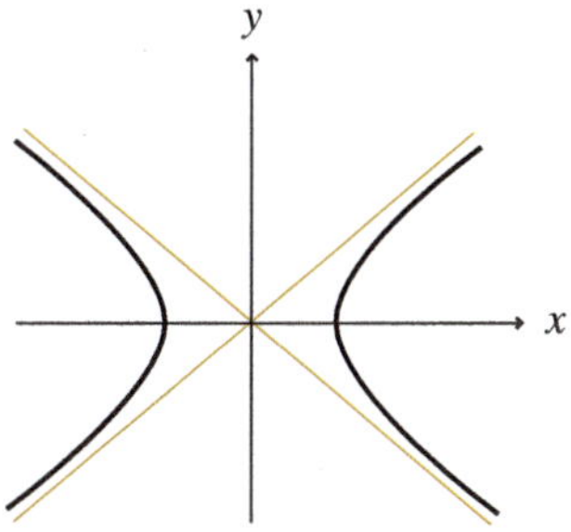

$\dfrac{x^2}{a^2}-\dfrac{y^2}{b^2}=1$

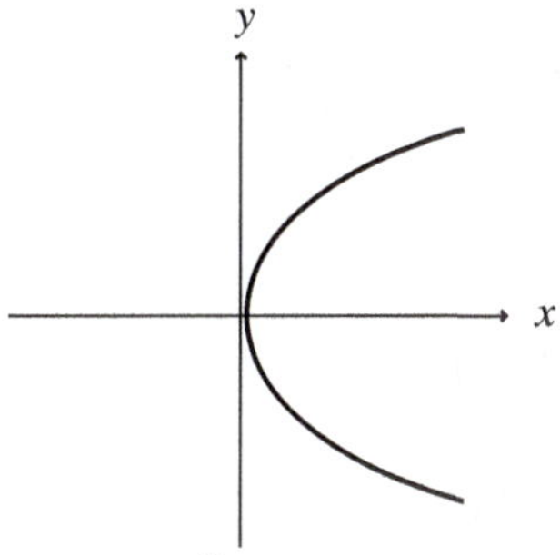

$y^2=ax$

표준형이 아닌 이차곡선은 표준형 이차곡선을 평행이동 또는 회전이동 또는 회전이동 후 평행이동 시킨 위치에 있다.

보기 4 이차방정식 $x^2+9y^2-8x-36x+4=0$을 변형하면

$$4x^2+9y^2-8x-36x=-4.$$

$$4x^2-8x+4+9y^2-36x+36=-4+4+36.$$

$$4(x-1)^2+9(x-2)^2=36.$$

$$\frac{(x-1)^2}{9}+\frac{(y-2)^2}{4}=1.$$

이것은 타원 $\frac{x^2}{9}+\frac{y^2}{4}=1$을 x 축의 방향으로 1 y 축의 방향으로 2만큼 평행이동한 것이다.

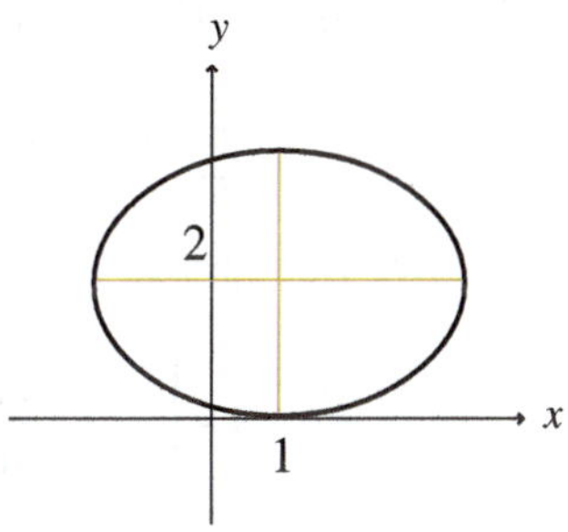

이차방정식

이 항을 cross term이라고 한다.

$$ax^2 + 2bxy + cy^2 + dx + ey + f = 0 \quad \cdots\cdots ①$$

은

$$\mathbf{x}^T A\mathbf{x} + [d\ \ e]\mathbf{x} + f = 0 \quad \cdots\cdots ②$$

과 같이 표현될 수 있다. 단,

$$A = \begin{bmatrix} a & b \\ b & c \end{bmatrix},\ \mathbf{x} = \begin{bmatrix} x \\ y \end{bmatrix}.$$

A가 대칭행렬이므로 직교행렬 $Q = [\mathbf{q}_1, \mathbf{q}_2]$ 와 대각행렬 $D = \begin{bmatrix} \lambda & 0 \\ 0 & \mu \end{bmatrix}$가 있어서

$$Q^T AQ = D$$

이다. 이 때, $\det Q = 1$이 되도록 Q, D를 잡는다.

∵ $\det Q = -1$이면 다시 $Q = [\mathbf{q}_2, \mathbf{q}_1], D = \begin{bmatrix} \mu & 0 \\ 0 & \lambda \end{bmatrix}$로 잡는다. ◆

새로운 변수벡터

$$\mathbf{u} = \begin{bmatrix} u \\ v \end{bmatrix}$$

를

$$\mathbf{u} = Q^T\mathbf{x} \quad \cdots\cdots ③$$

로 정의하면 $\mathbf{x} = Q\mathbf{u}$이고, ②로 부터

이것을 $[d'\ \ e']$로 둔다.

$$\mathbf{u}^T Q^T AQ\mathbf{u} + [d\ \ e]Q\,\mathbf{u} + f = 0.$$

$$\therefore\ [u\ \ v]\begin{bmatrix} \lambda & 0 \\ 0 & \mu \end{bmatrix}\begin{bmatrix} u \\ v \end{bmatrix} + [d'\ \ e']\begin{bmatrix} u \\ v \end{bmatrix} + f = 0.$$

$$\therefore\ \lambda u^2 + \mu v^2 + d'u + e'v + f = 0. \quad \cdots\cdots ④$$

cross term이 소거되었다.

● 변수변환 ②의 기하학적 의미

$E = (\mathbf{e}_1, \mathbf{e}_2), B = (\mathbf{q}_1, \mathbf{q}_2)$ 는 $\boldsymbol{R}^2$의 정규직교기저이고

$$\frac{B}{E} = [\mathbf{q}_1, \mathbf{q}_2] = Q$$

이다. 좌표평면의 점 P에 대하여

$$\frac{\overrightarrow{OP}}{E} = \mathbf{x} = \begin{bmatrix} x \\ y \end{bmatrix},\ \frac{\overrightarrow{OP}}{B} = \mathbf{u} = \begin{bmatrix} u \\ v \end{bmatrix}$$

라고 하면,

$$\frac{\overrightarrow{\mathrm{OP}}}{E} = \frac{B}{E}\frac{\overrightarrow{\mathrm{OP}}}{B},\ \text{즉, } \mathbf{x} = Q\mathbf{u}$$

이고, 이것은 ③과 일치한다. 따라서 ④는 이차곡선 ①을 uv 좌표계로 나타낸 것이다.

더욱이 $\det Q = 1$이므로 uv 좌표축은 xy 좌표축을 회전이동 시킴으로써 얻어진다.

예제 6.3.5

이차곡선

$$3x^2 + 2xy + 3y^2 = 16 \quad \cdots\cdots ①$$

의 그래프의 개형을 그려라.

풀이 ①의 좌변을 $f(x, y)$ 라고 하면, $f(x, y) = \mathbf{x}^T A\mathbf{x}$. 단,

$$A = \begin{bmatrix} 3 & 1 \\ 1 & 3 \end{bmatrix},\ \mathbf{x} = \begin{bmatrix} x \\ y \end{bmatrix}.$$

A 의 고유치는 $\lambda_1 = 2, \lambda_2 = 4$ 이고, 대응하는 단위 고유벡터는 각각

$$\mathbf{q}_1 = \begin{bmatrix} 1/\sqrt{2} \\ -1/\sqrt{2} \end{bmatrix},\ \mathbf{q}_2 = \begin{bmatrix} 1/\sqrt{2} \\ 1/\sqrt{2} \end{bmatrix}.$$

$$Q = [\mathbf{q}_1, \mathbf{q}_2] = \begin{bmatrix} 1/\sqrt{2} & 1/\sqrt{2} \\ -1/\sqrt{2} & 1/\sqrt{2} \end{bmatrix} = \begin{bmatrix} \cos 45^\circ & \sin 45^\circ \\ -\sin 45^\circ & \cos 45^\circ \end{bmatrix}$$

로 두면, $Q^T A Q = \begin{bmatrix} 2 & 0 \\ 0 & 4 \end{bmatrix}$ 이다.

$$\mathbf{u} = \begin{bmatrix} u \\ v \end{bmatrix} = Q^T\mathbf{x}$$

로 두면 $\mathbf{x} = Q\mathbf{u}$이고,

$$\mathbf{x}^T A\mathbf{x} = \mathbf{u}^T Q^T A Q\mathbf{u}$$
$$= [u \ \ v]\begin{bmatrix} 2 & 0 \\ 0 & 4 \end{bmatrix}\begin{bmatrix} u \\ v \end{bmatrix} = 2u^2 + 4v^2.$$

따라서 ①은

$$2u^2 + 4v^2 = 16,\ \text{즉, } \frac{u^2}{8} + \frac{v^2}{4} = 1$$

로 표현된다. ◘

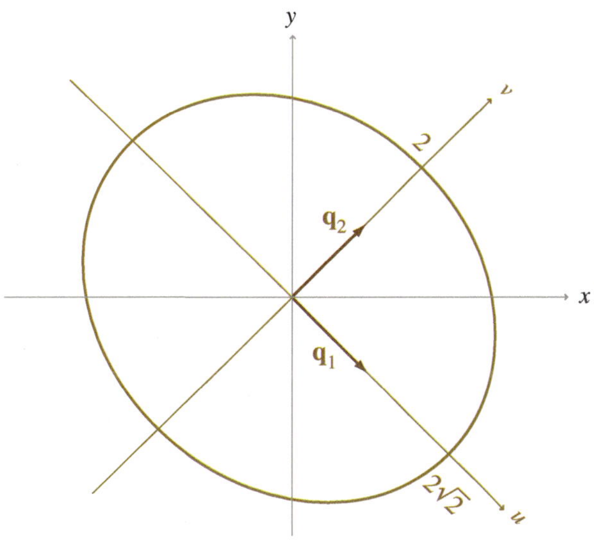

예제 6.3.6

이차곡선

$$3x^2 + 2xy + 3y^2 + 8\sqrt{2}y = 4 \quad \cdots\cdots \text{①}$$

의 그래프의 개형을 그려라.

풀이 예제 6.3.5의

$$Q = \begin{bmatrix} 1/\sqrt{2} & 1/\sqrt{2} \\ -1/\sqrt{2} & 1/\sqrt{2} \end{bmatrix}$$

를 사용하여 ①에서 cross term을 소거하면

$$2u^2 + 4v^2 + [0,\ 8\sqrt{2}]\, Q\begin{bmatrix} u \\ v \end{bmatrix} = 4.$$

$$\therefore\ u^2 - 4u + 2v^2 + 4v = 2.$$

$$\therefore\ (u-2)^2 + 2(v+1)^2 = 8.$$

$$\therefore\ \frac{(u-2)^2}{8} + \frac{(v+1)^2}{4} = 1. \quad \cdots\cdots \text{②}$$

따라서 ①의 그래프, 즉, ②의 그래프는 예제 6.3.5 의 곡선의 그래프를 u축의 방향으로 2, v축의 방향으로 -1 만큼 평행이동한 것이다. ◘

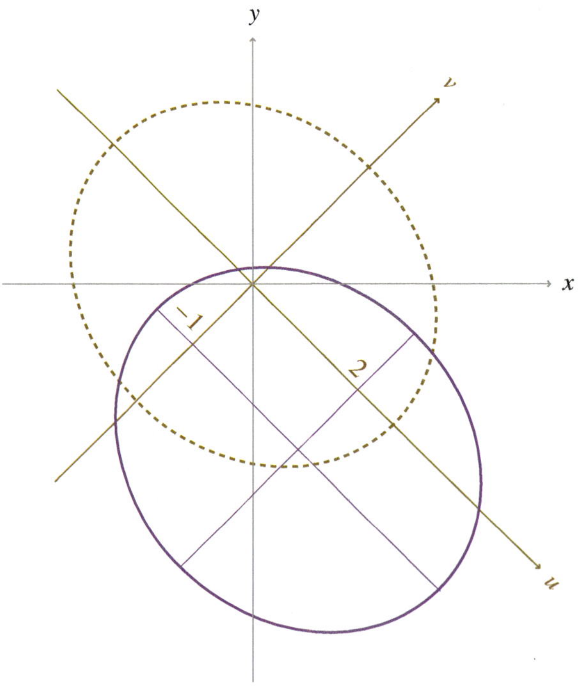

최소다항식

다항식 $f(x) = a_n x^n + \cdots + a_1 x + a_0$과 정사각행렬 A에 대하여 $f(A)$를

$$f(A) = a_n A^n + \cdots + a_1 A + a_0 I$$

로 정의한다. 지금부터 $p_A(A) = O$임을 보이려고 한다.

보조정리 6.3.7

$B = P^{-1}AP$라고 할 때, 임의의 다항식 $f(x)$에 대하여

$$f(B) = P^{-1} f(A) P.$$

증명 $f(x) = a_n x^n + \cdots + a_1 x + a_0$이라고 할 때,

$$\begin{aligned} f(B) &= a_n B^n + \cdots + a_1 B + a_0 I \\ &= a_n (P^{-1}A^n P) + \cdots + a_1 (P^{-1}AP) + a_0 (P^{-1}IP) \\ &= P^{-1}(a_n A^n + \cdots + a_1 A + a_0 I)P = P^{-1} f(A) P. \end{aligned}$$ ▮

보조정리 6.3.8

$$A = \begin{bmatrix} B & * \\ O & C \end{bmatrix}, \text{(단, } B, C\text{는 정사각행렬)}$$

일 때, 임의의 다항식 $f(x)$에 대하여

$$f(A) = \begin{bmatrix} f(B) & * \\ O & f(C) \end{bmatrix}.$$

증명 블락곱을 적용한다. ▮

정리 6.3.9 (케일리-해밀턴 정리)

복소 정사각행렬 A에 대하여 $p_A(A) = O$이다.

증명 행렬의 차수 n에 관한 귀납법으로 증명한다.

$n = 1$일 때는 명백히 정리가 성립한다. $n > 1$이라고 하자.

A의 (복소)고유치 λ와 대응하는 고유벡터 $\mathbf{x}_1$을 잡고, $\{\mathbf{x}_1\}$을 $\mathbf{C}^n$의 기저 $\{\mathbf{x}_1, \cdots, \mathbf{x}_n\}$으로 확장한다. $P = [\mathbf{x}_1, \cdots, \mathbf{x}_n]$이라 하고,

$$B = P^{-1}AP$$

로 두면,

$$(B\text{의 제 1 열}) = P^{-1}A\mathbf{x}_1 = \lambda \boxed{P^{-1}\mathbf{x}_1} = \lambda\,\mathbf{e}_1$$

($P^{-1}P$의 제1열)

이므로 B는 다음 꼴의 행렬이다.

$$B = \begin{bmatrix} \lambda & * \\ \mathbf{0} & C \end{bmatrix}.$$

$$\therefore\ \ p_A(x) = p_B(x) = \det\begin{bmatrix} x-\lambda & * \\ \mathbf{0} & xI - C \end{bmatrix}$$

$$= (x-\lambda)\det(xI - C) = (x-\lambda)\,p_C(x).$$

$$\therefore\ \ p_A(B) = (B - \lambda I)\,p_C(B)$$

$$= \begin{bmatrix} \lambda-\lambda & * \\ \mathbf{0} & C-\lambda I \end{bmatrix}\begin{bmatrix} p_C(\lambda) & * \\ \mathbf{0} & \boxed{p_C(C)} \end{bmatrix}$$

(보조정리 6.3.8)　　(O (∵ 귀납법))

$$= \begin{bmatrix} 0 & * \\ \mathbf{0} & * \end{bmatrix}\begin{bmatrix} * & * \\ \mathbf{0} & O \end{bmatrix} = O.$$

$$\therefore\ \ P^{-1}p_A(A)P = p_A(B) = O. \qquad \therefore\ \ p_A(A) = O.\ \blacksquare$$

(보조정리 6.3.7)

보기 5 행렬 $A = \begin{bmatrix} 1 & 1 \\ 1 & 2 \end{bmatrix}$에 대하여 $p_A(x) = x^2 - 3x + 1.$

$$p_A(A) = A^2 - 3A + I$$

$$= \begin{bmatrix} 2 & 3 \\ 3 & 5 \end{bmatrix} - 3\begin{bmatrix} 1 & 1 \\ 1 & 2 \end{bmatrix} + \begin{bmatrix} 1 & 0 \\ 0 & 1 \end{bmatrix} = \begin{bmatrix} 0 & 0 \\ 0 & 0 \end{bmatrix}.$$

정사각행렬 A에 대하여, $f(A) = O$를 만족하는 다항식 $f(x)$를 A의 **영화다항식**이라고 한다.

◂ 零化多項式 zero polynomial

보기 6 $p_A(x)$는 A의 영화다항식이다. (∵ 케일리-해밀턴 정리).

최고차 항의 계수가 1인 A의 최저차 영화다항식을 A의 **최소다항식**이라 하고 $\mu_A(x)$로 나타낸다.

◂ 最小多項式 minimal polynomial

보조정리 6.3.10

최소다항식은 영화다항식의 약수이다.

증명 연습문제 15. ∎

따름정리 6.3.11

A, B 가 닮은 행렬일 때, $\mu_A(x) = \mu_B(x)$.

증명 $P^{-1}AP = B$ 라고 할 때, $\mu_A(x)$ 는 B의 영화다항식이다.

∵ $\mu_A(B) = P^{-1}\mu_A(A)P = P^{-1}OP = O$. (∵ 보조정리 6.3.7). ◆

그러므로 $\mu_B(x)$는 $\mu_A(x)$의 약수이다. (∵ 보조정리 6.3.10).

같은 식으로, $\mu_A(x)$는 $\mu_B(x)$의 약수이므로 $\mu_A(x) = \mu_B(x)$ 이다. ∎

보조정리 6.3.12

λ가 A 의 고유치일 때, $x - \lambda$는 $\mu_A(x)$ 의 인수이다.

증명 λ에 대응하는 A 의 고유벡터를 $\mathbf{x}$라고 하면,

$$\mu_A(\lambda)\mathbf{x} = \mu_A(A)\mathbf{x} = O\mathbf{x} = \mathbf{0}.$$

여기서 $\mathbf{x} \neq \mathbf{0}$ 이므로 $\mu_A(\lambda) = 0$이다. 그러므로 인수정리에 의하여 $x - \lambda$ 는 $\mu_A(x)$ 의 인수이다. ∎

$p_A(x)$ 는 A 의 영화다항식이므로 보조정리 6.3.10, 보조정리 6.3.11에 의하여 다음 정리가 성립한다.

정리 6.3.13

$A \in \boldsymbol{R}^{n \times n}$ 에 대하여

$$p_A(x) = (x - \lambda_1)^{n_1} \cdots (x - \lambda_r)^{n_r},$$

(단, $\lambda_1, \cdots, \lambda_r$은 A의 서로 다른 고유치, $n_1, \cdots, n_r \geq 1$)

일 때, $\mu_A(x)$ 는 다음 꼴의 다항식이다.

$$\mu_A(x) = (x - \lambda_1)^{e_1} \cdots (x - \lambda_r)^{e_r},$$

(단, $1 \leq e_i \leq n_i$, $(i = 1, \cdots, r)$).

보기 7

$$A = \begin{bmatrix} \lambda & 1 & 0 \\ 0 & \lambda & 0 \\ 0 & 0 & \lambda \end{bmatrix}$$

일 때, $p_A(x) = (x - \lambda)^3$이므로 $\mu_A(x)$ 는 $x - \lambda, (x - \lambda)^2, (x - \lambda)^3$ 중 하나이다.

$$A - \lambda I = \begin{bmatrix} 0 & 1 & 0 \\ 0 & 0 & 0 \\ 0 & 0 & 0 \end{bmatrix} \neq O, \quad (A - \lambda I)^2 = \begin{bmatrix} 0 & 1 & 0 \\ 0 & 0 & 0 \\ 0 & 0 & 0 \end{bmatrix}^2 = O$$

이므로 $\mu_A(x) = (x - \lambda)^2$이다.

정리 6.3.14

$A \in \boldsymbol{R}^{n \times n}$가 대각화 가능할 필요충분조건은 $\mu_A(x) = 0$ 이 중근을 갖지 않을 것이다.

증명 $p_A(x) = (x - \lambda_1)^{n_1} \cdots (x - \lambda_r)^{n_r}$,

(단, $\lambda_1, \cdots, \lambda_r$은 A의 서로 다른 고유치, $n_1, \cdots, n_r \geq 1$)

이라고 하자.

($\Rightarrow$) A가 대각화 가능한 행렬이라고 할 때, 따름정리 6.3.11에 의하여, A는 대각행렬이라고 해도 좋다.

$$f(x) = (x - \lambda_1) \cdots (x - \lambda_r)$$

이라고 할 때,

$$f(A) = (A - \lambda_1 I) \cdots (A - \lambda_r I) = O.$$

$\because$ 각 $A - \lambda_j I$는 대각행렬이고, 각 $i = 1, \cdots, n$에 대하여, $A - \lambda_j I$의 (i, i) 성분이 0인 j가 존재한다. ◆

그러므로 $f(x)$는 $\mu_A(x)$의 배수이고 ($\because$ 보조정리 6.3.10), 따라서 $\mu_A(x) = f(A)$ 이다. 그런데 $f(x) = 0$ 은 중근을 갖지 않는다.

($\Leftarrow$) $\mu_A(x) = 0$ 이 중근을 갖지 않는다면

$$\mu_A(x) = (x - \lambda_1) \cdots (x - \lambda_r).$$

$$\therefore\ (A - \lambda_1 I) \cdots (A - \lambda_r I) = O.$$

그러므로, 연습문제 5.1.15에 의하여

$$\therefore\ \text{nullity}\,(A - \lambda_1 I) + \cdots + \text{nullity}\,(A - \lambda_r I) \geq \text{nullity}\, O = n.$$

그런데,

$$\text{nullity}\,(A-\lambda_i I)=\dim(E_A(\lambda_i))\le n_i,\ (i=1,\cdots,r)$$

이므로

$$n=n_1+\cdots+n_r\ge\dim(E_A(\lambda_1))+\cdots+\dim(E_A(\lambda_r))\ge n$$

이고, 따라서

$$\dim(E_A(\lambda_i))=n_i,\ (i=1,\cdots,r).$$

그러므로 A는 대각화 가능하다. (∵ 정리 6.2.7). ▮

보기 8

$$A=\begin{bmatrix}2&-1&-1\\-1&2&-1\\-1&-1&2\end{bmatrix}$$

일 때, $\mu_A(x)=x(x-3)$이다.

∵ A는 대칭행렬이므로 대각화 가능하고 $p_A(x)=x(x-3)^2$.

보기 9 $A^2=A$일 때, A는 대각화 가능하다.

∵ $x(x-1)$은 A의 영화다항식이다.

$\mu_A(x)$는 $x(x-1)$의 약수이므로 중근을 갖지 않는다.

정리 임의의 정사각행렬 A는 다음 꼴의 행렬과 닮았다.

$$\begin{bmatrix} J_{k_1}(\lambda_1) & 0 & \cdots & 0 \\ 0 & J_{k_2}(\lambda_2) & \cdots & 0 \\ \vdots & \vdots & \ddots & \vdots \\ 0 & 0 & \cdots & J_{k_r}(\lambda_r) \end{bmatrix}, \quad \cdots\cdots\cdots\cdots ①$$

단,

$$J_1(\lambda) = [\lambda],\ J_2(\lambda) = \begin{bmatrix} \lambda & 1 \\ 0 & \lambda \end{bmatrix},\ J_3(\lambda) = \begin{bmatrix} \lambda & 1 & 0 \\ 0 & \lambda & 1 \\ 0 & 0 & \lambda \end{bmatrix}, \cdots .$$

행렬 ①을 A의 **조르단 표준형**(JCF)이라 하고, JCF의 대각 블락 $J_{k_1}(\lambda_1)$, $\cdots$, $J_{k_r}(\lambda_r)$을 **조르단 블락**이라고 한다. 조르단 블락은 A에 의하여 유일하게 결정된다. JCF는 다음 성질을 가진다.

(1) A의 하나의 고유치 λ에 대하여

$$\dim(E_A(\lambda)) = (\lambda\text{에 대응하는 조르단 블락의 개수}).$$

(2) (일차독립인 고유벡터의 개수) = (조르단 블락의 개수).

(3) $\lambda_1, \cdots , \lambda_k$를 A의 모든 서로 다른 고유치라 하고, λ_i에 대응하는 조르단 블락의 최대 차수를 m_i라고 할 때,

$$\mu_A(x) = (x - \lambda_1)^{m_1} \cdots (x - \lambda_k)^{m_k}.$$

보기 행렬 A의 JCF가

$$\begin{bmatrix} \lambda & 1 & 0 & 0 & 0 & 0 & 0 & 0 \\ 0 & \lambda & 1 & 0 & 0 & 0 & 0 & 0 \\ 0 & 0 & \lambda & 0 & 0 & 0 & 0 & 0 \\ 0 & 0 & 0 & \lambda & 0 & 0 & 0 & 0 \\ 0 & 0 & 0 & 0 & \mu & 1 & 0 & 0 \\ 0 & 0 & 0 & 0 & 0 & \mu & 0 & 0 \\ 0 & 0 & 0 & 0 & 0 & 0 & \mu & 1 \\ 0 & 0 & 0 & 0 & 0 & 0 & 0 & \mu \end{bmatrix}$$

일 때,

(1) $\dim(E_A(\lambda)) = 2, \dim(E_A(\mu)) = 2$,

(2) 일차독립인 고유벡터의 개수는 4,

(3) $\mu_A(x) = (x - \lambda)^3(x - \mu)^2$.

6-3 E·X·E·R·C·I·S·E·S 연습문제

1 다음 등식을 만족하는 대칭행렬 A를 구하라. (단, $\mathbf{x} = [x, y]^T$)

(1) $3x^2 + 7y^2 = \mathbf{x}^T A\mathbf{x}$ (2) $4x^2 - 9y^2 - 6xy = \mathbf{x}^T A\mathbf{x}$

(3) $5x^2 + 5xy = \mathbf{x}^T A\mathbf{x}$ (4) $-7xy = \mathbf{x}^T A\mathbf{x}$

2 이차형식 $(c_1x_1 + \cdots + c_nx_n)^2$을 $\mathbf{x}^T A\mathbf{x}$꼴로 나타내어라.

3 $x^2 + y^2 + z^2 = 1$일 때, 다음 $f(x, y, z)$의 최대값, 최소값 및 그 값이 얻어지는 $\mathbf{x} = [x, y, z]^T$를 구하라.

(1) $f(x, y, z) = x^2 + y^2 + 2z^2 - 2xy + 4xz + 4yz$

(2) $f(x, y, z) = 2x^2 + y^2 + z^2 + 2xy + 2xz$

(3) $f(x, y, z) = 3x^2 + 2y^2 + 3z^2 + 2xz$

4 대칭행렬 $A \in \boldsymbol{R}^{n\times n}$의 모든 주 부분행렬의 행렬식이 양일 때, A는 양의 정부호 행렬임을 보여라.

5 다음 행렬이 양의 정부호 행렬인지 아닌지를 판정하라.

(1) $A = \begin{bmatrix} 3 & -1 & 0 \\ -1 & 2 & -1 \\ 0 & -1 & 3 \end{bmatrix}$ (2) $A = \begin{bmatrix} 0 & 1 & 1 \\ 1 & 0 & 1 \\ 1 & 1 & 0 \end{bmatrix}$

6 변수변환을 통하여 이차형식 $x^2 - z^2 - 4xy + 4yz$를 새로운 변수의 제곱 항만으로된 이차형식으로 나타내어라.

7 이차곡선

$$5x^2 - 4xy + 8y^2 + 4\sqrt{5}x - 16\sqrt{5}y + 4 = 0$$

을 설명하라.

8 A가 양의 정부호 행렬일 때, A^{-1}도 양의 정부호 행렬임을 보여라.

6-3 · E · X · E · R · C · I · S · E · S · 연습문제

9 A가 가역인 정사각행렬일 때, $A^{\mathrm{T}}A$ 는 양의 정부호 대칭 행렬임을 보여라.

10 $n \times n$ 대칭행렬 A의 고유치가 $\lambda_1, \cdots, \lambda_n$일 때,

$$\mathbf{x}^{\mathrm{T}}A\mathbf{x} = \lambda_1(\mathbf{x}^{\mathrm{T}}\mathbf{v}_1)^2 + \cdots + \lambda_n(\mathbf{x}^{\mathrm{T}}\mathbf{v}_n)^2, \ (\forall \mathbf{x} \in \boldsymbol{R}^n)$$

을 만족하는 $\boldsymbol{R}^n$의 정규직교집합 $\{\mathbf{v}_1, \cdots, \mathbf{v}_n\}$이 존재함을 보여라.

11 A 가 양의 정부호 대칭행렬일 때, A의 모든 대각성분은 양임을 보여라.

12 A가 $n \times n$ 양의 정부호 대칭행렬이고, S가 $n \times n$ 가역행렬일 때, $S^{\mathrm{T}}AS$ 는 양의 정부호 행렬임을 보여라.

13 A가 $n \times n$ 양의 정부호 대칭행렬일 때, 열들이 서로 직교하는 $n \times n$ 행렬 P가 존재하여 $A = PP^{\mathrm{T}}$임을 보여라.

14 다음 행렬 A에 대하여 A^{100}, A^{101} 을 각각 구하라.

$$A = \begin{bmatrix} 1 & -2 & 8 \\ 0 & -1 & 0 \\ 0 & 0 & -1 \end{bmatrix}.$$

15 행렬 A의 최소다항식은 A의 영화다항식의 약수임을 보여라.

16 다음 행렬의 최소다항식을 구하라.

(1) $A = \begin{bmatrix} 1 & 1 & 2 \\ 0 & 1 & 1 \\ 0 & 0 & 2 \end{bmatrix}$ (2) $A = \begin{bmatrix} 1 & 0 & 2 \\ 0 & 1 & 1 \\ 0 & 0 & 2 \end{bmatrix}$.

참고문헌

1. 황석근, *ENV 현대대수*, 교우미디어 2014.
2. 齊藤正彦, *線形代數入門*, 東京大學出版部 1989.
3. H. Anton, *Elementary Linear Algebra 8th ed.*, John Wiley and Sons Inc., New York, NY, 2000.
4. Charles G. Cullen, *Matrices and linear transformations 2nd ed.*, Addison-Weley, New York, 1972.
5. Suk-Geun Hwang, *Cauchy's interlace theorem for eigenvalues of Hermitian matrices,* American Mathematical Monthly 111(2), 2004, 157-159.
6. Suk-Geun Hwang, *A real proof of the pricipal axis theorem,* The College Mathematics Journal 43(2), 2012, 172-173.
7. Steven J. Leon, *Linear Algebra with applications 3rd ed.*, MacMillan Pub. Co., New York, 1990
8. G. Strang, *Introduction to Linear Algera 3rd ed.,* Wellesley-Cambridge Press, Wellesley, MA, 2003.

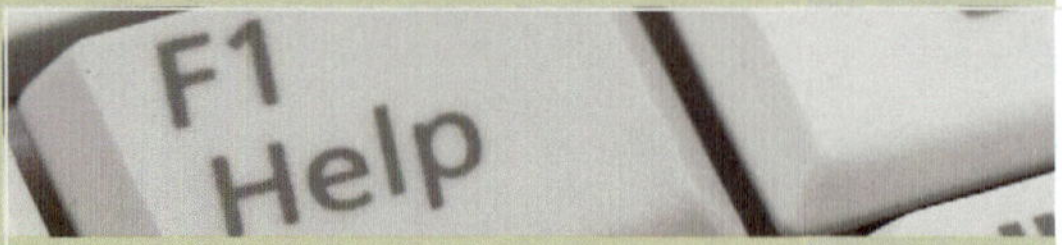

해답과 힌트

SOLUTIONS and HINTS

1 연립일차방정식과 행렬

1-1 연립일차방정식

1 이하 GJ는 가우스-조르단 소거법을 나타낸다.

(1) $$\begin{array}{c}\begin{matrix} x & y & \end{matrix}\\ \begin{bmatrix} 2 & 3 & 8 \\ 1 & 2 & 5 \end{bmatrix}\end{array} \xrightarrow{GJ} \begin{array}{c}\begin{matrix} x & y & \end{matrix}\\ \begin{bmatrix} 1 & 0 & 1 \\ 0 & 1 & 2 \end{bmatrix}\end{array}$$

$$\therefore \begin{bmatrix} x \\ y \end{bmatrix} = \begin{bmatrix} 1 \\ 2 \end{bmatrix}$$

(2) $$\begin{array}{c}\begin{matrix} x & y & z & \end{matrix}\\ \begin{bmatrix} 1 & 2 & 2 & 8 \\ 2 & 1 & 1 & 10 \end{bmatrix}\end{array} \xrightarrow{GJ} \begin{array}{c}\begin{matrix} x & y & z & \end{matrix}\\ \begin{bmatrix} 1 & 0 & 0 & 4 \\ 0 & 1 & 1 & 2 \end{bmatrix}\end{array}$$

$$\therefore \begin{bmatrix} x \\ y \\ z \end{bmatrix} = \begin{bmatrix} 4 \\ -t+2 \\ t \end{bmatrix}, (t \in \boldsymbol{R}).$$

(3) $$\begin{array}{c}\begin{matrix} x & y & z & \end{matrix}\\ \begin{bmatrix} 0 & 3 & 6 & 6 \\ 1 & 1 & 5 & 7 \\ 1 & 2 & 7 & 9 \end{bmatrix}\end{array} \xrightarrow{GJ} \begin{array}{c}\begin{matrix} x & y & z & \end{matrix}\\ \begin{bmatrix} 1 & 0 & 3 & 5 \\ 0 & 1 & 2 & 2 \\ 0 & 0 & 0 & 0 \end{bmatrix}\end{array}$$

$$\therefore \begin{bmatrix} x \\ y \\ z \end{bmatrix} = \begin{bmatrix} -3t+5 \\ -2t+2 \\ t \end{bmatrix}, (t \in \boldsymbol{R}).$$

(4) $$\begin{array}{c}\begin{matrix} x & y & z & u & \end{matrix}\\ \begin{bmatrix} 1 & 2 & 0 & 3 & 5 \\ 1 & 2 & 1 & 7 & 11 \\ 2 & 4 & 1 & 10 & 16 \end{bmatrix}\end{array} \xrightarrow{GJ} \begin{array}{c}\begin{matrix} x & y & z & u & \end{matrix}\\ \begin{bmatrix} 1 & 2 & 0 & 3 & 5 \\ 0 & 0 & 1 & 4 & 6 \\ 0 & 0 & 0 & 0 & 0 \end{bmatrix}\end{array}$$

$$\therefore \begin{bmatrix} x \\ y \\ z \\ u \end{bmatrix} = \begin{bmatrix} -2s-3t+5 \\ s \\ -4t+6 \\ t \end{bmatrix}, (s, t \in \boldsymbol{R}).$$

(5) $$\begin{array}{c}\begin{matrix} x & y & z & \end{matrix}\\ \begin{bmatrix} 1 & 2 & 1 & 3 \\ 3 & -1 & -3 & -1 \\ 2 & 3 & 1 & 4 \end{bmatrix}\end{array} \xrightarrow{GJ} \begin{array}{c}\begin{matrix} x & y & z & \end{matrix}\\ \begin{bmatrix} 1 & 0 & 0 & 3 \\ 0 & 1 & 0 & -2 \\ 0 & 0 & 1 & 4 \end{bmatrix}\end{array}$$

$$\therefore \begin{bmatrix} x \\ y \\ z \end{bmatrix} = \begin{bmatrix} 3 \\ -2 \\ 4 \end{bmatrix}.$$

(6) $\begin{bmatrix} 1 & 1 & 3 & 4 \\ 0 & 1 & 1 & 1 \\ 1 & 2 & 4 & 7 \end{bmatrix} \overset{GJ}{\rightarrow} \begin{bmatrix} 1 & 0 & 2 & 3 \\ 0 & 1 & 1 & 1 \\ 0 & 0 & 0 & 2 \end{bmatrix}$ (columns x, y, z)

∴ 해가 없다.

2 (1) $\begin{bmatrix} x \\ y \\ z \end{bmatrix} = \begin{bmatrix} -2s-3t+3 \\ s \\ t \end{bmatrix}, (s, t \in \boldsymbol{R}).$

$\begin{bmatrix} x \\ y \\ z \end{bmatrix}_{\substack{s=0\\t=0}} = \begin{bmatrix} 3 \\ 0 \\ 0 \end{bmatrix}, \begin{bmatrix} x \\ y \\ z \end{bmatrix}_{\substack{s=1\\t=0}} = \begin{bmatrix} 1 \\ 1 \\ 0 \end{bmatrix}.$

(2) $\begin{bmatrix} x \\ y \\ z \end{bmatrix} = \begin{bmatrix} (2/3)s-(1/3)t+2 \\ s \\ t \end{bmatrix}, (s, t \in \boldsymbol{R}).$

$\begin{bmatrix} x \\ y \\ z \end{bmatrix}_{\substack{s=0\\t=0}} = \begin{bmatrix} 2 \\ 0 \\ 0 \end{bmatrix}, \begin{bmatrix} x \\ y \\ z \end{bmatrix}_{\substack{s=3\\t=0}} = \begin{bmatrix} 4 \\ 3 \\ 0 \end{bmatrix}.$

3 (1) $\begin{bmatrix} 1 & 0 & 0 \\ 0 & 1 & 0 \\ 0 & 0 & 1 \end{bmatrix}$ (2) $\begin{bmatrix} 1 & 2 & 0 & 7 & 0 \\ 0 & 0 & 1 & 2 & 0 \\ 0 & 0 & 0 & 0 & 1 \end{bmatrix}$

(3) $\begin{bmatrix} 1 & 0 & 0 & 2 \\ 0 & 1 & 0 & -1 \\ 0 & 0 & 1 & 3 \end{bmatrix}$ (4) $\begin{bmatrix} 1 & 1 & 0 & 8/3 & 0 \\ 0 & 0 & 1 & -14/3 & 0 \\ 0 & 0 & 0 & 0 & 1 \end{bmatrix}$

4 (1) $\begin{bmatrix} x \\ y \\ z \end{bmatrix} = \begin{bmatrix} 0 \\ 0 \\ 0 \end{bmatrix}$

(2) $\begin{bmatrix} x \\ y \\ z \\ u \\ v \end{bmatrix} = \begin{bmatrix} -2s-7t \\ s \\ -2t \\ t \\ 0 \end{bmatrix}, (s, t \in \boldsymbol{R}).$

(3) $\begin{bmatrix} x \\ y \\ z \\ u \end{bmatrix} = \begin{bmatrix} -2t \\ t \\ -3t \\ t \end{bmatrix}, (t \in \boldsymbol{R}).$

(4) $\begin{bmatrix} x \\ y \\ z \\ u \\ v \end{bmatrix} = \begin{bmatrix} -s-(8/3)t \\ s \\ (14/3)t \\ t \\ 0 \end{bmatrix}, (s, t \in \boldsymbol{R}).$

5 $\begin{bmatrix} 1 & 0 & 0 & -2 \\ 0 & 1 & 0 & 1 \\ 0 & 0 & 1 & 0 \end{bmatrix}, \begin{bmatrix} 1 & 0 & 0 & -2 \\ 0 & 1 & 1 & 1 \\ 0 & 0 & 1 & 0 \end{bmatrix},$

$\begin{bmatrix} 1 & 0 & 0 & -2 \\ 0 & 1 & 0 & 1 \\ 1 & 0 & 1 & -2 \end{bmatrix}.$

6 구하는 이차함수를 $f(x)=a+bx+cx^2$으로 두면, $f(1)=12$, $f(2)=15$, $f(3)=16$.
여기서 얻는 a, b, c에 관한 연립방정식을 풀면 $f(x)=7+6x-x^2$.

7 (1), (2)는
$\begin{bmatrix} 2 & 1 & 3 & -1 \\ 4 & 3 & 5 & 1 \end{bmatrix} \overset{GJ}{\rightarrow} \begin{bmatrix} 1 & 0 & 2 & -2 \\ 0 & 1 & -1 & 3 \end{bmatrix}.$

∴ (1) $\begin{bmatrix} x \\ y \end{bmatrix} = \begin{bmatrix} 2 \\ -1 \end{bmatrix}$ (2) $\begin{bmatrix} x \\ y \end{bmatrix} = \begin{bmatrix} -2 \\ 3 \end{bmatrix}$

(3), (4)도 같은 방법

(3) $\begin{bmatrix} x \\ y \\ z \end{bmatrix} = \begin{bmatrix} -1 \\ 2 \\ 1 \end{bmatrix}$ (4) $\begin{bmatrix} x \\ y \\ z \end{bmatrix} = \begin{bmatrix} 3 \\ 1 \\ -2 \end{bmatrix}$

8 (1) a, b 중 하나는 0이 아니므로 $a \neq 0$라고 해도 좋다.

$\begin{bmatrix} a & c \\ b & d \end{bmatrix} \overset{\text{ERO}}{\rightarrow} \begin{bmatrix} 1 & c/a \\ b & d \end{bmatrix} \overset{\text{ERO}}{\rightarrow} \begin{bmatrix} 1 & c/a \\ 0 & (ad-bc)/a \end{bmatrix}$

$\overset{\text{ERO}}{\rightarrow} \begin{bmatrix} 1 & 0 \\ 0 & 1 \end{bmatrix}. (\because (ad-bc)/a \neq 0)$

∴ rref는 $\begin{bmatrix} 1 & 0 \\ 0 & 1 \end{bmatrix}$

(2) 정리 1.1.3과 (1)에 의함

9 $u=2, z=1/2, y=-8, x=3$

10 2행, 3행을 서로 바꾼다.
2행을 1/2배한다.
2행의 -3배를 1행에 더한다.

11 $\begin{bmatrix} a & 1 \\ 1 & a \end{bmatrix} \overset{\text{ERO's}}{\rightarrow} \begin{bmatrix} 1 & a \\ 0 & 1-a^2 \end{bmatrix}.$ ∴ $a=\pm 1$

12 $\begin{bmatrix} 1 & 2 & -1 & 0 \\ 0 & -1 & 5 & 2 \\ 0 & 0 & a^2 & a \end{bmatrix} \overset{\text{ERO's}}{\rightarrow} \begin{bmatrix} 1 & 2 & -1 & 0 \\ 0 & -7 & 8 & 2 \\ 0 & 0 & a^2-4 & a-2 \end{bmatrix}$

$a=-2$일 때, 해가 없다.
$a=2$일 때, 해는 무수히 많다.
$a\neq\pm2$일 때, 해는 꼭 하나 존재한다.

13 $x=\sin\alpha, y=\cos\beta, z=\tan\gamma$로 두고 주어진 연립일차방정식을 x, y, z에 관하여 풀면
$x=1\ y=0, z=1.$
$\therefore\ \alpha=\pi/2,\ \ \beta=\pi/2$ 또는 $3\pi/2,$
$\gamma=\pi/4$ 또는 $5\pi/4.$

14 주어진 연립방정식을 x^2, y^3에 관하여 풀면
$x^2=4, y^3=-1.\ \therefore\ (x, y)=(\pm2, -1).$

15 $a=5r-4s,\ b=4r-3s,\ c=2r-s$

16 직선 $y=3$ 상의 임의의 점은 $(t, 3), (t\in\boldsymbol{R})$, 으로 표현된다.
$A=\begin{bmatrix} a & b \\ c & d \end{bmatrix}$라고 하면 $\begin{cases} at+2b=1 \\ ct+2d=3 \end{cases}, (t\in\boldsymbol{R}).$
$\therefore\ c=a,\ d=b+2.$
$\therefore\ A=\begin{bmatrix} a & b \\ a & b+2 \end{bmatrix}, (a, b\in\boldsymbol{R}).$

17 (1) 한 점 $(1, 2, 1)$ 에서 만난다.
(2) 주어진 연립일차방정식의 해는
$$\begin{bmatrix} x \\ y \\ z \end{bmatrix}=\begin{bmatrix} -2 \\ -3 \\ 1 \end{bmatrix}t+\begin{bmatrix} 4 \\ 2 \\ 0 \end{bmatrix}$$
이므로 세 평면은 점 $(4, 2, 0)$ 을 지나면서 벡터 $[-2, -3, 1]^{\mathrm{T}}$ 과 편행한 직선에서 만난다.

18 $a=1$일 때 2, $a\neq1$일 때 3

19 (1) $\begin{bmatrix} 1 & 4 & 7 \\ 2 & 8 & 14 \\ 3 & 12 & 21 \end{bmatrix}$ (2) $\begin{bmatrix} 2 & 6 & 10 \\ 1 & 3 & 5 \\ 4 & 12 & 20 \end{bmatrix}$

20 (1) $\begin{bmatrix} 1 & 0 & 2 \\ 0 & 1 & 3 \\ 0 & 0 & 0 \end{bmatrix}$ (2) $\begin{bmatrix} 1 & 0 & 0 \\ 0 & 1 & 0 \\ 0 & 0 & 1 \end{bmatrix}$

1-2 행렬대수

1 (1) $\begin{bmatrix} 1 & 5 & 1 \\ 12 & -5 & 10 \end{bmatrix}$ (2) $\begin{bmatrix} -9 & 3 & -9 \\ 12 & -3 & 6 \end{bmatrix}$
(3) $\begin{bmatrix} -13 & 0 & -11 \\ 11 & -10 & 9 \end{bmatrix}$

2 (1) $(A$의 2행$)B=[0, 3, 1]B=[9, -6, 4].$
(2) $A(B$의 3열$)=A\begin{bmatrix} 2 \\ 1 \\ 1 \end{bmatrix}=\begin{bmatrix} 6 \\ 4 \\ 7 \end{bmatrix}.$

3 $(AB)C=\begin{bmatrix} 6 & 5 & 3 \\ 12 & 10 & 6 \\ 18 & 15 & 9 \end{bmatrix}=A(BC).$

4 (1) O_mA 의 각 행은 $[0, \cdots, 0]$을 계수벡터로 하는 A의 행들의 일차결합이므로 $[0, \cdots, 0]$이다.
$\therefore\ O_mA=O_{m\times n}.$
(2) 같은 논리로 $AO_n=O_{m\times n}.$

5 (1) $a+2b+3c+4d$ (2) $\begin{bmatrix} a & b & c & d \\ 2a & 2b & 2c & 2d \\ 3a & 3b & 3c & 3d \\ 4a & 4b & 4c & 4d \end{bmatrix}$

6 (1) $A=\begin{bmatrix} 1 & 0 \\ 0 & 0 \end{bmatrix}, B=\begin{bmatrix} 1 & 1 \\ 1 & 1 \end{bmatrix}.$
(2) $A=\begin{bmatrix} 1 & 0 \\ 0 & 0 \end{bmatrix}, B=\begin{bmatrix} 0 & 0 \\ 0 & 1 \end{bmatrix}.$

7 $(\Rightarrow)\ k\neq0$라고 하면
$kA=O\Rightarrow(1/k)kA=(1/k)O\Rightarrow A=O.$

8 (1) 참 : $(A$의 i 행$)=(A$의 k 행$)=\mathbf{r}$ 이라면
$(A^2$의 i 행$)=\mathbf{r}A=(A^2$의 k 행$).$
(2) 거짓 : $\begin{bmatrix} 1 & -1 \\ 1 & -1 \end{bmatrix}\begin{bmatrix} 1 & -1 \\ 1 & -1 \end{bmatrix}=\begin{bmatrix} 0 & 0 \\ 0 & 0 \end{bmatrix}$

9 (1) $\mathbf{r}=[r_1, \cdots, r_n]$
$=[r_1, 0, \cdots, 0]+\cdots+[0, \cdots, 0, r_n]$
$=r_1[1, 0, \cdots, 0]+\cdots+r_n[0, \cdots, 0, 1]$
$=r_1\mathbf{f}_1+\cdots+r_n\mathbf{f}_n.$
(2) $\mathbf{c}=\begin{bmatrix} c_1 \\ \vdots \\ c_n \end{bmatrix}=\begin{bmatrix} c_1 \\ 0 \\ \vdots \\ 0 \end{bmatrix}+\cdots+\begin{bmatrix} 0 \\ \vdots \\ 0 \\ c_n \end{bmatrix}$
$=c_1\begin{bmatrix} 1 \\ 0 \\ \vdots \\ 0 \end{bmatrix}+\cdots+c_n\begin{bmatrix} 0 \\ \vdots \\ 0 \\ 1 \end{bmatrix}$
$=c_1\mathbf{e}_1+\cdots+c_n\mathbf{e}_n.$

10 (1) $\mathbf{r}A=(r_1\mathbf{f}_1+\cdots+r_m\mathbf{f}_m)A$
$=r_1\mathbf{f}_1A+\cdots+r_m\mathbf{f}_mA=r_1\mathbf{s}_1+\cdots+r_m\mathbf{s}_m.$
(2) $A\mathbf{c}=A(\mathbf{e}_1c_1+\cdots+\mathbf{e}_nc_n)$
$=A\mathbf{e}_1c_1+\cdots+A\mathbf{e}_nc_n=\mathbf{u}_1c_1+\cdots+\mathbf{u}_nc_n.$

11 다음과 같이 블락으로 나눈다.
(1) $\mathbf{r}A=[r_1|\cdots|r_n]\begin{bmatrix}\mathbf{s}_1\\ \hline \vdots \\ \hline \mathbf{s}_m\end{bmatrix}.$
(2) $A\mathbf{c}=[\mathbf{u}_1|\cdots|\mathbf{u}_n]\begin{bmatrix}c_1\\ \hline \vdots \\ \hline c_n\end{bmatrix}.$

12 (1) $\begin{bmatrix}2&3\\3&-4\\5&6\end{bmatrix}\begin{bmatrix}x\\y\end{bmatrix}=\begin{bmatrix}4\\5\\7\end{bmatrix}$
(2) $\begin{bmatrix}2&3&4\\6&-7&8\end{bmatrix}\begin{bmatrix}x\\y\\z\end{bmatrix}=\begin{bmatrix}5\\9\end{bmatrix}$
(3) $[2\ \ 1]\begin{bmatrix}x\\y\end{bmatrix}=4$

13 $A=[a_{ij}]_{m\times n}$이라고 하자.
$\mathbf{f}_i$는 제 i 성분은 1, 나머지 성분은 모두 0인 행벡터이므로 $\mathbf{f}_iA=[a_{i1},a_{i2},\cdots,a_{in}]$.
$\mathbf{e}_j$는 제 j 성분은 1, 나머지 성분은 모두 0인 열벡터이므로 $\mathbf{f}_iA\,\mathbf{e}_j=[a_{i1},a_{i2},\cdots,a_{in}]\,\mathbf{e}_j=a_{ij}$.

14 (1) 임의의 $\mathbf{x}\in R^n$에 대하여 $A\mathbf{x}=\mathbf{0}$이므로, 특히, $A\mathbf{e}_j=\mathbf{0}$. 그런데 $A\mathbf{e}_j=(A$의 j열).
(2) 임의의 $\mathbf{x}\in R^n$에 대하여 $A\mathbf{x}=B\mathbf{x}$이므로, 특히, $A\mathbf{e}_j=B\mathbf{e}_j$. $\therefore$ (A의 j열) = (B의 j열).

15 계수행렬의 j 열을 $\mathbf{u}_j$라고 하자.
(1) $1\mathbf{u}_1+2\mathbf{u}_2=\mathbf{0}$
$\therefore\begin{bmatrix}x\\y\end{bmatrix}=\begin{bmatrix}1\\2\end{bmatrix}$은 한 해이다.
(2) $\mathbf{u}_1+\mathbf{u}_2=\mathbf{u}_3$, 즉,
$1\mathbf{u}_1+1\mathbf{u}_2+(-1)\mathbf{u}_3=\mathbf{0}$.
$\therefore\begin{bmatrix}x\\y\\z\end{bmatrix}=\begin{bmatrix}1\\1\\-1\end{bmatrix}$이 한 해이다.

16 $A=\begin{bmatrix}0&1\\0&0\end{bmatrix}, B=\begin{bmatrix}0&0\\1&0\end{bmatrix}$일 때, (1), (2) 중 어느 것도 성립하지 않는다.
$AB=BA$ 일 때, (1), (2)는 성립한다.

17 (1) $A^2=\frac{1}{4}\begin{bmatrix}1&-1\\-1&1\end{bmatrix}\begin{bmatrix}1&-1\\-1&1\end{bmatrix}$
$=\frac{1}{4}\begin{bmatrix}2&-2\\-2&2\end{bmatrix}=\frac{1}{2}\begin{bmatrix}1&-1\\-1&1\end{bmatrix}=A.$
$\therefore A^n=A, (n=1,2,\cdots).$
(2) 모든 성분이 1인 4×4 행렬을 J라고 하면 $A=I-\frac{1}{2}J$이다. $J^2=4J$이므로
$A^2=I^2-J+\frac{1}{4}J^2=I-J+J=I.$
$\therefore A^{2n}=I,\ A^{2n+1}=A, (n=1,2,\cdots).$

18 (1) $A^2=\begin{bmatrix}0&0&1&0\\0&0&0&1\\0&0&0&0\\0&0&0&0\end{bmatrix}, A^3=\begin{bmatrix}0&0&0&1\\0&0&0&0\\0&0&0&0\\0&0&0&0\end{bmatrix},$
$A^4=\begin{bmatrix}0&0&0&0\\0&0&0&0\\0&0&0&0\\0&0&0&0\end{bmatrix}.\ \therefore A^5=A^6=\cdots=O.$
(2) $B^4=(A+I)^4=A^4+4A^3+6A^2+4A+I$
$=\begin{bmatrix}1&4&6&4\\0&1&4&6\\0&0&1&4\\0&0&0&1\end{bmatrix}.$

19 $\begin{bmatrix}A&2A\\O&A\end{bmatrix}\begin{bmatrix}2A&-A\\A&O\end{bmatrix}=\begin{bmatrix}4A^2&-A^2\\A^2&O\end{bmatrix}.$
$A^2=\begin{bmatrix}1&1\\-1&1\end{bmatrix}\begin{bmatrix}1&1\\-1&1\end{bmatrix}=\begin{bmatrix}0&2\\-2&0\end{bmatrix}$이므로
$\begin{bmatrix}4A^2&-A^2\\A^2&O\end{bmatrix}=\begin{bmatrix}0&8&0&-2\\-8&0&2&0\\0&2&0&0\\-2&0&0&0\end{bmatrix}.$

20 (1) $\begin{bmatrix}3&3&1&1\\3&3&1&2\\1&1&1&1\\1&2&1&1\end{bmatrix}$ (2) $\begin{bmatrix}2&3&2&2\\0&1&0&0\\6&6&2&3\\0&0&0&1\end{bmatrix}$

(3) $\begin{bmatrix} 2 & 2 & 1 & 1 \\ 2 & 4 & 1 & 1 \\ 6 & 6 & 1 & 1 \\ 6 & 6 & 1 & 2 \end{bmatrix}$ (4) $\begin{bmatrix} 1 & 1 & 1 & 1 \\ 2 & 1 & 1 & 1 \\ 3 & 3 & 1 & 1 \\ 3 & 3 & 2 & 1 \end{bmatrix}$

21 (1) $\begin{bmatrix} 0 & 2 & 0 & -2 \\ 8 & 5 & 8 & -5 \\ 3 & 2 & 3 & -2 \\ 5 & 3 & 5 & -3 \end{bmatrix}$ (2) $\begin{bmatrix} 3 & 8 \\ 2 & 7 \\ 1 & 6 \\ 5 & 10 \\ 4 & 9 \end{bmatrix}$

1-3 행렬대수

1 (1) (A^T의 행의 개수) = (A의 열의 개수)
(A의 행의 개수) = (A^T의 열의 개수)
(2) $(A^TA)^T = A^T(A^T)^T = A^TA$,
$(AA^T)^T = (A^T)^TA^T = AA^T$.

2 (D의 1 행) $= [d_1, 0, \cdots, 0] = d_1[1, 0, \cdots, 0]$
$= d_1\mathbf{e}_1^T$.
이와 같이, (D의 i 행) $= d_i\mathbf{e}_i^T$. $(i = 1, \cdots, n)$.
같은 논리로, (D의 j 열) $= d_j\mathbf{e}_j$. $(i = 1, \cdots, n)$.

3 $D = [d_1\mathbf{e}_1, \cdots, d_n\mathbf{e}_n]$ 이므로
$A = [\mathbf{v}_1, \mathbf{v}_2, \cdots, \mathbf{v}_n]$ 이라고 하면,
$AD = A[d_1\mathbf{e}_1, \cdots, d_n\mathbf{e}_n] = [d_1A\mathbf{e}_1, \cdots, d_nA\mathbf{e}_n]$
$= [d_1\mathbf{v}_1, \cdots, d_n\mathbf{v}_n]$.
그러므로 정리 1.3.3 (2)가 증명되었다.
같은 논리로 1.3.3 (1)이 성립한다.

4 (1) 대각행렬의 성질에 의하여 명백하다.
(2) $X = \begin{bmatrix} x_1 & & \\ & \ddots & \\ & & x_m \end{bmatrix}, Y = \begin{bmatrix} y_1 & & \\ & \ddots & \\ & & y_n \end{bmatrix}$
라고 하면
$XAY = \begin{bmatrix} x_1a_{11}y_1 & \cdots & x_1a_{1n}y_n \\ \vdots & & \vdots \\ x_ma_{m1}y_1 & \cdots & x_ma_{mn}y_n \end{bmatrix}$.
$\mathbf{x}^TA\mathbf{y} = ([1, \cdots, 1]X)A(Y[1, \cdots, 1]^T)$
$= [1, \cdots, 1](XAY)[1, \cdots, 1]^T$
$= (XAY$ 의 성분의 합).

5 $\mathbf{u} = \begin{bmatrix} u_1 \\ \vdots \\ u_n \end{bmatrix}$이라고 할 때,
$\mathbf{u}^T\mathbf{u} = [u_1, \cdots, u_n]\begin{bmatrix} u_1 \\ \vdots \\ u_n \end{bmatrix} = u_1^2 + \cdots, u_n^2$.

6 (A^TA의 (i, i)-성분) = (A^T의 i 행)(A의 i 열)
$= \mathbf{v}_i^T\mathbf{v}_i$ = ($\mathbf{v}_i$의 성분의 제곱의 합)
$\therefore$ $\mathrm{tr}(A^TA) = \sum_{i=1}^{n}$ (A^TA의 (i, i)-성분)
$= \sum_{i=1}^{n}$ ($\mathbf{v}_i$의 성분의 제곱의 합)
= (A의 성분의 제곱의 합).

7 $A = [a_{ij}]_{n\times n}, B = [b_{ij}]_{n\times n}$ 일 때,
(1) $\mathrm{tr}(A + B) = \sum_{i=1}^{n}(a_{ii} + b_{ii})$
$= \sum_{i=1}^{n} a_{ii} + \sum_{i=1}^{n} b_{ii} = \mathrm{tr}(A) + \mathrm{tr}(B)$.
(2) $\mathrm{tr}(kA) = \sum_{i=1}^{n}(ka_{ii}) = k\sum_{i=1}^{n} a_{ii}$
$= k\,\mathrm{tr}(A)$.

8 $A = [a_{ij}]_{n\times n}, B = [b_{ij}]_{n\times n}$ 일 때,
(AB의 (i, i)-성분) = (A의 i 행)(B의 i 열)
= (A의 i 행)$\circ$(B^T의 i 행)
= ($A \circ B^T$의 i 행의 성분의 합).
$\therefore$ $\mathrm{tr}(A^TA)$
$= \sum_{i=1}^{n}$ ($A \circ B^T$의 i 행의 성분의 합)
= ($A \circ B^T$의 모든 성분의 합).

9 예를 들어
(1) $A^{-2}A^2 = A^{-1}A^{-1}AA = I = A^0 = A^{-2+2}$.
$A^2A^{-3} = A^{-1}A^{-1}A^{-1}AA = I = A^{-1} = A^{-3+2}$.
(2) $(A^{-3})^2 = (A^{-1}A^{-1}A^{-1})^2$
$= (A^{-1}A^{-1}A^{-1})(A^{-1}A^{-1}A^{-1})$
$= (A^{-1})^6 = A^{-6} = A^{-3\times 2}$.
$(A^{-3})^{-2} = (A^{-1}A^{-1}A^{-1})^{-1}(A^{-1}A^{-1}A^{-1})^{-1}$
$= (AAA)(AAA) = A^6 = A^{(-3)(-2)}$.
일반적인 증명은 생략한다.

10 $A^2 = I, A^3 = -A$임을 이용한다.
(1) I (2) A (3) I (4) A

11 (1) $\begin{bmatrix} 2 & 0 & 1 \\ 0 & -1 & 0 \\ 1 & 0 & 3 \end{bmatrix}$.

(2) $X^2 = \begin{bmatrix} 9 & 0 \\ 0 & 4 \end{bmatrix}^{-1} = \begin{bmatrix} 1/9 & 0 \\ 0 & 1/4 \end{bmatrix}$.

$\therefore X = \begin{bmatrix} \pm 1/3 & 0 \\ 0 & \pm 1/2 \end{bmatrix}$.

12 $A = \begin{bmatrix} 1 & 2 \\ 3 & -1 \end{bmatrix}$일 때, $A^2 = \begin{bmatrix} 7 & 0 \\ 0 & 7 \end{bmatrix}$.

13 A^3은 대각성분이 차례로 $1^3, 2^3, \cdots, n^3$ 인 삼각행렬. $\therefore \mathrm{tr}(A^3) = 1^3 + 2^3 + \cdots + n^3 = \left(\frac{n(n+1)}{2}\right)^2$.

14 (1) $AB = AC \Rightarrow A^{-1}AB = A^{-1}AC \Rightarrow B = C$.

(2) $BA = CA \Rightarrow BA\,A^{-1} = CAA^{-1} \Rightarrow B = C$.

15 r에 관한 귀납법으로 증명한다.

16 $AA^{p-1} = I = A^{p-1}A$

17 $XX = I = XX$이므로 X는 가역이고 $X = X^{-1}$.

$X = \begin{bmatrix} a & b \\ c & d \end{bmatrix}$라고 하면, $b \neq 0$라고 할 수 있다.

$X^{-1} = \frac{1}{ad-bc}\begin{bmatrix} d & -b \\ -c & a \end{bmatrix}$. $X = X^{-1}$로부터

$b = -\frac{b}{ad-bc}$, 즉, $b(1 - \frac{1}{ad-bc}) = 0$.

$b \neq 0$ 이므로 $ad - bc = -1$ 이고 따라서 $d = -a$.

$\therefore X = \begin{bmatrix} a & b \\ c & -a \end{bmatrix}$, (단, $a^2 + bc = 1$).

18 $B = \begin{bmatrix} 1 & 1 \\ 0 & 0 \end{bmatrix}$, $C = \begin{bmatrix} 0 & 0 \\ 1 & 1 \end{bmatrix}$.

19 블락곱을 이용

20 $B = \begin{bmatrix} 5 & 8 \\ 3 & 5 \end{bmatrix}$, $C = \begin{bmatrix} 5 & 2 \\ 12 & 5 \end{bmatrix}$라고 하면,

$A = \begin{bmatrix} B & O \\ O & C \end{bmatrix}$.

(1) $A^2 = \begin{bmatrix} B^2 & O \\ O & C^2 \end{bmatrix} = \begin{bmatrix} 49 & 80 & 0 & 0 \\ 30 & 49 & 0 & 0 \\ 0 & 0 & 49 & 20 \\ 0 & 0 & 120 & 49 \end{bmatrix}$.

(2) $A^{-1} = \begin{bmatrix} B^{-1} & O \\ O & C^{-1} \end{bmatrix} = \begin{bmatrix} 5 & -8 & 0 & 0 \\ -3 & 5 & 0 & 0 \\ 0 & 0 & 5 & -2 \\ 0 & 0 & -12 & 5 \end{bmatrix}$.

(3) $A^2 - 10A + 25I = (A - 5I)^2$

$= \begin{bmatrix} (B-5I)^2 & O \\ O & (C-5I)^2 \end{bmatrix} = \begin{bmatrix} 24 & 0 & 0 & 0 \\ 0 & 24 & 0 & 0 \\ 0 & 0 & 24 & 0 \\ 0 & 0 & 0 & 24 \end{bmatrix}$.

21 (1) $\begin{bmatrix} 0 & 0 & 1 \\ 0 & 1 & 0 \\ 1 & 0 & 0 \end{bmatrix}$ (2) $\begin{bmatrix} 0 & 0 & 1 \\ 1 & 0 & 0 \\ 0 & 1 & 0 \end{bmatrix}$

(3) $\begin{bmatrix} 0 & 0 & 0 & 1/5 \\ 0 & 0 & 1/4 & 0 \\ 0 & 1/3 & 0 & 0 \\ 1/2 & 0 & 0 & 0 \end{bmatrix}$ (4) $\begin{bmatrix} \cos\theta & \sin\theta \\ -\sin\theta & \cos\theta \end{bmatrix}$

22 $C = -A^{-1}BA^{-1}$.

23 $\begin{bmatrix} k & 0 \\ 0 & k \end{bmatrix}$, ($k$는 실수)

24 $(I-A)(I + A + \cdots + A^{n-1}) = I - A^n = I$.

1-4 행렬의 가역성

1 (1) $\begin{bmatrix} 1 & -a & 0 \\ -b & ab+1 & 0 \\ 0 & 0 & 1/c \end{bmatrix}$

(2) $\begin{bmatrix} 1 & 0 & 0 \\ 0 & 1 & 0 \\ -a/c & -b/c & 1/c \end{bmatrix}$

2 $E = \begin{bmatrix} 1 & 0 \\ 0 & 3 \end{bmatrix}$, $F = \begin{bmatrix} 1 & 0 \\ 2 & 1 \end{bmatrix}$은 기본행렬이지만

(1) $E + F = \begin{bmatrix} 2 & 0 \\ 2 & 4 \end{bmatrix}$은 기본행렬이 아니다.

(2) $EF = \begin{bmatrix} 1 & 0 \\ 6 & 3 \end{bmatrix}$은 기본행렬이 아니다.

3 (1) $\begin{bmatrix} 1 & 0 & 0 & 0 \\ -1/2 & 1/2 & 0 & 0 \\ 0 & -1/3 & 1/3 & 0 \\ 0 & 0 & -1/4 & 1/4 \end{bmatrix}$

(2) $\begin{bmatrix} -4/5 & 3/5 & 1/5 & 1/5 \\ 3/2 & 0 & -1 & 0 \\ 1/2 & 0 & 0 & 0 \\ 4/5 & 2/5 & -1/5 & -1/5 \end{bmatrix}$

(3) $\begin{bmatrix} 0 & 0 & 0 & 1/5 \\ 0 & 0 & 1/4 & 0 \\ 0 & 1/3 & 0 & 0 \\ 1/2 & 0 & 0 & 0 \end{bmatrix}$

(4) $\begin{bmatrix} 1/a & 0 & 0 & 0 \\ -1/a^2 & 1/a & 0 & 0 \\ 1/a^3 & -1/a^2 & 1/a & 0 \\ -1/a^4 & 1/a^3 & -1/a^2 & 1/a \end{bmatrix}$

4 (1) 주어진 행렬에서 1행의 4배, 3배를 각각 2행, 3행에 더하여 얻어지는 행렬의 2행, 3행이 같다.
(2) 주어진 행렬에서 1행의 −1배, 5행의 −1배를 3행에 더하여 얻어지는 행렬의 3행은 영벡터이다.

5 $n=4$인 경우 (일반적인 경우도 이러한 패턴임)
(1) $\begin{bmatrix} 1 & -1 & 1 & -1 \\ 0 & 1 & -1 & 1 \\ 0 & 0 & 1 & -1 \\ 0 & 0 & 0 & 1 \end{bmatrix}$ (2) $B^{-1} = \begin{bmatrix} 1 & -1 & 0 & 0 \\ 0 & 1 & -1 & 0 \\ 0 & 0 & 1 & -1 \\ 0 & 0 & 0 & 1 \end{bmatrix}$

6 (1) $\begin{bmatrix} 1 & 2 & 3 \\ 0 & 1 & 4 \\ 0 & 0 & 1 \end{bmatrix} = \begin{bmatrix} 1 & 0 & 0 \\ 0 & 1 & 4 \\ 0 & 0 & 1 \end{bmatrix}\begin{bmatrix} 1 & 0 & 3 \\ 0 & 1 & 0 \\ 0 & 0 & 1 \end{bmatrix}\begin{bmatrix} 1 & 2 & 0 \\ 0 & 1 & 0 \\ 0 & 0 & 1 \end{bmatrix}$
(2) 불가 (∵ 가역이 아니다.)

7 NOTE 1 을 이용한다.
(1) $AI = A$.
(2) $PA = B$, (단, P는 가역). ∴ $P^{-1}B = A$.
(3) $PA = B$, $QB = C$, (단, P, Q는 가역).
∴ $QPA = C$.

8 $PA = B$, (단, A, P는 가역), 일 때, B는 가역.

9 (1) $[0, -1, 1]^T$ (2) $[-4, -2, 5]^T$ (3) $[0, 3, -2]^T$

10 (1) $X = \begin{bmatrix} -1 & 0 \\ 4 & 2 \end{bmatrix}$ (2) $Y = \begin{bmatrix} -8 & 5 \\ -14 & 9 \end{bmatrix}$

11 (1) $X = A^{-1}B = \begin{bmatrix} 20 & -5 \\ -34 & 7 \end{bmatrix}$
(2) $X = (I-A)^{-1}C = \begin{bmatrix} 2 & -4 \\ -4 & 6 \end{bmatrix}$

12 (1)이 성립하면 A는 가역이다.
$A\mathbf{x} = \mathbf{b} \Rightarrow \mathbf{x} = A^{-1}\mathbf{b}$ 이므로 (2)가 성립한다.
(2) ⇒ (1) 은 명백하다.

13 (1) $[A \vdots \mathbf{b}_1, \cdots, \mathbf{b}_r] \overset{R}{\sim} [I \vdots \mathbf{c}_1, \cdots, \mathbf{c}_r]$이므로
가역행렬 P가 있어서
$P[A \vdots \mathbf{b}_1, \cdots, \mathbf{b}_r] = [I \vdots \mathbf{c}_1, \cdots, \mathbf{c}_r]$.
∴ $[PA \vdots P\mathbf{b}_1, \cdots, P\mathbf{b}_r] = [I \vdots \mathbf{c}_1, \cdots, \mathbf{c}_r]$.
∴ $PA = I$ ∴ $P = A^{-1}$, $\mathbf{c}_i = P\mathbf{b}_i$, $(i = 1, \cdots, n)$.
∴ $A\mathbf{x} = \mathbf{b}_i$의 해는 $\mathbf{x} = A^{-1}\mathbf{b}_i = \mathbf{c}_i$, $(i = 1, \cdots, n)$.

14 $\begin{bmatrix} 1 & 1 & 2 & 0 & 3 \\ 1 & 2 & 3 & 1 & 5 \end{bmatrix} \overset{R}{\sim} \begin{bmatrix} 1 & 0 & 1 & -1 & 1 \\ 0 & 1 & 1 & 1 & 2 \end{bmatrix}$이므로
(1) $\begin{bmatrix} x \\ y \end{bmatrix} = \begin{bmatrix} 1 \\ 1 \end{bmatrix}$ (2) $\begin{bmatrix} x \\ y \end{bmatrix} = \begin{bmatrix} -1 \\ 1 \end{bmatrix}$ (3) $\begin{bmatrix} x \\ y \end{bmatrix} = \begin{bmatrix} 1 \\ 2 \end{bmatrix}$

15 (1) $\begin{bmatrix} 1 & -3 & 0 \\ 0 & 1 & 3 \\ 2 & -10 & 2 \end{bmatrix} = \begin{bmatrix} 1 & 0 & 0 \\ 0 & 1 & 0 \\ 2 & -4 & 1 \end{bmatrix}\begin{bmatrix} 1 & -3 & 0 \\ 0 & 1 & 3 \\ 0 & 0 & 14 \end{bmatrix}$
(2) $L\mathbf{y} = \mathbf{b}$ 의 해는 $\mathbf{y} = [-5, -1, -14]^T$
(3) $\mathbf{x} = [1, 2, -1]^T$

16 $\mathbf{x}_n = (A^{-1} + A^{-2} + \cdots + A^{-n})\mathbf{b}_1$.
$A^{-k} = \begin{bmatrix} 1 & -k \\ 0 & 1 \end{bmatrix}$ 이므로
$A^{-1} + A^{-2} + \cdots + A^{-n} = \begin{bmatrix} n & -n(n+1)/2 \\ 0 & n \end{bmatrix}$.
∴ $\mathbf{x}_n = \begin{bmatrix} n & -n(n+1)/2 \\ 0 & n \end{bmatrix}\begin{bmatrix} 0 \\ 1 \end{bmatrix} = \begin{bmatrix} -n(n+1)/2 \\ n \end{bmatrix}$.

2 행렬식

2-1 행렬식의 뜻

1 (1) − 1 (∵ (1행 ↔3행)⇨대각행렬)
(1) + 1 (∵ (1행 ↔4행)&(2행 ↔3행)⇨대각행렬)

2 (1) $A_1^{\#} = \begin{bmatrix} 0 & \cdot & \cdot \\ \cdot & 1 & \cdot \\ \cdot & \cdot & 5 \end{bmatrix}$, $A_2^{\#} = \begin{bmatrix} 0 & \cdot & \cdot \\ \cdot & \cdot & 4 \\ \cdot & 2 & \cdot \end{bmatrix}$, $A_3^{\#} = \begin{bmatrix} \cdot & 0 & \cdot \\ 2 & \cdot & \cdot \\ \cdot & \cdot & 5 \end{bmatrix}$,
$A_4^{\#} = \begin{bmatrix} \cdot & 0 & \cdot \\ \cdot & \cdot & 4 \\ 1 & \cdot & \cdot \end{bmatrix}$, $A_5^{\#} = \begin{bmatrix} \cdot & \cdot & 3 \\ 2 & \cdot & \cdot \\ \cdot & 2 & \cdot \end{bmatrix}$, $A_6^{\#} = \begin{bmatrix} \cdot & \cdot & 3 \\ \cdot & 1 & \cdot \\ 1 & \cdot & \cdot \end{bmatrix}$.
$\det A_1^{\#} = \det A_2^{\#} = \det A_3^{\#} = \det A_4^{\#} = 0$,
$\det A_5^{\#} = 12$, $\det A_6^{\#} = -3$.
(2) $\det A = \det A_1^{\#} + \cdots + \det A_6^{\#} = 12 - 3 = 9$.

3 구하는 수를 f_n이라고 하자.
$A_1 = [1]$ 의 바탕행렬은 A_2자신 뿐. ∴ $f_1 = 1$.
A_n의, 0을 수 성분으로 갖지 않는 바탕행렬을 구성하기 위하여
제 1 행의 수 성분을 택하는 방법은 2가지.
그 각각에 대하여 제 2 행의 수 성분을 택하는 방법은 2가지.

⋮

그 각각에 대하여 제 $n-1$ 행의 수 성분을 택하는 방법은 2가지.

그 각각에 대하여 제 n 행의 수 성분을 택하는 방법은 1가지.

$\therefore f_n = 2^{n-1}$.

4 (1) $1, -3$ (2) $-2, 3, 4$

5 (1) 3 (2) -3 (3) $-af(be-cd)$ (4) $abcd$

6 (1) 2 (2) 2^2 (3) 2^3

7 (1) A의 0 성분을 수성분으로 가지지 않으면서 (1, 2) 성분을 수성분으로 가지는 바탕행렬은

$$A^{\#} = \begin{bmatrix} \cdot & 1 & \cdot & \cdots & \cdot \\ 1 & \cdot & \cdot & \cdots & \cdot \\ \vdots & \vdots & a & \cdots & \vdots \\ \vdots & \vdots & \vdots & \ddots & \vdots \\ \cdot & \cdot & \cdot & \cdots & a \end{bmatrix}.$$

($A^{\#}$의 부호) $= -1$, ($A^{\#}$의 수 성분의 곱) $= a^{n-2}$.

$\therefore \det A^{\#} = -a^{n-2}$.

같은 식으로, 각 $j \geq 2$에 대하여, A의 0 성분을 수성분으로 가지지 않으면서 $(1, j)$ 성분 0을 수성분으로 가지는 바탕행렬은 하나뿐이고 행렬식은 $-a^{n-2}$임을 알 수 있다.

$\therefore \det A = a^n - (n-1)a^{n-2}$.

(2) $n!$ ($\because$ 삼각행렬의 행렬식은 대각성분의 곱.)

8 r에 관한 귀납법으로 증명한다.

$r = 1$일 때는 명백하다.

$r > 1$일 때

$$B = \begin{bmatrix} A_2 & O & \cdots & O \\ * & A_3 & \cdots & O \\ \vdots & \vdots & \ddots & \vdots \\ * & * & \cdots & A_r \end{bmatrix}$$

로 두면, 정리 2.1.4에 의하여

$$\begin{aligned} \det A &= (\det A_1)(\det B) \\ &= (\det A_1)(\det A_2)\cdots(\det A_r). \end{aligned}$$

9 (1) (주어진 행렬의 행렬식)

$$= \det\begin{bmatrix} 1 & 2 \\ 1 & 4 \end{bmatrix} \det\begin{bmatrix} 3 & 2 \\ 3 & 3 \end{bmatrix} \det\begin{bmatrix} 2 & 2 \\ 3 & 5 \end{bmatrix}$$

$$= 2 \cdot 3 \cdot 4 = 24.$$

(1) (주어진 행렬의 행렬식)

$$= \det\begin{bmatrix} 1 & 1 \\ 1 & 2 \end{bmatrix} \det[3] \det\begin{bmatrix} 4 & 0 & 0 \\ 7 & 5 & 0 \\ 9 & 4 & 6 \end{bmatrix}$$

$$= 1 \cdot 3 \cdot 120 = 360.$$

10 $\mathbf{u} = \overrightarrow{OP}, \mathbf{v} = \overrightarrow{OQ}$라 하고, $\mathbf{u}, \mathbf{v}$ 사이의 각을 θ라고 하자. OP, OQ를 이웃하는 변으로 하는 평행사변형의 넓이를 S라고 할 때, $S = \|\mathbf{u}\|\|\mathbf{v}\|\sin\theta$이므로

$$\begin{aligned} S^2 &= \|\mathbf{u}\|^2\|\mathbf{v}\|^2\sin^2\theta = \|\mathbf{u}\|^2\|\mathbf{v}\|^2(1-\cos^2\theta) \\ &= \|\mathbf{u}\|^2\|\mathbf{v}\|^2 - (\|\mathbf{u}\|\|\mathbf{v}\|\cos\theta)^2 \\ &= \|\mathbf{u}\|^2\|\mathbf{v}\|^2 - (\mathbf{u}\cdot\mathbf{v}) \\ &= (a^2+b^2)(c^2+d^2) - (ac+bd)^2 \\ &= a^2d^2 + b^2c^2 - 2acbd = (ad-bc)^2. \end{aligned}$$

11

$$\begin{matrix} 1 & 1 & 1 & 1 & 1 \\ x_1 & x_2 & x_3 & x_1 & x_2 \\ y_1 & y_2 & y_3 & y_1 & y_2 \end{matrix}$$

사러스의 방법으로 얻어지는 6 개의 항 중

x_1 을 포함하는 것은 $1x_1y_2, -y_3x_11$,

x_2 을 포함하는 것은 $1x_2y_3, -y_1x_21$,

x_3 을 포함하는 것은 $1x_3y_1, -y_2x_31$.

이들 6 개의 항을 더하면,

$x_1(y_2-y_3) + x_2(y_3-y_1) + x_3(y_1-y_2)$.

12 P_1이 원점 O에 가도록 삼각형 $P_1P_2P_3$을 평행이동한 삼각형의 꼭지점은

$$O, Q_2(x_2-x_1, y_2-y_1), Q_3(x_3-x_1, y_3-y_1)$$

이다. 연습문제 10에 의하여

$$\begin{aligned} S &= \pm\frac{1}{2}\det\begin{bmatrix} x_2-x_1 & y_2-y_1 \\ x_3-x_1 & y_3-y_1 \end{bmatrix} \\ &= \pm\frac{1}{2}\big((x_2-x_1)(y_3-y_1) - (x_3-x_1)(y_2-y_1)\big) \\ &= \pm\frac{1}{2}\big(x_1(y_2-y_3) + x_2(y_3-y_1) + x_3(y_1-y_2)\big) \end{aligned}$$

연습문제 11에 의하여 이 등식이 성립한다.

13 O가 1 개의 행으로 이루어졌을 때, O의 제 1 행은 영벡터이므로 $\det O = 0$.

O가 2 개 이상의 행으로 이루어졌을 때, 예를 들어

$$A = \begin{bmatrix} 1 & 1 & 0 & 0 & 0 \\ 1 & 2 & 0 & 0 & 0 \\ 1 & 3 & 0 & 0 & 0 \\ 1 & 4 & 1 & 1 & 1 \\ 1 & 5 & 1 & 2 & 3 \end{bmatrix} = \begin{bmatrix} X & O \\ Y & Z \end{bmatrix}$$

와 같이 색깔로 구분하여 새로운 블락으로 분할한

다. 이 때, X, Z는 정사각행렬이고 Z의 제 1 행은 영벡터이므로 $\det Z = 0$. 따라서 정리 2.1.4에 의하여 $\det A = (\det X)(\det Z) = (\det X)\cdot 0 = 0$.

14 n에 관한 귀납법으로 증명한다. $n=2$일 때는 명백하다.
$n=3$인 경우만 증명한다.(일반적인 경우의 증명도 같다.)
$A=[a_{ij}]$의 바탕 행렬은 다음 세 종류 :

㉮ $\begin{bmatrix} a_{11} & \cdot & \cdot \\ \cdot & * & * \\ \cdot & * & * \end{bmatrix}$, ㉯ $\begin{bmatrix} \cdot & a_{12} & \cdot \\ * & \cdot & * \\ * & \cdot & * \end{bmatrix}$, ㉰ $\begin{bmatrix} \cdot & \cdot & a_{13} \\ * & * & \cdot \\ * & * & \cdot \end{bmatrix}$,

㉮에서 $\begin{bmatrix} * & * \\ * & * \end{bmatrix}$ 부분은 $\begin{bmatrix} a_{22} & a_{23} \\ a_{32} & a_{33} \end{bmatrix}$의 바탕행렬이므로 1 개는 양의 부호, 1 개는 음의 부호를 가진다.
따라서 A의 ㉮ 꼴의 바탕행렬 중 절반은 양의 부호, 절반은 음의 부호를 가진다.
㉯, ㉰ 꼴의 바탕행렬도 마찬가지이다.

2-2 여인수 전개

1 (1) 8 (1) 20

2 (1) $\operatorname{adj} A = \begin{bmatrix} 0 & 0 & 0 \\ 0 & -12 & -6 \\ 0 & 4 & 2 \end{bmatrix}$.

(2) $\operatorname{adj} A = \begin{bmatrix} 4 & 6 & 7 \\ 1 & 0 & 1 \\ 2 & 3 & 2 \end{bmatrix}$, $A^{-1} = \begin{bmatrix} 4/3 & 2 & 7/3 \\ 1/3 & 0 & 1/3 \\ 2/3 & 1 & 2/3 \end{bmatrix}$.

3 주어진 행렬을 A_n이라고 할 때, $A_1 = [1]$이므로 $a_1 = 1$. $n \ge 2$일 때, $\det A_n$을 제 1 행에 관하여 전개하면 $a_n = 2a_{n-1}$. $\therefore\ a_n = 2^{n-1}$.

4 주어진 행렬을 A_n이라고 할 때, $A_1 = [1]$이므로 $a_1 = 1$. $A_2 = \begin{bmatrix} 1 & -1 \\ 1 & 1 \end{bmatrix}$이므로 $a_2 = 2$.
$n \ge 3$일 때, $\det A_n$을 제 1 행에 관하여 전개하면
$a_n = a_{n-1} + a_{n-2}$.
$\therefore\ (a_1, a_2, a_3, \cdots) = (1, 2, 3, 5, 8, \cdots)$: 피보나치 수열에서 첫 째 항을 제외한 수열.

5 주어진 행렬을 A_n이라하고, $\det A_n = f_n$이라고 할 때, $f_1 = 1 + x^2, f_2 = 1 + x^2 + x^4$,
$f_n = (x^2+1)f_{n-1} - x^2 f_{n-1}$.
이를 이용하면 $f_n = 1 + x^2 + x^4 \cdots + x^{2n}$.

6 $A(\operatorname{adj} A) = (\det A)I$를 이용.
(1) $(\det A)\det(\operatorname{adj} A) = (\det A)^n$.
(2) $B = \operatorname{adj} A$로 두면, $B^{-1} = \frac{1}{\det A}A$.
$B(\operatorname{adj} B) = (\det B)I = (\det A)^{n-1}I$
$\therefore\ \operatorname{adj} B = (\det A)^{n-1}B^{-1} = (\det A)^{n-1}\frac{1}{\det A}A$
$= (\det A)^{n-2}A$.
(3) $\operatorname{adj}(A^{-1}) = \frac{1}{\det(A^{-1})}A^{-1} = (\det A)A^{-1}$
$= \left(\frac{1}{\det A}A\right)^{-1} = (\operatorname{adj} A)^{-1}$.

7 (1) $(x, y, z) = (1, 1, 2)$
(2) $(x, y, z) = (4/5, -3/2, -8/5)$

8 주어진 행렬식을 $f(x, y)$라고 하자.
행렬식을 제 1 행에 관하여 전개하면
$f(x, y) = (y_1 - y_2)x + (x_2 - x_1)y + (x_1y_2 - x_2y_1)$
$(x_1, y_1) \ne (x_2, y_2)$이므로 $(y_1 - y_2), (x_2 - x_1)$ 중 적어도 하나는 $\ne 0$ 이고, 따라서 $f(x, y)$는 x, y에 관한 일차식이다.
두 행이 서로 같은 행렬의 행렬식은 0이므로 $f(x_1, y_1) = 0 = f(x_2, y_2)$. 따라서 직선 $f(x, y) = 0$은 두 점 P_1, P_2를 지난다.

9 주어진 행렬식을 $f(x, y, z)$라고 하자.
행렬식을 제 1 행에 관하여 전개하면
$f(x, y, y) = a_1x + a_2y + a_3z + b$.

$a_1 = \begin{vmatrix} y_1 & z_1 & 1 \\ y_2 & z_2 & 1 \\ y_3 & z_3 & 1 \end{vmatrix}$은 $Q_1Q_2Q_3$의 넓이의 2배이다. (∵ 연습문제 2.1.12)

단, Q_i는 P_i에서 yz 평면에 내린 수선의 발.
그러므로 a_1, a_2, a_3중 적어도 하나는 $\ne 0$이고, 따라서 $f(x, y, z)$는 x, y에 관한 일차식이다.
이하 연습문제 8고 같은 논리를 적용한다.

10 문제의 조건으로부터
$\alpha = \begin{vmatrix} b & c \\ b' & c' \end{vmatrix}, \beta = \begin{vmatrix} c & a \\ c' & a' \end{vmatrix}, \gamma = \begin{vmatrix} a & b \\ a' & b' \end{vmatrix}$
중 하나는 $\ne 0$이다. $\alpha \ne 0$라고 해도 좋다.

$$\begin{cases} ax + by = -cz \\ a'x + b'y = -c'z \end{cases}$$

에 크레이머의 공식을 적용하면

$x = \frac{1}{\gamma}\begin{vmatrix} -cz & b \\ -c'z & b' \end{vmatrix} = -\frac{1}{\gamma}\begin{vmatrix} c & b \\ c' & b' \end{vmatrix} z = \frac{\alpha}{\gamma} z.$

같은 방법으로 $y = \frac{\beta}{\gamma} z.$

$\therefore\ x : y : z = \frac{\alpha}{\gamma} z : \frac{\beta}{\gamma} z : z = \alpha : \beta : \gamma.$

11 (1) 그림에서 맹백하다.

(2) $\begin{bmatrix} 0 & c & b \\ c & 0 & a \\ b & a & 0 \end{bmatrix}\begin{bmatrix} \cos\alpha \\ \cos\beta \\ \cos\gamma \end{bmatrix} = \begin{bmatrix} a \\ b \\ c \end{bmatrix}$ 이므로

크레이머의 공식에 의하여

$\cos\alpha = \dfrac{b^2 + c^2 - a^2}{2bc}.$

2-3 행렬식의 성질

1 (1) $abc\alpha$ (2) $abcxyz\alpha$

2 $kA = (kI)A.\ \therefore \det(kA) = \det(kI)\det A = k^n \det A.$

3 (1) 40 (2) 25 (3) 1/5 (4) 1/135

4 (1) 12 (2) 96 (3) 3/4 (4) 432

5 $\det A = \det(A^{\mathrm{T}}) = \det(-A) = (-1)^n \det A$
$= -\det A.\ \ \therefore 2\det A = 0.\ \ \therefore \det A = 0.$

6 ($\Leftarrow$) $(\det A) = \pm 1$일 때, $A^{-1} = \pm \operatorname{adj} A$ 의 모든 성분은 정수이다.
($\Rightarrow$) $(\det A)(\det A^{-1}) = 1$. $\det A, \det A^{-1}$가 모두 정수이므로 $\det A = \pm 1$.

7 행렬식은 모두 0이다. 왜냐하면
(1) 2열을 3열에 더한다.
(2) 홀수차 왜대칭행렬.
(3) 1, 2열을 3열에 더한다. $(1 + \omega + \omega^2 = 0)$.
(4) $\sin(x + \theta) = \sin x \cos\theta + \cos x \sin\theta$
(1열)$\times(-\cos\theta)$, (2열)$\times(-\sin\theta)$를 3열에 더함.

8 제 2 열, $\cdots$, 제 n 열을 각각 제 1 열에 더하면 제 1 열은 영벡터가 된다.

9 $\begin{bmatrix} A & B \\ B & A \end{bmatrix} \xrightarrow{①} \begin{bmatrix} A & B-A \\ B & A-B \end{bmatrix} \xrightarrow{②} \begin{bmatrix} A+B & O \\ B & A-B \end{bmatrix}$

① 제 1 블락 열의 -1배를 제 2 블락 열에 더한다.
② 제 2 블락 행을 제 1 블락 행에 더한다.

10 $A = \begin{bmatrix} x & i \\ -i & x \end{bmatrix}, B = \begin{bmatrix} 1 & -i \\ i & 1 \end{bmatrix}$로 두면 주어진 행렬은 $\begin{bmatrix} A & B \\ B & A \end{bmatrix}$이다. 연습문제 9를 적용하면 이 행렬의 행렬식은 $(x+1)^3(x-3)$.

11 (1) 사러스의 방법

(2) $\begin{vmatrix} x & y & z \\ z & x & y \\ y & z & x \end{vmatrix} = \begin{vmatrix} a & b & c \\ c & a & b \\ b & c & a \end{vmatrix}\begin{vmatrix} r & t & s \\ s & r & t \\ t & s & r \end{vmatrix}$ 이므로

$x = ar + bs + ct,\ y = at + br + cs,$
$z = as + bt + cr$

12 4개의 점을 $(x_i, y_i), (i = 1, 2, 3, 4)$, 라고 하면,

$$\begin{bmatrix} 1 & x_1 & x_1^2 & x_1^3 \\ 1 & x_2 & x_2^2 & x_2^3 \\ 1 & x_3 & x_3^2 & x_3^3 \\ 1 & x_4 & x_4^2 & x_4^3 \end{bmatrix}\begin{bmatrix} a \\ b \\ c \\ d \end{bmatrix} = \begin{bmatrix} y_1 \\ y_2 \\ y_3 \\ y_4 \end{bmatrix}$$

위의 van der Monde행렬식이 $\neq 0$이므로 이 방정식은 유일한 해 (a, b, c, d)를 가진다.

13 A의 1행을 2행에 더한 행렬을 B라고 하면 B의 2행, 3행이 같으므로 $\det A = \det B = 0$.

14 행렬식의 값이 0되는 a를 찾는다.
(1) 1, 8 (2) -1

15 (1) $\begin{bmatrix} 1-a & 3 \\ 4 & 2-a \end{bmatrix}\begin{bmatrix} x \\ y \end{bmatrix} = \begin{bmatrix} 0 \\ 0 \end{bmatrix}$
의 계수 행렬의 행렬식의 값이 0되는 a를 찾는다.
$a = -2, 5.$

(2) $\begin{bmatrix} 1-a & 3 & 0 \\ 3 & 1-a & 0 \\ 0 & 1 & -2-a \end{bmatrix}\begin{bmatrix} x \\ y \\ z \end{bmatrix} = \begin{bmatrix} 0 \\ 0 \\ 0 \end{bmatrix}$에서
$a = 4, -2.$

16 (1) 모든 행의 합은 영벡터이므로 행렬식은 0.
(2) 3행에서 2행을 빼고, 2행에서 1행을 빼면 행, 행이 모두 $(1, 1, \cdots, 1)$인 행렬로 바뀐다.

17 (1) $\begin{vmatrix} a+b & a & a \\ a & a+b & a \\ a & a & a+b \end{vmatrix} \overset{①}{=} \begin{vmatrix} 3a+b & a & a \\ 3a+b & a+b & a \\ 3a+b & a & a+b \end{vmatrix}$

$\overset{②}{=} (3a+b)\begin{vmatrix} 1 & a & a \\ 1 & a+b & a \\ 1 & a & a+b \end{vmatrix} \overset{③}{=} (3a+b)\begin{vmatrix} 1 & 0 & 0 \\ 1 & b & 0 \\ 1 & 0 & b \end{vmatrix}$

$= (3a+b)b^2.$

① 2열 3열을 1열에 더한다.
② 1열을 $3a+b$로 나눈다.
③ 1열의 $-a$배를 2열 3열에 더한다.

(2) $\begin{vmatrix} a & a^2 & b+c \\ b & b^2 & c+a \\ c & c^2 & a+b \end{vmatrix} \overset{①}{=} \begin{vmatrix} a & a^2 & a+b+c \\ b & b^2 & b+c+a \\ c & c^2 & c+a+b \end{vmatrix}$

$\overset{②}{=} (a+b+c)\begin{vmatrix} a & a^2 & 1 \\ b & b^2 & 1 \\ c & c^2 & 1 \end{vmatrix} \overset{③}{=} (a+b+c)\begin{vmatrix} 1 & a & a^2 \\ 1 & b & b^2 \\ 1 & c & c^2 \end{vmatrix}$

$\overset{④}{=} (a+b+c)(a-b)(b-c)(c-a).$

① 1열을 3열에 더한다.
② 3열을 $a+b+c$로 나눈다.
③ 3열을 2회 호환하여 1열로 옮긴다.
④ van der Monde 행렬식.

18 $A=\begin{bmatrix} 1 & 1 & 1 \\ a & b & c \\ a^2 & b^2 & c^2 \end{bmatrix}$의 제 j열을 $\begin{bmatrix} 1 \\ d \\ d^2 \end{bmatrix}$로 대치한 행렬을 A_j라고 하면 A, A_1, A_2, A_3는 van der Monde 행렬이다. 크레이머의 공식을 이용한다.

2-4 공간벡터의 외적

1 (1) 정리 2.4.3의 증명과 같은 방법
(2) 각 행렬은 다른 행렬로부터 2회의 행호환에 의하여 얻어진다.
(3) (1)을 이용한다.

2 $A^TA=\begin{bmatrix} \mathbf{u}^T \\ \mathbf{v}^T \end{bmatrix}[\mathbf{u},\mathbf{v}]=\begin{bmatrix} \mathbf{u}^T\mathbf{u} & \mathbf{u}^T\mathbf{v} \\ \mathbf{v}^T\mathbf{u} & \mathbf{v}^T\mathbf{v} \end{bmatrix}=\begin{bmatrix} \mathbf{u}\cdot\mathbf{u} & \mathbf{u}\cdot\mathbf{v} \\ \mathbf{v}\cdot\mathbf{u} & \mathbf{v}\cdot\mathbf{v} \end{bmatrix}.$

$\det(A^TA)=(\mathbf{u}\cdot\mathbf{u})(\mathbf{v}\cdot\mathbf{v})-(\mathbf{u}\cdot\mathbf{v})^2$
$=(\square(\mathbf{u},\mathbf{v})$ 의 넓이$)^2$.

3 이 평면을 W라 하고 $\mathbf{u}=\overrightarrow{AB}, \mathbf{v}=\overrightarrow{AC}$ 라고 하면,
$\mathbf{u}\times\mathbf{v}=(6,2,3)$은 W의 법선벡터이다.
W가 점 $A(1,0,0)$을 지나므로 W의 방정식은
$6(x-1)+2(y-0)+3(z-0)=0$, 즉,
$6x+2y+3z-6=0$.

4 (1) $59^{1/2}$ (2) $101^{1/2}$

5 (1) 16 (2) 45

6 이를테면, 벡터 $\mathbf{u}=\overrightarrow{AB}, \mathbf{v}=\overrightarrow{AC}$를 이용한다.
(1) $374^{1/2}/2$ (2) $285^{1/2}$

7 벡터 $\mathbf{u},\mathbf{v},\mathbf{w}$를 인접하는 세 모서리로 하는 사면체의 부피는 $\frac{1}{6}|\mathbf{u}\cdot(\mathbf{v}\times\mathbf{w})|$임을 이용한다.
(1) 2/3 (2) 1/2

8 (1) -2 (2) 2 (3) 2
(4) -2 (5) -2 (6) 0

9 $\mathbf{i}=(1,0,0), \mathbf{u}=(1,2,3)$과 수직인 벡터를 구하면 된다. 그러한 벡터는 $\pm(\mathbf{i}\times\mathbf{u})=\pm(0,-3,2)$.

10 구하는 벡터는 $\mathbf{u}\times\mathbf{v}, \mathbf{w}$ 모두와 수직이므로
$(\mathbf{u}\times\mathbf{v})\times\mathbf{w}$와 평행하다.
$\mathbf{u}\times\mathbf{v}=(1,-2,-3)$이므로
$(\mathbf{u}\times\mathbf{v})\times\mathbf{w}=(1,-2,-3)\times(1,2,0)$
$=(-6,3,-4)$.
이므로 구하는 벡터는
$\pm(6,-3,4)/\sqrt{61}$.

11 $(\mathbf{u}+\mathbf{v})\times(\mathbf{u}-\mathbf{v})$
$=(\mathbf{u}\times\mathbf{u})-(\mathbf{u}\times\mathbf{v})+(\mathbf{v}\times\mathbf{u})-(\mathbf{v}\times\mathbf{v})$
$=-2(\mathbf{u}\times\mathbf{v})$.

12 $\mathbf{u}\times\mathbf{v}, \mathbf{w}$ 사이의 각을 θ라고 할 때,
$\mathbf{u}\times\mathbf{v}=(-3,-1,2), \mathbf{w}=(3,2,1)$로부터
$\cos\theta=-9/14$. $\theta \fallingdotseq 130°$.
$\therefore$ 구하는 각은 $180°-\theta \fallingdotseq 50°$.

13 (1) $(k\mathbf{u}+\mathbf{v})\times\mathbf{u}=(k\mathbf{u}\times\mathbf{u})+(\mathbf{v}\times\mathbf{u})=\mathbf{v}\times\mathbf{u}$.
(2) $(k\mathbf{u}+\mathbf{v})\times\mathbf{v}=(k\mathbf{u}\times\mathbf{v})+(\mathbf{v}\times\mathbf{v})=k(\mathbf{u}\times\mathbf{v})$.

14 구하는 거리를 h라고 할 때,
$\|\mathbf{u}\times\mathbf{v}\|=(\square(\mathbf{u},\mathbf{v})$ 의 넓이$)=\|\mathbf{v}\|h$.

15 주어진 조건으로부터, $d\neq0$이고, W는 x축, y축, z축과 각각 점 $A(\frac{d}{a},0,0), B(0,\frac{d}{b},0), C(0,0,\frac{d}{c})$에서 만난다.
(1) $\dfrac{|d|^3}{6|abc|}$
(2) 원점에서 W까지의 거리를 h, 삼각형 ABC의 넓이를 S라고 하면,

$$h=\frac{|d|}{(a^2+b^2+c^2)^{1/2}},\quad \frac{1}{3}Sh=\frac{|d|^3}{6|abc|}$$

$$\therefore\ S=\frac{|d|^2(a^2+b^2+c^2)^{1/2}}{2|abc|}$$

16 (1) $(\square(\mathbf{u}-\mathbf{v},\mathbf{w}-\mathbf{v})$ 의 넓이$)$

$= \|(\mathbf{u}-\mathbf{v})\times(\mathbf{w}-\mathbf{v})\|$
$= \|(\mathbf{u}\times\mathbf{w})-(\mathbf{u}\times\mathbf{v})-(\mathbf{v}\times\mathbf{w})\|$
$= \|-(\mathbf{u}\times\mathbf{v})-(\mathbf{v}\times\mathbf{w})-(\mathbf{w}\times\mathbf{u})\|$
$= \|(\mathbf{u}\times\mathbf{v})+(\mathbf{v}\times\mathbf{w})+(\mathbf{w}\times\mathbf{u})\|$
(2) (⬡$(\mathbf{u}, \mathbf{v}, \mathbf{w})$ 의 부피) $= \|\mathbf{u}\cdot(\mathbf{v}\times\mathbf{w})\|$

17 (1) 먼저 $\mathbf{w}=\mathbf{i}=(1,0,0)$ 인 경우에 (1) 을 증명.
$\mathbf{u}=(u_1, u_2, u_3)$, $\mathbf{v}=(v_1, v_2, v_3)$ 라고 하자.
$\mathbf{v}\times\mathbf{i}=(0,\ v_3,\ -v_2)$
$\mathbf{u}\times(\mathbf{v}\times\mathbf{i})=(-u_2v_2-u_3v_3)\,\mathbf{i}+(u_1v_2)\,\mathbf{j}+(u_1v_3)\,\mathbf{k}$
$=[u_1v_1-(u_1v_1+u_2v_2+u_3v_3),\ u_1v_2,\ u_1v_3]$
$=(u_1v_1-\mathbf{u}\cdot\mathbf{v},\ u_1v_2-0,\ u_1v_3-0)$
$=u_1(v_1,\ v_2,\ v_3)-(\mathbf{u}\cdot\mathbf{v},\ 0,\ 0)$
$=(\mathbf{u}\cdot\mathbf{i})\mathbf{v}-(\mathbf{u}\cdot\mathbf{v})\mathbf{i}$
$\therefore\ \mathbf{u}\times(\mathbf{v}\times\mathbf{i})=(\mathbf{u}\cdot\mathbf{i})\mathbf{v}-(\mathbf{u}\cdot\mathbf{v})\mathbf{i}$
같은 식으로 $\mathbf{w}=\mathbf{j}$ 또는 $\mathbf{w}=\mathbf{k}$일 때도 (1) 이 성립.
$\mathbf{w}=(w_1, w_2, w_3)$ 라고 하면
$\mathbf{w}=w_1\mathbf{i}+w_2\mathbf{j}+w_3\mathbf{k}$ 이고 또
$\mathbf{u}\times[\mathbf{v}\times(w_1\mathbf{i})]=[(\mathbf{u}\cdot(w_1\mathbf{i})]\mathbf{v}-(\mathbf{u}\cdot\mathbf{v})(w_1\mathbf{i})$
$\mathbf{u}\times[\mathbf{v}\times(w_2\mathbf{j})]=[(\mathbf{u}\cdot(w_2\mathbf{j})]\mathbf{v}-(\mathbf{u}\cdot\mathbf{v})(w_2\mathbf{j})$
$\mathbf{u}\times[\mathbf{v}\times(w_3\mathbf{k})]=[(\mathbf{u}\cdot(w_3\mathbf{k})]\mathbf{v}-(\mathbf{u}\cdot\mathbf{v})(w_3\mathbf{k})$
이 세 등식의 좌변의 합은
$\mathbf{u}\times[\mathbf{v}\times(w_1\mathbf{i}+w_2\mathbf{j}+w_3\mathbf{k})]=\mathbf{u}\times(\mathbf{v}\times\mathbf{w})$
우변의 합은
$[\mathbf{u}\cdot(w_1\mathbf{i})+\mathbf{u}\cdot(w_2\mathbf{j})+\mathbf{u}\cdot(w_3\mathbf{k})]\mathbf{v}$
$-(\mathbf{u}\cdot\mathbf{v})(w_1\mathbf{i}+w_2\mathbf{j}+w_3\mathbf{k})$
$=[\mathbf{u}\cdot(w_1\mathbf{i}+w_2\mathbf{j}+w_3\mathbf{k})]\mathbf{v}-(\mathbf{u}\cdot\mathbf{v})\mathbf{w}$
$=(\mathbf{u}\cdot\mathbf{w})\mathbf{v}-(\mathbf{u}\cdot\mathbf{v})\mathbf{w}.$
따라서 (1)이 성립한다.
(2) $(\mathbf{u}\times\mathbf{v})\times\mathbf{w}=-\mathbf{w}\times(\mathbf{u}\times\mathbf{v})$
$=-(\mathbf{w}\cdot\mathbf{v})\mathbf{u}+(\mathbf{w}\cdot\mathbf{u})\mathbf{v}=(\mathbf{u}\cdot\mathbf{w})\mathbf{v}-(\mathbf{v}\cdot\mathbf{w})\mathbf{u}.$
(3) (2)를 이용한다.

3 벡터공간

3-1 벡터공간과 부분공간

1 대각행렬의 합과 실수배는 대각행렬이다. 그러므로 $W\le \boldsymbol{R}^{n\times n}$.

2 $(-1)(a, b)=-(a, b)$가 성립하지 않는다.

3 (1) 아니다. ($\because$ $(-1)(a, b)\notin U$)
(2) 이다. ($\because$ W는 원점을 지나는 직선)

4 (1) $\mathbf{0}, \mathbf{0}'$이 V의 영벡터라면, $\mathbf{0}=\mathbf{0}+\mathbf{0}'=\mathbf{0}'$.
(2) $\mathbf{v}, \mathbf{v}'$이 $\mathbf{u}$의 덧셈에 관한 역원이라면,
$\mathbf{v}=\mathbf{v}+\mathbf{0}=\mathbf{v}+(\mathbf{u}+\mathbf{v}')=(\mathbf{v}+\mathbf{u})+\mathbf{v}'$
$=\mathbf{0}+\mathbf{v}'=\mathbf{v}'$.

5 (1) 아니다. ($\because$ 실수배에 관하여 닫혀 있지 않다.)
(2) 이다.
(3) 아니다. ($\because$ 실수배에 관하여 닫혀 있지 않다.)

6 (1) 아니다. ($\because$ 실수배에 관하여 닫혀 있지 않다. 예를 들어 $x^3+(-x^3)$은 삼차다항식이 아니다.)
(2) 이다. ($\because$ 상수항이 0인 다항식의 합의 상수항은 0이다. 상수항이 0인 다항식의 실수배의 상수항은 0이다.)
(3) 아니다. ($\because$ 실수배에 관하여 닫혀 있지 않다. 예를 들어 $(1/2)(3x)=(3/2)x$는 정수계수 다항식이 아니다.)

7 $\boldsymbol{R}^{n\times n}$의 부분공간인지 아닌지를 판정하면 된다.
(1) 이다. ($\because$ 행렬 M의 성분의 합을 $\sigma(M)$ 이라고 하면 $\sigma(A+B)=\sigma(A)+\sigma(B)$. $\sigma(kA)=k\sigma(A)$.)
(2) 아니다. ($\because$ 덧셈에 관하여 닫혀 있지 않다. 예를 들어 $\begin{bmatrix}1&0\\0&0\end{bmatrix}+\begin{bmatrix}0&0\\0&1\end{bmatrix}=\begin{bmatrix}1&0\\0&1\end{bmatrix}$.)
(3) 이다. ($\because$ 행렬 M의 대각성분의 합을 $\delta(M)$ 이라고 하면 $\delta(A+B)=\delta(A)+\delta(B)$. $\delta(kA)=\delta\sigma(A)$.)
(4) 아니다. ($\because$ 덧셈에 관하여 닫혀 있지 않다. 예를 들어 $\begin{bmatrix}1&0\\0&1\end{bmatrix}+\begin{bmatrix}-1&0\\0&-1\end{bmatrix}=\begin{bmatrix}0&0\\0&0\end{bmatrix}$.)

8 (1) 이다. ($\because$ 수렴하는 수열의 합과 실수배는 수렴하는 수열이다.)
(2) 이다. ($\because$ 등차수열의 합과 실수배는 등차수열이다.)
(3) 아니다. ($\because$ 덧셈에 관하여 닫혀 있지 않다. 예를 들어 $(1, 1, 1, 1, \cdots)+(1, 2, 4, 8, \cdots)$

$= (2, 3, 5, 9, \cdots)$는 등비수열이 아니다.)

9 $f, g \in C^n(-\infty, \infty)$, $c \in \boldsymbol{R}$에 대하여
$\frac{d^n}{dx^n}(f+g) = \frac{d^n}{dx^n}f + \frac{d^n}{dx^n}g$, $\frac{d^n}{dx^n}(cf) = c\frac{d^n}{dx^n}f$
이므로 $f+g$, $cf \in C^n(-\infty, \infty)$.

10 $(a_0, a_1, \cdots), (b_0, b_1, \cdots) \in V$에 대하여
$(a_0, a_1, \cdots) + (b_0, b_1, \cdots) = (c_0, c_1, \cdots)$
이라고 하면 $n = 0, 1, 2, \cdots$에 대하여
$c_{n+2} - 3c_{n+1} - 2c_n$
$= (a_{n+2} + b_{n+2}) - 3(a_{n+1} + b_{n+1}) - 2(a_n + b_n)$
$= (a_{n+2} - 3a_{n+1} - 2a_n)$
$+ (b_{n+2} - 3b_{n+1} - 2b_n) = 0 + 0 = 0.$
$\therefore (c_0, c_1, \cdots) \in V$
$(a_0, a_1, \cdots) \in V, k \in \boldsymbol{R}$에 대하여
$k(a_0, a_1, \cdots) = (d_0, d_1, \cdots)$라고 하면 $n = 0, 1, 2, \cdots$에 대하여
$d_{n+2} - 3d_{n+1} - 2d_n$
$= (ka_{n+2}) - 3(ka_{n+1}) - 2(ka_n)$
$= k(a_{n+2} - 3a_{n+1} - 2a_n) = k0 = 0$
$\therefore (d_0, d_1, \cdots) \in V.$

11 (1) 이다. ($\because [2, 3, -7, 3]^T = 2\mathbf{u} - \mathbf{v} - \mathbf{w}$.)
(2) 이다. ($\because [2, 3, -7, 3]^T = 0\mathbf{u} + 0\mathbf{v} + 0\mathbf{w}$.)
(3) 아니다. ($\because A = [\mathbf{u}, \mathbf{v}, \mathbf{w}], \mathbf{b} = [1, 1, 1, 1]^T$라고 할 때, 연립일차방정식 $A\mathbf{x} = \mathbf{b}$는 해를 가지지 않는다.)

12 구하는 값은 연립방정식 이 해를 갖는 k의 값이다.

$$\begin{bmatrix} 1 & 2 \\ 2 & 3 \\ 3 & 1 \end{bmatrix}\begin{bmatrix} x \\ y \\ z \end{bmatrix} = \begin{bmatrix} 1 \\ k \\ -2 \end{bmatrix}$$

그러한 k의 값은 $k = 1$.

13 $f = k\mathbf{u} + l\mathbf{v} + m\mathbf{w}, (k, l, m \in \boldsymbol{R})$, 이라 하면
$9 + 6x + 7x^2$
$= k(1+x) + l(1+x^2) + m(1+x+x^2)$
$= (k+l+m) + (k+m)x + (l+m)x^2.$
양변의 계수를 비교하면
$k+l+m = 9,\ k+m = 6,\ l+m = 7.$
여기서 $k = 2,\ l = 3, m = 4$를 얻는다.
$\therefore\ f = 2\mathbf{u} + 3\mathbf{v} + 4\mathbf{w}.$

14 $M = xA + yB + zC$로 두면
$x + y + z = 4,\quad x + 2y + z = 7,$
$x + 3y + 4z = 7,\quad x + 4y + 5z = 9.$
이 연립방정식의 해는 $x = 2, y = 3, z = -1$.
$\therefore M = 2A + 3B - C.$

15 (1) $k\mathbf{u} = k(\mathbf{u} - \mathbf{v} + \mathbf{v}) = k(\mathbf{u} - \mathbf{v}) + k\mathbf{v}$
$k\mathbf{u} = k(\mathbf{u} - \mathbf{v}) + k\mathbf{v}$의 양변에 $-k\mathbf{v}$를 더하면
$k(\mathbf{u} - \mathbf{v}) = k\mathbf{u} - k\mathbf{v}$.
(2) $\mathbf{u} + \mathbf{u} = 1\mathbf{u} + 1\mathbf{u} = (1+1)\mathbf{u} = 2\mathbf{u}$.

16 span$\{\mathbf{u}, \mathbf{v}\}$는 원점을 지나면서 $\square(\mathbf{u}, \mathbf{v})$를 포함하는 평면 W이다. $\mathbf{u} \times \mathbf{v} = [3, -4, 1]^T$ 가 W의 법선벡터이므로 W의 방정식은 $3x - 4y + z = 0$.

17 우선, $S \subset \text{span}(S) \leq V$이다.
$S = \{\mathbf{v}_1, \cdots, \mathbf{v}_r\} \subset W \leq V$라고 하면,
$\text{span}(S) = \boldsymbol{R}\mathbf{v}_1 + \cdots + \boldsymbol{R}\mathbf{v}_r \subset W$.

18 (i) $\Rightarrow$ (ii). $S \subset \text{span}(S) = \text{span}(T)$.
$T \subset \text{span}(T) = \text{span}(S)$.
(ii) $\Rightarrow$ (i). $S \subset \text{span}(T)$이므로 $\text{span}(S) \subset \text{span}(T)$. $T \subset \text{span}(S)$이므로 $\text{span}(T) \subset \text{span}(S)$.

19 $U \not\subset W, W \not\subset U$ 라고 하면, $\mathbf{u} \in U - W, \mathbf{w} \in W - U$가 존재한다. $\mathbf{u} + \mathbf{w} \in U \cup W$.
$\mathbf{u} + \mathbf{w} = \mathbf{u}' \in U$일 때, $\mathbf{w} = \mathbf{u}' - \mathbf{u} \in U$가 되어 모순이다. $\mathbf{u} + \mathbf{w} = \mathbf{w}' \in W$일 때 $\mathbf{u} = \mathbf{w}' - \mathbf{w} \in W$가 되어 모순이다.

3-2 스팬과 독립

1 S가 $\mathscr{P}_n$을 스팬하는 것을 증명하기 위하여 $f(x) \in \mathscr{P}_n$을 $x - c$로 나눈 몫을 $q(x)$, 나머지를 a_0이라고 하면 $f(x) = (x-c)q(x) + a_0$이다. $q(x)$에 n에 관한 귀납법을 적용한다.
S가 일차독립이라는 것을 증명하기 위하여
$a_0 + a_1(x-c) + \cdots + a_n(x-c)^n = 0$
으로 두고 $x = c$를 대입하고, 다시 미분하여 $x = c$를 대입하는 과정을 반복하면 $a_i = 0, (i = 1, \cdots, n)$, 을 보일 수 있다.

2 (1) S의 한 원소가 S의 다른 원소들의 일차결합일 때, S'의 한 원소가 S'의 다른 원소들의 일차결합.

(2) S''의 원소의 일차결합은 S의 원소들의 일차결합이기도 하다.

3 (1) $\mathbf{x}=\mathbf{u}, \mathbf{y}=\mathbf{u}+\mathbf{v}, \mathbf{z}=\mathbf{u}+\mathbf{v}+\mathbf{w}$라고 할 때,
$\mathbf{u}=\mathbf{x}, \mathbf{v}=\mathbf{y}-\mathbf{x}, \mathbf{w}=\mathbf{z}-\mathbf{y}$.
$\therefore$ $\mathbf{u}, \mathbf{v}, \mathbf{w}$의 일차결합은 $\mathbf{x}, \mathbf{y}, \mathbf{z}$의 일차결합이다.
(2) 실수 a, b, c에 대하여
$\mathbf{0}=a\mathbf{x}+b\mathbf{y}+c\mathbf{z}=(a+b+c)\mathbf{u}+(b+c)\mathbf{v}+c\mathbf{w}$
일 때, $a=b=c=0$.

4 (1) 스팬한다. (2) 스팬하지 않는다.
(3) 스팬한다. (4) 스팬하지 않는다.

5 (1) 일차독립 (2) 일차종속
(3) 일차종속 (4) 일차종속

6 (1) 스팬한다. (2) 스팬한다.
(3) 스팬하지 않는다. (4) 스팬하지 않는다.

7 (1) 일차독립 (2) 일차종속
(3) 일차종속 (4) 일차종속

8 (1) 스팬하지 않는다. (2) 스팬한다.
(3) 스팬한다. (4) 스팬하지 않는다.

9 (1) 일차종속 (2) 일차종속
(3) 일차독립 (4) 일차독립

10 (1) 일차독립 (2) 일차종속

11 ($\Rightarrow$) $\{\mathbf{v}_1\}$은 일차독립, $\{\mathbf{v}_1, \mathbf{v}_2, \cdots, \mathbf{v}_n\}$은 일차종속이다. $\{\mathbf{v}_1, \cdots, \mathbf{v}_r\}$이 일차종속인 최소의 r을 잡는다.
($\Leftarrow$) 그러한 r이 존재할 때, $\{\mathbf{v}_1, \cdots, \mathbf{v}_r\}$은 일차종속이다. 따라서 $\{\mathbf{v}_1, \cdots, \mathbf{v}_n\}$은 일차종속.

12 예제 3.2.2와 같은 논리로 증명된다.

13 (1) $\left|\begin{matrix} e^x & e^{-x} \\ e^x & -e^{-x} \end{matrix}\right|_{x=0}=\left|\begin{matrix} 1 & 1 \\ 1 & -1 \end{matrix}\right|=-2\neq 0.$

(2) $\left|\begin{matrix} x & e^x & e^{2x} \\ 1 & e^x & 2e^{2x} \\ 0 & e^x & 4e^{2x} \end{matrix}\right|_{x=0}=\left|\begin{matrix} 0 & 1 & 1 \\ 1 & 1 & 2 \\ 0 & 1 & 4 \end{matrix}\right|=-3\neq 0.$

(3) $\left|\begin{matrix} x & \sin x & \cos x \\ 1 & \cos x & -\sin x \\ 0 & -\sin x & -\cos x \end{matrix}\right|_{x=\pi}=\left|\begin{matrix} \pi & 0 & -1 \\ 1 & -1 & 0 \\ 0 & 0 & 1 \end{matrix}\right|$
$=-\pi\neq 0.$

14 $ax^2+bx|x|=0, (\forall x\in \boldsymbol{R}) \Rightarrow a=b=0$
이므로 $\{x^2, x|x|\}$는 일차독립이다. 그러나
$\left|\begin{matrix} x^2 & x|x| \\ 2x & 2|x| \end{matrix}\right|=0, (\forall x\in \boldsymbol{R})$이다.

15 $a_1, \cdots, a_r\in \boldsymbol{R}$에 대하여
$a_1A\mathbf{u}_1+\cdots+a_rA\mathbf{u}_r=\mathbf{0}$
$\Rightarrow A(a_1\mathbf{u}_1+\cdots+a_r\mathbf{u}_r)=\mathbf{0}$
$\Rightarrow a_1\mathbf{u}_1+\cdots+a_r\mathbf{u}_r=\mathbf{0} \Rightarrow a_1=\cdots=a_r=0.$

16 $\mathbf{v}=a_1\mathbf{u}_1+\cdots+a_r\mathbf{u}_r$, (단, $a_1, \cdots, a_r\in \boldsymbol{R}$)
이 때, $a_1\mathbf{u}_1+\cdots+a_r\mathbf{u}_r+(-1)\mathbf{v}=\mathbf{0}$.

17 연습문제 16 이용

18 (i) 은 "$A\mathbf{x}=\mathbf{0} \Rightarrow \mathbf{x}=\mathbf{0}$" 와 같으므로 (i) $\Leftrightarrow$ (ii).
(ii) $\Leftrightarrow$ (iii) : A가 가역일 때, $A\mathbf{x}=\mathbf{b} \Rightarrow \mathbf{x}=A^{-1}\mathbf{b}$.
(iii) $\Leftrightarrow$ (i) : $\mathbf{x}=\mathbf{0}$은 $A\mathbf{x}=\mathbf{0}$의 해인데, (iii)에 의하여 유일한 해이다.

3-3 기저와 차원

1 $\{1, i\}$는 $\boldsymbol{R}$ 상의 $\boldsymbol{C}$의 기저이다.

2 (i, j)-성분은 1, 나머지 성분은 모두 0인 $n\times n$ 행렬을 E_{ij}로 나타낼 때,
(1) 기저 : $\{E_{11}, \cdots, E_{nn}\}\cup\{E_{ij}+E_{ji} \mid i<j\}$.
차원 : $\dim(U)=n(n+1)/2$.
(2) 기저 : $\{E_{ij}-E_{ji} \mid i<j\}$.
차원 : $\dim(W)=n(n-1)/2$.

3 (1) $\{[1,-1,0]^{\mathrm{T}}, [1,0,-1]^{\mathrm{T}}\}, \dim(U)=2.$
(2) $\{[1,1,1]^{\mathrm{T}}\}, \dim(W)=1.$

4 기저 : $\{[1,1,0,0]^{\mathrm{T}}, [1,-1,1,0]^{\mathrm{T}}, [0,2,0,1]^{\mathrm{T}}\}$.
차원 : 3

5 기저 : $\{x^2+2, x+3\}$. 차원 : 2

6 (1) 3 ($\because$ $\mathrm{span}\{x, x-1, x^2+1\}$
$=\mathrm{span}\{x, -1, x^2+1\}$
$=\mathrm{span}\{1, x, x^2\}$)
(2) 3
(3) 2 ($\because$ $\mathrm{span}\{x^2, x^2-x-1, x+1\}$
$=\mathrm{span}\{x^2, x+1\}$)
(4) 2

7 (1) 2 ($\because$ $\text{span}\{1, \cos 2x, \cos^2 x\}$
$= \text{span}\{1, \cos^2 x - \sin^2 x, \cos^2 x\}$
$= \text{span}\{1, \sin^2 x, \cos^2 x\}$
$= \text{span}\{1, \sin^2 x, 1 - \sin^2 x\}$
$= \text{span}\{1, \sin^2 x\}$

8 (1) 기저 : $\{x, x^2\}$. 차원 : 2.
(2) 기저 : $\{(x-1), (x-1)^2\}$. 차원 : 2.
(3) 기저 : $\{x(x-1)\}$. 차원 : 1.
(4) 기저 : $\{x, x^2\}$. 차원 : 2.
$\because \text{span}\{x, x^2, x(x-1)\}$
$= \text{span}\{x, x^2, x^2 - x\} = \text{span}\{x, x^2\}$.

9 (1) 기저 : $\{\mathbf{e}_1, \mathbf{e}_2\}$. 차원 : 2.
(2) 기저 : $\{\mathbf{e}_2, \mathbf{e}_3\}$. 차원 : 2.
(3) 기저 : $\{\mathbf{e}_2\}$. 차원 : 1.
(4) 기저 : $\{\mathbf{e}_1, \mathbf{e}_2, \mathbf{e}_3\}$. 차원 : 3.

10 $\mathbf{a} = (a_0, a_1, a_2, \cdots) \in V$를 임의로 잡는다.
$\mathbf{b} = (b_0, b_1, b_2, \cdots) = a_0\mathbf{u} + a_1\mathbf{v}$ …… ①
라고 하자. $\mathbf{u}, \mathbf{v} \in V$이고 V가 벡터공간이므로
$\mathbf{b} \in V$이고 따라서
$b_{n+2} - 3b_{n+1} - 2b_n = 0, (n = 0, 1, 2, \cdots)$.
$b_0 = a_0 u_0 + a_1 v_0 = a_0 \cdot 1 + a_1 \cdot 0 = a_0$,
$b_1 = a_0 u_1 + a_1 v_1 = a_0 \cdot 0 + a_1 \cdot 1 = a_1$
이므로 $a_n = b_n, (n = 0, 1, 2, \cdots)$, 즉, $\mathbf{b} = \mathbf{a}$이다.
그러므로 ①에 의하여 $\mathbf{a}$는 $\mathbf{u}, \mathbf{v}$의 일차결합이다.
그러므로 $\{\mathbf{u}, \mathbf{v}\}$는 V를 스팬한다.
실수 k, l에 대하여, $k\mathbf{u} + l\mathbf{v} = (k, l, \cdots)$ 이므로
$k\mathbf{u} + l\mathbf{v} = (0, 0, \cdots) \Rightarrow k = l = 0$ 이고, 따라서
$\{\mathbf{u}, \mathbf{v}\}$는 일차독립이다.

11 S에 포함되는 기저 S'이 존재한다.($\because$ 확장 · 축소 정리). S'에 속하는 벡터보다 많은 수의 벡터는 일차종속이다.($\because$ 서만종의 정리).

12 (1) $[18, -7]^{\mathrm{T}}$ (2) $[3a - 2b, -a + b]^{\mathrm{T}}$

13 (1) $a + b(x-1) + c(x-1)^2 + d(x-1)^3 = 0$
으로 두면 미정계수법에 의하여 $a = b = c = d = 0$.
그러므로 S는 일차독립이다. 정리 3.3.7에 의하여
S는 $\mathscr{P}_3$의 기저이다.
(2) $[-4, 3, 5, 3]^{\mathrm{T}}$ ($\because$ 미정계수법)

14 U, V는 원점을 지나는 평면이고, 원점을 지나는 두 평면의 교집합은 직선이다.

15 (1) $\dim(\boldsymbol{R}^{2\times 2}) = 4$이므로 B가 일차독립임을 보이면 충분하다. ($\because$ 정리 3.3.7)
(2) $[19, -21, 11, -7]^{\mathrm{T}}$

16 (1) 기저이다.
(2) 기저가 아니다.
$\because$ T의 벡터의 개수는 n, $\dim(\mathscr{P}_n) = n + 1$.

17 $G = \frac{C}{E}, H = \frac{B}{E}$ 라고 할 때, $[G \vdots H]$가 $[I \vdots X]$와 행동치이므로
$X = G^{-1}H = \left(\frac{C}{E}\right)^{-1}\frac{B}{E} = \frac{E}{C}\frac{B}{E} = \frac{B}{C}$.

18 (1) $E = (\mathbf{e}_1, \mathbf{e}_2, \mathbf{e}_3)$는 $\boldsymbol{R}^2$의 표준순서기저.

$$\frac{B}{E} = \begin{bmatrix} 1 & 1 & 2 \\ 2 & 1 & 1 \\ 0 & 1 & 0 \end{bmatrix}, \ \frac{C}{E} = \begin{bmatrix} 4 & 5 & 6 \\ -1 & 5 & 3 \\ 3 & 2 & 3 \end{bmatrix}$$

$$\frac{B}{C} = \frac{E}{C}\frac{B}{E} = \left(\frac{C}{E}\right)^{-1}\frac{B}{E} = \frac{1}{2}\begin{bmatrix} -1 & 3 & -5 \\ 0 & 4 & -6 \\ 1 & -5 & 9 \end{bmatrix}.$$

(2) $\frac{\mathbf{v}}{B} = \begin{bmatrix} 1 \\ 5 \\ 2 \end{bmatrix}$. $\frac{\mathbf{v}}{C} = \frac{B}{C}\frac{\mathbf{v}}{B} = \begin{bmatrix} 2 \\ 4 \\ -3 \end{bmatrix}$.

19 $\dim(U \cap W) = r, \dim(U) = s, \dim(W) = t$ 라고 하자.
$U \cap W$의 기저 $B = \{\mathbf{a}_1, \cdots, \mathbf{a}_r\}$을 잡고, B를
U의 기저 $S = \{\mathbf{a}_1, \cdots, \mathbf{a}_r, \mathbf{u}_1, \cdots, \mathbf{u}_{s-r}\}$,
W의 기저 $T = \{\mathbf{a}_1, \cdots, \mathbf{a}_r, \mathbf{w}_1, \cdots, \mathbf{w}_{t-r}\}$
로 확장한다. 이 때,
$S \cup T = \{\mathbf{a}_1, \cdots, \mathbf{a}_r, \mathbf{u}_1, \cdots, \mathbf{u}_{s-r}, \mathbf{w}_1, \cdots, \mathbf{w}_{t-r}\}$
은 $U + W$의 기저임을 보이면 된다.

3-4 스팬과 독립

1 (1) $RS(AB) = \{\mathbf{r}AB \mid \mathbf{r} \in \boldsymbol{R}^{(k)}\}$
$\subset \{\mathbf{s}B \mid \mathbf{s} \in \boldsymbol{R}^{(m)}\} = RS(B)$.
(2) $CS(AB) = \{AB\mathbf{x} \mid \mathbf{x} \in \boldsymbol{R}^n\}$
$\subset \{B\mathbf{y} \mid \mathbf{y} \in \boldsymbol{R}^m\} = RS(B)$.
(3) $\mathbf{x} \in NS(B) \Rightarrow B\mathbf{x} = \mathbf{0} \Rightarrow AB\mathbf{x} = \mathbf{0}$

$\Rightarrow \mathbf{x} \in NS(AB)$.

2 연습문제 1에 의함

3 $\text{rank}(A) = \dim(RS(A)) = \dim(CS(A^{\mathrm{T}}))$
$= \text{rank}(A^{\mathrm{T}})$

4 $A = [\mathbf{u}_1, \cdots, \mathbf{u}_n]$이라 하고 $S = \{\mathbf{u}_1, \cdots, \mathbf{u}_r\}$이 최대 개수의 일차독립인 열의 집합이라고 하자. 임의의 $j \in \{r+1, \cdots, n\}$에 대하여 $\mathbf{u}_j$는 S에 의존한다. $\therefore$ $\text{span}(S) = \text{span}(\mathbf{u}_1, \cdots, \mathbf{u}_n) = CS(A)$.

5 정리 3.4.5에 의하여, $\text{rank}(PA) = \text{rank}(A)$.
$\text{rank}(AQ) = \text{rank}((AQ)^{\mathrm{T}}) = \text{rank}(Q^{\mathrm{T}}A^{\mathrm{T}})$
$= \text{rank}(A^{\mathrm{T}}) = \text{rank}(A)$.

6 각 $i = 1, \cdots, n$에 대하여 $\mathbf{x}_i$는 S에 의존하므로
$\mathbf{x}_i = a_1\mathbf{x}_1 + \cdots + a_r\mathbf{x}_r$, (단, $a_1, \cdots, a_n \in \boldsymbol{R}$).
$f_i = B\mathbf{x}_i = B(a_1\mathbf{x}_1 + \cdots + a_r\mathbf{x}_r)$
$= a_1B\mathbf{x}_1 + \cdots + a_iB\mathbf{x}_r = a_1f_1 + \cdots + a_if_r$.
$\therefore$ $\text{span}(F) = \text{span}(T)$.
$b_1f_1 + \cdots + b_if_r = 0$
$\Rightarrow B(b_1\mathbf{x}_1 + \cdots + b_r\mathbf{x}_r) = 0$
$\Rightarrow b_1\mathbf{x}_1 + \cdots + b_r\mathbf{x}_r = 0 \Rightarrow b_1 + \cdots + b_r = 0$.
$\therefore$ T는 일차독립이다.

7 $T = \{f_1, f_2\}$. ($\because$ 예제 3.4.6참조).

8 $\mathbf{x} \in CS(A^{\mathrm{T}}) \cap NS(A)$일 때, $\mathbf{x}^{\mathrm{T}} \in RS(A)$.
(A의 임의의 행)$\mathbf{x} = 0$이므로 $\mathbf{x}^{\mathrm{T}}\mathbf{x} = 0$. $\therefore$ $\mathbf{x} = \mathbf{0}$.

9 $\begin{bmatrix} 3 & -5 \\ 0 & 0 \end{bmatrix}$와 행동치인 모든 행렬

10 $\mathbf{x} = \begin{bmatrix} \mathbf{u} \\ \mathbf{v} \end{bmatrix}$, (단, $\mathbf{u} \in \boldsymbol{R}^r$, $\mathbf{v} \in \boldsymbol{R}^{n-r}$), 라고 하면
$A\mathbf{x} = \mathbf{0} \Leftrightarrow \mathbf{u} + G\mathbf{v} = \mathbf{0}$.
$\therefore$ $A\mathbf{x} = \mathbf{0}$의 해는 $\mathbf{x} = \begin{bmatrix} -G\mathbf{v} \\ \mathbf{v} \end{bmatrix} = \begin{bmatrix} -G \\ I \end{bmatrix}\mathbf{v}$.

11 A의 rref는 반드시 2개 이상의 선두 을 가진다. 그러므로 $\text{rank}(A) = 1$일 수는 없다.
$\text{rank}(A) = 2$가 되려면 A의 2행, 3행이 평행해야 한다. 그러할 필요충분조건은 $x(x-2) = 2(x-1)$, 즉, $x = 2 + \sqrt{2}$.

12 (1) 3
(2) $a = 2$일 때, 계수는 2, $a \neq 2$일 때, 계수는 3.

13 예를 들어 $\mathbf{u} = \begin{bmatrix} 1 \\ 2 \\ 3 \end{bmatrix}$, $\mathbf{v} = \begin{bmatrix} a \\ b \\ c \end{bmatrix}$, $(a \neq 0)$ 일 때,

$A = \begin{bmatrix} 1 \\ 2 \\ 3 \end{bmatrix}[a, b, c] = \begin{bmatrix} a & b & c \\ 2a & 2b & 2c \\ 3a & 3b & 3c \end{bmatrix}$의 rref는

$\begin{bmatrix} a & b & c \\ 0 & 0 & 0 \\ 0 & 0 & 0 \end{bmatrix}$.

14 (1) $\begin{bmatrix} 1 & 4 & 7 \\ 2 & 8 & 14 \\ 3 & 12 & 21 \end{bmatrix}$ (2) $\begin{bmatrix} 2 & 6 & -8 \\ 1 & 3 & -4 \\ 2 & 6 & -8 \end{bmatrix}$

15 $\text{rank}(A) = (A$의 열의 개수)일 때, $\text{nullity}(A) = 0$이므로 $A\mathbf{x} = \mathbf{0}$는 $\mathbf{x} = \mathbf{0}$이외의 해를 가지지 않는다. $A\mathbf{x}_1 = \mathbf{b}, A\mathbf{x}_2 = \mathbf{b}$이라고 하면 $A(\mathbf{x}_1 - \mathbf{x}_2) = \mathbf{0}$.
$\therefore$ $\mathbf{x}_1 = \mathbf{x}_2$.

4 내적공간

4-1 벡터공간과 부분공간

1 (1) $f, g, h \in C[a, b]$와 $k \in \boldsymbol{R}$에 대하여
(i) $\langle f, g\rangle = \int_a^b w(x)f(x)g(x)dx$
$= \int_a^b w(x)g(x)f(x)dx = \langle g, f\rangle$.
(ii) $\langle f+g, h\rangle = \int_a^b w(x)(f(x)+g(x))h(x)dx$
$= \int_a^b w(x)f(x)h(x)dx + \int_a^b w(x)g(x)h(x)dx$
$= \langle f, h\rangle + \langle g, h\rangle$.
(iii) $\langle kf, g\rangle = \int_a^b w(x)kf(x)g(x)dx$
$= k\int_a^b w(x)f(x)g(x)dx = k\langle f, g\rangle$.
(iv) $\langle f, f\rangle = \int_a^b w(x)f(x)^2dx \geq 0$.
$\int_a^b w(x)f(x)^2dx = 0 \Rightarrow w(x)f(x)^2 = 0$
$\Rightarrow f(x)^2 = 0 \Rightarrow f(x) = 0$.
(2) 내적의 조건 (i), (ii), (iii)은 명백하다.
(iv) $\mathbf{u} \in \mathscr{P}_n$에 대하여
$\langle f, f\rangle = f(x_1)^2 + \cdots + f(x_{n+1})^2 \geq 0$.
$f(x_1)^2 + \cdots + f(x_{n+1})^2 = 0$

$\Rightarrow f(x_1) = \cdots = f(x_{n+1}) = 0.$

n 차 이하의 다항식 f가 $n+1$개의 해를 가지므로 $f = 0$.

(3) (2) 와 유사한 방법으로 증명된다.

(4) $\boldsymbol{R}^{mn}$ 의 유클리드내적과 본질적으로 같다.

2 (1) 내적의 조건 (i), (ii), (iii)은 명백하다.

(iv) $\mathbf{x} = [x_1, \cdots, x_n]^{\mathrm{T}} \in \boldsymbol{R}^n$ 에 대하여

$\langle \mathbf{x}, \mathbf{x} \rangle = w_1 x_1^2 + \cdots + w_n x_n^2 \ge 0.$

$w_1 x_1^2 + \cdots + w_n x_n^2 = 0 \Rightarrow x_1 = \cdots = x_n = 0.$

$\Rightarrow \mathbf{x} = \mathbf{0}.$

(2) $\mathbf{x}, \mathbf{y}, \mathbf{z} \in \boldsymbol{R}^n$ 과 $k \in \boldsymbol{R}$ 에 대하여

(i) $\langle \mathbf{x}, \mathbf{y} \rangle = A\mathbf{x} \cdot A\mathbf{y} = A\mathbf{y} \cdot A\mathbf{x} = \langle \mathbf{y}, \mathbf{x} \rangle.$

(ii) $\langle \mathbf{x}+\mathbf{y}, \mathbf{z} \rangle = A(\mathbf{x}+\mathbf{y}) \cdot A\mathbf{z} = (A\mathbf{x}+A\mathbf{y}) \cdot A\mathbf{z}$
$= A\mathbf{x} \cdot A\mathbf{z} + A\mathbf{y} \cdot A\mathbf{z} = \langle \mathbf{x}, \mathbf{z} \rangle + \langle \mathbf{y}, \mathbf{z} \rangle.$

(iii) $\langle k\mathbf{x}, \mathbf{y} \rangle = A(k\mathbf{x}) \cdot A\mathbf{y} = k(A\mathbf{x} \cdot A\mathbf{y}) = k\langle \mathbf{x}, \mathbf{y} \rangle.$

(iv) $\langle \mathbf{x}, \mathbf{x} \rangle = A\mathbf{x} \cdot A\mathbf{x} \ge 0.$
$A\mathbf{x} \cdot A\mathbf{x} = 0 \Rightarrow A\mathbf{x} = \mathbf{0} \Rightarrow \mathbf{x} = \mathbf{0}.$

3 대각성분이 차례로 $\sqrt{w_1}, \cdots, \sqrt{w_n}$ 인 대각행렬을 A라고 하면 $\mathbf{x} = [x_1, \cdots, x_n]^{\mathrm{T}}, \mathbf{y} = [y_1, \cdots, y_n]^{\mathrm{T}} \in \boldsymbol{R}^n$ 에 대하여

$w_1 x_1 y_1 + \cdots + w_n x_n y_n = \mathbf{x}^{\mathrm{T}} A^{\mathrm{T}} A \mathbf{x}.$

4 $\|\sin x\| = \left(\int_{-\pi}^{\pi} \sin^2 x\, dx \right)^{1/2} = \sqrt{\pi}\,.$

$\|\cos x\| = \left(\int_{-\pi}^{\pi} \cos^2 x\, dx \right)^{1/2} = \sqrt{\pi}\,.$

5 $\|x\| = \langle x, x \rangle^{1/2} = \left(\sum_{i=1}^{5} x_i^2 \right)^{1/2}$
$= \left[\sum_{i=1}^{5} \left(\frac{i-1}{4} \right) \right]^{1/2} = \frac{\sqrt{30}}{4}\,.$

6 (3) $\|\mathbf{u}-\mathbf{v}\| = \|(\mathbf{u}-\mathbf{w}) + (\mathbf{w}-\mathbf{v})\|$
$\le \|(\mathbf{u}-\mathbf{w})\| + \|(\mathbf{w}-\mathbf{v})\|.$

7 $\|\mathbf{u}+\mathbf{v}\|^2 = \|\mathbf{u}\|^2 + 2\langle \mathbf{u}, \mathbf{v} \rangle + \|\mathbf{v}\|^2.$

$\|\mathbf{u}-\mathbf{v}\|^2 = \|\mathbf{u}\|^2 - 2\langle \mathbf{u}, \mathbf{v} \rangle + \|\mathbf{v}\|^2.$

위의 두 등식을 더하면 (1), 빼면 (2)를 얻는다.

8 $\langle f, g \rangle = \int_0^1 f(x)g(x)dx$ 로 정의된 내적에 관하여

(1)은 $\langle f, g \rangle^2 \le \|f\|^2 \|g\|^2$과 같고,

(2)는 $\|f+g\| \le \|f\| + \|g\|$와 같다.

9 $\langle \mathbf{u}, \mathbf{v} \rangle = \mathbf{u}^{\mathrm{T}} A^{\mathrm{T}} A \mathbf{v}$로 정의된 내적에 관하여 주어진 부등식은 $\langle \mathbf{u}, \mathbf{v} \rangle^2 \le \|\mathbf{u}\|^2 \|\mathbf{v}\|^2$과 같다.

10 $\mathbf{u} = [a, b]^{\mathrm{T}}, \mathbf{v} = [\cos\theta, \sin\theta]^{\mathrm{T}}$에 코시-슈바르츠의 정리를 적용한다.

11 $\mathbf{u} = (\sqrt{a_1}, \cdots, \sqrt{a_n})^{\mathrm{T}}, \mathbf{v} = \left(\frac{1}{\sqrt{a_1}}, \cdots, \frac{1}{\sqrt{a_n}} \right)^{\mathrm{T}}$

에 코시-슈바르츠의 정리를 적용한다.

12 $\|\mathbf{u}\| = \|\mathbf{v}\| = \sqrt{6}.\ \mathbf{u} \cdot \mathbf{v} = 3.$

$\mathbf{u}, \mathbf{v}$ 사이의 각을 θ라고 하면

$\cos\theta = 3/\sqrt{6}\sqrt{6} = 1/2.\ \therefore\ \theta = \pi/3.$

13 $n = 2$일 때는 피타고라스의 정리 $n \ge 2$일 때는 귀납법과 피타고라스의 정리를 이용하여 증명한다.

14 $\overrightarrow{AB} = \mathbf{u}+\mathbf{v}, \overrightarrow{CB} = \mathbf{u}-\mathbf{v}.$

$\overrightarrow{AB} \cdot \overrightarrow{CB} = \|\mathbf{u}\|^2 - \langle \mathbf{u}, \mathbf{v} \rangle + \langle \mathbf{v}, \mathbf{u} \rangle - \|\mathbf{v}\|^2$
$= 1 - 1 = 0.$

15 $\square(\mathbf{u}, \mathbf{v})$에서

$= \|\mathbf{u}+\mathbf{v}\|^2 + \|\mathbf{u}-\mathbf{v}\|^2$
$= \|\mathbf{u}\|^2 + 2\langle \mathbf{u}, \mathbf{v} \rangle + \|\mathbf{v}\|^2 + \|\mathbf{u}\|^2 - 2\langle \mathbf{u}, \mathbf{v} \rangle + \|\mathbf{v}\|^2$
$= 2(\|\mathbf{u}\|^2 + \|\mathbf{v}\|^2).$

16 (1) 타원 $\frac{x^2}{9} + \frac{y^2}{4} = 1.$

(2) $w_1 = \sqrt{3}t,\ w_2 = t,\ t > 0.$

17 (1) $\langle U, V \rangle = 1 \cdot 1 + 1 \cdot (-1) + 1 \cdot (-1) + 1 \cdot 2 = 0.$

(2) $\langle f, g \rangle = \int_{-1}^{1} x\, x^2 dx = \int_{-1}^{1} x^3 dx = 0.$

18 임의의 실수 $a_1, \cdots, a_r$에 대하여

$\langle a_1\mathbf{v}_1 + \cdots + a_r\mathbf{v}_r, \mathbf{u} \rangle$
$= a_1\langle \mathbf{v}_1, \mathbf{u} \rangle + \cdots + a_r\langle \mathbf{v}_r, \mathbf{u} \rangle$
$= a_1 0 + \cdots + a_r 0 = 0.$

4-2 정규직교기저

1 $\langle \cos x, \sin x \rangle = \int_{-\pi}^{\pi} \cos x \sin x\, dx = 0.$

$\langle 1, \cos x \rangle = \int_{-\pi}^{\pi} \cos x\, dx = 0.$

$\langle 1, \sin x \rangle = \int_{-\pi}^{\pi} \sin x\, dx = 0.$

2 $\langle f_1, f_1 \rangle = \left(\frac{2}{3}\right)^2 + \left(\frac{2}{3}\right)^2 + \left(\frac{1}{3}\right)^2 = \frac{9}{9} = 1.\ \therefore\ \|f_1\| = 1.$

마찬가지로

$\|f_2\| = \|f_3\| = 1, \langle f_1,f_2\rangle = \langle f_1,f_3\rangle = \langle f_2,f_3\rangle = 0.$

3 생략

4 (1) 생략

(2) $\begin{bmatrix} 1/\sqrt{3} \\ 1/\sqrt{3} \\ 1/\sqrt{3} \end{bmatrix}, \begin{bmatrix} -1/\sqrt{2} \\ 1/\sqrt{2} \\ 0 \end{bmatrix}, \begin{bmatrix} 1/\sqrt{6} \\ 1/\sqrt{6} \\ -2/\sqrt{6} \end{bmatrix}$

(3) $\begin{bmatrix} \mathbf{u}\cdot\mathbf{v}_1 \\ \mathbf{u}\cdot\mathbf{v}_2 \\ \mathbf{u}\cdot\mathbf{v}_3 \end{bmatrix} = \begin{bmatrix} 6/\sqrt{3} \\ 1/\sqrt{2} \\ -3/\sqrt{6} \end{bmatrix}$

5 (1) 생략

(2) $\langle \mathbf{u}, \mathbf{v}\rangle = 6, \|\mathbf{u}\| = \sqrt{3}, \quad \|\mathbf{u}\| = \sqrt{6}.$

6 (1) $\sqrt{15}$ (2) $\sqrt{30}$ (3) 20

7 $3x_1y_1 + 2x_2y_2 = 0, 3x_1^2 + 2x_2^2 = 1, 3y_1^2 + 2y_2^2 = 1$을 x_1, y_1, x_2, y_2에 관하여 푼다.

$\mathbf{x} = \begin{bmatrix} 1/\sqrt{5} \\ 1/\sqrt{5} \end{bmatrix}, \ \mathbf{y} = \begin{bmatrix} 2/\sqrt{30} \\ -3/\sqrt{30} \end{bmatrix}.$

8 $a_1 = \mathbf{y}\cdot\mathbf{x}_1 = \ y_1\cos\theta + y_2\sin\theta,$

$a_2 = \mathbf{y}\cdot\mathbf{x}_2 = -y_1\sin\theta + y_2\cos\theta.$

$$\begin{aligned} a_1^2 + a_2^2 &= y_1^2\cos^2\theta + 2y_1y_2\cos\theta\sin\theta + y_2^2\sin^2\theta \\ &= y_1^2\sin^2\theta - 2y_1y_2\cos\theta\sin\theta + y_2^2\cos^2\theta \\ &= y_1^2(\sin^2\theta + \cos^2\theta) + y_1^2(\sin^2\theta + \cos^2\theta) \\ &= y_1^2 + y_2^2. \end{aligned}$$

9 (1) $\langle 1, \cos 2x\rangle = \int_{-\pi}^{\pi} \cos 2x\, dx = 0.$

$\|1\|^2 = \int_{-\pi}^{\pi} 1\, dx = 2\pi.$

$$\begin{aligned} \|\cos 2x\|^2 = \langle \cos 2x, \cos 2x\rangle &= \int_{-\pi}^{\pi} \cos 2x\, dx \\ &= \int_{-\pi}^{\pi} \frac{1}{2}dx. + \int_{-\pi}^{\pi} \cos^2 2x\, dx = \pi. \end{aligned}$$

(2) $$\begin{aligned} \sin^2 x &= \frac{1-\cos 2x}{2} \\ &= \left(\frac{\sqrt{2\pi}}{2}\right)\frac{1}{\sqrt{2\pi}} + \left(\frac{-\sqrt{\pi}}{2}\right)\frac{1}{\sqrt{\pi}}\cos 2x. \end{aligned}$$

(3) (2)에 의하여

$$\begin{aligned} \int_{-\pi}^{\pi} \sin^4 x\, dx = \|\sin^2 x\|^2 &= \left(\frac{\sqrt{2\pi}}{2}\right)^2 + \left(\frac{-\sqrt{\pi}}{2}\right)^2 \\ &= \frac{3\pi}{4}. \end{aligned}$$

10 $\left\{\begin{bmatrix} \cos\theta & -\sin\theta \\ \sin\theta & \cos\theta \end{bmatrix}\right\}, (\theta \in \boldsymbol{R})$. (보기 4에 의함).

11 A의 두 행은 이미 직교한다. A의 각 행의 크기가 1일 조건 $2a^2 + 2b^2 = 1$이 A가 직교행렬일 필요충분조건이다.

12 (1) $I = AA^{\mathrm{T}} = (A^{\mathrm{T}})^{\mathrm{T}}A^{\mathrm{T}} = AA^{\mathrm{T}} = I.$

(2) $(A^m)^{-1} = (A^{-1})^m = (A^{\mathrm{T}})^m.$

(3) $$\begin{aligned} \|A^m\mathbf{x}\| &= \|A(A^{m-1}\mathbf{x})\| = \|A^{m-1}\mathbf{x}\| \\ &= \cdots = \|A\mathbf{x}\| = \|\mathbf{x}\|. \end{aligned}$$

13 $\|\mathbf{u}\| = 1$이므로 $\mathbf{u}^{\mathrm{T}}\mathbf{u} = 1.$

$$\begin{aligned} H^{\mathrm{T}} &= (I - 2\mathbf{u}\mathbf{u}^{\mathrm{T}})^{\mathrm{T}} = I^{\mathrm{T}} - 2(\mathbf{u}^{\mathrm{T}})^{\mathrm{T}}\mathbf{u}^{\mathrm{T}} \\ &= I - 2\mathbf{u}\mathbf{u}^{\mathrm{T}} = H. \end{aligned}$$

$$\begin{aligned} H^{\mathrm{T}}H = H^2 &= (I - 2\mathbf{u}\mathbf{u}^{\mathrm{T}})^2 \\ &= I - 4\mathbf{u}\mathbf{u}^{\mathrm{T}} + 4\mathbf{u}\mathbf{u}^{\mathrm{T}}\mathbf{u}\mathbf{u}^{\mathrm{T}} \\ &= I - 4\mathbf{u}\mathbf{u}^{\mathrm{T}} + 4\mathbf{u}\mathbf{u}^{\mathrm{T}} = I. \end{aligned}$$

14 $$\begin{aligned} I = QQ^{\mathrm{T}} &= [\mathbf{u}_1, \cdots, \mathbf{u}_n]\begin{bmatrix} \mathbf{u}_1^{\mathrm{T}} \\ \vdots \\ \mathbf{u}_n^{\mathrm{T}} \end{bmatrix} \\ &= \mathbf{u}_1\mathbf{u}_1^{\mathrm{T}} + \cdots + \mathbf{u}_n\mathbf{u}_n^{\mathrm{T}}. \end{aligned}$$

15 n에 관한 귀납법으로 증명한다.

$n = 1$일 때는 $A = [1]$.

$n \geq 2$라고 하자.

$A = \begin{bmatrix} B & \mathbf{u} \\ \mathbf{0}^{\mathrm{T}} & c \end{bmatrix}$라고 할 때,

$I = A^{\mathrm{T}}A = \begin{bmatrix} B^{\mathrm{T}} & \mathbf{0} \\ \mathbf{u}^{\mathrm{T}} & c \end{bmatrix}\begin{bmatrix} B & \mathbf{u} \\ \mathbf{0}^{\mathrm{T}} & c \end{bmatrix} = \begin{bmatrix} B^{\mathrm{T}}B & B^{\mathrm{T}}\mathbf{u} \\ \mathbf{u}^{\mathrm{T}}B & 1 \end{bmatrix}$

$\therefore\ B^{\mathrm{T}}B = I.\ \therefore\ B$는 상방삼각행렬인 직교행렬이고, 따라서 ($B$의 j 열) $= \pm$(I_{n-1}의 j 열).

$\therefore$ (A의 j 열) $= \pm$(I_n의 j 열), $(j = 1, \cdots, n-1)$

$B^{\mathrm{T}}\mathbf{u} = \mathbf{0}$이므로 $\mathbf{u} = \mathbf{0}.\ \therefore\ \mathbf{u}^{\mathrm{T}}\mathbf{u} = 0.$

$1 = $ ($A^{\mathrm{T}}A$의 (n, n) 성분) $= \mathbf{u}^{\mathrm{T}}\mathbf{u} + c^2.\ \therefore\ c = \pm 1.$

$\therefore$ (A의 n 열) $= \pm$(I_n의 n 열).

16 $A = [\mathbf{a}_1, \cdots, \mathbf{a}_k]$라고 할 때,

$\|A\|_F^2 = \|\mathbf{a}_1\|^2 + \cdots + \|\mathbf{a}_k\|^2$임에 유의한다.

(1) $Q = [\mathbf{q}_1, \cdots, \mathbf{q}_n]$이라고 할 때,

$\|Q\|_F^2 = \|\mathbf{q}_1\|^2 + \cdots + \|\mathbf{q}_n\|^2 = n.$

(2) $A = [\mathbf{a}_1, \cdots, \mathbf{a}_k]$라고 할 때,

$\|QA\|_F^2 = \|Q\mathbf{a}_1\|^2 + \cdots + \|Q\mathbf{a}_n\|^2$

$= \|\mathbf{a}_1\|^2 + \cdots + \|\mathbf{a}_n\|^2 = \|A\|_F^2.$

(3) $\|A\|_F = \|A^T\|_F$를 보인 다음 (2)를 이용한다.

(4) (2), (3) 을 이용한다.

4-3 그람슈미트의 프로세스

1 $\mathbf{q}_1 = [1/\sqrt{2}, 1/\sqrt{2}, 0]^T, \mathbf{q}_2 = [0, 0, 1]^T$라고 할 때,

$\{\mathbf{q}_1, \mathbf{q}_2\}$ 는 W 의 정규직교기저이다.

$\text{proj}_W \mathbf{v} = (\mathbf{v}\cdot\mathbf{q}_1)\mathbf{q}_1 + (\mathbf{v}\cdot\mathbf{q}_2)\mathbf{q}_2$
$= (3/\sqrt{2})\mathbf{q}_1 + 3\mathbf{q}_2 = [3/2, 3/2, 3]^T.$

2 $\{\mathbf{v}_1, \cdots, \mathbf{v}_r\}$은 $CS(Q)$ 의 정규직교기저이므로

$\text{proj}_{CS(Q)}\mathbf{u} = \mathbf{q}_1(\mathbf{q}_1\cdot\mathbf{u}) + \cdots + \mathbf{q}_n(\mathbf{q}_n\cdot\mathbf{u})$
$= \mathbf{q}_1(\mathbf{q}_1^T\mathbf{u}) + \cdots + \mathbf{q}_n(\mathbf{q}_n^T\mathbf{u})$

$$= [\mathbf{q}_1, \cdots, \mathbf{q}_n]\begin{bmatrix}\mathbf{q}_1^T\mathbf{u}\\ \vdots \\ \mathbf{q}_n^T\mathbf{u}\end{bmatrix} = [\mathbf{q}_1, \cdots, \mathbf{q}_n]\begin{bmatrix}\mathbf{q}_1^T\\ \vdots \\ \mathbf{q}_n^T\end{bmatrix}\mathbf{u}$$

$= QQ^T\mathbf{u}.$ ◆

3 (1) $\begin{bmatrix}1/\sqrt{3}\\1/\sqrt{3}\\1/\sqrt{3}\end{bmatrix}, \begin{bmatrix}-2/\sqrt{6}\\1/\sqrt{6}\\-1/\sqrt{6}\end{bmatrix}, \begin{bmatrix}0\\1/\sqrt{2}\\-1/\sqrt{2}\end{bmatrix}.$

(2) $\begin{bmatrix}1\\0\\0\end{bmatrix}, \begin{bmatrix}0\\7/\sqrt{53}\\-2/\sqrt{53}\end{bmatrix}, \begin{bmatrix}0\\2/\sqrt{53}\\7/\sqrt{53}\end{bmatrix}$

4 $\begin{bmatrix}1/\sqrt{6}\\1/\sqrt{6}\\1/\sqrt{6}\end{bmatrix}, \begin{bmatrix}1/\sqrt{6}\\1/\sqrt{6}\\-1/\sqrt{6}\end{bmatrix}, \begin{bmatrix}2/\sqrt{6}\\-1/\sqrt{6}\\0\end{bmatrix},$

5 (1) $\mathscr{P}_2$기저 $\{1, x, x^2\}$ 에 그람-슈미트의 프로세스를 적용한다. $\mathbf{x}_1 = 1, \mathbf{x}_2 = x, \mathbf{x}_3 = x^2$으로 두면

$\mathbf{y}_1 = \mathbf{x}_1 = 1.$

$\|\mathbf{y}_1\|^2 = \|1\|^2 = \langle 1, 1\rangle = 3. \therefore \|\mathbf{y}_1\| = \sqrt{3}.$

$\therefore \mathbf{q}_1 = 1/\sqrt{3}.$

$\mathbf{y}_2 = \mathbf{x}_2 - \langle\mathbf{x}_2, \mathbf{q}_1\rangle\mathbf{q}_1 = x - \langle x, 1/\sqrt{3}\rangle 1/\sqrt{3} = x.$

$\|\mathbf{y}_2\|^2 = \|x\|^2 = \langle x, x\rangle = 2. \therefore \|\mathbf{y}_2\| = \sqrt{2}.$

$\therefore \mathbf{q}_2 = x/\sqrt{2}.$

$\mathbf{y}_3 = \mathbf{x}_3 - \langle\mathbf{x}_3, \mathbf{q}_1\rangle\mathbf{q}_1 - \langle\mathbf{x}_3, \mathbf{q}_1\rangle\mathbf{q}_1$

$= x^2 - \langle x^2, 1/\sqrt{3}\rangle 1/\sqrt{3}$
$- \langle x^2, (1/\sqrt{2})x\rangle(1/\sqrt{2})x = x^2 - (2/3).$

$\|\mathbf{y}_3\|^2 = \|x^2 - (2/3)\|^2 = \langle x^2 - 2/3, x^2 - 2/3\rangle = 2/3.$

$\therefore \|\mathbf{y}_2\| = \sqrt{2}/\sqrt{3}.$

$\therefore \mathbf{q}_3 = (\sqrt{3}/\sqrt{2})(x^2 - 2/3).$

$\{\mathbf{q}_1, \mathbf{q}_2, \mathbf{q}_3\}$ 는 $\mathscr{P}_2$의 정규직교기저이다.

(2) $\{1/\sqrt{2}, (\sqrt{3}/\sqrt{2})x, (\sqrt{5}/2\sqrt{2})(3x^2 - 1)\}$

6 (1) $[\mathbf{x}_1, \mathbf{x}_2] = \begin{bmatrix}1 & -1\\2 & 3\end{bmatrix}$라고 할 때,

$\{\mathbf{x}_1, \mathbf{x}_2\}$—(그람-슈미트)→ $\{\mathbf{q}_1, \mathbf{q}_2\}$라고 할 때,

$Q = [\mathbf{q}_1, \mathbf{q}_2] = \begin{bmatrix}1/\sqrt{5} & -2/\sqrt{5}\\2/\sqrt{5} & 1/\sqrt{5}\end{bmatrix}.$

$\mathbf{q}_1^T\mathbf{x}_1 = \sqrt{5},\ \mathbf{q}_1^T\mathbf{x}_2 = \sqrt{5}, \mathbf{q}_2^T\mathbf{x}_1 = 0,\ \mathbf{q}_1^T\mathbf{x}_2 = \sqrt{5}$

이므로 $R = \begin{bmatrix}\sqrt{5} & \sqrt{5}\\0 & \sqrt{5}\end{bmatrix}.$

$\therefore \begin{bmatrix}1/\sqrt{5} & -2/\sqrt{5}\\2/\sqrt{5} & 1/\sqrt{5}\end{bmatrix}\begin{bmatrix}\sqrt{5} & \sqrt{5}\\0 & \sqrt{5}\end{bmatrix}.$

(2) $\begin{bmatrix}1/\sqrt{2} & -1/\sqrt{3}\\0 & 1/\sqrt{3}\\1/\sqrt{2} & 1/\sqrt{3}\end{bmatrix}\begin{bmatrix}\sqrt{2} & 3\sqrt{2}\\0 & \sqrt{3}\end{bmatrix}.$

(3) $\begin{bmatrix}1/5 & -2/5 & -4/5\\2/5 & 1/5 & 2/5\\2/5 & -4/5 & 2/5\\4/5 & 2/5 & -1/5\end{bmatrix}\begin{bmatrix}5 & -2 & 1\\0 & 4 & -1\\0 & 0 & 2\end{bmatrix}.$

7 (1) $\begin{bmatrix}1/\sqrt{3} & -2/\sqrt{6} & 0\\1/\sqrt{3} & 1/\sqrt{6} & -1/\sqrt{2}\\1/\sqrt{3} & 1/\sqrt{6} & 1/\sqrt{2}\end{bmatrix}$

$\times\begin{bmatrix}3/\sqrt{3} & 2/\sqrt{3} & 1/\sqrt{3}\\0 & 2/\sqrt{6} & 1/\sqrt{6}\\0 & 0 & 1/\sqrt{2}\end{bmatrix}$

(2) $(3/\sqrt{3})(2/\sqrt{6})(1/\sqrt{2}) = 1.$

8 $\mathbf{u}, \mathbf{v} \in W^\perp, k \in \boldsymbol{R}$일 때, 임의의 $\mathbf{w} \in W$에 대하여

$\langle\mathbf{u} + \mathbf{v}, \mathbf{w}\rangle = \langle\mathbf{u}, \mathbf{w}\rangle + \langle\mathbf{v}, \mathbf{w}\rangle = 0 + 0 = 0.$

$\therefore \mathbf{u} + \mathbf{v} \in W^\perp.$

$\langle k\mathbf{u}, \mathbf{w}\rangle = k\langle\mathbf{u}, \mathbf{w}\rangle = k0 = 0. \therefore k\mathbf{u} \in W^\perp.$

9 (1) $2x - 3y + 4z = 0$ (2) $x - z = 0$

10 (1) $W^\perp$ = (원점을 지나고 $[1, 2, 3]^T$와 직교하는

평면)

$= (\text{평면 } x + 2y + 3z = 0)$

(2) $[1, 0, 0]^T \times [1, 1, 1]^T = [0, -1, 1]^T$이므로

$W = $ (원점을 지나고 $[0, -1, 1]^T$와 직교하는 평면)

$W^{\perp} = $ (원점을 지나고 $[0, -1, 1]^T$와 평행한 직선)

11 $\{\mathbf{u}_1, \mathbf{u}_2\}$ 는 W의 정규직교기저이다.

$\mathbf{w} = \text{proj}_W \mathbf{v} = (\mathbf{v} \cdot \mathbf{u}_1)\mathbf{u}_1 + (\mathbf{v} \cdot \mathbf{u}_2)\mathbf{u}_2$

$= -\mathbf{u}_1 + 2\mathbf{u}_2 = \left[-\frac{4}{5}, 2, \frac{3}{5}\right]^T$

$\mathbf{w}' = \mathbf{v} - \mathbf{w} = \left[\frac{9}{5}, 0, \frac{12}{5}\right]^T.$

12 (1) $\mathbf{v} \in V$에 대하여, $\mathbf{v} = \mathbf{w} + \mathbf{w}'$을 만족하는 $\mathbf{w} \in W, \mathbf{w}' \in W'$이 존재한다. $\mathbf{w}$가 $\{\mathbf{x}_1, \cdots, \mathbf{x}_r\}$의 일차결합이고 $\mathbf{w}'$이 $\{\mathbf{y}_1, \cdots, \mathbf{y}_s\}$의 일차결합이므로 $\mathbf{v}$는$\{\mathbf{x}_1, \cdots, \mathbf{x}_r, \mathbf{y}_1, \cdots, \mathbf{y}_s\}$의 일차결합이다.

$a_1\mathbf{x}_1 + \cdots + a_r\mathbf{x}_r + b_1\mathbf{y}_1 + \cdots + b_s\mathbf{y}_s = \mathbf{0}$ 이라고 하면

$a_1\mathbf{x}_1 + \cdots + a_r\mathbf{x}_r = -b_1\mathbf{y}_1 - \cdots - b_s\mathbf{y}_s$

$\in W \cap W' = \{\mathbf{0}\}.$

$\therefore a_1\mathbf{x}_1 + \cdots + a_r\mathbf{x}_r = \mathbf{0}, b_1\mathbf{y}_1 + \cdots + b_s\mathbf{y}_s = \mathbf{0}$

$\therefore a_1 = \cdots = a_r = 0, b_1 = \cdots = b_s = 0.$

$\therefore \{\mathbf{x}_1, \cdots, \mathbf{x}_r, \mathbf{y}_1, \cdots, \mathbf{y}_s\}$는 일차독립이다.

(2)는 (1)의 결과이다.

4-4 최소제곱해

1 $A^TA = \begin{bmatrix} 1 & -1 & 1 \\ 1 & 3 & 2 \\ 3 & 1 & 4 \end{bmatrix}\begin{bmatrix} 1 & 1 & 3 \\ -1 & 3 & 1 \\ 1 & 2 & 4 \end{bmatrix} = \begin{bmatrix} 3 & 0 & 6 \\ 0 & 14 & 14 \\ 6 & 14 & 26 \end{bmatrix}.$

$A^T\mathbf{b} = \begin{bmatrix} 1 & -1 & 1 \\ 1 & 3 & 2 \\ 3 & 1 & 4 \end{bmatrix}\begin{bmatrix} -2 \\ 0 \\ 8 \end{bmatrix} = \begin{bmatrix} 6 \\ 14 \\ 26 \end{bmatrix}.$

$\therefore$ 최소제곱해는

$$\begin{bmatrix} 3 & 0 & 6 \\ 0 & 14 & 14 \\ 6 & 14 & 26 \end{bmatrix}\begin{bmatrix} x \\ y \\ z \end{bmatrix} = \begin{bmatrix} 6 \\ 14 \\ 26 \end{bmatrix}$$

의 해

$$\hat{\mathbf{x}} = \begin{bmatrix} 2-2t \\ 1-t \\ t \end{bmatrix}, (t \in \mathbf{R}).$$

2 (1) $A^TA = \begin{bmatrix} 1 & 3 & -2 \\ -1 & 2 & 4 \end{bmatrix}\begin{bmatrix} 1 & -1 \\ 3 & 2 \\ -2 & 4 \end{bmatrix} = \begin{bmatrix} 14 & -3 \\ -3 & 21 \end{bmatrix}.$

$A^T\mathbf{b} = \begin{bmatrix} 1 & 3 & -2 \\ -1 & 2 & 4 \end{bmatrix}\begin{bmatrix} 4 \\ 1 \\ 3 \end{bmatrix} = \begin{bmatrix} 1 \\ 10 \end{bmatrix}.$

정규방정식은 $\begin{bmatrix} 14 & -3 \\ -3 & 21 \end{bmatrix}\begin{bmatrix} x \\ y \end{bmatrix} = \begin{bmatrix} 1 \\ 10 \end{bmatrix}$의 해는

$\hat{\mathbf{x}} = \begin{bmatrix} 17/95 \\ 143/285 \end{bmatrix}.$

(2) $\hat{\mathbf{x}} = \begin{bmatrix} 5 \\ 1/2 \end{bmatrix}.$

3 $A = [\mathbf{v}_1, \mathbf{v}_2]$로 두고 $A^TA\mathbf{x} = A^T\mathbf{b}$의 해를 $\hat{\mathbf{x}}$라고 할 때, $\mathbf{p} = A\hat{\mathbf{x}}$이다.

(1) $\mathbf{p} = [2/3, 7/3, 5/3]^T$. (2) $\mathbf{p} = [3, -4, -1]^T$.

4 (1) $A\mathbf{x} = \mathbf{b}$가 해 $\mathbf{x}_0$을 가질 때, $A\mathbf{x}_0 = \mathbf{b}$.

$\therefore A^TA\mathbf{x}_0 = A^T\mathbf{b}.$ $\therefore \mathbf{x}_0 = (A^TA)^{-1}A^T\mathbf{b}.$

따라서 $\mathbf{x}_0$는 최소제곱해이다.

$\mathbf{x}_0$이 최소제곱해일 때, $\mathbf{x}_0 = (A^TA)^{-1}A^T\mathbf{b}$.

$\therefore A\mathbf{x}_0 = A(A^TA)^{-1}A^T\mathbf{b} = \text{proj}_{CS(A)}\mathbf{b} = \mathbf{b}.$

$\mathbf{b} \in CS(A)$이므로

따라서 $\mathbf{x}_0$는 $A\mathbf{x} = \mathbf{b}$의 해이다.

(2) $\mathbf{b} \perp CS(A)$일 때, $\text{proj}_W \mathbf{b} = \mathbf{0}$.

$A\mathbf{x} = \text{proj}_W \mathbf{b}$의 해, 즉, $A\mathbf{x} = \mathbf{0}$의 해는 $\mathbf{x} = \mathbf{0}$.

5 (1) $\mathbf{v} \in CS(A)$이므로 $\mathbf{x}_0 \in \mathbf{R}^n$이 있어서 $\mathbf{v} = A\mathbf{x}_0$.

$P\mathbf{v} = A(A^TA)^{-1}(A^TA)\mathbf{x}_0 = A\mathbf{x}_0 = \mathbf{v}.$

(2) $P^2 = A(A^TA)^{-1}A^TA(A^TA)^{-1}A^T$

$= A(A^TA)^{-1}A^T = P.$

6 주어진 등식으로부터 $A\hat{\mathbf{x}} + \mathbf{r} = \mathbf{b}$, $A^T\mathbf{r} = \mathbf{0}$, 즉, $\mathbf{b} - \mathbf{r} = \mathbf{p}$라고 하면 $A\hat{\mathbf{x}} = \mathbf{p}$.

또 $A^T(\mathbf{b} - \mathbf{p}) = \mathbf{0}$이므로 $(\mathbf{b} - \mathbf{p}) \perp CS(A)$.

$\therefore \mathbf{p} = \text{proj}_{CS(A)}\mathbf{b}.$

$A\hat{\mathbf{x}} = \mathbf{p}$이므로 $\hat{\mathbf{x}}$는 최소제곱해이다.

7 $\mathbf{p} = \text{proj}_{CS(A)}\mathbf{b}$라고 하자.

$(\Rightarrow)$ $A\hat{\mathbf{x}} = \mathbf{p}, A\mathbf{y} = \mathbf{p}$.

$\therefore A(\mathbf{y} - \hat{\mathbf{x}}) = \mathbf{0}.$ $\therefore \mathbf{y} - \hat{\mathbf{x}} \in NS(A).$

$\therefore \mathbf{y} - \hat{\mathbf{x}} = \mathbf{z}$, (단, $\mathbf{z} \in NS(A)$).

$(\Leftarrow)$ $\mathbf{y} - \hat{\mathbf{x}} = \mathbf{z}$, (단, $\mathbf{z} \in NS(A)$), 라고 하면

$A\mathbf{y} - A\hat{\mathbf{x}} = A(\mathbf{y} - \hat{\mathbf{x}}) = A\mathbf{z} = \mathbf{0}.$ $\therefore A\mathbf{y} = A\hat{\mathbf{x}} = \mathbf{p}$

그러므로 $\mathbf{y}$는 최소제곱해이다.

8 $y = (14/10) + (7/10)x$.

9 $y = 2 + 5x - 3x^2$.

10 $\{\mathbf{q}_1, \mathbf{q}_2\}$는 $CS(A)$의 정규직교기저이다.

(1) $\mathbf{p} = (\mathbf{p}\cdot\mathbf{q}_1)\mathbf{q}_1 + (\mathbf{p}\cdot\mathbf{q}_2)\mathbf{q}_2 = \sqrt{3}\mathbf{q}_1 + \sqrt{6}\mathbf{q}_2$
$= [3, 0, 0]^T$.
$\hat{\mathbf{x}} = [\sqrt{3}, \sqrt{6}]^T$.

(2) $\mathbf{p} = [1, 5/2, 5/2]^T$, $\hat{\mathbf{x}} = [2\sqrt{3}, -\sqrt{6}/2]^T$.

(3) $\mathbf{p} = [1, 3/2, 3/2]^T$, $\hat{\mathbf{x}} = [4\sqrt{3}/3, -1/\sqrt{6}]^T$.

11 $\text{proj}_{CS(A)}\mathbf{b}$를 $\mathbf{a}_1, \cdots, \mathbf{a}_n$의 일차결합으로 나타내었을 때, 계수벡터가 곧 최소제곱해이다. 그런데

$$\text{proj}_{CS(A)}\mathbf{b} = \frac{\mathbf{b}^T\mathbf{a}_1}{\mathbf{a}_1^T\mathbf{a}_1}\mathbf{a}_1 + \cdots + \frac{\mathbf{b}^T\mathbf{a}_i}{\mathbf{a}_i^T\mathbf{a}_i}\mathbf{a}_n.$$

12 (1) $\langle 1, 2x-1\rangle = \int_0^1 (2x-1)dx = 0$.

(2) $\|1\|^2 = \langle 1, 1\rangle = \int_0^1 1^2 dx = 1$. $\therefore \|1\| = 1$.
$\|2x-1\|^2 = \langle 2x-1, 2x-1\rangle$
$= \int_0^1 (2x-1)^2 dx = 1/3$. $\therefore \|2x-1\| = 1/\sqrt{3}$.

(3) (1), (2)에 의하여 $S = \{1, \sqrt{3}(2x-1)\}$는 정규직교집합이다. $W = \text{span}(S)$ 라고 할 때, $\sqrt{x}$에 가장 가까운 W의 원소를 $a + bx$라고 하면

$a + bx = \text{proj}_W \sqrt{x}$
$= \langle\sqrt{x}, 1\rangle 1 + \langle\sqrt{x}, \sqrt{3}(2x-1)\rangle\sqrt{3}(2x-1)$
$= \left(\int_0^1 x^{1/2}dx\right)1 + 3\left(\int_0^1 (2x^{3/2} - x^{1/2})dx\right)(2x-1)$
$= \frac{4}{15} + \frac{4}{5}x$.

13 (1) $\langle 1, x\rangle = \int_{-1}^1 x\,dx = 0$.

(2) $\|1\|^2 = \langle 1, 1\rangle = \int_{-1}^1 1^2 dx = 2$. $\therefore \|1\| = \sqrt{2}$.
$\|x\|^2 = \langle x, x\rangle = \int_{-1}^1 x^2 dx = 2/3$.
$\therefore \|x\| = \sqrt{2}/\sqrt{3}$.

(3) (1), (2)에 의하여 $S = \{1/\sqrt{2}, (\sqrt{3}/\sqrt{2})x\}$는 정규직교집합이다. $W = \text{span}(S)$ 라고 할 때, $x^{1/3}$의 최소제곱 근사 일차식 $a + bx$는 $x^{1/3}$에 가장 가까운 W의 원소이다. 따라서

$a + bx = \text{proj}_W x^{1/3}$
$= \left\langle x^{1/3}, \frac{1}{\sqrt{2}}\right\rangle\frac{1}{\sqrt{2}} + \left\langle x^{1/3}, \frac{\sqrt{3}}{\sqrt{2}}x\right\rangle\frac{\sqrt{3}}{\sqrt{2}}x$
$= \frac{1}{2}\left(\int_{-1}^1 x^{1/3}dx\right)1 + \frac{3}{2}\left(\int_{-1}^1 x^{4/3}dx\right)x = \frac{9}{7}x$.

14 $A = [\mathbf{v}_0, \mathbf{v}_1, \cdots, \mathbf{v}_n]$,
$a_0\mathbf{v}_0 + a_1\mathbf{v}_1 + \cdots + a_n\mathbf{v}_n = \mathbf{0}$, $(a_i \in \boldsymbol{R})$
$(a_0, a_1, \cdots, a_n) \neq (0, 0, \cdots, 0)$ 이라고 하자.
$f(x) = a_0 + a_1x + \cdots + a_nx^n$이라고 할 때, $f(x)$는 n 차 이하의 다항식이고, $f(x_i) = 0$, $(i = 1, \cdots, m)$이다. $x_1, \cdots, x_m$ 중 $n+1$개 이상이 서로 다를 때, 방정식 $f(x) = 0$ 는 $n+1$개 이상의 서로 다른 해를 가지게 되어 모순이다.

5 선형변환

5-1 벡터공간과 부분공간

1 (1) 선형변환이다.

$\mathbf{x} = \begin{bmatrix} x_1 \\ x_2 \end{bmatrix}, \mathbf{y} = \begin{bmatrix} y_1 \\ y_2 \end{bmatrix} \in \boldsymbol{R}^2$, $a \in \boldsymbol{R}$에 대하여

$$T(\mathbf{x}+\mathbf{y}) = T\left(\begin{bmatrix} x_1+y_1 \\ x_2+y_2 \end{bmatrix}\right) = \begin{bmatrix} x_2+y_2 \\ x_1+y_1 \\ x_1+y_1+x_2+y_2 \end{bmatrix}$$

$$= \begin{bmatrix} x_2 \\ x_1 \\ x_1+x_2 \end{bmatrix} + \begin{bmatrix} y_2 \\ y_1 \\ y_1+y_2 \end{bmatrix} = T(\mathbf{x}) + T(\mathbf{y}).$$

$$T(a\mathbf{x}) = T\left(\begin{bmatrix} ax_1 \\ ax_2 \end{bmatrix}\right) = \begin{bmatrix} ax_2 \\ ax_1 \\ ax_1+ax_2 \end{bmatrix}$$

$$= a\begin{bmatrix} x_2 \\ x_1 \\ x_1+x_2 \end{bmatrix} = aT(\mathbf{x}).$$

(2) 선형변환이 아니다.

$$T\left(2\begin{bmatrix} x \\ y \end{bmatrix}\right) = T\left(\begin{bmatrix} 2x \\ 2y \end{bmatrix}\right) = \begin{bmatrix} 4x^2+4y^2 \\ 0 \\ 0 \end{bmatrix}$$

$$2T\left(\begin{bmatrix} x \\ y \end{bmatrix}\right) = 2\begin{bmatrix} x^2+y^2 \\ 0 \\ 0 \end{bmatrix} \neq T\left(2\begin{bmatrix} x \\ y \end{bmatrix}\right).$$

2 $\mathbf{u}, \mathbf{v} \in V, a, b \in \boldsymbol{R}$에 대하여
$T(\mathbf{u}+\mathbf{v}) = k(\mathbf{u}+\mathbf{v}) = k\mathbf{u} + k\mathbf{v} = T(\mathbf{u}) + T(\mathbf{v})$.
$T(a\mathbf{v}) = ka\mathbf{v} = ak\mathbf{v} = aT(\mathbf{v})$.

3 $\mathbf{u}, \mathbf{v} \in R^2, a \in \boldsymbol{R}$에 대하여
(1) $\mathbf{u}, \mathbf{v}$의 합을 l 에 관하여 대칭이동 시킨 것은 각각을 l 에 관하여 대칭이동 시킨 것의 합이다. $\mathbf{v}$의 a배를 l 에 관하여 대칭이동 시킨 것은 $\mathbf{v}$를 l 에 관하여 대칭이동 시킨 것의 a배이다.
(2) 보기 8의 특별한 경우이다.

4 $\mathbf{u}, \mathbf{v} \in R^3, a \in \boldsymbol{R}$에 대하여
(1) 보기 2와 같은 이유.
(2) 연습문제 3의 (1)과 같은 이유.
(3), (4) 보기 8의 특별한 경우이다.

5 $f, g \in \mathscr{P}_3, a \in \boldsymbol{R}$에 대하여
(1) $T(f+g) = x(f'+g') = xf' + xg'$
$= T(f) + T(g)$.
$T(af) = x(af') = a(xf') = aT(f)$.
(2) $T(f+g) = (f+g) - (f+g)' = f + g - f' - g'$
$= f - f' + g - g' = T(f) + T(g)$.
$T(af) = af - af' = a(f - f') = aT(f)$.
(3) $T(f+g) = f(0) + g(0) + (f(1) + g(1))x$
$= f(0) + f(1)x + g(0) + g(1)x = T(f) + T(g)$.
$T(af) = af(0) + af(1)x = a(f(0) + f(1)x)$
$= aT(f)$.

6 $f, g \in C^1[0, 1], a \in \boldsymbol{R}$에 대하여
$T(f+g) = (f+g)(0) + 2(f+g)'(0) + 3(f+g)'(1)$
$= f(0) + g(0) + 2f'(0) + 2g'(0) + 3f'(1) + 3g'(1)$
$= f(0) + 2f'(0) + 3f'(1) + g(0) + 2g'(0) + 3g'(1)$
$= T(f) + T(g)$.
$T(af) = (af)(0) + 2(af)'(0) + 3(af)'(1)$
$= af(0) + 2af'(0) + 3af'(1)$
$= a(f(0) + 2f'(0) + 3f'(1)) = aT(f)$.

7 보기 4의 증명과 같음

8 $f, g \in C(-\infty, \infty), a \in \boldsymbol{R}$에 대하여
$T(f+g) = \int_0^x (f(t) + g(t))dt$
$= \int_0^x f(t)dt + \int_0^x g(t)dt = T(f) + T(g)$.
$T(af) = \int_0^x af(t)dt = a\int_0^x f(t)dt = aT(f)$.

9 $f, g \in \mathscr{P}_n, k \in \boldsymbol{R}$에 대하여
$T(f+g) = (f+g)(ax+b) = f(ax+b) + g(ax+b)$
$= T(f) + T(g)$.
$T(kf) = (kf)(ax+b) = kf(ax+b) = kT(f)$.

10 $\mathbf{x} = [x, y, z]^{\mathrm{T}}$를 $\mathbf{x}_1, \mathbf{x}_2, \mathbf{x}_3$의 일차결합으로 나타내면 $\mathbf{x} = z\mathbf{x}_1 + (y-z)\mathbf{x}_2 + (x-y)\mathbf{x}_3$.
$T(\mathbf{x}) = T(z\mathbf{x}_1 + (y-z)\mathbf{x}_2 + (x-y)\mathbf{x}_3)$
$= zT(\mathbf{x}_1) + (y-z)T(\mathbf{x}_2) + (x-y)T(\mathbf{x}_3)$
$$= z\begin{bmatrix} 1 \\ 0 \end{bmatrix} + (y-z)\begin{bmatrix} 2 \\ -1 \end{bmatrix} + (x-y)\begin{bmatrix} 4 \\ 3 \end{bmatrix}$$
$$= \begin{bmatrix} 4x-2y-z \\ 3x-4y+z \end{bmatrix}. \quad \therefore \begin{cases} u = 4x-2y-z, \\ v = 3x-4y+z. \end{cases}$$

11 (i) $\Rightarrow$ (ii) 는 명백하다.
(ii) $\Rightarrow$ (i) 임의의 $\mathbf{u} \in V$에 대하여
$\mathbf{u} = a_1\mathbf{v}_1 + \cdots + a_n\mathbf{v}_n$, (단, $a_1, \cdots, a_n \in \boldsymbol{R}$).
$T(\mathbf{u}) = T(a_1\mathbf{v}_1 + \cdots + a_n\mathbf{v}_n)$
$= a_1T(\mathbf{v}_1) + \cdots + a_nT(\mathbf{v}_n)$
$= a_1S(\mathbf{v}_1) + \cdots + a_nS(\mathbf{v}_n)$
$= S(a_1\mathbf{v}_1 + \cdots + a_n\mathbf{v}_n) = S(\mathbf{u})$.

12 (1) $\ker(T) = \{\mathbf{0}\}$, $\mathrm{im}(T) = \boldsymbol{R}^2$
(2) $\ker(T) =$ (원점을 지나고 l과 수직인 직선)
$\mathrm{im}(T) =$ (직선 l)

13 (1) $\ker(T) = \{\mathbf{0}\}$, $\mathrm{im}(T) = \boldsymbol{R}^3$
(2) $\ker(T) = \{\mathbf{0}\}$, $\mathrm{im}(T) = \boldsymbol{R}^3$
(3) $\ker(T) =$ (원점을 지나고 l과 수직인 평면)
$\mathrm{im}(T) =$ (직선 l)
(4) $\ker(T) =$ (원점을 평면 W와 수직인 직선)
$\mathrm{im}(T) =$ (평면 W)

14 $K = \ker(T)$, $\dim(K) = r$, $\dim(V) = n$ 이라고 하면 $\mathrm{nullity}(T) = r \le n$.
$r = n$ 일 때, $K = V$ 이다. 이 때, $\mathrm{im}(T) = \{\mathbf{0}\}$이고 따라서 $\mathrm{rank}(T) = 0$.

$\therefore$ rank (T) + nullity $(T) = 0 + n = n$.

$r < n$ 일 때, K의 기저 $\{\mathbf{x}_1, \cdots, \mathbf{x}_r\}$을 V의 기저 $\{\mathbf{x}_1, \cdots, \mathbf{x}_r, \mathbf{y}_{r+1}, \cdots, \mathbf{y}_n\}$으로 확장한다.

이 때, $S = \{T(\mathbf{y}_{r+1}), \cdots, T(\mathbf{y}_n)\}$은 im (T)의 기저이다. 왜냐하면 $\mathbf{w} \in$ im (T)일 때, $T(\mathbf{v}) = \mathbf{w}$인 $\mathbf{v} \in V$가 존재한다. 이 때,

$\mathbf{v} = a_1\mathbf{x}_1 + \cdots + a_r\mathbf{x}_r + a_{r+1}\mathbf{y}_{r+1} + \cdots + a_n\mathbf{y}_n$,

(단, $a_r \in \boldsymbol{R}$).

$\mathbf{w} = T(\mathbf{v})$

$= T(a_1\mathbf{x}_1 + \cdots + a_r\mathbf{x}_r + a_{r+1}\mathbf{y}_{r+1} + \cdots + a_n\mathbf{y}_n)$

$= a_1T(\mathbf{x}_1) + \cdots + a_rT(\mathbf{x}_r) + a_{r+1}T(\mathbf{y}_{r+1}) + \cdots$

$+ a_nT(\mathbf{y}_n) = a_{r+1}T(\mathbf{y}_{r+1}) + \cdots + a_nT(\mathbf{y}_n)$.

그러므로 S는 im (T)를 스팬한다.

$c_{r+1}T(\mathbf{y}_{r+1}) + \cdots + c_nT(\mathbf{y}_n) = \mathbf{0}$이라고 하면

$T(c_{r+1}\mathbf{y}_{r+1} + \cdots + c_n\mathbf{y}_n) = \mathbf{0}$이고, 따라서

$c_{r+1}\mathbf{y}_{r+1} + \cdots + c_n\mathbf{y}_n \in K$. 그러므로

$c_{r+1}\mathbf{y}_{r+1} + \cdots + c_n\mathbf{y}_n = b_1\mathbf{x}_1 + \cdots + b_r\mathbf{x}_r$

을 만족하는 $b_1, \cdots, b_r \in \boldsymbol{R}$ 이 존재한다. 이 때,

$-b_1\mathbf{x}_1 - \cdots - b_r\mathbf{x}_r + c_{r+1}\mathbf{y}_{r+1} + \cdots + c_n\mathbf{y}_n = 0$

이므로 $b_1 = \cdots = b_r = c_{r+1} + \cdots + c_n = 0$.

그러므로 S는 일차독립이다.

그러므로 S는 im (T)의 기저이다. 따라서

dim (im (T)) $= n - r = n -$ dim (K).

15 $T_A : \boldsymbol{R}^n \to \boldsymbol{R}^n$ 의 정의역을 $\boldsymbol{CS}(B)$로 축소한 선형변환을 $T : CS(B) \to \boldsymbol{R}^n$ 라고 할 때,

im $(T) = CS(AB)$

ker $(T) = \{B\mathbf{x} \mid AB\mathbf{x} = 0, \mathbf{x} \in \boldsymbol{R}^n\}$

$= CS(B) \cap$ ker (T_A).

그러므로 연습문제 14에 의하여

dim $(CS(B))$ − dim $(CS(AB))$

= dim $(CS(B) \cap$ ker $(T_A)) \le$ dim (ker (T_A)).

$\therefore$ rank (B) − rank $(AB) \le$ nullity (A).

$\therefore$ − rank $(AB) \le$ nullity (A) − rank (B).

$\therefore$ n − rank $(AB) \le$ nullity $(A) + n$ − rank (B).

$\therefore$ nullity $(AB) \le$ nullity (A) + nullity (B).

16 (i) ⇒ (ii) T_A가 동형일 때, T_A는 단사이다.

$A\mathbf{x} = \mathbf{0} \Rightarrow T_A(\mathbf{x}) = \mathbf{0} \Rightarrow \mathbf{x} = \mathbf{0}$

이므로 A는 가역이다.

(ii) ⇒ (i) A가 가역일 때, 위와 같은 논리로 T_A는 단사이다.

$\mathbf{y} \in \boldsymbol{R}^n$ 에 대하여 $\mathbf{x} = A^{-1}\mathbf{y}$라고 할 때,

$T_A(\mathbf{x}) = A\mathbf{x} = AA^{-1}\mathbf{y} = \mathbf{y}$ 이므로 T_A는 전사이다.

17 $A = \begin{bmatrix} 1 & 0 & 0 \\ 1 & 1 & 0 \\ 1 & 1 & 1 \end{bmatrix}$이라고 할 때, $T = T_A$.

A는 가역행렬이므로 T_A 는 전단사함수이다.

18 (1) 명백히 $\varnothing \ne W \subset \mathscr{P}_{n+1}$.

상수항이 0인 $n+1$차 이하의 다항식끼리의 합은 상수항이 0인 $n+1$차 이하의 다항식이고, 상수항이 0인 $n+1$차 이하의 다항식의 상수배는 상수항이 0인 $n+1$차 이하의 다항식이다.

(2) $f, g \in \mathscr{P}_n, a \in \boldsymbol{R}$ 에 대하여

$T(f+g) = x(f+g) = xf + xg = T(f) + T(g)$,

$T(af) = xaf = axf = aT(f)$

이므로 T는 선형변환이다.

$T(f) = T(g) = xf(x) = x\,g(x) \Rightarrow f(x) = g(x)$

이므로 T는 단사함수이다.

$g \in W$ 일 때, $g = a_1x + a_2x^2 + \cdots + a_{n+1}x^{n+1}$.

$f = a_1 + a_2x + \cdots + a_{n+1}x^n$이라고 하면

$T(f) = g$이므로 T는 전사함수이다.

(3) T^{-1}은 $a_1x + a_2x^2 + \cdots + a_{n+1}x^{n+1}$을 $a_1 + a_2x + \cdots + a_{n+1}x^n$으로 보내는 함수이다.

19 (1) $T(a_0 + a_1x + \cdots + a_nx^n) = \begin{bmatrix} a_0 \\ \vdots \\ a_n \end{bmatrix}$.

(2) $T\left(\begin{bmatrix} a & c \\ b & d \end{bmatrix}\right) = \begin{bmatrix} a \\ b \\ c \\ d \end{bmatrix}$.

20 (1) W의 기저는 $\{[1, -1, 0]^{\mathrm{T}}, [1, 0, -1]^{\mathrm{T}}\}$.

$\dim(W) = 2$. $\therefore W \cong \boldsymbol{R}^2$.

$T([1, -1, 0]^{\mathrm{T}}) = \begin{bmatrix} 1 \\ 0 \end{bmatrix}$, $T([1, 0, -1]^{\mathrm{T}}) = \begin{bmatrix} 0 \\ 1 \end{bmatrix}$.

(2) W의 기저는 $\{[1, 1, 1]^{\mathrm{T}}\}$. $\dim(W) = 1$.

$\therefore W \cong \boldsymbol{R}$. $T([1, 1, 1]^{\mathrm{T}}) = 1$.

21 T는 좌측에 $A = \begin{bmatrix} 1 & a \\ 0 & -1 \end{bmatrix}$ 곱하기.

(1) 임의의 a에 대하여 A는 가역행렬이다.

(2) $A^2 = \begin{bmatrix} 1 & a \\ 0 & -1 \end{bmatrix}^2 = \begin{bmatrix} 1 & 0 \\ 0 & 1 \end{bmatrix}$ 이므로

$T \circ T = \mathrm{id}_{\boldsymbol{R}^2}$.

22 (1) $f, g \in \mathscr{P}_1, a \in \boldsymbol{R}$에 대하여

$$T(f+g) = \begin{bmatrix} (f+g)(0) \\ (f+g)(1) \end{bmatrix} = \begin{bmatrix} f(0)+g(0) \\ f(1)+g(1) \end{bmatrix}$$

$$= \begin{bmatrix} f(0) \\ f(1) \end{bmatrix} + \begin{bmatrix} g(0) \\ g(1) \end{bmatrix} = T(f) + T(g),$$

$$T(af) = \begin{bmatrix} af(0) \\ af(1) \end{bmatrix} = a\begin{bmatrix} f(0) \\ f(1) \end{bmatrix} = aT(f)$$

이므로 T는 선형변환이다.

$f = a + bx, g = c + dx$에 대하여

$$T(f) = T(g) \Rightarrow \begin{bmatrix} a \\ a+b \end{bmatrix} = \begin{bmatrix} c \\ c+d \end{bmatrix}$$

$\Rightarrow a = c, b = d \Rightarrow f = g$

이므로 T는 단사이다.

$\mathbf{v} = \begin{bmatrix} a \\ b \end{bmatrix} \in \boldsymbol{R}^2$에 대하여, $f = a + bx$로 두면

$T(f) = \mathbf{v}$이므로 T는 전사이다.

(2) $2 + 3x$

23 T, S가 선형변환이므로 $S \circ T$도 선형변환이다.

T, S가 전단사이므로 $S \circ T$도 전단사이다.

따라서 $S \circ T$는 동형변환이다.

$\mathbf{u} \in U$에 대하여 $S^{-1}(\mathbf{u}) = \mathbf{w}, T^{-1}(\mathbf{w}) = \mathbf{v}$라고 할 때,

$(T^{-1} \circ S^{-1})(\mathbf{u}) = (T^{-1}(S^{-1}(\mathbf{u})) = T^{-1}(\mathbf{w}) = \mathbf{v}$.

한편, $T(\mathbf{v}) = \mathbf{w}, S(\mathbf{w}) = \mathbf{u}$이므로

$(S \circ T)(\mathbf{v}) = S(T(\mathbf{v})) = S(\mathbf{w}) = \mathbf{u}$.

$\therefore (S \circ T)^{-1}(\mathbf{u}) = \mathbf{v} = (T^{-1} \circ S^{-1})(\mathbf{u})$.

24 (1) (i, i) 성분이 a_i인 $n \times n$ 대각행렬을 A라고 할 때, 문제의 선형변환 T는 T_A이다.

(2) A가 가역, 즉, $a_i \neq 0, (i = 1, \cdots, n)$, 이다.

(3) $T_{A^{-1}}$.

25 $A = \begin{bmatrix} 1 & 1 \\ 1 & -1 \end{bmatrix}, B = \begin{bmatrix} 2 & 1 \\ 1 & -2 \end{bmatrix}$라고 할 때,

$T = T_A, S = T_B$.

(1) A, B는 가역행렬이다.

(2) $T^{-1}\left(\begin{bmatrix} x \\ y \end{bmatrix}\right) = A^{-1}\begin{bmatrix} x \\ y \end{bmatrix} = \begin{bmatrix} (x+y)/2 \\ (x-y)/2 \end{bmatrix}$.

$S^{-1}\left(\begin{bmatrix} x \\ y \end{bmatrix}\right) = B^{-1}\begin{bmatrix} x \\ y \end{bmatrix} = \begin{bmatrix} (2x+y)/5 \\ (x-2y)/5 \end{bmatrix}$.

$(S \circ T)^{-1}\left(\begin{bmatrix} x \\ y \end{bmatrix}\right) = (BA)^{-1}\begin{bmatrix} x \\ y \end{bmatrix} = \begin{bmatrix} (3x-y)/10 \\ (x+3y)/10 \end{bmatrix}$.

5-2 선형변환 $T : \boldsymbol{R}^n \to \boldsymbol{R}^m$

1 (1) $\begin{bmatrix} 1 & 0 & 0 \\ 0 & \cos\theta & -\sin\theta \\ 0 & \sin\theta & \cos\theta \end{bmatrix}$.

(2) $\begin{bmatrix} \cos\theta & 0 & \sin\theta \\ 0 & 1 & 0 \\ -\sin\theta & 0 & \cos\theta \end{bmatrix}$.

2 (1) $T(\mathbf{e}_1) = \mathbf{e}_3, T(\mathbf{e}_2) = \mathbf{e}_2, T(\mathbf{e}_3) = \mathbf{e}_1$.

$\therefore T_A = \begin{bmatrix} 0 & 0 & 1 \\ 0 & 1 & 0 \\ 1 & 0 & 0 \end{bmatrix}$.

(2) $T(\mathbf{e}_1) = \begin{bmatrix} 0 \\ 3 \\ 4 \end{bmatrix}, T(\mathbf{e}_2) = \begin{bmatrix} 0 \\ 1 \\ 2 \end{bmatrix} T(\mathbf{e}_3) = \begin{bmatrix} 2 \\ 0 \\ 4 \end{bmatrix}$.

$\therefore T_A = \begin{bmatrix} 0 & 0 & 2 \\ 3 & 1 & 0 \\ 4 & 2 & 4 \end{bmatrix}$.

3 (1) $\begin{bmatrix} 1 & 0 & 0 \\ 0 & 1 & 0 \\ 0 & 0 & -1 \end{bmatrix}$ (2) $\begin{bmatrix} -1 & 0 & 0 \\ 0 & 1 & 0 \\ 0 & 0 & 1 \end{bmatrix}$

(3) $\begin{bmatrix} 1 & 0 & 0 \\ 0 & -1 & 0 \\ 0 & 0 & 1 \end{bmatrix}$ (4) $\begin{bmatrix} 1 & 0 & 0 \\ 0 & 1 & 0 \\ 0 & 0 & 0 \end{bmatrix}$

(5) $\begin{bmatrix} 0 & 0 & 0 \\ 0 & 1 & 0 \\ 0 & 0 & 1 \end{bmatrix}$ (6) $\begin{bmatrix} 1 & 0 & 0 \\ 0 & 0 & 0 \\ 0 & 0 & 1 \end{bmatrix}$

4 $A_T = \begin{bmatrix} 2 & 0 \\ 0 & 3 \end{bmatrix}, A_S = \frac{1}{\sqrt{2}}\begin{bmatrix} 1 & -1 \\ 1 & 1 \end{bmatrix}$이므로 구하는 행렬은 $A_S A_T = \frac{1}{\sqrt{2}}\begin{bmatrix} -3 & 2 \\ 3 & 3 \end{bmatrix}$.

5 $A_T = A, A_S = B, A_U = C$라고 할 때, $AB = C$.

$A = \begin{bmatrix} \cos\alpha & -\sin\alpha \\ \sin\alpha & \cos\alpha \end{bmatrix}, B = \begin{bmatrix} \cos\beta & -\sin\beta \\ \sin\beta & \cos\beta \end{bmatrix}$.

$C = \begin{bmatrix} \cos(\alpha+\beta) & -\sin(\alpha+\beta) \\ \sin(\alpha+\beta) & \cos(\alpha+\beta) \end{bmatrix}$

$AB = \begin{bmatrix} \cos\alpha\cos\beta - \sin\alpha\sin\beta & * \\ \sin\alpha\cos\beta - \cos\alpha\sin\beta & * \end{bmatrix}$.

$\therefore \cos(\alpha+\beta) = \cos\alpha\cos\beta - \sin\alpha\sin\beta,$

$\sin(\alpha+\beta) = \sin\alpha\cos\beta - \cos\alpha\sin\beta.$

6 T의 행렬은

$$A=\begin{bmatrix}\cos(\pi/3) & \sin(\pi/3)\\ \sin(\pi/3) & -\cos(\pi/3)\end{bmatrix}=\begin{bmatrix}1/2 & \sqrt{3}/2\\ \sqrt{3}/2 & -1/2\end{bmatrix}.$$

$A^2=I$이므로 $A^{-1}=A$.

l의 방정식은 $[1,2]\begin{bmatrix}x\\y\end{bmatrix}=4$이므로, 정리 5.2.7에 의하여 $T(l)$의 방정식

$$[1,2]\begin{bmatrix}1/2 & \sqrt{3}/2\\ \sqrt{3}/2 & -1/2\end{bmatrix}\begin{bmatrix}x\\y\end{bmatrix}=4,\text{ 즉,}$$

$$(1+2\sqrt{3})x+(\sqrt{3}-2)y-8=0.$$

7 $\begin{bmatrix}1&2\\3&4\end{bmatrix}\begin{bmatrix}1\\0\end{bmatrix}=\begin{bmatrix}1\\3\end{bmatrix},\quad \begin{bmatrix}1&2\\3&4\end{bmatrix}\begin{bmatrix}0\\1\end{bmatrix}=\begin{bmatrix}2\\4\end{bmatrix},$

$\begin{bmatrix}1&2\\3&4\end{bmatrix}\begin{bmatrix}1\\1\end{bmatrix}=\begin{bmatrix}3\\7\end{bmatrix}$이므로 $T(D)$는

점 O, A′(1, 3), B′(2, 4), C′(3, 7) 을 꼭지점으로 하는 평행사변형

8 T_A는 원점을 중심으로 $\pi/3$ 만큼 회전이동시키는 선형변환의 행렬이므로

$A^n=$ ($n\pi/3$ 만큼의 회전이동의 행렬)

$$=\begin{bmatrix}\cos(n\pi/3) & -\sin(n\pi/3)\\ \sin(n\pi/3) & \cos(n\pi/3)\end{bmatrix}.$$

(1) $\frac{1}{2}\begin{bmatrix}-1 & -\sqrt{3}\\ \sqrt{3} & -1\end{bmatrix}$ (2) $-I_2$ (3) $\frac{1}{2}\begin{bmatrix}1 & \sqrt{3}\\ -\sqrt{3} & 1\end{bmatrix}$

(4) I_2 (5) A (6) A^{-1}

9 (1) appendix 1, 정리 1에 의하여

$$\begin{aligned}\operatorname{tr}(A)&=a^2(1-\cos\theta)+\cos\theta\\&+b^2(1-\cos\theta)+\cos\theta\\&+c^2(1-\cos\theta)+\cos\theta\\&=1-\cos\theta+3\cos\theta=2\cos\theta+1.\end{aligned}$$

$\therefore\ \cos\theta=\frac{1}{2}(\operatorname{tr}(A)-1)=\frac{1}{2}(1-1)=0$

$\therefore\ \theta=\frac{\pi}{2}.$

(2) $\mathbf{p}$는 회전축이므로 $A\mathbf{p}=\mathbf{p}$이다.

$A\mathbf{p}=\mathbf{p}\Leftrightarrow(A-I)\mathbf{p}=\mathbf{0}$

$\Leftrightarrow\mathbf{p}=\left[\frac{1}{3},\frac{2}{3},\frac{2}{3}\right]^{\mathrm{T}}.$

10 (1) $\mathbf{x}\in\boldsymbol{R}^3$에 대하여 $\mathbf{p}=\operatorname{proj}_{\mathbf{u}}\mathbf{x}$라고 하면

$$\mathbf{p}=\mathbf{u}(\mathbf{u}\cdot\mathbf{x})=\mathbf{u}\mathbf{u}^{\mathrm{T}}\mathbf{x}.$$

$$T(\mathbf{x})=\mathbf{x}+2(\mathbf{p}-\mathbf{x})=2\mathbf{p}-\mathbf{x}=2\mathbf{u}\mathbf{u}^{\mathrm{T}}\mathbf{x}-\mathbf{x}$$

$$=(2\mathbf{u}\mathbf{u}^{\mathrm{T}}-I)\mathbf{x}.$$

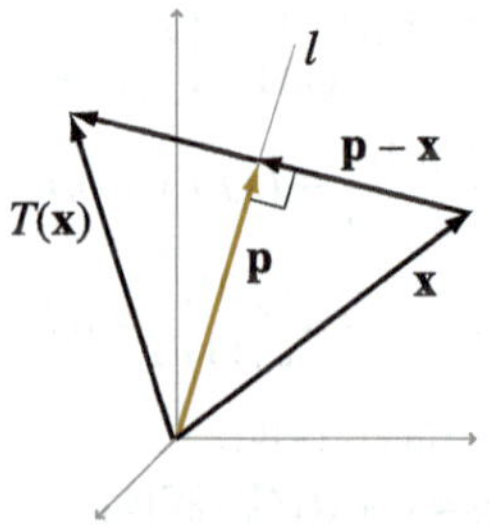

(2) $\mathbf{x}\in\boldsymbol{R}^3$에 대하여 $S(\mathbf{x})$는 $T(\mathbf{x})$를 원점에 관하여 대칭이동시킨 것이므로 $S(\mathbf{x})=-T(\mathbf{x})$.

11 $\mathbf{u}=[1/\sqrt{3},1/\sqrt{3},1/\sqrt{3}]^{\mathrm{T}}$라고 하고, T의 행렬을 A, S의 행렬을 B라고 하면,

$A=2\mathbf{u}\mathbf{u}^{\mathrm{T}}-I_3$

$$=\frac{2}{3}\begin{bmatrix}1&1&1\\1&1&1\\1&1&1\end{bmatrix}-I_3=\frac{1}{3}\begin{bmatrix}-1&2&2\\2&-1&2\\2&2&-1\end{bmatrix}.$$

$B=-A.$

12 $\mathbf{x}\in\boldsymbol{R}^3$에 대하여 $T(\mathbf{x})=\frac{1}{2}(S(\mathbf{x})+\mathbf{x}).$

5-3 선형변환의 행렬

1 C, B에 대한 T^{-1}의 행렬을 B라고 하면

$$I=\frac{\mathrm{id}_V\boldsymbol{B}}{\boldsymbol{B}}=\frac{(T^{-1}\circ T)\boldsymbol{B}}{\boldsymbol{B}}=BA.$$

2 $T(\mathbf{b}_1)=\begin{bmatrix}2\\2\end{bmatrix}=2\mathbf{b}_1+0\mathbf{b}_2,$

$T(\mathbf{b}_2)=\begin{bmatrix}3\\6\end{bmatrix}=0\mathbf{b}_1+3\mathbf{b}_2.$

$\frac{T(\mathbf{b}_1)}{\boldsymbol{B}}=\begin{bmatrix}2\\0\end{bmatrix},\ \frac{T(\mathbf{b}_2)}{\boldsymbol{B}}=\begin{bmatrix}0\\3\end{bmatrix},\ \therefore\ \frac{T\boldsymbol{B}}{\boldsymbol{B}}=\begin{bmatrix}2&0\\0&3\end{bmatrix}.$

3 $T(1)=x=0\cdot1+1\cdot x+0x^2.$

$T(x)=x^2=0\cdot1+0\cdot x+1x^2.$

$\frac{T(1)}{\boldsymbol{C}}=[0,1,0]^{\mathrm{T}},\ \frac{T(x)}{\boldsymbol{C}}=[0,0,1]^{\mathrm{T}}.$

$$\therefore T_A = \begin{bmatrix} 0 & 0 \\ 1 & 0 \\ 0 & 1 \end{bmatrix}.$$

4 (1) $S(1) = 1.$

$S(x) = 3x - 5.$

$S(x^2) = (3x-5)^2 = 9x^2 - 30x + 25.$

$$\frac{S(1)}{\boldsymbol{C}} = \begin{bmatrix} 1 \\ 0 \\ 0 \end{bmatrix}, \frac{S(x)}{\boldsymbol{C}} = \begin{bmatrix} -5 \\ 3 \\ 0 \end{bmatrix}, \frac{S(x^2)}{\boldsymbol{C}} = \begin{bmatrix} 25 \\ -30 \\ 9 \end{bmatrix}.$$

$$\therefore A = \begin{bmatrix} 1 & -5 & 25 \\ 0 & 3 & -30 \\ 0 & 0 & 9 \end{bmatrix}.$$

(2) $\dfrac{S(1+2x+3x^2)}{\boldsymbol{C}} = \begin{bmatrix} 1 \\ 2 \\ 3 \end{bmatrix}$

(3) $\begin{bmatrix} 1 & -5 & 25 \\ 0 & 3 & -30 \\ 0 & 0 & 9 \end{bmatrix}\begin{bmatrix} 1 \\ 2 \\ 3 \end{bmatrix} = \begin{bmatrix} 66 \\ -84 \\ 27 \end{bmatrix}.$

$\therefore\ S(1+2x+3x^2) = 66 - 84x + 27x^2.$

5 문제의 선형변환은 연습문제 3, 4의 선형변환의 합성변환이다.

$$\begin{bmatrix} 0 & 0 \\ 1 & -5 \\ 0 & 3 \end{bmatrix}.$$

6 $\boldsymbol{R}^2$의 표준순서기저 $\boldsymbol{E} = (\mathbf{e}_1, \mathbf{e}_2)$ 에 대한 T의 행렬은

$$\frac{\boldsymbol{B}}{\boldsymbol{E}}\frac{T\boldsymbol{B}}{\boldsymbol{B}}\frac{\boldsymbol{E}}{\boldsymbol{B}} = \frac{\boldsymbol{B}}{\boldsymbol{E}}\frac{T\boldsymbol{B}}{\boldsymbol{B}}\left(\frac{\boldsymbol{B}}{\boldsymbol{E}}\right)^{-1}$$

$= [\mathbf{b}_1, \mathbf{b}_2]A[\mathbf{b}_1, \mathbf{b}_2]^{-1}$

$= \begin{bmatrix} 1 & 1 \\ 3 & 4 \end{bmatrix}\begin{bmatrix} 2 & 3 \\ 4 & 5 \end{bmatrix}\begin{bmatrix} 1 & 1 \\ 3 & 4 \end{bmatrix}^{-1} = \begin{bmatrix} 0 & 2 \\ 1 & 7 \end{bmatrix}.$

$\therefore T\left(\begin{bmatrix} x \\ y \end{bmatrix}\right) = \begin{bmatrix} 2y \\ x+7y \end{bmatrix}.$

7 $\boldsymbol{R}^2$의 표준순서기저 $\boldsymbol{E} = (\mathbf{e}_1, \mathbf{e}_2)$ 에 대한 T의 행렬은 $A = \begin{bmatrix} 1 & 1 \\ -2 & 4 \end{bmatrix}.$

순서기저 $\boldsymbol{B}$에대한 T의 행렬은

$$\left(\frac{\boldsymbol{B}}{\boldsymbol{E}}\right)^{-1} A \frac{\boldsymbol{B}}{\boldsymbol{E}}$$

$= \begin{bmatrix} 1 & 1 \\ 1 & 2 \end{bmatrix}^{-1}\begin{bmatrix} 1 & 1 \\ -2 & 4 \end{bmatrix}\begin{bmatrix} 1 & 1 \\ 1 & 2 \end{bmatrix} = \begin{bmatrix} 2 & 0 \\ 0 & 3 \end{bmatrix}.$

8 $\mathscr{P}_2$의 표준순서기저 $\boldsymbol{E} = (1, x, x^2)$ 에관한 T의 행렬은

$$A = \begin{bmatrix} 1 & 1 & 1 \\ 1 & 2 & 3 \\ 2 & 3 & 4 \end{bmatrix}.$$

순서기저 $\boldsymbol{B} = (1, 1-x, (1-x)^2)$ 에 대하여

$B = \dfrac{\boldsymbol{B}}{\boldsymbol{E}}$ 라고 하면 $B = \begin{bmatrix} 1 & 1 & 1 \\ 0 & -1 & -2 \\ 0 & 0 & 1 \end{bmatrix}.$

$\boldsymbol{B}$에 관한 T의 행렬은

$$B^{-1}AB = \begin{bmatrix} 3 & -3 & -1 \\ -3 & 5 & 2 \\ 1 & -2 & -1 \end{bmatrix}.$$

9 구하는 행렬을 A라 하고 $\boldsymbol{B} = (\mathbf{b}_1, \cdots, \mathbf{b}_n)$ 이라고 하면

$A = \dfrac{T\boldsymbol{B}}{\boldsymbol{B}} = \left[\dfrac{T(\mathbf{b}_1)}{\boldsymbol{B}}, \cdots, \dfrac{T(\mathbf{b}_n)}{\boldsymbol{B}}\right]$

$= \left[\dfrac{a\mathbf{b}_1}{\boldsymbol{B}}, \cdots, \dfrac{a\mathbf{b}_n}{\boldsymbol{B}}\right] = a\left[\dfrac{\mathbf{b}_1}{\boldsymbol{B}}, \cdots, \dfrac{\mathbf{b}_n}{\boldsymbol{B}}\right]$

$= a[\mathbf{e}_1, \cdots, \mathbf{e}_n] = aI_n.$

10 $\dfrac{T(\mathbf{b}_1)}{\boldsymbol{B}} = \dfrac{\mathbf{b}_2}{\boldsymbol{B}} = \mathbf{e}_2, \dfrac{T(\mathbf{b}_2)}{\boldsymbol{B}} = \dfrac{\mathbf{b}_3}{\boldsymbol{B}} = \mathbf{e}_3,$

$\dfrac{T(\mathbf{b}_3)}{\boldsymbol{B}} = \dfrac{\mathbf{b}_4}{\boldsymbol{B}} = \mathbf{e}_4, \dfrac{T(\mathbf{b}_4)}{\boldsymbol{B}} = \dfrac{\mathbf{b}_1}{\boldsymbol{B}} = \mathbf{e}_1.$

$$\therefore \frac{T\boldsymbol{B}}{\boldsymbol{B}} = [\mathbf{e}_2, \mathbf{e}_3, \mathbf{e}_4, \mathbf{e}_1] = \begin{bmatrix} 0 & 0 & 0 & 1 \\ 1 & 0 & 0 & 0 \\ 0 & 1 & 0 & 0 \\ 0 & 0 & 1 & 0 \end{bmatrix}.$$

11 (1) $\dfrac{T(\mathbf{f}_1)}{\boldsymbol{B}} = \dfrac{0}{\boldsymbol{B}} = \mathbf{0}, \dfrac{T(\mathbf{f}_2)}{\boldsymbol{B}} = \dfrac{\mathbf{f}_3}{\boldsymbol{B}} = \mathbf{e}_3,$

$\dfrac{T(\mathbf{f}_3)}{\boldsymbol{B}} = \dfrac{-\mathbf{f}_2}{\boldsymbol{B}} = -\mathbf{e}_2.$

$\therefore \dfrac{TB}{B} = [\mathbf{0}, \mathbf{e}_3, -\mathbf{e}_2] = \begin{bmatrix} 0 & 0 & 0 \\ 0 & 0 & -1 \\ 0 & 1 & 0 \end{bmatrix}.$

(2) $\dfrac{T(\mathbf{f}_1)}{B} = \dfrac{0}{B} = \mathbf{0},\ \dfrac{T(\mathbf{f}_2)}{B} = \dfrac{\mathbf{f}_2}{B} = \mathbf{e}_2,$

$\dfrac{T(\mathbf{f}_3)}{B} = \dfrac{2\mathbf{f}_3}{B} = 2\mathbf{e}_3.$

$\therefore \dfrac{TB}{B} = [\mathbf{0}, \mathbf{e}_2, 2\mathbf{e}_3] = \begin{bmatrix} 0 & 0 & 0 \\ 0 & 1 & 0 \\ 0 & 0 & 2 \end{bmatrix}.$

12 가역행렬 P가 있어서 $B = P^{-1}AP$. 이 때, $A = PBP^{-1}$

(1) 연습문제 3.4.2에 의하여

$\text{rank}(B) = \text{rank}(P^{-1}AP) \le \text{rank}(A).$

$\text{rank}(A) = \text{rank}(PBP^{-1}) \le \text{rank}(B).$

(2) A, B가 $n \times n$ 행렬일 때,

$\text{rank}(A) + \text{nullity}(A) = n.$

$\text{rank}(B) + \text{nullity}(B) = n.$

(3) A가 가역일 때, $P^{-1}AP$는 가역

B가 가역일 때, PBP^{-1}는 가역

(4) $B^{\mathrm{T}} = P^{\mathrm{T}}A^{\mathrm{T}}(P^{-1})^{\mathrm{T}} = P^{\mathrm{T}}A^{\mathrm{T}}(P^{\mathrm{T}})^{-1}.$

(5) $B^{-1} = P^{-1}A^{-1}P = (P^{-1})^{-1}A^{-1}P^{-1}.$

13 가역행렬 P, Q가 있어서 $B = P^{-1}AP$, $C = Q^{-1}BQ$. 이 때,

$C = Q^{-1}P^{-1}APQ = (PQ)^{-1}APQ.$

14 $T(E_{11}) = E_{11}, T(E_{12}) = E_{21}, T(E_{21}) = E_{12}$, $T(E_{22}) = E_{22}$이므로

$$\frac{TE}{E} = \left[\frac{T(E_{11})}{E}, \frac{T(E_{12})}{E}, \frac{T(E_{21})}{E}, \frac{T(E_{22})}{E}\right]$$

$$= \left[\frac{E_{11}}{E}, \frac{E_{21}}{E}, \frac{E_{12}}{E}, \frac{E_{22}}{E}\right]$$

$$= [\mathbf{e}_1, \mathbf{e}_3, \mathbf{e}_2, \mathbf{e}_4] = \begin{bmatrix} 1 & 0 & 0 & 0 \\ 0 & 0 & 1 & 0 \\ 0 & 1 & 0 & 0 \\ 0 & 0 & 0 & 1 \end{bmatrix}.$$

15 $\dfrac{C}{B} = \begin{bmatrix} 1 & 1 & 1 \\ 0 & 1 & 1 \\ 0 & 0 & 1 \end{bmatrix}.$

$$\frac{\mathrm{T}C}{C} = \frac{B}{C}\frac{\mathrm{T}B}{B}\frac{C}{B} = \left(\frac{C}{B}\right)^{-1}A\,\frac{C}{B}$$

$$= \begin{bmatrix} 1 & 1 & 1 \\ 0 & 1 & 1 \\ 0 & 0 & 1 \end{bmatrix}^{-1}\begin{bmatrix} -3 & 4 & 7 \\ 1 & 0 & -2 \\ 0 & 1 & 0 \end{bmatrix}\begin{bmatrix} 1 & 1 & 1 \\ 0 & 1 & 1 \\ 0 & 0 & 1 \end{bmatrix}$$

$$= \begin{bmatrix} -4 & 0 & 9 \\ 1 & 0 & -2 \\ 0 & 1 & 1 \end{bmatrix}.$$

16 (1) $\begin{bmatrix} 0 & 1 & 0 & 0 & 0 & 0 \\ 0 & 0 & 2 & 0 & 0 & 0 \\ 0 & 0 & 0 & 3 & \cdots & 0 \\ \vdots & \vdots & \vdots & \vdots & & \vdots \\ 0 & 0 & 0 & 0 & \cdots & n \\ 0 & 0 & 0 & 0 & \cdots & 0 \end{bmatrix}.$

(2) $\begin{bmatrix} 0 & 1 & 0 & 0 & 0 & 0 \\ 0 & 0 & 1 & 0 & 0 & 0 \\ 0 & 0 & 0 & 1 & \cdots & 0 \\ \vdots & \vdots & \vdots & \vdots & & \vdots \\ 0 & 0 & 0 & 0 & \cdots & 1 \\ 0 & 0 & 0 & 0 & \cdots & 0 \end{bmatrix}.$

6 고유치와 고유공간

6-1 고유치와 고유벡터

1 (1) $\lambda = 1 : \mathbf{v} = t[1, 0]^{\mathrm{T}}, (t \in \boldsymbol{R} - \{0\}).$

$\lambda = -1 : \mathbf{v} = t[0, 1]^{\mathrm{T}}, (t \in \boldsymbol{R} - \{0\}).$

(2) $\lambda = 1 : \mathbf{v} = t[-1, 1]^{\mathrm{T}}, (t \in \boldsymbol{R} - \{0\}).$

$\lambda = -1 : \mathbf{v} = t[1, 1]^{\mathrm{T}}, (t \in \boldsymbol{R} - \{0\}).$

(3) $\theta = \pi$일 때, $\lambda = -1 : \mathbf{v}$는 임의의 벡터$(\neq \mathbf{0})$.

$\theta \neq \pi$일 때, 실수인 고유치 없음.

(4) $\lambda = 1 : \mathbf{v} = t[1, 2]^{\mathrm{T}}, (t \in \boldsymbol{R} - \{0\}).$

$\lambda = 0 : \mathbf{v} = t[-2, 1]^{\mathrm{T}}, (t \in \boldsymbol{R} - \{0\}).$

2 (1) $\lambda = 1 : \mathbf{v} = [t, s, 0]^{\mathrm{T}} \neq \mathbf{0}, (t, s \in \boldsymbol{R}).$

$\lambda = -1 : \mathbf{v} = [0, 0, t]^{\mathrm{T}} \neq \mathbf{0}, (t \in \boldsymbol{R} - \{0\}).$

(2) $\theta = \pi$일 때,

$\lambda = 1 : \mathbf{v} = t[1, 2, 3]^{\mathrm{T}}, (t \in \boldsymbol{R} - \{0\}).$

$\lambda = -1 : \mathbf{v} = [-2t - 3s, t, s]^{\mathrm{T}} \neq \mathbf{0}, (t, s \in \boldsymbol{R}).$

$\theta \neq \pi$일 때,

$\lambda = 1 : \mathbf{v} = t[1, 2, 3]^{\mathrm{T}}, (t \in \boldsymbol{R} - \{0\})$.

(3) $\lambda = 1 : \mathbf{v} = [-t-s, t, s]^{\mathrm{T}} \neq \mathbf{0}, (t, s \in \boldsymbol{R})$.

$\lambda = -1 : \mathbf{v} = t[1, 1, 1]^{\mathrm{T}}, (t \in \boldsymbol{R} - \{0\})$.

3 (1) $p_A(x) = (x-4)(x+3)$. 고유치 $4, -3$.

$E_A(4) = \{t[2, 1]^{\mathrm{T}} \mid t \in \boldsymbol{R} - \{0\}\}$.

$E_A(-3) = \{t[-1, 3]^{\mathrm{T}} \mid t \in \boldsymbol{R} - \{0\}\}$.

(2) $p_A(x) = x(x-1)^2$. 고유치 $0, 1$.

$E_A(0) = \{t[1, 1, 1]^{\mathrm{T}} \mid t \in \boldsymbol{R} - \{0\}\}$.

$E_A(1) = \{[3t-s, t, s]^{\mathrm{T}} \mid t, s \in \boldsymbol{R} - \{0\}\}$

$$= \left\{ t\begin{bmatrix} 3 \\ 1 \\ 0 \end{bmatrix} + s\begin{bmatrix} -1 \\ 0 \\ 1 \end{bmatrix} \middle| \, t, s \in \boldsymbol{R} - \{0\} \right\}.$$

4 $(A + sI)\mathbf{x} = A\mathbf{x} + s\mathbf{x} = \lambda\mathbf{x} + s\mathbf{x} = (\lambda + s)\mathbf{x}$.

5 연습문제 4에 의하여,

(1) 고유치 $4 + 100 = 104, -3 + 100 = 97$.

고유공간은 연습문제 3 (1)의 고유공간과 같음

(2) 고유치 $0 + 100 = 100, 1 + 100 = 101$.

고유공간은 연습문제 3 (2)의 고유공간과 같음

6 (1) $A^2\mathbf{x} = A(A\mathbf{x}) = A(\lambda\mathbf{x}) = \lambda(A\mathbf{x}) = \lambda(\lambda\mathbf{x}) = \lambda^2\mathbf{x}$,

$A^3\mathbf{x} = A(A^2\mathbf{x}) = A(\lambda^2\mathbf{x}) = \lambda^2(A\mathbf{x}) = \lambda^2(\lambda\mathbf{x}) = \lambda^3\mathbf{x}$.

(2) $\lambda(A^{-1}\mathbf{x}) = A^{-1}(\lambda\mathbf{x}) = A^{-1}A\mathbf{x} = I\mathbf{x} = \mathbf{x}$.

$\therefore \ A^{-1}\mathbf{x} = \frac{1}{\lambda}\mathbf{x}$.

$\therefore \ A^{-n}\mathbf{x} = (A^{-1})^n\mathbf{x} = \left(\frac{1}{\lambda}\right)^n\mathbf{x} = \frac{1}{\lambda^n}\mathbf{x}$.

7 (1) $1, 2^9, 0, 1/2^9$ ($\because$ A의 고유치는 $1, 2, 0, 1/2$)

(2) $1, 2^9, 3^9, 6^9$ ($\because$ A의 고유치는 $1, 2, 3, 6$)

8 $p_{A^{\mathrm{T}}}(x) = \det(xI - A^{\mathrm{T}}) = \det(xI - A)^{\mathrm{T}} = \det(xI - A) = p_A(x)$.

9 $\begin{bmatrix} a & b \\ c & d \end{bmatrix}\begin{bmatrix} 1 \\ 1 \end{bmatrix} = \begin{bmatrix} a+b \\ c+d \end{bmatrix} = (a+b)\begin{bmatrix} 1 \\ 1 \end{bmatrix}$.

$a - c = d - b$이므로

$\begin{bmatrix} a & c \\ b & d \end{bmatrix}\begin{bmatrix} 1 \\ -1 \end{bmatrix} = \begin{bmatrix} a-c \\ b-d \end{bmatrix} = (a-c)\begin{bmatrix} 1 \\ -1 \end{bmatrix}$.

10 $A\mathbf{x} = \lambda\mathbf{x}, (\mathbf{x} \neq \mathbf{0})$라고 하면

$\lambda\mathbf{x} = A\mathbf{x} = A^2\mathbf{x} = \lambda^2\mathbf{x}$

$\therefore (\lambda^2 - \lambda)\mathbf{x} = \mathbf{0}$.

$\therefore \lambda^2 - \lambda = 0$, 즉, $\lambda(\lambda - 1) = 0$

11 $A\mathbf{x} = \lambda\mathbf{x}, (\mathbf{x} \neq \mathbf{0})$라고 하면

$\lambda^n\mathbf{x} = A^n\mathbf{x} = O\mathbf{x} = \mathbf{0}$. $\therefore \lambda^n = 0$. $\therefore \lambda = 0$.

12 $p_A(x) = x^2 - 8x + 12 = (x-2)(x-6)$.

$\therefore$ 고유치는 $2, 6$.

13 $\lambda_1 + \cdots + \lambda_n = \mathrm{tr}(A) = a_{11} + \cdots + a_{nn}$.

$\therefore \lambda_1 = a_{11} + \cdots + a_{nn} - \lambda_2 + \cdots - \lambda_n$.

$= a_{11} + (a_{22} - \lambda_2) + \cdots + (a_{nn} - \lambda_n)$.

$\lambda_j, (j \geq 2)$, 에 대해서도 같은 논리가 적용된다.

14 $A(A^m\mathbf{x}) = A^m(A\mathbf{x}) = A^m(\lambda\mathbf{x}) = \lambda(A^m\mathbf{x})$.

15 $\dim(E_A(\lambda)) = \mathrm{nullity}(A - \lambda I) = n - \mathrm{rank}(A - \lambda I) = n - k$.

16 $p_A(x) = \det(xI - A)$라고 할 때, $p_A(\lambda) = 0$.

$0 = \overline{0} = \overline{p_A(\lambda)} = p_A(\overline{\lambda})$.

17 $\overline{\lambda} = 1 - 2i$ 도 고유치이다.

$\mathrm{tr}(A) = \lambda + \overline{\lambda} = 1 + 2i + 1 - 2i = 2$.

$\mathrm{tr}(A) = 3 + b$. $\therefore 3 + b = 2$. $\therefore b = -1$.

$\det A = 3b - a = -3 - a$.

$\det A = \lambda\overline{\lambda} = (1 + 2i)(1 - 2i) = 5$.

$\therefore -3 - a = 5$. $\therefore a = -8$.

18 $A\mathbf{x}_i = \lambda_i\mathbf{x}_i$ 라고 하자.

$\mathbf{x} \in W$라고 하면, $\mathbf{x} = a_1\mathbf{x}_1 + \cdots + a_r\mathbf{x}_r, (a_i \in \boldsymbol{R})$.

$A\mathbf{x} = a_1A\mathbf{x}_1 + \cdots + a_rA\mathbf{x}_r = a_1\lambda_1\mathbf{x}_1 + \cdots + a_r\lambda_r\mathbf{x}_r \in W$.

19 $B\mathbf{x} = \lambda\mathbf{x} \Rightarrow P^{-1}AP\mathbf{x} = \lambda\mathbf{x} \Rightarrow AP\mathbf{x} = \lambda P\mathbf{x}$.

20 $\mathbf{y}^{\mathrm{T}}A\mathbf{x} = \mathbf{y}^{\mathrm{T}}\lambda\mathbf{x} = \lambda\mathbf{y}^{\mathrm{T}}\mathbf{x}$.

$\mathbf{y}^{\mathrm{T}}A\mathbf{x} = (A\mathbf{y})^{\mathrm{T}}\mathbf{x} = (\mu\mathbf{y})^{\mathrm{T}}\mathbf{x} = \mu\mathbf{y}^{\mathrm{T}}\mathbf{x}$.

$\therefore (\lambda - \mu)\mathbf{y}^{\mathrm{T}}\mathbf{x} = 0$. $\lambda - \mu \neq 0$이므로 $\mathbf{y}^{\mathrm{T}}\mathbf{x} = 0$.

21 $\mathbf{x} \in E_A(\lambda) \Rightarrow A\mathbf{x} = \lambda\mathbf{x} \Rightarrow \mathbf{x} = (1/\lambda)A\mathbf{x} \in CS(A)$.

22 A가 가역일 때, $A^{-1}(AB)A = BA$이므로 AB, BA는 닮은 행렬이고, 따라서 $p_{AB}(x) = p_{BA}(x)$.

A가 가역이 아닐 때, 0이 A의 고유치이다.

A의 0아닌 고유치 중 절대값이 최소인 것을 λ라면 $0 < t < |\lambda|$를 만족하는 임의의 t에 대하여 $A_t = A - tI$는 가역이다. $\therefore p_{A_tB}(x) = p_{BA_t}(x)$.

$\therefore p_{AB}(x) = \lim_{t\to 0} p_{A_tB}(x) = \lim_{t\to 0} p_{BA_t}(x) = p_{BA}(x).$

23
$$xI - A = \begin{bmatrix} x & 0 & \cdots & 0 & 0 & c_0 \\ -1 & x & \cdots & 0 & 0 & c_1 \\ 0 & -1 & \cdots & 0 & 0 & c_2 \\ \vdots & \vdots & & \vdots & \vdots & \vdots \\ 0 & 0 & \cdots & -1 & x & c_{n-2} \\ 0 & 0 & \cdots & 0 & -1 & x + c_{n-1} \end{bmatrix}$$

에서 $i = n, n-1, \cdots, 2$의 순서대로, 제 i 행의 x 배를 $i-1$ 행에 더하는 과정을 반복하면 다음 행렬을 얻는다.

$$B = \begin{bmatrix} 0 & 0 & \cdots & 0 & 0 & f(x) \\ -1 & 0 & \cdots & 0 & 0 & * \\ 0 & -1 & \cdots & 0 & 0 & * \\ \vdots & \vdots & & \vdots & \vdots & \vdots \\ 0 & 0 & \cdots & -1 & 0 & * \\ 0 & 0 & \cdots & 0 & -1 & * \end{bmatrix}$$

단, $f(x) = x^n + c_{n-1}x^{n-1} + \cdots + c_1 x + c_0$.
$p_A(x) = \det(xI - A) = \det B = f(x)$.

6-2 대각화

1 (1) $p_A(x) = (x-1)^2$. $\text{rank}(A - 1I) = 1$이므로 $\dim(E_A(1)) = 1 < \text{am}(2)$. 따라서 A는 대각화 가능하지 않다.

(2) $P^{-1}AP = D$, 단, $P = \begin{bmatrix} 3 & 1 \\ 1 & 2 \end{bmatrix}$, $D = \begin{bmatrix} 1 & 0 \\ 0 & -4 \end{bmatrix}$.

(3) $p_A(x) = (x-3)^2(x-4)$.
$\text{rank}(A - 3I) = 2$이므로 $\dim(E_A(3)) = 1 <$ $\text{am}(3)$. 따라서 A는 대각화 가능하지 않다.

(4) $P^{-1}AP = D$, 단,
$$P = \begin{bmatrix} 1 & 1 & 0 \\ 1 & 2 & -2 \\ 1 & 0 & 1 \end{bmatrix},\ D = \begin{bmatrix} 0 & 0 & 0 \\ 0 & 1 & 0 \\ 0 & 0 & 1 \end{bmatrix}.$$

2 $C = \begin{bmatrix} 0 & 0 & 0 \\ 0 & \pm 1 & 0 \\ 0 & 0 & \pm 1 \end{bmatrix}$,
$B = PCP^{-1}$, (단, P는 문제 1 (4)의 P)일 때,
$B^2 = PC^2P^{-1} = PDP^{-1} = A$.

3 (1) $\text{rank}(A - 0I) = \text{rank}(A) = 1$ 이므로 $\dim(E_A(0)) = n - 1$.
(2) $A\mathbf{x} = (\mathbf{x}\mathbf{y}^{\mathrm{T}})\mathbf{x} = \mathbf{x}(\mathbf{y}^{\mathrm{T}}\mathbf{x}) = \mathbf{x}(\mathbf{x}^{\mathrm{T}}\mathbf{y}) = \mathbf{x}\mu$
이므로 μ는 고유치이고 $\mathbf{x}$는 μ에 대응하는 고유벡터이다.
(3) (1)에 의하여 $p_A(x) = x^{n-1}(x-\mu)$. 여기에 정리 6.2.7 을 적용한다.

4 (1) $e^D = \lim_{n\to\infty}\left(I + \frac{1}{1!}D + \cdots + \frac{1}{n!}D^n\right)$
$$= \lim_{n\to\infty}\begin{bmatrix} \sum_{k=0}^{n}\frac{1}{k!}\lambda^k & 0 \\ 0 & \sum_{k=0}^{n}\frac{1}{k!}\mu^k \end{bmatrix} = \begin{bmatrix} e^\lambda & 0 \\ 0 & e^\mu \end{bmatrix}.$$

(2) 예제 6.2.2에 의하여
$A = PDP^{-1}$, 단, $P = \begin{bmatrix} 1 & 3 \\ 0 & 2 \end{bmatrix}$, $D = \begin{bmatrix} 2 & 0 \\ 0 & 4 \end{bmatrix}$.
$$e^A = Pe^DP^{-1} = \begin{bmatrix} 1 & 3 \\ 0 & 2 \end{bmatrix}\begin{bmatrix} e^2 & 0 \\ 0 & e^4 \end{bmatrix}\begin{bmatrix} 1 & -3/2 \\ 0 & 1/2 \end{bmatrix} = \begin{bmatrix} e^2 & (3/2)(e^4 - e^2) \\ 0 & e^4 \end{bmatrix}.$$

5 A, B는 같은 특성다항식을 가진다.
$p_A(x) = p_B(x) = (x - \lambda_1)\cdots(x - \lambda_n)$
라고 할 때, $\text{tr}(A) = \lambda_1 + \cdots + \lambda_n = \text{tr}(B)$.

6 가역행렬 P가 있어서 $A = PDP^{-1}$, 단, D는 각 대각성분이 ± 1인 대각행렬. $D^2 = I$이므로
$A^2 = PD^2P^{-1} = PIP^{-1} = I$.

7 $p_A(x) = (x-\lambda)(x-\mu)^2$.
$$\text{rank}(A - \mu I) = \text{rank}\left(\begin{bmatrix} \mu-\lambda & 1 & 0 \\ 0 & 0 & 1 \\ 0 & 0 & 0 \end{bmatrix}\right) = 2.$$
$\dim(E_A(\mu)) = 3 - 2 = 1 < \text{am}(\mu)$.

8 (1) $A^m\mathbf{x} = a_1A^m\mathbf{x}_1 + \cdots + a_nA^m\mathbf{x}_n = a_1\lambda_1^m\mathbf{x}_1 + \cdots + a_n\lambda_n^m\mathbf{x}_n$.
(2) $A^m\mathbf{x} = a_1\lambda_1^m\mathbf{x}_1 + a_2\lambda_2^m\mathbf{x}_2 + \cdots + a_n\lambda_n^m\mathbf{x}_n$.
에서 $\lim_{m\to\infty}\lambda_i^m = 0, (i = 2, \cdots, n)$.

9 A가 대각화 가능하면 가역행렬 P가 있어서 $P^{-1}AP = \lambda I$. 이때, $A = P(\lambda I)P^{-1} = \lambda I$.
역은 명백하다.

10 A가 $n \times n$행렬일 때, $p_A(x) = x^n$. ($\because$연습문제 6.1.11). $\therefore$ A가 대각화 가능하다면 $P^{-1}AP = O$.
이 때, $A = POP^{-1} = O$.

11 A가 $n\times n$행렬이라 하고,
$p_A(x)=(x-\lambda_1)\cdots(x-\lambda_r)x^{n-r}$라고 하자.
$P=[\mathbf{x}_1,\cdots,\mathbf{x}_n]$,
$D=\begin{bmatrix} C & O \\ O & O\end{bmatrix}$, 단, $C=\begin{bmatrix}\lambda_1 & & \\ & \ddots & \\ & & \lambda_r\end{bmatrix}$,
$P^{-1}AP=D$ 라고 하면
$A\mathbf{x}_i=\lambda_i\mathbf{x}_i, (1\le i\le r),\ A\mathbf{x}_i=\mathbf{0}, (r+1\le i\le n)$.
임의의 $\mathbf{v}\in \boldsymbol{R}^n$ 에 대하여
$A\mathbf{v}=PDP^{-1}\mathbf{v}=[\lambda_1\mathbf{x}_1,\cdots,\lambda_r\mathbf{x}_r,\mathbf{0}\cdots,\mathbf{0}]P^{-1}\mathbf{v}$
$=(\lambda_1\mathbf{x}_1,\cdots,\lambda_r\mathbf{x}_r$의 어떤 일차결합$)$
$=(\mathbf{x}_1,\cdots,\mathbf{x}_r$의 어떤 일차결합$)$.
$\therefore\ CS(A)\subset \mathrm{span}\{\mathbf{x}_1,\cdots,\mathbf{x}_r\}$.
각 $\mathbf{x}_i$는 $CS(A)$의 원소($\because$연습문제 6.1.21)이므로
$\mathrm{span}\{\mathbf{x}_1,\cdots,\mathbf{x}_r\}\subset CS(A)$.
$\therefore\ \mathrm{span}\{\mathbf{x}_1,\cdots,\mathbf{x}_r\}=CS(A)$.
$\{\mathbf{x}_1,\cdots,\mathbf{x}_r\}$은 가역행렬 P의 일부 열의 집합이므로 일차독립이고, 따라서 $CS(A)$의 기저이다.

12 $P^{-1}AP=D_1, P^{-1}BP=D_2$, (단, D_1, D_2는 대각행렬) 일 때, $A=PD_1P^{-1}, B=PD_2P^{-1}$.
$\therefore\ AB=PD_1D_2P^{-1}=PD_2D_1P^{-1}=BA$.

13 (1) $Q=\begin{bmatrix}1/\sqrt{2} & -1/\sqrt{2}\\ 1/\sqrt{2} & 1/\sqrt{2}\end{bmatrix}, D=\begin{bmatrix}4&0\\0&2\end{bmatrix}$.

(2) $Q=\begin{bmatrix}-2/\sqrt{5} & 1/\sqrt{5}\\ 1/\sqrt{5} & 2/\sqrt{5}\end{bmatrix}, D=\begin{bmatrix}7&0\\0&2\end{bmatrix}$.

(3) $Q=\begin{bmatrix}1/\sqrt{2} & 1/\sqrt{2} & 0\\ 1/\sqrt{2} & -1/\sqrt{2} & 0\\ 0&0&1\end{bmatrix}, D=\begin{bmatrix}2&0&0\\0&0&0\\0&0&0\end{bmatrix}$.

(4) $Q=\begin{bmatrix}1/\sqrt{3} & 1/\sqrt{6} & 1/\sqrt{2}\\ 1/\sqrt{3} & -2/\sqrt{6} & 0\\ 1/\sqrt{3} & 1/\sqrt{6} & -1/\sqrt{2}\end{bmatrix}, D=\begin{bmatrix}0&0&0\\0&3&0\\0&0&3\end{bmatrix}$.

14 A의 고유치는 $a\pm b$.

$A-(a+b)I=\begin{bmatrix}-b & b\\ b & -b\end{bmatrix}.\quad \therefore\ \mathbf{x}_1=\begin{bmatrix}1\\1\end{bmatrix}$.

$A-(a-b)I=\begin{bmatrix}b & b\\ b & b\end{bmatrix}.\quad \therefore\ \mathbf{x}_2=\begin{bmatrix}1\\-1\end{bmatrix}$.

$\therefore\ Q=\begin{bmatrix}1/\sqrt{2} & 1/\sqrt{2}\\ 1/\sqrt{2} & -1/\sqrt{2}\end{bmatrix}$.

15 $A^{\mathrm{T}}A$는 $n\times n$ 대칭행렬.

16 $(I_n-\mathbf{v}\mathbf{v}^{\mathrm{T}})^{\mathrm{T}}=I_n{}^{\mathrm{T}}-(\mathbf{v}\mathbf{v}^{\mathrm{T}})^{\mathrm{T}}=I_n-\mathbf{v}\mathbf{v}^{\mathrm{T}}$이므로 $I_n-\mathbf{v}\mathbf{v}^{\mathrm{T}}$는 대칭행렬이다.

17 $\mathbf{x}_1,\cdots,\mathbf{x}_n$을 $Q=[\mathbf{x}_1,\cdots,\mathbf{x}_n]$이 직교행렬이 되게 택한다. 대각성분이 차례로 $\lambda_1,\cdots,\lambda_n$인 대각행렬을 D라고 하면,
$$A=QDQ^{\mathrm{T}}=[\lambda_1\mathbf{x}_1,\cdots,\lambda_n\mathbf{x}_n]\begin{bmatrix}\mathbf{x}_1^{\mathrm{T}}\\ \vdots\\ \mathbf{x}_n^{\mathrm{T}}\end{bmatrix}$$
$$=\lambda_1\mathbf{x}_1\mathbf{x}_1^{\mathrm{T}}+\cdots+\lambda_n\mathbf{x}_n\mathbf{x}_n^{\mathrm{T}}.$$

18 n에 관한 귀납법으로 증명한다.
$n=1$일 때는 명백하므로 $n\ge 2$이라고 하자.
A의 고유치 λ와 그에 대응하는 크기 1인 고유벡터 $\mathbf{x}_1$을 잡는다. $\{\mathbf{x}_1\}$을 $\boldsymbol{C}^n$의 기저로 확장한 다음 그람슈미트 프로세스에 의하여 $\boldsymbol{C}^n$의 정규직교기저 $\{\mathbf{x}_1,\mathbf{x}_2,\cdots,\mathbf{x}_n\}$을 잡는다. $V^*=[\mathbf{x}_1,\cdots,\mathbf{x}_n]$으로 두면 V는 유니타리 행렬이다.
(V^*AV의 제 1 열) $=V^*A\mathbf{x}_1=\lambda V^*\mathbf{x}_1=\lambda\mathbf{e}_1$
이므로 V^*AV는 다음 꼴의 행렬이다.
$$V^*AV=\begin{bmatrix}\lambda & *\\ \mathbf{0} & B\end{bmatrix}.$$
귀납법에 의하여 $W^*BW=S$를 만족하는 유니타리 행렬 W와 상방삼각행렬 S가 존재한다. 이제
$$U=V\begin{bmatrix}1 & \mathbf{0}^{\mathrm{T}}\\ \mathbf{0} & W\end{bmatrix},\ T=\begin{bmatrix}\lambda & *\\ \mathbf{0} & S\end{bmatrix}$$
로 두면 U는 유니타리행렬이고 $V^*AV=T$ 이다.

19 A는 Hermite행렬이므로 appendix 따름정리 5에 의하여 그러한 U, D가 존재한다.
$U=\begin{bmatrix}(-1-i)/\sqrt{3} & (1+i)/\sqrt{6}\\ 1/\sqrt{3} & 2/\sqrt{6}\end{bmatrix},\ D=\begin{bmatrix}1&0\\0&4\end{bmatrix}$.

20 $p_A(x) = (x-a)(x-c) - b^2$.
$p_A(a) = p_A(b) = -b^2 \le 0$.

6-3 대각화의 활용

1 (1) $\begin{bmatrix} 3 & 0 \\ 0 & 7 \end{bmatrix}$ (2) $\begin{bmatrix} 4 & -3 \\ -3 & -9 \end{bmatrix}$ (3) $\begin{bmatrix} 5 & 5/2 \\ 5/2 & 0 \end{bmatrix}$
(4) $\begin{bmatrix} 0 & -7/2 \\ -7/2 & 0 \end{bmatrix}$

2 A는 $c_i c_j$를 (i, j) 성분으로 하는 $n \times n$행렬.

3 (1) max $= 4$ at $\mathbf{x} = \pm[1/\sqrt{6}, 1/\sqrt{6}, 2/\sqrt{6}]$
min $= -2$ at $\mathbf{x} = \pm[-1/\sqrt{3}, -1/\sqrt{3}, 1/\sqrt{3}]$
(2) max $= 3$ at $\mathbf{x} = \pm[2/\sqrt{6}, 1/\sqrt{6}, 1/\sqrt{6}]$
min $= 0$ at $\mathbf{x} = \pm[1/\sqrt{3}, -1/\sqrt{3}, -1/\sqrt{3}]$
(3) max $= 4$ at $\mathbf{x} = \pm[1/\sqrt{2}, 0, 1/\sqrt{2}]$
min $= 2$ at $\mathbf{x} = \pm[a, b, -a]$, $2a^2 + b^2 = 1$.

4 n에 관한 귀납법으로 증명한다. $n = 1$일 때는 명백하다. $n > 1$이라고 하자. 귀납법에 의하여 $n-1$차 주 부분행렬 A_{n-1}은 양의 정부호 행렬이다. A의 모든 고유치가 양수임을 보인다.
A가 음수인 고유치 λ를 가지면 A는 음수인 고유치 μ를 또 가진다. 이 때, λ, μ 각각에 대응하는 직교하는 단위 고유벡터 $\mathbf{x}, \mathbf{y}$를 잡을 수 있다.($\lambda = \mu$일 때도 가능하다.) 이 때,
$a\mathbf{x} + b\mathbf{y}$의 제 n 성분이 0이 되도록 상수 $a, b \ne 0$를 잡고, $\mathbf{u} = a\mathbf{x} + b\mathbf{y}$라고 하고 $\mathbf{u}$의 제 n 성분을 없앤 벡터를 $\mathbf{u}_0$이라고 하면
$\mathbf{u}^T A \mathbf{u} = \mathbf{u}_0^T A_{n-1} \mathbf{u}_0 > 0$.
한편
$\mathbf{u}^T A \mathbf{u} = (a\mathbf{x} + b\mathbf{y})^T A (a\mathbf{x} + b\mathbf{y})$
$= (a\mathbf{x} + b\mathbf{y})^T A (a\mathbf{x} + b\mathbf{y}) = \lambda a^2 + \mu b^2 < 0$.
이 되어 모순이다.

5 정리 6.3.4에 의하여 (1)은 양의 정부호 행렬이고 (2)는 양의 정부호 행렬이 아니다.

6 $\begin{bmatrix} x \\ y \\ z \end{bmatrix} = \begin{bmatrix} 2/3 & -1/3 & -2/3 \\ 1/3 & -2/3 & 2/3 \\ 2/3 & 2/3 & 1/3 \end{bmatrix} \begin{bmatrix} u \\ v \\ w \end{bmatrix}$
로 변수변환을 하면 주어진 이차형식은
$-3v^2 + 3w^2$.

7 $\begin{bmatrix} x \\ y \end{bmatrix} = \begin{bmatrix} 2/\sqrt{5} & -1/\sqrt{5} \\ 1/\sqrt{5} & 2/\sqrt{5} \end{bmatrix} \begin{bmatrix} u \\ v \end{bmatrix}$로 변수변환을 하면
주어진 이차방정식은 $4(u-1)^2 + 9(v-2)^2 = 36$.
이것은 $4u^2 + 9v^2 = 36$을 u축의 양의 방향으로 1, v축의 양의 방향으로 2 만큼 평행이동한 것이다.

8 A^{-1}의 고유치는 A의 고유치의 역수이다.

9 임의의 $\mathbf{x} \ne \mathbf{0}$에 대하여 $A\mathbf{x} \ne \mathbf{0}$이고 $\mathbf{x}^T A^T A \mathbf{x} > 0$.

10 A의 고유벡터로 이루어진 $\boldsymbol{R}^n$의 정규직교기저 $\{\mathbf{v}_1, \cdots, \mathbf{v}_n\}$를 잡는다. 단 $A\mathbf{v}_i = \lambda_i \mathbf{v}_i$. 이 때,
$\mathbf{x} = (\mathbf{x}^T\mathbf{v}_1)\mathbf{v}_1 + \cdots + (\mathbf{x}^T\mathbf{v}_n)\mathbf{v}_n$. (by 정리 4.2.2).
$A\mathbf{x} = (\mathbf{x}^T\mathbf{v}_1)\lambda_1\mathbf{v}_1 + \cdots + (\mathbf{x}^T\mathbf{v}_n)\lambda_n\mathbf{v}_n$.
$\mathbf{x}^T A\mathbf{x} = \lambda_1(\mathbf{x}^T\mathbf{v}_1)^2 + \cdots + \lambda_n(\mathbf{x}^T\mathbf{v}_n)^2$.

11 (A의 (i, i) 성분) $= \mathbf{e}_i^T A \mathbf{e}_i > 0$.

12 임의의 $\mathbf{x} \ne \mathbf{0}$에 대하여 $S\mathbf{x} \ne \mathbf{0}$이고
$\mathbf{x}^T S^T A S \mathbf{x} > 0$.

13 $n \times n$직교행렬 Q와 대각성분이 양인 대각행렬 D가 존재하여 $A = QDQ^T$. D의 대각성분의 양의 제곱근을 대각성분으로 하는 대각행렬을 $\sqrt{D}$라고 하면 $P = Q\sqrt{D}$는 문제의 조건을 만족하는 행렬이다.

14 $P = \begin{bmatrix} 1 & 1 & -4 \\ 0 & 1 & 0 \\ 0 & 0 & 1 \end{bmatrix}$, $D = \begin{bmatrix} 1 & 0 & 0 \\ 0 & -1 & 0 \\ 0 & 0 & -1 \end{bmatrix}$
라고 할 때, $A^{100} = PD^{100}P^{-1} = PP^{-1} = I$.
$A^{101} = A^{100}A = A$.

15 $f(x)$가 A의 영화다항식이라 하고
$f(x) = \mu_A(x)q(x) + r(x)$,
(단, $r(x) = 0$ 또는 ($r(x)$의 차수) $<$ ($\mu_A(x)$의 차수))
라고 하면,
$r(A) = f(A) - \mu_A(A)q(A) = O$.
그러므로 $r(x) = 0$이어야 한다.

16 (1) $(x-1)^2(x-2)$ (2) $(x-1)(x-2)$

찾아보기

기호 찾아보기

교우 ENV시리즈 ❸

ENV 선형대수

초판 1쇄 발행 2015년 2월 25일
초판 3쇄 발행 2025년 3월 25일

지 은 이 황석근
펴 낸 이 오상훈
펴 낸 곳 교우미디어
주 소 서울시 동대문구 약령시로 8 교우빌딩 2층
전 화 (02) 925-2866, (02) 925-2861~2
팩 스 (02) 925-2860
이 메 일 kyowoo@kyowoo.co.kr
홈페이지 www.kyowoo.co.kr
등록번호 제305-2011-000007호

ISBN 979-11-85417-05-9 94410
978-89-968148-5-6 (전4권)

값 38,000 원

교우미디어는 교우사의 임프린트 출판브랜드입니다.